Virtuelle Räume

Herausgegeben von Elisabeth Vavra

Virtuelle Räume

Raumwahrnehmung und Raumvorstellung im Mittelalter

Akten des 10. Symposiums des Mediävistenverbandes, Krems, 24.–26. März 2003

Herausgegeben von Elisabeth Vavra

Akademie Verlag

Abbildung auf dem Einband:

Der Makrokosmos
Liber Scivias der Hildegard von Bingen, Visio I, 3
Lopie des Rupertsberger Kodex
Abtei St. Hildegard Eibingen

ISBN 3-05-004129-3

Das eingesetzte Papier ist alterungsbeständig nach DIN/ISO 9706.

Einbandgestaltung: Ingo Scheffler, Berlin
Druck: MB Medienhaus Berlin
Bindung: Norbert Klotz, Jettingen-Scheppach

Printed in the Federal Republic of Germany

Inhalt

Vorwort

Vom 24. bis 26. März 2003 fand das Symposium des Mediävistenverbandes zum ersten Mal außerhalb Deutschlands statt. Als Organisator fungierte das Institut für Realienkunde des Mittelalters und der frühen Neuzeit der Österreichischen Akademie der Wissenschaften in Krems an der Donau. Als die Idee geboren wurde, einen Kongress zum Thema „Raum" zu veranstalten, war den Veranstaltern von Anfang an klar, dass die Vielfalt des Begriffes einer rigorosen Einschränkung im Call for papers bedurfte. Daher wurde ausdrücklich der geographische, mathematische und physikalische Raum ausgeklammert und – nicht ohne Widerstand – der provokante Titel „Virtuelle Räume" gewählt. Definiert wurde der ‚virtuelle' Raum als Raum, der immer dann entsteht, wenn reale topographische Koordinations- und Raumstiftungselemente durch Konstituenten anderer Kategorien überformt werden. Sinneswahrnehmungen, funktional oder intentional geforderte Raumgrenzsetzungen oder alternative Wahrnehmungen, z. B. literarischer oder bildnerischer Art, können zur Überlagerung alltäglicher Raumwahrnehmungsmuster mit anderen Raumvorstellungen führen und damit einen virtuellen Raum im realen Raum situieren. Die Vielfalt der sich so ergebenden Möglichkeiten gewährleistete die gewünschte interdisziplinäre Auseinandersetzung mit dem Thema.

Die Tagung erfolgte in fünf parallel geführten Sektionen unterschiedlicher Dichte, deren Gliederung sich auch der vorliegende Band anschließt. Eine Sektion beschäftigte sich mit der Überlagerung von realem Raum durch alternative Wahrnehmungsmuster, eine andere mit der Konstitution imaginärer Räume, die dritte mit der Inszenierung von imaginären Räumen und ihre Einbindung in den erlebten Raum, die vierte mit Raumwahrnehmung und die letzte schließlich mit Raumtranszendierungen. Bedauerlicherweise mussten zwei Teilnehmer aus Krankheitsgründen kurzfristig absagen, so dass die im ursprünglichen Kongressprogramm vertretene Disziplinenvielfalt in der Druckfassung nicht in der ganzen Fülle zum Ausdruck kommt.

Um den Vortragenden die Möglichkeit zu geben, ihre Beiträge ohne Kürzungen in ausführlicher Form zu Papier zu bringen, kam ich mit dem Präsidium des Mediävistenverbandes überein, die Kongressbeiträge in zwei Bänden herauszugeben. Der vorliegende Band erscheint wie gewohnt beim Akademie Verlag, Berlin. Der zweite Band wird in der Publikationsreihe des Instituts für Realienkunde des Mittelalters und der frühen Neuzeit zur Drucklegung gebracht. Er enthält die Vorträge der Sektion, die sich mit der Konstitution imaginärer Räume beschäftigte.

Zuletzt gilt es Dank auszusprechen, Dank an Prof. Dr. Johann Günther, dessen tatkräftiger Unterstützung als Vizepräsident der Donauuniversität Krems und Leiter der Abteilung für Telekommunikation, Information und Medien Krems wir es zu verdanken hatten, dass wir in den Räumen dieser jungen, aufstrebenden Universität den Kongress abhalten konnten. Finanzielle Förderungen durch die Kulturabteilung des Landes Niederösterreich und die Österreichische Forschungsgemeinschaft ermöglichten die Einladung einer großen Zahl von Vortragenden. Dass die Publikation in dieser Form nun vorliegt, dafür schulde ich ganz besonderen Dank meinen beiden Mitarbeiterinnen Birgit Karl und Gundi Tarcsay, die mich mit bewundernswerter Geduld auf der Jagd nach falschen Satzzeichen, fehlenden Buchstaben und so mancher Ungereimtheit begleiteten.

Elisabeth Vavra
Krems, Oktober 2004

Gernot Kocher

Herrschaftsgrenzen und Grenzen der Herrschaft

1. Virtuelle Räume

Ausgehend von der Fragestellung, ob ein Rechtshistoriker zu einem Generalthema „Virtuelle Räume“ überhaupt etwas beitragen kann, erforscht man natürlich zuerst an Hand von Lexika, was virtuell denn eigentlich bedeutet, bevor man sich auf das Abenteuer einer solchen Darstellung einlässt. Nun, die Ergebnisse aus einem Lexikon vom Anfang des 20. Jahrhunderts[1] sind fast besser als die moderner Nachschlagewerke, denn man erfährt zumindest, dass es etwas gibt, das Wirkung entfalten kann (Physik) oder dass es einen Punkt gibt, den es doch nicht gibt (Optik). Ein in der modernen digitalen Welt Beheimateter tut sich da schon leichter, wenn er eine Software zur Verwaltung von Akten und Bildern einsetzt,[2] die über virtuelle (bildlich dargestellte) ‚Bene‘-(für Österreicher) oder ‚Leitz‘-Ordner (für Bundesdeutsche) verfügt, damit man sich in ein konventionelles Büro versetzt fühlt – mit dem Vorteil, der Ordner kann einem nicht auf die Füße fallen, aber auch mit dem Nachteil, dass die ungespeicherten Daten weg sind, wenn der Computer abstürzt. Der Schritt in den historischen Bereich hinüber wird aber leichter, wenn man sich dem Thema vorerst nicht über das weltliche Recht, sondern über die sakrale Seite nähert. Eine Weltgerichtsdarstellung aus Heidenreichstein[3] (Abb. 1), einem Ort nördlich von Krems, aus der Bilddatenbank des Institutes für Realienkunde (wie ein Großteil der hier gezeigten Bilder) verdeutlicht die Lage. Zwischen den virtuellen Ebenen des göttlichen Gerichtes und des Himmels einerseits und der Hölle andererseits steht die reale Ebene des städtischen Lebens, das die Beurteilungsgrundlage für das

---

1 Meyers Konversations-Lexikon. Ein Nachschlagewerk des allgemeinen Wissens 17. 5. Aufl. Leipzig-Wien 1997, 350: Stichwort ‚virtuell‘.

2 ELO der Firma Leitz.

3 Tafelbild, österreichisch, 15. Jahrhundert, Schloss Heidenreichstein. Aufnahme Institut für Realienkunde des Mittelalters und der frühen Neuzeit, Krems (im weiteren IMAREAL).

Jüngste Gericht ist. Die Brücke zum weltlichen Bereich wird auch durch die zahlreichen Weltgerichtsbilder in Gerichtsräumen geschlagen,[4] die als virtuelle Mahnung für die Richter und als virtueller Trost für jene zu sehen sind, deren Sache nicht gerecht entschieden wurde. Im übertragenen Sinn ist dieses Weltgericht auch Korrektiv weltlicher Gerichtsbarkeit und damit bereits eine virtuelle Grenze der Herrschaft.

Abb. 1: Jüngstes Gericht, Niederösterreich, 15. Jh., Schloss Heidenreichstein

4 Vgl. etwa das so genannte Grazer Stadtrichterbild von 1478; Wiedergabe bei Gernot Kocher, Zeichen und Symbole des Rechts. Eine historische Ikonographie. München 1992, Abb. 152.

2. Herrschaft

Der Schritt in den weltlichen Rechtsbereich wird an Hand eines zwar nicht mittelalterlichen Grenzsteines aus Butzbach bei Frankfurt (Abb. 2) vollzogen – ein Beleg für die reale und die virtuelle Dimension der Herrschaft.[5] Der Stein selbst zeigt das Ende und den Beginn[6] eines territorialen Herrschaftsbereiches an, über dessen konkrete Ausmaße durchaus nur eine virtuelle Vorstellung bestehen kann, die ja auch sehr häufig bei den früher üblichen Grenzbegehungen[7] die Grundlage war, die man dann mit Hilfe von künstlichen Marken oder natürlichen Gebilden unterstützt und auch realisiert hat. Virtuelle Räume werden hier aber auch auf einer anderen Ebene angesprochen, denn der Stein deutet nicht nur limitiertes Territorium, Grund und Boden an, sondern auch die Inhalte der Herrschaft. Welcher Art diese sind, ergibt sich aus den schriftlichen Quellen, die immer wieder den virtuellen ‚rechtlichen Aktionsradius' einer Person, eines Herrschaftsinhabers beschreiben: So zum Beispiel durch die Paarformel ‚Zwing und Bann',[8] die das ganze Spektrum rechtlicher (im modernen Sinn: öffentlichrechtlicher, privatrechtlicher und strafrechtlicher) Befugnisse umfassen konnte. Nur auf den strafrechtlichen Bereich bezog sich die Formulierung *stock und galgen*[9] im Sinne vollständig auszuübender Strafrechtspflege (Hoch- und Niedergerichtsbarkeit). Visualisiert und auch in die Praxis umgesetzt konnte dieser virtuelle strafrechtliche Machtbereich dadurch werden, dass man als Straftäter – auf der Flucht vor Verfolgern – ein persönliches Stück (etwa einen Hut) voraus hineinwarf und damit zumindest vorübergehenden Schutz vor diesen gewann.[10] Manchmal wurde der virtuelle, doch unter Umständen sehr vage rechtliche Informationsgehalt eines Grenzsteines durch bildliche Informationen unterstützt: Es wurden Tafeln aufgestellt, die ein Beil und eine abgehackte Hand zeig-

---

5 Rudolf Hoke, Grenze. In: Adalbert Erler und Ekkehard Kaufmann (Hg.), Handwörterbuch zur Deutschen Rechtsgeschichte I. Berlin 1971, 1801–1804, mit weiteren Verweisen.

6 Bei entsprechender Wappenkenntnis ist auch der Herrschaftsinhaber erkennbar, so ferne die Grenzsteine bei einem allfälligen Eigentümer- oder Lehensmannwechsel ausgetauscht wurden.

7 Karl-Siegfried Kramer, Grenzumgang. In: Handwörterbuch I, 1804–1806, mit weiteren Verweisen.

8 Jacob und Wilhelm Grimm, Deutsches Wörterbuch 16, bearbeitet von Gustav Rosenhagen. Leipzig 1954, 1216–1219; vgl. auch Hermann Wiessner, Twing und Bann. Baden 1935.

9 *[...] dann irer gnaden das landgericht, stock und galgen da haben [...]* Österreichische Weistümer. Gesammelt von der Kaiserlichen Akademie der Wissenschaften X: Steirische Taidinge (Nachträge) Wien 1913, 140, 22: Banntaiding zu Lindeck, Steinbach und Loimet, 1580.

10 *Ob sich das begäb das ainer ainen andern erschlüeg und wurt flichtig, und ober kam niderhalb des Grieslein zu dem prunlein das da fleust durch den zaun, und ob er wurf sein frei zaichen uber das prunlein, so hiet er die freihait unzt an den dritten tag.* Österreichische Weistümer IX: Niederösterreichische Weistümer III: Das Viertel ob dem Wienerwalde. Wien-Leipzig 1909, 320, 1–4 (Freiheit und Gerechtigkeit zu Schambach, Anfang 16. Jh.).

ten,[11] um so dem das Territorium betretenden Individuum Sanktionsmöglichkeiten vor Augen zu führen.[12]

Abb. 2: Grenzstein aus Butzbach bei Frankfurt am Main

Einen Schritt weiter führt die Darstellung eines Glücksrades, Prag 1392/94 (Abb. 3)[13], weil hier zu den Realien noch eine Person als virtuelles Informationsspektrum hinzutritt. Die Grundinformation ‚Königsherrschaft' ist auf Grund der ‚standardisierten Normrealien' Zepter und Reifkrone[14] – auch ohne Heranziehung des bildinternen Tex-

11 Eberhard Frhr. von Künßberg, Rechtliche Volkskunde (Volk. Grundriß der deutschen Volkskunde in Einzeldarstellungen 3) Halle 1936, Abb. 1.

12 Die Rechtsgeschichte hat eine eigene Disziplin entwickelt, die sich mit der virtuellen Aussagekraft solcher und anderer Realien (Schwertarm, Pranger, Stab, Gerichtsgebäude, Amtskleidung) befasst, vgl. dazu grundlegend Hermann Baltl, Rechtsarchäologie des Landes Steiermark (Grazer Rechts- und staatswissenschaftliche Studien 1) Graz 1957.

13 Buchmalerei aus einem astronomischen Text, Wenzelswerkstatt, Prag 1392/94, Österreichische Nationalbibliothek, cod. 2352, fol. 86r (IMAREAL). Zur Interpretation dieses Bildes Gerhard Jaritz, Die Qualitäten des Herrschers im spätmittelalterlichen Bild. In: Helmut Bräuer, Gerhard Jaritz und Käthe Sonnleitner (Hg.), Viatori per urbes castraque. Festschrift für Herwig Ebner zum 75. Geburtstag (Schriftenreihe des Instituts für Geschichte 14) Graz 2003, 336.

14 Adalbert Erler, Herrschaftszeichen. In: Handwörterbuch II 109–113.

tes – leicht zu erfassen. Der mit ‚Herrschaft' immer eng in Verbindung stehende Thron ist hier wohl in der Ersatzform des Rades (Sitzhaltung) zu sehen.[15] Mit der Identifizierung eines Königs eröffnet sich natürlich die Frage nach dem Begriff der Herrschaft und nach Herrschaftsinhalten.

Abb. 3: Glücksrad, Illustration aus einem astronomischen Text, Wenzelswerkstatt, Prag, 1392/94. Wien, Österreichische Nationalbibliothek, Cod. 2352

Bei der Beantwortung verbleiben wir allerdings auf der rechtshistorischer Ebene, die schon schwierig genug ist. Nach gängigen Handbüchern[16] geht die Herrschaft in zwei Richtungen, territorial und personell – mittelalterliche Paarformeln deuten dies auch

15 Herrschaftsantritt und Herrschaftsverlust drücken sich ja auch in den Formulierungen ‚den Thron besteigen' beziehungsweise ‚den Thron verlieren' aus – korrespondierend zum Rad derselbe Bewegungsablauf: hinauf und hinunter. Vgl. auch als Bildbeleg für den Herrschaftsverlust durch Entfernen vom Thron und Abnahme der Mitra (hier durchaus als Herrschaftszeichen mit der Krone zu vergleichen): Buchmalerei aus dem *Decretum Gratiani*, Italien 14. Jh., Vatikan, Biblioteca Apostolica Vaticana, Ms. Ross. Lat. 308, fol. 142v bei Anthony Melnikas, The Corpus of the Miniatures in the Manuscripts of Decretum Gratiani II (Studia Gratiana XVII) Rome 1975, 383 sowie die Ausführungen dazu bei Gernot Kocher, Rechtliche Ordnungsstrukturen im Spiegel mittelalterlicher Illustrationen. In: Harald Eitner, Günter Getzinger, Werner Hauser und Wolfgang Muchitsch (Hg.), Res Publica. Festschrift für Peter Schachner-Blazizek zum 60. Geburtstag. Graz 2002, 138.

16 Eugen Haberkern und Joseph Friedrich Wallach, Hilfswörterbuch für Historiker. Mittelalter und Neuzeit. Bern-München 1964, 280 und Karl Kroeschell, Herrschaft. In: Handwörterbuch II, 104–108.

immer wieder mit ‚Herrschaft über Land und Leute'[17] an. Dies lässt sich zumindest einmal verbal konkretisieren, wenn man Quellenstellen – etwa aus dem Deutschen Rechtswörterbuch[18] – heranzieht, eine Stelle aus Kärnten[19] und eine aus Schlesien[20]. Dass das einfache virtuelle Ansprechen von Herrschaft über Land und Leute auch im Bild möglich ist, zeigt die Illustration zu einem *Corpus iuris civilis* aus Italien, 14. Jahrhundert (Abb. 4)[21], in welcher eine Verkörperung der Gerechtigkeit (oder ein Herrscher?) ein globusartiges Gebilde[22] mit einer eingezeichneten Landschaft mit Burg und Personen davor in der linken Hand präsentiert, mit der Rechten hält sie das blanke Schwert darüber. Unter Umständen wird hier die Tat dessen gespiegelt, der im Vordergrund rechts gebunden kniet und über den ein gerechtes Urteil gefällt werden soll.

Abb. 4: Herrschaft über Land und Leute, *Corpus iuris civilis*, Italien, 14. Jh.
München, Bayerische Staatsbibliothek, Clm. 3503

17 Ruth Schmidt-Wiegand (Hg.), Deutsche Rechtsregeln und Rechtssprichwörter. Ein Lexikon. München 1996, 217–218.

18 Deutsches Rechtswörterbuch. Wörterbuch der älteren deutschen Rechtssprache. In Verbindung mit der Deutschen Akademie der Wissenschaften zu Berlin herausgegeben von der Heidelberger Akademie der Wissenschaften V. Weimar 1953–1960, 855.

19 *[...] leut vnd gut, wiltpan, vigswaid, wäld, allev herschaft* 1354 (Strnadt, Velden. In: Deutsches Rechtswörterbuch 204).

20 *[...] mit aller herrschaft hoe ader neder, cleyne oder gross, also wir sy gehabt han zu hengen und zu blenden, zu richten uber alle sachen* 1357 (Wutke, Schlesisches Bergbuch I, 49. In: Deutsches Rechtswörterbuch 204).

21 Buchmalerei, *Corpus iuris civilis*, Italien 14. Jahrhundert, zu *Digestum vetus* 1,1. Bayerische Staatsbibliothek München Clm. 3503, fol. 3r.

22 Dass diese Ausdrucksform von Herrschaft vom Globus des Weltenrichters (und letztlich Weltenherrschers) wie auch vom Reichsapfel inspiriert ist, liegt auf der Hand. Vgl. Percy Ernst Schramm, Globus, Sphaira, Reichsapfel. Wanderung und Wandlung eines Herrschaftszeichens von Cäsar bis Elisabeth II. Stuttgart 1958.

Die Interpretation ‚Herrschaft über Land und Leute' wird damit nicht ungültig, sondern nur noch in Richtung Gerichtsbarkeit spezifiziert. Eine gängigere virtuelle Darstellungsform pauschalierter Herrschaftsbefugnisse ist die Fahne, wie sie bei der Lehensinvestitur in Verwendung ist;[23] was hier im einzelnen an Herrschaftsbefugnissen transferiert wird, hängt natürlich von der konkreten Rechtslage ab, insgesamt ist damit jedoch das Recht über Leben und Tod der Bewohner statuiert, denkt man an die diversen Folge- und Leistungspflichten für die vom Herrscher (Lehensinhaber) selbst oder von seinem Lehensherrn eröffneten Fehden oder kriegerischen Auseinandersetzungen.

3. Ursprung und Grenzen der Herrschaft

Schon mit dem obigen Beispiel der Lehensinvestitur mit der Fahne ist der Übergang zur Frage nach dem Ursprung und auch nach den Grenzen der Herrschaft angerissen, allerdings auf einer irdischen Ebene,[24] während die frühmittelalterliche Darstellung aus dem Stuttgarter Bilderpsalter[25] (Abb. 5) mit der Hand Gottes rechts im Bild eine virtuelle Ursprungsbestimmung liefert, die über den irdischen Bereich hinaus zum Gottesgnadentum führt.

Abb. 5: Herrschaft als Gottesgnadentum, Stuttgarter Bilderpsalter, Frankreich, 9. Jh. Stuttgart, Württembergische Landesbibliothek, Bibl. Fol. 23

23 Vgl. Kocher, Zeichen und Symbole, Abb. 15: Buchmalerei, Jacobus von Alvarotti, Opus Consuetudinum Feudalium, Padua um 1440, Österreichische Nationalbibliothek, cod. 5044, fol. 2r.

24 Solche visuellen Ursprungsformen setzen sich auf unteren Ebenen und in anderen Bereichen fort: Die Übertragung gerichtlicher Gewalt durch Stab oder Schwert, die Übertragung kirchlicher Gewalt durch den Bischofsstab, die Bestellung von Amtsträgern durch gelobenden Handschlag oder Vereidigung. Manche dieser Formen drücken sowohl die grundsätzliche Kompetenz wie auch die Grenze aus: etwa das Schwert im Sinne einer alle Anlassfälle (niedere und hohe Gerichtsbarkeit) umfassenden Gerichtsbefugnis.

25 Buchmalerei, Stuttgarter Bilderpsalter, Frankreich 9. Jh., Württembergische Landesbibliothek Stuttgart, Bibl. Fol. 23, fol. 105r.

Zugleich deutet sie auch die Grenzen, den Handlungsrahmen eines Herrschers an, vorbestimmt durch christliche Werte. Dieses bis weit in die Neuzeit hinein visuell ähnlich konzipierte Gottesgnadentum[26] wird dann noch durch das Sonnensymbol im Sinne ewiger Dauer spezifiziert. Die böhmische Buchmalerei aus der Biographie Karls IV.[27] (Abb. 6) hingegen zeigt das irdische Spannungsfeld im Bereich von Herrschaftsursprung und Herrschaftsgrenzen an: Der Papst mit seiner segnenden Gebärde zur rechten Hand des Herrschers bildet den kirchlichen Pol, er kann sowohl für die Kaiserkrönung, wie auch für die konstitutive Funktion des Klerus im Krönungsordo stehen und bestimmt damit auch wieder den vom christlichen Glauben bestimmten herrscherlichen Aktionsradius. Die drei Personen rechts könnten die weltlichen Kurfürsten repräsentieren[28] und somit auch den weltlichen Gegenpol bilden, da sie ja mit den drei geistlichen Kurfürsten durch ihre Wahl eine Art des Herrschaftsursprungs bilden. Dann wäre hier auch die weltliche Grenze der Herrschaft angesprochen, denn der zu den Kurfürsten zählende Pfalzgraf bei Rhein ist ja der Vorsitzende des Fürstengerichtes bei einem Verfahren gegen den König.

Abb. 6: Karl IV. zwischen Papst und Kurfürsten, Böhmen, um 1475
Wien, Österreichische Nationalbibliothek, Cod. 581

26 Bildbeispiele Kocher, Zeichen und Symbole, Abb. 56, 96 und 105–111.

27 Buchmalerei, Böhmen, um 1475, Österreichische Nationalbibliothek, cod. 581, fol. 56v (IMAREAL).

28 Die Vierzahl ergibt sich dadurch, dass Karl als König von Böhmen mit dem Pfalzgrafen bei Rhein, dem Markgrafen von Brandenburg und dem Herzog von Sachsen das weltliche Kollegium bildet.

4. Die Hausherrschaft

Herrschaft kann auf verschiedenen juristischen und sozialen Ebenen angesiedelt sein. Die oben vorgenommene inhaltliche Begriffsbestimmung mit Bezug auf Land und Leute kann auf untere soziale Ebenen transferiert werden, etwa auf Stadt, Markt, Dorf, Grundherrschaft und letztlich das Haus mit der Hausgemeinschaft als kleinste Zelle. So sind für den Herrschaftsbereich des Hauses und der Hausgemeinschaft Dachtraufe (jene Linie, die durch das herabfallende Regenwasser gebildet wird)[29] und Zaun[30] nach innen und außen herrschaftsbegrenzende Elemente. Das kommt vor allem im Bereich der Strafrechtspflege zum Tragen, da das Haus unter Umständen einen vorübergehenden Schutzbereich für einen verfolgten Täter auch gegenüber Gerichtspersonen bilden kann.[31] Die Dachtraufe ist auch die Schutzlinie für die Privatsphäre: Wenn man als Hausherr das Gefühl hat, dass jemand am Fenster lauscht, sich also innerhalb der Dachtraufe befindet, kann man einfach mit einem Spieß durch das Fenster stechen, haftet aber für die Folgen nicht.[32]

Zu Haus und Hausherrschaft gehört aber auch die Ausübung privater Rechte, die durchaus auch virtuell ansprechbar ist. Kernbereich der Hausherrschaft ist die so genannte ‚Munt‘[33], die personenrechtliche Herrschaftsgewalt, durch Körperkontakt, etwa das Halten an der Schulter[34], virtuell erkennbar.[35] Beanspruchung von Nutzungsrechten oder auch des Eigentums tritt durch Ergreifen von Gebäudeteilen (Türe)[36] oder mit dem

29 Deutsches Rechtswörterbuch II, 685–686. Abb. aus den Beständen von IMAREAL bei Gernot Kocher, Das Recht im bäuerlichen Alltag. In: Bäuerliche Sachkultur des Spätmittelalters (Veröffentlichungen des Instituts für mittelalterliche Realienkunde Österreichs 7) Wien 1984, Abb. 6.

30 Ruth Schmidt-Wiegand, Zaun, Zaunsprung. In: Handwörterbuch V. Berlin 1998, 1623–1626. Abbildungen bei Kocher, Das Recht im bäuerlichen Alltag, Abb. 6, 8 und 11, jeweils aus den Beständen des IMAREAL.

31 Belegmaterial aus den Österreichischen Weistümern (1657) im Deutschen Rechtswörterbuch II, 686.

32 Belegmaterial aus den Österreichischen Weistümern (1512) im Deutschen Rechtswörterbuch II, 686.

33 Werner Ogris, Munt. In: Handwörterbuch III. Berlin 1984, 750–761.

34 Vgl. die Darstellung des Klostereintritts, auf der der Vater den Sohn dem Abt an der Schulter hinschiebt und der Abt ihn an der Hand ergreift bei Kocher, Zeichen und Symbole, Abb. 13: Buchmalerei, Decretum Gratiani Causa I, süddeutsch 1. Hälfte 13. Jh., Stiftsbibliothek Admont Hs. 35, fol. 91v.

35 Eine andere Variante ist, dass der Gewalthaber auf den Fuß des/der Gewaltunterworfenen steigt, vgl. den Holzschnitt von Hans Guldenmundt von 1530 bei Kocher, Zeichen und Symbole, Abb. 82.

36 So etwa die Illustration zu Sachsenspiegel Landrecht II, 21,5 in der Heidelberger Bilderhandschrift des Sachsenspiegels: Walter Koschorreck, Die Heidelberger Bilderhandschrift des Sachsenspiegels. Faksimileausgabe des Cod. Pal. Germ. 164 der Universitätsbibliothek Heidelberg. Frankfurt 1970, fol. 7r.

Boden verwurzelter Halme[37] zu Tage. Die Grenzen solcher privatrechtlicher Herrschaft wurden bereits oben mit dem Beispiel des Grenzsteines angesprochen, der ja nicht nur öffentlich-rechtliche Befugnisse betrifft, sondern auch bei der Bodenbearbeitung oder Ernte bestimmend ist.[38] Die Rechtsordnung ist Quelle vielfacher Eingrenzungen privatrechtlicher Herrschaft – ein besonders schönes Beispiel ist das Ausstecken der Freiung[39] (Schwertarm, Fahne) an Markttagen: Vor dem Ausstecken dürfen keine Geschäfte getätigt werden, also keine Kaufverträge geschlossen werden.

Abb. 7: Reichsacht bzw. Bezirksacht, Sachsenspiegel Landrecht III, 16, Oldenburg, 1336
Oldenburg, Landesbibliothek, Cim I 410

Hausherrschaft ist ein von der Rechtsordnung gewährter Befugnisrahmen, der auch durch Rechtsbruch verloren gehen kann, einfacher sichtbarer Ausdruck ist das Stabbrechen des Richters beim Todesurteil.[40] Manchmal gehen die virtuellen Möglichkeiten sogar soweit, dass sie erkennen lassen, für welchen territorialen Bereich man seine Rechte verloren hat: Bei der Bezirksacht, dem Rechtsverlust für einen begrenzten Be-

37 So die Illustration zu Sachsenspiegel Landrecht II, 30 in der Oldenburger Bilderhandschrift: Vollständige Faksimile-Ausgabe des Oldenburger Sachsenspiegels. Codex Picturatus Oldenburgensis CIM I 410 der Landesbibliothek Oldenburg (Codices Selecti CI) Graz 1995, fol. 50 r.

38 Man denke an das Pflugwenderecht, das eine geringfügige Grenzüberschreitung gestattet oder an das Ernteproblem bei Obstbäumen an oder auf der Grenze sowie an Wasserholungs- und Durchfahrtsrechte.

39 Vgl. dazu Kocher, Zeichen und Symbole 96 sowie Abb. 85.

40 Kocher, Zeichen und Symbole, Abb. 26: Freskomalerei, Meister Thomas von Villach, um 1470, Thörl/Kärnten (IMAREAL).

zirk, hat der Betroffene ein einfaches Schwert im Hals stecken (Abb. 7 rechts)[41], im Gegensatz zum Schwert mit einer Krone als Signalisierung der Reichsacht (Abb. 7 links). Diese Formen betreffen allerdings nur den weltlichen Sektor, denn für den kirchlichen Bereich wird der Bann mittels einer von einem Priester gebrochenen Kerze und der aus dem Körper des Gebannten vom Teufel mitgenommenen Seele angesprochen (Abb. 8)[42]. All diese Formen, bis zum tatsächlichen Ende der Rechtspersönlichkeit durch den Tod sind natürlich auch virtuelle Ausdruckformen der Grenzen, welche die Gesellschaft dem Individuum bei seiner Rechtsausübung setzt.

Abb. 8: Kirchenbann, Sachsenspiegel Landrecht III, 63,2, Oldenburg, 1336
Oldenburg, Landesbibliothek, Cim I 410

41 Sachsenspiegel Landrecht III, 16: Oldenburger Bilderhandschrift, fol. 68r.
42 Sachsenspiegel Landrecht III, 63,2: Oldenburger Bilderhandschrift, fol. 82r.

Michael Jucker

Kommunikation schafft Räume: Die spätmittelalterliche Eidgenossenschaft als imaginierter und realer Ort[1]

1. Vorbemerkungen

Räume sind in ihrer Historizität vielfältig und werden durch kulturelle Codes und „Zuschreibungen kommunikativ erzeugt und hervorgebracht".[2] Sie überlagern und verändern sich und werden über Generationen als Vorstellungen tradiert. Widmen sich Historikerinnen und Historiker der Untersuchung von vergangenen Räumen, so stoßen sie oft auf imaginierte Vorstellungen aus der näheren Vergangenheit, welche beispielsweise den Blick auf spätmittelalterliche Räume verfälscht haben. Ausgangspunkt dieses Beitrages ist es, dieses Spannungsfeld von imaginierten Räumen einerseits und historisch feststellbaren, vielleicht etwas realer gearteten Raumstrukturen am Beispiel der Eidgenossenschaft zu erörtern. Es geht mir im Folgenden darum, zwei Raumkonzepte zu präsentieren. In einem ersten Teil werde ich imaginierte Räume vorstellen, welche im 19. und 20. Jahrhundert in der schweizerischen Geschichtsschreibung das Bild einer alpinen und egalitär strukturierten Geschichte prägten. Dabei werde ich darstellen, wie diese imaginierten Welten kommuniziert und tradiert wurden und welche Rolle der Kategorie Raum dabei zukam. Durch verfassungshistorisch geprägte Historiographie und auch durch Quelleneditionen wurden räumliche Staatsvorstellungen der Moderne ins Mittelalter zurück projiziert. Diese Imaginationen dienten insbesondere der Festigung des schweizerischen Nationalstaates und der Konstruktion der nationalen Identität. In einem zweiten Teil geht es dann um eine Konfrontation dieser imaginierten Räume mit kommunikativen Räumen der spätmittelalterlichen Eidgenossenschaft. Anhand der kommunikativen Strukturen und den Machtkonstellationen rund um die Verhandlungen der Tagsatzung, einem lockeren Ge-

1 Ich danke insbesondere Stephan Durrer, Mischa Gallati, Romy Günthart und Ursulina Wyss für Hinweise und Korrekturen.

2 Rudolf Maresch und Niels Werber, Permanenzen des Raums. In: dies. (Hg.), Raum – Wissen – Macht. Frankfurt am Main 2002, 7–30, hier 13.

sandtenforum, welches um 1415 entstand, werde ich zeigen, wie politische Räume verfahrensmäßig und durch Kommunikation strukturiert wurden.

Zunächst aber einige Bemerkungen zum Forschungsstand: Die Untersuchung von imaginierten Traditionen und überlieferten Mythen des Spätmittelalters ist in der schweizerischen Forschung seit einigen Jahren ein wichtiges Thema. Seit den 1990er Jahren sind tradierte Bilder und Diskurse einer spätmittelalterlichen unversehrten Eidgenossenschaft unter Druck geraten. Zahlreiche Forscher und Forscherinnen haben gezeigt, wie sich die Schweiz im 19. und 20. Jahrhundert ein Geschichtsbild schuf, welches Dauerhaftigkeit, Wehrhaftigkeit, Freiheitsdrang, Bauerntum und antimonarchischen Republikanismus in den Vordergrund stellte. Im Sinne der Erfindung von Traditionen wurde ein Arsenal von Bildern, welche teilweise seit dem Ende des 15. Jahrhunderts bestanden, umgeformt und zur Deutungsmatrix des entstehenden Nationalstaates gemacht.[3] Der Antagonismus Eidgenossen versus Habsburger spielte dabei eine wichtig Rolle.[4] Das kompakte Bild der spätmittelalterlichen Vergangenheit einer heilen Eidgenossenschaft wurde hauptsächlich im späten 18. und 19. Jahrhundert geformt und zusammengefügt.[5] Der Kategorie Raum

3 Vgl. dazu insbesondere: Manfred Hettling, Geschichtlichkeit. Zwerge auf den Schultern von Riesen. In: ders., Mario König, Martin Schaffner, Andreas Suter und Jakob Tanner (Hg.), Eine kleine Geschichte der Schweiz. Der Bundesstaat und seine Traditionen. Frankfurt am Main 1998, 91–132; Guy P. Marchal, Das „Schweizeralpenland“: eine imagologische Bastelei. In: ders. und Aram Matioli (Hg.), Erfundene Schweiz. Konstruktion nationaler Identität (Clio Lucernensis 1. Veröffentlichungen des Lehrstuhls für Allgemeine und Schweizer Geschichte Luzern) Zürich 1992, 37–49; ders., Die „alten Eidgenossen“ im Wandel der Zeiten. Das Bild der frühen Eidgenossen im Traditionsbewusstsein und in der Identitätsvorstellung der Schweizer vom 15. bis ins 20. Jahrhundert. In: Historischer Verein der fünf Orte (Hg.), Innerschweiz und frühe Eidgenossenschaft, Jubiläumsschrift 700 Jahre Eidgenossenschaft 2: Gesellschaft, Alltag, Geschichtsbild. Olten 1990, 307–403; ders., Geschichtsbild im Wandel 1732–1982. Historische Betrachtungen zum Geschichtsbewusstsein der Luzerner im Spiegel der Gedenkfeiern zu 1322 und 1386. Luzern 1982; Roger Sablonier, Die „Bauernstaat“-Ideologie. In: Neue Studien zum Schweizerischen Nationalbewusstsein – Nouvelles approches de la conscience nationale suisse (Itinera 13) 9–22; Matthias Weishaupt, Bruderliebe und Heldentod. Geschichtsbilder und Geschichtskultur in Festreden am schweizerischen Schützenfest in Glarus 1847. In: Andreas Ernst, Albert Tanner und Matthias Weishaupt (Hg.), Die Schweiz 1798–1998, Staat – Gesellschaft – Politik 1: Revolution und Innovation. Die konfliktreiche Entstehung des schweizerischen Bundesstaates von 1848. Zürich 1998, 61–78; ders., Bauern, Hirten und „frume edel puren“, Bauern- und Bauernstaatsideologie in der spätmittelalterlichen Eidgenossenschaft und der nationalen Geschichtsschreibung der Schweiz. Basel 1992; ders., Hirten, „Bauern&Bürger“ und Bauernsoldaten. Die ideologische Vereinnahmung der mittelalterlichen Bauern in der nationalen Geschichtsschreibung der Schweiz. In: Albert Tanner und Anne-Lise Head-König (Hg.), Die Bauern in der Geschichte der Schweiz (Schweizerische Gesellschaft für Wirtschafts- und Sozialgeschichte 10) Zürich 1992, 23–39.

4 Einen guten Einblick in die Forschungsproblematik liefern: Peter Stadler, Neuere Historiographie. Beiträge der deutschen Schweiz seit 1945. In: Schweizerische Zeitschrift für Geschichte 41 (1991) 10–28; Alois Niederstätter, Habsburg und die Eidgenossen im Spätmittelalter. Zum Forschungsstand über eine „Erbfeindschaft“. In: Schriften des Vereins für Geschichte des Bodensees und seiner Umgebung 116 (1988) 1–22.

5 Hettling, Geschichtlichkeit 93. Ich gehe im folgenden Beitrag nicht auf die längerfristigen Traditionsbildungen in Literatur, Musik und Malerei ein; zu bemerken gilt, dass erst im 19. Jahrhundert, insbesondere nach der liberalen Revolution von 1848 ein verstärkter nationaler Impetus festzustellen ist, welcher die Vergangenheit umformte und verklärte.

wurde in den bisherigen Untersuchungen größtenteils unter dem Aspekt der Erfindung der Alpen Beachtung geschenkt.[6] Noch wenig ist hingegen die Tradierung von imaginierten Räumen durch Quelleneditionen und Verfassungsgeschichte untersucht worden. Hier versucht der folgende Beitrag erste Gedanken zu formulieren. Ebenfalls noch kaum untersucht ist die kommunikative Durchdringung, Beherrschung und Überwindung von Raum durch die spätmittelalterlichen Herrschaftsträger der Eidgenossenschaft. Dies liegt vor allem an der verfassungshistorischen Tradition, welche die Eidgenossenschaft lange als homogenes staatliches und räumliches Gebilde betrachtete.[7] Hingegen wurden Abgrenzungsmechanismen sowie Raumdurchdringungskonzepte der Habsburger und anderer Herrschaftsträger durch Städtegründungen auf dem Gebiet der heutigen Schweiz in letzter Zeit mehrfach betrachtet.[8] Es fehlen jedoch noch übergeordnete Untersuchungen und Vergleiche zur Urkundenherstellung, zum Korrespondenz- oder zum Botenwesen der Städte und Länderorte der Eidgenossenschaft des 14. und 15. Jahrhunderts.[9]

---

6 Vgl. Jon Mathieu, Geschichte der Alpen, 1500–1900: Umwelt, Entwicklung, Gesellschaft. Wien 1998; dazu auch Hettling, Geschichtlichkeit 94; Marchal, Das „Schweizeralpenland"; detailliert zur Geschichte als geträumte Welten: Sascha Buchbinder, Der Wille zur Geschichte. Schweizergeschichte um 1900 – die Werke von Wilhelm Oechsli, Johannes Dierauer und Karl Dändliker. Zürich 2002.

7 Vgl. jedoch Roger Sablonier, Schweizer Eidgenossenschaft im 15. Jahrhundert. Staatlichkeit, Politik und Selbstverständnis. In: Josef Wiget (Hg.). Die Entstehung der Schweiz. Vom Bundesbrief 1291 zur nationalen Geschichtskultur des 20. Jahrhunderts. Schwyz 1999, 9–42; ders., Innerschweizer Gesellschaft im 14. Jahrhundert. Sozialstruktur und Wirtschaft. In: Historischer Verein der fünf Orte (Hg.), Innerschweiz und frühe Eidgenossenschaft, Jubiläumsschrift 700 Jahre Eidgenossenschaft 2: Gesellschaft, Alltag, Geschichtsbild. Olten 1990, 9–233.

8 So beispielsweise Helmut Maurer, Formen der Auseinandersetzung zwischen Eidgenossen und Schwaben: der „Plappartkrieg" von 1485. In: Peter Rück (Hg.), Die Eidgenossen und ihre Nachbarn im Deutschen Reich des Mittelalters. Marburg an der Lahn 1991, 193–214; Claudius Sieber-Lehmann, Spätmittelalterlicher Nationalismus. Die Burgunderkriege am Oberrhein und in der Eidgenossenschaft (Veröffentlichungen des Max-Planck-Instituts für Geschichte 116) Göttingen 1995; Martina Stercken, Kleinstadtgenese und herrschaftliche Raumerfassung in habsburgischen Gebieten westlich des Arlbergs. In: Peter Moraw (Hg.), Raumerfassung und Raumbewusstsein im späteren Mittelalter (Vorträge und Forschungen 49) Stuttgart 2002, 233–273; dies., Herrschaftsausübung und Landesausbau. Zu den Landfrieden der Habsburger in ihren westlichen Herrschaftsgebieten. In: Arno Buschmann und Elmar Wadle (Hg.), Landfrieden – Anspruch und Wirklichkeit (Rechts- und Staatswissenschaftliche Veröffentlichungen der Görres-Gesellschaft) Paderborn-München-Wien-Zürich 2002, 185–211; Thomas Meier, Territorialisierung der Gesellschaft? Überlegungen zu Raum und Raumstrukturen aus mediävistischer Sicht. In: Dokumente und Informationen zur schweizerischen Orts-, Regional- und Landesplanung 92/1 (1988) 29–35; auch: Paul Hofer, Die Städtegründungen des Mittelalters zwischen Genfersee und Rhein. In: Flugbild der Schweizer Stadt. Zürich 1963, 85–144; Franz Quarthal, Residenz, Verwaltung und Territorialbildung in den westlichen Herrschaftsgebieten der Habsburger während des Spätmittelalters. In: Peter Rück (Hg.), Die Eidgenossen und ihre Nachbarn im Deutschen Reich des Mittelalters. Marburg an der Lahn 1991, 61–85.

9 Vgl. jedoch Michael Jucker, Gesandte, Schreiber, Akten: Politische Kommunikation auf eidgenössischen Tagsatzungen im Spätmittelalter. Zürich 2004; ders., Körper und Plurimedialität. Überlegungen zur spätmittelalterlichen Kommunikationspraxis im eidgenössischen Gesandtschaftswesen. In: Karina Kellermann (Hg.), Der Körper in Mittelalter und Früher Neuzeit. Realpräsenz und symbolische Ordnung (Das Mittelalter 8) 2003, 68–83; auch Klara Hübner, „Nüwe mer us

Während im ersten Teil dieses Beitrages eine historiographiekritische, semantisch orientierte Analyse von imaginierten territorialen und landschaftlichen Räumen im Vordergrund steht, geht es im zweiten Teil um Medienproliferation und Einsatz von Medien zur Konstituierung von Macht- und Kommunikationsräumen, dies in Anlehnung an für andere Gebiete Europas bereits durchgeführte Untersuchungen.[10] Es geht mir also darum, imaginierte Räume einer spätmittelalterlichen Eidgenossenschaft mit einem kommunikationshistorischen Ansatz zu konfrontieren und grundsätzlich zu fragen, ob die Kommunikationsgeschichte zur Erforschung und Dekonstruktion von Raumvorstellungen weiterführende Überlegungen beitragen kann.

2. Raumvorstellungen des aufkommenden Nationalstaates

„Später als die meisten Teile unseres Landes tauchen die lieblichen Alpentäler der Urschweiz in der Geschichte empor. Keine Pfahlbauten umsäumten die Ufer ihres wildschönen Sees, und auch zur Römerzeit scheinen sie nur spärlich bewohnt gewesen zu sein. Erst nach der Völkerwanderung drangen freie und unfreie alamannische Ansiedler in die ‚Waldstätten' vor und lichteten die Wälder, die noch den größten Teil derselben bedeckten."[11]

Mit diesen Worten leitete Wilhelm Oechsli 1912 in seinem von den schweizerischen Behörden initiierten und 1885 erstmals erschienenen Lehrbuch den Beginn der mittelalterlichen Geschichte ein. Aus dem Dunkel der Geschichte steigt die eidgenössische Vergangenheit in einer spezifisch alpinen Landschaft empor. Diese Landschaft, ursprünglich praktisch unbesiedelt, ist nun Raum für Landnahme, historische Ereignisse und Besiedlung durch freie Hirten, die sich dann später gegen die habsburgische Unterdrückung heldenhaft zu wehren beginnen, wie Oechsli weiter berichtet.[12] Bei Oechslis Einleitung handelt es sich keineswegs nur um ein rhetorisches Prinzip. Vielmehr ist die Schilderung von Geschichte im Raum im ausgehenden 19. Jahrhundert typisch für die

Lamparten": Entstehung, Organisation und Funktionsweise spätmittelalterlicher Botenwesen am Beispiel Berns. In: Rainer C. Schwinges und Klaus Wriedt (Hg.), Gesandtschaftswesen im mittelalterlichen Europa vom 13. bis zum Anfang des 16. Jahrhunderts (Vorträge und Forschungen 60) Stuttgart 2003, 257–278.

10 Vgl. beispielsweise die Sammelbände: Moraw (Hg.), Raumerfassung, dort insbesondere die Beiträge von Heinz-Dieter Heimann, Räume und Routen in der Mitte Europas. Kommunikationspraxis und Raumerfassung 201–231; Carl A. Hoffmann und Rolf Kießling (Hg.), Kommunikation und Region (Forum Suevicum 4) Konstanz 2001; Hans Pohl (Hg.), Die Bedeutung der Kommunikation für Wirtschaft und Gesellschaft (Vierteljahresschrift für Sozial- und Wirtschaftsgeschichte. Beiheft 87) Stuttgart 1989; Heinz-Dieter Heimann und Ivan Hlaváček (Hg.), Kommunikationspraxis und Korrespondenzwesen im Mittelalter und in der Renaissance. Paderborn-München-Wien-Zürich 1998.

11 Wilhelm Oechsli, Schweizergeschichte für Sekundar-, Real- und Mittelschulen. Mit acht Karten. 4. durchges. Aufl. Zürich 1912, 34, vgl. auch die Erstauflage: ders., Lehrbuch für den Geschichtsunterricht in der Sekundarschule. Vaterländische Geschichte mit acht Karten. Zürich 1885, 20.

12 Ebd.

nationale Geschichtsschreibung. Dem Leser wird ein Bild geschildert, aus dem sich die Geschichte räumlich entfalten kann. Die Alpenlandschaft mit lieblichen Seen, Hirtenvölkern und wehrhaften Bauern, wie sie Oechsli auch anderswo schildert, wird zur Deutungsmatrix für den Beginn der schweizerischen Geschichte.[13] Aus der unbebauten Landschaft heraus entwickelte sich die Geschichte der freien Urschweiz, die gegen Außen verteidigt werden musste. Über dieser Landschaft schien eine „freiheitliche Sonne", so Oechsli.[14] Nicht Stadtluft, sondern ländliche Sonne macht frei. Auch in der Vorstellung anderer Historiker konnte sich „der Freie Mann der Frühzeit" in dieser alpinen Landschaft „behaupten".[15] Die Topographie der wilden Berglandschaft war Bedingung für die eidgenössische Freiheit; durch die Abgeschiedenheit und Rauheit entwickelte sich eine bäuerliche Freiheit anders wie „sonst im flachen Lande".[16] Diese Freiheit, im bäuerlichen Milieu der Urschweiz der drei Waldstätten Uri, Schwyz und Unterwalden entstanden, dann lange bewahrt und verteidigt, bildete den imaginierten Ursprung der eidgenössischen Geschichte. 1291 hätten sich die drei Orte zu einem gegen Habsburg gerichteten Bündnis zusammengeschlossen, sich auf dem Rütli, einer Wiese am Vierwaldstättersee, ewige Treue geschworen und das Bündnis in einer Urkunde, dem Bundesbrief, verschriftet. Dem Bündnis schlossen sich nach und nach die Orte Zürich, Bern, Luzern, Zug und Glarus an, und so entstand aus dieser ländlichen Urschweiz heraus die Eidgenossenschaft. Die national orientierten Historiker des 19. und 20. Jahrhunderts stellten sich die Entstehung der Eidgenossenschaft folglich als ein sich von der Berglandschaft her ausdehnendes kernhaftes Gebilde vor, welches sich ins Mittelland ausgoss, bis es an seine „natürlichen" Grenzen am nördlichen Rhein stieß.[17] Der Raum der Eidgenossenschaft erweiterte sich demzufolge also zwangsläufig aus der Natur und konzentrisch hin zu einem geschlossenen Territorium (siehe Abb. 1). Die Eidgenossenschaft, welche sich 1499 im Schwaben- bzw. Schweizerkrieg gegen das feindliche Habsburg letztmals erfolgreich wehrte und sich unumgänglich vom Reich löste, fand dann nach den kriegerischen Niederlagen in Norditalien um 1515 zu seiner ewig dauernden Neutralität.[18] Die Herleitung der eidgenössischen Freiheit erfolgte in den Nationalgeschichten stets zwangsläufig in Anbindung an diesen geographischen Raum, oder wie es Johannes Dierauer, ein wichtiger Historiker des 19. Jahrhunderts, formulierte: „Die drei Länder bildeten, wie eine föderative, so auch eine territoriale Einheit, die un-

13 Vgl. auch Wilhelm Oechsli, Die Anfänge der Schweizerischen Eidgenossenschaft. Zur Säkularfeier des ersten ewigen Bundes vom 1. August 1291, verfasst im Auftrage des Bundesrates. Zürich 1891. Zu Oechsli wichtig Buchbinder, Der Wille 101–163.

14 Zitiert in Buchbinder, Der Wille 142.

15 Anton Castell, Die Bundesbriefe zu Schwyz: Volkstümliche Darstellung der wichtigsten Urkunden eidgenössischer Frühzeit. Einsiedeln 1936, 20.

16 Ebd.

17 Vgl. Emil Dürr, Die auswärtige Politik der Eidgenossenschaft und die Schlacht bei Marignano. Ein Beitrag zum Ursprung und Wesen der schweizerischen Neutralität. Basel 1915, 12–13, 17.

18 Zur Neutralität als imaginierte Staatsmaxime vgl. Andreas Suter, Neutralität: Prinzip, Praxis und Geschichtsbewußtsein. In: Eine kleine Geschichte der Schweiz 133–188.

verrückbar als ein gesicherter Kern in den Bergen wurzelte [...] von ihnen strahlten die freiheitlichen Ideen aus".[19]

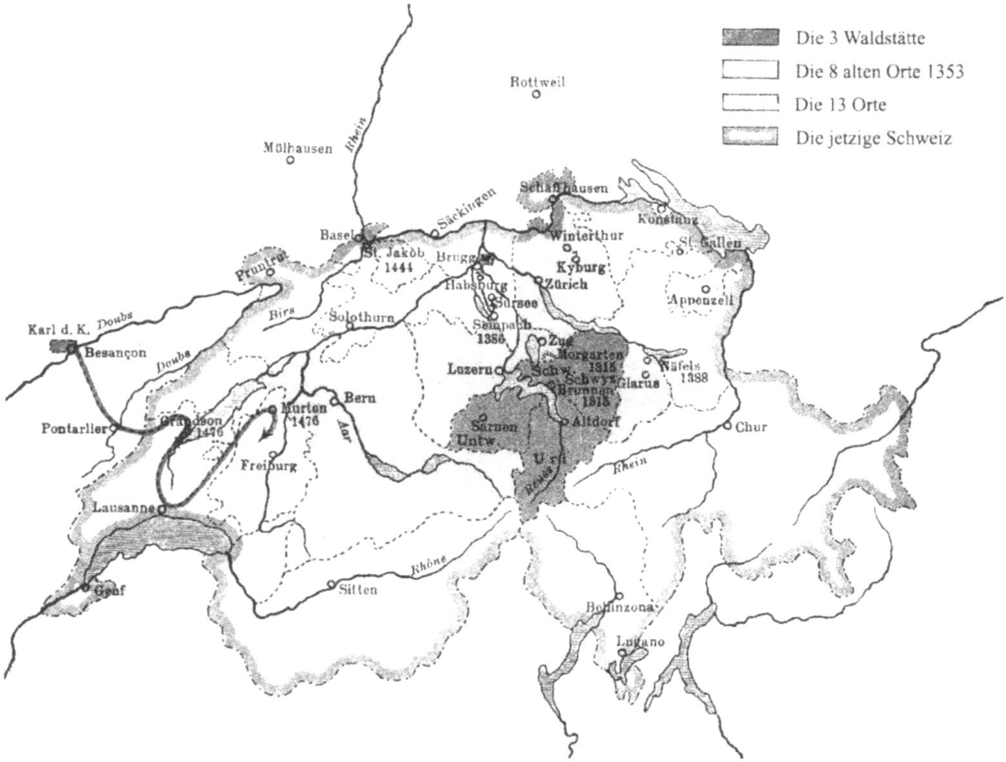

Abb. 1: Karte der Geschichte der Schweiz (nach: Karten und Skizzen aus der Geschichte des Mittelalters II, bearb. von Eduard Rothert. Düsseldorf 1896, Nr. 14)

In diesem imaginierten, sich konzentrisch ausdehnenden Bilderraum der Alpen entwickelten sich Freiheit und Wehrhaftigkeit ganz deutlich aus dem bäuerlichen Milieu und zwar hin zu einem Staat mit bürgerlich-bäuerlicher, einzigartiger Zusammenarbeit. Dieser Staat war in der nationalliberalen Vorstellung deutlich antiständisch und antimonarchisch geprägt.[20] Innerhalb des natürlich gegebenen Raumes Eidgenossenschaft waren alle Mitglieder gleich, ständische Unterschiede bestanden keine, schließlich hatte man ja den Adel vertrieben und besiegt. Ständische Unterschiede wurden nach Außen,

19 Dieraurer zitiert in: Weishaupt, Hirten, „Bauern&Bürger" 29.

20 Vgl. dazu Michael Jucker, Gesten, Kleider und Körperschmähungen. Ordnungsbrüche und ihre Wahrnehmung im Gesandtschaftswesen des Spätmittelalters und der Frühen Neuzeit. In: Marian Füssel und Thomas Weller (Hg.), Ordnung und Distinktion. Praktiken sozialer Repräsentation in der ständischen Gesellschaft. Münster (voraussichtlich 2004).

Gleichheitsvorstellungen nach Innen projiziert. Die Vertreibung des Adels war ein Akt, der sich aus der ländlichen Mentalität heraus historisch zwangsläufig entwickeln musste.[21] Die schweizerische Geschichtsschreibung des 19. und 20. Jahrhunderts hatte dieses Werden und Wachsen der Eidgenossenschaft als Entwicklung eines kriegerischen Bauernstaates gedeutet. So schrieb auch der Historiker Ernst Gagliardi in den 1920er Jahren, dass sich „die Hirten am Vierwaldstättersee [...] durch zähes Ringen eine demokratisch-partikularistische Selbstbestimmung" erkämpften. Aus diesem „Streben erwuchs", so Gagliardi, „die älteste Republik unseres Erdteils".[22] Die Eidgenossenschaft galt demnach als etwas besonderes und wurde zu einem Sonderfall empor stilisiert. Auch die schweizerische Demokratie hatte ihren Ursprung ebenfalls in der Urschweiz auf dem Rütli und wurde durch den Naturraum geprägt, so die nationalliberale Meinung. Aber auch die sozialistisch und klassenkämpferisch motivierte Forschung beispielsweise eines Robert Grimm dachte dem Raum der Urschweiz eine spezielle Bedeutung zu, obwohl sie sonst nichts von den Gründungsmythen hielt. Gerade was die Waldstätte betrifft, sah Grimm eine historische Ausnahme: Denn die Unwirtlichkeit des alpinen Raumes habe dazu beigetragen, „dass die ursprünglichen wirtschaftlichen, sozialen und politischen Daseinsformen [eine Art genossenschaftliche Urfreiheit] sich länger erhalten konnten als in den übrigen Gebieten des Landes".[23] Der Mythos einer freien Urschweiz mit alpinem Kern bot somit sowohl für liberale als auch linke Historiker eine ausreichend flexible Deutungsmatrix, um jeweils eigene politische Vorstellungen zu transportieren.

Welche weiteren politischen und gesellschaftlichen Funktionen kamen dem imaginierten und lange tradierten Raum beziehungsweise der schweizerischen Topographie in der national orientierten Geschichtsschreibung zu? Sicher ist es so, dass sich Verfassungs- und Nationalgeschichte ohne eine Raumvorstellung nicht denken lassen. National abgrenzbare Räumlichkeit und Territorialität sind Konzepte, die stark verknüpft sind mit Staat oder Region.[24] Die Geschichtsschreibung konnte sich Staatlichkeit gar nicht anders als ein sich räumlich ausdehnendes Modell vorstellen. Dies hatte auch politische Gründe. Denn es lässt sich noch eine weitere Bedeutung dieser Raumvorstellungen anführen: Prägend für die berühmte Kriegskraft und den unbeugsamen Freiheitswillen der eidgenössischen Bauern war in der imaginierten Bilderwelt der Nationalgeschichte die Berglandschaft, das raue, aber gemäßigte Klima und die zerklüftete Topographie. Diese Vorstellungen von alpinem Raum mit gesunder Wirkung und von den geographischen Strukturen als Konzepte und Erklärungsmuster für den Ursprung des Nationalen und Freiheitlichen in der alten Eidgenossenschaft reichten bis

21 Vgl. dazu beispielsweise Castell, Die Bundesbriefe zu Schwyz 7–21.

22 Gagliardi zitiert in: Weishaupt, Hirten, „Bauern&Bürger" 23.

23 Robert Grimm, Geschichte der Schweiz in ihren Klassenkämpfen. Zürich 1976, hier 29. Zur Rolle der Linken auch Felix Müller, Lieber national als international. Der Grütliverein zwischen nationaler und sozialer Identifikation. In: Urs Altermatt, Catherine Bosshart-Pfluger und Albert Tanner (Hg.), Die Konstruktion einer Nation. Nation und Nationalisierung in der Schweiz, 18.–20. Jahrhundert. Zürich 1998, 253–270.

24 Kießling, Kommunikation und Region 17–19.

ins 18. Jahrhundert und teilweise noch weiter zurück.[25] Während im 18. Jahrhundert diese Vorstellung der Raumdeterministik durch die Alpenlandschaft jedoch noch mehrheitlich volkserzieherischen Charakter hatte und von Pädagogen und Aufklärern geprägt war, diente der Alpendiskurs den Historikern im 19. Jahrhundert als Grundlage, um den Gründungsmythen der Befreiungsgeschichte nun eine betont nationale Bedeutung zu verleihen. Durch das Einbetten von Geschichte in den Raum wurden regionale Mythen zu national verorteten Nationalmythen. Mythen werden erst zu Mythen gemacht, indem sie in der Landschaft situiert werden, wie dies Roland Barthes formulierte. Im Mythos der imaginierten Bergwelt verbinden sich Raum und Geschichte zu einem ewig bestehenden Ganzen.[26]

Der Alpen- und Demokratiediskurs bot aber auch eine konfliktfreie Deutungsmatrix der Vergangenheit und diente somit der idealen Identitätsstiftung. Der schweizerische Nationalstaat nach 1848, umgeben von monarchischen Staaten, definierte sich stark über diese ländlich geprägte Vorstellung einer Alpenrepublik. Der Fokus auf die sich räumlich entwickelnde Urschweiz und die damit verbundenen Mythen bot nach der liberalen Revolution von 1848 auch eine Möglichkeit, einen für die unterlegenen konservativen Kantone, den politischen Verlierern und aristokratischen Anhängern der alten Ordnung akzeptierbaren Beginn der eidgenössischen Geschichte zu liefern. Der liberale Nationalstaat propagierte seine Herkunft durch eine Geschichte, die im Innern konfliktfrei begann und auch mit romantischen Gleichheitsvorstellungen kompatibel war. Am Anfang stand die Schwurszene von 1291 auf einer Wiese in der Berglandschaft. So ist es denn auch nicht verwunderlich, dass gerade die strukturschwachen, ökonomisch und militärisch unterlegenen Gebiete der Innerschweiz sozusagen mit dem Ursprungsmythos gleichsam entschädigt wurden. Die politische Peripherie wurde zum mentalen Zentrum der Schweiz gemacht. Dieser Entschädigungsgeste ist es wohl auch zu verdanken, dass das politische System der Schweiz nach 1848 bis heute beständig geblieben ist und sich die Inner- bzw. Urschweiz nicht zu einem destabilisierenden Raum entwickelt hat. Durch Schützenfeste, Schlachtfeiern und Rituale wurden die Ursprungsmythen tradiert. Religiöse Gräben konnten zugeschüttet und politische Differenzen durch den Nationalkult als alternative Zivilreligion bereinigt und verankert werden.[27] Die alpine Innerschweiz wurde zu einem ganzen System von Mnemotopen und zur eigentlichen Gedächtnislandschaft einer Nation:[28] Schillerdenkmal, Tellsplatte,

25 Für einen guten Überblick zu den längeren Traditionen immer noch grundlegend: Marchal, Die „alten Eidgenossen".

26 Ebd. 365; Roland Barthes, Mythen des Alltags. Frankfurt am Main 1964, 114; vgl. auch Buchbinder, Der Wille.

27 Vgl. Hettling, Geschichtlichkeit 96–111; Weishaupt, Schützenfeste 66; Marchal, Die „alten Eidgenossen" 365; Hauser, Zur Integrationspolitik des frühen Bundesstaates 245–252; sowie die weitere Literatur in Anm. 3.

28 Vgl. dazu auch Jan Assmann, Das kulturelle Gedächtnis, Schrift, Erinnerung und politische Identität in frühen Hochkulturen. München 1999, 34–60 sowie Maurice Halbwachs, Das kollektive Gedächtnis. Stuttgart 1976, 127–163.

Hohle Gasse, um nur einige künstlich geschaffene Gedächtnisorte zu nennen, wurden zum Naturraum der Gründungsmythen. Die Rütliwiese wurde geradezu alpinisiert, indem auf ihr in den 1860er Jahren die Kopie einer Alphütte errichtet wurde.[29] Die Natur wurde zur imaginierten räumlichen Vergangenheitsprojektion.[30] Diese erfundene ländliche Topographie diente außerdem der Abgrenzung gegen Außen. Schweizer oder Eidgenosse zu sein, bedeutete im aufkommenden Nationalismus Bauer, Krieger, Republikaner und Bürger zu sein. Der Bauer, bisweilen auch der Hirte, versinnbildlichte bis weit ins 20. Jahrhundert hinein das natürliche, ursprüngliche und antifeudale Idealbild. Je nach Bedürfnis der Politik und Historie war er, mustergültig dargestellt als Wilhelm Tell, natur- und landschaftsverbundener Ernährer der Nation, wehrhaft-kriegerischer oder republikanischer Bürger.[31]

Die heutige Forschung hat viele der tradierten Bilder und Mythen wie Wilhelm Tell, Arnold Winkelried und den Rütlischwur dekonstruiert und Demokratievorstellungen revidiert.[32] Doch offensichtlich sind diese Bilder hartnäckig und tief verankert. Denn wenn auch mittlerweile die historische Forschung festgehalten hat, dass wenig zu den Bauern in der Innerschweiz des 13. und 14. Jahrhunderts zu erfahren ist und die Führungskräfte dieser Region eher Handelsleute und aristokratisch geprägter Herkunft waren, also kaum von egalitären Strukturen gesprochen werden kann, wird das Bild des freien Bauern und der mittelalterlichen Alpenrepublik doch teilweise weiterhin tradiert. So wird in der Forschung nach wie vor vom „Bauernstaat" gesprochen.[33] Noch im Jahre 2000 erschien ein Aufsatz, der dieses Bild der bäuerlichen und bürgerlichen Freiheit aufrecht erhält und von einer realen Vertretung von Bürgern und Bauern durch Gesandte auf der Tagsatzung spricht und dem Gesandtenforum demokratische, parlamentarische Funktionen zuschreibt. Auch Michael Graves spricht in seinem neusten Buch „The Parliaments of Early Modern Europe" von der Tagsatzung als einem Parlament, in dem die Bauern und Bürger vertreten seien.[34] Dass dem nicht so war und die Ursachen solcher Tradierungen, sollen weiter unten erläutert werden.

---

29 Freundlicher Hinweis von Mischa Galatti; siehe Fosco Dubini, Der König und der Hofschauspieler. In: Neue Zürcher Zeitung Nr. 208, 7./8. September 1996, 69.

30 Vgl. dazu auch Simon Schama, Der Traum von der Wildnis. Natur als Imagination. München 1995.

31 Vgl. dazu die Literatur von Weishaupt in Anm. 3.

32 Vgl. die Literatur in Anm. 3; Benedikt Hauser, Zur Integrationspolitik des frühen Bundesstaates. In: Urs Altermatt, Catherine Bosshart-Pfluger und Albert Tanner (Hg.), Die Konstruktion einer Nation. Nation und Nationalisierung in der Schweiz, 18.–20. Jahrhundert. Zürich 1998, 245–252.

33 Vgl. Weishaupt, Hirten, „Bauern&Bürger" 25 mit Verweis auf Werner Rösener, Art. „Bauernstaaten". In: Lexikon des Mittelalters I (1980) Spalte 1622f.

34 Andreas Würgler, Die Tagsatzung der Eidgenossen. Spontane Formen politischer Repräsentation im Spätmittelalter und in der frühen Neuzeit. In: Peter Blickle (Hg.), Landschaften und Landstände in Oberschwaben. Bäuerliche und bürgerliche Repräsentation im Rahmen des frühen europäischen Parlamentarismus (Oberschwaben – Geschichte und Kultur 5) Tübingen 2000, 99–117, hier 111–117; Michael A. R. Graves, The Parliaments of Early Modern Europe. Harlow 2001, hier 22, 41, 168, dort sitzt er auch dem Mythos der Raumdeterministik auf, wenn er behauptet, dass die

Am Rande bemerkenswert sind ausgrenzende raumdeterministische Vorstellungen, die auch in der Schweiz seit dem frühen 20. Jahrhundert rassische Überformungen erlebten und zu nationalistischen Auswüchsen führten. Die Erfindung des *homo alpinus helveticus* als einer durch die Berge bestimmte Rasse verband biologistische und geographische Phantasien zu einer glücklicherweise auf wenig fruchtbaren Boden fallenden politischen Theorie. Doch der Mythos einer schweizerischen Rasse hielt sich bis in die 1940er Jahre.[35]

Ich möchte nun auf eine Raumvorstellung zu sprechen kommen, die eng mit den imaginierten Räumen der Urschweiz verknüpft war: Die Vorstellung des expandierenden staatlichen Raumes, der durch Editionen des 19. Jahrhunderts zementiert wurde. Mit der historistischen, empirisch orientierten quellenkritischen Forschung, die stark von Ranke und Savigny geprägt war, gerieten die raumdeterministischen Vorstellungen der Mythenwelt im 19. Jahrhundert massiv unter Druck.[36] Kaum ein schweizerischer Historiker des 19. Jahrhunderts studierte nicht auch einige Semester in Deutschland.[37] Dieser durchaus auch positive Einfluss der deutschen Geschichtswissenschaft förderte die kritische Auseinandersetzung mit den Quellen, verfeinerte die Methodik und brachte zahlreiche Editionen zustande. Der quellenkritischen Methode des Historismus und der Rankeschen Schule setzte sich allerdings bereits seit den 1880er Jahren ein „festes, nationales Ethos" entgegen.[38] Denn die kritische Urkundenlehre hatte einen schweren Stand in der Schweiz. Gegen die mittelalterlichen Mythen anzukämpfen, kam offensichtlich einem Kampf gegen Windmühlen gleich und grenzte schon im ausgehenden 19. Jahrhundert an Landesverrat. So kam es in der Schweiz nicht zu einer Entmythologisierung, sondern das Gegenteil stellte sich ein: Die Urkunden wurden den Mythen sozusagen angehängt, indem die Geschichtswissenschaft die Urkunden den vorhandenen alpinen Mythen zuordnete und die Mythen somit wissenschaftlich verankert wurden. Spätestens ab 1891 wurde mit dem heute wieder umstrittenen Bundesbrief von 1291 eine Urkunde zur Urcharta der Eidgenossenschaft emporstilisiert und zur Chiffre für den Freiheitsmythos gemacht.[39] Die Urkunde verankerte den vermeintlichen Beginn der Eidge-

---

Abgeschiedenheit und die Landschaft ausschlaggebend für die Entwicklung der Eidgenossenschaft waren.

35 Vgl. dazu Christoph Keller, Ob es den reinrassigen Schweizer gebe. Otto Schlaginhaufen und die Rassenfrage. In: Schweizerisches Landesmuseum (Hg.), Die Erfindung der Schweiz. Bildentwürfe einer Nation. Zürich 1998, 350–355; Georg Kreis, Der „homo alpinus helveticus". Zum schweizerischen Diskurs der 30er Jahre. In: Guy P. Marchal und Aram Mattioli (Hg.), Erfundene Schweiz. Zürich 1992, 175–190.

36 Vgl. Buchbinder, Der Wille 105–107; aber auch Jucker, Gesandte, Schreiber, Akten.

37 Einen kurzen Überblick liefert Richard Feller, Die Schweizerische Geschichtsschreibung im 19. Jahrhundert. Mit Beiträgen von Giuseppe Zoppi und Jean R. de Salis. Zürich 1938, der jedoch die ideologischen und fachspezifischen Einflüsse vernachlässigt.

38 Buchbinder, Der Wille 93.

39 Georg Kreis, Der Mythos von 1291. Zur Entstehung des schweizerischen Nationalfeiertags. In: Wiget (Hg.), Die Entstehung der Schweiz 43–102.

nossenschaft nun auch verfassungsmäßig. Dies hatte weit reichende Konsequenzen auf die Editionstätigkeit und die darauf aufbauende Forschung.[40]

Viele Urkunden- und Akteneditionen des 19. Jahrhunderts spiegelten bewusst oder unbewusst einen chronologisch und geographisch imaginierten, mit Mythen angereicherten Raum. Denn Quelleneditionen sind keine Zufallsprodukte und entwickeln unkontrollierbare Nachhaltigkeit. Sie schreiben Geschichte und Räume fest, konstituieren, annektieren und kanonisieren sie. Die Editionen des 19. Jahrhunderts schufen einen imaginierten Rechtsraum, der die darauf aufbauende Forschung prägte und immer noch prägt. Quelleneditionen entstanden meistens aus der politischen Motivation, den Urgründen der Geschichte des eigenen Volkes nachzugehen und die gesamtvaterländische Vergangenheit aufzuarbeiten. Zudem orientierten sie sich zugleich an der Vorstellung des nationalen Staates des 19. Jahrhunderts.[41] In Verbindung mit den nationalen Philologien stellten die großen Editionen des 19. Jahrhunderts ein „Doppelwerkzeug des Nationalismus"[42] bereit. Was Patrick J. Geary kürzlich mit dieser Metapher für die Entstehung und Wirkung der MGH überspitzt, aber im Grunde zutreffend formulierte, kann in den meisten jungen Staaten Europas nachgewiesen werden.[43] Die Ausrichtung an einer einzigen Nationalsprache und die Etablierung einer Nationalphilologie funktionierten im Gegensatz zu Deutschland und Frankreich für die junge Schweiz nicht, da die alte Eidgenossenschaft und auch der neue Bundesstaat ab 1848 als vielsprachiges Gebilde dazu wenig geeignet war. Die Geburt des Volkes der Schweizer musste bzw. konnte somit nicht durch die alleinige Suche nach einer ursprünglichen Sprache bewerkstelligt werden. Das Werkzeug des Nationalismus war deshalb für die Eidgenossenschaft nicht ein doppeltes. Viel ausgeprägter als anderswo funktionierte deshalb die Erfindung der Nation aufgrund der vermeintlich gemeinsam geprägten Geschichte. Deshalb wurde die Suche nach historischen Wurzeln umso mehr anhand von Staatlichkeit und Freiheitsvorstellungen vorangetrieben. Gerade weil die gemeinsame Sprache fehlte, musste die eingebildete gemeinsame Vergangenheit die mangelnde Doppelfunktion kompensieren.[44]

40 Ebd. und Roger Sablonier, Der Bundesbrief von 1291: eine Fälschung? Perspektiven einer ungewohnten Diskussion. In: Mitteilungen des historischen Vereins des Kantons Schwyz 85 (1993) 13–25; ebenfalls abgedruckt in Wiget (Hg.), Die Entstehung der Schweiz.

41 Konrad Repgen, Akteneditionen zur deutschen Geschichte des späteren 16. und des 17. Jahrhunderts. Leistungen und Aufgaben. In: Lothar Gall und Rudolf Schieffer (Hg.), Quelleneditionen und kein Ende? (Historische Zeitschrift. Beiheft N. F. 28) München 1999, 37–79, hier 49.

42 Patrick J. Geary, Europäische Völker im frühen Mittelalter. Zur Legende vom Werden der Nationen. Frankfurt am Main 2002, 40.

43 Ebd. 40–45. Zur Geschichte der MGH vgl. auch Rudolf Schieffer, Die Erschließung des Mittelalters am Beispiel der Monumenta Germanica Historica. In: Gall und Schieffer (Hg.), Quelleneditionen 1–15, besonders 4–5; vgl. auch Rainer Kipper, Der Germanenmythos im Deutschen Kaiserreich. Formen und Funktionen historischer Selbstthematisierung (Formen der Erinnerung 11) Göttingen 2002.

44 Vgl. Oliver Zimmer, Competing Memories of the Nation: Liberal Historians and the Reconstruction of the Swiss Past 1870–1900. In: Past and Present 168 (2000) 194–226, hier 198–199.

Die staatsideologische Ausrichtung auf die Gründungsgeschichte der Eidgenossenschaft und deren Einfluss auf die Herausgabe von Quellen lässt sich sehr nutzbringend an der Entstehung und Ausrichtung der Edition der Akten der Tagsatzung zeigen.[45] Diese Quellensammlung war eines der größten nationalen Werke des 19. Jahrhunderts. Sie dokumentierte nach ihrer Vollendung die Akten der Tagsatzung von 1291 bis 1848 und umfasste schon für die Zeit bis 1798 über 20 Bände. Ähnlich wie es Peter Moraw für die Edition der Reichstagsabschiede feststellte, lässt sich auch bei der Entstehung der „Amtlichen Sammlung der älteren eidgenössischen Abschiede" eine chronologische und räumliche Rückprojektion der Ereignisse konstatieren. Auch bei diesem nationalen Werk sollte eine Institution, nämlich die Tagsatzung – wie der Reichstag ein Gesandtenforum – möglichst früh angesiedelt werden.[46] Die Idee, eine Edition der eidgenössischen Abschiede in die Wege zu leiten, entstand im aufkommenden Nationalismus der Eidgenossenschaft um 1818. Sie stellte das erste nationale Quellenwerk dar. Der ursprüngliche Plan für den spätmittelalterlichen Teil war eine Quellensammlung der „wichtige(n) vaterländische(n) Verhandlungen", es sollte ein „möglichst vollständiges Repertorium aller Abschiede und Akten" des 15. Jahrhunderts erstellt werden.[47] Jedoch deckte die 1839 gedruckte „Amtliche Sammlung der älteren eidgenössischen Abschiede. Mit den ewigen Bünden, den Friedbriefen und andern Hauptverträgen als Beilagen" nicht das 15. Jahrhundert ab. Vielmehr erstreckt sie sich nun über den Zeitraum von 1291 bis 1420,[48] allen Urkunden vorangestellt war der Bundesbrief von 1291! Die vom konservativen Luzerner Historiker Eutych Kopp zwar widerwillig, aber mit Fleiß bearbeitete Vorlage war nun eine Quellensammlung, die der ursprünglichen Idee einer reinen Aktenpublikation des 15. Jahrhunderts nicht mehr entsprach, sondern vielmehr eine Rückprojektion der Verhältnisse suggerierte und mehrheitlich Urkunden und Bündnisse statt Akten in Form von Abschieden enthielt.[49] Dies änderte sich auch nicht mit der Zweitauflage von 1874, welche ebenfalls durch einen konservativen Luzerner Histori-

45 Vgl. detailliert Jucker, Gesandte, Schreiber, Akten 33–62.

46 Peter Moraw, Versuch über die Entstehung des Reichstags. In: Rainer C. Schwinges (Hg.), Über König und Reich. Aufsätze zur deutschen Verfassungsgeschichte des späten Mittelalters. Aus Anlaß des 60. Geburtstags von Peter Moraw am 31. August 1995. Sigmaringen 1995, 207–242.

47 Jakob Kaiser (Bearb.), Amtliche Sammlung der neueren eidgenössischen Abschiede 1. Bern 1842, § 6, 25.

48 Jucker, Gesandte, Schreiber, Akten; Alfred Häberle, Die Amtliche Sammlung der älteren Eidgenössischen Abschiede. Entwurf zu einer Geschichte des Unternehmens unter besonderer Berücksichtigung der Bearbeiter aus Luzern und der Innerschweiz. In: Der Geschichtsfreund 113 (1960) 5–80, hier 13–18; Historisch-Biographisches Lexikon der Schweiz, hg. von der Allgemeinen Geschichtsforschenden Gesellschaft der Schweiz. 7 Bde. und 1 Supplement. Neuenburg 1921–1934, hier Bd. 1, Art. „Abschiede, eidg." 70f.; sowie praktisch unverändert: Art. „Abschiede, eidg." Historisches Lexikon der Schweiz 1. Basel 2002, 70.

49 Amtliche Sammlung der älteren Eidgenössischen Abschiede. Mit den ewigen Bünden, den Friedbriefen und andern Hauptverträgen, als Beilagen, hg. von Eutych Kopp. Luzern 1839 (zitiert als EA I 1. Aufl.).

ker, nämlich Philipp Anton von Segesser, bearbeitet wurde.[50] Band 1 sollte wohl vielmehr die Entstehung der achtörtigen Eidgenossenschaft dokumentieren und das „Werdende" der Geschichte hervorheben.[51] Dass die Edition mit dem Bundesbrief von 1291 beginnt, ist für die Zeit der anbrechenden patriotischen Bewegung symptomatisch.[52] Der Bundesbrief wurde zur Charta der Urschweiz und, was hier von Interesse ist, auch zum Beginn der Tagsatzung gemacht. Die Neuschaffung der Institution Tagsatzung wurde durch die Edition ins 13. Jahrhundert zurückgeschoben, dort mit dem Bundesbrief verankert und damit sozusagen in den Raum der Urschweiz verpflanzt. Die teleologische Modellvorstellung eines sich von einer Bundesurkunde aus konzentrisch entwickelnden Staates war bei der Erstellung der Edition somit ebenfalls dominant, was nach den oben geschilderten gängigen Vorstellungswelten nicht weiter erstaunlich ist. Aber auch die Edition selbst suggeriert eine räumliche, konzentrisch verlaufende Ausdehnung der alten Eidgenossenschaft. Zuerst kommen im Band 1 die drei Waldstätten Uri, Schwyz und Unterwalden zum Zuge, und um diese herum gliedern sich dann sukzessive die weiter zur Eidgenossenschaft stoßenden Orte. Auffallend ist dabei, dass der Band bis 1415 praktisch nur Quellen aus innerschweizerischen Archiven enthält, obwohl auch in anderen, insbesondere städtischen Archiven Material zur Gründungsgeschichte vorhanden ist.[53] Eine Dominanz der Innerschweiz in der Edition durch das zeitgleiche Zusammenspiel von verwissenschaftlichten Gründungsmythen und von konservativ orientierten, innerschweizerischen Editoren lässt sich vermuten.[54]

Die Tagsatzung wurde durch die Edition allerdings darüber hinaus erst zu einem Organ gemacht, welches raumübergreifende staatliche und rechtliche Funktionen erfüllte. Dies zeigt sich anhand von zwei bemerkenswerten Phänomenen: Erstens wurden in der Edition viele schiedsgerichtliche Urkunden der Tagsatzung zugeschrieben, obwohl das Forum im Spätmittelalter praktisch keine schiedsgerichtliche Funktionen übernahm.[55] Zweitens nahmen die Editoren auch Urkunden, Akten und Briefe auf, die von einzelnen Orten erstellt wurden und mit der Tagsatzung überhaupt nichts zu tun hatten, ihr aber offensichtlich zugedacht wurden. Der Einfluss der Tagsatzung auf die inneren Verhält-

50 Amtliche Sammlung der älteren Eidgenössischen Abschiede I: Die Eidgenössischen Abschiede aus dem Zeitraume von 1245 bis 1420, hg. von Anton Philipp Segesser. Luzern 1874 (zitiert als EA I).

51 Briefwechsel des Herausgebers der 2. Aufl.: Victor Conzemius (Hg.), Briefwechsel Philipp Anton von Segesser (1817–1888). 6 Bde. Versch. Orte 1983–1995, hier Bd. 5, 102.

52 Der Bundesbrief von 1291 bildet zwar Nr. 2 der Edition, Nr. 1 beinhaltet jedoch nur Versuche, das im Bundesbrief erwähnte frühere Bündnis zu dokumentieren.

53 Vgl. EA 1, 1–142. Zu einer Gründungsgeschichte aus anderer Perspektive vgl. Roger Sablonier, Die Grafen von Rapperswil: Kontroversen, neue Perspektiven und ein Ausblick auf die „Gründungszeit" der Eidgenossenschaft um 1300. In: Der Geschichtsfreund 147 (1994) 5–44.

54 Vgl. dazu detailliert Jucker, Gesandte, Schreiber, Akten 33–52; Häberle, Die amtliche Sammlung.

55 Immer noch grundlegend zur Schiedsgerichtsbarkeit in der Eidgenossenschaft: Emil Usteri, Das öffentlich-rechtliche Schiedsgericht in der Schweizerischen Eidgenossenschaft des 13.–15. Jahrhunderts. Ein Beitrag zur Institutionengeschichte und zum Völkerrecht. Zürich 1925; vgl. auch: Tamara Münger, Hanse und Eidgenossenschaft – zwei mittelalterliche Gemeinschaften im Vergleich. In: Hansische Geschichtsblätter 119 (2001) 5–48.

nisse der einzelnen Orte war jedoch geringer als die Edition suggeriert. Auch verfügte das Gesandtenforum über keinerlei Vollzugsorgane, den politisch erreichten Konsens durchzusetzen. Aufschlussreich im Zusammenhang mit Raumvorstellung ist, dass der geographische Bezugsrahmen der Editoren die Landesgrenzen der Schweiz von 1848 darstellte. So wurden zwar Verträge und Bündnisse mit der Westschweiz in die Edition aufgenommen, während andere Schriftstücke aus dem geographischen Rahmen fielen, da sie nicht innerhalb der heutigen nationalen Grenzen geschrieben wurden.[56] Die begriffliche Vermischung und Verschmelzung von Städtetagen, Bündnistagen, Schiedsgerichten und schiedsgerichtsähnlichen Verhandlungen zu einer einheitlichen Institution Tagsatzung wurde in der Edition so weit geführt, dass Friedensvermittler, Obmänner etc. als „Boten", also als eidgenössische Gesandte, anstatt als Schiedsleute im Regest aufgeführt sind.[57]

Imaginierte Räume werden somit in Editionen tradiert und in die historische Forschung hinein getragen. Im Speziellen sind dies einerseits die mythischen Ursprungsräume der Urschweiz und deren Ausdehnung nach 1291 und andererseits die nationalen Grenzen des modernen Staates, welcher als Bezugsrahmen der Edition diente. Beide Raumvorstellungen prägten die Forschung zur schweizerischen Verfassungs- und Politikgeschichte nachhaltig. Der Tagsatzung wurde dabei auf der einen Seite eine zu große Rolle als staatliches Organ zugesprochen, auf der anderen Seite soll sie auch Raum strukturierend gewirkt haben. Dies zeigt sich insbesondere in der nach wie vor stark beachteten Arbeit von Robert Joos aus dem Jahre 1925 zur Entstehung der Tagsatzung. Joos betrachtete die Tagsatzung als „zwischenörtliche Regierungs- und Verwaltungsbehörde"[58] und als ein „gemeineidgenössisches Organ", das durch den „natürlichen Lauf der Dinge zum Ausdruck der eidgenössischen Orte, auf die es [...] einigend zu wirken vermochte", wurde.[59] Die Tagsatzung war seiner Meinung nach eine bürokratische Regierungsbehörde, welche überregionale Kompetenzen an sich zog. Zudem sah er die Ursprünge der Tagsatzung im Bündnis von 1291![60] Imaginierte Räume vermischten sich somit durch Editionen zusammen mit Verfassungs- und Nationalgeschichte zu einem staatlichen, räumlich orientierten Konstrukt, das so nicht existiert hatte, dies soll nachfolgend gezeigt werden.

---

56 Bei einer Neufassung der Edition überlegte man sich in den 1960er Jahren, auch ausländische Archive zu konsultieren, soweit ist es jedoch nie gekommen. Vgl. dazu Häberle, Die amtliche Sammlung 77–79.

57 Vgl. z. B. EA I, Nr. 74 (22. 6. 1348).

58 Robert Joos, Die Entstehung und rechtliche Ausgestaltung der eidgenössischen Tagsatzung bis zur Reformation. Schaffhausen 1925, 30.

59 Ebd. 35.

60 Vgl. auch Johann Conrad Bluntschli, Geschichte des schweizerischen Bundesrechts von den ersten ewigen Bünden bis auf die Gegenwart. 2. Aufl. Stuttgart 1875. Wie bereits erwähnt, ist auch Würgler noch der Ansicht, dass sich die Tagsatzung aus dem 1291er Bündnis entwickelte, vgl. oben Anm. 34.

3. Kommunikationsräume in der spätmittelalterlichen Eidgenossenschaft

Betrachtet man die Kommunikationsstrukturen und Machtverhältnisse des 14. und 15. Jahrhunderts, so gestalten sich diese gänzlich anders, als es sich die ältere Forschung und Editoren vorgestellt haben. Die Eidgenossenschaft entwickelte sich nicht aus dem Kerngebiet der alpinen Innerschweiz. Die drei Städte Zürich, Bern und Luzern prägten die Entstehung der Eidgenossenschaft sehr viel stärker. Sie bildeten Kristallisationspunkte in einem wirren Bündnisgeflecht (siehe Abb. 2).

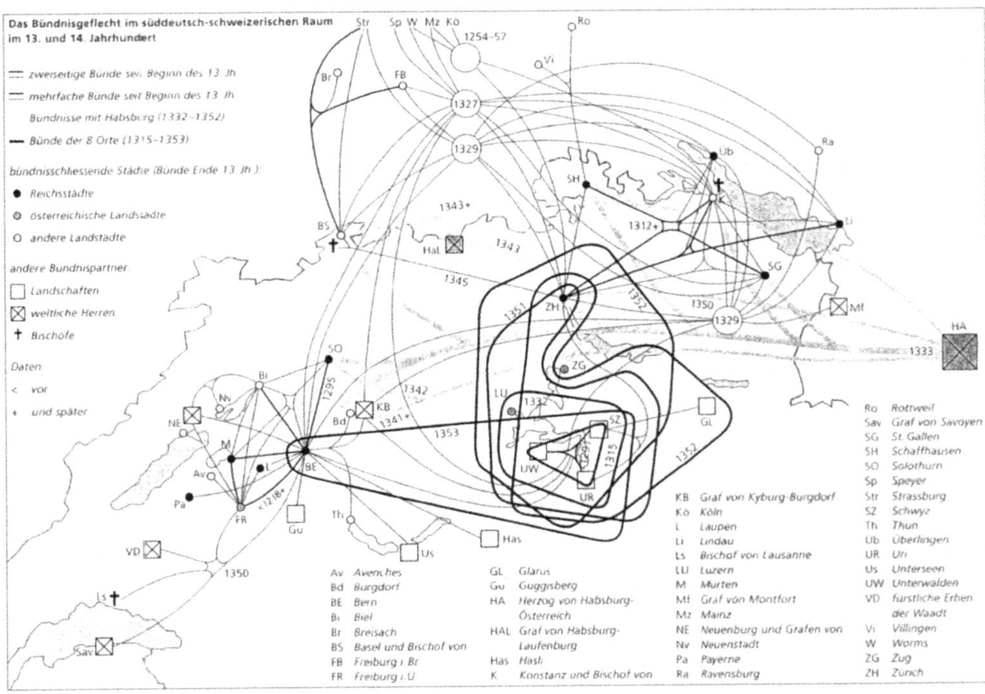

Abb. 2: Das Bündnisgeflecht im süddeutsch-schweizerischen Raum im 13. und 14. Jahrhundert (aus: Pierre Felder, Helmut Meyer u. a., Die Schweiz und ihre Geschichte. Zürich 1998, 141)

Diese Bündnisse entwickelten sich nicht zielgerichtet zu einem Staat hin.[61] Sie waren zudem alle bilateraler Art. Es gab bis 1481 kein alle Orte umfassendes unilaterales Ver-

61 Vgl. neuerdings: Dorothea A. Christ, Stabilisierende Konflikte und verbindende Abgrenzungen: Die Eidgenossen und ihre Bündnisse im Spätmittelalter. In: Hoffmann und Kießling (Hg.), Kommunikation und Region 139–161.

tragswerk. Die acht vollberechtigten Mitglieder vereinigte nicht einmal ein gemeinsames Bündnis und auch kein gemeinsam geschworener Eid. Somit wäre die Eidgenossenschaft genossenschaftsrechtlich gesehen gar keine Eid-Genossenschaft.[62] Das Geflecht wuchs nicht aus einem einzigen Kern, sondern war vielmehr ein Netz aus städtischen Kristallisationspunkten, die unterschiedliche, oft stark divergierende Interessen hatten. Bern orientierte sich gegen Westen, Zürich gegen Norden, und Luzern tendierte mit Uri eher Richtung Süden. Es lässt sich somit nicht von einem gemeinsamen Staat sprechen. Die städtische und ländliche Erwerbspolitik verlief oft zufällig, gegen- und sogar rückläufig und profitierte zumindest teilweise von der mangelnden Präsenz der habsburgischen Landesherrschaft. So war denn auch die Eroberung des Aargaus 1415 mehr oder weniger ein Zufallsprodukt und durch die Politik Sigismunds von Luxemburg-Böhmen bestimmt. Er führte eine betont städtefreundliche Politik.[63]

Eng mit der Eroberung des Aargaus war auch die Entstehung der Tagsatzung als Kommunikationsort verbunden. Ihre Ursprünge lassen sich genauso wenig wie die Entstehung der Eidgenossenschaft in der Urschweizer Landschaft und dem bäuerlichen Milieu finden. Die Tagsatzung lässt sich verfassungsmäßig auch nicht durch die schriftlichen Bündnisse der Waldstätte oder durch spätere Bündnisse abstützen.[64] Entscheidend für die Konstituierung überregionaler Gesandtentreffen waren erst die zufällig, aber gemeinsam eroberten Gebiete des Aargaus, ein sehr viel späterer Zeitpunkt, als die amtliche Edition der Abschiede suggeriert. Denn erst seit 1415 mussten Gesandte der Orte zwangsläufig zusammenkommen, um die Verwaltung des neuen gemeinsamen Besitzes zu organisieren sowie außen- und innenpolitische Probleme zu lösen.[65] Von staatlichen Funktionen der Tagsatzung zu sprechen, ist jedoch darüber hinaus kaum möglich. Die Tagsatzung war nur Austauschforum der einzelnen Gesandten, die Abgeordnete der acht Orte und meist Mitglieder der lokalen politischen Kommunen waren. Auf den Tagsatzungen kamen eine unregelmäßige Anzahl Gesandter der Orte Zürich, Bern, Luzern, Uri, Schwyz, Unterwalden, Zug und Glarus zusammen. Da jeder Ort von seinem Rektratsrecht Gebrauch machen konnte und die Abmachungen keine Verbindlichkeiten aufwiesen, entstand zumindest für das Spätmittelalter noch kein wirksames raumübergreifendes Recht, welches für die ganze Eidgenossenschaft Gültigkeit gehabt hätte. Einen gemeinsamen Rechtsraum gab es außerhalb der eroberten Gebiete nicht. Die Gesandtentreffen waren ad hoc gebildete Foren, die unregelmäßig und an verschie-

62 So Münger, Hanse und Eidgenossenschaft 7.

63 Sablonier, Schweizer Eidgenossenschaft 16; Stercken, Kleinstadtgenese 272f., die eher die starke Kontinuität der Habsburger betont, vgl. auch Münger, Hanse und Eidgenossenschaft; Niederstätter, Habsburg und die Eidgenossen; Hans Conrad Peyer, Verfassungsgeschichte der alten Schweiz. Zürich 1978, besonders 31–42; Karl S. Bader, Der deutsche Südwesten in seiner territorialstaatlichen Entwicklung. Stuttgart 1950; Dürr, Die auswärtige Politik 4–9. Ähnliche Gedanken zu Flandern in: Peter Stabel, Urbanization and its consequences: spatial developments in late medieval Flanders. In: Moraw, Raumerfassung 179–201, besonders 188.

64 Dieser Meinung waren 1925 Joos und auch noch 2000 Würgler.

65 Vgl. dazu auch Münger, Hanse und Eidgenossenschaft 11.

denen Orten stattfanden. Einzig die politischen Konflikte und Bedürfnisse entschieden unter den Eidgenossen über ein Zusammenkommen. Die Tagsatzung hatte keine gemeinsame Kanzlei, kein gemeinsames Archiv und kein gemeinsames Siegel.

In welchen kommunikativ strukturierten Räumen fanden nun diese Tagsatzungen statt? Untersucht man die Orte der Treffen des 15. Jahrhunderts, so ist festzustellen, dass nicht etwa die Waldstätte, sondern die Städte in allen Belangen führend waren. Im ganzen 15. Jahrhundert fanden die Treffen meist in städtischen Rathäusern, bisweilen auch in Wirtshäusern statt.[66] Bei den Treffen waren die Städte in unterschiedlichem Maß dominierend. Am häufigsten trafen sich die Gesandten im 15. Jahrhundert in Luzern. Aber auch Zürich und Bern waren, wenn auch seltener, beliebte Treffpunkte. Diese Dominanz der Städte hatte zwei Ursachen: Zum einen war es sicher auch die „geopolitische Lage der Stadt".[67] Zum andern, und dies scheint mir entscheidender zu sein, bildeten die Städte wichtige machtpolitische Austauschnetze. Hier flossen mündliche und schriftliche Informationen, Herrschaftswissen und politisches Know-how zusammen. Dazu gehörte auch die Verfügbarkeit über Schriftlichkeit. Durch ihre städtischen Kanzleien kontrollierten Zürich, Bern und Luzern dieses herrschaftspolitisch wichtige Wissen. Gut ausgebildete Stadtschreiber waren stets auf den Tagsatzungen anwesend und protokollierten die Sitzungen. Sie verfassten Urkunden, Missive und Abschiede. Sie waren es auch, die das Herrschaftswissen sammelten und in Kanzleitruhen aufbewahrten und je nach Bedarf wieder gebrauchten.[68] Es entstanden somit Kommunikationsräume, die stark städtisch und zunehmend auch durch Schriftlichkeit geprägt waren.[69] Je nach politischen Konstellationen dominierten unterschiedliche, sich ständig verschiebende Kommunikationsräume. Die Schriftproduktion wurde entlang aktueller politischer Machtstrukturen verteilt, die sich immer wieder wandelten: In der Schriftproduktion spielte nach 1415 zuerst Luzern eine entscheidende Rolle, wurde nach dem Burgunderkrieg um 1476 dann aber teilweise durch Bern und auch Zürich ersetzt beziehungsweise ergänzt, während sich die Länderorte, obwohl auch sie über Schriftlichkeit verfügten, auf das Initiieren von tagsatzungsrelevanter Schriftlichkeit über die

---

66 Vgl. dazu auch Jucker, Gesten, Kleider und Körperschmähungen.

67 Münger, Hanse und Eidgenossenschaft 9.

68 Zu den Archivtruhen als Orte des Wissens vgl. Cornelia Vismann, Akten. Medientechnik und Recht. Frankfurt am Main 2000, 91–100, 169–184; vgl. zur Überlieferung allgemein auch Arnold Esch, Überlieferungs-Chance und Überlieferungs-Zufall als methodisches Problem des Historikers. In: Historische Zeitschrift 240 (1985) 529–570.

69 Vgl. dazu meinen Beitrag: Michael Jucker, Vom klerikalen Teilzeitangestellten zum gnädigen Kanzler: Aspekte der spätmittelalterlichen Bildungswege der Stadtschreiber in der Eidgenossenschaft. In: Thomas Hildbrand, Thomas David, Thomas Ch. Müller und Muriel Surdez (Hg.), Geteilte (Aus-)Bildungswelten – Les divisions du monde de la formation. In: Traverse 27/3 (2002) 45–54; Konrad Wanner, Schreiber, Chronisten und Frühhumanisten in der Luzerner Stadtkanzlei des 15. Jahrhunderts. In: Jahrbuch der Historischen Gesellschaft Luzern 18 (2000) 2–44; Urs Martin Zahnd, Studium und Kanzlei. Der Bildungsweg von Stadt- und Ratsschreibern in eidgenössischen Städten des ausgehenden Mittelalters. In: Rainer C. Schwinges (Hg.), Gelehrte im Reich. Zur Sozial- und Wirtschaftsgeschichte akademischer Eliten des 14. bis 16. Jahrhunderts (Zeitschrift für historische Forschung. Beiheft 18) Berlin 1996, 453–476.

Städte begnügten. Auch wenn Missive von der Tagsatzung an einzelne Orte oder fremde Mächte ausgingen, wurde die Produktion entweder ad hoc geregelt, oder aber meistens an die Städte weiter delegiert. Die Tagsatzung hatte im innereidgenössischen brieflichen Kommunikationsnetz zudem eine schwache Funktion als Kommunikationszentrum.[70] Ab 1470 gehen zwar vermehrt Missive von Treffen an die Orte aus, die quantitative Zunahme liegt jedoch nicht an einer verstärkten administrativen oder gar Raum beherrschenden Tätigkeit, sondern an den zunehmend schwierig verlaufenden Verhandlungen auf den Tagsatzungen selbst. Nach wie vor waren es die drei erwähnten Städte, welche das Korrespondenzwesen dominierten.[71] Die realpolitische städtische Dominanz auf der Tagsatzung spiegelte sich auch im diplomatischen Verfahren, in Rangdarstellung und in der Repräsentation von Vormacht durch Kleidung. Die Tagsatzung war somit Schauraum der ungleichen Machtverhältnisse. Dies entgegen der tradierten Forschungsmeinung, welche die Gleichheit unter den Orten immer wieder heraushob und von Vorformen eines „republikanischen" und „bürgerlich-bäuerlichen" Parlaments sprach.[72]

Die städtischen Gesandten drückten ihre führende Rolle dadurch aus, dass sie bei Umfrageverfahren den Vorrang genossen. Die ländlichen Gesandten durften ihre Stimme erst nach ihnen abgeben. Auch das Siegeln von Urkunden, Verträgen und Vereinbarungen war klar strukturiert. Zürich, Bern und Luzern siegelten vor den ländlichen Orten und dem Städtchen Zug. Am Schluss reihte sich der Ort Glarus ein, welcher die schwächste Rolle im Bündnissystem spielte und bisweilen auch angewiesen wurde, sich aus gewissen Geschäften herauszuhalten, da er nicht zur Teilnahme berechtigt sei.[73] Ein einziges Mal wurde diese Reihenfolge mit städtischem Vorrecht 1480 aufgehoben, aber nur um Zeit zu sparen.[74] Auch in den Gesandtenlisten der anwesenden Abgeordneten erscheinen die Städte Zürich, Bern und Luzern immer als erste, gefolgt von den übrigen

---

70 Zum Forschungsgegenstand von Kommunikationszentren: Georg Mölich und Gerd Schwerhoff (Hg.), Köln als Kommunikationszentrum. Studien zur frühneuzeitlichen Stadtgeschichte (Der Riss im Himmel 4) Köln 2000; Gert Melville, Rituelle Ostentation und pragmatische Inquisition. Zur Institutionalität des Ordens vom Goldenen Vlies. In: Heinz Duchhardt und Gert Melville (Hg.), Im Spannungsfeld von Recht und Ritual. Soziale Kommunikation in Mittelalter und Früher Neuzeit (Norm und Struktur 7) Köln-Weimar-Wien 1997, 215–271; Peter Moraw, Wesenszüge der «Regierung» und «Verwaltung» des deutschen Königs im Reich (ca. 1350–1450). In: Schwinges (Hg.), Über König und Reich 73–88; Miloslav Polivka, Nürnberg als Nachrichtenzentrum in der ersten Hälfte des 15. Jahrhunderts. In: Heimann und Hlaváček (Hg.), Kommunikationspraxis 165–177.

71 Vgl. zum ganzen Abschnitt demnächst Jucker, Gesandte, Schreiber, Akten; Hübner, „Nüwe mer us Lamparten".

72 Vgl. Würgler, Die Tagsatzung der Eidgenossen 111–117.

73 Z. B. Amtliche Sammlung der älteren Eidgenössischen Abschiede II: Die Eidgenössischen Abschiede aus dem Zeitraume von 1421 bis 1477, hg. von Anton Philipp Segesser, Luzern 1865, zitiert als EA II, hier Nr. 859 (11. 12. 1476). Glarus war zwar Mitglied, hatte jedoch sowohl de jure als auch de facto eine mindere Position innerhalb der Tagsatzung und der Eidgenossenschaft. 1428 versuchte Glarus seinen Status zu verbessern, scheiterte jedoch. EA I Nr. 44. Vgl. dazu zutreffend Dürr, Die auswärtige Politik 8.

74 Amtliche Sammlung der älteren Eidgenössischen Abschiede III/1: Die Eidgenössischen Abschiede aus dem Zeitraume von 1478 bis 1499, hg. von Anton Philipp Segesser. Zürich 1858 (zitiert als EA IIIa), hier Nr. 60.

Orten.[75] Die städtische Vormacht zeigt sich zudem in der Anordnung von Wappen auf Bildern (Abb. 3). Diese Reihenfolge widerspricht ganz deutlich der späteren historiographischen Vorstellung, dass sich die Eidgenossenschaft aus den Orten Uri, Schwyz und Unterwalden entwickelte. Da über die internen Sitzordnungen wenig bekannt ist, wissen wir auch praktisch nichts darüber, wie die Tagsatzungen diesbezüglich rangmäßig geordnet waren. Es ist jedoch anzunehmen, dass auch hier die Städte besser gestellt waren. Räumlich ergab sich zumindest in der Frühen Neuzeit eine klare Strukturierung: Die acht so genannten alten Orte Zürich, Bern, Luzern, Uri, Schwyz, Unterwalden, Zug und Glarus saßen ab 1496 im neu erbauten Tagsatzungssaal in Baden erhöht und leicht distanziert von den übrigen Teilnehmern der Tagung. Später zur Eidgenossenschaft gestoßene Orte – wie beispielsweise Freiburg, Basel oder Schaffhausen – sowie die zugewandten Orte und auch ausländische Gesandte saßen auf Bänken, während den alteingesessenen Gesandten Stühle vorbehalten waren.[76]

Abb. 3: Der Reichsadler umgeben von den dreizehn Orten der Eidgenossenschaft (nach: Petermann Etterlin, Kronica von der loblichen Eydtgenoschaft, Zentralbibliothek Zürich, AX 1624)

75 EA II Nr. 858 (4. 12. 1476) sowie Nr. 863, Staatsarchiv Luzern: Lu A. B. fol. 82 (30. 12. 1476).

76 Ob es sich dabei tatsächlich, wie Bluntschli noch meinte, um Lehnstühle handelte, ist hingegen eher fraglich. Bluntschli, Geschichte des schweizerischen Bundesrechts 395f.

Zieht man spätmittelalterliche bildliche Quellen aus Chroniken heran, so ist festzustellen, dass auch im Bereich der Kleidung Distinktionsmerkmale auf der vermeintlich egalitär strukturierten Tagsatzung vorhanden waren (siehe Abb. 4). Edlere Gesandte trugen pelzverbrämte oder seidene Schauben, welche die höhere Zugehörigkeit betonten. Diese Schauben – auch Rückenmarder[77] genannt – und die deutlich längeren Wamse, die über die Beinlinge herab fielen, drückten Kleiderpracht und den „Wunsch nach gesellschaftlicher Höherstufung“ aus.[78]

Abb. 4: Tagsatzung in Luzern, Chronik des Luzerner Diebold Schilling
Zentralbibliothek Luzern, HS. S 23 fol., Besitzerin: Korporation Luzern

77 Zu Rückenmardern und Goldketten als Statussymbole vgl. den Beitrag von Hartmut Bock in: Füssel und Weller (Hg.), Ordnung und Distinktion.

78 Martin Dinges, Der „Feine Unterschied“. Die soziale Funktion der Kleidung in der höfischen Gesellschaft. In: Zeitschrift für Historische Forschung 19 (1991) 49–76, hier 52.

Edlere Kleidung und schmückende Accessoires wie Goldketten repräsentierten jedoch nicht nur ehrenwertere soziale Herkunft. Es fällt auf, dass insbesondere die Berner, Zürcher und Luzerner sich vornehm kleideten. Dies wohl auch, weil die Kleidung zur Zurschaustellung des Führungsanspruches der drei Städte innerhalb der eidgenössischen Politik diente. Die richtige Kleidung am richtigen Ort war ein deutliches politisches Zeichen gegenüber den Verhandlungspartnern. Der Rangunterschied ausgedrückt in Kleidung und Verfahren visualisierte politische Machtverhältnisse im Schauraum der Tagsatzung. Politische Ungleichheiten wurden auf der Tagsatzung nicht verdeckt, sondern offen zur Schau getragen. Die Tagsatzung war somit Spiegelbild unterschiedlicher Herrschaftsstile und Kommunikationsmuster, der städtisch-aristokratisch geprägten einerseits und der ländlichen andererseits. Politische und räumlich Machtunterschiede lassen sich somit in Kommunikationsräumen wieder erkennen und rekonstruieren.

4. Fazit

Imaginierte und lange tradierte Raumvorstellungen vernebeln den Blick zurück auf vergangene kommunikativ strukturierte Räume. Es macht deshalb Sinn, zuerst die imaginierten Räume zu entlarven, aber auch in ihrer Zeit zu erklären und zu verstehen, um erst dann Räumen vergangener Zeiten auf die Spur zu kommen, die vielleicht etwas mehr mit der stattgefundenen Realität zu tun haben. Dies versuchte ich in diesem Beitrag am Beispiel der spätmittelalterlichen Eidgenossenschaft unter anderem zu zeigen.

Die vorgestellten Überlegungen sollen hier kurz zusammengefasst werden: Die Geschichtsschreibung des 19. und frühen 20. Jahrhunderts verstand Raum als staatlichen Raum einer werdenden Eidgenossenschaft, die sich aus der alpinen Landschaft heraus konzentrisch entwickelte. Die Berglandschaft als topographischer Raum verlieh den freien Hirten und Bauern kämpferische und demokratische Qualitäten, die den Staat vorantrieben und eine Kontinuität bis zum Ende der alten Ordnung bildeten. Diese imaginierte Bilderwelt und die geographischen mythischen Elemente fügten sich nahtlos in das editorische und verfassungsrechtliche Denken ein. Editionen schrieben nationale Geschichte fest und verankerten auch den Beginn der Tagsatzung verfrüht in der alpinen Urschweiz. Sie schufen Rechtsräume, die sich an der modernen nationalstaatlichen Räumlichkeit orientierten. Die Forschung nahm diese Vorstellungen auf, verband sie teilweise mit Mythen und attestierte auch der Tagsatzung raumübergreifende, demokratisch geregelte Funktionen. Am Beispiel der Tagsatzung und der im 15. Jahrhundert fassbaren Kommunikation habe ich gezeigt, dass sich Kommunikations- und Herrschaftsräume konträr zu der imaginierten alpinen Genese der Staatlichkeit bewegten. Die Eidgenossenschaft entwickelte sich nicht zielstrebig als alpiner und bäuerlicher Staat aus der Innerschweiz heraus. Vielmehr war vieles durch außenpolitische Ereignisse, Zufälligkeiten und städtische Netzwerke geprägt. Außerdem herrschte eine starke städtische Dominanz, die sich durch verschiedene diplomatische Mittel wie Rang und Kleidung auf der Tagsatzung widerspiegelte, aber auch in der Schriftproduktion und deren Aufbewahrung abzeichnete. Die Städte kontrollierten dadurch einen wichtigen Teil des Herrschaftswissens. Es lässt sich fragen, ob sich die Geschichtswissenschaft nicht immer noch zu stark an raumdeterministischen Wirkungsvorstellungen des 19. Jahrhunderts orientiert, welche von Nationalismen und staatlichen Ideologemen geprägt waren. Nur so ist es erklärbar, dass selbst noch 1991 der Historiker Ulrich Im Hof von einer ins „Kriegerische gewandelte(n) Mentalität" sprechen konnte, die sich vom „alpinen Raum in der Innerschweiz" ins schweizerische Mittelland ergoss und alle schweizerischen „Bürger und Bauern" erfasste.[79] Die Kommunikationsgeschichte als weit gefasste Methode der Untersuchung von Einsatz, Gebrauch und Weiterverbreitung von verschiedensten Medien böte einen Ausweg, um einer Renaissance der geopolitisch und national ausgerichteten Sichtweise auf Geschichte zuvor zu kommen.[80]

---

79 Ulrich Im Hof, Mythos Schweiz. Identität – Nation – Geschichte, 1291–1991. Zürich 1991, 36, zitiert in: Weishaupt, Hirten, „Bauern&Bürger" 35.

80 Vgl. zur Problematik der Renaissance des Geopolitischen: Werner Köster, Die Rede über den „Raum". Zur semantischen Karriere eines deutschen Konzepts (Studien zur Wissenschafts- und Universitätsgeschichte 1) Heidelberg 2002, besonders 233–238, zum Vorteil der Kommunikationsgeschichte auch Kießling, Kommunikation und Region 19f.

Alfons Zettler

Der Himmel auf Erden ... Raumkonzepte des St. Galler Klosterplans

Es bedarf keiner besonderen Begründung, wenn hier versucht werden soll, den karolingischen Klosterplan in der Stiftsbibliothek St. Gallen unter dem Aspekt unseres Tagungsthemas „Virtuelle Räume – Raumwahrnehmung und Raumvorstellung im Mittelalter" zu betrachten. Dergleichen ist bislang noch kaum geschehen, obwohl eine stattliche Reihe von zum Teil umfassenden Interpretationsmodellen vorliegt. Sie reichen, um nur einige Stichworte zu nennen, von der veritablen „Utopie" (Wolfgang Braunfels)[1] über den paradigmatischen „Idealplan eines karolingischen Klosters" (Walter Horn)[2] bis hin zum „maßstäblichen Schnurplan" für den Architekten und Baumeister, geeignet zur „Absteckung" des Bauplatzes (Konrad Hecht)[3]. Dabei rückten verständlicherweise vor allem Probleme und Details der zeichnerisch dargestellten Architektur und ihrer Rekonstruktion in den Vordergrund, während andere Fragen um den Klosterplan und seine Gestaltung eher ausgespart blieben.

Als Historiker werde ich mich allerdings nicht mit Überlegungen zu Raumgestaltung und Raumkonzepten zufrieden geben, sondern zum Schluss versuchen, meine Beobachtungen für die immer noch weithin strittige Frage nach der historischen Verortung des Klosterplanes, nach seinem „Sitz im Leben", nutzbar zu machen. Denn eben diese Frage ist zentral für das Verständnis und die Interpretation dieses singulären Dokuments, das seinerzeit entstand, ohne auf Vorbilder zurückgreifen zu können.

---

1 Wolfgang Braunfels, Abendländische Klosterbaukunst (DuMont Dokumente: Kunstgeschichte in Deutung und Dokumenten) 3. Aufl. Köln 1978.

2 Walter Horn und Ernest Born, The Plan of St. Gall. A Study of the Architecture & Economy of & Life in a Paradigmatic Carolingian Monastery. 3 Bde. Berkeley-Los Angeles-London 1979.

3 Konrad Hecht, Der St. Galler Klosterplan. Sigmaringen 1983.

Beobachtungen zum Prozess der Anfertigung

Entwurf und Konzept, Gestaltung und Beschriftung des Pergaments sind Thema des ersten Argumentationsabschnitts. Es muss allerdings gleich vorweg die Einschränkung gemacht werden, dass viele Überlegungen zur Anfertigung des Planes in der Schreibstube des Klosters Reichenau nicht am Originaldokument überprüfbar sind. Denn der Klosterplan ist der Wissenschaft nicht wirklich zugänglich. Er wird seit nunmehr 55 Jahren in einem Sicherheitsbehälter aus Antikorrodin und Panzerglas aufbewahrt – einer Spezialanfertigung der Schweizer Rüstungsindustrie. Nur auserwählte Experten, die an zwei Händen abzuzählen sind, durften das Pergament näher untersuchen. Noch nicht einmal der wohl exponierteste Erforscher des Klosterplans, Walter Horn, der in seinem 1979 erschienenen Werk „The Plan of St. Gall“ auch eine ausführliche technische Beschreibung gibt, hat den Plan außerhalb dieses Behältnisses in Augenschein nehmen können.

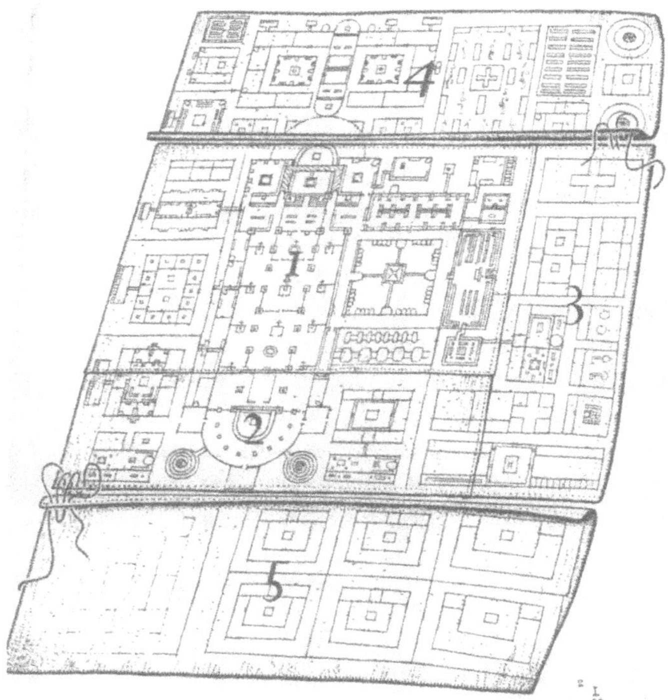

Abb. 1: Komposition des Pergaments nach Horn/Born

Das Klosterplan-Pergament von 112 cm Länge und 78 cm Breite musste aus fünf Streifen unterschiedlicher Größe zusammengesetzt werden. Das hat seinen Grund im Material. Vor zwei Jahren erst erbrachte eine DNA-Analyse das zweifelsfreie Ergebnis, dass der Plan entgegen der geläufigen Meinung nicht auf Pergament vom Kalb, sondern auf Schafspergament gezeichnet wurde![4] Rechteckige Stücke dieser Größenordnung fielen von Natur aus selten an. Es sind aber nicht alle Streifen zusammengenäht worden, bevor man mit der Zeichnung und Beschriftung begann. Nur die Stücke mit den Nummern 1 und 2 bildeten schon vor der Bearbeitung ein quadratisches Blatt von knapp 60 cm Seitenlänge, und dieses Blatt trug auch schon die Tusch-Zeichnung, als die Streifen 3, 4 und 5 angefügt wurden (Abb. 1).[5]

Mehrere Ungereimtheiten in Zeichnung und Beschriftung weisen unmissverständlich auf einen gestreckten und wohl auch nicht bruchlosen Anfertigungsprozess hin. Zum einen begegnen Tuschlinien, die am Rand des Mittelstücks enden. Außerdem wird die Inschrift vor dem großen Paradies der Kirche von dem die Naht überlappenden Rand des Blattes 5 teilweise verdeckt. Und schließlich finden sich Zeichnungs- und Schrift-Elemente, die am Übergang zu Streifen 4 einesteils Rücksicht auf die Naht nehmen und andererseits diese übergreifen bzw. unter ihr zu liegen kamen!

Nun könnte man einwenden, dass die Streifen 3, 4 und 5 gleichzeitig mit dem Kern, nur noch nicht mit ihm verbunden, gezeichnet und beschriftet worden seien. Das würde ja durchaus den Konventionen bei der Herstellung von Büchern entsprechen, bei der häufig die einzelnen Bögen an verschiedene Schreiber verteilt und nach der Beschriftung zu einem Buch zusammengefügt wurden. Dagegen spricht aber beim Klosterplan, dass die streifenübergreifenden Zeichnungselemente alle haargenau aneinander passen und folglich auch erst nach der Zusammenfügung ausgeführt worden sein dürften.

Wie man es also dreht und wendet: Der Klosterplan ist offenbar ursprünglich nicht als Ganzes konzipiert worden, sondern wuchs aus einem Kern auf dem Mittelstück (Streifen 1 und 2) gleichsam heraus. Dies lässt sich noch weiter erhärten durch eine Beobachtung zur Konstruktion der Zeichnung. Nur das Mittelblatt, also die Streifen 1 und 2, weisen genau in der Mitte einen Bug auf, der vom Falzen des Blattes herrührt. Der Bug verläuft exakt durch die Mitte der klosterseitigen Stützenreihe der Kirche. Es scheint sogar so zu sein, dass er diese vorgab und somit als Konstruktionshilfe für die Zeichnung von Kirche und Klausur nicht nur genutzt, sondern eigens zu diesem Zweck angebracht wurde.[6]

4 Robert Fuchs und Doris Oltrogge, Ergebnisse einer technologischen Untersuchung des St. Galler Klosterplanes. In: Peter Ochsenbein und Karl Schmuki (Hg.), Studien zum St. Galler Klosterplan II (Mitteilungen zur vaterländischen Geschichte, hg. vom Historischen Verein des Kantons St. Gallen 52) St. Gallen 2002, 307–329.

5 Horn und Born, Plan of St. Gall 1, 34ff.; vgl. Werner Jacobsen, Der Klosterplan von St. Gallen und die karolingische Architektur. Entwicklung und Wandel von Form und Bedeutung im fränkischen Kirchenbau zwischen 751 und 840. Berlin 1992, 35–42.

6 Der Bug ist auf dem Faksimile des Planes kaum erkennbar: Hans Reinhardt, Der St. Galler Klosterplan (92. Neujahrsblatt des Historischen Vereins des Kantons St. Gallen) St. Gallen 1952; Johannes Duft, Der karolingische Klosterplan in der Stiftsbibliothek St. Gallen. Rorschach 1998.

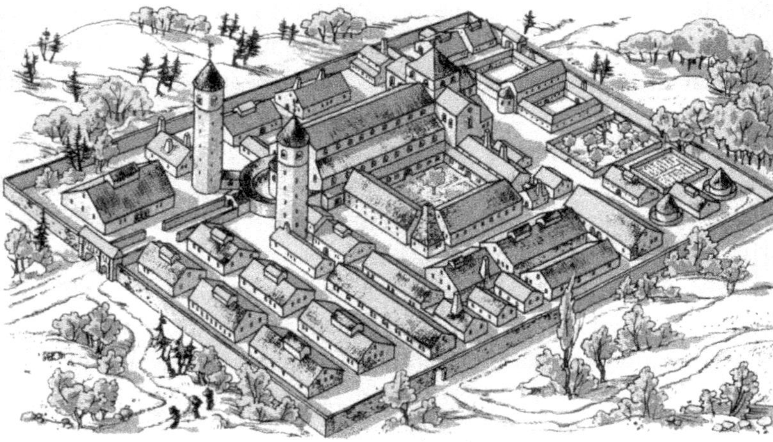

Abb. 2: Rekonstruktion des Klosterplans in Hugs „Geschichtlicher Weltkunde I"

Mit anderen Worten: Die Schöpfer des Planes hatten ursprünglich vor, nur die Abteikirche und die Klausur der Mönche „zu Pergament" zu bringen, vielleicht mit einigen weiteren repräsentativen Gebäuden. Das ergibt sich aus den angeführten technischen und formalen Kriterien ebenso wie aus der Tatsache, dass der Empfänger des Planes, Gozbert von St. Gallen, ursprünglich Hilfestellung bei der Gestaltung der in St. Gallen seit 830, unmittelbar nach der Übersendung des Planes, erbauten Abteikirche (‚Gozbertkirche') angefordert hatte.[7] Auf dem mittleren Pergamentstück (Streifen 1 und 2) setzten die Autoren das ursprüngliche Konzept in die Tat um. Da die Zeichnung sorgfältig konstruiert werden musste, war der Raumbedarf von vornherein nicht bis ins Einzelne definiert. Erst im Verlauf der Umsetzung und Ausarbeitung dieses anfänglichen Konzepts scheint die Bearbeiter der Ehrgeiz ergriffen zu haben, ihre Schöpfung beträchtlich zu erweitern und nun neben Kirche und Klausur mit den wichtigsten Nebengebäuden alle denkbaren Einrichtungen und Gebäude darum herum zu gruppieren, über die ein Königskloster jener Zeit, sagen wir: vom Zuschnitt der Reichenau, tatsächlich verfügte bzw. gemäß den Vorschriften der Regula Benedicti verfügen sollte. Der Kompositionsprozess, der wegen der Beteiligung von mehreren Schreibern und Zeichnern sehr komplex ist, kann hier nicht detailliert ausgebreitet und nachgezeichnet werden. Es genügt für unsere Zwecke festzuhalten, dass der Plan im Verlauf seiner Bearbeitung sozusagen dynamisch über sich selbst hinausgewachsen ist – und das bedeutet in meinen Augen auch, dass er nicht einem von An-

7 Vgl. Alfons Zettler, St. Galler Klosterplan. In: Lexikon des Mittelalters VII. München 1995, 1155–1158; Johannes Duft, Anton Gössi und Werner Vogler, Die Abtei St. Gallen. St. Gallen 1986, 102–103; Hans Rudolf Sennhauser, St. Gallen: Klosterplan und Gozbertbau. Zwei Aufsätze. Zürich 2001, bes. 16–20.

fang an gefassten, einheitlichen Konzept folgte oder gar sozusagen einer Vision verpflichtet war. Dieses Zwischenergebnis ist von nicht geringer Bedeutung für das Verständnis des Planes. Bisher wurde meist konzeptionelle Kohärenz unterstellt. Und diese Auffassung liegt auch – mehr oder minder reflektiert – jenen übergreifenden Interpretationsmustern zu Grunde, von denen eingangs einige erwähnt worden sind.

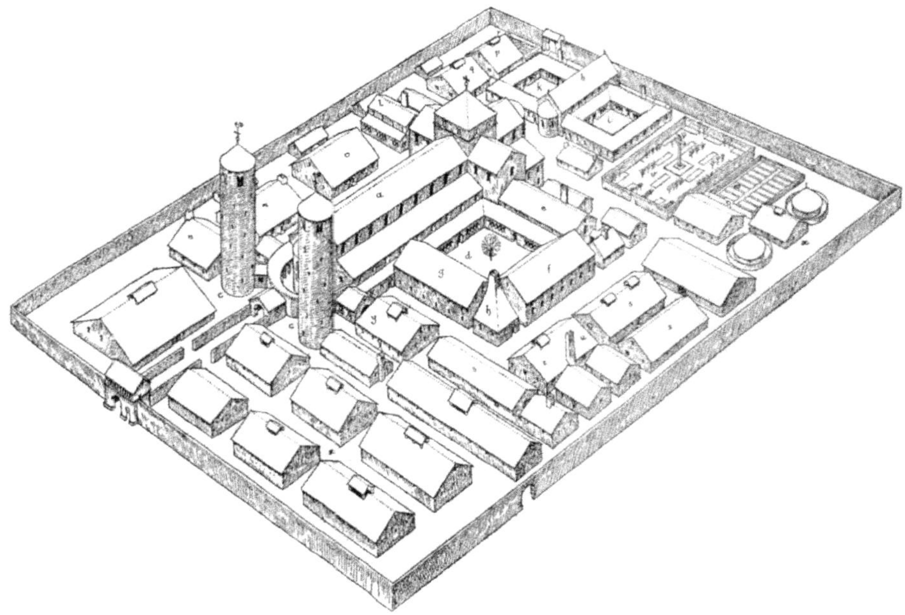

Abb. 3: Rekonstruktion des Klosterplans in Witteks Materialheft

Als Beispiel, wie sehr sich die Vorstellung von einer angeblich raumkonzeptuellen Einheit des Klosterplans und dessen Klassifizierung als eines ‚Bauplans' für ein ganzes Kloster verfestigt hat, sei eine zeichnerische Rekonstruktion gewählt, die Eingang in die Schulbücher gefunden hat. Eine massive Mauer, die gemäß den Proportionen der Rekonstruktion die beachtliche Höhe von rund 10 Metern aufgewiesen haben würde, umfasst hier das Plankloster. Tatsächlich aber hat die Mauer keine Grundlage in der Planzeichnung. Sie ist eine Zutat, die der Anlage einen ganz anderen Charakter verleiht als die Plan-Autoren beabsichtigten: nämlich den einer Stadt oder Festung (Abb. 2).[8] Bis in jüngste Publikationen hinein – beispielsweise in einem Materialheft für Schüler aus dem Ruhr-Verlag vom Jahr 2000 – finden sich derart platte Interpretationen des

8 Zum Beispiel in dem populären und bis dato in ganz Deutschland verbreiteten Schulbuch „Geschichtliche Weltkunde" 1, 162, hg. von Wolfgang Hug u. a. 4. Aufl. Frankfurt am Main 1986. – Es tut hier nichts zur Sache, dass die Zeichnung auf eine Vorlage von Karl Gruber, Die Gestalt der deutschen Stadt. München 1937 (4. Aufl. München 1983) 25, Abb. 15, zurückgeht.

Klosterplans. Nur nebenbei sei angemerkt, dass solche grob irreführenden Rekonstruktionen angesichts ihrer Verbreitung und vielfältigen Nutzung in der Schule und im Bildungsbereich ein ernstzunehmendes Problem darstellen (Abb. 3).[9]

Virtuelles Raumkonzept oder Abbild klösterlicher Realität?

Der Frage nach dem Raumkonzept oder den Raumkonzepten in der Darstellung des Klosterplans gilt ein zweiter Argumentationsabschnitt. Wenn die soeben vor allem anhand formaler Kriterien geäußerte These zutrifft, dass bei der Anfertigung des Dokuments nicht schon von vornherein ein fest gefügtes Konzept oder gar eine Vision vorlag, dann wäre auch inhaltlich, also bei der Disposition und Darstellung der Klostergebäude (und – nicht zu vergessen – bei der Beschriftung) Entsprechendes zu erwarten. Dass es sich tatsächlich so verhält, führt die vergleichende Betrachtung des Mittelblattes mit Kirche und Klausur und der Randstreifen sogleich vor Augen! Herrscht hier realitätsnahe und geradezu ins Detail verliebte Ausgestaltung vor – nehmen wir nur das Dormitorium mit seinen 77 Betten oder den Klosterkeller mit den Wein- und Bierfässern – so hinterlassen dort die Gebäude und Einrichtungen in der Regel einen eher schemenhaften Eindruck. Dieser Eindruck verstärkt sich noch, wenn die Ergebnisse der Archäologie daneben gehalten werden. Es konnte nämlich aufgezeigt werden, dass die Planfertiger für Kirche und Klausur starke Anleihen bei den seinerzeit tatsächlich in Reichenau existierenden Gebäuden nahmen.[10] Der Mittelteil des Planes bewegt sich also in der Tat ganz in der Nähe realer klösterlicher Architektur – und damit auch einschlägiger realer Raumkonzepte – seiner Entstehungszeit (Abb. 4).

Die meisten Gebäude auf den Randstreifen bleiben demgegenüber im Detail leer und blass in der Konkretion. Das gilt auch für Noviziat und Infirmerie – eigentlich zentrale und wichtige Einrichtungen eines jeden frühmittelalterlichen Klosters. Oder nehmen wir den öden Schematismus der Behausungen und Stallungen am unteren Rand und von Einrichtungen wie dem Garten (rechts oben), dessen Bepflanzung ohne Bezug zu den nordalpinen Bodenseeklöstern Reichenau und St. Gallen schematisch aus dem mittelmeerisch geprägten *Capitulare de Villis* übernommen wurde (Abb. 5).[11]

Dass ich nicht falsch verstanden werde: Ich will damit nicht behaupten, Kirche und Klausur der Mönche seien gewissermaßen eindimensional als konkreter Bauplan aufzu-

9 Robert Wittek, Apostel, Mönche, Missionare. Die erste Ausbreitung des Christentums. Mülheim an der Ruhr 2000, 37–39.

10 Alfons Zettler, Die frühen Klosterbauten der Reichenau. Ausgrabungen – Schriftquellen – St. Galler Klosterplan (Archäologie und Geschichte 3) Sigmaringen 1988, passim; zu den Kirchenbauten vgl. ferner Jacobsen, Klosterplan 326f.

11 Vgl. Walter Berschin, Karolingische Gartenkonzepte. In: Freiburger Diözesan-Archiv 104 (1984) 5–18; ders., Der St. Galler Klosterplan als Literaturdenkmal. In: Peter Ochsenbein und Karl Schmuki (Hg.), Studien zum St. Galler Klosterplan II (Mitteilungen zur vaterländischen Geschichte, hg. vom Historischen Verein des Kantons St. Gallen 52) St. Gallen 2002, 107–149.

fassen, während das auf den Randstreifen Dargestellte sich ausschließlich auf der Ebene eines anderen, eher virtuellen Raumes bewegte. Das wäre sicher nicht richtig, denn auch bei Kirche und Klausur schwingen virtuelle Elemente mit – greifbar beispielsweise in der Anordnung der Altarpatrozinien in der Kirche und der Kreuzessymbolik im Kreuzgarten. Aber: Sie sind dort nicht der irdischen Realität entrückt und bilden nicht die hauptsächliche Zielrichtung oder gar den Existenzgrund der Darstellung.

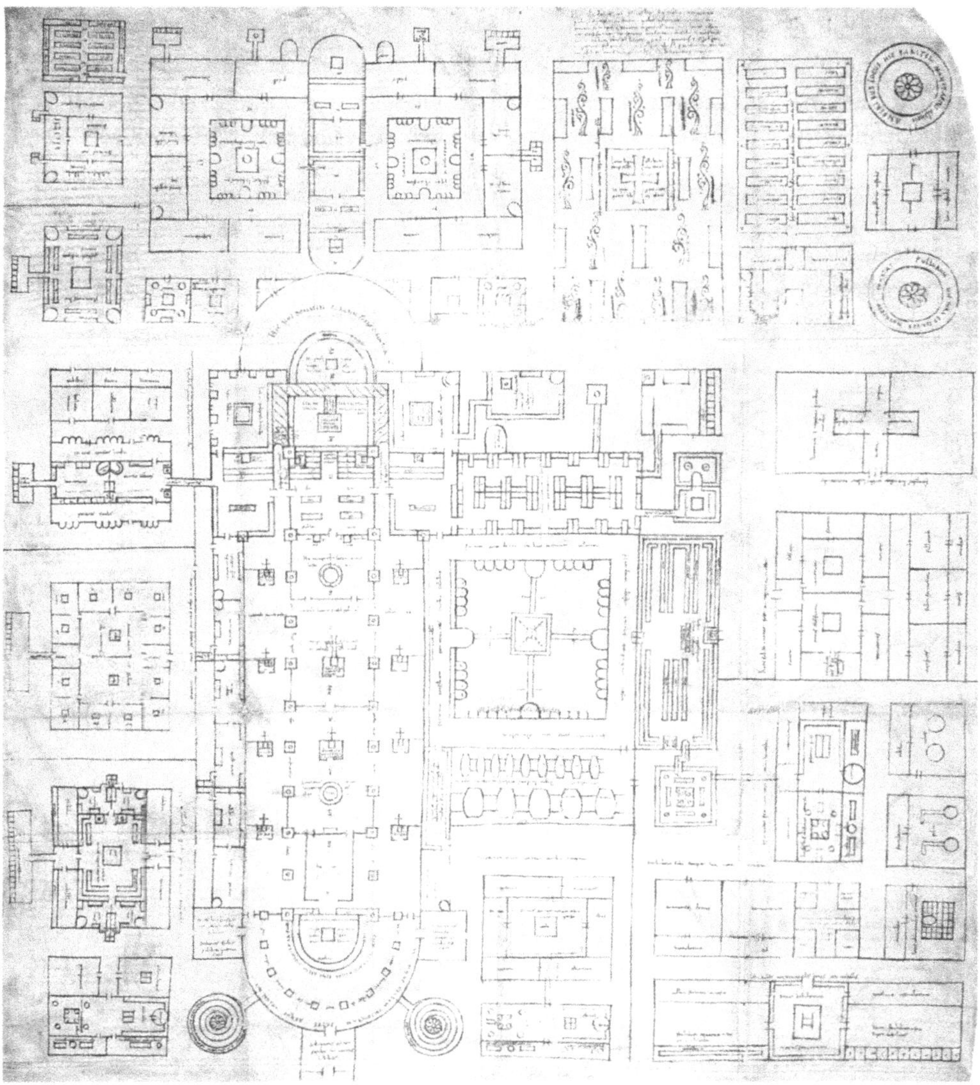

Abb. 4: Klosterplan-Ausschnitt mit Kirche und Klausur

Besonders evident sind konzeptionelle Bruchlinien und die Verschiebung des Raumkonzepts zwischen Kern- und Randstreifen beim Friedhof der Mönche. Wir haben ein rechteckig umfriedetes Gelände vor uns, angefüllt mit jeweils 14 alternierenden Rechtecken und Ranken. In der Mitte befindet sich ein großes Kreuz. Das Kreuz, das für Christus und die Erlösung der Welt steht, verbindet gleichsam wie eine Klammer Zentrum und Peripherie des Planes mit den je unterschiedlich akzentuierten Darstellungskonzepten. Ein Kreuz bezeichnet die Mitte der Kirche mit dem Kreuzaltar. Des weiteren findet sich das Kreuz, enigmatisch verschlüsselt, inmitten des Kreuzgartens bzw. der Klausur. Es tritt hier entgegen in verschiedenen, ineinander greifenden Formen, einmal als Wegekreuz, dann diagonal dazu im Sadebaum mit seinen andreaskreuzförmig ausgebreiteten Ästen. Und schließlich besetzt, wie schon erwähnt, ein Kreuz das Zentrum des Friedhofs (Abb. 5).

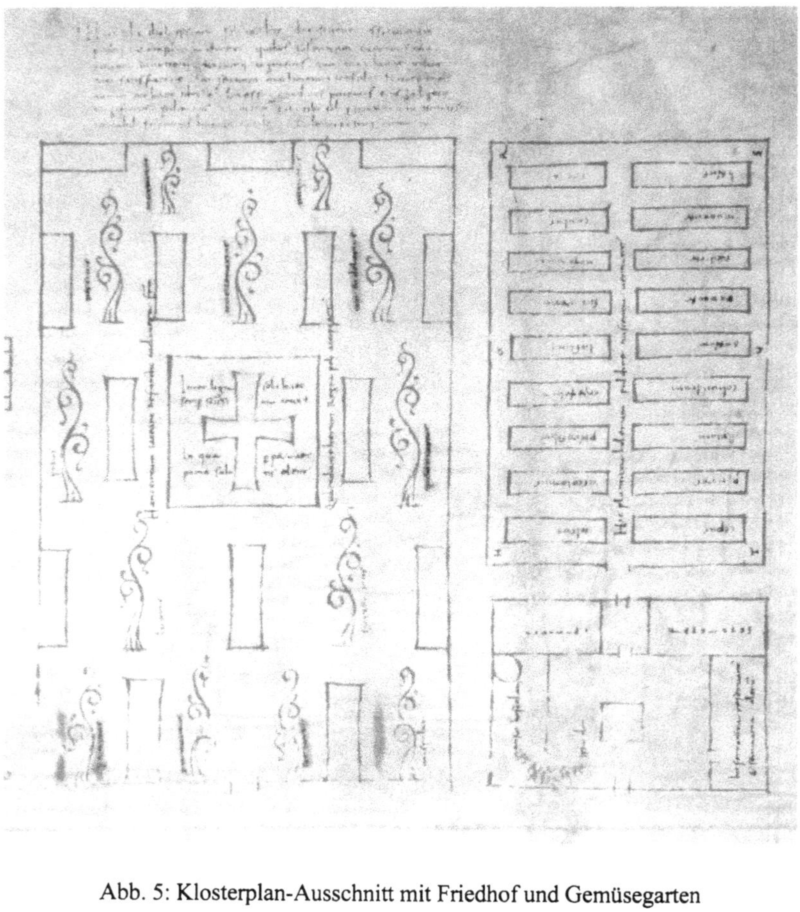

Abb. 5: Klosterplan-Ausschnitt mit Friedhof und Gemüsegarten

Mit dem Kreuz, seiner Theologie und Symbolik auf dem Klosterplan haben sich in der Vergangenheit mehrere Autoren befasst. Sie kamen zu Deutungen, die im Einzelnen unterschiedlich ausfielen, im Ganzen aber übereinstimmen. Ich zitiere die jüngste umfassende Interpretation aus der Feder von Hans Rudolf Sennhauser: „Der Friedhof ist zugleich als Obstgarten dargestellt, aber nicht ‚Obstgarten' oder ‚Begräbnisplatz' meint die Darstellung. Stellt der Kreuzgang die von Christus durchdrungene und beherrschte, irdische Welt der Mönche dar, so zeigt der Friedhof die jenseitige Wirklichkeit." – „Man kann", so weiter Sennhauser, „die zeichnerische Darstellung des Friedhofes [...] kaum als ‚Bauplan' oder ‚Gartenplan' auffassen, und wer von Gartenkunst großen Stiles, (oder von) Raumkunst mit den Mitteln des Gärtners spricht, (der) geht weniger von der Zeichnung aus als von einer Rekonstruktionsidee" (Abb. 6 und 7).[12]

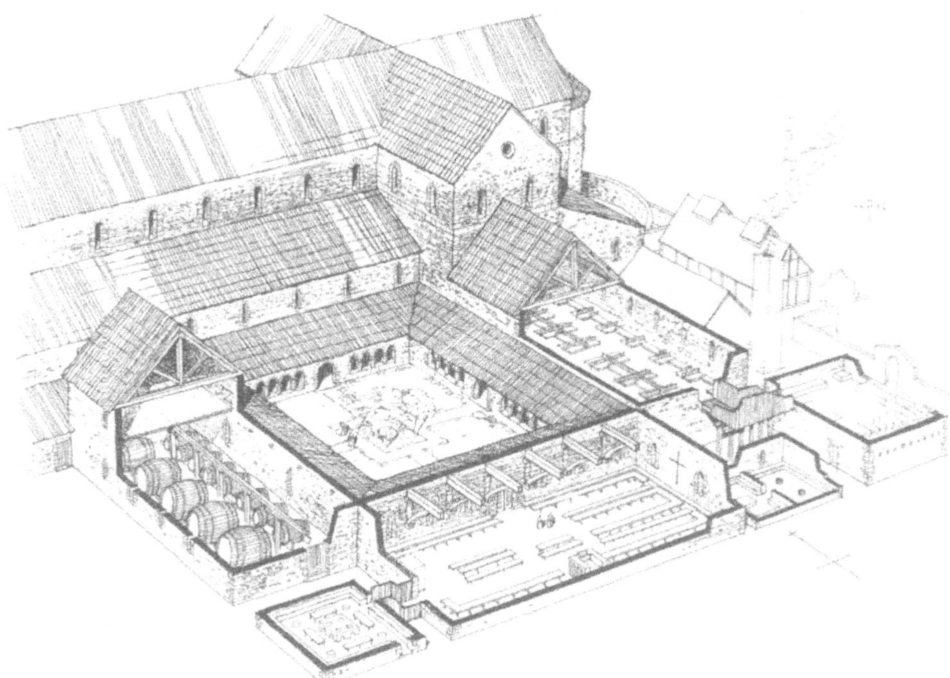

Abb. 6: Rekonstruktionszeichnung der Planklausur von Walter Horn

Es ist nun wirklich nicht von dieser Welt, was die Plan-Autoren hierher gesetzt haben. Gräber können mit den 14 Rechtecken unterschiedlicher Ausrichtung nicht gemeint sein, und solange es nicht gelingt, die Rechtecke zu deuten, werden die Modellbauer nur Verlegenheitslösungen anbieten können – auch das ein Hinweis darauf, dass hier ein virtuelles Raumkonzept vorliegt. Die dreizehn Ranken als Zeichen für verschiedene Obstbäume und Sträucher gipfeln in einem vierzehnten „Baum" besonderer

12 Sennhauser, St. Gallen 33ff., Zitate 35.

Art: eben dem zentralen „Kreuzesbaum“ (Walter Berschin). Es ist eine spekulative Darstellung des Paradieses, wo am „Lebensbaum“ die „Früchte des ewigen Heiles duften“ – die Verheißung ewigen Lebens.[13]

Abb. 7: Rekonstruktion des Friedhofs im St. Galler Modell von Jules Lehmann

Conclusio

Zum Schluss soll versucht werden, die Beobachtungen im Verlauf unserer sehr kursorischen Betrachtung des Dokuments kurz zu bewerten. Zum einen gab sich die Anfertigung des Klosterplans als inkohärenter, gestreckter Prozess zu erkennen. Ich halte es deshalb für unwahrscheinlich, dass die Autoren ein fertiges Konzept des Klosterplans im Kopf hatten, als sie sich an die Arbeit machten. Der Plan wuchs vielmehr gleichsam aus seinem sehr konkreten Kern – Darstellung einer Abteikirche mit genauen Maßangaben für Gozbert – heraus. Zum anderen traten in der Darstellung – wenn man idealtypisch unterscheiden will – zwei ineinander verwobene Raumkonzepte entgegen: das eine stark an der realen monastischen Lebenswelt orientiert, das andere theologisch-spekulativ, virtuellen, jenseitigen Raum imaginativ kreierend.

13 Ebd. 39.

Wie passt dies alles nun zusammen mit den Angaben des sog. Widmungsschreibens und dem gesicherten historischen Wissen, dass der Klosterplan in der Schreibstube der Abtei Reichenau für einen Gozbert in St. Gallen hergestellt worden ist?[14] In dem Schreiben heißt es:

Dir, liebster Sohn Gozbert, habe ich diese knappe Aufzeichnung einer Anordnung der Klostergebäude geschickt, damit du daran deine Findigkeit üben und jedenfalls meine Anhänglichkeit erkennen mögest. / Ich vertraue darauf, daß ich dadurch nicht nachlässig gefunden werde, deiner guten Absicht zu entsprechen. / Vermute aber nicht, ich hätte das deshalb ausgearbeitet, weil wir meinten, ihr bedürftet unserer Belehrungen. Glaube vielmehr in freundschaftlicher Ansehung unserer Brüderlichkeit, dass wir es aus Liebe zu Gott für dich allein zum Studium gemalt haben. / Leb wohl in Christus und bleib unser stets eingedenk. Amen.[15]

Der Text enthält klare Aussagen über Anfertigung und Zweckbestimmung des Planes:

1. Dieser wurde im Auftrag oder auf Bitten eines Gozberts angefertigt. Mehrere Reichenauer Mönche waren daran beteiligt.
2. Der Plan war ausschließlich zum persönlichen Studium Gozberts bestimmt, der daran „seine Findigkeit üben“, d. h. ja wohl sein Wissen überprüfen, seine Gelehrsamkeit erproben, kurzum seinen Geist schärfen sollte.

Bedenkt man, dass es sich hier um ein Schreiben von Benediktinern an ihre benediktinischen Brüder im Nachbarkloster handelt, so versteht es sich von selbst, dass damit auch speziell und im Besonderen auf die Kenntnis und Auslegung der Benediktsregel angespielt ist.

Es bleibt mir unverständlich, wie man dieses authentische Zeugnis des maßgeblichen Autors auf dem Plan selbst in der Forschung als „rätselhaft“ oder topisch weitgehend beiseite lassen konnte. Denn es gibt unmissverständlich zu erkennen, wie der Plan zu verstehen ist: nicht als „Utopie“, nicht als paradigmatischer „Idealplan“ eines Klosters, und schon gar nicht als „Bauplan“ für Architekten und Baumeister. Vielmehr war er gedacht als „Lehrstück“, – *exemplum* ist der lateinische Begriff, der auch im Widmungsschreiben verwendet wird – ein Exemplum, dessen Anfertigung inspiriert wurde von der Bitte des Gozbert um eine Ideenskizze für den Neubau der St. Galler Abteikirche. Rätsel, Denksportaufgabe: so könnte man vielleicht Teilaspekte davon in modernen Begriffen zu fassen versuchen. Und natürlich sollte der Empfänger, ein stolzer Feudalherr aus dem Thurgau, dem sein hohes kirchliches Amt oder seine kirchliche Würde

14 Vgl. Zettler, St. Galler Klosterplan 1155–1158; Karl Schmuki, Der „St. Galler und Reichenauer Klosterplan“. In: Eremus und Insula. St. Gallen und die Reichenau im Mittelalter. St. Gallen 2002, 28–31.

15 Vgl. Bernhard Bischoff, Die Entstehung des Klosterplanes in paläographischer Sicht. In: Johannes Duft (Hg.), Studien zum St. Galler Klosterplan (Mitteilungen zur vaterländischen Geschichte, hg. vom Historischen Verein des Kantons St. Gallen 42) St. Gallen 1962, 67–78; Berschin, St. Galler Klosterplan 110ff.

vor allem aufgrund seiner Herkunft zugefallen war, beim Studium des Planes seine Regel-Kenntnisse unter Beweis stellen – gleichgültig, ob in dem Schreiben Gozbert der Abt oder sein gleichnamiger Neffe angesprochen ist.

In diese Richtung deutet schließlich auch – und das ist meine letzte Bemerkung – die große Zahl von (oft metrisch gehaltenen) Inschriften oder Tituli, die sämtliche Gebäude und Anlagen zusätzlich bezeichnen bzw. beschreiben. Es sind insgesamt 333 an der Zahl, so dass es schwierig und zeitraubend ist, hier auch nur einen groben Überblick zu gewinnen. Vor kurzem sind die Tituli ediert und erstmals philologisch untersucht worden, der Wortschatz ist gehoben, es treten auffallend viele Synonyme entgegen. Wie weit es also Gozbert von St. Gallen beim Studium und der Entzifferung dieses Elaborats geballter Gelehrsamkeit aus der Reichenauer Schreibstube und in der besagten Übung seiner Findigkeit gebracht hat, muss dahingestellt bleiben, während ich für meinen Teil hoffe, wenigstens aufgezeigt zu haben, auf welch schwierigem Terrain wir uns mit dem Thema der Raumwahrnehmung und Raumvorstellung auf dem Klosterplan bewegen.

Michael Viktor Schwarz

Kathedralen verstehen. (St. Veit in Prag als räumlich organisiertes Medienensemble)

I

Vor einem halben Jahrhundert, in den 50er Jahren, hätte es schwerlich eine Tagung mit dem Begriff ‚virtuelle Räume' im Titel gegeben. Ich will aber einmal annehmen, es hätte damals jemand eine Tagung vielleicht unter dem Titel „Die Raumvision im Abendland" organisiert! Dann hätte man auf einen Referenten ungern verzichtet – trotz der braunen Flecken auf seiner Weste – , nämlich auf Hans Sedlmayr, denn der war 1950 mit einer These herausgekommen, die ins Herz jeder Überlegung zu Raumvorstellungen oder virtuellen Räumen im Mittelalter trifft.

Die Rede ist von dem Buch „Die Entstehung der Kathedrale". Es handelt sich – nach „Der Verlust der Mitte" (1948) – um das zweite erotisch aufgemachte Theorieangebot, mit dem Sedlmayr auftrat. Ganz offenkundig wollte der mit Kriegsende in Schwierigkeiten geratene wieder ins wissenschaftliche Gespräch kommen – und zwar (statt als völkischer) jetzt als ‚katholischer' Intellektueller.[1] ‚Erotisch' nenne ich Thesen, die so einprägsam einfach und dem anvisierten Zielpublikum so willkommen sind, dass eine Rezeption ohne kritische Prüfung erwartet werden darf. Sedlmayrs These lautet: Es macht die gotische Kathedrale aus, dass sie das ‚Himmlische Jerusalem' abbildet. Heute würde Sedlmayr sagen: Die gotische Kathedrale ist als eine Virtualisierung des ‚Himmlischen Jerusalem' angelegt.

Worauf Sedlmayr sich stützt, ist klar – stützt in einem doppelten Sinn: Es geht mir um die Stütze bei einem Argumentationsmuster und gleichzeitig um die Stütze bei einem Publikum, dem dieses Argumentationsmuster eingeht. Gemeint ist ein im 12. Jahrhundert beginnender Diskurs der Liturgik. Der Freiburger Theologieprofessor und Kunsthistoriker Joseph Sauer hat ihn mit seinem Buch „Die Symbolik des Kirchenge-

1 Wilhelm Schlink, The Gothic Cathedral as Heavenly Jerusalem: A Fiction in German Art History. In: Jewish Art 23/24 (1997/98) 275–285.

bäudes" (1902) aus der Liturgiewissenschaft nicht nur in die Kunstwissenschaft hineingetragen, sondern auch für ein Publikum von gebildeten Katholiken erschlossen, ein Publikum, das sich in Deutschland während der Kulturkampfzeit als Milieu formiert hatte und nach einer ‚katholischen' Kultur verlangte. Dieser liturgische Diskurs konstruierte zunächst (im Mittelalter) und bestaunte dann (in der kirchlichen Kulturwissenschaft) jenes Rauschen der Bedeutungen, das die Riten und die dazu benötigten Gegenstände umgibt, jenes sinnerfüllte Rauschen also, mit dem man die uralten und fremd gewordenen Abläufe lebendig hält, indem man sie deutet. Susan Sontag hat in ihrem Essay „Against Interpretation" (1964) gezeigt, dass das eine ganz ursprüngliche Motivation und Form des Interpretierens ist – demnach aber auch eine sehr der Interpretation bedürftige Form des Interpretierens![2]

Ein Signal, das in diesem Rauschen hörbar wird, und zwar im Kirchweihritus, weist in der Tat darauf hin, dass Kirchengebäude als Symbole des ‚Himmlischen Jerusalem' aufgefasst werden können.[3] Andere Signale, die sich vernehmen lassen, besagen aber anderes: Das Kirchengebäude symbolisiere den einzelnen Gläubigen, es symbolisiere die Gemeinschaft der Gläubigen, es symbolisiere die Seele des Gläubigen, es symbolisiere den Salomonischen Tempel, es symbolisiere den Leib Christi, es symbolisiere die Stiftshütte und es symbolisiere die Arche Noah.[4] Sedlmayr hat sich aus der Fülle der Offerten also diejenige ausgesucht, die den Kunstfreund am ehesten erbaut. Man darf bezweifeln, ob eine solche Operation legitim ist. Dabei steht die Legitimität nicht nur aus der Perspektive geschichtswissenschaftlicher Methodik in Zweifel, sondern auch aus dem Blickwinkel des liturgischen Diskurses. Die Universalität der Verweise, die ich mit Foucault Rauschen nenne, gehört dort nämlich zur Sache. Also sollte man gerade seitens der Theologen und Liturgiker über die von Sedlmayr vorgenommene Selektion der Bezüge nicht so ohne weiteres glücklich sein.

Das Entscheidende an Sedlmayrs Operation (und der Beitrag des Kunsthistorikers über den Beitrag des katholischen Intellektuellen hinaus) ist aber, dass er die Beziehung zwischen Signifikat und Signifikant, ‚Himmlischem Jerusalem' und Kirchengebäude, nicht länger auf den Akt des Symbolisierens, sondern jetzt auf den des Abbildens zurückführt.[5] Für Sedlmayr „bedeutet" die Kathedrale nicht nur das ‚Himmlische Jerusalem'. Er sagt: Es war die Intention der Schöpfer der gotischen Kathedrale, dass ihr Produkt auch so „aussieht" wie das ‚Himmlische Jerusalem'. In Sedlmayrs Augen scheint dadurch fast eine strukturelle Identität von Kathedrale und ‚Himmlischem Jerusalem' zu entstehen.

---

2 Deutsch: Susan Sontag, Gegen Interpretation. In: Susan Sontag, Kunst und Antikunst. München-Wien 1980, 11–22.

3 Hans Sedlmayr, Die Entstehung der Kathedrale. Zürich 1950, 105.

4 Joseph Sauer, Die Symbolik des Kirchengebäudes und seiner Ausstattung in der Auffassung des Mittelalters. 2. Aufl. Freiburg 1924, bes. 98–105.

5 Sedlmayr, Die Entstehung der Kathedrale 100–103.

Die Annahme einer intendierten Ähnlichkeitsbeziehung ist jedoch aus mindestens zwei Gründen nachprüfbar falsch: Zum einen – darauf hat besonders Wilhelm Schlink hingewiesen – gab es zur Zeit, als die gotischen Kathedralen gebaut wurden, eine einheitliche Vorstellung vom ‚Himmlischen Jerusalem' als Architektur: Man imaginierte es nach der Beschreibung in der Offenbarung des Johannes als eine Stadt.[6] Nichts aber von dem, was eine Stadt ausmacht – Häuser, Straßen, Plätze, Verteidigungsmauern – kehrt an den Kathedralen analog oder in Form von Darstellungen in regelmäßiger und anschaulicher Weise wieder. Es gibt zuweilen Zinnen (so an den Konventskirchen von Saint-Denis und Etampes), aber die weitaus meisten Bauten haben keine; man kann die häufigen Doppelturmfassaden als Stadttore ansprechen, aber ebenso als Triumphbögen vor einem Turmpaar (was, da die antiken Triumphbögen regulär in der Stadt liegen, das Gegenteil von einem Stadttor wäre); den Reimser Chor und das Langhaus umstehen auf den Strebepfeilern Figuren von Engeln, wie Jesaja solche auf den Türmen der Himmelsstadt gesehen hat, aber erstens können damit auch Engel gemeint sein, die herabgekommen sind, um am Gottesdienst teilzunehmen (zu dieser Vorstellung siehe unten), und zweitens sind die Engelsfiguren eben eine Reimser Spezialität usw.

Zum anderen – und das ist ein ebenso gewichtiges Gegenargument – gibt es d i e Kathedrale, an die Sedlmayr und seine Zeitgenossen noch glaubten, gar nicht. Recht besehen gleicht kein Bau dem anderen. Das gilt selbst für das Kernland der gotischen Architektur, die Ile-de-France. Den Bauherren und Architekten scheint es nicht darum gegangen zu sein, eine bestimmte Gegebenheit nachzubilden, sondern vor dem Hintergrund ähnlicher Standards um die Unverwechselbarkeit des jeweiligen Bauwerks und also darum, dass es die lokale Kirche repräsentierte. Würden die gotischen Kathedralen das ‚Himmlische Jerusalem' wirklich abbilden wollen, so wären sie das Dokument eines von Bischofssitz zu Bischofssitz manifesten Dissenses über sein Aussehen.

Jedoch ist die aufschlussreichste Schwäche von Sedlmayrs These eine Schwäche methodischer Natur und genau betrachtet keine Schwäche Sedlmayrs allein, sondern eine solche der Kunsthistorik vor der rezeptionsästhetischen bzw. medialen Wende. Für Sedlmayr ist die architektonische Simulation des ‚Himmlischen Jerusalem' ein Akt der Entäußerung, wobei er sich die ganze Gesellschaft daran beteiligt und darin vereint denkt. Sagen wir: Aus einer kollektiven seelischen Notwendigkeit emaniert eine als homogen, ja formiert gesehene abendländische Menschheit in der Kathedrale ihr Bild des Himmels. Keinen Gedanken verschwendet Sedlmayr an Fragen wie die: Durch welcherart Leseanweisungen sollte den Besuchern der Kathedralen nachvollziehbar gemacht werden, was gemeint war? (Die eigenen subtilen Formanalysen, die auf kunsthistorische Vorbildung bauen, wird sich Sedlmayr ja wohl kaum als die geeignete Lektüreform für Gott suchende Massen vorgestellt haben!) Und zu welcher Art von Nutzung waren die über West- und Mitteleuropa ausgestreuten ‚Himmlischen Jerusalems' gedacht? Sollte es einfach die spirituelle Temperatur heben, wenn man sich statt

6 Schlink, The Gothic Cathedral as Heavenly Jerusalem 282.

in einem Behälter für Liturgie in einem ‚Himmlischen Jerusalem' fühlen durfte, oder war ein didaktischer Gebrauch vorgesehen?

„Die Kathedrale als Abbild des Himmels" – dieses Experiment, eine Architektur als virtuellen Raum zu verstehen, hält kritischer Betrachtung nicht stand, so groß und bis in die Gegenwart anhaltend die Wirkungsgeschichte von Sedlmayrs These auch sein mag. Andererseits ist es angesichts der Elaboriertheit der meisten Kirchenarchitekturen auch klar, dass Kirchen mehr sind als umbauter und überdachter Raum. In welche Richtung könnte sich jene virtuelle Dimension öffnen, die dadurch doch wahrscheinlich ist?

II

Anhand der Prager Kathedrale St. Veit möchte ich eine Fallstudie entwickeln. Dabei ist einzuräumen, dass St. Veit kein idealer Gegenstand ist, denn die Kirche wurde im Mittelalter kaum zur Hälfte fertig, und es ist nicht klar, wie der vollendete Bau hätte aussehen sollen.[7] Andererseits bewahrt St. Veit mehr originale Ausstattung als die meisten von Sedlmayr herangezogenen Kathedralen, und auch vom originalen Umfeld des Baus ist manches auf uns gekommen. Zu dem, was vom Kontext erhalten geblieben ist, zählt eine Reihe liturgischer Quellen, die Einblicke in die Nutzung der Kirche gewähren. Ich habe an anderer Stelle bereits einmal versucht, das, was über die Begräbnisfeierlichkeiten und die Memorialliturgie für Karl IV. bekannt ist, auf Gestalt und zeitgenössische Wahrnehmung des Bauwerks zu beziehen.[8] Paul Crossley hat wenig später mit dem vom selben Karl entworfenen Krönungsordo dasselbe getan.[9] Beides möchte ich jetzt zusammenführen und mit weiteren liturgischen Quellen sowie neuen Erkenntnissen zum Bau kombinieren.

7 Das wird auch die Verständlichkeit der folgenden Ausführungen für diejenigen Leser beeinträchtigen, die mit den Verhältnissen in Prag nicht vertraut sind. Im Normalfall gehe ich vom Bauzustand des frühen 15. Jahrhunderts aus: Vollendet sind nur der Chor (einschließlich der Wenzelskapelle), die Fassade des Südkomplexes (mit Schatzkammer und Mosaik, aber noch ohne das Maßwerk des großen Südfensters über der Schatzkammer) und der Turmstumpf. Das Südportal ist als offen zu denken (also nicht wie in der Neuzeit vermauert), führt aber nicht in den eigentlichen Kirchenraum, sondern in einen wohl provisorisch benutzbar gemachten kleinen Kultraum zwischen Wenzelskapelle und Turm, wo der Kreuzaltar steht. Von dort aus war der Hauptraum über die Wenzelskapelle zugänglich.

8 Michael Viktor Schwarz, Felix Bohemia Sedes Imperii: St. Veit in Prag als Grabkirche Karls IV. In: Michael Viktor Schwarz (Hg.), Grabmäler der Luxemburger. Luxemburg 1997. Die Quellen zur Bestattung Karls sind erschlossen bei: František Šmahel, Spectaculum et pompa funebris: Das Leichenzeremoniell bei der Bestattung Kaiser Karls IV. In: František Šmahel, Zur politischen Präsentation und Allegorie im 14. und 15. Jahrhundert. München 1994, 1–37.

9 Paul Crossley, Bohemia Sacra: Liturgy and History in Prague Cathedral. In: Fabienne Joubert und Dany Sandron (Hg.), Pierre, lumière, couleur: Etudes d'histoire de l'art du Moyen Age en l'honneur d'Anne Prache. Paris 2000, 341–365. Krönungsordo: Josef Cibulka, Český řád korunovační a jeho původ. Prag 1934.

Gleich, ob man von der Krönungs- oder von der Totenliturgie herkommt, liegt es nahe, mit der Betrachtung jenes Platzes zu beginnen, der heute der dritte Burghof genannt wird (Abb. 1). Auf ihn ist erstens die Westfassade des mittelalterlichen Königspalastes ausgerichtet (Bildmitte). Die Rokokofassade sollte nicht daran irremachen, dass die Baulichkeiten dahinter bis ins hohe Mittelalter zurückreichen.[10] Zweitens blickt auf den Platz der Südkomplex des Domes mit Turm, Querhausfassade und Wenzelskapelle, wobei die Wenzelskapelle gleichsam der Nukleus der Kirche ist und jedenfalls das spirituelle Zentrum der böhmischen Monarchie (Abb. 2: b).[11] Diesen Platz hatte der zukünftige König am Tag seiner Krönung wahrscheinlich zweimal zu überqueren. Jedenfalls zog er vor der Krönung aus dem Palast kommend durchs Südportal, die sogenannte *Porta Aurea*, in die Kathedrale ein (Abb. 2: c, Abb. 5. Abb. 1 zeigt die drei Öffnungen im vermauerten Zustand der frühen Neuzeit) und begab sich dort zuerst zum Kreuzaltar, der unmittelbar hinter dem Südportal situiert war (Abb. 2: d). Der tote Karl IV. querte den Platz im Abstand einiger Tage sicher zweimal: zunächst aus dem Palast kommend, um den Hradschin zu verlassen und ein letztes Mal alle wichtigen Kirchen seiner Hauptstadt zu besuchen. Sodann überquerte er den Platz aus der Stadt kommend auf dem endgültig letzten Weg, dem zu seiner Grabstätte in der Kathedrale, wobei der Trauerzug gleichfalls durch das Südportal eingezogen sein wird.

Abb. 1: Der dritte Burghof mit Dom und Königspalast. Kolorierter Kupferstich aus den neunziger Jahren des 18. Jahrhunderts nach einer Vorlage von Leopold Peuckert

10 Pražský hrad a Hradčany (Umělecké památky Prahy). Prag 2000, 169–197.

11 Viktor L. Kotrba, Der Dom St. Veit zu Prag. In: Ferdinand Seibt (Hg.), Bohemia Sacra: Das Christentum in Böhmen. Düsseldorf 1974, 510–557; Iva Rosario, Art and Propaganda: Charles IV of Bohemia, 1346–1368. Woodbridge 2001, 54–63.

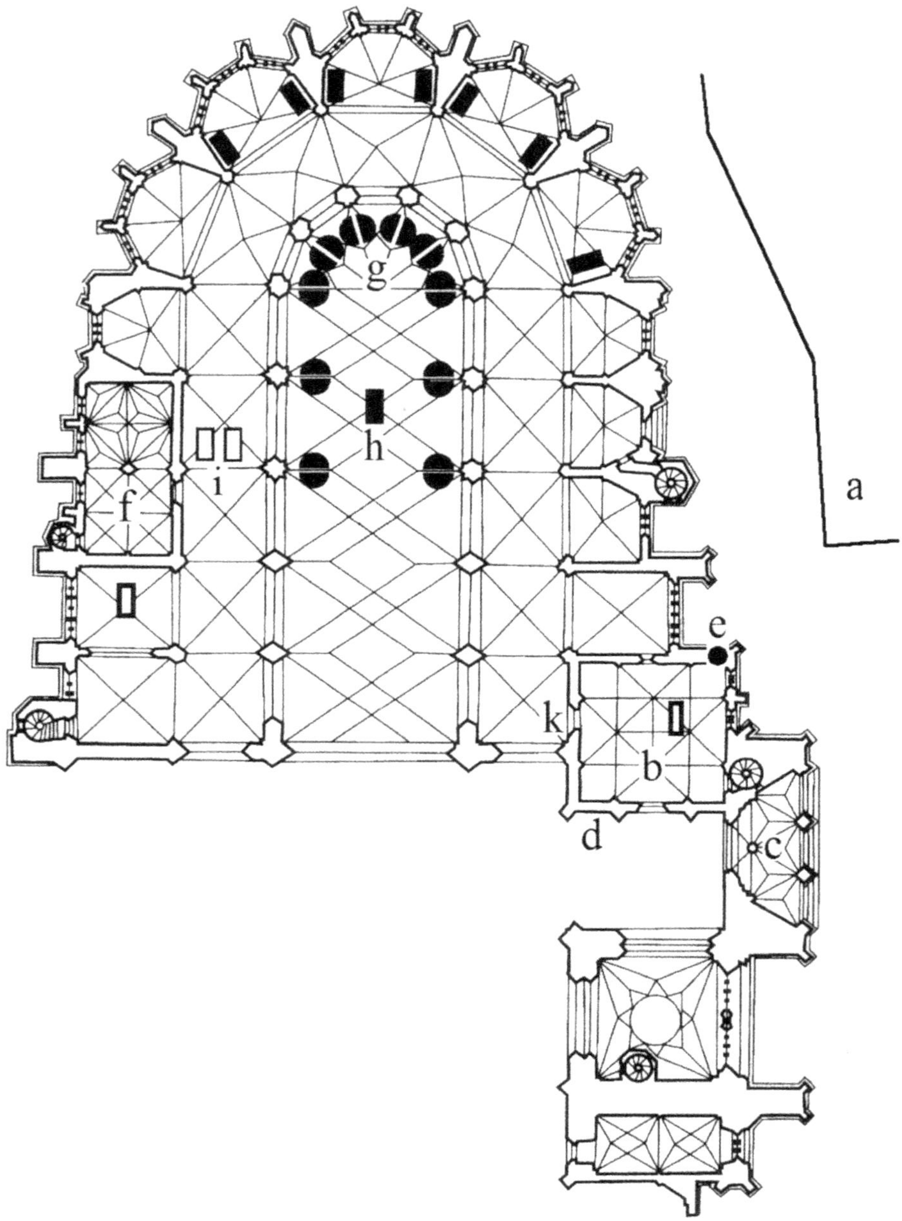

Abb. 2: St. Veit in Prag am Anfang des 15. Jahrhunderts
Schematischer Grundriß: a – Königspalast; b – Wenzelskapelle; c – *Porta Aurea*; d – Standort des Kreuzaltars; e – Standort der Wenzelsfigur am Außenbau; f – Sakristei; g – *Chorus maior* mit Veitsaltar; h – *Chorus beatae Mariae virginis* mit *Sepulcrum Caesaris*; i – Gräber der Architekten; k – Portal zur Wenzelskapelle

Aber selbst ohne diese Nachrichten dürfte man annehmen, dass der Platz eine besondere Rolle im öffentlichen Leben Böhmens innehatte und dass dieser Umstand bei der Gestaltung der Dom-Südfassade mitgespielt haben muss. Dass St. Veit einen mächtigen Turm an der Südflanke besitzt und dieser Turm ursprünglich vielleicht der einzige bleiben sollte, mag erstaunen, wenn man an d i e Kathedrale glaubt und dabei, sagen wir, Notre-Dame in Paris vor Augen hat. Angesichts der Situation auf dem Hradschin erscheint ein solches Konzept aber naheliegend und liegt noch näher, wenn man den Turm als ein audiovisuelles Medium zu verstehen sucht.

Zur visuellen Seite gehört es, dass der Turm ungefähr doppelt so hoch hätte werden sollen, wie das Mauerwerk gediehen ist, und dass gerade in den Jahrzehnten um 1400 besondere Kreativität bei der Ausgestaltung von Turmhelmen herrschte.[12] Der Turm hätte sich in einen Wettbewerb mit Lösungen in Wien, Straßburg und Frankfurt begeben und sich als unverwechselbar behaupten müssen. Weitgereiste Leute hätten den über das Moldautal herausragenden Bau auf Dutzende von Kilometern als Wahrzeichen von Prag wahrgenommen. Aber wer Prag kennt, weiß, dass der Turm auch in seiner unvollendeten Gestalt mit der Renaissance-Haube ein Zeichen setzt – in der Stadt und darüber hinaus.

Und der Turm ist auch nur vom visuellen Standpunkt ein Fragment geblieben. Er ist nämlich bis zum Glockenstuhl hinauf fertig und ist damit gerade so weit gebaut worden, dass er seinen akustischen Auftrag erfüllen kann. Die Bedeutung, die man dieser Rolle beimaß, lässt sich daran ermessen, dass der Bau des Glockenträgers vor den des Langhauses gezogen wurde. Wichtiger als durch ein Langhaus Raum für die Teilnahme der Laien am Gottesdienst zu gewinnen war es, die Stimme der Kirche vernehmbar zu machen. Dabei entstand ein gewaltiger akustischer Raum. Marshall McLuhan hat behauptet (genauer gesagt: durch seinen Jünger, den Psychologen Carl Williams behaupten lassen), akustische Räume besäßen keinen Mittelpunkt.[13] Das trifft auf den Klangraum, von dem hier die Rede ist, nicht zu: Er hat in dem Turm ein sichtbares Zentrum. Und jedem, der die Glocken auf dem Platz hört, ist klar, dass der Turm die Mitte eines akustischen Territoriums markiert, das über den Platz hinausreicht, ebenso über Prag und das Moldautal und einen erheblichen Teil von Diözese und Königreich umfasst. Der Turm in seiner Position an der Südfassade der Kathedrale gestaltet also die politische und spirituelle Zentralität des dritten Burghofes funktional und ästhetisch in denkbar wirkungsvoller Weise aus.

Räumlich und von der Bedeutung her rückt die Wenzelskapelle dem Königspalast am nächsten: Nur eine Gasse trennt den Palast von der Grabkapelle des Gründers der Kathedrale und Landespatrons, der gleichzeitig Amtsvorgänger und Ahne des regierenden Königs war (Abb. 2: a, b). Anders als vergleichbar große französische oder west-

---

12 Norbert Nußbaum, Deutsche Kirchenbaukunst der Gotik: Entwicklung und Bauformen. Köln 1985, 192–204.

13 Philipp Marchand, Marshall McLuhan: The Medium and the Messenger. Cambridge, MA 1998, 133.

deutsche Kirchenbauten der Gotik ist St. Veit mit Freiskulpturen sparsam ausgestattet. Aber über der Wenzelskapelle steht eine Statue des hl. Wenzel (Abb. 2: e, Abb. 3). Heute ist es eine Kopie. Das Original war, wie der 1906 erschienene Inventarband von Podlaha und Hilbert mitteilt, 1867 durch die zwei Jahre zuvor bei Eduard Veselý in Auftrag gegebene leicht vergrößerte Nachbildung ersetzt worden. Es war dann jahrzehntelang im Treppenhaus der ehemaligen Propstei aufgestellt und gelangte durchgreifend restauriert kurz vor dem ersten Weltkrieg in die Wenzelskapelle (Abb. 4).[14] Dort steht die Figur bis heute über dem Johannesaltar (nicht etwa über dem Wenzelsaltar) und nimmt wohl den Platz einer spätmittelalterlichen Madonnenstatue ein.[15] Oft genug hört man, dieser Standort in der Kapelle sei der ursprüngliche, doch ist das nichts anderes als Wunschdenken, denn es gibt dafür keinerlei Indizien.[16] Alles spricht für die Position am Außenbau: Die Figur war für den Strebepfeiler über der Kapelle bestimmt und kennzeichnete zunächst einmal die Kapelle darunter als einen Raum, in dem der dargestellte Heilige spirituell und körperlich (als Leichnam) anwesend ist.

Zu beachten ist die umständliche architektonische Fassung und Inszenierung der Figur (Abb. 3). Der Architekt hat dabei ein Schema übernommen und weiter ausgestaltet, das beim Reimser Kathedralbau im mittleren 13. Jahrhundert entwickelt worden war:[17] Wenn die entsprechenden Figuren in Reims (und ähnlich dann auch in Straßburg, Köln und Colmar) auf Blöcken oder gedrungenen Pfeilern stehen, so ist der Wenzel auf einer hohen Säule postiert. Dieses Motiv ist eine Steigerung und gleichzeitig mit Bedeutung geladen. Das wird deutlich, sobald man weiß, wie die hochmittelalterliche Malerei antike Götterbilder kennzeichnet: als Statuen auf Säulen.[18] Die Wenzelsfigur wird dem Publikum also als ein Bild präsentiert, das Kult einfordert. Zur Inszenierung gehört aber ebenso der gleichfalls aus Reims übernommene Baldachin, der Statue und Säule in ganzer Höhe einfasst und überwölbt. Indem der Tabernakel Statue und Säule gleich behandelt, setzt er die Statue in Anführungszeichen. Wenn die Säule sagt: „Ein Heiligenbild!", so fügt der Baldachin hinzu: „Aber (nur) ein Bild!" Dieser Zusatz ist auch

14 Anton Podlaha und Kamil Hilbert, Metropolitní chrám sv. Víta v Praze (Soupis památek historických a uměleckých v Království Českém I) Prag 1906, 135–136; Die Kathedrale von St. Veit 2. Prag 1994, 18.

15 Über dem Altar und über dessen Retabel, das hier eine in die Wanddekoration eingefügte Kreuzigungsszene ist, ist das ein regulärer Platz für eine Muttergottesfigur: Ingeborg Bähr, Zur Entwicklung des Altarretabels und seiner Bekrönung vor 1475. In: Städel-Jahrbuch 15 (1995) 85–120. Zu beachten ist bei einer Rekonstruktion der Bildausstattung dieser Wandfläche auch, dass sie den Johannesaltar als einen liturgischen Ort different vom Wenzelsaltar charakterisieren muss. Eine Wenzelsstatue an dieser Stelle hätte die kultische Situation verunklärt und den Schrein hinter dem Wenzelsaltar um eine angemessene Wahrnehmung seiner Rolle gebracht.

16 Und erst recht gibt es keine Indizien für die Annahme, die Statue sei mehrmals zwischen Außen- und Innenbau hin und her versetzt worden. Vgl. Klára Benešovská und Ivo Hlobil, Peter Parler & St. Vitus's Cathedral 1365–1399. Prag 1999, 56–58 (Hlobil); Ivo Hlobil, Die Wenzelstatue mit Peter Parlers Zeichen im Veitsdom. In: Umění 47 (1999) 385–388.

17 Richard Hamann-Mac Lean und Ise Schüssler, Die Kathdrale von Reims I, 1. Stuttgart 1993, 146–177.

18 Michael Camille, The Gothic Idol: Ideology and Image-making in Medieval Art. Cambridge 1989.

deshalb sinnvoll, weil die Statue so belebt wirkt. Insgesamt evoziert die Haltung sogar mehr als Lebendigkeit; die Figur dreht sich nicht einfach nur elegant um sich selbst, sie wendet sich etwas oder jemandem zu.

Abb. 3: Figurentabernakel über der Wenzelskapelle von St. Veit mit neuzeitlicher Kopie der Wenzelsfigur in Abb. 4

Abb. 4: Statue des heiligen Wenzel (Wenzelskapelle des Prager Doms)

Und darin liegt eine Scharnierfunktion, denn die Wendung und der Blick sind auf der Königspalast gerichtet.[19] Wer zur Statue des hl. Wenzel hinaufschaute, nahm dort ein Heiligenbild wahr, das in seiner sanften und doch emphatischen Hinwendung zur Realität des Palastes die Konvention des Bildes als einer Fiktion und damit das christliche Bildverständnis fast durchbrach. „Ehre das Bild, aber bete nicht zum Bild, sondern zu dem, den es darstellt", so ungefähr wurde im hohen und späten Mittelalter religiöser Bildgebrauch gelehrt.[20] Wer ausgehend von der Wenzelsfigur über der Wenzelskapelle zum hl. Wenzel betete, dem wurde bewusst – so möchte ich annehmen –, dass er zu ei-

19 Eine Beobachtung von Eva Maria Waldmann.

20 So sei das bekannte Lehrgedicht von Wilhelm Durandus etwas verkürzt zusammengefasst: Anselme Davril und Timothy M. Thibodeau (Hg.), Guillelmi Duranti Rationale Divinorum Officiorum I–IV (Corpus Christianorum. Continuatio Mediaevalis 95) Turnhout 1995, 35.

nem Heiligen betete, der zugleich in der Kirche und im Palast zuhause war und der als ein Schutzheiliger nicht nur der Böhmen, sondern auch ihres Königs handelte.

Böhmen und sein König haben viele Schutzheilige. Karl IV. hat ihre Zahl durch die Erwerbung von Reliquien noch vermehrt. Mit dem Dompatron Veit als *primus* und Wenzel als *secundus inter pares* treten sie im Mosaik der *Porta Aurea* auf und leisten im Rahmen eines Weltgerichtsbildes Fürbitte bei Christus (Abb. 5, 6). Wer die Kathedrale vom Platz her betritt, geht unter dem Bild hindurch. Das tut auch der zukünftige König bei der Krönung, und unter dem Mosaik wurde ebenso der tote Karl IV. auf dem Weg zu seinem Grab hindurchgetragen. Bei der Tagung über das Mosaik, die 2001 in Prag stattfand, haben allerdings Karel Otavsky und mit ihm auch andere Referenten gefragt, ob man es überhaupt als selbständiges Medium bzw. als Bild des Portals ansehen solle. Klar ist, dass es erst angebracht wurde, als die Fassade bereits vollendet war und dass es ursprünglich nicht vorgesehen war. Offenbar fiel der Entschluss nach der Rückkehr Karls IV. von seinem Italienzug 1369 und in Reaktion auf den Eindruck, den der Kaiser von den Fassadenmosaiken in Rom mitgenommen hatte.

Abb. 5: *Porta Aurea* des Prager Doms

Vorher war die Wandfläche über den Arkaden schmucklos gewesen, durchbrochen nur von drei kleinen vergitterten Fenstern, von denen zwei in den Seitenfeldern noch sichtbar sind, während das mittlere durch die Figur des Richters verdeckt wird. Das Ganze sah aus wie ein über die Portalvorhalle gesetzter Tresor. Tatsächlich befindet sich hinter dem Mosaik und über dem Durchgang ein Raum, der als Schatzkammer angelegt und nur mittels einer Wendeltreppe von der Wenzelskapelle aus zugänglich ist. Während der mittelalterlichen Baukampagnen scheint er nicht bezugsfertig geworden zu sein. Im 18. Jahrhundert hergerichtet, beherbergt er seitdem die Kleinodien der böhmischen Monarchie.[21] Vermutlich haben wir es mit der projektierten Reliquienkammer des Doms zu tun. In diesem Fall wäre die Schatzkammer über der Sakristei auf der Nordseite der Kathedrale eine Interimslösung oder eine durch die Planungen der 60er Jahre in Frage gestellte Lösung gewesen (Abb. 2: f). Alles, was Jahrhunderte lang dort aufbewahrt wurde, hätte nach Fertigstellung des Südkomplexes in die Kronkammer gebracht werden sollen.[22] Neben wichtigen Passionsreliquien wären dorthin also die Überreste all jener Heiligen gelangt, die im Mosaik fürbittend zu Füßen des Richters knien. Darunter wäre auch das Haupt des hl. Wenzel mit der Wenzelskrone gewesen.

Abb. 6: Mosaik der *Porta Aurea*, Mittelfeld: Fürbittende Heilige (Prokop, Sigismund, Veit, Wenzel, Ludmilla, Adalbert)

21 Die Restauration des Krongewölbes bei der Prager Domkirche. In: Mitteilungen der kk Central-Commission zur Erforschung und Erhaltung der Baudenkmale 15 (1870) xxxvii–xxxix. Podlaha und Hilbert, Metropoliní chram Sv. Vita v Praze, 64–66 mit Plänen.

22 Anton Podlaha und Edmund Šittler, Der Domschatz zu Prag (Topographie der historischen und Kunst-Denkmale im Königreiche Böhmen II, 1) Prag 1903.

Natürlich hätte es eine einfachere architektonische Lösung für die Schatzkammer gegeben. Ich folge daher Artur Saliger und glaube, dass wir eine intendierte und (vor allem) funktionale Lösung vor uns haben.[23] Das Arrangement, so wie es ist, vermag nämlich jene Personen, die den Dom von St. Veit betreten, in Kontakt mit den materiellen Heilsmitteln der Kirche von Prag zu bringen. Zu den Medien dieses Erlebens gehört auch das nach damaligen Sehgewohnheiten undenkbar aufwendige Rippengewölbe der Vorhalle, das die Unterseite der Schatzkammer bildet und dessen Aufgabe es wohl ist, das physische und damit auch das spirituelle Auge derjenigen, die das Portal benutzen, nach oben zu lenken. Die Teilnahme an den Prozessionen, sei es anlässlich der Krönung oder des Herrscherbegräbnisses oder am Palmsonntag, ebenso aber auch das Schreiten der alltäglichen Kirchenbesucher konnte den Charakter eines ‚rite du passage' (im wörtlichen Sinn) annehmen, wenn man sich vom Mosaikbild und vom figurierten Gewölbe nur anleiten ließ, an die über dem Durchgang zur Verfügung stehenden Reliquien zu denken und sie durch andächtiges Verhalten zu nutzen. Daneben enthält das Bild die Anweisung, die ganz große Bitte auszusprechen, nämlich die um die ewige Seligkeit, und das auch für Kaiser und Kaiserin zu tun, die Stifter, die mittels ihrer Bilder im Mosaik in Erscheinung treten.

Der Weg des toten Herrschers führte ebenso wie der des zu krönenden in den Binnenchor und vor den Hochaltar. Der Binnenchor war indes mehr als nur Vorfeld des Hochaltars und rituelles Revier von Bischof und Domkapitel. Ursprünglich hatte man es mit mindestens zwei Bezirken eigener Bestimmung zu tun. Der eine war ganz im Osten der Chor des hl. Veit (*chorus maior*, Abb. 2: g). Der andere war weiter im Westen eine Art Marienkapelle (*chorus beatae Mariae virginis*, Abb. 2: h). Zu ihr gehörte ein Chor von 24 Mansionären, die dort ein Gestühl hatten, und in diesem Bereich befand sich auch die Gruft der kaiserlichen Familie.[24] Diese ist zwar der 1882 erfolgten Neugestaltung des Binnenchores zum Opfer gefallen, ihre Lage lässt sich aber genau bestimmen: Erstens war im mittleren 19. Jahrhundert bekannt, dass sich die „alte" Gruft „mitten im Chore" befand, dort, wo damals der Kreuzaltar seinen Standort hatte. (Dieser stand nicht mehr wie zu Karls IV. Zeiten im Südquerhaus, sondern nahm wohl seit dem späten 18. Jahrhundert eine Position zwischen dem dritten und vierten Joch von Westen in der Chorachse ein.[25]) Im späten 16. Jahrhundert hatte Ferdinand I. die neue

23 Artur Saliger, Gedanken zur „Goldenen Pforte" des Prager Veitsdomes. In: Umění 43 (1995) 264–268.

24 Der Chor der Mansionäre war noch vor der Grundsteinlegung des Domneubaus von Karl IV. 1343 gegründet worden: Zdenka Hledíková, Fundace českých králů ve 14. stoleti. In: Sborník historický 28 (1981) 5–55, bes. 10–19.

25 Die Position des Altars ist dokumentiert unter anderem durch eine Bauaufnahme im Kopienbuch von Josef Jäger (Archiv der Hauptstadt Prag, Hs. Nr. 5869 und 5870). Faksimile: Martin Ebel, Jaroslava Mendelová und Pavel Vlček, Josef Jäger – kopiáře. Prag 1998, Tafel 18 (Plan 14). Tafel 77 (Plan 70) zeigt, dass der Altar abgebaut und durch Bestuhlung ersetzt werden konnte, wenn etwa bei einer Krönung zusätzliche Sitzplätze benötigt wurden. Im 17. Jahrhundert hatte der Kreuzaltar nahe der Sigismundkapelle gestanden (siehe Anm. 30).

Gruft mit einer großen Tumba darüber, dem so genannten Habsburgermausoleum, im zweiten Joch bauen lassen. Bei dieser Gelegenheit waren die Leichname aus der alten Gruft dorthin überführt worden, und die alte Gruft war in den Gebrauch des Domkapitels übergegangen. So ist die Erinnerung an sie lebendig geblieben und erreichte die erste Generation moderner kulturhistorischer Dokumentation. Es war August Ambros, bekannt als Musikhistoriker und nachmaliger Lehrer des Kronprinzen Rudolf, dem wir die Kenntnis über Lage und Funktion des Raums verdanken.[26] Zweitens existiert eine lange unbeachtet gebliebene Bauaufnahme aus der Zeit vor 1882, die in der kritischen Zone zwei unterirdische Anlagen zeigt: ein leicht nach Süden aus der Achse gerücktes Gewölbe im vierten Joch mit einem Durchgang zu einem weiteren, etwas höher gelegenen Gewölbe im fünften Joch. Letzteres dürfte eine neuzeitliche, für das Domkapitel angelegte Erweiterung des Bestattungsraums gewesen sein, denn die höhere Lage verdankte sich am ehesten dem Stufenunterbau der barocken Kommunionbank des Hochaltars.[27] Die mittelalterliche „alte" Gruft, in der Karl IV. zur Ruhe gebettet wurde und wo der Leichnam zwei Jahrhunderte lang blieb, befand sich also im vierten Joch.

Bekannt ist des weiteren, dass Karl IV. eine Grabtumba erhalten hat, die axial im Chor stand und in den Quellen der Jahrzehnte um 1400 *sepulcrum Caesaris* heißt. Vermutlich stand sie über der alten Gruft (wie die von Ferdinand I. veranlasste Tumba über der neuen Gruft errichtet worden war). *In capite* des Denkmals bzw. der Gruft, also unmittelbar westlich davon, stand ein Marienaltar. In nächster Nähe befanden sich noch drei andere Altäre (zu Ehren des heiligen Ludwig von Frankreich, des heiligen Nikolaus und der Unschuldigen Kindlein).[28] Wir wissen, dass der Mansionärenchor seit 1365 dort täglich aus dem Brevier sang, so dass die Liturgie den in der Gruft Bestatteten zugute kam.[29] Zusätzliche liturgische Verpflichtungen gab es später noch speziell zugunsten des Kaisers und an ihren Todestagen auch zugunsten der Kaiserinnen, wobei

---

26 August Ambros, Der Dom zu Prag. Prag 1858, 241–255. In der Literatur des 20. Jahrhunderts wurde dann meist angenommen, der Grabbezirk Karls IV. habe sich dort befunden, wo heute das Habsburgermausoleum steht: so etwa Jaromír Homolka, Zu den ikonographischen Programmen Karls IV. In: Anton Legner (Hg.), Die Parler und der Schöne Stil 1350–1400. Köln 1978, Bd. 2, 607–618, bes. 616. Demgegenüber ging Kletzl von einer Position im Chorscheitel aus: Otto Kletzl, Zur künstlerischen Ausstattung des Veitsdomes in vorhussitischer Zeit. In: Germanoslavica 1 (1931/32) 247–277. Das wäre aber eine Position ohne Parallele.

27 Milena Bravermanová und Michal Lutovský, Hroby, hrobky a pohřebiště českých knížat a králů. Prag 2001, 39–45.

28 Kotrba, Der Dom St. Veit zu Prag 534.

29 Es sei darauf hingewiesen, dass die Platzierung von Gruft, Grabmal und Marienchor im vierten statt im zweiten Chorjoch von Westen einige baugeschichtliche Probleme entschärft, die sich für Klára Benešovská stellen: Klára Benešovská, Gotická katedrála: Architektura. In: Anežka Merhautová (Hg.), Katedrála sv. Víta v Praze. Prag 1994, 25–65, besonders 60–61 mit den Anmerkungen 35 und 37. Der Ort des ersten und zweiten Jochs war bis 1357 von Teilen der alten Domanlage überbaut. Dort kann sich also keine Gruft befunden haben, die 1348 den Leichnam der Blanche von Valois (laut Inschrift an ihrer Triforiumsbüste) und 1351 den Leichnam von Karls Erstgeborenem Wenzel aufnahm (laut Chronik des Benesch von Weitmühl), und diese Joche können auch schwerlich 1365 für den Gesang der Mansionäre „betriebsbereit" gewesen sein. Wenn sich der Komplex aber im vierten Joch befindet, sieht alles anders aus.

man laut den Quellen an den Jahrtagen der Kaiserinnen entweder nur die rechte oder nur die linke Reihe des Gestühls nutzte. Vor den Altar wurde dann noch eine Sargattrappe gestellt, die den Leichnam der jeweiligen Gemahlin Karls IV. vertrat. Das gibt einen Eindruck, wie Marienaltar, Gestühl und *sepulcrum Caesaris* einander zugeordnet waren.[30] Neben der zentralen Rolle, welche die Marienkapelle für die Memoria der kaiserlichen Familie spielte, hatte sie aber auch noch eine Schlüsselstellung in der Liturgie des Kirchenjahres: Hier wurden die Marienfeste begangen und hier wurde in der Heiligen Nacht die Mitternachtsmesse gelesen. Überhaupt kreiste der Mariendienst im Dom um den Altar beim Grabbezirk, so dass sich memoriale und marianische Riten verflochten haben müssen, was nicht nur geeignet war, die Fürbitten der Mediatrix und Co-Redemptrix zu mobilisieren, sondern daneben auch die Stifterrolle der Herrscherfamilie weiter akzentuierte.[31]

In meinem Plan habe ich das Grabmal ungefähr in der Mitte des vierten Jochs platziert (Abb. 2: h). Da das Gruftgewölbe bis an die Schwelle zum dritten Joch nach Westen reichte, kommt auch eine Position zwischen dem dritten und dem vierten Joch in Frage.[32] Je weiter man das Monument aber in die Gegenrichtung, d. h. nach Osten, rücken würde, um so mehr würde der Bereich des Veitsaltars und der bischöflichen Liturgie eingeengt werden. Um das Grab herumgeordnet hat man sich den Marienaltar und andere Altäre sowie das Gestühl der Mansionäre vorzustellen. Akustisch war dieser Komplex im Dom durch den Gesang der Mansionäre regelmäßig präsent. Denkt man an die Behauptung zurück, akustische Räume hätten keinen Mittelpunkt, so wird man zugeben, dass sie im Fall des Gesangsraums mehr Berechtigung hat als beim Glockenraum. In der Tat dürfte nicht überall in der Kirche wahrnehmbar gewesen sein, wo die Stimmen ihren Standort hatten. Um so wichtiger war es, dass die Architektur dem Standort von Grab und Sängerchor noch eine zusätzliche visuelle Präsenz verlieh. Durch die Bauplastik wurde der Ort darüber hinaus inhaltlich akzentuiert.

---

30 Die Quellen finden sich ediert bei: Wácslaw Wladiwoj Tomek, Základy starého místopisu Pražsekého. Prag 1872, 99–176, 245–252, bes. auch 248–252 (Ordo von 1416). Gewarnt sei vor dem von Tomek erarbeiteten und in seinem Werk abgedruckten Grundriss des Prager Doms mit den liturgischen Einbauten des Mittelalters. Er wird zwar heute zuweilen als eine Quelle angesehen und reproduziert (so bei Benešovská und Hlobil, Peter Parler & St. Vitus's Cathedral 140), ist aber teils spekulativ und keinesfalls geeignet, Überlegungen, die von den Texten ausgehen, zu ersetzen. Um ein Beispiel zu geben: Tomek platzierte den Kreuzaltar nächst der Sigismundkapelle und folgte dabei wohl dem Altarverzeichnis von 1624: Anton Podlaha (Hg.), Liber informationum de altaribus, fundationibus, et aliis divinis officiis [...] per Casparum Arsenium a Rabusa [...]. Prag 1915, 3. Dabei geht aus dem von Tomek selbst zitierten (246) Altarverzeichnis von 1415 und der von ihm gleichfalls zitierten (107) Chronik des Benesch von Weitmühl klar hervor, dass der Altar ursprünglich bei der Wenzelskapelle stand.

31 Franz Machilek, Der Liber breviarius der Kathedralkirche St. Veit zu Prag von ca. 1384 und seine topographischen Angaben. In: Franz Kohlschein und Peter Wünsche (Hg.), Heiliger Raum: Architektur, Kunst und Liturgie in mittelalterlichen Kathedralen und Stiftskirchen. Münster 1998, 207–224, besonders 221.

32 Diese Position hatte ich für wahrscheinlich gehalten, bevor ich durch die in Anm. 27 genannte Publikation die Lage der alten Gruft kennenlernte: Schwarz, Felix Bohemia Sedes Imperii, Abb. 54.

Abb. 7: Chorpfeiler und Dienste nach Entwurf von Matthias von Arras

Abb. 8: Chorpfeiler und Dienste nach Entwurf von Peter Parler

Mit der Schwelle zum vierten Joch, also mit dem Anfang jenes Bereichs, in dem sich Gruft, Grabmal und Marienaltar befunden haben müssen, verändert sich die Gestalt der Pfeiler. Allgemein führt man das auf die Baugeschichte zurück und speziell auf den Architektenwechsel von Matthias von Arras zu Peter Parler. Es ist auch kaum bestreitbar, dass die Übernahme des Baus durch Peter Parler in das Problem hineinspielt. Andererseits ist durch die architekturgeschichtliche Forschung der letzten Jahrzehnte klar geworden, dass sich Peter Parler von seinem Vorgänger nicht einfach nur absetzen wollte, sondern dass er sich mit dessen Vorgaben interpretierend auseinandersetzte.[33] Im Fall des Binnenchores finden sich die feingliedrigen Pfeiler von sternförmigem Grundriss, die Matthias entworfen hatte, im Bereich des ehemaligen kaiserlichen Grabbezirks und östlich davon. Westlich davon stehen die voluminösen, zu den Schiffen hin mit Diensten besetzten Pfeiler von insgesamt rautenförmigem Grundriss, die Peter Parler entworfen hat. Letztere schnüren den Raum in den beiden Westjochen ein: Während die Vorlagen der Matthias von Arras-Pfeiler zum Binnenchor hin nur wenig Volumen entwickeln und etwa vom Gesims unter dem Triforium überschnitten werden (Abb. 7), treten die Dienste der Peter Parler-Pfeiler hier kraftvoll hervor und überschneiden ihrer-

33 Benešovská, Gotická katedrála: Architektura; Benešovská und Hlobil, Peter Parler & St. Vitus's Cathedral; Jochen Schröder, Neue tschechische Forschungen zum Prager Veitsdom. In: Kunstchronik 56 (2003) 25–31.

seits das genannte Gesims (Abb. 8). Der visuelle Effekt, der sich ergibt, ist der einer Weitung des Chors an einem liturgischen (und akustischen) Brennpunkt, nämlich dort, wo sich die Marienkapelle und das Grabmal befanden und die Mansionäre sangen (Abb. 9). Damit lässt sich, glaube ich, sehr deutlich zeigen, dass eine gotische Kirchenarchitektur kein, wenn auch schön dekorierter Container ist, in den man was auch immer hineinstellt, sondern ein ästhetisches System, das auf Nutzung und liturgische Anforderungen reagiert.

Abb. 9: Chor von St. Veit (mit Wechsel der Instrumentierung zwischen zweitem und drittem Joch von Westen)

Mit der Veränderung im architektonischen Repertoire des Binnenchors fällt eine Veränderung in der Bauplastik zusammen. Über den westlichen Jochen, die von Peter Parler-Stützen getragen werden, sind die Durchgänge des Triforiums mit Drolerien dekoriert. Über den östlichen Jochen und den Matthias von Arras-Pfeilern befinden sich stattdessen Porträtbüsten. Es handelt sich um den berühmten Büstenzyklus, eines der Hauptdenkmäler aus der Zeit Karls IV.[34] Er wurde nach seiner Vollendung um eine Büste erweitert, für die eine der Drolerien beseitigt werden musste, und greift auf der Nordseite jetzt auch in die Westjoche über. Doch ist klar, dass das nicht dem Urplan entspricht. Ursprünglich waren die Büsten als die höherrangige Dekorationsform dem geweiteten Raum östlich vom Grabmal zugeordnet und verbanden den *chorus beatae Mariae virginis* und den *chorus maior*, Grabbezirk und Hochaltar, Marien- und Veitsheiligtum (in Abb. 2 sind die Orte der originalen Büsten durch schwarze Halbrunde angedeutet, die statt neben besser natürlich über den Pfeilern sitzen würden).

Abb. 10: Büste Karls IV. am Triforium des Prager Doms

34 Gerhard Schmidt, Peter Parler und Heinrich IV. Parler als Bildhauer. In: Wiener Jahrbuch für Kunstgeschichte 23 (1970) 108–153, nachgedruckt in: Gerhard Schmidt, Gotische Bildwerke und ihre Meister. Wien 1992, 175–228, hier 220–228. Michael Viktor Schwarz, Peter Parler im Veitsdom: Neue Überlegungen zum Prager Büstenzyklus. In: Matthias Winner (Hg.), Der Künstler über sich in seinem Werk. Weinheim 1992, 55–84.

Der Kreis der Dargestellten ist nicht leicht zu definieren. Am ehesten gelingt es ausgehend von der Annahme eines memorialen Auftrags. Sagen wir so: Die Büstenserie ist gewidmet dem Gedächtnis der Mitglieder des Hauses Luxemburg, soweit sie Karl IV. persönlich nahe standen, und denjenigen, die den Bau des neuen Domes St. Veit – das große Stiftungsprojekt Karls IV. – unterstützten und betrieben. Bei den Schlußlichtern der Hierarchie wird der memoriale Auftrag am deutlichsten: Die Bildnisse der Architekten Matthias von Arras und Peter Parler befinden sich an jenem Pfeiler, der ihren Gräbern im nördlichen Seitenschiff vor der Sakristei am nächsten ist (Abb. 2: i).[35] Die Büsten Karls IV. (Abb. 10) und seiner Gemahlinnen sind demgegenüber fern von den entsprechenden Gräbern. Sie befinden sich im Chorhaupt. Durch die Position an der Längsachse waren sie der Tumba dann aber doch zugeordnet. Gleichzeitig sind sie auch dem Veitsaltar zugeordnet, wo die Dargestellten mindestens ideell ihre Kronen erhalten hatten (Abb. 2: g). So bringt der Zyklus die Funktionen zur Geltung, die St. Veit speziell für Karl IV. besaß (oder richtiger: Der Zyklus würde sie zur Geltung bringen, wenn er aus dem Kirchenraum nicht so schlecht sichtbar wäre, ein Problem, auf das ich zurückkommen werde, vgl. Abb. 9): St. Veit wird charakterisiert als Krönungskirche von Karls Reich, als Grabkirche seiner Familie und last not least als das gigantische ‚Gute Werk', das Karl als Bauherr und Reliquienakquisiteur vollbracht hatte und auf das er seine Jenseitshoffnung stützte.

Von Jenseitsfurcht und -hoffnung ist an einer ebenso überraschenden wie zentralen Stelle dann explizit die Rede. Die Wenzelskapelle hat zwei Zugänge: Der vom Querschiff her dürfte als Zugang für die Laien gedacht gewesen sein. Der andere erschließt den Raum vom Chorumgang und ebenso vom Veitschor, vom Marienchor und von der Sakristei her (Abb. 2: k); es ist der Zugang für den Klerus und der, der genutzt wurde, wenn für die Krönungsfeierlichkeiten die Wenzelskrone und das Salböl aus der Wenzelskapelle geholt und zum Hochaltar gebracht wurden. Daneben handelt es sich um den Zugang durch den am Weihnachtsmorgen der Klerus vom Marienchor kommend in die Wenzelskapelle einzog, um dort die *Missa in aurora* zu feiern.[36] Dieser Durchgang ist zum Chorumgang hin mit zwei figürlich gestalteten Konsolen versehen. Die eine zeigt vielleicht die Verleugnung Petri. Die andere zeigt Judas, der in der Hölle schmort und von einem Teufel wie eine Gans mit den Silberlingen gestopft wird (Abb. 11).

Seit der Väterzeit findet sich Judas als ein Doppelsünder gekennzeichnet. Der Verrat war die eine Sünde. Sie hätte ebenso vergeben werden können, wie dem Mitapostel Petrus manche Sünde vergeben wurde. Die andere Sünde, diejenige die nicht vergeben werden konnte, war die Verzweiflung, also der Unglaube in die Möglichkeit von Ver-

35 Schwarz, Peter Parler im Veitsdom 59. Es freut mich, dass diese Beobachtung und die daran geknüpften Schlüsse rezipiert werden, selbst wenn dies ohne den entsprechenden Beleg geschieht: Christian Freigang, Werkmeister als Stifter: Bemerkungen zur Tradition der Prager Baumeisterbüsten. In: Bruno Klein und Harald Wolter-von dem Knesebeck (Hg.), Nobilis arte manus: Festschrift Antje Middeldorf-Kosegarten. Dresden-Kassel 2002, 244–264.

36 Machilek, Der Liber breviarius der Kathedralkirche St. Veit zu Prag 221.

gebung. Im Frankfurter Passionsspiel des späten 15. Jahrhunderts kommentiert der heilige Augustinus das Schicksal des Verräters so: *Het Judas nit in der stunde / vor großem leide sich erhangen / got het in gerne emphangen.*[37] Und 200 Jahre vorher in der Legenda Aurea hieß es: *Auch wenn Judas seine Sünde bekannt hat, so hat er doch nicht auf Vergebung gehofft und also wurde ihm keine Gnade zuteil.*[38] Diese Exegese qualifizierte Judas im hohen und späten Mittelalter dazu, das schaurige Gegenbild eines Stifters abzugeben: Wie Judas sind Stifter sündige Menschen, aber anders als er glauben sie an Vergebung, denn sie tun ‚Gute Werke' und arbeiten der Gnade damit in die Hände. Und anders als Judas kassieren sie auch nicht Geld, um Christus zu verkaufen, sondern geben Geld aus, um sein Heilswerk zu unterstützen. Dort, wo man ein Programm politischer Theologie erwarten würde, sind also Hinweise auf die finale Intention der Stiftung deponiert: die Erlösung des Stifters. Nicht nur der Domklerus am Weihnachtsmorgen, sondern selbst diejenigen, welche anlässlich von Krönungsfeiern die dazu notwendigen Gegenstände aus der Wenzelskapelle holten, sollten wohl zu einem Stoßgebet für das Seelenheil des Stifters veranlasst werden.

Abb. 11: Konsole am Türsturz der Wenzelskapelle

37 Richard Froning (Hg.), Das Drama des Mittelalters 3. Stuttgart 1891/92, 472.

38 *[...] nam etsi Iudas peccatum suum confessus fuerit, tamen non in spe venie et ideo non est misericordiam consecutus.* Giovanni Paolo Maggioni (Hg.), Iacopo da Varazze: Legenda Aurea 1. Florenz 1998, 128.

III

Hier möchte ich den Rundgang durch St. Veit abbrechen (ohne die Chorkapellen und ohne eigentlich die Wenzelskapelle mit ihren Edelsteinwänden besucht zu haben). Gegenüber Sedlmayr und der älteren Kunstgeschichte bin ich von etwas anderen Grundannahmen ausgegangen. In erster Linie habe ich die Architektur nicht als Emanation aufgefasst, sondern als eine Gegebenheit, die (neben praktischen Aufgaben) der Kommunikation dient. Ich habe die Kirche als Medium behandelt. Zugestanden sei, dass dieser Zugang gegenüber dem Sedlmayrschen einen Nachteil hat: Die Ergebnisse lassen sich weniger griffig formulieren. Die mediale Lesart kann nur beschreibend, in einer Art historisch kontextualisiertem ‚close reading' demonstriert werden. Was die Kathedrale zu sagen hat, ist keine einfache Verweis-Relation („Ich bedeute das ‚Himmlische Jerusalem'"), sondern will nachvollzogen sein. Um es auf eine Formel zu bringen: Die Kathedrale enthält keine Botschaft, sondern in ihrer ganzen Komplexität i s t sie die Botschaft.

An dieser Stelle scheint es aufschlussreich, wenn wir uns nach Sedlmayr einem zweiten Gelehrten zuwenden, dem das christliche Mittelalter als eine bessere Welt galt und der als ein dezidiert katholischer Intellektueller auftrat. Wie Sedlmayr gefährdete er in den 50er Jahren durch publizistische Allgegenwart seinen wissenschaftliche Ruf. Umberto Eco hat ihn 1967 als den zweiten Meister des ‚Cogito interruptus' neben Sedlmayr gestellt.[39] Allerdings schließt Ecos Vergleich der beiden doch mit einer differenzierten Bewertung: „Daß fernsehen besser als Sedlmayr ist, steht außer Zweifel" einerseits und andererseits „Ideen, auch wenn sie wild durcheinander daherkommen [...] wecken andere Ideen. Also lest McLuhan!"

Sofern der kanadische Literaturwissenschaftler Marshall McLuhan, den man wohl den eigentlichen Begründer der Medientheorie nennen darf, mit bildender Kunst nur etwas hätte anfangen können, hätte er vielleicht gleichfalls über die Kathedrale geschrieben. So aber wurde er zum „Verfasser franziskanischer Hymnen an Schwester Elektrizität" (Umberto Eco). Seinen berühmten Satz „The medium is the message" trug er 1958 im Rahmen des Vortrags „Our New Electronic Culture" zum ersten Mal vor.[40] McLuhan hat die Feststellung damals und ebenso später in seinem Hauptwerk „Understanding Media" (1964) explizit auf die elektronischen Medien gemünzt. Seitdem wird die Aussage, das Medium sei die Botschaft, und damit einer der Kernsätze der Medientheorie ungefähr so verstanden: Es mag unser Bewusstsein beeinflussen, welcherlei Sendungen über welche Themen das Fernsehen ausstrahlt. Aber ungleich mehr

39 Deutsch: Umberto Eco, Vom Cogito interruptus. In: Umberto Eco, Über Gott und die Welt. München-Wien 1985, 245–265.

40 Marchand, Marshall McLuhan 147.

greift in unser Leben der Umstand ein, dass dieser bilderproduzierende Kasten, von dem es heißt, er sei leicht ein- und schwer auszuschalten, allzeit bereit in unseren Wohnzimmern steht und darauf lauert, unsere Aufmerksamkeit zu absorbieren.

Nun muss aber klargestellt werden, dass das nur die „kleine" Auslegung des Satzes durch eine auf die Gegenwart fixierte Medienwissenschaft ist. Blickt man auf McLuhans akademische Karriere und seine prägenden Jahre in Cambridge, wo er im Umfeld des New Criticism (F. R. Leavis) und der Sprachphilosophie Ludwig Wittgensteins studierte,[41] so deutet sich an, dass der Satz aus einem Zusammenhang heraus entwickelt wurde, in dem sich kulturwissenschaftliche und kommunikationstheoretische Interessen überschnitten. Und aus diesem Kontext heraus kann die Feststellung auch generalisierend verstanden werden: Im „Zeitalter der Elektrizität" und durch die von der Elektrizität verursachte Beschleunigung wird nur deutlich, was seit jeher gilt.[42] Dass das Medium die Botschaft sei, heißt: Ein Medium ist nicht dadurch gekennzeichnet, dass es etwas bedeutet, darstellt oder sonstwie repräsentiert, sondern dadurch, dass es als eine unhintergehbare Einheit aus Form und Inhalt auf seine Nutzer einwirkt.[43]

Vor diesem Hintergrund bleibt mein Vorschlag, eine Kathedrale als ein Medium und ein Ensemble von Medien zu lesen, eine Absage an die Vorstellung, ein solcher Bau bilde etwas ab oder bedeute etwas. Will man die virtuellen Aspekte des Bauwerks erfassen, so kann die Fragestellung tatsächlich nur dahin gehen, zu erhellen, in welcher Weise (und mit welchen Zielen) sie auf die Nutzer einwirken (wollen). Dazu müssen wir die Nutzungsformen bedenken sowie Annahmen über die Nutzer und ihre Konditioniertheit entwickeln. Was die Nutzungsformen angeht: Die Bestimmung einer Kathedrale ist bekanntlich die eines Gehäuses für eine extreme Vielfalt liturgischer Handlungen, die in der Regel über das religiöse Alltagsgeschehen hinausgreifen. Das dürfte auch die Einstellung der Nutzer geprägt haben: Ob Kleriker oder Laien kamen sie mit dem Vorsatz in die Kirche, an solchen Handlungen teilzunehmen und sich zum eigenen Besten vom jeweiligen Ritus ergreifen und erheben zu lassen. Wir haben also mit speziell an religiösen Inhalten interessierten und in der Regel aufmerksamen bis kreativen Nutzern zu rechnen. Das ist die Annahme, welche meiner Fallstudie zugrunde lag.

Um die Nutzer über das in der Fallstudie versuchte hinaus noch weiter zur Geltung zu bringen, könnte man sie in Gruppen und Situationen auffächern: Liturgen, Domklerus, Mansionäre, Hof, Pilger, Prager Einwohner usw., die dem Chorgebet, der Weihnachts-, Krönungs- oder herrscherlichen Totenliturgie usw. beiwohnten. Z. B. wandten sich die Wenzelstatue in ihrem Tabernakel und die Inszenierung der Kronkammer über dem Südportal in erster Linie an Laienbenutzer; die Grabplatten der Architekten vor der

41 Wittgenstein bleibt in der Biographie von Marchand, Marshall McLuhan groteskerweise unerwähnt. Er war aber ein guter Bekannter von McLuhans Lehrer F. R. Leavis, auch wenn dessen 1973 aufgezeichnete Erinnerungen an Wittgenstein etwas unfreundlich klingen: Frank Raymond Leavis, Memoires of Wittgenstein. In: The Human World 10 (1973) 66–79. Deutsch in: Rush Rhees (Hg.), Ludwig Wittgenstein: Porträts und Gespräche. Frankfurt am Main 1992, 84–106.

42 Marshall McLuhan, Die magischen Kanäle: Understanding Media. Dresden-Basel 1995, 30.

43 Michael Viktor Schwarz, Visuelle Medien im christlichen Kult. Wien-Köln-Weimar 2002, 9–24.

Sakristeitür dagegen waren an den Domklerus adressiert, der sie mit der entsprechenden Einstellung angesehen und als Auslöser für Fürbitten genutzt haben wird, wenn man sich, wie es täglich geschah, zum *sepulcrum Caesaris* begab (entlang der Linie Abb. 2: f, i, h). Wer so vorgeht, ist allerdings in der Gefahr, eine Gruppe von Kirchenbesuchern zu vergessen, auf deren gottesdienstliches Mittun man früher felsenfest zählte. Hier zeichnen sich einmal mehr die spezifischen Anforderungen einer Medienwissenschaft in historischer Perspektive ab, die vergangene Mentalitäten zu berücksichtigen hat: Als Besucher und Nutzer der Kirche hat man sich neben den Menschen nämlich auch die Engel zu denken.[44] Sie müssen von den Interpreten der Kathedralen und ihrer Medien ebenso als Zielpublikum behandelt werden wie andere Gruppen. So mögen hauptsächlich für sie die Triforiumsbüsten konzipiert worden sein. Diese tragen ein Programm vor, das ebenso schwerwiegend ist, wie es sich vor den Augen derjenigen Kirchenbesucher verbirgt, die weder mit Schlüsselgewalt oder baugeschichtlicher Neugier ausgestattet noch flugfähig sind. Am ehesten sollen die Büsten auch bei den Engeln die Aufmerksamkeit für den Kathedralbau als ein von bestimmten Menschen vollbrachtes ‚Gutes Werk' schärfen und weiteren Gebetsbeistand für diese Personen mobilisieren.

Die von der Architektur und ihrem Bildschmuck geschaffenen Perspektiven eröffnen sich den Nutzern mehr oder weniger erlebnishaft. Sie helfen ihnen ihre mentalen Standpunkte zu präzisieren, bieten Assoziationsmöglichkeiten und Argumentationshilfen beim Gebet. Es entsteht eine Erlebnisstruktur komplementär zur Liturgie. Wer eine Kathedrale nutzt, nutzt demnach einen funktionalen Ritualraum mit zahlreichen virtuellen Fenstern und Nebenzimmern, deren Gebrauch sich häufig aber nicht notwendig überlagert. Wenn sich die virtuellen Aspekte überhaupt zu etwas zusammenschließen, dann zu einem Rauschen der Verweise und Flimmern der Perspektiven, das jeweils Eigenart besitzt und im Prager Dom St. Veit signifikant anders tönt und schimmert als in Notre-Dame in Paris oder im Kölner Dom St. Peter.[45]

---

44 H. Düllmann, Engel und Menschen bei der Meßfeier. In: Divus Thomas (27) 1949, 281–292, 381–411.

45 Unter dem Titel „Visual Media of St. Vitus Cathedral" habe ich eine erste Fassung des hier vorgelegten Textes im Rahmen der Tagung „The Last Judgement Mosaic" am 12. Juni 2001 in Prag vorgetragen. Daraus ergaben sich weiterführende Gespräche mit Klára Benešovská, Petr Chotěbor, Karel Otavský, Artur Saliger und Zuzana Všetečková. Für die Übersetzung tschechischer Texte, bibliographische Nachforschungen und wichtige Literaturhinweise sei Věnceslava Orlinski-Raidl herzlich gedankt. Ebenso danke ich für Hinweise Hellmut Lorenz und für's Korrekturlesen Bernd Röder.

Ralf Schlechtweg-Jahn

Virtueller Raum und höfische Literatur am Beispiel des *Tristan*

1. Einleitung

Tristan[1] zerlegt einen Hirschen, und er tut dies überaus gründlich und kultiviert (V. 2788–3080): zunächst verhindert er, dass der Jagdmeister des Königs den Hirschen wie ein Schwein zerlegt, dann bereitet er sich vor, indem er seinen Mantel auszieht und die Haare zurückstreift. Als nächstes zieht er dem Hirschen die Haut in wohl definierten Phasen ab, und zerlegt ihn in seine Teile. Anschließend sammelt er die Innereien in einem Netz, und zu guter Letzt zerlegt er fachgerecht das Herz des Hirschen, trennt weitere Körperteile aus dem Tier und arrangiert alles auf verschiedene Weise auf der Haut des Tieres. Die Innereien verfüttert er an die Hunde und erklärt dann den Jägern, in welcher Form sie die Jagdbeute dem König präsentieren sollen. Die umstehenden Jäger sind fasziniert und begeistert. Sie berichten König Marke von diesem Auftritt, und der König macht bald darauf den ihm bis dahin ganz unbekannten Tristan zu seinem Jagdmeister.

So weit scheint dies ein einfaches Beispiel für die performativ-mediale Seite der höfischen Kultur zu sein, denen sich die mediävistische Forschung seit einigen Jahren intensiv zugewandt hat. In der Mediävistik – vor allem von Zumthors Überlegungen zur Stimmlichkeit[2] angeregt – hat man dabei erneut versucht, den Zusammenhang von höfischer Literatur und Aufführungssituation jenseits der älteren, biographischen Modelle neu zu denken. Eigenartigerweise scheint dabei die Debatte zur Fiktionalität höfischer Literatur, die in den 80er Jahren so intensiv geführt wurde,[3] kaum noch Berücksichti-

1 Gottfried von Straßburg, Tristan. Nach dem Text von Friedrich Ranke neu herausgegeben, ins Neuhochdeutsche übersetzt, mit einem Stellenkommentar und einem Nachwort von Rüdiger Krohn. 3 Bde. 3. Aufl. Stuttgart 1985 (Reclam 4471–73).

2 Paul Zumthor, Die Stimme und die Poesie in der mittelalterlichen Gesellschaft (Forschungen zur Geschichte der älteren deutschen Literatur 18) München 1994.

3 Hans-Ulrich Gumbrecht, Wie fiktional war der höfische Roman? In: Dieter Henrich und Wolfgang Iser (Hg.), Funktionen des Fiktiven. München 1983, 433–440; Hans Robert Jauß, Zur historischen

gung zu finden. Mittlerweile stellt sich stattdessen ein wenig der Eindruck ein, als würde der Versuch, die performative Seite der höfischen Kultur zu denken, die mittelalterliche Literatur erneut didaktisieren,[4] Mir scheint, dass der Hof als Ort adlig-höfischer Selbstinszenierungen und die möglichen Funktionen höfischer Literatur dabei nicht komplex genug diskutiert werden, wenn man zum einen die spezifischen, fiktionalen Möglichkeiten von Literatur unberücksichtigt lässt, und zum anderen den Hof vorschnell wie eine geschlossene Institution behandelt. Denn hier klafft eine Lücke zwischen dem, was historisch verifizierbar ist, und dem, was Literaturwissenschaftler aus der höfischen Literatur selbst abzulesen vermeinen: Historisch sind konkrete Höfe kaum je fassbar, während die Literatur eine Fülle von Details über das Hofleben ausbreitet, die aber eben immer literarisch gebrochen sind. Ein einfacher Schluss vom einen zum anderen ist unmöglich.

Mein Vorschlag ist deshalb, das ganze Verhältnis von ‚realem‘ und fiktionalem Hof im Rahmen eines Konzepts von virtuellem Raum neu zu denken. Ich gehe dabei grundsätzlich davon aus, das menschliche Handlungsräume soziale Konstrukte sind. Dabei ist eine Vielfalt von Raumtypen grundsätzlich denkbar, die mir den einfachen Gegensatz von ‚realem‘ und fiktivem Raum[5] deutlich unterkomplex erscheinen lassen. Wenn man nach der Funktion von Literatur am Hof fragt, ist zunächst zu klären, um was für einen Handlungsraum es sich dabei handelt. Dazu scheint mir der Begriff des virtuellen Raumes geeignet zu sein.

2. Virtueller Raum und Cyberspace

Die Bezeichnung ‚virtuell‘ ist erst im Zusammenhang mit dem neuesten Medienbruch, vor allem im Bereich der Computertechnologien, in Mode gekommen. Dabei hat man

Genese der Scheidung von Fiktion und Realität. In: ebd. 423–431; Walter Haug, Literaturtheorie im deutschen Mittelalter. Von den Anfängen bis zum Ende des 13. Jahrhunderts. 2. überarbeitete und erweiterte Aufl. Darmstadt 1992.

4 So vor allem in Horst Wenzels maßgeblichem Buch „Hören und Sehen“, in dem er neben didaktischer Literatur, aber in ganz ähnlicher Intention, auch höfische Romane benutzt. „Für ein Hörer-Publikum binden sich die Stoffe aus ‚Literatur‘ und ‚Geschichte‘ ununterscheidbar an Personen. Die höfischen Epen werden wahrgenommen als Erzählungen von hervorragenden Frauen und Männern, die als Identifikationsfiguren handlungsleitend und -orientierend wirksam sind, weil sie als Gedächtnis- und Vorstellungsbilder vergegenwärtigt werden können wie Bilder lebender Personen auch“ (Horst Wenzel, Hören und Sehen, Schrift und Bild. Kultur und Gedächtnis im Mittelalter. München 1995, 372). Wenzel entwickelt diese Vorstellung aus dem *Waelschen Gast*, der sich den Zweck von Literatur so erklärt. Das ist aber doch bestenfalls eine mögliche Umgangsweise mit Literatur, und vielleicht eher ein Indiz dafür, dass man auch im Mittelalter die Möglichkeiten von Literatur schon unterschätzen konnte. Die Problematik der Fiktionalität von Literatur taucht bei Wenzel nicht mehr auf.

5 Vgl. dazu Bachtins Konzept des Chronotopos (Michail M. Bachtin, Formen der Zeit im Roman. Untersuchungen zur historischen Poetik. Frankfurt am Main 1989).

versucht, bestimmte Veränderungen im medial vermittelten zwischenmenschlichen Umgang mit dem Konzept der ‚virtuellen Realität' oder auch des ‚Cyberspace'[6] zu beschreiben. Virtuelle Realität meint zunächst recht einfach, dass Eingaben am Computer nicht mehr mit Tastatur oder Maus erfolgen, sondern mit allen, scheinbar ‚natürlichen' Körperaktivitäten, die mit Hilfe technischer Apparate digitalisiert werden. „Unter virtueller Wirklichkeit versteht man präzise (wenn auch noch sehr allgemein) alle Projekte, die darauf abzielen, den Teilnehmer davon zu überzeugen, daß er sich an einem anderen Ort als dem befindet, an dem er sich tatsächlich befindet, und dies dadurch bewerkstelligen, dass seine normalen sensorischen Reize durch vom Computer produzierte artifizielle Reize ersetzt werden".[7] Der Körper wird also gleichsam digital verdoppelt, um dann in Kommunikation mit anderen, auf gleiche Weise verdoppelten Körpern einen virtuellen Raum zu schaffen.[8] Im virtuellen Raum sind die Kommunizierenden so zur gleichen Zeit anwesend wie auch abwesend: Anwesend in einer digitalen Verdoppelung, aufgrund derer jede Körperaktion außerhalb des virtuellen Raumes sofort in Bewegungen innerhalb des virtuellen Raumes umgesetzt wird, und abwesend mit den Körpern, die sich in weit voneinander entfernten Räumen befinden können, wenn auch nicht müssen. Virtueller Raum ist also geprägt durch eine virtuelle Verdoppelung und Präsenz, durch eine realkörperliche Distanz der Kommunizierenden bei gleichzeitiger realzeitlicher Kommunikation durch Körpereinsatz. Erst dieser Akt der distanzierten Echtzeitkommunikation macht den Begriff des virtuellen Raumes überhaupt sinnvoll. Die DV-Technik stellt dabei das technische Grundgerüst bereit, das dem virtuellen Raum seine Existenz ermöglicht, ohne dass aber diesem Raum über den Moment der Kommunikation hinaus Dauer zukäme. Die realkörperliche Distanz macht es möglich, im Cyberspace andere Identitäten als die eigene auszuprobieren, deren Übereinstimmung mit Identität(en) außerhalb des virtuellen Raumes eben wegen der körperlichen Abwesenheit der Kommunizierenden nicht unmittelbar überprüfbar ist.

Zu einem häufigen Phantasma in der Diskussion um den Cyberspace bzw. die virtuelle Realität gehört die Vorstellung oder Befürchtung, dass der ‚reale' und der ‚virtuelle'

---

6 Das Wort Cyberspace ist eine Erfindung des Schriftstellers William Gibson in seinem Roman ‚Neuromancer' aus dem Jahr 1984. Begriffe wie dieser sind sicher auch das Produkt eines Medienhypes und scheinen derweil gemeinsam mit dem aufgeblasenen ‚Neuen Markt' fast schon wieder untergegangen zu sein. Mir scheint allerdings, dass außerhalb der Marketingabteilungen schon früher eine gewisse Ernüchterung eintrat, weil sich viele Hoffnungen auf eine neue Freiheit im Cyberspace als Illusion erwiesen hatten. Über den theoretischen Nutzen dieser Konzepte sagt das alles aber nichts aus.

7 Elena Esposito, Illusion und Virtualität. Kommunikative Veränderungen der Fiktion. In: Werner Rammert (Hg.), Soziologie und künstliche Intelligenz. Produkte und Probleme einer Hochtechnologie. Frankfurt am Main 1995, 187; vgl. auch Manfred Waffender (Hg.), Cyberspace. Ausflüge in die virtuelle Wirklichkeit (rowohlt computer 8185) Reinbek b. H. 1991, 10.

8 Die Kernaussage lautet: „Es ist möglich, eine 360-Grad-Computersimulation zu schaffen, die unsere Sinne mit so täuschend echten Eindrücken versorgt, daß wir glauben, in einer andern als der physischen Wirklichkeit zu sein" (Micky Remann, Cyber, Cyber über alles? In: Waffender [Hg.], Cyberspace 16f.). Und weiter: „Der Unterschied zur Geisteskrankheit besteht darin, daß sich andere Leute per Knopfdruck dazuschalten können und es für genauso echt halten werden."

Raum vom Benutzer nicht mehr unterschieden werden könne: „In einem vollendend gelungenen Projekt virtueller Wirklichkeit soll der Realitätseffekt so wirkungsvoll sein, daß die Objekte nicht mehr von den Objekten der von der Maschine unabhängigen ‚realen Wirklichkeit' unterschieden werden können".[9] Dagegen ist aber einzuwenden, dass selbst bei einer technisch perfekten Simulation der virtuelle Raum im allgemeinen doch durch technisierte Rituale, also durch ein mehr oder weniger komplexes Ein- und Ausschalten der technischen Apparate betreten und verlassen werden muss. Darüber hinaus bleiben die Rückwirkungen des virtuellen Raumes auf die Alltagsräume des Lebens begrenzt.

Dieser virtuelle Raum oder Cyberspace ist, bei aller Distanz, die er ermöglicht, aber nicht fiktional. „Es liegt nahe, den fiktionalen Diskurs über den illokutionären Modus eines Als-Ob-Handelns zu beschreiben. Solches Als-Ob-Handeln ist spielerisches Handeln".[10] Dem virtuellen Raum fehlt nun gerade die im Fiktionalen mögliche Als-Ob-Distanz, denn im virtuellen Raum agieren die kommunizierenden, virtualisierten Körper in Echtzeit und unmittelbar miteinander und nicht zeitverschoben und vermittelt über Erzähler und Figuren wie im fiktionalen Text. Diese theoretische Überlegung lässt sich auch in der Praxis verifizieren, denn virtuelle Kommunikation selbst mit einfachen technischen Mitteln wie dem Chat wird von den Teilnehmenden als nur begrenzt distanziert erlebt: Zwar mag man seine Identität hinter einer vorgeschobenen zu verbergen suchen, sieht sich aber aufgrund der Unmittelbarkeit der Kommunikation dann doch immer wieder recht distanzlos von allen Kommunikationsvorgängen unmittelbar betroffen.[11]

---

9 Esposito, Illusion und Virtualität 187.

10 Vgl. Rainer Warning, Der inszenierte Diskurs. Bemerkungen zur pragmatischen Relation der Fiktion. In: Dieter Henrich und Wolfgang Iser (Hg.), Funktionen des Fiktiven (Poetik und Hermeneutik 10) München 1983, 183–206, hier 191–193. Espositos Versuch einer Differenzierung zwischen Virtualität und Fiktionalität fehlt leider eine brauchbare Definition von Fiktionalität. Sie versucht, die Differenz beider Konzepte von den Objekten her zu bestimmen: In der Fiktion stünden wirkliche Objekte für von der Fiktion generierte nicht-wirkliche Objekte, wogegen virtuelle Objekte für sich selbst stünden, und dementsprechend manipuliert werden könnten (Esposito, Illusion und Virtualität 188f.). Letztlich wird damit jede Art von Zeichenproduktion zu Fiktion, womit eine Unterscheidung fiktionaler von pragmatischen Texten nicht mehr möglich ist (vgl. entsprechend ebd. 193).
Dagegen begreift Warning Fiktionalität von den Kommmunikationskonventionen her, die der Gattungsrahmen absteckt: „Das Fiktionalitätskriterium ist also wesentlich pragmatisch, es beruht auf einer pragmatischen Präsupposition, auf einem Kontrakt zwischen Autor und Leser, und dieser Kontrakt ist Bestandteil der betreffenden Gattungskonventionen" (Warning, Der inszenierte Diskurs 194). Die Differenz zwischen Autor und Erzähler ist damit ein Indiz für Fiktionalität. Otto Neudeck hat neuerdings als weiteres Merkmal für Fiktionalität den ironisch-distanzierenden Umgang mit höfischen Ritualen in der Literatur aufgeführt (Otto Neudeck, Das Spiel mit den Spielregeln. Zur literarischen Emanzipation von Formen körperhaft-ritualisierter Kommunikation im Mittelalter. In: Euphorion 3 [2001] 287–304, hier 300, Anm. 38).

11 Den wohl berühmtesten Fall problematischer Distanzverhältnisse im Cyberspace hat Julian Dibbell als ‚Rape in Cyberspace' dokumentiert (Julian Dibbell, A rape in cyberspace: How an evil clown, a Haitian trickster spirit, two wizards, and a cast of dozens turned a database into a society. In: Village Voice [23. Dez. 1993] 36–42; vgl. auch Sherry Turkle, Life on the Screen: Identity in the Age of the Internet. London 1995). Es mag wohl sein, dass diese Schwierigkeiten zunächst der Neuheit dieser Art von Kommunikation geschuldet sind, und gerade die verwirrenden Effekte von

In der Diskussion über den virtuellen Raum bzw. den Cyberspace ist es bis heute üblich, diesen als ein Drittes zwischen fiktionalem und realem Interaktions- und Kommunikationsraum einzuordnen, was dann zu eher unergiebigen Diskussionen darüber führt, wie fiktional oder real der Cyberspace denn nun eigentlich sei. Mir scheint, dass dabei die soziale Konstruiertheit des ‚Realen' zumeist übersehen wird.[12] Eine pauschale Gegenüberstellung real – virtuell scheint mir deshalb wenig ergiebig zu sein. Sinnvoller wäre dagegen eine zunächst nichthierarchische Typisierung von sozialen Handlungsräumen, beispielsweise nach dem Grad ihrer diskursiven und medial-technischen Vermitteltheit, ihrer alltäglichen Erfahrbarkeit oder auch ihrer institutionellen Absicherung. ‚Real' sind alle diese Räume insofern, als sie unseren Umgang miteinander und mit der Welt beeinflussen. Virtueller Raum ist dann nicht einfach das Gegenstück zu realem Raum, sondern ein Raumkonstrukt neben anderen. Virtueller und auch fiktionaler Raum sind nicht umstandslos weniger ‚real' als Alltags- und Berufsräume, sie sind es nur auf andere Weise und mit anderen Effekten.

3. Virtueller Raum und mittelalterlicher Hof

Versucht man nun einmal von dieser technisch vermittelten Form des virtuellen Raumes zu abstrahieren, lässt sich, so denke ich, ein Begriff von Virtualität entwickeln, der auch auf andere, weniger hoch technisierte Kulturen anwendbar ist. Virtuell könnte man dann einen Handlungsraum nennen, der nur durch die Interaktion von Menschen entsteht, nur für die Dauer dieser Interaktion existiert, und während der Interaktion aufgrund einer virtuellen Verdoppelung von Identität eine gewisse Distanz zu Identitätsbildungen außerhalb dieses Raumes ermöglicht bzw. erfordert.

So ein virtueller Raum ist ‚real', insofern er vergesellschaftende Effekte auf die in ihm interagierenden Menschen ausübt, und zugleich imaginär, weil er nicht institutionalisiert ist, also nicht über die ihn schaffenden Interaktionen hinaus fortdauern kann. Der virtuelle Raum ist auch ‚real', weil reale Körper in einem realen Raum handeln, zugleich aber auch imaginär, weil diese Körper eine spezifische Identität annehmen, mit der sie im virtuellen Raum miteinander umgehen. Damit gilt umgekehrt auch, dass die Identität der Personen durch ihr gemeinsames Handeln im virtuellen Raum zeitweise neu bestimmt wird.[13] Der

---

distanzierter und involvierter Identität sich irgendwann abschleifen werden. Bis dahin aber zeichnet den Cyberspace eben genau dieses Verhältnis aus.

12 Zum Problem des ‚Realen' in diesem Zusammenhang vgl. Vilém Flusser, Digitaler Schein. In: Florian Rötzer (Hg.), Digitaler Schein. Ästhetik der elektronischen Medien (edition suhrkamp 1599) Frankfurt am Main 1991, 147–159.

13 Die anfängliche Begeisterung über den Cyberspace (vgl. dazu Howard Rheingold, Virtuelle Welten. Reisen im Cyberspace. New York 1991) ergab sich nicht zuletzt aus der Möglichkeit, im virtuellen Raum andere, auch nichtmenschliche, Identitäten annehmen zu können. Naiv wird man freilich die Hoffnung nennen müssen, dass mit dieser Möglichkeit eine ganz neue Freiheit hereinbrechen würde. Ein Teil der Frustration und des nachlassenden Interesses am Cyberspacekonzept

Übergang in diesen virtuellen Raum und die dabei notwendige Verschiebung von Identität kann nun allerdings nicht technisch induziert sein wie beim Cyberspace,[14] sondern muss durch spezifische Performanzen und Rituale geleistet werden.

Damit scheint mir der Begriff des virtuellen Raumes grundsätzlich geeignet, gerade vormoderne Gesellschaften zu beschreiben, die sich generell durch schwache Formen der Institutionalisierung auszeichnen.[15] An ihre Stelle treten häufig, und so bekanntlich auch im Mittelalter, symbolische Interaktionen und Rituale,[16] die Gemeinschaften mit schwach ausgeprägten Institutionen stabil und dauerhaft machen sollen. Der mittelalterliche Hof um 1200 ließe sich auf diese Weise als virtueller Raum verstehen, der weder als fester Ort noch als gesicherte Institution existiert hat. Als virtueller Raum, so könnte man sagen, existiert der Hof nur im Moment der Kommunikation adliger Grundherren, die dabei die Identität von Hofleuten anzunehmen versuchen und sich als Hofgemeinschaft imaginieren.[17] Der Wechsel in den virtuellen Raum ist dabei gekennzeichnet durch eine Fülle

---

hängt wohl auch damit zusammen, dass sich in den technisch machbaren Formen (Chat etc.) nur wieder die begrenzten sozialen Kommunikationsformen unseres Alltags reproduziert haben, und nichts wirklich Anderes oder Neues entstanden ist. Die Freiheit der Identitätswahl scheint begrenzt auf eine Wahl unter schon Bekanntem. Neues könnte auch im virtuellen Raum wohl erst in einem vor allem reflexiven Miteinander entstehen, was in den meisten Konzepten aber wenig gedacht wird. Zu neuerdings pessimistischeren – oder je nach Standpunkt realistischeren – Einschätzungen zu Cyberspace und Internet vgl. den Sammelband: Rudolf Maresch und Florian Rötzer (Hg.), Cyberhypes. Möglichkeiten und Grenzen des Internets (edition suhrkamp 2202) Frankfurt am Main 2001.

14 Unter Cyberspace verstehe ich dementsprechend eine bestimmte, heute mögliche, technisch vermittelte Form von virtuellem Raum.

15 In einem Interview wurde Jaron Lanier, einer der Gurus der virtuellen Realität, nach historischen Vorbildern seines Konzeptes von ‚Virtueller Realität' befragt: „Da wären die verlorenen Erinnerungstechniken, die Gedächtnispaläste. In den westlichen Kulturen gab es früher so etwas wie vorgestellte virtuelle Wirklichkeiten, vorgestellte Paläste, in denen wenige Leute ihre Erinnerungen als Kunstwerke aufhängten. Die Leute prägten sich ihre Paläste ein und konnten so über ihre Erinnerungen verfügen, und vor Gutenberg war das etwas ganz Wichtiges" (Was heißt ‚Virtuelle Realität'? Ein Interview mit Jaron Lanier. In: Waffender [Hg.], Cyberspace 67–98, hier 85f).

16 Stellvertretend für eine sich rasch ausweitende Forschung sei hier nur verwiesen auf Gerd Althoff, Zur Bedeutung symbolischer Kommunikation für das Verständnis des Mittelalters. In: Frühmittelalterliche Studien 31 (1997) 370–389; Erika Fischer-Lichte, Auf dem Weg zu einer performativen Kultur. In: Paragrana 7 (1998) 13–29; Ursula Rao und Klaus Peter Köpping, Die ‚performative Wende': Leben – Ritual – Theater. In: Klaus-Peter Köpping und Ursula Rao (Hg.), Im Rausch des Rituals. Gestaltung und Transformation der Wirklichkeit in körperlicher Performanz. Hamburg 2000, 1–31.

17 Zur Schwierigkeit der Definition von ‚Hof' vgl. Werner Paravicini, Die ritterliche-höfische Kultur des Mittelalters (Enzyklopädie deutscher Geschichte 23) München 1994, 65–71. Nach Butz wird die Quellenlage erst ab 1250 und dann wieder ab 1400 besser. Er definiert Hof wie folgt: „[...] läßt sich sagen, daß der Hof als Herrschaftszentrum die Erlangung, Konservierung, notwendige Reformierung, Dokumentation und Ausübung von Macht sichern soll und dabei darauf bedacht ist, sich als soziales Ordnungsgefüge auf Dauer zu stellen [...] Selbstsymbolisation ist dabei ein wesentlicher Teil der institutionellen Verfestigung des Hofes, die auf Wahrscheinlichkeit, Wiederholbarkeit und Erwartbarkeit der Handlungen aller eingebundener Personengruppen im Umfeld des Herrschers zielt" (Reinhardt Butz, Herrschaft und Macht – Grundkomponenten eines Hofmodells? Überlegungen zur Funktion und zur Wirkungsweise früher Fürstenhöfe am Beispiel der

von Aktionen wie Kleidungswechsel, die Einnahme neuer Körperhaltungen und -posen, wie auch einer angemessenen mentalen Haltung, einer spezifischen ‚Stimmung'.[18]

Welche Rolle spielt Literatur in diesem virtuellen Raum ‚Hof'? Zunächst einmal ist Literatur ein Teilelement des virtuellen Raumes neben anderen, wie Fest, Turnier, Musik, Spiel usw. In diesem Sinne wirkt Literatur an der Konstitution eines virtuellen Raumes mit, den man sich aber nicht umstandslos als mehr oder weniger harmonischen Lernraum vorstellen darf. Der virtuelle Raum erlaubt die spielerische Annahme einer anderen Identität als Hofmann, die aber eben in Echtzeit, und damit nur geringer Distanzierung erfolgt. Solange der Adel sich nicht dauerhaft an solchen Höfen aufhält, die erst damit zur Institution werden, bleibt solcher Identitätswechsel aber die zeitlich eng begrenzte Ausnahme in sonst eher von Konkurrenz bestimmten Beziehungen zwischen adligen Grundherren. Die Rituale des virtuellen Raumes sollten offenbar ein Miteinander überhaupt erst herstellen, das außerhalb dieses sozialen Raumes kaum vorhanden war. Dass solche Rituale auch Konflikten Raum gaben und diese im Idealfall zugleich in einem handhabbaren Rahmen halten konnten, hat Gerd Althoff vielfach gezeigt. Literatur vermag Identitätswandel und Distanzierungen des virtuellen Raumes aber noch einen Schritt weiter zu treiben, indem sie sie aufgrund ihrer Schriftlichkeit zu Fiktionalität transformieren kann. In der schriftlichen Form gerinnt Virtualität gleichsam und verliert damit die Möglichkeiten, aber eben auch die Zwänge der Realpräsenz der Körper im virtuellen Raum.[19] Ob nun eher die virtuelle oder die fiktionale Seite eines literarischen Textes zur Geltung kam, dürfte von den konkreten Rezeptionsbedingungen abhängig gewesen sein: vom Grad der Virtualität (großes Hoffest oder kleinerer Rahmen), von der Art der Aufführung der Literatur (wurde mehr oder weniger konzentriert zugehört oder musste sich der Vortrag gegen gleichzeitig stattfindende Aktionen wie Musik,

---

Landgrafen von Thüringen aus dem ludowingischen Haus. In: Ernst Hellgardt, Stephan Müller und Peter Strohschneider [Hg.], Literatur und Macht im mittelalterlichen Thüringen. Köln-Weimar-Wien 2002, 45–84, hier 48). Der Hof, so Butz, konstituiert sich durch die Handlungen seiner Mitglieder, und ist dementsprechend störanfällig (ebd. 49).

18 Bekanntlich lassen sich Beispiele für solche Übertritte in der höfischen Literatur zuhauf finden, so die Neueinkleidung Enites durch Ginover im *Erec*, oder gewollt scheiternd der Auftritt Willehalms in Munleun. Damit stellt sich aber auch das methodische Problem, dass wir solche Vorgänge am virtuellen Hof vor allem aus der fiktionalen Literatur rekonstruieren müssen.

19 „Höfe [...] hielten, nach allem, was man weiß, für die poetischen Sonderformen kommunikativen Handelns [...] keine institutionell gesicherten Sonderräume bereit, wie sie sich in der Neuzeit in Gestalt z. B. des Salons, der Dichterlesung, des Theaters usw. ausprägten. Poetische Kommunikationen stehen daher stets im Geflecht, auch in Konkurrenz mit und unter dem Druck anderer Formen höfischer Interaktion: Sie bleiben ein okkasionelles, sozusagen riskantes Geschehen und ihr Erfolg – im Sinne von durchsetzbaren Geltungsansprüchen und Wiederholbarkeit – ist insofern unwahrscheinlich [...]" (Peter Strohschneider, Institutionalität. Zum Verhältnis von literarischer Kommunikation und sozialer Interaktion in mittelalterlicher Literatur. Eine Einleitung. In: Beate Kellner u. a. [Hg.], Literarische Kommunikation und soziale Interaktion. Frankfurt am Main 2001, 1–26, hier 11). Die virtuelle Seite der höfischen Literatur scheint mir damit ganz richtig beschrieben zu sein, aber ignoriert dies nicht deren fiktionale Seite? Der fiktionale Mehrwert von Literatur gegenüber anderen Formen höfischer Virtualität scheint mir diese Literatur doch eher wahrscheinlich statt unwahrscheinlich zu machen.

Tanz oder Gespräche behaupten) und nicht zuletzt vom Vorwissen der Rezipienten (Erfahrungen im Umgang mit fiktionaler Literatur).

Zu überlegen wäre, ob nicht erst diese Kombination von Schriftlichkeit und höfischer Virtualität Fiktionalität ermöglicht hat, wenn man nämlich Fiktionalität zunächst nur als eine Radikalisierung von Virtualität versteht. „Der fiktionale Diskurs ist wesentlich ein gespielter Diskurs, ein vor einer dritten Instanz inszenierter Diskurs. Die narrativen Gattungen erweisen sich so besehen als eine Komplexion des dramatischen Diskurses, indem sie die externe Situation, d. h. die Kommunikation zwischen Erzähler und Hörer, ihrerseits in die interne Situation hereinnehmen [...]“.[20] Das Verhältnis von Autor und Rezipient, so Warning, sei deshalb als ein Rollenspiel zu verstehen. Das Rollenspiel der Virtualität kennt keinen Autor, da es keine Schrift braucht und damit keinen isolierbaren Urheber hat. Virtuelle Kommunikation ist körperliches Spiel aller vor den Körpern aller, womit die Unterscheidung von interner und externer Kommunikationssituation, wie sie Warning für die Fiktion als grundlegend reklamiert, nicht gegeben ist. Allerdings wird man davon ausgehen müssen, dass auch im virtuellen Raum ‚Hof‘ ein Täuschen, Intrigieren, und damit ein gezieltes Benutzen von rituellen Handlungsmustern möglich waren, die eine Distanz ermöglichten, die man als Vorbedingung für Fiktionalität beschreiben könnte.[21] Die Verschriftlichung dieses Spiels behält dann die Grundelemente dieses virtuellen ‚Spiels‘ bei, radikalisiert aber aufgrund von Wiederholbarkeit, Trennung von interner und externer Kommunikationssituation, höherer Komplexität und Autorfunktion[22] das Spiel von der Virtualität zur Fiktionalität.[23] Mündliche Literatur, die nicht schriftlich fixiert existiert, bleibt notwendigerweise eingebunden in den virtuellen Inszenierungszusammenhang, von dem sie abhängt, und mit dem sie vergeht. Schriftlich fixierte Literatur hingegen erlaubt eine weitere Stufe der Distanzierung über den virtuellen Raum hinaus und ermöglicht damit eine reflexive Haltung sowohl zum virtuellen wie auch zum literarischen Kommunikationsprozess.[24]

---

20 Warning, Der inszenierte Diskurs 193. Warning siedelt seine Überlegungen zur Fiktionalität in der Pragmatik an, was für den Zusammenhang von Virtualität und Fiktionalität besonders fruchtbar ist, da die performative Ebene beständig mitgedacht werden muss.

21 Vgl. entsprechend Neudeck, der unter Verweis auf die Überlegungen Gerd Althoffs zu einer ähnlichen Überlegung kommt: „Die mittelalterlichen Akteure spielen sich zwar selbst, allerdings nur – so ließe sich pointiert formulieren –, indem sie ein Rolle spielen. Eine solche Form der Distanzierung, die im notwendigen Abstand zu einem inszenierten Verhalten gründet, könnte nun aber die mentale Grundlage für einen ‚Kontrakt zwischen Autor und Leser‘ bilden [...]“ (Neudeck, Das Spiel mit den Spielregeln 301).

22 Vgl. Michel Foucault, Was ist ein Autor? In: Michel Foucault, Schriften zur Literatur. Frankfurt am Main-Berlin-Wien 1979, 7–31.

23 Vgl. wieder Neudeck: „In der mittelalterlichen Praxis der Repräsentation selbst sind also bereits die Voraussetzungen für ein Fiktionsbewußtsein festzumachen; doch der entscheidende Schritt zu einer literarischen Fiktionalität, wie sie für den höfischen Roman beschrieben wurde, ist mit einem Verschriftlichungsakt zu verbinden“ (Neudeck, Das Spiel mit den Spielregeln 302).

24 In der gegenwärtigen Diskussion wird das Verhältnis von Fiktionalität und Virtualität gerade umgekehrt betrachtet: Virtualität geht über das Fiktionale hinaus, in dem es dort nicht mögliche Interaktivität hinzufügt (Vgl. Espositio, Illusion und Virtualität 202). Nun haben sich allerdings mit

Die doppelte Existenzweise höfischer Literatur sowohl im virtuellen wie auch im fiktionalen Raum eröffnet eine Bruchlinie, die durch die moderne Literaturwissenschaft nicht wieder aufgehoben werden kann. Zweifellos spricht die Literatur permanent vom Hof, den sie mitkonstituiert, zugleich aber eben auch fiktionalisiert und distanziert. Näher als in dieser fiktionalen Distanzierung werden wir dem Hof um 1200 wohl nicht kommen.

4. Fiktionaler und virtueller Raum und Gottfrieds *Tristan*

Dass man sich dieser komplexen Situation durchaus bewusst war, lässt sich an der höfischen Literatur zeigen. Ich komme damit zu meinem Ausgangsbeispiel im *Tristan*, der Zerlegung des Hirschen, zurück, das bei genauerem Hinsehen deutlich komplexer ist, als es auf den ersten Blick erscheinen mag. Es ist ja eigentlich nur Tristan, der handelt, während die Jäger ihn nur beobachten. König Marke hingegen kann nicht einmal das, sondern ist auf die Erzählungen seiner Jäger angewiesen, was ihm nur eine indirekte Beurteilung der höfischen Hirschzerlegung durch Tristan ermöglicht. Dass dies nicht unproblematisch ist, kann man daran erkennen, dass der frisch ernannte Jagdmeister Tristan die Hirschzerlegung bei der nächsten sich bietenden Gelegenheit vor den Augen des Königs wiederholen muss (V. 3459ff.).

Dies ist nun ein Muster, dem man im *Tristan* immer wieder begegnet: der Markehof konstituiert sich über Performanzen, an denen man aktiv oder beobachtend teilnimmt, und durch nachträgliches Erzählen von solchen Performanzen, denen man zuhört oder über die man nachdenkt. Erinnert sei hier nur an das Zustandekommen der Minne von Riwalin und Blanscheflur, das auf der einen Seite durch Riwalins Hervortreten beim Turnier bestimmt ist, auf der anderen von den Erzählungen der Hofdamen von eben diesem Ereignis, was dann überhaupt erst Blanscheflurs Interesse weckt. Riwalin selbst reagiert dann nicht unmittelbar auf Blanscheflurs Rede, sondern legt erst eine Reflexionsphase ein, bei der er aus der Distanz heraus das Erlebte bewertet und daraus seine Schlüsse zieht (V. 616ff., 720). An anderer Stelle beeindruckt Tristan, in dem er kompetent vom Schachspielen reden kann, und nicht, in dem er seine Fähigkeiten tatsächlich vorführt (V. 2288).

Performanz und Distanz, interaktive Teilnahme und reflexiver Abstand, sind die beiden elementaren Konstitutionsmerkmale des Markehofes. Betont man die virtuelle Seite höfischer Literatur, dann klingt dies wie eine perfekte Spiegelung der Seinsweise des virtuellen Raumes im literarischen Text. Dabei allerdings dreht man sich hermeneutisch im Kreis, interpretiert man doch in die Literatur zurück, was man eigentlich erst aus der Lite-

der Erfindung des Buchdrucks und der modernen Massenmedien die Rahmenbedingungen für fiktionale Texte verschoben, die eben nicht mehr einer konkreten Kommunikationssituation wie dem Hof gleichsam angefügt, sondern für einen anonymen Markt produziert werden. Der damit einhergehende Verlust an Virtualität kann offenbar erst heute mit Hilfe eines immensen technischen Aufwandes wieder kompensiert werden. Erst der Computer erlaubt die Schaffung eines Raumes, der Virtualität ermöglicht, ohne auf einen Nahraum angewiesen zu sein.

ratur selbst weiß. Immerhin mag ein solcher Umgang mit Literatur möglich gewesen sein. In dieser, und nur in dieser Perspektive, wird Literatur zu einem distanzlosen Bestandteil des virtuellen Raumes ‚Hof'. Didaktisch wird Literatur dabei aber gerade nicht, denn ihre Integration funktioniert ja nur wechselseitig: Der Hof entdeckt sich in der Literatur wieder, die wiederum als Bestandteil des Hofes inszeniert wird. Didaxe erfordert Distanz und Hierarchie, die hier nicht gegeben sind. Die schriftliche Form des Textes aber eröffnet auch einen fiktionalen Raum, der wohl zumindest am Rande oder außerhalb des virtuellen Getriebes am Hof erlebbar werden konnte. In dieser Form des Umgangs mit Literatur sind literarische Inszenierungen vor allem eine Form der Reflexion der spezifischen Situation von Literatur am Hof. Im Moment des Vortrages ist der literarische Text Teil des virtuellen Raumes, zugleich aber erzählt er wiederholbar von Abwesendem und ermöglicht und erzwingt dabei eine Distanz sowohl zum Erzählten als auch zur aktuellen Vortragssituation. Angesichts solcher Selbstreflexivität erscheint es mir doch fraglich, ob ein Adliger um 1200 wirklich gut beraten gewesen wäre, dergleichen als Handlungsanweisung für einen Aufenthalt am Hof einfach wörtlich zu nehmen.

Dass im *Tristan* auf diese Distanz soviel positiver Wert gelegt wird, lässt sich auch als indirekte Stellungnahme zum Wert der höfischen Literatur verstehen, die eben diese Distanz möglich macht. Dabei wird im *Tristan* mitunter dem Erzählen mehr Macht zugetraut als der Tat selbst. Besonders deutlich wird dies beispielsweise, wenn Rual die traurige Geschichte Riwalins und Blanscheflurs an König Markes Hof zum Besten gibt, und damit den ganzen Hof, den König eingeschlossen, derart zu Tränen rührt, dass über die doch eigentlich fatale, unehrenhafte Tat – nämlich die Flucht der Schwester des Königs und deren illegitimes Zusammenleben mit Riwalin – gar kein Wort mehr verloren wird. Es ist letztlich diese Erzählung, der Tristan seine Positionierung am Markehof als legitimer Sohn Riwalins und Blanscheflurs und damit als möglicher Thronerbe, verdankt. Es ist hier also das ergreifende Erzählen von den Taten Abwesender, ja Toter, das in diesem Moment den Hof konstituiert, und unter allen Anwesenden Traurigkeit und Harmonie bewirkt, die Tristan in die Position des Thronerben spült. Diese Position bleibt bekanntlich nicht unbestritten, aber im Moment des Vortrags durch Rual gibt es offenbar keine Zweifel (V. 4220). Letztlich behauptet Literatur selbst damit nichts anderes als ihre Wirksamkeit im virtuellen Raum. Als Teilelement virtueller Performanzen mag sie auch dazu beigetragen haben, den Hof zu konstituieren. Kaum vorstellbar ist aber, dass die Einsetzung eines Thronfolgers außerhalb der Literatur auf die gleiche Weise hätte erfolgen können wie die Tristans in Gottfrieds Roman. Selbst im Moment des öffentlichen Vortrages verlangt Literatur deshalb ein erhöhtes Maß an Distanz, welche neben der Teilnahme auch Reflexion erfordert. Dass mündlich vorgetragene Literatur neben anderen höfischen Performanzen mitunter vielleicht kaum zu verstehen gewesen ist, dürfte ihrer Wirkung im virtuellen Raum ‚Hof' kaum Abbruch getan haben, kommt es hierbei doch vor allem auf die gemeinsame Inszenierung an. Wenn hingegen ein Publikum konzentriert den Inhalten zu folgen versucht hat, dürften sich die fiktionalen Distanzierungen mehr und mehr in den Vordergrund geschoben haben.

Auf Ruals Erzählung von Tristans Herkunft und dessen Erhebung zum Thronerben folgt, so scheint es, im Text eine Zäsur[25], nämlich der ausführliche Dichterkatalog (V. 4621ff.). Gerade an dieser Position lässt sich der Dichterkatalog aber auch als weitergehende Reflexion des Verhältnisses von Virtualität und Fiktionalität lesen. Auf der einen Seite behaupten sowohl das Erzählen von Ruals Erzählung wie auch der Dichterkatalog die performative Wirksamkeit von Literatur: Literarisches Erzählen konstituiert den Hof, und ebenso wie Rual dies am Markehof gelingt, gelingt es Gottfried und seinen Dichterkollegen in der Realität des Vortrages, und zwar genau ‚jetzt', im Moment des Vortrages des *Tristan*. Auf der anderen Seite ist die Erzählung von Ruals Erzählen Fiktion, was zunächst der Sprung aus der Erzählung in die Virtualität der Inszenierungen des Hofes um 1200 deutlich macht: Es sind Dichter, die diese Geschichten formen. Und genau genommen findet dieser Sprung nicht statt, denn zumindest dem erfahrenen Zuhörer ist ja klar, dass auch das Reden über abwesende Dichter Fiktion ist, reflexive Distanz, die nicht unmittelbar für bare Münze genommen werden kann.

In diesem Zusammenhang ist auch die Überleitung von Tristans Schwertleite zum Dichterkatalog interessant. Stephen Jaeger argumentiert unter Bezug auf V. 4591–4594 (*wie gevahe ich nu min sprechen an, / daz ich den werden houbtman/ Tristanden [...] bereite / ze siner swertleite*), dass Gottfried es im Exkurs selbst übernehme, Tristan vorzubereiten: „Gottfried und nicht irgendein in der Fiktion Handelnder, fungiert jetzt als Vorbereiter Tristans. Die Grenze zwischen dem Dichter und seiner Dichtung verschmilzt [...]".[26] Das Problem ist dabei nur, wer hier eigentlich spricht. Das ‚ich' scheint mir doch ganz unterschiedlich besetzbar zu sein: Im Moment des Vortrags durch Gottfried, und nur dann, fällt es mit diesem zusammen. In einer lesenden Lektüre, was um diese Zeit noch Sich-selbst-vorlesen heißt,[27] wird aus dem ‚ich' ein Erzähler, denn das der Lesende selbst es nicht sein kann, liegt auf der Hand. Als Erzähler-Ich wird das ‚ich' zum Element der fiktionalen, als Gottfried zum Element der virtuellen Existenzform des Textes. Öffentlich vorgetragen durch einen Dritten vor Publikum aber wäre das ‚ich' dann doppelt determiniert, weil es sowohl Elemente des Fiktionalen trägt, denn es ist offensichtlich nicht Gottfried, der da spricht, als auch Elemente des Virtuellen, denn es wird unmittelbar und aus der Fiktion springend ein anwesendes

---

25 Die Forschung hat immer wieder versucht, einen Zusammenhang von Dichterschau und Schwertleite aufzuzeigen, vgl. z. B. Hans Fromm, Tristans Schwertleite. In: Deutsche Vierteljahresschrift 41 (1967) 333–350, Peter K. Stein, Tristans Schwertleite. Zur Einschätzung ritterlich-höfischer Dichtung durch Gottfried von Straßburg. In: Deutsche Vierteljahresschrift 51 (1977) 300–303; Alois Wolf, Gottfrieds Dichterschau als Versuch einer Neubegründung der deutschen Literatur aus dem Geist der Mythe von Tristan und Isolde. In: Peter K. Stein u. a. (Hg.), Festschrift für Ingo Reiffenstein. Göppingen 1988, 397–424; C. Stephen Jaeger, Höfisches Fest und Hofästhetik in Gottfrieds ‚Tristan'. Die Dichterschau als Zelebration. In: Wolfgang Harms und Klaus Speckenbach (Hg.), Bildhafte Rede im Mittelalter und früher Neuzeit. Probleme ihrer Legitimation und ihrer Funktion. Tübingen 1992, 197–214.

26 Jaeger, Höfisches Fest 201.

27 Vgl. Ivan Illich, Im Weinberg des Textes. Als das Schriftbild der Moderne entstand. Ein Kommentar zu Hugos ‚Didascalicon'. Frankfurt am Main 1991.

Publikum angesprochen. Die Nähe von Fiktionalität und Virtualität verhindert um 1200 jedes l'art pour l'art, und verbindet Fiktionalität ganz unmittelbar mit der Selbstinszenierung und dem Selbstverständnis adliger Körper am Hof.

Gottfried macht diesen Zusammenhang dann ganz deutlich, wenn er im Dichterkatalog einen Hörereinwurf fingiert (V. 4774). In diesem Hörereinwurf konzentriert sich die unaufhebbare Dialektik von Virtualität und Fiktionalität: der Einwurf ist einerseits fingiert, und für jeden Zuhörer sofort als fingierter zu erkennen – es hat ja keiner der Anwesenden etwas gesagt –, findet aber andererseits im Moment eines Vortrages statt, den wir uns ohne weiteres ständig durch reale Hörereinwürfe unterbrochen vorstellen können. Höfische Literatur ist gleichzeitig virtuell und fiktional, und sie kann sich dessen bewusst sein.

Gottfried treibt dieses Spiel noch etwas weiter, wenn er bemerkt, dass er die Schilderung des Turniers am Markehof zugunsten des Dichterkataloges ausgelassen hat. Hier lässt Gottfried ausgerechnet die Schilderung einer der zentralen Performanzen der Höfe um 1200 ausfallen, um an deren Stelle eine poetologische Reflexion zu setzen. Gerade damit aber rückt Gottfried die performativen Aspekte von Literatur in den Vordergrund, die im Moment des Vortrags gleichsam ein Turnier ersetzen kann.[28] Über die immer mögliche Spiegelfunktion im Rahmen des virtuellen Raumes setzt sich Gottfried an dieser Stelle zunächst überraschend hinweg, in dem er ein wesentliches Element verweigert – dies aber nur, um Literatur selbst an dessen Stelle im virtuellen Raum zu etablieren. Literatur nimmt sich hier die Freiheit, den virtuellen Raum radikal zu distanzieren, dies aber nur, um diesen Raum durch sich selbst erneut zu konstituieren. Was bei alledem sichtbar wird, ist die Gemachtheit des Virtuellen und des Fiktiven, wie auch die schwierige Kommunikationssituation, in der der höfische Adel sich um 1200 zurechtfinden muss. Ironisch wird diese Volte Gottfrieds dadurch, dass es um 1200 wohl keinem literarischen Text tatsächlich gelungen sein dürfte, sich an die Stelle eines Turniers zu setzen. Literatur kann das behaupten, aber nur im fiktionalen Raum.

Gottfried nutzt die Möglichkeiten der Fiktion vor allem dazu, den Hof selbst zum Gegenstand des Erzählens zu machen, der insgesamt sehr nüchtern betrachtet wird. Wenn in den poetologischen Reflexionen der Status von Literatur gedacht wird, dann in der fiktionalen Handlung selbst der performative Charakter des Hofes. In der Fiktion wird der virtuelle Raum ‚Hof' zum Gegenstand und dies im Moment eines Vortrages, der selbst an der Konstituierung eines virtuellen Raumes mitwirkt. Diesen Raum aber stellt Gottfried nicht als einen homogenen, harmonischen Kommunikationsraum, sondern als einen von Machtkämpfen zerrissenen Raum dar. So sehr der Hof sich auch für die Performanzen Tristans und die Erzählungen Ruals zu begeistern vermag, sowenig sind die mit der Erhöhung Tristans einhergehenden Machtkonflikte still zu stellen. Auf erfolgreiches Handeln und Erzählen am Hof folgt notwendig der *nît* der weniger Erfolgreichen, deren Position und Einfluss gefährdet ist. Die Virtualität des Hoflebens – Annahme einer höfischen Identität, spezifische Umgangs- und Reflexionsformen – ermöglicht Verstellung, Täuschung

28 Vgl. Jaeger, Höfisches Fest 205.

und Intrige, die aber erst im Rahmen von Machtkämpfen tatsächlich notwendig werden. Diese sind dabei durchaus nicht umstandslos negativ gewertet, sondern können die Handlungsfähigkeit eines Hofes ebenso sehr erweitern wie gefährden. So lacht beispielsweise der Markehof darüber, wie Tristan den irischen Hof ausgetrickst hat (V. 8250). Diese lachende Solidarität zerbricht aber gleich darauf, wenn in den Intrigen der Barone gegen Tristan deutlich wird, dass vor allem Tristan von diesem Erfolg profitiert hat (V. 8330). Täuschung und Verstellung kann den Hof ebenso sehr stützen wie zerstören.

Dass solche Konflikte nicht nur Erfindungen der Literatur sind, ist mittlerweile wohl gesichert,[29] auch wenn wir über die konkreten Formen vor allem der nicht öffentlichen, heimlichen Aktivitäten am Hof nur wenig wissen. Immerhin kann man wohl verallgemeinernd sagen, dass die Konstituierung des Hofes als virtueller Raum um 1200 eine Form der Machtkommunikation ist, und jede ‚performance' am Hof – was den Vortrag von Literatur natürlich einschließt – ein Eingriff in die Machtbalance eines Hofes darstellt. Unterscheidet man mit Niklas Luhmann Macht von Gewalt,[30] dann liegt der Gewinn der Distanzierungsmöglichkeiten, die der virtuelle Raum gewährt, eben gerade darin, dass er Machtkämpfen Raum gibt, also nicht bei jedem Konflikt unmittelbar Gewalt ausbricht. Der Hof um 1200 ist kein einheitlicher Raum glücklicher Performativität, und dementsprechend gibt es auch kein ungestörtes gemeinsames Lernen: Werte, Normen und Fähigkeiten sind Kampffelder und Mittel der Auseinandersetzung, die auch in Literatur ausgetragen werden. Es wäre wohl auch zu einfach, bei solchen Konflikten nach festen Fronten zu suchen, oder gar literarische Texte anhand solcher Fronten zu positionieren.[31] Es ist ja gerade eine Eigenart des virtuellen Raums, Distanzierungen von den alltäglich notwendigen Formen von Identität in anderen Handlungsräumen zu ermöglichen. Das Intrigenspiel am Hof produziert flüchtige Grenzen, in denen Konflikte, die außerhalb des Hoflebens verankert sind, zwar auftauchen können, zugleich aber im Maskenspiel der Intrige verschleiert sind.

Mir scheint, dass Gottfried auch diese in der fiktionalen Handlung gewonnene Erkenntnis auf die Möglichkeiten von Literatur im virtuellen Raum ‚Hof' selbst zurück bezieht, und zwar vor allem im Konzept der *edelen herzen.*[32] Denn wie auch immer im

29 Gerd Althoff hat diverse Konflikte beschrieben.

30 Niklas Luhmann, Macht. Stuttgart 1975. Luhmann definiert Gewalt als den Versuch der zwangsweisen Durchsetzung genau einer Handlungsmöglichkeit, wogegen Macht dem Machtunterworfenen eine gewisse Wahlmöglichkeit lässt. Dadurch wird Macht nicht nur akzeptabler, sondern gibt dem Machtunterworfenen zugleich eine gewisse selbständige Handlungsfähigkeit, die bei Gewaltanwendung ausgeschlossen ist. In Machtkommunikation kann es deshalb gelingen, den Machtunterworfenen zur ‚freiwilligen', vor allem aber aktiven Mitarbeit an seiner eigenen Unterwerfung zu bewegen.

31 Wie es die ältere Forschung z. B. mit der Ministerialenthese gemacht hat.

32 Die früh einsetzende und bis heute geführte Debatte (vgl. Klaus Speckenbach, Studien zum Begriff ‚*edelez herze*' im Tristan Gottfrieds von Straßburg [Medium Aevum 6] München 1965) über die Bedeutung des Begriffs *edele herzen* scheint sich nur in einem Punkt einig zu sein, dass damit nämlich eine besondere Gruppe unter den Adligen am Hof angesprochen bzw. konstruiert wird (Vgl. dagegen aber Olive Sayce, Der Begriff edelez herze im Tristan Gottfrieds von Straßburg. In:

Tristan die Möglichkeiten von Literatur im performativen höfischen Kontext beurteilt werden mögen, lässt Gottfried doch keinen Zweifel daran, dass sein Text nicht für alle, sondern nur für wenige wirksam werden kann. Damit aber ist nicht nur in der fiktionalen Handlung, sondern auch in der erzählerischen Selbstreflexion, und damit auf der Ebene der Virtualität, jeder Gedanke an einen harmonischen Hof aufgegeben. Eine genauere Bestimmung der dieser Gruppe der *edelen herzen* Zugehörigen macht bekanntlich arge Schwierigkeiten. Diese sind aber, denke ich, Konzept, versteht man die *edelen herzen* als eine Form von Machtkommunikation mit Hilfe des literarischen Textes selbst. Die Machteffekte muss man sich aber vielfältig und schillernd vorstellen:[33] Allein die Behauptung, es gäbe eine kleine Gruppe am Hof, die verständiger mit dem Hofleben umgehen kann als andere, ist ein Machthandeln, das alle Zuhörer zu Reaktionen zwingt. Eine mögliche Reaktion könnte ein nivellierender Effekt sein, weil vielleicht alle Zuhörer bestrebt sind, zu dieser Gruppe dazuzugehören, und eilfertig zustimmen. Möglich ist aber auch eine eher misstrauische Reaktion der Zuhörer, ein heimliches Gemurmel, wer denn wohl zur Gruppe der Bevorzugten dazugehört und wer nicht. Es wäre aber auch möglich, das Gehörte als Fiktion zu distanzieren.

Die fiktionale Handlung des *Tristan* zeigt, dass ein Zerfallen des Hofes unvermeidlich ist, und zugleich auch, wie gefährlich dies für die Stabilität des Hofes sein kann. An eben diese Schnittstelle setzt Gottfried seinen Text. Diejenigen Zuhörer, die sich die Identität der *edelen herzen* zu eigen machen, sind dann diejenigen, die sich der Gefährlichkeit dieser Machtspiele ebenso sehr bewusst sind wie ihrer Unvermeidlichkeit. Damit sind sie auch diejenigen, die die virtuelle Seite von Literatur für ihre eigene Machtkommunikation zu nutzen verstehen, wie sie im selben Moment mit Hilfe der fiktionalen Seite der Literatur die Gefährlichkeit genau dieses Handelns reflektieren können.

Lernen vom *Tristan* konnte also kaum heißen, sich das Verhalten seiner Figuren zu eigen zu machen, sondern vielmehr, eine Haltung an den Tag zu legen, die Anderen im virtuellen Spiel am Hof deutlich machte, dass man mit dieser komplexen Kommunikationssituation umzugehen versteht.

Die Dialektik des virtuellen Hofes wird aber auch auf einer noch tieferen Ebene sichtbar, die sich bewusster Machtkommunikation im Rollenspiel der Intrigen entzieht, nämlich der generellen Problematik der Mehrdeutigkeit von Performanz und Sprache

Deutsche Vierteljahresschrift für Literaturwissenschaft und Geistesgeschichte 33 [1959] 389ff.). Da allein dieser Aspekt mich hier interessiert, werde ich mich auf die Diskussion nicht weiter einlassen.

33 Horst Wenzel, Negation und Doppelung. Poetische Experimentalformen von Individualgeschichte im Tristan Gottfrieds von Straßburg. In: Thomas Cramer, Wege in die Neuzeit. München 1988, 229–251, hier 246 spricht mit Bezug auf die *edelen herzen* von einer „Pluralität der Deutungsmöglichkeiten“. Das schließt allerdings nicht aus, dass einige dieser Deutungsmöglichkeiten komplexer, und damit eher auf der Höhe der Problematiken des virtuellen Raumes ‚Hof‘ sind als andere. Mit vereinfachenden, didaktisierenden Lesarten wird man also ebenso wohl rechnen müssen wie mit einem tieferen Verständnis der Zusammenhänge.

am Hof.[34] So hat bekanntlich Riwalin große Schwierigkeiten, die Bedeutung von Blanscheflurs Rede zu deuten, Tristan reflektiert ausführlich über die möglichen Bedeutungen des Wortes *lameir*, und Isolde braucht viel Zeit, um die versteckte Bedeutung des Namens *Tantris* zu entschlüsseln. Gerade diese Figuren zeigen dann aber auch eine spezifische Geschicklichkeit im Umgang mit Mehrdeutigkeit, die es ihnen erlaubt, in der scheinbar einfachen, performanten Kommunikationsform höfischer Geselligkeit unterschwellig eine eigene, heimliche Form der Kommunikation durch nur für sie verstehbare Gesten und Worte zu führen. Dass diese Mehrdeutigkeiten im Roman dann letztlich doch, wenn auch mit viel Mühen, in Eindeutigkeit überführt werden müssen und können, mag man als Indiz nehmen, wie ungewohnt und unbehaglich virtuelle und fiktionale Kommunikation erscheinen konnten.

Die Versuchung ist wieder groß, dies als gleichsam soziologische Analyse realen Hoflebens um 1200 zu verstehen, aber das wäre wohl zu einfach. Man wird vielleicht soweit gehen können zu sagen, dass der virtuelle Raum ‚Hof' mit einer gewissen Notwendigkeit durch die Interaktion vieler nicht nur konstituiert wurde, sondern dabei zugleich auch die Mittel lieferte, sich in diesem Raum auf die eine oder andere Weise abzusondern, und dabei Uneindeutigkeit zu produzieren. Das Interesse Gottfrieds gerade an der Mehrdeutigkeit der Kommunikation im virtuellen Raum scheint mir jedoch mindestens ebenso sehr auf die Möglichkeiten von Fiktionalität zu zielen. Die spezifische Leistung von Fiktionalität lässt sich dann darin sehen, dass sie eine Distanz herzustellen vermag, die am Hof eine Reflexion über die Mechanismen des Hofes erlaubt. In diesem Sinne verhalten sich Figuren wie Riwalin, Tristan und Isolde wie ideale Rezipienten des eigenen Textes, womit sie einer unmittelbar soziologischen Bewertung eher entzogen sind.

5. Zusammenfassung

Ich will versuchen, meine Überlegungen zusammenzufassen:

1. Als virtueller Raum existiert der Hof nur, wenn miteinander kommuniziert bzw. interagiert wird. Virtuell im strengen Sinne des Begriffs ist Hof nur, solange er sich nicht zu einer Institution verfestigt, die die Einhaltung von Regeln der Interaktion erzwingen kann. In diesem Moment ändern sich die Spielregeln.
2. Virtueller Raum erfordert ein Mindestmaß an Kooperation und gibt doch zugleich Machtspielen Raum, die den Zusammenhalt stören. Ein gemeinsamer Wille kann sich bestenfalls in Form ständig neu auszuhandelnder Kompromisse einstellen, weshalb virtueller Raum immens viel Zeit und Aufwand zur Selbstreflexion und Selbstkonstitution erfordert.

34 Vgl. dazu Wenzel, Negation und Doppelung, besonders 235f.

3. Virtueller Raum wird nicht nur kommunizierend geschaffen, sondern schafft selbst auch neue Bedingungen für Kommunikation. Virtueller Raum ist insofern eine Alternative zu anderen Handlungsräumen und auch deshalb attraktiv. Abweichungen des Verhaltens im virtuellen Raum vom Verhalten in anderen Handlungsräumen – z. B. im Verhalten gegenüber Frauen in der Ehe – sind deshalb möglich. Rückwirkungen auf das Verhalten in anderen Handlungsräumen sind zwar nicht auszuschließen, aber keineswegs zwingend.
4. Virtueller Raum braucht eine gemeinsame Handlungsbasis, um als Produkt einer Gemeinschaft existieren zu können, d. h. Regeln, Normen und Werte. Im virtuellen Raum aber sind Sprache, Körper und Gesten uneindeutig, Regeln sind umgehbar und vieldeutig, Normen und Werte sind Felder der Auseinandersetzung, kurzum: Es gibt hier keine Eindeutigkeit. Der virtuelle Raum hebt gleichsam selbst wieder auf, was er zu seiner Konstituierung benötigt. Eine Folge ist die Notwendigkeit permanenter Selbstreflexion, zu der nicht zuletzt die Literatur beizusteuern vermag.
5. Literatur entwickelt unter diesen Bedingungen eine virtuelle und eine fiktionale Seite. Im öffentlichen Vortrag, der neben andere Formen öffentlicher Performanz bei Festgelegenheiten tritt, wirkt Literatur an der Konstituierung des virtuellen Raumes mit. Zugleich aber treibt sie die im virtuellen Raum möglichen Formen der Identitätsspiele weiter zur Fiktionalität. Dies ist ihr vor allem aufgrund ihrer Schriftlichkeit möglich, die sie dazu befähigt, den immer nur zeitlich begrenzt existierenden virtuellen Raum zu überdauern, wodurch Literatur eine qualitativ andere Distanz zum Hofleben ermöglicht. Literatur kann dadurch auch reflektierend und distanzierend mit den Problemen des virtuellen Raumes umgehen, was sich als ihr spezifischer Mehrwert vor anderen Formen höfischer Performanzen verstehen lässt.

Virtueller Raum ist also ganz entscheidend auf die performative Interaktion angewiesen, und eben das macht eine didaktische Funktion von Literatur eher unwahrscheinlich. Im Moment der Aufführung ist Literatur bereits Teil des virtuellen Raumes, und jedes Lernen käme bereits zu spät. Vielleicht darf man auch gegenwärtige Erfahrungen verallgemeinern, die zeigen, dass es selbst heute, mit vielen Jahrhunderten Erfahrung in Schriftlichkeit, schlicht unmöglich ist, alles Notwendige zur Teilnahme an spezifischen Performanzen aus irgendwelcher Literatur zu lernen.[35] Gleichgültig, was auch immer man gelesen oder gehört haben mag, der richtige Einsatz des Körpers verlangt vor al-

35 Ein mehr oder weniger aktuelles Beispiel dafür, was passieren kann, wenn man annimmt, eine Kultur sei aus Texten so zu verstehen, dass man problemlos in ihr handlungsfähig werden könne, stellt die deutsche Wiedervereinigung dar, in deren Verlauf den DDR-Bürgern unterstellt wurde, aus dem Westfernsehen doch umfassend über das Funktionieren einer Warenkultur informiert gewesen zu sein (vgl. Hans-Jürgen Bachorski, Die mediengerechte Politikerpersönlichkeit oder: Sie talkten nur einen Winter. In: Rainer Bohn, Knut Hickethier und Eggo Müller [Hg.], Mauer-Show. Das Ende der DDR, die deutsche Einheit und die Medien. Berlin 1992, 113–126).

lem Übung und praktische Erfahrung. Eine performative Kultur wie die höfische lernt sich nicht durch Texte, sondern im Vollzug. Bestenfalls scheint mir ein Murmeln der Texte[36] vorstellbar, währenddessen höfische Betriebsamkeit ihren Lauf nimmt, so dass Text und Performanz bis zu einem gewissen Punkt verschmelzen. Lernen im Sinne eines konzentrierten Zuhörens ist das gerade nicht. Was Literatur aber in besonderem Maße ermöglicht, ist eine problematisierende Reflexion dieser Art des virtuellen Raumes, die aber stets so vielfältige Probleme aufzeigt, dass an Didaxe nicht zu denken ist.

Wie kann man nun unter diesen Rahmenbedingungen die spezifische Position von Gottfrieds *Tristan* beschreiben? Gottfried ist sich sowohl der virtuellen wie auch der fiktionalen Möglichkeiten höfischer Literatur bewusst, und mir scheint, dass er seinen Text in einer schwierigen Balanceposition auf der Schwelle zwischen Virtualität und Fiktionalität zu halten versucht, ohne einer Seite den Vorzug zu geben. Dabei erzählt er eine fiktive Geschichte, in der ein Hof genau so lange funktioniert, wie der schwelende Konflikt nicht ausgetragen wird. Der Preis dafür ist der *zwivel*, der zwar den Hof nicht unmittelbar zerstört, aber König Markes Ansehen schleichend untergräbt. Man kann wohl sagen, dass sich um 1200 Höfe bereits in einer Übergangssituation aus vor allem virtueller Existenz zu institutioneller Verfestigung befunden haben,[37] so dass virtuelle Kommunikationsformen tendenziell auch schon durch institutionalisierte ersetzt werden konnten. Dann benennt gerade der *zwivel* die historische Position von Gottfrieds *Tristan* recht präzise: Zum einen äußert sich darin die Labilität eines virtuellen Raumes noch ohne institutionelle Verankerung, in der Ehre und Stabilität vor allem von öffentlichen Performanzen abhängig sind, zum anderen zeigt sich darin aber auch die beginnende institutionelle Verfestigung dieses Raumes, die es bereits erlaubt, über relativ lange Zeiträume hinweg mit einer ungeklärten Machtfrage und einem in seiner Ehre herabgesetzten Herrscher zu leben, ohne dass damit der höfische Raum unmittelbar zerstört würde.

Die Stabilisierung eines Hofes erfordert unter diesen Bedingungen vor allem eine spezifische Haltung, die darauf hinausläuft, die paradoxale Grundstruktur höfischer Kommunikation auszuhalten – eine Haltung, die die *edelen herzen* mit ihrem Helden Tristan teilen. Die eigentliche Leistung des Textes läge dann darin, die unvermeidlich dialektische Grundstruktur des virtuellen Raumes ‚Hof' und des höfischen Erzählens zu erkennen und zu akzeptieren: Hof ist dann, wenn es trotz alledem funktioniert.

---

36 Vgl. dazu Illich, Im Weinberg des Textes.
37 Vgl. Strohschneider, Institutionalität.

Annette Kern-Stähler

Die Suche nach dem privaten Raum im englischen Spätmittelalter: Literatur und Lebenswirklichkeit[1]

Verborgen, versteckt, vertraut, verstohlen, heimlich, einsam – der mittelenglische Sprachgebrauch lässt verschiedene Bedeutungsvarianten des Begriffes ‚private' erkennen. Der Begriff des ‚Privaten' und seine Anwendbarkeit auf die mittelalterliche Lebenswirklichkeit ist in der Forschung vielfach diskutiert worden,[2] wobei auch Vorschläge zur Differenzierung der Bedeutung der Termini ‚privat' und ‚öffentlich' gemäß ihrem jeweiligen Geltungsbereich erörtert wurden.[3] Im Kontext der Suche nach dem

---

1 Die hier vorgestellten Ergebnisse basieren auf: Annette Kern-Stähler, ‚A Room of One's Own'. Reale und mentale Innenräume weiblicher Selbstbestimmung im spätmittelalterlichen England (Tradition – Reform – Innovation. Studien zur Modernität des Mittelalters 3) Frankfurt am Main 2002 (Diss. Bonn 2000).

2 Besonders ausführlich bei Philippe Ariès und Georges Duby (Hg.), A History of Private Life 2: Revelations of the Medieval World, übersetzt von Arthur Goldhammer. Cambridge, Mass. 1988 (frz. 1985). Georges Duby bejaht die Frage, ob man im Mittelalter von Privatleben sprechen kann: „Is it legitimate (not merely pertinent) to speak of private life in the Middle Ages, to transfer to such a remote era the idea of *privacy*, which first emerged in the nineteenth century in England, at that time the society that had progressed furthest in the establishment of a „burgeois" culture? [...] All things considered, I believe the question can be answered in the affirmative. [...] Hence we have not hesitated to use the concept of private life, anachronistic as it may be. We have attempted to identify the dividing line between what people in medieval society considered private and what they did not, and to isolate that sphere of social relations corresponding to what we nowadays call ‚private life'": ebd. ix.

3 Vgl. dazu Rüdiger Brandt, Enklaven – Exklaven. Zur literarischen Darstellung von Öffentlichkeit und Nichtöffentlichkeit im Mittelalter. Interpretationen, Motiv- und Terminologiestudien (Forschungen zur Geschichte der älteren deutschen Literatur 15) München 1993, 33, 303. Brandt kritisiert Dubys undifferenzierten Gebrauch des Terminus ‚privat' und stellt verschiedene Anwendungsbereiche für den Begriff des ‚Privaten' vor (ebd. 40). Er stellt das ‚Private' als eine von vier Formen der Nichtöffentlichkeit dar; als weitere Formen nennt er „einfache Nichtöffentlichkeit", in der etwas unveröffentlicht bleibt, ohne dass jemand Interesse an der Veröffentlichung hätte, „Heimlichkeit" und „Vertrautheit und Vertraulichkeit": ders., ‚Liebe auf Zeit': Ansätze von Privatheitsvorstellungen in Reinmar d. A. XV,6. In: Zeitschrift für Deutsche Philologie 112 (1993) 105–111, 107. Privatheit bezeichnet bei Brandt das, „was vom Einzelnen oder von der Gesell-

privaten Raum in der englischen Literatur des Spätmittelalters ist von Interesse, dass ‚Privatheit' sich auf eine architektonisch-räumlich-personale Abgrenzung sowie auf eine davon unabhängige mentale Abgrenzung beziehen kann. Dies betrifft die Bedeutungen von ‚private' als vor anderen Personen versteckt oder zurückgezogen, wobei es sich bei dem vor anderen ‚Versteckten' um Personen, Dinge, Informationen und Emotionen handeln kann, die entweder von Einzelnen oder der Allgemeinheit ferngehalten werden.[4] Der im Folgenden untersuchte Rückzug in private Räume bezieht sich dementsprechend sowohl auf real-architektonische wie auch auf mentale Innenräume, die ihrerseits häufig mit architektonischen Metaphern beschrieben wurden. Entgegen der auch in der jüngeren Forschung vielfach geäußerten Meinung, dass räumliche Privatheit

---

schaft oder von beiden einer Lebenssphäre zugeordnet wird, auf die die Öffentlichkeit kein Zugriffsrecht besitzen muß oder soll" (ebd.).

4 Räumlich versteckte Zugänge wie der *privy wente* (Geoffrey Chaucer, *Troilus and Criseyde* III.787), durch den, so gibt Pandarus Criseyde gegenüber vor, Troilus sich in sein Haus geschlichen habe, und räumliche Verstecke wie der *privy place* (John Gower, *Confessio Amantis* I.185), in dem Mundus die Isis-Priester trifft, um sie von seinem heimlichen Plan zu unterrichten, Paulina zu vergewaltigen, und (räumlich genannt) das *closet*, in dem er auf Paulinas Ankunft im Tempel wartet: *in a closet faste by / The Duck was hid so prively / That sche* [Paulina] *him myghte noght perceive* (I.898–99) ermöglichen Privatheit ebenso wie das Vorenthalten von Informationen oder Gefühlen, wie etwa in Gowers Erzählung *Trump of Death*, in der hinter dem Rücken des Königs gesprochen wird ([a]*l prively behind his bak*, *Confessio Amantis* I.12069) und in Chaucers *Merchant's Tale*, in der die Liebenden sich über heimliche Zeichen (*privee signes*, *Canterbury Tales* IV.2105) verständigen. Hier und im Folgenden beziehe ich mich auf Larry D. Benson (Hg.), Riverside Chaucer. Oxford 1987 (Neudr. 3. Aufl. Oxford 1990) und übernehme die auch in dieser Ausgabe üblichen Abkürzungen des Chaucerkanons (*Troilus and Criseyde*: TC; *Canterbury Tales*: CT). Auf John Gowers in dieser Arbeit mehrfach zitierte *Confessio Amantis* wird im Folgenden mit der üblichen Abkürzung CA verwiesen. Zitiert wird durchgängig nach G. C. Macaulay (Hg.), John Gower's English Works. 2 Bde. (Early English Text Society extra series 81, 82) London 1900–1901 (Neudr. London 1957). Im *An Alphabet of Tales*, einer mittelenglischen Übersetzung von Etienne de Besançons *Alphabetum Narrationum* von circa 1450, wird ‚privat' im Sinne von zwischenmenschlicher Vertraulichkeit und von räumlicher und vom Kontakt zu anderen Personen abgegrenzter Einsamkeit verwendet. Der Philosoph Archisilus ruft seinen armen und kranken Freund zu sich *& lete hym witt in privatie betwix þaim two þat he wolde helpe hym*: Mary Macleod Banks (Hg.), An Alphabet of Tales. An English Translation of the Alphabetum Narrationum of Etienne de Besançon (Early English Text Society. Original series 126, 127) London 1904–1905. Bd. 1, 37. In diesem Text findet sich ‚private' auch im Sinne von ‚solitude, privacy': *Saynt Gregor tells of a monk þat hight Theodorus, þat euer fenyd hym as he had liffid in grete abstinens, & in priuatie be hym selfe, he wold evur eate when hym liste*: ebd., Bd. 1, 241. Schließlich weist Heimlichkeit im Sinne des Bewahrens eines Geheimnisses auf eine andere Form der Privatheit hin, die von architektonischen Räumen und der Anwesenheit von Personen unabhängig ist. Ein geteiltes Geheimnis schafft eine ‚private', vertrauliche Beziehung zwischen Personen (so mahnt Pandarus Troilus: *That privete go with us in this cas*, TC III.283), und Geheimnisse und Gedanken können im Herzen vor anderen versteckt werden (Criseyde [h]*ath somwhat in hire hertes privete*, TC IV.1111); vgl. auch TC II.1397; CA I.2806 und II.1416. ‚Privat' kann neben positiven auch negative Konnotationen haben, etwa im Sinne von ‚verstohlen', wie der *privee theef clepeth Deeth* in der *Pardoner's Tale*, (CT VI.675). Peter Goodall hat den Begriff ‚private' bei Chaucer untersucht und kommt zu dem Ergebnis, dass dieser Terminus etwa in der Hälfte aller Fälle in der Bedeutung von *secret* verwendet wird, sich häufig aber auch auf Raum und Psyche bezieht: Peter Goodall, Being alone in Chaucer. In: Chaucer Review 27 (1992) 1–15.

im Mittelalter fehlte, dass bis zum Ende des 17. Jahrhunderts niemand jemals allein sein konnte,[5] dass die „ganze Lebensweise des mittelalterlichen Menschen [es dem Einzelnen nicht] gestattete [...], sich von seiner Umgebung zu isolieren" und die „Sphäre des Intimen, Eigenen, des anderen nicht Zugänglichen [...] relativ beschränkt" war,[6] dass der Rückzug in private Räume erst im 18. Jahrhundert im Zusammenhang mit der Entstehung des Romans, für dessen Lektüre man allein sein musste, festzustellen sei,[7] wird sich erweisen, dass es in der spätmittelalterlichen Lebenswirklichkeit durchaus möglich war, sich in Bereiche zurückzuziehen, die nicht der Öffentlichkeit zugänglich waren: in real-architektonische private Bereiche und/oder in mentale private Räume – und auch im späten Mittelalter war, wie im Folgenden gezeigt werden soll, die Literatur maßgeblich am Prozess eines solchen Rückzugs in private Räume beteiligt. Dies lässt sich mit der Wechselwirkung von literarischen Texten und historischer Wirklichkeit[8] begründen, derzufolge die hier untersuchten literarischen Texte als sowohl die vorhandenen Möglichkeiten der Raumnutzung aufgreifend und kommentierend als auch als den Prozess des Rückzugs beeinflussend, als die Handlungen der Raumnutzer transformierend, betrachtet werden. Nicht zuletzt sind es die erzählerischen Gestaltungsmittel literarischer Texte, die fiktionale Wirklichkeitsentwürfe von Privatheit erzeugen und ein Bewusstsein für Möglichkeiten schaffen, private Räume aufzusuchen und zu nutzen. Wie Ansgar Nünning am englischen Roman des 18. Jahrhunderts überzeugend gezeigt hat, vermag ein die Perspektiven von ‚New Historicism' und Narrativik verbindender Ansatz, der auch für die Literatur des späten Mittelalters fruchtbar ist, „Einsichten in [...] Einstellungen, Mentalitäten und Wirklichkeitsvorstellungen" zu vermitteln.[9] So wird die im ersten Teil durchgeführte Untersuchung der in der Literatur des englischen Spätmittelalters vorzufindenden Verweise auf Handlungsräume und der Zuordnung bestimmter Tätigkeiten, Gefühlslagen und Bewusstseinsprozesse zu bestimmten

---

5 Philippe Ariès und George Duby (Hg.), Centuries of Childhood, übersetzt von Robert Baldick. London 1962, 398.

6 Hannes Stubbe, Formen der Trauer. Eine kulturanthropologische Untersuchung. Berlin 1985, 194.

7 Peter Brooks, Body Works. Objects of Desire in Modern Narrative. Cambridge Mass. 1993, 28f. Und kürzlich: „Household members led a public life, with no privacy in any sense that we would now recognise": Christopher M. Woolgar, The Great Household in Late Medieval England. New Haven-London 1999, 8.

8 Siehe dazu etwa Ansgar Nünning, Narrative Form und fiktionale Wirklichkeitskonstruktion aus der Sicht des *New Historicism* und der Narrativik. Grundzüge und Perspektiven einer kulturwissenschaftlichen Erforschung des englischen Romans im 18. Jahrhundert. In: Zeitschrift für Anglistik und Amerikanistik 40 (1992) 197–213; Catherine Belsey, Literature, History, Politics. In: Literature and History 9 (1983) 17–27; Anton Kaes, New Historicism: Literaturgeschichte im Zeichen der Postmoderne? In: Hartmut Eggert, Ulrich Profitlich und Klaus R. Scherpe (Hg.), Geschichte als Literatur: Formen und Grenzen der Repräsentation von Vergangenheit. Stuttgart 1990, 56–66; Laurenz Volkmann, Reconstructing a Usable Past. The New Historicism and History. In: Rüdiger Ahrens und Laurenz Volkmann (Hg.), Why Literature Matters. Theories and Functions of Literature. Heidelberg 1996, 325–344.

9 Nünning, Narrative Form und fiktionale Wirklichkeitskonstruktion, Zitat 201. Siehe auch ders., Von historischer Fiktion zu historiographischer Metafiktion. 2 Bde. (Literatur – Imagination – Realität 11) Trier 1995.

Räumen mit der Frage verbunden, mit welchen erzählerischen Mitteln Privatheit Ausdruck verliehen wird. Der zweite Teil befasst sich vorwiegend mit dem von Andachtsliteratur angeleiteten Rückzug in einen von architektonischen Barrieren unabhängigen mentalen Innenraum.

Abb. 1: Innenansicht *closet*. Die Kapelle befindet sich hinter dem Fenster. Compton Wynyates, Warwickshire, ca. 1510–1520. (aus: Girouard, Life in the English Country House fig. 29)
Abb. 2: Blick in die *chapel*. Broughton Castle, Oxfordshire, 14. Jh. (aus: Girouard, Life in the English Country House fig. 28)

1. Real-architektonisch private Räume

Zunächst in Burgen und Landsitzen, bald darauf auch in Stadthäusern, ist in England im 14. und 15. Jahrhundert eine zunehmend wachsende Anzahl von Zimmern zu beobachten,[10] was zum einen mit dem wachsenden Haushalt (Verdrängungstheorie), zum

10 Siehe weiter etwa Patrick A. Faulkner, Domestic Planning from the twelfth to the fourteenth centuries. In: Archaeological Journal 115 (1958) 150–183, 171, 180; Antony Emery, Greater Medieval Houses of England and Wales 1300–1500. Cambridge 1996. Bd. 1, 290, 303–312 und Appendix 1 (158), Appendix 3 (262), Appendix 5 (420); J. A. Gotch, The Growth of the English House from Early Feudal Times to the Close of the Eighteenth Century. 2. Aufl. London 1928, 55; Chris Given-Wilson, The Royal Household and the King's Affinity. Service, Politics and Finance in England 1360–1413. New Haven-London 1986, 30, 31 und für nicht-königliche Residenzen: Margaret Wood, The English Medieval House. London 1965, 78; Woolgar, Great Household 63; Mark

anderen mit dem Wunsch nach privaten Räumen (Zugtheorie) begründet wird.[11] Die Erklärung ist wahrscheinlich in einer Verbindung beider Modelle zu finden: Die neu entstandenen Räume steigerten vermutlich das Bedürfnis nach ebensolchen, zumal sie vielfach beheizt und komfortabel waren – und diesen Bedürfnissen entsprechend wurde wiederum umgebaut bzw. neu gebaut. Neben den Wirtschaftsräumen, der repräsentativen *hall*[12] und dem kleineren Empfangszimmer, dem *parlour*[13], verfügte das spätmittelalterliche Haus des englischen Adels, Landadels und der Stadtelite mit *chamber*[14] und *closet*[15] über privat genutzte Räume. Weitere Rückzugsmöglichkeiten boten das *oriel chamber*, das meist am oberen Ende der *hall* als Erker vorsprang,[16] und der durch Mauern oder Hecken abgeschlossene Garten, der häufig direkt von den Privatgemächern über eine Treppe zugänglich war.[17] Der Garten, aber vor allem *closet* und *oriel cham-*

Girouard, Life in the English Country House. London 1978, 73–75; Emery, Greater Medieval Houses 290; speziell für Stadthäuser siehe: Sylvia L. Thrupp, The Merchant Class of Medieval London 1300–1500 (Neudr. Ann Arbor 1962) 134; William Abel Pantin, Some Medieval English Town Houses. A Study of Adaptation. In: Idris Llewelyn Foster und Leslie Alcock (Hg.), Culture and Environment. Essays in Honour of Sir Cyril Fox. London 1963, 445–478, 457.

11 Die Verdrängungstheorie allein lässt sich allenthalben auf den königlichen Haushalt anwenden, denn ob auch andere Haushalte wuchsen, ist zweifelhaft. Siehe Woolgar, Great Household 915. Unter den Peers mag durch den Bastardfeudalismus, dem militärischen Dienst gegen Bezahlung, im 14. Jahrhundert die Notwendigkeit entstanden sein, den Gefolgsleuten Unterkünfte zur Verfügung zu stellen, die ihrem relativ hohen Status entsprachen. Siehe Margaret Wood, The English Medieval House. London 1965, 180; zum Bastardfeudalismus: Thomas B. Pugh, Bastard Feudalism. In: Lexikon des Mittelalters I. München-Zürich 1980, 1545–1546; Kate Mertes, The English Noble Household 1250–1600. Good Governance and Politic Rule. Oxford 1988, 185–187 und Appendix C, Michael W. Thompson, Decline of the Castle. Cambridge 1987, 69. Thompson weist darauf hin, dass die Peers die einzigen waren, die diese Gefolgsleute haben durften: ebd.

12 Zur spätmittelalterlichen *hall* in England: Michael W. Thompson, The Medieval Hall. The Basis of Secular Domestic Life 600–1600 AD. Aldershot 1995; Jane Grenville, Medieval Housing. London 1997.

13 Zum *parlour*: Grenville, Medieval Housing 115; John Schofield, Medieval London Houses. New Haven-London 1994, 66; Sarah Pearson, The Medieval Houses of Kent. An Historical Analysis. London 1993, 96.

14 Das *chamber*, das sich häufig im ersten Stock des Hauses befand und den Baukosten nach luxuriös und beheizt war, war im allgemeinen ein privat genutztes Zimmer (Grenville, Medieval Housing, Glossar; Pearson, Medieval Houses of Kent 35), doch scheint die Bezeichnung als ein Sammelbegriff (ähnlich wie ‚Zimmer') eine Reihe von unterschiedlichen Räumlichkeiten erfasst zu haben, die verschiedene Funktionen, etwa die des Schlafgemachs, erfüllten, wie aus Inventaren ersichtlich wird: etwa Household Inventory of the Fifteenth Century. In: Retrospective Review. New series 1 (1853) 101–102; Sir William H. St. John Hope, The Last Testament and Inventory of John de Veer, thirteenth Earl of Oxford. In: Archaeologia 66 (1915) Appendix, 323–327.

15 Mit seinen Konnotationen, *private room* und *inner chamber*, lässt das *closet* auf die private Nutzung dieses Raumes schließen, etwa zum Lesen und Schreiben: siehe Oxford English Dictionary, s. v. ‚closet'.

16 Siehe Wood, English Medieval House 100, 239; Girouard, Life in the English Country House 56, 156; Nicholas Orme, Church and Chapel in Medieval England. In: Transactions of the Royal Historical Society. Sixth series VI (1996) 75–102, 80.

17 So etwa in Kennington und Guildford Palace: Teresa McLean, English Medieval Gardens, London 1981, 103 oder am *manor* von Haling, wo für Margaret Beaufort, Gräfin von Richmond und Derby, die dort kurzzeitig residierte, eine Treppe errichtet wurde, über die sie von ihrem *inner cham-*

ber, die zuweilen mit einem Altar ausgestattet waren, konnten auch der privaten Andacht dienen. Der formale Andachtsraum, die Hauskapelle, grenzte (seit dem späten 13. Jahrhundert) häufig an die Privatgemächer des Hausherrn und seiner Familie, die durch ein Fenster vom *closet* oder einer Galerie aus in den gegenüberliegenden Altarraum blicken und getrennt von den anderen Mitgliedern des Haushaltes an der Messe teilnehmen konnte (Abb. 1 und 2).[18]

Explizite Verweise auf bestimmte Räume und deren Ausstattung in der Literatur machen auf die Bedeutung der so definierten Handlungsorte für die Handlung aufmerksam. Es lassen sich private und öffentliche Lebensbereiche erkennen, mit denen bestimmte Handlungen und Handlungsmöglichkeiten verbunden werden, Bereiche, in denen bestimmte Handlungsformen nötig bzw. möglich, vorstellbar bzw. unvorstellbar sind. Während Feste, gemeinsame Mahlzeiten und zeremonielle Handlungen in der *hall* stattfinden,[19] wird die Erforschung des Innenlebens der Figuren in private Räume verlegt. Dieser Zusammenhang zwischen dem Rückzug in den real-architektonisch privaten Innenraum und den mentalen Innenraum der Figuren soll im Folgenden näher untersucht werden – ein Zusammenhang, der sicherlich in gewissem Maße gesellschaftliche Tendenzen der spätmittelalterlichen Lebenswirklichkeit verarbeitet und der diese wiederum mit in der Literatur vorgestellten Verhaltensmustern beeinflusste. So schreibt Rüdiger Brandt, dass „jeder in der Literatur erscheinende Gedanke Zeugnis ist für ein beim Verfasser und damit möglicherweise auch bei seinen Zeitgenossen vorhandenes (konkretes, diffuses, angst- oder wunschtraumhaftes usw.) Bewußtsein der damit implizierten Möglichkeit(en). Was gedacht wird, wird entweder direkt für realisierbar gehalten oder aber zumindest in Form von (wenn auch irrealen) Wünschen oder Ängsten in den Emotionshaushalt eingehen und von da aus gegebenenfalls auch gesellschaftlich wirken“.[20] Als

---

ber in den Garten gelangen konnte: Michael K. Jones und Malcolm G. Underwood (Hg.), The King's Mother. Lady Margaret Beaufort Countess of Richmond and Derby. Cambridge 1992, 156. Zu mittelalterlichen Gärten als Orte des Alleinseins siehe auch Frank Crisp, Medieval Gardens, Flowery Medes and Other Arrangements 2. London 1924.

18 Siehe Wood, English Medieval House 76–81, 231–36; Roberta Gilchrist, Medieval Bodies in the material world: gender, stigma and the body. In: Sarah Kay und Miri Rubin (Hg.), Framing Medieval Bodies. Manchester 1994, 43–59, 55; Girouard, Life in the English Country House 56; Jones und Underwood, The King's Mother 175, Grenville, Medieval Housing 118. Zur Verbreitung der Hauskapellen in Burgen, *manor houses* und Stadthäusern: Mertes, English Noble Household 46, 140–42; Grenville, Medieval Housing 118; Orme, Church and Chapel 76–78; Thrupp, Merchant Class 133f.

19 Die *hall* dient in Texten wie *Troilus and Criseyde*, *Sir Gawain* und *Sir Degrevant* zum Fest und zu gemeinsamen Mahlzeiten. Sie ist der Ort, an dem in *Sir Gawain* der Hausherr seine Jagdbeute zur Schau stellt (1372–80) und von dem aus Gawain seinen offiziellen Abschied nimmt (1925–75). Der Text wird zitiert nach Malcolm Andrew und Ronald Waldron (Hg.), The Poems of the Pearl Manuscript. Pearl, Cleanness, Patience, Sir Gawain and the Green Knight (Exeter Medieval Texts and Studies) Exeter 1987 (Neudr. 1989). Mit dem Ritt in die *hall* des Grafen, den er beim Tournament geschlagen hat und dessen Tochter er nun als Preis fordert, macht Sir Degrevant in der gleichnamigen Romanze seinen Sieg öffentlich: Leslie F. Casson (Hg.), The Romance of Sir Degrevant (Early English Text Society. Original series 221) London 1949, 73.

20 Brandt, Enklaven – Exklaven 12.

„fiktionale Wirklichkeitsentwürfe"[21] tragen die im Folgenden exemplarisch untersuchten Texte zur Ausbildung des Bewusstseins der Möglichkeiten, sich in private Bereiche des Hauses zurückzuziehen, bei.

In Geoffrey Chaucers in den 1380er Jahren entstandenem Versroman *Troilus and Criseyde*, dessen Handlung fast immer räumlich genau situiert wird,[22] ist die geheime Liebeshandlung zwischen Troilus und Criseyde in den innerhäuslichen Bereich verlegt. In mehreren Etappen werden die Rezipienten allmählich von der Außenansicht der von den Griechen belagerten Stadt Troja (I.57–63) in die inneren Stadtmauern geführt, gelangen dann in einzelne Paläste der Stadt und in deren verschiedene Räume.[23] Den Mittelpunkt des Versromans bildet die erste Liebesnacht in Buch III[24]. Dem strukturellen Mittelpunkt des Romans entspricht die räumliche Struktur: Das Bett der Liebenden im Haus des Kupplers Pandarus ist von einem Vorhang abgetrennt und erscheint wie ein Raum im Raum, wiederum umschlossen von den Mauern des Hauses und den Mauern Trojas.[25] Die bis zu diesem Punkt aufsteigende, im mittelalterlichen Verständnis also ‚komische' Handlung, spielt, entsprechend der antiken und insbesondere der frühneuzeitlichen Komödientheorie, im privaten Rahmen: im Inneren von Häusern, in nach außen hin abgeschlossenen Bereichen, in denen das Privatleben der Liebenden geheim gehalten wird.[26]

---

21 Nünning, Narrative Form und fiktionale Wirklichkeitskonstruktion 199.

22 Im Vergleich mit Chaucers Vorlage, Boccaccios *Filostrato* (entstanden in den späten 1330er Jahren), werden die Häuser, modelliert nach zeitgenössischen Londoner Stadthäusern (Smyser, Domestic Background 297), genauer beschrieben. Criseydes Wohnhaus etwa wird nicht nur, wie bei Boccaccio, als *casa* (5.50) mit *loggia* (2.34) und *camera* (2.68, 2.114) beschrieben, sondern deutlicher als *paleys* mit *paved parlour* (II.82), *chambre* (z. B. II.1173, IV.732) im ersten Stock, *closet* (II.599, II.610ff.) und *halle* (z. B. II.1170, 1186, 1192), jeweils mit Blick auf die Straße, und mit einem großen Garten (z. B. II.820–822). Der Text von Boccaccios *Filostrato* wird zitiert nach Barry Windeatt (Hg.), New edition of 'The book of Troilus'. Harlow 1984. Windeatt druckt den italienischen Text parallel zu Chaucers ab.

23 So etwa TC II.78ff.: Pandarus tritt in das Haus seiner Nichte Criseyde ein, in deren Gedankenwelt die Leser später, als Criseyde sich in ihr *closet* zurückzieht, eingeführt werden: TC II.598ff.

24 Barry Windeatt, Troilus and Criseyde (Oxford Guides to Chaucer) Oxford 1992, 196.

25 Den exakten Mittelpunkt von *Troilus and Criseyde* bildet das Gedicht, in dem Troilus dem Gott der Liebe dankt (III.1271). Dort ist Troilus am höchsten Punkt seines Glücks angelangt, auf dem höchsten Punkt des Rads der Fortuna (siehe I.3–4). Siehe weiter Windeatt, Troilus and Criseyde 185, 196.

26 Auch Buch IV spielt zu einem großen Teil im innerhäuslichen Bereich, doch wird zu Beginn des Buches der Blick auf den Kampf zwischen Trojanern und Griechen, den Kriegsrat der Griechen und das trojanische *parlement* (IV.211) gelenkt (IV.29–217). Das Buch endet mit Troilus' Verlassen des *chambre* nach seiner letzten Nacht mit der Geliebten: *For whan he saugh that she ne myghte dwelle, / Which that his soule out of his herte rente, / Withouten more out of the chaumbre he wente* (IV.1699–701). Vgl. Windeatt, Troilus and Criseyde 196. In den letzten beiden Büchern bildet die offene Kulisse der Stadt Troja, auf deren Mauern Troilus auf- und abspaziert (V.605) den Rahmen der Handlung: „The shift from the curtained bed in Book III to the walls of Troy in Book V turns the setting inside out to signify the intrusion of the outward world of events on the enclosed and inner world of the lovers' lives": ebd. 197. Der *ascensus* von Troilus' Seele in die Sphären lässt ihn schließlich räumlich von dem begrenzten menschlichen Leben auf der Erde, *that with the se / Embraced is* (V.1815–16), Abstand nehmen: ebd.

Den verschiedenen Räumlichkeiten des Hauses sind unterschiedliche Bedürfnisse und Gefühlslagen der Romanfiguren zugeordnet. Während die *hall* dem Feiern und gemeinsamen Essen dient (z. B. III.654–86), wird der Garten (ein romanzenhaftes ‚setting' wie im *Roman de la Rose*[27]) für vertrauliche Gespräche (z. B. II.507ff., 1114ff.) und zur Selbstreflexion aufgesucht. So begibt sich Criseyde in ihren *yerd* (II.820), einen idyllischen, mittelalterlichen (nicht trojanischen) Garten, nachdem sie zunächst in ihrem *closet* das Für und Wider einer möglichen Beziehung zu Troilus abgewogen hat. In diesem *inner sanctum,*[28] in dem sie mit ihren drei Nichten, Flexippe, Tharbe und Antigone, umherspaziert (II.813–23), hört und verinnerlicht sie Antigones Liebeslied, das – wie der Garten – Sicherheit verspricht (II.831ff.); sie lässt jedes Wort in ihr Herz *prenten* und *synken* (II.899–902).

Die Liebenden begeben sich in *chamber* oder *closet*, wenn sie die Ein- oder Zweisamkeit suchen. Dort schreibt und liest Criseyde ihre Briefe an Troilus (z. B. II.1170ff., 1215ff.) und dorthin zieht sie sich in ihrem Kummer zurück. Dem *closet* als Raum für das Briefelesen in der höfischen Dichtung entspricht im übrigen in der Gattung des Fablels mit seiner derb-realistischen, das Körperliche betonenden Handlung[29] die *privy* (die Toilette). Hier kann in Chaucers *Merchant's Tale* May den Brief ihres heimlichen Liebhabers Damyan lesen.[30] Das private Interieur scheint in *Troilus and Criseyde* die Voraussetzung für Reflexion und Gefühlsregungen und die Erforschung des eigenen Innenlebens zu sein. So zeigt Criseyde, als Pandarus ihr im Garten von der Liebe seines Freundes Troilus berichtet, im Beisein ihres Onkels keinerlei emotionale Reaktion. Erst zurückgezogen in ihrem *closet*, das, wie oben gezeigt, ein privat genutzter Raum ist, beginnt sie genau über Pandarus' Worte nachzudenken: *every word gan up and down to wynde / That he had seyd, as it com hire to mynde.* (II.601–02): Criseydes mentaler Innenraum wird erst im architektonischen Innenraum ‚betreten'.[31] Die von Ovids *Heroides*

27 Vgl. etwa *In-with the paleis garden, by a welle* (TC II.508) und Chaucer, *The Romaunt of the Rose* 1349ff. Siehe weiter Windeatt, Troilus and Criseyde 147.

28 Barbara Nolan, Chaucer and the Tradition of the ‚Roman Antique' (Cambridge Studies in Medieval Literature 15) Cambridge 1992, 240.

29 Vgl. Helen Cooper, The Canterbury Tales (Oxford Guides to Chaucer) Oxford 1989, 203 und zur Gattung des Fablel: ebd., 95f. und Per Nykog, Les Fabliaux. Paris 1957.

30 *She feyned hire as that she moste gon / Ther as ye woot that every wight moot neede; / And whan she of this bille hat taken heede, / She rente it al to cloutes atte laste, / And in the pryvee softely it caste*: CT IV.1950–54. Gleichzeitig betont diese Vorsichtsmaßnahme die Überwachung Mays durch January: Sarah Stanbury, Women's Letters and Private Space in Chaucer. In: Exemplaria 6/2 (1994) 271–285, 283. Zu Donegilds (in der *Man of Law's Tale*) auch den Lesern verschlossenem Akt des Briefeschreibens: ebd. 283f.

31 Von Pandarus' Gefühlsleben erfährt der Leser nicht aus der Innenperspektive. Pandarus zieht sich nicht zurück, sondern erscheint den Zurückgezogenen oft als unerwarteter Besucher, öffnet Türen, betritt verdunkelte Zimmer und lüftet Vorhänge. Als er etwa Criseyde zu Troilus' Bett führt, blickt er hinter den Bettvorhang (*and gan in at the curtyn pike*, III.60). In das dunkle Zimmer, in dem Troilus sich aus Schmerz um den geplanten Austausch Criseydes gegen Antenor zurückgezogen hat, tritt er leise ein (IV.354–55). Pandarus wird als Figur bereits eingeführt als einer, der unbemerkt (*unwar*, I.549) in das *chambre* tritt, in dem Troilus alleine in seinem Liebesschmerz liegt (I.547).

übernommene Erforschung des Innenlebens einzelner Figuren, ihre Reflexionen und inneren Debatten aus der Innenperspektive, werden wie bereits (im 12. Jahrhundert) im *Roman d'Eneas* und in einer Quelle für Chaucers *Troilus*, Benoît de Sainte-Maures *Roman de Troie*, in den privaten Raum des *chambre* verlegt.[32] Denn mit der Verlegung von Szenen, die den Bewusstseinszustand der Romanfiguren erforschen, in private Räume wechseln häufig auch Erzählmodus und -perspektive. Oft wird die Außen- von der Innenperspektive, die auktoriale von der personalen Erzählweise abgelöst. In der eben dargestellten Szene in Criseydes *closet* werden zunächst von einem allwissenden Erzähler Criseydes von Vernunft geleitete Gedanken geordnet wiedergegeben, doch schon bald erfahren wir die Gefühle und Gedanken aus Criseydes Innenperspektive. Es kommt zu einem inneren Monolog von fast 15 Strophen (II.703–808), in dem wir als Leser unmittelbaren Einblick in Criseydes Bewusstsein erhalten, in ihre inneren Überlegungen, ob sie eine Beziehung mit Troilus eingehen soll oder nicht.[33] In Chaucers *Troilus*, so ist festzuhalten, korrelieren Darstellung und Erforschung des mentalen Innenraumes mit einer in die Gefühlszustände der Charaktere unmittelbar Einsicht verschaffenden Erzählhaltung und dem Rückzug der jeweiligen Person in einen privaten Raum.

Vor allem zur Klage ziehen sich die Figuren in Texten des englischen Spätmittelalters in abgeschlossene Bereiche zurück. In ein *secret oratoure* (ein Gebetszimmer) und eine dunkle Ecke des Spitalhauses versetzt Robert Henryson die trauernde Cresseid in seinem um 1500 in Schottland verfassten Fortsetzungsgedicht von Chaucers *Troilus and Criseyde The Testament of Cresseid.*[34] Cresseids Reue, ihr nach innen gerichtetes Bedauern über ihr vergangenes Verhalten geht einher mit ihrer Isolation als Aussätzige außerhalb der Stadt und mit ihrer räumlichen Abgeschlossenheit in einer dunklen Ecke des Hauses. Ein *chamber* als Klageraum erhalten in John Gowers 1390 entstandener

32 Nolan, Chaucer and the Tradition of the 'Roman Antique' 77 und vor allem (zu Medea im *Roman de Troie* und der Bedeutung des privaten Raums als Kontext der Gefühlswelt der Liebenden) 33–36. Zur Innenperspektive: ebd. 29 und (im *Roman de Troie*) 32–38. Barbara Nolan stellt *Troilus and Criseyde* in die Tradition des *roman antique*: ebd. 5–8; zuvor hatte schon Alastair Minnis *Troilus* (und Chaucers *Knight's Tale*) dieser „particular species of the genus of romance, the ‚roman d'antiquité'" zugewiesen: Alastair Minnis, Chaucer and Pagan Antiquity. Cambridge 1982, 2. Neben seinem direkten Zugriff auf klassische Autoren wie Ovid und Statius übernahm Chaucer bereits ‚gefiltertes' Material von *romans antiques* (Benoît de Sainte-Maures *Roman de Troie* und Boccaccios *Filostrato*, wiederum eine ‚gefilterte Form' des *Roman de Troie*): Nolan, Chaucer and the Tradition of the ‚Roman Antique' 10–12, 31.

33 Zu Criseydes innerem Konflikt: Donald R. Howard, Experience, Language, and Consciousness: *Troilus and Criseyde* II, 596–931. In: Jerome Mandel und Bruce A. Rosenberg (Hg.), Medieval Literature and Folklore Studies. Essays in Honor of Francis Lee Utley. New Brunswick, NJ 1970, 173–192 und Joan G. Haahr, Criseyde's inner debate: The Dialectic of Enarmament in the *Filostrato* and the *Troilus*. In: Studies in Philology 89 (1992) 257–71.

34 Das Gedicht ist abgedruckt bei Robert K. Gordon (Hg.), The Story of Troilus as told by Benoît de Sainte-Maure, Giovanni Boccaccio, Geoffrey Chaucer, Robert Henryson (Medieval Academy Reprints for Teaching) Toronto 1978 (Neudr. 1995) 349–367.

Verserzählung *Confessio Amantis* Procne und Philomela[35] und bei Chaucer außer Criseyde etwa auch die klagende Dido (*House of Fame* 364–68; *Legend of Good Women* 1303ff.)[36] und Lucretia, die sich in ihrem dem inneren Hausbereich (*estris*, 1715) zugehörigen Gemach im Kreis ihrer Gefährtinnen weinend um ihren Mann sorgt, wohingegen sie ihre Vergewaltigung durch Tarquinus in der *halle* öffentlich macht (*Legend of Good Women* 1827ff.).[37]

Bis die Figuren in diesen ‚Klageräumen' situiert sind, bleiben ihre Gefühle verborgen – so etwa in zwei Erzählungen in Gowers *Confessio Amantis*. Paulina, von Mundus, der sich im Tempel als Gott Anubus ausgibt, vergewaltigt, wird auf ihrem Rückweg von Mundus über diesen Betrug aufgeklärt, doch sie verbirgt ihre Gefühle solange (*she herd his tale and bar it stille*, I.952), bis sie in ihr *chamber* kommt: *and ther sche fell / Upon hire bedd to wepe and crie* (I.955). Auch Rosemund hält den Ausbruch ihrer Gefühle zurück, bis sie sich aus dem öffentlichen Bereich in ihr *chambre* zurückgezogen hat. Bei einem Fest lässt Rosemunds Gatte, Albinus, König der Lombarden, seine Frau aus einem Becher trinken, der, wie er ihr danach prahlerisch mitteilt, aus dem Schädel ihres von ihm im Kampf besiegten Vaters hergestellt worden war. In seiner Gesellschaft und in der Öffentlichkeit des Festes reagiert sie darauf nicht (*she was softe*, I.2564); erst in ihrem *chambre*, in das sie sich unter dem Vorwand einer Krankheit zurückzieht, lässt sie ihren Gefühlen freien Lauf (I.2570–74). Auch in *Troilus and Criseyde* werden immer wieder Gefühle aufgestaut, bis sich die Romanfiguren (und der Leser mit ihnen) in geeigneten Räumlichkeiten, im *closet* oder *chamber*, zuweilen genauer platziert – etwa auf dem Bett, mit zugezogenen Vorhängen – befinden. So beginnt Troilus, der sich beim Pallasfest in Criseyde verliebt hat, seine Liebesklage[38] erst, nachdem er sein Gefolge fortgeschickt (I.357) und sich in sein *chamber* zurückgezogen hat (I.358ff.).[39] Criseyde hält ihren tiefen Kummer über ihren bevorstehenden Austausch gegen Antenor zurück, bis sie sich in der räumlichen Privatheit ihres *chambre* befindet, wo sie *on hir bed [...] gan for ded to falle* (IV.733). Nach einer kurzen Beschreibung ihrer Klagegebärden durch den Erzähler erfahren wir ihre Gedanken aus der Innenperspektive (IV.743–99).

---

35 *In chambre, ther thei were al one, / Thei maden many a pitous mone* (TC V.5907–08).

36 Das Verlegen der Klageszenen in eine innerhäusliche Umgebung geht mit dem Wechsel vom epischen zum elegischen Stil innerhalb der *Legend of Good Women* einher: „Dido's fall from high romance to humble complaint is also mirrored in the carefully chosen scenery of her Legend. The epic panorama of the beginning, with burning Troy on the backcloth, and the romantic settings of the middle, the hall and the hunt, give way in the end to indoor scenes and intimate props": Götz Schmitz, The Fall of Women in Early English Narrative Verse (European Studies in English Literature) Cambridge 1988 (zuerst deutsch 1984) 39.

37 Chaucers *House of Fame* in Benson (Hg.), Riverside Chaucer 347–373, Chaucers *Legend of Good Women* in ebd. 587–630.

38 Bei dem *Canticus Troili* handelt es sich um eine von Chaucer eingefügte ‚translatio' von Petrarcas Sonett 132. Das Sonett ist abgedruckt in Windeatt (Hg.), New edition of ‚The Book of Troilus' 112.

39 Troilus' Zurückziehen in sein Bett wird später von Pandarus als Eingraben bezeichnet: *Who is in bed so soone / Iburied thus?* (TC II.1310–11).

Die Suche nach dem privaten Raum ist in der englischen Literatur des Spätmittelalters allerdings häufig mit Schwierigkeiten verbunden: oft muss die Besprechung privater Angelegenheiten zunächst aufgeschoben werden.[40] In Chaucers Vorlage, Boccaccios *Filostrato*, werden derartige Hindernisse nicht erwähnt. Barry Windeatt erklärt diese Änderung mit der „more communal society of English households", in der eine Privatsphäre zunächst gewonnen werden müsse. Boccaccio hingegen, so Windeatt weiter, „assumes a more private life".[41] Dass bei Chaucer im Vergleich zu Boccaccio ein privater Raum – zuweilen unter Anstrengungen – zunächst erst geschaffen werden muss,[42] lässt jedoch nicht notwendigerweise darauf schließen, dass die englische Gesellschaft keinerlei Privatsphäre zuließ; vielmehr lässt es vermuten, dass öffentliche und private Angelegenheiten separaten räumlichen Bereichen zugeordnet wurden und nur (oder primär) in diesen vorstellbar waren. So bricht Troilus nicht sofort zusammen, als er über die Entscheidung des Rates hört, Criseyde gegen Antenor auszutauschen (wie Troiolo in 4.20), sondern zögert seinen Gefühlsausbruch heraus: Bevor er wie ein wilder Bulle umher springt (*as the wylde bole bygynneth springe*, IV.239), geht er in sein Gemach (IV.220), schickt seine Bediensteten hinaus (IV.221–22), schließt Tür und Fenster (IV.232–33) und nimmt auf seinem Bett Platz (IV.234). Diese über das handlungslogisch Notwendige hinausgehenden schrittweisen Versuche, die Öffentlichkeit auszusperren, betonen demonstrativ den Akt des Sich-Abschließens selbst und machen damit die Suche nach der Privatsphäre bewusst.[43] Allen gesellschaftlichen Widerständen zum Trotz gelingt es den Romanfiguren, allein zu sein. So kann das erste Zusammentreffen zwischen Troilus und Criseyde privat gehalten werden, indem der trickreiche Kuppler Pandarus auf die Enge des Krankenzimmers im Palast des Deiphebus, in dem der eine Krankheit vortäuschende Troilus liegt, aufmerksam macht und auf diese Weise Deiphebus und Eleyne dazu bewegt, das Krankenzimmer zu verlassen (II.1646ff.). Später wird, anders als im *Filostrato*, der Raum des liebeskranken Troilus von außen durch einen Wachposten abgeschirmt (IV.351–52), was die Wichtigkeit dessen deutlich macht,

---

40 So muss Pandarus einige Hürden überwinden, bis er tatsächlich ein vertrauliches Gespräch mit seiner Nichte in deren Garten führen kann. Bei seiner Suche nach Criseyde trifft er zunächst auf zwei Gruppen ihrer Bediensteten und findet dann Criseyde keineswegs alleine, sondern zusammen mit ihren Gefährtinnen vor, aus deren Gesellschaft er Criseyde nur unter einem Vorwand wegführen kann. Später kann Troilus die Neuigkeiten von Pandarus nicht sofort erfahren, er muss das Ende des Mahles in der Gesellschaft abwarten, bis schließlich im Schlafgemach *every wight out at the dore hym dyghte* (II.948). Vgl. *Filostrato* 2.79: *[Pandar] postosi a seder, gli disse ratto, / sanza interpor, com'era stato il fatto.* Diese Szene ist eine von vier Szenen in Buch II, in denen bei Chaucer, nicht bei Boccaccio, ein Bett als Zufluchtsort dient. Die anderen Textstellen: II.62f., II.911ff., II.1305. Vgl. Windeatt, Troilus and Criseyde 197 (Anm.).

41 Windeatt, ‚Love that Oughte Ben Secre' 116.

42 Vgl. etwa TC IV.220ff. und *Filostrato* 4.22.

43 Siehe Brandt, Enklaven – Exklaven 183.

was zwar nicht vorausgesetzt wurde, jedoch gesucht und auch bewacht wurde: des nicht allen zugänglichen, des privaten Raums.[44]

Ähnlich wird in der Andachtsliteratur die in sich gekehrte Andacht in einem architektonisch abgegrenzten Raum imaginiert; auch hier ist also ein Zusammenhang zwischen architektonischem und mentalem Innenraum erkennbar. Jesus, Maria und Josef, so Nicholas Loves Übersetzung der *Meditationes Vitae Christi* aus dem frühen 15. Jahrhundert, der *Mirror of the Blessed Life of Jesus Christ*, zogen sich zum Beten *by hem self in hir closetes* zurück.[45] Die betende und lesende Maria wurde in Text und Bild häufig in einem architektonischen Innenraum oder einem *hortus conclusus* imaginiert.[46] In einen Garten (*a fayre herbere*) zieht sich das verzweifelte Mädchen in dem Gedicht *Why I cannot be a nun* zurück, als ihr Vater ihr den Eintritt ins Kloster verbietet.[47] Der umgrenzte Garten ist Symbol erhoffter ewiger Keuschheit sowie ein Ort des Alleinseins, also im übertragenen wie auch wörtlichen Sinn zu verstehen.

Besonders deutlich wird der Zusammenhang von real-architektonischem und mentalem privaten Raum bei den *anchoresses*. Diesen für den Rest ihres Lebens im wörtlichen Sinne eingemauerten Frauen wird durch ihr Eingeschlossensein die Identifikation mit Maria und dem Gekreuzigten nahe gelegt. So verweist eine Anleitung für *anchoresses*, die *Ancrene Riwle* aus dem 13. Jahrhundert, die auch unter Laien zirkulierte, dar-

---

44 In der im 15. Jahrhundert entstandenen *Tale of Beryn*, einer anonymen Fortsetzungsgeschichte der *Canterbury Tales*, weist die Schankwirtin den Ablasshändler zurecht, als dieser ihr Zimmer betritt, ohne sich vorher (durch Hüsteln) anzukündigen: *Yee shuld have couȝid when ye com. Wher lern ye curtesy? Now trelich I must chide, for of riȝte pryuyte / Vommen been som tyme of day, when they be aloon*: Frederick Furnivall und W. G. Stone (Hg.), The Tale of Beryn. With a Prologue of the merry Adventure of the Pardoner with a Tapster at Canterbury. Re-edited from the Duke of Northumberland's unique MS (Early English Text Society 105) London 1909, 314.

45 Michael G. Sargent (Hg.), Nicholas Love's Mirror of the Blessed Life of Jesus Christ. A Critical Edition based on Cambridge University Library Additional MSS 6578 und 6686 (Garland Medieval Texts 18) New York-London 1992, 64.

46 Im umschlossenen Garten in einer Initialenminiatur in einem englischen Stundenbuch aus dem 15. Jahrhundert (Oxford, Bodleian Library, MS Rawl. liturg. f. 5, fol. 51); in einem Gemach z. B. in den Verkündigungsdarstellungen in den ‚Beaufort/Beauchamp Hours' von ca. 1430–40 (London, British Library, MS Royal 2.A.XVIII) und den ‚Bedford Hours' von ca. 1423 (London, British Library MS Add. 18850). Nach Bernhard von Clairvaux hat Maria in ihrer Kammer (*cubicululm*) eingeschlossen gelebt, andere Menschen gemieden und – um Stillschweigen zu bewahren – niemandem Eintritt in ihr Haus gewährt. Albertus Magnus verlegt die Verkündigung in ein Gemach (*conclave*). Siehe dazu Klaus Schreiner, Marienverehrung, Lesekultur, Schriftlichkeit. Bildungs- und frömmigkeitsgeschichtliche Studien zur Auslegung und Darstellung von ‚Mariä Verkündigung'. In: Frühmittelalterliche Studien 24 (1990) 314–368, 327f. Die verheiratete Maria wartet im *N-Town Cycle* auf Josefs Rückkehr und liest dabei in ihrem Psalter: Stephen Spector (Hg.), The N-Town Play. Cotton Vespasian D.8, 2 vols. (Early English Text Society. Supplementary Series 11,12) Oxford 1991, vol. 1, 109.

47 *Why I cannot be a nun*. In: Frederick Furnivall (Hg.), Early English Poems and Lives of Saints (Philological Society) Berlin 1862, 138–148, Zitat 140 Vers 76.

auf, dass Maria zum Zeitpunkt der Verkündigung allein in einem Zimmer war.[48] Der Rückzug in einen architektonischen Innenraum erscheint hier als Bedingung für die Kommunikation mit dem Göttlichen. Der mit der *Ancrene Riwle* verwandte Text *The Wooing of Our Lord* stellt einen engen Zusammenhang her zwischen dem Eingemauertsein der *anchoress* und dem Gekreuzigten. Ihr Körper hängt zwischen den vier Wänden ihres *anchorhold* wie der Kruzifix am Kreuz: *mi bodi henge with thi bodi neiled o rode, sperred querfaste withinne fowr wahes, and henge i wile with the and neaver mare of mi rode cume til that I deie.*[49]

Abb. 3: Pandarus im Gespräch mit Criseyda am Fenster. Die anderen im Raum anwesenden Personen bilden eine eigene Gruppe, blicken sich nicht zum Gesprächspaar um; ein privates Gespräch ist trotz der Anwesenheit anderer Personen möglich. Frz. Übersetzung von Boccaccios *Filostrato*, Pierre de Beauveaus *Roman de Troÿle (et Criseyda)*. Oxford, Bodleian Library MS Douce 331, fol. 15. Frz., spätes 15. Jh.

2. Von architektonischen Barrieren unabhängige private Räume

Der Kulturanthropologe Amos Rapoport definiert die Privatsphäre als „[t]he ability to control interaction, to have options, devices, and mechanisms to prevent unwanted in-

48 *Ure leoue lefdi ne ledde heo onlich lif. Heo nes nowhare ute. auh was biloken / ueste*: Mabel Day (Hg.), The English Text of the Ancrene Riwle (Early English Text Society. Original Series 225) London 1952, 71.

49 *The Wooing of Our Lord.* In: Blake (Hg.), Middle English Religious Prose 61–72, 61.

teraction, and to achieve desired interaction".[50] Neben architektonischen Barrieren werden in der Literatur auch andere Möglichkeiten aufgezeigt, Privatsphäre zu schaffen. Als Pandarus seiner Nichte gegenüber erwähnt, er wolle mit ihr sprechen, entfernen sich die anderen Anwesenden in einen anderen Teil des Raumes: *everi wight that was aboute hem tho, / That herde that, gan far a-wey to stonde* (II.214–16).[51] Hier wird, wie auch die dazugehörige Miniatur in einer Handschrift einer französischen Übersetzung des *Filostrato* aus dem späten 15. Jahrhundert – Pierre de Beauveaus *Le Roman de Troÿle (et Criseyda)* – veranschaulicht, Privatheit auch im gleichen Raum mit anderen möglich (Abb. 3). Criseydas vertrauliches Gespräch mit Pandarus findet in einem Raum in Anwesenheit von mehreren Personen ihres Haushaltes statt, die – etwas abseits von den beiden Gesprächspartnern – ihre Köpfe zusammenstecken und auf diese Weise eine Gruppe darstellen, die das Gespräch nicht zu belauschen scheint.

Auf engem Raum mit anderen kann Flüstern einen privaten Raum schaffen. Während des Essens, zu dem Pandarus Criseyde in sein Haus eingeladen hat, ist die allgemeine, öffentliche Tischunterhaltung von heimlichen Gesprächen der beiden unterbrochen: Pandarus *swor hire in hire ere* (III.566) und Criseyde *to hym gan rowne* (III.568).[52] Über *privee signes* verständigen sich Damyan und May in Chaucers *Merchant's Tale* (CT IV.2105). Bei räumlicher Trennung schaffen Briefe mit vertraulichem, vor der Öffentlichkeit ferngehaltenem Inhalt Privatheit zwischen den Liebenden (etwa II.1154; II.1215ff.; V.1317ff.).[53] Auch ohne architektonische Barrieren ist es in diesen „fiktionalen Wirklichkeitsentwürfen" also möglich, einen privaten Raum zu schaffen, Privatsphäre zu erzeugen.

Wer gelernt hatte, sich durch meditative Techniken innerlich zu versenken, konnte sich auch in einem nicht für den privaten Gebrauch gedachten Innenraum und inmitten anderer Menschen einen privaten Raum schaffen, sich nicht durch architektonische, sondern durch psychische Barrieren von der Außenwelt abgrenzen. Reale Räume konnten entgrenzt werden und durch imaginäre Räume ersetzt werden, die insofern als ‚privat' bezeichnet werden können, als sie gegenüber den ‚realen' Personen abgeschlossen und diesen nicht zugänglich waren.

---

50 Vortrag von Amos Rapoport zitiert nach Irwin Altman, The Environment and Social Behaviour. Privacy, personal space, territory, crowding. Monterey, CA 1984, 17. Privatsphäre bezieht sich nicht nur auf die Abgeschlossenheit von anderen, sondern auch auf den Kontakt zu anderen. Irwin Altman definiert Privatsphäre als „interpersonal boundary-control process, which passes and regulates interaction with others" (ebd. 10), als „a selected control of access to the self or to one's group" (ebd. 18). Die ‚vollkommene' Privatsphäre des einzelnen sei dann erreicht, wenn die gewünschte Privatsphäre der erreichten Privatsphäre entspricht: ebd.

51 Hamilton M. Smyser, The Domestic Background of *Troilus and Criseyde*. In: Speculum 31 (1956) 297–315, 313–15.

52 Zum Flüstern siehe ferner TC II.1637, III.754 und III.1109 (sämtlich von Chaucer hinzugefügt).

53 Interessant ist hier ein Vergleich zu privaten Briefen in englischen arthurischen Romanzen; vgl. Bianca van Melis-Spielkamp, Pragmatische Schriftlichkeit in englischen arthurischen Romanzen (Gesellschaft, Kultur und Schrift: Mediävistische Beiträge 6) Frankfurt am Main 1998 (Diss. Münster 1998) 176–194.

Andachtstexte geben konkrete Anleitungen zum Rückzug in einen strukturierten, realen Räumen entsprechenden mentalen Innenraum, wobei auf verschiedene architektonische Strukturen zurückgegriffen wird; *herte* und *sowle* wurden als Räume und Gebäude imaginiert, in die man sich zurückziehen konnte. Als imaginierte mentale Räume waren vor allem Kapellen und (spätestens seit dem 13. Jahrhundert) Klostergebäude beliebt, die allegorisch verstanden wurden.[54] In dem zwischen 1370 und 1380 entstandenen didaktischen Prosatraktat *Book to a Mother*[55] etwa ermahnt ein Kleriker seine Mutter, vor der Welt in ein inneres Kloster zu fliehen und sich in dessen vier Wänden einzuschließen. Dem inneren Kloster, dessen Abt Christus selbst ist, wird als Antikloster das architektonisch-reale Nonnenkloster als ein korruptes Haus entgegengesetzt.[56] Auch der im 14. Jahrhundert aus dem Französischen übersetzte Andachtstext *The Abbey of the Holy Ghost*[57] leitet Laien zur Errichtung eines mentalen Nonnenklosters an.[58] Der Text steht

---

54 Zu allegorischen Gebäuden in der Literatur: Roberta D. Cornelius, The Figurative Castle. A Study in the Mediaeval Allegory of the Edifice with Especial Reference to Religious Writings. PhD Dissertation Bryn Mawr University Pennsylvania 1930. Statt religiöser Literatur wird in dem im frühen 15. Jahrhundert ins Mittelenglische übersetzten Traktat *Doctrina cordis* und im zweiten Buch der *Revelaciones caelestes* der heiligen Birgitta von Schweden (1302/03–1373), die ebenfalls im 15. Jahrhundert ins Mittelenglische übersetzt wurden, häusliche Architektur zur Strukturierung des mentalen Andachtsraums nahe gelegt: Roger Ellis (Hg.), The Liber Celestis of St Bridget of Sweden (Early English Text Society. Original series 291) London 1987, 180ff.; M. P. Candon, An Edition of the Fifteenth-Century Middle English Translation of Gerard of Liège's ‚De Doctrina Cordis'. Unveröffentlichte Diss. Univ. Fordham 1963. Zu beiden Texten siehe weiter Christiana A. R. Whitehead, Castles of the Mind. An Interpretative History of Medieval Religious Architectural Allegory. Unveröffentlichte Diss. Univ. Oxford 1995, 201ff.

55 Adrian J. McCarthy (Hg.), Book to a Mother (Salzburg Studies in English Literature: Elizabethan and Renaissance Studies 92. Studies in the English Mystics 1) Salzburg 1981. Der Text ist in vier Handschriften überliefert: ebd. iii. Zur Entstehungszeit: ebd. xxxv–xlv.

56 *Modir, ȝif þou kepe wel þis cloister and holde þe þerinne to þi liues ende, Crist, þat is Abbot and Priour of þis cloister, wol euer be þerinne wiþ þe where-euere þou be, and teche þe his religioun, þat is mekenes and humilite [...] modir, ches þou Christ to þin Abbot. For he wol ȝeue þe no leue to ride ne to go out of þi cloister for recreacioun, and so be worse whanne þou comest hom þanne whanne þou wendest out; ne se uanitees, ne telle ne here idel tales, ne to speke ueine wordes, ne to haue lustis and likinges and wordli worschupes; to be a good womman in o side of a wal, and in þat oþer side a schrewe*: ebd. 122, 124. Siehe dazu Whitehead, Castles of the Mind 94f.

57 Abbey of the Holy Ghost. In: Norman F. Blake (Hg.), Middle English Religious Prose (York Medieval Texts) London 1972, 88–102. Blakes Textausgabe basiert auf Oxford, Bodleian Library MS Laud 210 (ca. 1370). Zu weiteren englischen Handschriften, die den Text enthalten: ebd. 88 und George G. Perry (Hg.), Religious Pieces in Prose and Verse (Early English Text Society. Original series 26) xi–xiii. Der Text befindet sich etwa im ‚Vernon Manuscript': Norman F. Blake, Vernon Manuscript: Content and Organisation. In: Derek Pearsall (Hg.), Studies in the Vernon Manuscript. Cambridge 1990, 45–59, 58. Siehe auch Peter Consacro, The Author of the *Abbey of the Holy Ghost*. A Popularizer of the Mixed Life. In: Fourteenth-Century English Mystics Newsletter 2/4 (1976) 15–20. Die englische Übersetzung basiert vermutlich auf einer Handschrift aus der Mitte des 14. Jahrhunderts (heute London, British Museum MS Royal 16 E xii), die die Initialen Heinrichs VII. oder VIII. trägt: Hope E. Allen (Hg.), Writings Ascribed to Richard Rolle, Hermit of Hampole, and Materials for his Biography (The Modern Language Association of America. Monograph series 3) New York-London 1927, 338. Die erste Druckausgabe wurde 1496 von Wynkyn de Worde vorgenommen; die Pierpont Morgan Library verfügt über das einzige überlieferte Exemplar dieser Aus-

in der Tradition der *Psychomachie*;[59] unter der Äbtissin Caritas kämpfen personifizierte Tugenden gegen die das Kloster bedrohenden Laster. Die einzelnen Klosterbereiche stehen für Frömmigkeitsübungen: die Kapelle für das Gebet, das Dormitorium für die Kontemplation, der Klosterkeller für die Andacht.[60] Eine Kopie des französischen Textes, *L'Abbaye du Saint Esperit*, wurde 1475 für eine Tochter Cicelys von York, Margaret, Herzogin von Burgund, angefertigt.[61] Fol. 115 dieser Handschrift mit religiösen und moralischen Traktaten zeigt Margaret bei der Andacht. Durch einen Baldachin ist sie von den hinter ihr knienden betenden Frauen abgetrennt (Abb. 4). Neben der räumlichen Abgrenzung wird, angeregt durch die Lektüre ihres Textes, eine weitere Möglichkeit der Exklusion wirksam: die Einschließung in das ‚mentale Kloster'.

Abb. 4: Margaret of York bei der privaten Andacht
Traktat mit moralischen und religiösen Texten, u. a. *L'Abbaye du Saint Esperit*
Oxford, Bodleian Library MS Douce 365, fol. 115. Flämisch, 1475.

gabe: Curt F. Bühler, The First Edition of *The Abbey of the Holy Ghost*. In: Studies in Bibliography 6 (1954) 101–106, 101. Zwei weitere Ausgaben folgten im 15. Jahrhundert (heute im Besitz der Cambridge University Library und der Folger Library, Washington): Fifteenth-Century English Books (Bibliographical Society, Illustrated Monographs 18) London 1917, 1816A. Zu Holzschnitten in den Inkunabeln: Edward Hodnett, English Woodcuts 1480–1535 (Bibliographical Society, Illustrated Monographs 22) Oxford 1935.

58 *Abbey of the Holy Ghost*. In: Blake (Hg.), Middle English Religious Prose 89.

59 Ebd. 88.

60 Ebd. 91f.

61 Die Handschrift wurde angefertigt von David Aubert in Gent (heute Oxford, Bodleian Library MS Douce 365). Siehe Charles A. J. Armstrong, The Piety of Cicely, Duchess of York. In: ders. (Hg.), England, France and Burgundy in the Fifteenth Century. London 1942 (Neudr. 1983) 135–156, 150, Anm. 34, Allen, Writings ascribed to Richard Rolle 338.

Andere Texte leiten dazu an, sich in die Heilsgeschichte, und somit in einen anderen Raum und in eine andere Zeit, zu versetzen. Die Art, wie eine Person dabei mental den real-architektonischen Raum entgrenzt und einen mentalen privaten Raum betritt, kann sprachlich unterschiedlich ausgedrückt werden: Meditierende konnten sich mental in Raum und Zeit oder gar in Personen der Heilsgeschichte selbst versetzen und sich umgekehrt Szenen und Personen der Heilsgeschichte wie ihnen innewohnend vorstellen. Margery Kempe etwa (in ihrem *Book* aus der ersten Hälfte des 15. Jahrhunderts) transzendiert ihren ‚realen' Raum, wenn sie sich in Szenen der Heilsgeschichte einschreibt (z. B. als Dienstmagd der heiligen Anna und Mariens[62]) und transferiert umgekehrt Personen der Heilsgeschichte in ihren als architektonischen Raum gedachten Innenraum, als sie während ihrer Pilgerreise in Jerusalem auf dem Kalvarienberg *in þe cite of hir sowle* die Kreuzigung Christi sieht.[63] An anderer Stelle wird ihre Seele *chawmbre* genannt, in dem sie Christus und *al þe cowrt of Heuyn* willkommen heißt.[64]

Wie die Seele Christus beherbergt, so kann die Seele umgekehrt in Christi Seitenwunde Ruhe finden. Häufig wird das Eintreten in die Leidensgeschichte symbolisch als Eintritt in die Seitenwunde Jesu beschrieben, die dementsprechend offen stehend dargestellt wird. Nicholas Loves *Mirror of the Blessed Life of Jesus Christ* etwa beschreibt die einladend klaffende Wunde als *opun & wide to entre inne.*[65] Das Bild von Christi Seitenwunde wird häufig als Wohnort der Seele (als Nest und Zufluchtsort) bezeichnet,[66] in einem Gedicht aus dem späten 14. Jahrhundert als *chambre*, in dem die Seele Ruhe findet. Christus, der die Seele rettend mit seinen Armen umschließt, spricht dabei in verschiedenen Beschützerrollen (als König, Ritter, Liebender, Ehemann, Mutter). In dem Andachtstext *Stimulus Amoris* aus dem 14. Jahrhundert imaginiert sich der Sprecher als Speer, der ewig in der Wunde Christi verweilt.[67] Wie die Seitenwunde wird auch das Herz Jesu mit räumlichen Metaphern als Zufluchtsort beschrieben.[68]

---

62 Sanford B. Meech und Hope E. Allen (Hg.), The Book of Margery Kempe (Early English Text Society original series 212) London 1940, Kapitel 6 und 7.

63 Ebd. 68.

64 Ebd. 210.

65 Sargent (Hg.), Mirror of the Blessed Life of Jesus Christ 12. Die klaffenden Wunden Christi in einer Miniatur der Kreuzigung und ‚Arma Christi' von 1371–73 (heute Pommersfelden, Gräflich Schönbornsche Bibliothek MS 2934, fol. 9v), wahrscheinlich einem Fragment aus einem Stundenbuch der Bohunfamilie, und auf fol. 236v der ‚Bohun Hours' aus der zweiten Hälfte des 14. Jahrhunderts (Oxford, Bodleian Library MS Auct.D.4.4) unterstützen sicherlich das in der Meditation angestrebte Eintreten in die Heilsgeschichte.

66 Bei Bernhard von Clairvaux, *Sermones in Cantica*, Sermo LXI: J. P. Migne (Hg.), Patrologia Latina. 217 Bde. und 4 Register-Bde. Paris 1878–1890, 183, Spalten 1070–1074; weiter entwickelt von mystischen Autoren wie Seuse: Rosemary Woolf, The English Religious Lyric in the Middle Ages. Oxford 1968, 186 (Anm. 2).

67 Flora Lewis, The Wound in Christ's Side and the Instruments of the Passion. Gendered Experience and Response. In: Lesley Smith und Jane H. M. Taylor (Hg.), Women and the Book. Assessing the Visual Evidence (British Library Studies in Medieval Culture) London-Toronto 1997, 204–223 (Anm. 46).

68 Zitiert nach Douglas Gray, Themes and Images in Medieval English Religious Lyric. London-Boston 1972, 134.

Andachtsbilder, meditative Gedichte und Evangelienbearbeitungen, Predigten und religiöse Dramen forderten den Leser, Zuhörer und Zuschauer direkt zum Eintritt in Ausschnitte der Heilsgeschichte auf. Der Appell an den fiktiven Adressaten, innezuhalten und sich andächtig in die Heilsgeschichte zu versenken, geht entweder von einem Vermittler zwischen der historischen Zeit und der Andachtszeit oder von einer Figur der Heilsgeschichte selbst aus – häufig von dem Gekreuzigten[69] oder der leidenden Gottesmutter.[70] Der Eintritt in die Heilsgeschichte wird in vielen Texten vereinfacht, indem die räumliche und zeitliche Distanz vermindert wird. Im religiösen Drama wird die Heilsgeschichte, die sich direkt vor den Augen der Zuschauer abspielt, in das Hier und Jetzt der Zuschauer transferiert. Indem die Zuschauer zu Mitspielern der heilsgeschichtlichen Handlung werden,[71] wird fingiert, sie seien Teil der Welt, in der sich die Dramenhandlung abspielt. Die Einbeziehung der Zuschauer in die heilsgeschichtliche Handlung wurde auch durch die Raumregie befördert: Ein Teil der Handlung wurde inmitten der Zuschauermenge gespielt.[72] So war die Spielwelt eine nicht immer und nicht völlig von der Zuschauerwelt getrennte Sphäre.

---

69 In zahlreichen seit dem 14. Jahrhundert nachweisbaren ‚Christusklagen' etwa bittet Christus am Kreuz, häufig mit den Worten *abide and see* – ein Zitat aus den *Lamentationes* (1, 12): *o vos omnes qui transitis per viam*, die zusammen mit den *Improperia* zur Karfreitagsliturgie gehören –, Leser bzw. Hörer darum, einen Moment zu verweilen und sich seiner Leiden zu erinnern. Ansprachen vom Kreuz etwa in: Carleton Brown (Hg.), Religious Lyrics of the Fifteenth Century. Oxford 1939, 157–62; Jack A. W. Bennett (Hg.), Devotional Pieces in Verse and Prose. From MS Arundel 285 and Harleian 6919 (Scottish Text Society. 3rd series 23) Edinburgh-London 1955, 270f.; Rosemary Woolf, The English Religious Lyric in the Middle Ages. Oxford 1968, 203, 206. Im Bild übernimmt der Wunden weisende Schmerzensmann diese Funktion.

70 Die sich um die im 12. Jahrhundert entstandenen *planctus Mariae* formierenden selbständigen Marienklagen, deren dramatische Elemente und wirklichkeitsgetreue Leidensgestik von dem Pseudo-Bernhardischen Traktat *Liber de passione Christi et doloribus et planctibus Matris eius* übernommen wurden, zirkulierten im 14. Jahrhundert in England auch in der Volkssprache. Dazu gehört etwa die Prosamarienklage *Complaint of Our Lady*, die die Passion aus der Perspektive Mariens erzählt: C. William Marx (Hg.), The Middle English Prose Complaint of Our Lady and Gospel of Nicodemus. Edited from Cambridge Magdalene College MS Pepys 2498 (Middle English Texts 19) Heidelberg 1987. Zur Entstehung und Entwicklung des *planctus Mariae*: Sandro Sticca, Il Plancto Mariae Nella Tradizione Drammatica Del Medio Evo. Sulmona 1984. Zur Marienklage in England: G. C. Taylor, The English ‚Planctus Mariae'. In: Modern Philology 4 (1906–07) 605–37; Nigel Morgan, Texts and Images of Marian Devotion in Fourteenth-Century England. In: Nicholas Rogers (Hg.), England in the Fourteenth Century. Proceedings of the 1991 Harlaxton Symposium (Harlaxton Medieval Studies 3) Stamford 1993, 34–57. Im Bild fordern die Mater Dolorosa und die Pietà zum Mitleiden auf. Siehe etwa ebd. 51f.; Edmund Waterton, Pietas Mariana Britannica. London 1879.

71 Im *Chester Cycle* etwa werden sie als Untertanen von Herodes eingesetzt: David Mills (Hg.), The Chester Mystery Cycle. A New Edition with Modernist Spelling (Medieval Texts and Studies 9) East Lansing 1992, 178, Verse 9ff. und später als Menschenmenge, die Jesus verurteilt. In den *York Plays* gilt Pilatus' Befehl, Ruhe zu geben, sowohl der von den Schauspielern verkörperten Menge als auch den Zuschauern: Richard Beadle (Hg.), The York Plays (York Medieval Texts) London 1982, 283, Verse 1f.

72 Im *York Cycle* etwa kamen die Schauspieler mehrmals während der Aufführung von der Bühne zum Publikum herab, oder sie traten von dort aus auf. Der Text von *The Temptation of Jesus* weist darauf hin, dass der Teufel sich zunächst einen Weg durch die Zuschauermenge bahnte: Alicia Korzeni-

Die Distanz zur eigentlich fremden, ungewohnten Welt der biblischen Heilsgeschichte konnte auch durch den Transfer der historisch entrückten Handlung in den Erfahrungsraum der Rezipienten überbrückt werden, indem man (auf Bildern, in Texten und in dramatischen Aufführungen) die Personen im zeitgenössischen Kostüm darstellte, das Geschehen durch Gegenwartsbezüge aktualisierte, mit vertrauten Orten verknüpfte und vor gewohnter Kulisse präsentierte und auf diese Weise potentielle Identifikationsbarrieren beseitigte. Im religiösen Drama wurde die heilsgeschichtliche Handlung bisweilen in Beziehung zu dem Aufführungsort bzw. -raum gesetzt, z. B. wenn mit Verweisen auf englische Städte und auf aktuelle Missstände die Heilsgeschichte in eine dem Publikum vertraute Topographie und in die aktuelle Zeit verwiesen wurde.[73] Auch im Bild wird die heilsgeschichtliche Handlung in eine zeitgenössische Umgebung verlegt, vor allem in der niederländischen Malerei der Spätgotik (man denke etwa an Robert Campins Méroder Altarbild, um 1425, das Maria in zeitgenössisch-bürgerlichem Milieu lesend am Kamin zeigt) und in Stundenbüchern aus Flandern, die häufig in England importiert wurden. Im Stundenbuch der Katharina von Kleve ist die Heilige Familie in einem zeitgenössischen Innenraum dargestellt: Maria arbeitet am Webstuhl, Josef an einer Holzplanke, und das Jesuskind ist in einem im Spätmittelalter gebräuchlichen Laufwägelchen zu sehen (Abb. 5).

Im Anschluss an die Aufforderung zum Eintreten in die Heilsgeschichte führen Texte und Bilder die Meditierenden in einem ‚inneren Kreuzweg' entlang den historischen Orten der Heilsgeschichte, wobei an einigen Stationen zum Verweilen angehalten wird.[74] Die Rezipienten werden an verschiedene Stationen der Heilsgeschichte – etwa

---

owska Nitecki, The Dramatic Impact of the Didactic Voice in the York Cycle of Mystery Plays. In: Annuale Medievale 21 (1981) 61–76, 62. Zu Beginn der Passionssequenz des *York Cycle*, beim *Entry into Jerusalem* (Play 25), fand die Heilung des Blinden und Lahmen vermutlich auf Straßenniveau statt, inmitten der Zuschauer, die sich dann als die historische Palmsonntagsmenge verstehen konnten und ihre Stadt als die Stadt, in die Christus zum Leiden und Sterben Einzug hielt. Diese Vermischung von Raum und Zeit des biblischen Geschehens mit Raum und Zeit der Aufführungssituation wurde sicherlich noch befördert durch das Willkommensgeheiß, das von acht Bürgern der Stadt gerufen wurde, und durch den wahrscheinlich aus der zeitgenössischen Palmsonntagsliturgie entnommenen Begleitgesang: Meg Twycross, The theatricality of medieval English plays. In: Richard Beadle (Hg.), The Cambridge Companion to Medieval English Theatre (Cambridge Companions to Literature 13) Cambridge 1994, 37–94, 86f. Auch im *Chester Cycle* wurde ein Teil der Handlung auf der Zuschauerebene gespielt: Die drei Könige (Play 8) ritten mitten durch die Zuschauermenge, und die Wegstrecke zwischen Elisabeths und Josefs Haus wurde vermutlich ebenfalls auf Straßenniveau zurückgelegt: Robert Mayer Lumiansky und David Mills (Hg.), The Chester Mystery Cycle, 2 Bde. (Early English Text Society. Supplementary Series 3, 9) Oxford 1974, 1986, Bd. 1. Siehe die Bühnenanweisungen 103, 105 und vgl. dazu xxvi.

73 In einigen Spielszenen des *Chester Cycle* wird deutlich auf die Realität der Stadt Chester angespielt. In Josefs Rede im *Nativity Play* etwa klingt die andauernde Beschwerde der Zimmerleute aus Chester gegen die hohe Besteuerung durch den König an, und die *ale-wife* aus dem von den Köchen und Schenken der Stadt gespielten *Harrowing of Hell* ermahnt dazu, die Qualität des *ale* aus Chester zu erhalten: Lumiansky und Mills (Hg.), The Chester Mystery Cycle 1, 338.

74 So etwa in Nicholas Loves *Mirror of the Blessed Life of Jesus Christ*: Sargent (Hg.), Mirror of the Blessed Life of Jesus Christ 173 und in der in einer Handschrift aus dem 15. Jahrhundert überlie-

Heimsuchung, Tempelgang, Verrat, Geißelung, Kreuzannagelung – herangeführt und erhalten auf diese Weise einen Wegweiser für ihre Meditation und Vorgaben für die innerlich zu schauenden Szenen. Sie bewegen sich innerhalb ihres mentalen Innenraums zwischen einzelnen Momenten der Heilsgeschichte, die unter Anleitung wachgerufen werden.

Abb. 5: Die Heilige Familie. Stundenbuch der Katharina von Kleve
New York, Pierpont Morgan Library MS M917, S. 149. Flämisch, ca. 1435
(aus: J. Plummer, Hours of Catherine of Cleves. New York 1975, pl. 23)

ferten Passionserzählung *Passio domini nostri Ihesu Christi*: C. William Marx, British Library Harley MS 1740 und Popular Devotion. In: Nicholas Rogers (Hg.), England in the Fifteenth Century. Proceedings of the 1992 Harlaxton Symposium (Harlaxton Medieval Studies 3) Stamford 1993, 207–22, 209f.

3. Schlussbetrachtung

Die im englischen Spätmittelalter wachsende Anzahl von Räumen bot vermehrt Rückzugsmöglichkeiten und damit Privatheit im Sinne einer architektonisch-räumlich-personalen Abgrenzung. Als „Produkte ihres Entstehungskontextes"[75] verarbeiten literarische Texte diesen Prozess, den sie zugleich vorantreiben: verschiedene Räume werden als Handlungsorte benannt und unterschiedlichen Funktionen zugeordnet; dabei werden private Räume zum vertraulichen Gespräch, zum Briefeschreiben und -lesen, zur Selbstreflexion, zur Klage und zur Andacht aufgesucht.

Diese mit dem Rückzug in private Räume einhergehende Akzentverlagerung von äußerem Handlungsverlauf auf die Gefühlswelt der Figuren vollzieht sich durch den mit der Raumverlagerung gepaarten Wechsel der Erzählinstanz (von der Außen- zur Innenperspektive), die dem Leser Einblick in die inneren Erfahrungen der Figuren gewährt. Die Innenschau der Figuren ist, so wird suggeriert, untrennbar verbunden mit deren räumlicher Abgrenzung oder, anders ausgedrückt, ein architektonisch umgrenzter Raum ermöglicht und fördert die Innenschau der Figuren.

Als konkrete Anleitungen zur Schaffung eines mentalen privaten Raumes, als Aufforderungen zum Rückzug in einen solchen, immateriellen Raum und zum Verweilen darin, zeigen die im zweiten Teil diskutierten Andachtstexte Möglichkeiten einer von architektonischen Barrieren unabhängigen Privatheit auf. Reale Räume konnten entgrenzt und durch imaginäre Räume ausgewechselt werden, in denen die in Andacht versunkene Person sich gegenüber ihrer realen Umgebung und realen Personen abschließen konnte: in einem mentalen Kloster etwa, in Jesu Seitenwunde oder in Ort – und Zeit – der Heilsgeschichte.

75 Nünning, Narrative Form und fiktionale Wirklichkeitskonstruktion 199.

Ursula Kundert

Gefühl und Wissen im virtuellen Raum. Dynamische Konfigurationen in Minnesang und Enzyklopädik des 13. Jahrhunderts

Virtuelle Räume sind Vorstellungen. Dennoch haben gerade Raumvorstellungen etwas mit dem stofflichen Menschen als Körper zu tun. Texte aus Minnesang und Enzyklopädik des 13. Jahrhunderts nutzen diesen anthropologischen Vorzug räumlicher Vorstellungen, um Gefühlskonzepte auf eine Weise darzustellen, die kreatives Weiterdenken und -handeln fördert.

Nicht zuletzt durch die blühenden Neurowissenschaften hat die Frage nach der stofflichen Grundlage von Wissen und Gefühlen neues Interesse gefunden. Das Magnet-Resonanz-Bild übernimmt als flache Abbildung räumlich vorzustellender Hirnregionen die Funktion, verschiedene solche Forschungsfragen zu integrieren:[1] Die Hirnläsions-Forschung, welche die Funktionen der verschiedenen Hirnbereiche aufgrund von Funktionsverlusten statisch feststellte, wurde ergänzt durch die Erforschung dynamischer Phänomene anhand von Abbildungen der Durchblutung von Hirnregionen.[2] Mit dieser neuen Herangehensweise sind auch neue Fragen in den Vordergrund gerückt, etwa nach dem Ablauf, gemäß dem Wissen erworben wird oder nach dem Übergang zwischen verschiedenen emotionalen Zuständen.[3]

Auch wenn die Magnet-Resonanz-Abbildung eine Technik der zweiten Jahrtausendwende ist, so lassen sich mittelalterliche Parallelen zu solchen dynamischen Verortungen finden, die vielleicht sogar als kultureller Vorstellungsschatz zu begreifen sind,

1 Vgl. Regula Burri, MRI in der Schweiz. Soziotechnische, institutionelle und medizinische Aspekte der Technikdiffusion eines bildgebenden Verfahrens. In: Preprints zur Kulturgeschichte der Technik 10 (2000) 63–67.

2 Ausführlich dargestellt in Antonio R. Damasio, Descartes' Irrtum. Fühlen, Denken und das menschliche Gehirn. 3. Aufl. München-Leipzig 1997 (engl. Original New York 1994), der sich auch kritisch mit der scheinbaren Erklärungskraft von Aktivitätsmustern auseinandersetzt (221), jedoch hinsichtlich der Vorstellungen von Normalität, Gesundheit und Kultur mit Vorsicht zu lesen ist (z. B. 272).

3 Vgl. die aktuellen neuropsychologischen Forschungen von Klaus Rink.

welcher die Entwicklung der Bildtechnik erst möglich machte und den damit verbundenen Deutungen Sinn verleiht.

Wenn es hier vor allem um die dynamischen und kreativen Aspekte der Vorstellungen von Gefühl und Wissen geht, dann deshalb, weil damit mittelalterliche Konzepte zum Vorschein kommen, die sich vom gerne als typisch mittelalterlich apostrophierten Gegensatz zwischen Seele und Leib oder auch von Dichotomien zwischen Denken und Fühlen, Wissen und Erfahren deutlich unterscheiden.

Mittelalterliche Vorstellungen davon, wie sich der Übergang vom Stofflichen in Verstehendes vollzieht, lassen die scheinbar klare Grenze zu einer unscharfen Zone der Stufen und Mehrfachbeziehungen werden. Die hier behandelten Konzepte modellieren Übergänge und verschwimmende kategorielle Grenzen. Dies geschieht vor allem durch Raum-Metaphern, sprachlich evozierte Raum-Vorstellungen also, die geeignet sind, nicht nur seelische Vorgänge mehrdimensional darzustellen, sondern als Mischgefäß („blend“*)* Konzepte verschiedener Herkunft zu integrieren und im Sinne einer gedanklichen Karte („cognitive map“*)* Kategorien als Konfigurations-Wissen („configuration knowledge“) für den kreativen Umgang damit bereitzuhalten.

Diese Begrifflichkeit entstammt der Theorie konzeptueller Integration („blending theory“), die Gilles Fauconnier und Mark Turner zur Erklärung der dynamischen Bedeutungsentwicklung beim Lesen literarischer Texte entwickelten.[4] Sie soll hier helfen, die besondere Leistung mittelalterlicher räumlicher Metaphorik bei der Fassung dynamischer Kategorien zu beschreiben. Dass die Begrifflichkeit der Theorie (z. B. ‚Konfiguration‘) selbst das beste Beispiel für eine solche Verwendung räumlicher Metaphorik ist, sei hier nur nebenbei erwähnt als Indiz für die mögliche Kontinuität der europäischen Theoriebildung über kognitive Aspekte von Wissen und Gefühl.

Experimente zum Konfigurations-Wissen haben ergeben, dass sich sehende Menschen, selbst wenn ihnen die Augen verbunden werden, einen Weg so merken, dass sie auch Umwege und Abkürzungen gehen können. Blinde hingegen prägen sich eher nur den zweidimensionalen Weg ein. Das wird dadurch erklärt, dass Sehende gewohnt sind, beim Vorbeigehen Objekte und Entfernungen in eine gedankliche Karte zu integrieren, die ihnen danach hilft, neue Wege einzuschlagen.[5]

Mehrdimensionalität ergibt demnach nicht nur rein rechnerisch mehr Kombinationsmöglichkeiten, sondern die Vorstellung von Flächen und Räumen hat eine ganz alltagsrelevante Bedeutung für Menschen, indem sie einen kreativen Umgang mit der Umgebung ermöglicht, in der sich Menschen als Körper bewegen. Natürlich kann diese Bewegung ebenfalls vorgestellt sein, als virtuelle Bewegung in einem virtuellen Raum.

---

4 Gilles Fauconnier, Mappings in Thought and Language. Cambridge 1997; Mark Turner, The Literary Mind. New York-Oxford 1996. Vgl. zu den Begriffen auch H. L. Pick Jr., Psychology of Mental Maps. In: International Encyclopedia of the Social and Behavioral Sciences 14, 9681f.

5 H. L. Pick Jr., Psychology of Mental Maps. In: International Encyclopedia of the Social and Behavioral Sciences 14. Amsterdam 2001, 9681f.

Texte können solche Raum- und Bewegungsvorstellungen dafür verwenden, um darin andere Konzepte wie zum Beispiel Gefühle zu ordnen. In diesem Zusammenhang schlicht von Raum-Metaphern oder -Allegorien zu sprechen, würde eine Austauschbarkeit des Bildspendebereichs suggerieren. Die Theorie konzeptioneller Integration hingegen betont die anthropologische Bedeutung von Raum und Bewegung,[6] welche die beiden Erfahrungsbereiche darstellen, von denen Menschen alle anderen Ordnungssysteme ableiten.[7] Anderes Wissen wird auf diese Weise mit dem Erfahrungswissen über Raum und Bewegung verknüpft. Auch der sprachlichen Ordnung nach den Kardinalzahlen 1., 2., 3. zum Beispiel liegt letztlich dieses Erfahrungswissen zugrunde. Sie ist aber weniger geeignet, das kreative Potential des räumlichen Erfahrungswissens zu nutzen, als die erfahrungsnähere Darstellung über Raum- und Bewegungsbeschreibungen, welche ‚Abkürzungen' und ‚Umwege' im Reich der virtuellen Räumlichkeit provozieren.

Überblendungen im virtuellen Raum

Ich behaupte nun, dass in Minnesang und mittelalterlicher Enzyklopädik virtuelle Räumlichkeit in diesem Sinne thematisiert und angewendet wird. Als Vorstellung räumlicher Anordnungen von Gefühlskategorien, die im Lesevorgang hergestellt wird, dient sie dazu, Gefühlskategorien zu anderen Wissensbereichen in Beziehung zu setzen, von denen je nach Erinnerungs-Situation andere aktualisiert werden können. Im Vergleich von Texten des Minnesangs und der Enzyklopädik lässt sich zeigen, dass Beschreibungen von Bewegungen im Raum in beiden Gattungen dazu verwendet werden, emotionale und andere Kategorien über die Vorstellung eines dynamischen Ablaufs zu verknüpfen.

Die vorliegende Untersuchung beschränkt sich auf Fallstudien aus den beiden Gattungen, vermutet aber eine weitere Verbreitung dieses Verfahrens, die jedoch in diesem Rahmen nur angedeutet werden kann. Enzyklopädien sind im Mittelalter nicht alphabetisch, sondern systematisch gegliedert. Die Systematik verrät, welche Gefühlskonzepte

---

6 „Die grundsätzlichen Erzählungen, die wir am besten kennen, sind kurze Erzählungen über Ereignisse im Raum […] Die zum Kernbestand gehörenden, unabdingbaren Erzählungen *können* nicht nur erfunden werden, sie *müssen* erfunden werden, wenn wir überleben und als Menschen leben wollen. […] Die allgemeine Erzählung besteht darin, dass Menschen kleine räumliche Erzählungen konstruieren und sie in der Art einer Parabel [auf anderes] projizieren." (Mark Turner, The Literary Mind. New York 1996, 13–15. Übers. UK).

7 Geoffrey Bowker und Susan Leigh Star, Sorting things out. Cambridge Mass. 1999, 10 schlagen Raum und Zeit als grundsätzliche Dimensionen der Kategorienbildung vor. Zeit scheint mir jedoch keine sinnvolle Dimension, da sie nur aus Raum und Bewegung erschlossen werden kann. Die Theorie konzeptioneller Integration versteht denn auch die Art und Weise, wie wir Zeit konzeptionalisieren und beschreiben, als Projektion räumlicher Bildschemata (Turner, The Literary Mind 18).

damals welchen Bereichen zugeordnet wurden, und erlaubt deshalb eine zeitgerechte Einordnung der Gefühlskonzepte in verschiedene Zusammenhänge: in moraltheologische, humoralpathologische, rhetorische, physiognomische, astrologische, erkenntnis- und wahrnehmungstheoretische.

Der Vergleich von Minnesang und Enzyklopädien zeigt, dass räumliche Vorstellungen nicht für alle Arten der Gefühlsdarstellung gleichermaßen verwendet werden: Wenn sich der Minnesang im 13. Jahrhundert vermehrt für die räumliche Verortung von Gefühlen interessiert, dann wählt er nicht die Materialmischung wie in der Säftelehre oder die in der Moraltheologie beliebte allegorische Schlacht, sondern Raumkonzepte, die denjenigen aus der Wahrnehmungs- und der Erkenntnislehre gleichen. Die räumliche Darstellungsart, die Vergleichspunkte zum Minnesang anbietet, findet sich in den Enzyklopädien also vor allem im diesem Kontext.

Seit der zweiten Hälfte des 12. Jahrhunderts wird die Erkenntnistheorie der neoplatonischen Tradition, die auf Plotin (gest. 270), Augustinus (354–430) und Boethius (gest. 524) zurückgeht und in Traktaten des 12. Jahrhunderts mit Elementen von Galens (gest. um 201) Physiologie der Wahrnehmung verbunden wird, mit unscharfen Überschneidungszonen[8] abgelöst durch aristotelische Theorien wie die sehr einflussreiche von Albertus Magnus (gest. 1280). Albertus stellt seine Theorie unter anderem aus den nun ins Latein übersetzten Seelenlehren von Avicenna (980–1037) und Aristoteles (gest. 322/1 v. Chr.) zusammen.[9] Die Veränderung ist zuerst an den Seelentraktaten abzulesen; theologische Spekulationen, enzyklopädische und volkssprachliche Werke setzen die augustinische Tradition noch lange fort.[10]

Im Bereich der Seelenvermögen entwerfen die beiden Richtungen ähnliche virtuelle Räume, indem sie die Wahrnehmungs- und Erkenntnisfähigkeiten anatomisch verorten und als innere Räume darstellen. Aber einerseits trägt Avicenna zu einer Vervielfachung und deutlicheren Hierarchisierung der von ihm in äußere und innere Sinne geschiedenen Wahrnehmungs- und Denkinstanzen bei.[11] Und andererseits sind Vorstellungen von einem von Emotionen begleiteten Aufstieg zur Erkenntnis Gottes (‚ascensus'-Lehre) allein Kennzeichen der augustinischen Traditionslinie. In der expliziten

8 Diese Tatsache veranlasst Mary J. Carruthers, The book of memory. 9. Aufl. Cambridge 2001, 47, zur Bemerkung, dass eine fein sortierende, systematische Analyse der Wahrnehmungs-Begrifflichkeit des Mittelalters letztlich nicht gerecht werde.

9 Avicennas Seelenlehre wurde vermutlich noch vor derjenigen Aristoteles' ins Lateinische übersetzt (Gérard Verbeke, Le „De Anima" d'Avicenne. In: Avicenna Latinus: Liber de Anima seu Sextus de Naturalibus 2, hg. von Simone van Riet. Louvain 1968, 1*–73*, hier: 2*).

10 Katharine Park, Picos „De imaginatione" in der Geschichte der Philosophie. In: Giovanni Francesco (Hg.), Pico Della Mirandola, Über die Vorstellung, De imaginatione. 3. Aufl. München 1997, 21–56, hier: S. 35 und Pierre Michaud-Quantin, Les petites encyclopédies du treizième siècle. In: Maurice de Gandillac u. a. (Hg.), La pensée encyclopédique au moyen âge. Neuchâtel 1966, 105–120.

11 Gérard Verbeke, Science de l'âme et perception sensible. In: Avicenna Latinus: Liber de Anima seu Sextus de Naturalibus 1, hg. von Simone van Riet. Louvain 1972, 1*–90*, hier: 6*f.; Park, Picos „De imaginatione" 36.

oder impliziten Berufung auf Augustinus entwerfen auch Hugo von St. Viktor (gest. 1141), Richard von St. Viktor (gest. 1173) und Johannes Fidanza, genannt Bonaventura (1221–1274), solche Aufstiegsmodelle. In den hier behandelten Texten aus Minnesang und Enzyklopädik des 13. Jahrhunderts zeigen sich besonders deutliche Parallelen zur virtuellen Räumlichkeit bei Augustinus und Richard von St. Viktor. Deshalb sind zuerst zwei Abschnitte diesen Konzepten gewidmet.

Enzyklopädik und Minnesang gewinnen durch den Bezug auf solche räumlichen Vorstellungen aus Wahrnehmungs- und Erkenntnis-Theorien ein zusätzliches autoreflexives Moment: An den Stellen, an denen Theorien des Übergangs zwischen Stofflichem und Vorgestelltem anklingen, lassen Enzyklopädien und Minnegedichte über die anthropologischen Grundlagen ihres eigenen Unternehmens, über die Voraussetzungen für Wissenserwerb und Liebeserlebnis nachdenken.

Virtuelle Räumlichkeit bei Augustinus

Augustinus schätzt in seiner Schrift *Contra Academicos* (III 17, 37–19,42) Platon deshalb so sehr, weil dieser zwischen einer rein geistigen und einer sinnlichen Welt unterschieden und *die Welt unserer Erfahrung als Abbild jener geistigen Welt verstanden habe [...].*[12] Uneigentlich ist also sowohl bei Platon als auch bei Augustinus gerade die körperliche Welt. Der Weg zu Gott führt deshalb für Augustinus nicht über die sinnliche Wahrnehmung, sondern über die Vorstellungsleistung des Menschen.[13] Die Vorstellung ist für Augustinus allerdings noch nicht die Wahrheit beziehungsweise Gott; sie kann aber, wenn Gott den Menschen erleuchtet, zur Gotteserkenntnis führen. Berühmt ist Augustinus' von Plotin inspirierte, räumlich formulierte Aufforderung, in sich selbst zurückzugehen und dorthin zu streben, von wo das Licht der Vernunft selbst angezündet wird.[14] Die Licht-Terminologie weist darauf hin, dass Augustinus in christlicher Umdeutung von Plotins Emanationslehre die Illumination durch Gott als Voraussetzung der Erkenntnis ansieht; sie ermöglicht es, dass der geschaffene und deshalb beschränkte Mensch die Wahrheit trotzdem erkennen kann.[15]

Die herausragende Stellung der Seele und ihrer geistigen Leistung zeigt sich in Augustinus' Vorstellung des Wahrnehmungsvorgangs, die er in seinem Genesiskommentar formuliert. Hier wird nun das Innere des Menschen noch deutlicher räumlich darge-

---

12 Richard Heinzmann, Philosophie des Mittelalters (Grundkurs Philosophie 7) Stuttgart u. a. 1992, 67.

13 Ebd. 68.

14 Aurelius Augustinus, Die wahre Religion = De vera religione liber unus, hg. und übers. von Carl Johann Perl. Paderborn 1957. XXXIX 72. Vgl. die ähnliche Aufforderung zum Rückzug in sich selbst bei Plotin in Enneade I 3,99; III, 99 (Plotinus, Opera. Editio minor 1, hg. von Henry Schwyzer. Oxford 1964).

15 Aurelius Augustinus, Alleingespräche = Soliloquorum libri duo, übers. von Carl Johann Perl. Paderborn 1955. I 6,12; Heinzmann, Philosophie des Mittelalters 72.

stellt: Im siebten Buch beschreibt er drei Kammern im Kopf des Menschen: *eine vordere zum Gesicht, von der alle Sinne ausgehen, ein hintere zum Nacken, mit der jede Bewegung im Zusammenhang steht, und eine dritte zwischen den beiden, in der man sich den Sitz des Gedächtnisses denkt, damit der Mensch, da die Bewegung erst auf die Sinnesempfindung folgt, geistig verbinden kann, was er zu tun hat* (II 24).[16]

Diese Aufteilung sei sicher bewiesen durch Fälle, bei denen ein Teil des Gehirns erkrankt sei und aus dem Wegfallen der Funktionen deshalb auf diese rückgeschlossen werden könne. Diese Teile des Gehirns seien die Werkzeuge der Seele, nicht die Seele selbst (II 24). Die zitierte Erläuterung zu dieser anatomischen Verortung betont den motivationalen Aspekt geistiger Tätigkeit.

Eine andere räumliche Vorstellung entwirft Augustinus einige Bücher später, nämlich eine Hierarchie von drei Arten von Visionen: In der ersten sehen wir *alles, was sich unseren Augen zeigt*, in der zweiten befassen *wir uns in Gedanken mit abwesenden körperhaften Dingen. [...] Die dritte Schauweise [...] umfasst jene Dinge, die keine Bilder haben* (XII 15). Zwischen der hierarchisch höchsten, der verstandesmäßigen, dritten Schau und der niedrigsten, der körperlichen Schau vermittelt die zweite, geistige Schau, welche sich mit dem Bereich befasst, der *zwar kein Körper ist, aber einem Körper ähnlich, [der] Mitte also zwischen dem, was wirklich Körper ist, und dem, was weder Körper noch Körperbild ist* (XII 51).

In seinen *Confessiones* entfaltet Augustinus im Laufe der Ausführungen zum Gedächtnis nochmals andere virtuelle Räumlichkeiten des menschlichen Denkens, welche diese für seine Ontologie typische Hierarchisierung weiter ausführen. Im Gedächtnis befinden sich nicht *die Dinge selber, sondern ihre sinnlich empfangenen Bilder liegen dort bereit für den Aufruf des tätigen Geistes, der sich ihrer erinnert* (X 13).[17]

Sie sind gattungsweise und gemäß Augustinus' Ontologie geordnet nach Bildern körperlicher Dinge, etwa der Laute (X 13–15), Bedeutungen, abstrakten Konzepten und Erinnerungen an Gemütsbewegungen (X 16–23) und dem Bild des Geistes selbst (X 24–34). Die Felder und weiten Hallen, der weite Raum und die geheimen, unfassbaren Winkel (X 12f.) des Gedächtnisses verwahren die Sinneseindrücke und Gemütsbewegungen in einer gleichzeitigen Ordnung. Sie treten jedoch jeweils nur nacheinander ins Bewusstsein (X 12). Denken ist kombinierendes Zusammensammeln aus den verschiedenen Kammern (X 18). In all diesen sucht das Ich der *Confessiones* nach Gott, findet es jedoch in keiner dieser Kategorien, obwohl es weiß, dass es sich seiner erinnert (X 36): *Nirgend ist der Ort [...] O Wahrheit, allenthalben ist Dein Stuhl* (X 37).

Augustinus kombiniert nun die zwei letzten räumlichen Vorstellungen, um das Streben nach Gotteserkenntnis darzustellen. Er rekapituliert zuerst die Fähigkeiten des Ge-

16 Aurelius Augustinus, Über den Wortlaut der Genesis = De Genesi ad litteram libri duodecim. Paderborn 1964, 21f.

17 Ich verwende die zweisprachige Ausgabe: Augustinus, Bekenntnisse, aus dem Lat. von Joseph Bernhart. 7. Aufl. Frankfurt am Main-Leipzig 2000.

dächtnisses, das heißt des menschlichen Denk- und Erinnerungsvermögens:[18] *Mein Gedächtnis [...] sind Felder, Höhlen, Buchten ohne Zahl, unzählig angefüllt von unzählbaren Dingen jeder Art, seien es Bilder, wie insgesamt von den Körpern, seien es die Sachen selbst, wie bei den Wissenschaften, seien es irgendwelche Begriffe oder Zeichen, wie bei den Bewegungen des Gemüts, die sich, wenn die Seele auch schon nicht mehr leidet, im Gedächtnis erhalten und also mit diesem in der Seele sind: durch alles dieses laufe (discurro) ich hin und her, fliege (volito) hierhin, dorthin, dringe vor (penetro), soweit ich kann, und nirgend ist Ende* (X 26).

Danach lässt er das Ich, von einer Stimme geleitet, den Weg zu Gott beschreiben: *Hinaus will ich (transibo) selbst über diese meine Kraft, die Gedächtnis heißt, hinaus will ich (transibo) über sie, um an Dich zu reichen, süßes Licht! Was sagst du mir? Indem ich über meine Seele mich zu Dir erhebe (ascendens), der du dauerst (manes) über mir, werde ich auch diese meine Kraft, die Gedächtnis heißt, überklimmen (transibo), willens, Dich zu berühren (attingere), von wo man Dich berühren kann* (X 26).

Räumliche Vorstellungen begegnen bei Augustinus hier also dreifach: In der Tradition medizinisch-anatomischer Beschreibungen werden Kopfregionen zur Verortung verschiedener Funktionen benutzt. Die rhetorische Tradition bildet den Hintergrund für die Darstellung der kategoriellen Ordnung im Gedächtnis als Landschaft beziehungsweise Gebäude. Augustinus' Vorstellung von der Erkenntnis Gottes als Aufstieg und Übersteigen der vorher beschriebenen Räumlichkeiten hat ihrerseits fortgewirkt, zum Beispiel bei den Viktorinern und Bonaventura.

Augustinus beschreibt auch in seinem Dialog *Über die Größe der Seele* einen Anstieg zur vollen Gotteserkenntnis, diesmal in sieben Stufen (*De quantitate animae* 70–76) [19] und betont dabei die Willkürlichkeit solcher Beschreibungsmodelle: *Für die also, die diese Stufen emporsteigen, könnte man im Rahmen einer Lehre etwa das erste Tun ‚Belebung' nennen, das zweite ‚Besinnung', das dritte ‚Befähigung', das vierte ‚Ertüchtigung', das fünfte ‚Beruhigung', das sechste ‚Hinführung' und das siebente ‚Beschauung'. Man könnte sie auch so bezeichnen: Gemäß dem Leib, Durch den Leib, Im Umkreis des Leibes, Zu sich hin, In sich selbst, Hin zu Gott und Bei Gott. Und schließlich so: Schön für ein andres, Schön durch ein andres, Schön um ein andres, Schön zum Schönen hin, Schön im Schönen, Schön zur Schönheit hin, Schön bei der Schönheit. [...] Auf unzählige Art können ja dieselben Dinge benannt und ebenso richtig wie auch genau eingeteilt werden, und so nimmt jeder aus der Fülle der Bezeichnungsweisen eben jene, von der er meint, dass sie sich am passendsten verwenden lässt* (*De quantitate animae* 79).

Indirekt kann daraus geschlossen werden, dass Augustinus die räumliche Darstellung für die passendste hält. Dreifach entfernt sich Augustinus' Wahrnehmungs- und Erkennt-

18 *memoria* kann sich auch auf Gegenwärtiges beziehen und entspricht dem mhd. *gehügede*. Vgl. Augustinus, Bekenntnissse 893, Anm. 21.

19 Aurelius Augustinus, Die Grösse der Seele = De quantitate animae liber unus. Paderborn 1960, 101–108.

nistheorie demnach von der handfesten Welt: Die wahre Welt ist eine geistige, das heißt von Gott vorgestellte.[20] Der Mensch kann die Wahrheit nicht durch sinnliche Wahrnehmung begreifen, sondern nur, indem er sogar noch sein Vorstellungsvermögen übersteigt. Deswegen muss Augustinus, um seine Theorie darstellen zu können, auf räumliche Vorstellungen, virtuelle Räumlichkeit, zurückgreifen, weil er den Weg der Gotteserkenntnis nicht einfach vorführen, sondern nur anhand einer willkürlichen, aber passend gewählten Vorstellung plausibel machen kann.

Ein ‚ascensus'-Modell Richards von St. Viktor

Die augustinische Tradition wird im 12. Jahrhundert aufgegriffen und systematisiert durch die Schule von St. Viktor: Richard von St. Viktor (gest. 1173) gehört zusammen mit seinem Vorläufer Hugo von St. Viktor zu den bedeutendsten Erkenntnistheoretikern des 12. Jahrhunderts. In seiner erkenntnistheoretischen Schrift *Benjamin major. Über die Gnade der Betrachtung* entwirft Richard ein dreistufiges ‚ascensus'-Modell:[21] Er charakterisiert die erste der drei Stufen der Erkenntnis, die *cogitatio*, als umherschweifend *(vagatur)*. Es ist ein Erkenntnisvorgang, der das Gesehene oder Erinnerte nur zufällig berührt und wieder loslässt. Die zweite Erkenntnisart, die *meditatio*, ist auf ein Ziel gerichtet, das sie beharrlich verfolgt und sucht. Die dritte und letzte schliesslich, die *contemplatio*, überblickt gemäß Richard alles souverän und umkreist es mit bewundernswerter Behändigkeit *(mira agilitate)* gleichsam im Flug *(volatu)*.[22]

Die emotionale Seite dieses Aufstiegs besteht in Richards Traktat vor allem aus Mühen und Belohnung. Richard beschreibt die erste Stufe als frei von Anstrengung *(labor)*, aber auch von Ertrag *(fructus)*. Die zweite ist anstrengend, dafür auch ergiebig und die dritte bringt ohne Anstrengung reichen Ertrag (Benjamin Major 66D). Die unablässige Betrachtung der Wahrheit auf dieser letzten Stufe – das wird schon in der Einleitung des *Benjamin major* deutlich – geht einher und ist untrennbar verbunden mit der brennenden Liebe zu Gott.[23] Auf dieser letzten Stufe herrschen Freude *(gaudium)*

20 Das Subjekt dieser Vorstellung ist Gott und nicht etwa der einzelne Mensch.

21 Vgl. dazu und zu weiteren ‚ascensus'-Darstellungen Christel Meier, Malerei des Unsichtbaren. In: Wolfgang Harms (Hg.), Text und Bild. Stuttgart 1988, 35–65, hier 40.

22 Richard von St. Viktor, De gratia contemplationis … dictum Benjamin Major (PL 196) 63A–202B. Dieses Bild des contemplativen Flugs findet sich bei Augustinus nicht. Was Richard von St. Viktor *contemplatio* nennt, heisst auf Griechisch *theoría* und auf Lateinisch auch *contuitus* (Meier, Malerei des Unsichtbaren 41).

23 Richard von St. Viktor, Benjamin Major 65B: *Absque dubio nihil sic cor ab omni mundano amore emundat, nihil sic animum ad coelestium amorem inflammat. Ipsa [gratia contemplationis] utique est quae emundat, ipsa quae sanctificat, ut per assiduam veritatis contemplationem fiat mundus per contemptum mundi, et sanctus per dilectionem Dei. – Ohne Zweifel reinigt nichts das Herz so von aller weltlichen Liebe, entzündet nichts so den Geist zur himmlischen Liebe. Dieselbe [Gnade der Betrachtung] ist es gewiss, die reinigt, dieselbe, die heiligt, damit er durch die eifrige Be-*

und Wohlbefinden *(jucunditas)*.[24] Die drei Erkenntnisstufen gleichen in dieser Darstellung also verschiedenen Fortbewegungsarten, die je mit verschiedenen emotionalen Zuständen verknüpft sind.

Stufen	Bewegung	Emotion
1. *Cogitatio*	*Vagatur* *Das Nachdenken schweift umher.*	keine Anstrengung kein Ertrag
2. *Meditatio*	*ad directionis finem cum magna animi industria nititur* *Die Meditation strebt zum Ziel der Richtung mit großer Willensanstrengung.*	anstrengend ertragreich
3. *Contemplatio*	*libero volatu quocunque eam fert impetus mira agilitate circumfertur* *In freiem Flug umkreist die Schau, wohin sie der Wunsch gerade lenkt, mit erstaunlicher Behändigkeit.*	keine Anstrengung ertragreich

‚Ascensus'-Modell Richards von St. Viktor
(nach Benjamin Major, PL 196, 66D–67C., Übers. UK)

Verfremdendes ‚in medias res' bei Heinrich von Morungen

Im Gedicht *In sô hôher swebender wunne* von Heinrich von Morungen (MF 125,19–126,7) gleichen zahlreiche Elemente der augustinischen Tradition.[25] Gleich in der ersten[26] Strophe erscheinen Elemente der *contemplatio*, wie sie bei den Viktorinern beschrieben werden: Das Schweben, das affektive Element der *wunne*, das Umfliegen beziehungsweise *circumvolare: In sô hôher swebender wunne / sô gestuont min herze ane vröiden nie. / ich var, als ich vliegen kunne, / mit gedanken iemer umbe sie, / Sît daz mich ir trôst enpfie, / der mir durch die sêle mîn / Mitten in daz herze gie.* (MF 125,19–25).[27]

Die drei letzten Verse dieser Strophe blenden zurück zum Zeitpunkt, als das Ich ein Zeichen ihrer Zuwendung erhielt. Ohne einen der äußeren Sinne zu nennen, beschreibt das Ich, dass ihre Zusage oder Ermutigung ihm durch die Seele mitten in das Herz ging.

trachtung der Wahrheit rein wird durch die Verachtung der Welt und heilig durch die Liebe zu Gott. (Übers. UK).

24 Hugo von St. Viktor, De modo dicendi et meditandi (PL 176) 879BC.

25 Ich zitiere aus der Ausgabe: Des Minnesangs Frühling, hg. von Hugo Moser und Helmut Tervooren. 38. Aufl. Stuttgart 1988.

26 Die Strophenfolge ist in den Handschriften B und C identisch. In A ist nur die erste Strophe überliefert.

27 *In so hoher schwebender Wonne stand mein Herz nie in freudiger Stimmung. Ich kreise, wie wenn ich fliegen könnte, in Gedanken immer um sie, seit ich ihre Zusicherung / Vertröstung erhalten habe, die mir durch meine Seele mitten ins Herz ging.* (Übers. UK).

Das entspricht der schon vor der Aristoteles-Rezeption[28] geläufigen Vorstellung des Wahrnehmungsprozesses, wenn hier wie dort auch die Seele für die innere Organisation des Menschen, das Herz für den Sitz des Gedächtnisses steht.[29] Die damit zusammenhängende Vorstellung von Erinnerungsbildern im Herzen ist nicht nur mit den Wahrnehmungstheorien verbunden, sondern findet sich in einer breiten Palette mittelalterlicher Texte.[30]

Mit *gedanken* ist offenbar die Vorstellungskraft benannt. Die zweite Strophe macht durch die Kontrastierung von innerer Freude und äußerer Welt deutlich, dass das Gefühl aus der Erinnerung kommt – nicht aus der unmittelbaren Anschauung – und von da nach aussen projiziert werden soll: *Swaz ich wunneclîchez schouwe, / das spile gegen der wunne, die ich hân. / luft und erde, walt und ouwe / suln die zît der vröide mîn enpfân. / Mir ist komen ein hügender wân / und ein wunneclîcher trôst, / des mîn muot sol hôhe stân* (MF 125, 26–32).[31]

---

28 In der Entstehungszeit der Gedichte Heinrichs von Morungen um 1200 beginnt die Rezeption griechischer und arabischer Philosophie an der Universität von Paris, die durch die lateinischen Übersetzungen aus Toledo, Palermo, Neapel, Rom und Oxford initiiert wird (Heinzmann, Philosophie des Mittelalters 157 ff.). Für die räumliche Darstellung von Gefühlen besonders wichtig sind davon Avicennas Kommentar von Aristoteles' *De anima*. Als solcher wird er sehr bestimmend für die Aristoteles-Rezeption. Er ist jedoch nicht nur Kommentar, sondern geht, gerade was die Darlegung der Sinne betrifft, über Aristoteles hinaus: Ebenso wie Galen verortet er die Wahrnehmungsvermögen anatomisch genau (Verbeke, Science de lâme et perception sensible 6*f.). Auch Aristoteles' *De anima* selbst wird – vermutlich etwas später – ins Lateinische übersetzt (Verbeke, Le „De anima" d'Avicenne 2*). Aristoteles' Theorien werden zuweilen neoplatonisch vereinnahmt, zuweilen als anti-augustinisch und heterodox diskutiert, verurteilt und verboten. 1255 werden jedoch alle bis dahin bekannten Schriften des Aristoteles in das offizielle Lehrprogramm der Artistenfakultät von Paris aufgenommen. Diese zeitliche Koinzidenz legt es nahe, Heinrichs Texte auf die neuen Lehren hin zu überprüfen; dies hat sich allerdings in meiner Untersuchung als wenig ergiebig erwiesen: die augustinische Tradition überwiegt, wie die obige Darstellung zeigt.

29 Aristoteles hält im Gegensatz zu Platon, den Stoikern und Galen das Herz für den Sitz des Gedächtnisses. In der mittelalterlichen Aristoteles-Rezeption setzt sich jedoch das Hirn durch, indem Albertus Magnus in dieser Frage Avicenna und der von diesem bemühten arabischen medizinischen Tradition folgt (Park, Picos „De imaginatione" 26f. und 36f.). Zu der trotzdem von der Antike bis heute durchgängigen Rede vom Herz als Sitz der *memoria* vgl. auch Carruthers, The book of memory 48f.

30 Vgl. Xenja von Ertzdorff, Die Dame im Herzen und das Herz bei der Dame. Zur Verwendung des Begriffs ‚Herz' in der höfischen Liebeslyrik des 11. und 12. Jahrhunderts. In: Zeitschrift für deutsche Philologie 84 (1965) 6–46; mit einem Vergleich zwischen romanischer und deutscher Dichtung Sebastian Neumeister, Das Bild der Geliebten im Herzen. In: Ingrid Kasten (Hg.), Kultureller Austausch und Literaturgeschichte im Mittelalter (Francia. Beiheft 43) Sigmaringen 1998, 315–330; mit Beispielen aus der geistlichen Literatur und der Epik Friedrich Ohly, Cor amantis non angustum. In: ders., Schriften zur mittelalterlichen Bedeutungsforschung. Darmstadt 1977, 128–155.

31 *Was ich auch Lustvolles betrachte, das verlange lebhaft nach der Lust, die ich empfinde. Luft und Erde, Wald und Wiese sollen währenddessen von meiner Freude empfangen. Mir ist ein verlangender Gedanke eine freudige Hoffnung gekommen und eine lustvolle Vertröstung/Zusicherung, weswegen mein Inneres hoch stehen soll.* (Übers. UK).

Die Stichworte *hügender wân* und *hôhe stân* verstärken die Assoziation zu einem kraft des sich übersteigernden Denkens auf der Höhe stehenden Inneren des Ich. Durch die Ambivalenz von *wân* (Gedanke, Schein, Hoffnung) und *trôst* (Zusicherung, Vertröstung) bleibt die ‚contemplatio'-Szenerie, welche die Analogie zur Gotteserkenntnis hervor streicht, jedoch ebenfalls ambivalent: Die geistliche Analogie kann die Gewissheit der Liebe zusätzlich untermauern, oder aber durch den Kontrast zur wahren Erkenntnis die Vergeblichkeit der Hoffnung und die Verblendung eines Verliebten betonen, die nur auf einer Ermunterung oder gar Vertröstung gründet.

Die dritte und vierte Strophe unterstützten die Anklänge an die viktorinische ‚ascensus'-Lehre dadurch, dass sie noch zweimal beschreiben, wie im Wahrnehmungsprozess die erfreulichen Worte in sein Herz gelangten und von da emotionale Folgen in Körper und Geist zeitigten. Von der Szene, die der dritten Erkenntnisstufe des viktorinischen Modells gleicht, führt dies zurück auf die zweite Stufe, auf die meditative Wiederholung in der Ausrichtung auf ein Ziel. Denn zur Meditation – nicht nur im viktorinischen Kontext – gehört auch die Vergegenwärtigung von emotionalen Szenen, wie zum Beispiel der Passion Christi.[32] In der Form einer Rückblende wird in diesen letzten Strophen ausschließlich im Präteritum erzählt, wie ihm die Wonne als Tau aus den Augen drang (MF 125, 38f.), sein Körper vor Freude erschrak und es ihm vor Liebe die Sprache verschlug (MF 126, 5ff.).

Im Gegensatz zu den viktorinischen Traktaten bietet Heinrich von Morungen demnach dem Publikum zuerst als ‚in-medias-res'-Anfang die glückliche Schau, um sie erst danach auf die dahin führende emotional aufgeladene Wiederholung zurückzulenken. Dadurch ist das Gedicht nicht als Meditationsanleitung geeignet, verwendet jedoch die Anklänge an die Meditationstheorie und -praxis, um für das Publikum die Gefühlsbeschreibung so anzureichern, dass die Emotion des Ich durch die Assoziationsleistung der Zuhörenden oder Lesenden zwischen Verblendung und absoluter Gewissheit zu schillern beginnt.

Göttliche Schau in Wort und Bild bei Thomas von Cantimpré

Dass augustinische ‚ascensus'-Vorstellungen im 13. Jahrhundert immer noch sehr weit verbreitet waren, bezeugt die breit überlieferte Enzyklopädie *Liber de natura rerum* von Thomas von Cantimpré.[33] Die kosmografisch geordnete Enzyklopädie, schreitet von der Beschreibung des Menschen über die Tiere und Pflanzen bis zu den Planeten

32 Vgl. zu den Tränen in der meditativen Wiederholung: Niklaus Largier, Die Kunst des Weinens und die Kontrolle der Imagination. In: Ingrid Kasten, Gesa Stedman und Margarete Zimmermann (Hg.), Kulturen der Gefühle in Mittelalter und Früher Neuzeit. Stuttgart-Weimar 2002, 171–186.

33 Ich zitiere aus der Ausgabe: Thomas Cantimpratensis, Liber de natura rerum, hg. von Helmut Boese. Berlin-New York 1973.

fort. Das zweite Buch über die Seele steht zwischen demjenigen über die Anatomie und demjenigen über die Erdrandbewohner.

Für das Buch über die Seele beruft sich Thomas explizit auf Augustinus (II 1,25).[34] Fast der gesamte Text dieses zweiten Buches setzt sich aus wörtlichen Auszügen aus dem pseudo-augustinischen Traktat *De spiritu et anima* zusammen, der eingangs des zweiten Kapitels als Quelle angegeben wird (II 2,1).[35]

Das vierte Kapitel dieses zweiten Buches entwickelt eine viktorinisch anmutende Systematik von vier Affekten und fünf Seelenvermögen: Unter das Begehren oder die Liebe *(concupiscibilitas, amor)* fallen Freude und Hoffnung, unter die Reizbarkeit oder den Hass *(irascibilitas, odium)* Schmerz und Furcht. Über diese vier Stufen bewegt sich der vernünftige Geist *(rationabilitas)* zur christlichen Liebe *(caritas)*. Zur Weisheit *(sapientia)* steigt er über die fünf Seelenvermögen auf, nämlich über den Sinn *(sensus)*, die Vorstellungskraft *(ymaginatio)*, die Vernunft *(ratio)*, den Verstand *(intellectus)* und die Erkenntniskraft *(intelligentia)*. Zusammen bilden sie neun Stufen zur Weisheit, auf denen die Seele *in sich selbst fortschreitend mit Sinnen und Affekten gleichsam innerlich wie auf Füssen [...] geistig wandelt bis zu den Cherubim und Seraphim, das heißt bis zur vollkommenen Gewissheit und dem Reich der Liebe* (II 4,28–40).[36] Es folgen weitere, leicht variierende Darlegungen der Seelenvermögen.

Das achte Kapitel verbindet das Ablaufmodell der Wahrnehmung ganz ähnlich wie Richard mit einer Richtung von unten nach oben, vom Unwissen zur Erkenntnis Gottes und der Wahrheit: *sic fit ascensus ab inferioribus ad superiora* (II 8,34).[37]

Bei einem Vergleich anderer Stellen der Enzyklopädie mit der virtuellen Räumlichkeit der augustinischen Tradition, die im zweiten Buch mustergültig vertreten ist, fallen einige Parallelen auf, die reflexives Potential bergen: Thomas von Cantimpré beschreibt gleich im ersten Satz seiner Enzyklopädie welche Mühen, nämlich 15 Jahre seines Lebens, es ihn gekostet habe, diesen Überblick über die wichtigsten, erinnerungswürdigen Aspekte der Welt zusammenzustellen: Das weit über die ganze Welt verstreute Wissen habe er gesammelt, beurteilt (1. Satz) und (wie das Inhaltsverzeichnis zeigt) geordnet mit dem Ziel vor Augen, den Predigern ein nützliches Überblicksbuch an die Hand zu geben (Ende der Vorrede). Diese Reflexionspassage entspricht in der Mühe und Zielgerichtetheit, die darin zum Ausdruck kommt, der zweiten Stufe der Erkenntnis, der *meditatio*.

34 Augustinus wird als Autor von *De diffinitionibus recte fidei* zitiert. Dieser Traktat, der dem *De dogmatibus ecclesiasticis* (PL 58, 979C) entspricht, ist aber eher von Gennadius von Marseille.

35 Zum Traktat vgl. Leo Norpoth, Der pseudo-augustinische Traktat de spiritu et anima. Köln 1971 und Park, Picos „De imaginatione“ 33ff.

36 *In semet ipsa proficiens anima sensu et affectu quasi interius in quibusdam pedibus [...] ambulat usque ad cherubim et seraphim, id est usque ad plenitudem scientie et regnum caritatis*. Vgl. dazu im *Benjamin minor* Richards von St. Viktor die vier Affekte und die Rolle der Seelenvermögen bei der Klassifikation der sechs Betrachtungsarten (‚Richard de Saint-Victor‘. In: Dictionnaire de Spiritualité 13. Paris 1988, 640–643).

37 *So geschieht der Aufstieg vom Niedereren zum Höheren.* (Übers. UK).

Was im zweiten Buch über die Seele allgemein abgehandelt werden wird, klingt demnach bereits in der Vorrede als Bericht über den Entstehungsprozess des Werkes an.

Innerhalb des zweiten Buches fällt als meditatives Element auf, dass es in wiederholend-variierender Weise den Durchlauf durch die Wahrnehmungsinstanzen mindestens viermal beschreibt, obwohl es ja ein im Ganzen durchaus knapp gehaltener Auszug aus einem längeren Traktat ist.

Am deutlichsten wird der Widerhall von Formen der augustinischen Theorie und der monastischen Praxis des Erinnerns und der Meditation im Konzept der dritten Stufe der Erkenntnis, in der *contemplatio*. Die höchste Erkenntnis, die gemäß dem zweiten Buch der Enzyklopädie erst beim Verlassen des sterblichen Körpers erreicht wird, wird als Zustand der Allwissenheit und grenzenlosen Beweglichkeit mit dem Bild des geistigen und körperlichen Flugs beschrieben: *per mentis illuminationem omnia sciemus, et per corporis incorruptibilis levitatem ubique esse poterimus. Volabimus mente per contemplationem, volabimus corpore per incorruptionem* (II 8,54–56).[38]

Diese Darstellung verwendet die virtuellen Räume und räumlichen Metaphern des Vogelflugs ganz ähnlich wie die Viktoriner. Die höchste Stufe der Erkenntnis wird als Gesellschaft der Cherubim und Seraphim beschrieben, deren Namen auch lateinisch als *plenitudo scientiae* und *regnum caritatis* angeführt werden. Hier klingt die himmlische Hierarchie von Dionysius Areopagita an, der die Cherubim und Seraphim in der höchsten Himmelsregion ansiedelt und ihre Namen auf Griechisch erklärt (CH VII 1).[39]

Handschriften der Wissensliteratur beschreiben diese Übersicht nicht nur im Text, sondern versuchen den Lesenden mittels synoptischer Schaubilder einen Vorgeschmack dieser Erkenntnisstufe zu geben. Wie Mary Carruthers und Christel Meier gezeigt haben, ist die mittelalterliche didaktische Literatur reich an Schemata, die in ihrer geometrischen Durchgestaltung und abstrahierenden Reduktion der Beschreibung des Überblicks auf der dritten Stufe der Erkenntnis nicht unähnlich sind.[40] Eine heute in Würzburg liegende Handschrift des *Liber de natura rerum* zeigt im Kapitel über die Planeten ein solches in neuplatonischer Weise die vollkommene Form des Kreises bevorzugendes Schaubild über die Planetenbahnen (Abb. 1).[41] Hartmut Kugler hat die synoptischen Qualitäten der *mappae mundi* hervorgehoben: Die Ebstorfer Weltkarte bringe in der Überblendung von Jesus-Gestalt und Weltkarte den Zusammenhang von

38 *Durch die Erleuchtung des Geistes werden wir alles wissen, und durch die Leichtigkeit des unvergänglichen Körpers werden wir überall sein können. Durch die Kontemplation werden wir mit dem Geist fliegen, durch die Unvergänglichkeit werden wir mit dem Körper fliegen.* (Übers. UK).

39 Pseudo-Dionysius Areopagita, Himmlische Hierarchie. In: ders., Angebliche Schriften über die beiden Hierarchien, übers. von Josef Stiglmayr. Kempten-München 1911, 1–88.

40 Meier, Malerei des Unsichtbaren passim; Mary J. Carruthers betont in „The craft of thought". Cambridge 2000 und in „The book of memory" nicht so sehr die Analogie zur Gottesschau als vielmehr den kreativen Charakter solcher Darstellungen, die deshalb notwendigerweise nicht allzu konkret sein dürfen.

41 Thomas von Cantimpré, Liber de natura rerum, Farbmikrofiche-Edition der Handschrift Würzburg, Universitätsbibliothek, M. ch. f. 150, hg. von Christian Hünemörder (Codices illuminati medii aevi 55) München 2001, 250r.

Mikro- und Makrokosmos zum Ausdruck.[42] Meines Erachtens bildet sie gerade in diesem Verfahren der Überblendung verschiedener Vorstellungsräume und durch die Konstruktion einer Vogelperspektive diese dritte Stufe der Erkenntnis ab. Es ist der Pergament gewordene Traum vom Überblick über alles Wissen im Großen und im Detail zur selben Zeit. Die Ebstorfer Weltkarte ermöglicht den Betrachtenden den Überblick über die heilsgeschichtlichen Dimensionen vom Paradies im Osten bis zum Ende der Welt im Westen. Die affektive Dimension des Aufstiegs zur Erkenntnis wird hier durch die Christus-Gestalt miteinbezogen. Bei Thomas von Cantimpré heißt es vom aufsteigenden Feuer, das als Freude bringende Nächstenliebe beschrieben wird: *ignis volat nobilis* (XIX 6,72; Hervorhebung UK).

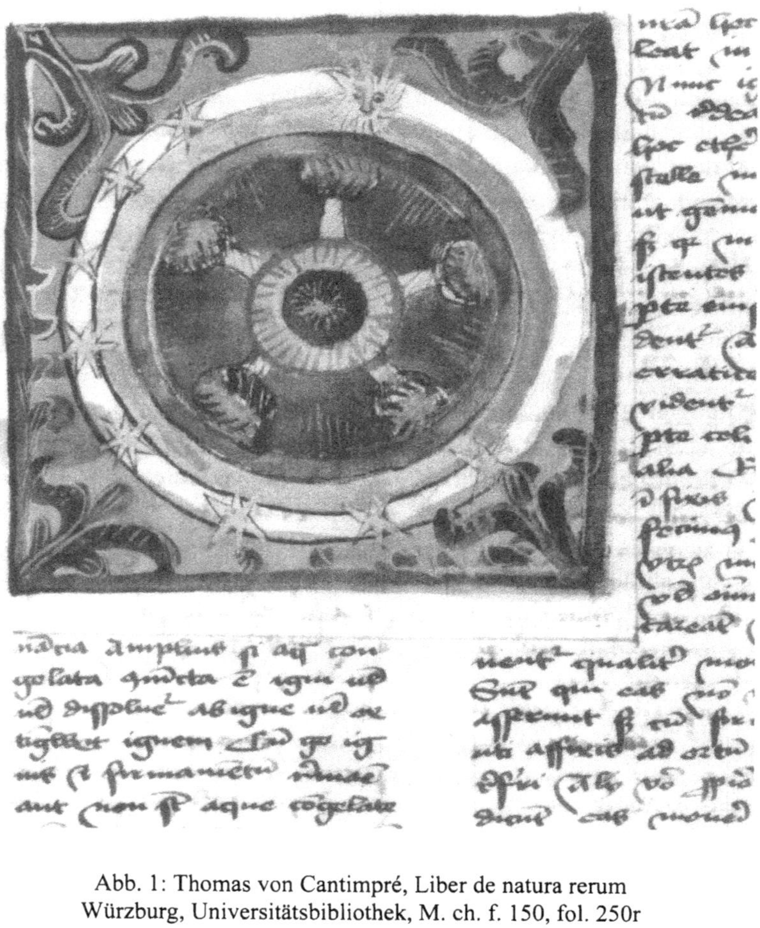

Abb. 1: Thomas von Cantimpré, Liber de natura rerum
Würzburg, Universitätsbibliothek, M. ch. f. 150, fol. 250r

42 Hartmut Kugler, Die Ebstorfer Weltkarte. Ein europäisches Weltbild im deutschen Mittelalter. In: Zeitschrift für deutsches Altertum 116 (1987) 1–29, hier 15.

Selbstkritik der Erzählerfigur bei Hugo von Trimberg

Anhand des Minnegedichts Heinrichs von Morungen wurde gezeigt, dass räumliche Vorstellungen auch Texte verschiedener Sprachen verknüpfen können. Solche räumlichen Darstellungen sind so einfach und allgemein, dass es letztlich nicht möglich ist, genaue Rezeptionszusammenhänge nachzuzeichnen. Genau diese Allgemeinheit jedoch ermöglicht es, dass sie als Scharnier (oder als „blend") nicht nur für verschiedene Konzepte, sondern auch für verschiedene Sprachen dienen können.

Das muss jedoch keineswegs für alle räumlichen Vorstellungen und Begriffe gelten, es ist mit sprachspezifischen Präferenzen zu rechnen. Susanne Köbele hat zum Beispiel bei der Untersuchung der Metaphorik von Meister Eckharts Predigten festgestellt, dass mhd. *grunt* ohne lateinisches Pendant ist, sondern durch seine Mehrdeutigkeit gerade in der Durchkreuzung der lateinischen Kategorien auf die Vereinigung des Menschen mit Gott, auf die *unio* verweist.[43] Köbele hält aber im Unterschied zur älteren Forschung fest, dass diese vereinigende und überkreuzende Verwendung des mhd. *grunt* sehr wohl auf dem Hintergrund der lateinischen gelehrten Tradition geschieht.[44]

Der *Renner* Hugos von Trimberg, eine um 1300 entstandene gereimte enzyklopädische Abhandlung über Tugenden und Laster, schöpft sowohl aus lateinischen als auch aus deutschen Quellen.[45] Als Rezeptionszeugnis verknüpft es augustinische Tradition und deutschen Minnesang: Augustinus wird im *Renner* nach Gregor am häufigsten genannt (vgl. Register im Bd. IV, 253). Nur einmal, und nicht im Zusammenhang mit Wahrnehmung nennt der *Renner* Avicenna (V. 21570–72).[46] Heinrich von Morungen erscheint in einem Katalog tugendhafter Dichter früherer Zeiten (V. 1184).[47] Eine erweiterte Fassung des *Liber de natura rerum* von Thomas von Cantimpré bildete vermutlich die Vorlage für den naturkundlichen Exkurs im *Renner* (V. 19161–20290).[48]

---

43 Susanne Köbele, Bilder der unbegriffenen Wahrheit (Bibliotheca Germanica 30) Tübingen-Basel 1993, 171–181.

44 Ebd. 190.

45 Hugo von Trimberg, Der Renner, hg. von Gustav Ehrismann. 4 Bde. (Bibliothek des litterarischen Vereins in Stuttgart 247, 248, 252, 256) Tübingen 1908–11.

46 *Nu schrîbet uns meister Avicenne, / Daz einer die ûzsaz vorhte sô hart / Daz er vor vorhten ûzsetzic wart.*

47 Die ‚laudatio temporis acti' ist im *Renner* ein durchgehendes Mittel der Lasterkritik.

48 Dazu ausführlich Lutz Rosenplenter, Zitat und Autoritätenberufung im Renner Hugos von Trimberg (Europäische Hochschulschriften 1: Deutsche Sprache und Literatur 457) Frankfurt am Main u. a. 1982, 477–506.

Augustinus ist nicht nur Zitat-Chiffre, sondern wird auch inhaltlich bemüht.[49] Zum einen stellt der Renner die Liebe zu Gott, die affektive Seite der Gotteserkenntnis, immer wieder an vorderste Stelle. Er belegt dies an einer Stelle mit einem eingängigen Augustinus-Zitat aus dessen Predigt über den ersten Johannesbrief[50]: *Swer gewis der êwigen fröude wil sîn, / Der merke waz schreip sant Augustîn: / „Habe gotes liebe in dîner brüste / Und tuo denne allez des dich gelüste!"* (V. 22879–22882)

Zum anderen erweitert der *Renner* die virtuelle Räumlichkeit der Rennstrecke mehrfach um vertikale Bilder verschiedener Herkunft und lässt damit die Vorstellung eines Aufstiegs zu Gott in variierender Weise anklingen: *Der hât aleine rehte armuot, / Dem weder friunde, êre noch guot / Gebent trôst, die wîle er lebet, / Denne daz sîn sêle gein himel strebet* (V. 20899–20902).[51]

Vor der Nacherzählung von Jacobs Traum (Gen 28,10–22) nimmt der Erzähler die Allegorese der Engelsleiter vorweg, indem er sie zuerst isoliert vorstellt: *Nemt einer kurzen leitern war, / Diu hât drî sprüzzel und ouch zwên / Leiterboume, die müezen stên / Gar vaste, sie beginnent anders wenken / Und irn stîger abe swenken, / Der noch ist vor sünden kranc, / Daz er muoz vallen âne sînen danc! / Swer dise leitern stîgen sol, / Der bedarf z dem êrsten wol, / Sol er vallen niht her abe, / Daz er wol gebîhtet habe / Und an die êrsten sprüzzel trete / Mit vasten, an die andern mit gebete, / Mit almuosen an die dritten, / Und daz er stê dâ mitten / Und mit vlîze goume / Daz die leiterboume / Iht von ein ander wîchen:/ Seht, die sül wir gelîchen / Der liebe, der wir schuldic gote / Sîn und ouch nâch sînem gebote / Unserm ebenkristen [...] / Swer betet, vastet, almuosen gît / Und die zwuo liebe hât alle zît, / Der stîget ûf gein himelrîche [...] / Und mac diu genâde ouch im geschehen, / Daz er die leitern beginnet sehen, / Die her Jacob wîlent sach / Slâfende* (V. 20368–20400).[52]

Die biblische Geschichte wird hier überblendet mit der augustinischen Aufstiegslehre, die deshalb ausgezeichnet zum biblischen Kontext passt, weil Jacob eine Vision hat. Honorius Augustodunensis veranschaulicht in seinem Dialog *Scala coeli major seu de ordine cognoscendi Deum in creaturis* die drei augustinischen Visionsarten mit drei

49 Vgl. zum Augustinismus im *Renner*: Heinz Rupp, Zum Renner Hugos von Trimberg. In: Typologia Litterarum (Festschrift für Max Wehrli) Zürich-Freiburg 1969, 233–259, hier 257; Franz Götting, Der Renner Hugos von Trimberg. Münster 1932, 18.

50 Aurelius Augustinus, Tractatus in epistolam Johannis ad Parthos. PL 35, 2033. *Dilige et quod vis, fac [...]* (nachgewiesen von Rupp, Zum Renner Hugos von Trimberg 254).

51 *Nur derjenige lebt in wahrer Armut, dem im Leben weder Freunde, Ansehen noch Reichtum Zuversicht geben können, sondern nur, dass seine Seele Richtung Himmel strebt.* (Übers. UK).

52 *Stellt euch eine kurze Leiter vor. Diese hat drei Sprossen und zwei Wangen. Diese müssen sehr sicher stehen, sonst beginnen sie zu schwanken und schwenken ihren Kletterer, der vor Sünden noch schwach ist, hinunter, so dass er gegen seinen Willen hinunter fallen muss. Wer diese Leiter besteigen will, für den ist es erstens nötig, damit er nicht hinunter fällt, dass er richtig gebeichtet hat und die erste Sprosse mit Fasten betritt, die zweite mit Gebet und mit Almosen die dritte und dass er in der Mitte steht und sorgfältig darauf achtet, dass die Leiterwangen nicht voneinander weichen: Seht, die sollen wir vergleichen mit der Liebe, die wir Gott und nach seinem Gebot auch unserem Nächsten schuldig sind [...] Wer betet, fastet, Almosen gibt und die zwei Lieben immer in sich trägt, der steigt auf Richtung Himmelreich.* (Übers. UK).

Sprossen einer Leiter (PL 172, 1229Bff.). Ebenfalls bei Honorius findet sich auch eine Verwendung der Leiter als Ordnungsschema für Tugenden, eine ethische Konnotation der Leiter also, die ideal zu Hugos Text passt: Im Werk *Scala caeli minor seu de gradibus charitatis* stellen die Sprossen Tugenden dar, welche den Weg zu Gott weisen, die Wangen bilden wie bei Hugo von Trimberg die beiden Liebesgebote: die Gottes- und die Nächstenliebe (PL 172, 1239Aff.).

Die Betonung der räumlichen Vorstellung der Leiter provoziert demnach, noch bevor die biblische Geschichte erzählt wird, Assoziationen zur Erkenntnis- und Morallehre – eine Kombination, welche zwei wichtige Aspekte des *Renner* sehr unterstützt: nicht nur die Lasterkritik, sondern auch die Erkenntniskritik, die in der dargestellten Renn-Bewegung am deutlichsten wird: Der Titel und die gleichnamige Erzählerfigur geben einen gerichteten Raum vor, der durch den Refrain verstärkt wird, der oft ein Kapitel oder einen Exkurs abschließt: *Nu sül wir aber vürbaz rennen / Und unsern herren baz erkennen.*[53] Der Refrain erinnert „an das paulinische *sic currite ut comprehendatis*" (1 Kor 9,24).[54] Bernhard von Clairvaux schließt mit diesem Bibelwort im fünften Buch von *De consideratione ad Eugenium papam*, das im *Renner* mehrfach lobend erwähnt wird, seine Betrachtungen über die vier Dimensionen Gottes ab. Bernhard fordert sein Publikum auf, ein Viergespann zu besteigen, um Länge, Breite, Höhe und Tiefe Gottes nicht nur der Neugierde gehorchend, sondern ganzheitlich erfassend zu erkennen. Diese Darstellung wird bei Bernhard ausgelöst durch die Frage, was Gott sei, und die abschließende Antwort lautet: Gott ist die Länge und die Breite, das heiße, Ewigkeit und Liebe.

Inés de la Cuadra, die diese beiden Parallelstellen gefunden hat, folgert daraus, dass Hugo mit dem Refrain den Anspruch erhebe, sich und die anderen „Menschen durch das Schreiben seines Buches zur Erkenntnis der allumfassenden Gottesliebe zu bewegen".[55] Dies ist sicher nicht falsch, aber die Ironie und das selbstreflexive Moment des Refrains geht in dieser Analyse verloren. Rudolf Kilian Weigand hat eine methodische Reflexion darin entdeckt, dass die oberflächliche Bewegung der „assoziativen Verknüpfung von Themen und Geschichten" entspreche, die im Gegensatz zur „Diskussion und dialektischen Zergliederung" stehe.[56] In Hugos lateinischem Werk *Solsequium*, das die wichtigste Grundlage für den *Renner* darstellt, findet Weigand zusätzliche Reflexionen Hugos, welche das abschweifende Verfahren damit begründen, dass es die kreative Eigenleistung der Lesenden fordert, indem *der kluge Leser* den roten Faden trotz al-

53 V. 4365f., 6725f., 7549f. (nur B), 9430f., 11251f., 11725f., 13217f., 13897f. (nur B), 15301f., nach 15946 (nur m), nach 18000 (nur J), 19159f., 20345f., 21169f., 21819f., 24083f. Als Variante erscheinen einmal: *Nu sül wir aber vürbaz varn / Got müeze uns lîp und sêle bewarn* (V. 13963f.) und *Nu muoz ich aber vürbaz kreizen / Und sagen von grillen und âmeizen* (20039f.). Zu den einzelnen Stellen: Inés de la Cuadra, Der ‚Renner' Hugos von Trimberg. Hildesheim u. a. 1999, 122–137.

54 Ich folge der Darstellung von De la Cuadra, Der ‚Renner' Hugos von Trimberg 122f.

55 Ebd. 124.

56 Rudolf Kilian Weigand, Der ‚Renner' des Hugo von Trimberg (Wissensliteratur im Mittelalter 35) Wiesbaden 2000, 320f.

ler Exkurse und Variationen nicht verlieren, sondern den Stoff *an den Zügeln seines beharrlichen Gedächtnisses und Denkens* mit sich führen sollte, *indem er ihn umkreist, [...] abschweift und zurückkehrt.*[57] Hugo von Trimberg verlangt demnach im *Solsequium* ein aktives und kreatives Publikum.

Diese Reflexion der eigenen Methode gewinnt eine zusätzliche selbstkritische und ironische Note, wenn die virtuelle Räumlichkeit, die Weigand in diesem Zusammenhang bemerkt, aber kommentarlos stehen lässt,[58] konsequent verfolgt wird. Während nämlich Thomas von Cantimpré das Reflexionspotential des viktorinischen Stufenmodells eher dazu nutzt, seine Enzyklopädie als fortgeschrittenes, zielgerichtetes und Früchte tragendes Unternehmen, demnach als *meditatio* zu charakterisieren, setzt der *Renner* mit der Bewegung der Titelfigur gleich mit radikaler Selbstkritik ein. Der Refrain provoziert geradezu Zweifel, ob der Verfasser das Wissen überblickt und adäquat darbietet. Zusätzlich rügt sich die Erzählerfigur, der Renner, vom Ziel abgekommen und sich umherschweifend verrannt zu haben. Am Schluss der *Quarta distinctio von der unkiusche* stellt der Renner das Abschweifen anhand des Vergleichs mit einem durchbrennenden Pferd dar: *Swes von herzen grunde ein man / Begert etswenne, daz fliuhet hin dan / Daz er ez niendert vinden kan, [...] / Manic riter ofte hât gerant / Ûf rossen, diu nâch sîner hant / Niht wolten loufen etswenne: / Daz selbe ich ouch an mir bekenne, / Swenne ich den louf ein teil zetrenne / An mînem getihte und mit im renne, / Swar ez mich hin treit mit gewalt. [...] / Swenne ich ez einhalp hin rihte, / Sô loufet ez anderhalben hin / Ûf ein velt, dâ vor mîn sin / Ân zwîfel nie geneiget wart;* (V. 13900–13929)[59]

Diese Passage gleicht den Beschreibungen der ersten Erkenntnisstufe insofern, als dass der Reiter dem Pferd willenlos ausgeliefert ist und dass eine ziellose Bewegung im Raum beschrieben wird. Diese Bewegung wird auf den Prozess des Schreibens und Lesens übertragen. Der Renner wirft sich vor, dass er immer wieder von der Richtung der Erkenntnis, die er sich den Leser zu führen vorgenommen hat, abkommt und umherschweift. Dies entspricht der ersten Stufe der Erkenntnis, auf der Bilder in der Seele zufällig und ohne vom Willen gelenkt zu sein erscheinen.

Diese reflexive Passage erfüllt dabei einen dreifachen Sinn: Der Renner gesteht ein, dass ihm das konsequente Verfolgen des Erkenntnisziels selbst schwer fällt. Er entschuldigt sich, dass er die Lesenden oder Hörenden im gleichen Zug und performativ

---

57 *Visis diuerticulorum huiusmodi seruitis lector callidus suam materiam circumcircinans non amittat, sed hanc per frenum tenacis [...] memorie egrediens et regrediens secum ducat.* (zitiert nach Weigand, Der ‚Renner' des Hugo von Trimberg 318, Übers. UK). Vgl. Brigitte Weiske, Die ‚Gesta Romanorum' und das ‚Solsequium' Hugos von Trimberg. In: Walter Haug und Burghart Wachinger (Hg.), Exempel und Exempelsammlungen. Tübingen 1991, 173–207, hier 201 und 204–207.

58 Weigand, Der ‚Renner' des Hugo von Trimberg 320.

59 *Was ein Mann auch immer von Herzen begehrt irgendwann, das flieht davon, so dass er es nirgends finden kann [...] Mancher Reiter hat schon oft Pferde geritten, die nicht nach seiner Hand irgendwohin laufen wollten. So geschieht es auch mir, wenn ich den Lauf meines Textes unterbreche und ein Stück mit ihm renne, wohin auch immer es mich zwangsläufig trägt [...] Wenn ich es nach einer Seite lenke, so läuft es auf die andere in ein Feld, wohin vorher meine Absicht ohne Zweifel nicht zielte.* (Übers. UK).

ebenfalls auf diese Abwege führt. Schließlich aber führt gerade die Reflexion wieder auf die Hauptstruktur zurück, macht als solche ‚ex negativo' gerade deutlich, was das erste Ordnungsprinzip des Werkes ist: *Nu sül wir aber vürbaz varn, / Got müeze uns lîp und sêle bewarn!* (V. 13963f). Es folgt die *Distinctio* über die nächsten Laster: *Von zorne und nîde.*

Die Bewegung ist also ungerichtet, umherschweifend; aber es ist zu beachten, dass es hier nicht um den Bericht über ein Sehen und Erfahren der Welt geht, sondern vielmehr um ein Herumirren in den Gedanken und im bereits erinnerten Wissen – genauso wie in der ersten *visio* Augustinus' nicht nur Bilder sichtbarer Dinge, sondern auch Erinnerungsbilder begegnen. In der Passage wird diese Art der horizontalen mentalen Bewegung mit derjenigen der Gelehrten kontrastiert, welche nicht nur *oben hin,* sondern *tiefe,* also dreidimensional zu denken in der Lage seien.[60]

Im *Renner* wird die Suche nach Gott, geleitet durch die Liebe zu Gott, mehrfach nicht nur als horizontale, sondern auch als vertikale Bewegung imaginiert. Möglich, dass sich Hugo, wie im *Solsequium* formuliert, einen beharrlich denkenden und erinnernden, also meditierenden Leser wünscht; die Erzählerfigur, der Renner, stellt sich hingegen als unsteten Denker dar, der höchstens in seiner Weigerung, die ebene Bewegung zu verlassen, in seinem Scheitern an Höhen und Tiefen die Mühen aufzeigt, die eine konsequente Meditation kosten würde.

Vorgestellte Wahrnehmung von Körpern bei Burghart von Hohenfels

Die virtuellen Räumlichkeiten, welche in der mittelalterlichen Wahrnehmungs- und Erkenntnistheorie entworfen und in den Enzyklopädien mit weiteren Vorstellungen verbunden werden, nutzen zwei Minnesänger des beginnenden und ausgehenden 13. Jahrhunderts zur Problematisierung der emotionalen Erfahrung.

Das Tanzlied *Waz hât mich ûf sî gebunden* (KLD XII) Burgharts von Hohenfels widmet sich ähnlich intensiv den inneren Instanzen des Wahrnehmungsvorgangs wie der *Liber de natura rerum.*[61] Waren es dort vier Durchgänge, so werden hier immerhin zwei geschildert. Der erste ist knapper: *Waz hât mich ûf sî gebunden / unde ich ir sô verre bin? / dô si mîn gedanke funden, / sâ zehand bant die mîn sin; / mîn muot mohte ir niht entrinnen, / mîn herzè muos ouch si minnen. / möhte ich fliegen alse ein sneller valke, ich wolt ouch dâ hin.* (Burkhart von Hohenfels KLD XII 1)[62]

60 *Mînes sinnes kraft vert oben hin.* (V. 13946)

61 Ich zitiere aus der Ausgabe: Deutsche Liederdichter des 13. Jahrhunderts 1, hg. von Carl von Kraus, durchges. von Gisela Kornrumpf. 2. Aufl. Tübingen 1978.

62 *Was hat mich an sie gebunden, wo ich ihr doch so fern bin? Als meine Gedanken sie fanden/wahrnahmen, da fesselte diese sofort meinen Sinn; mein Wille konnte ihr nicht entrinnen,*

Auf die Frage nach der Kraft, die das Ich an sie gebunden hat, obwohl es weit von ihr weg ist, erklärt das Ich den Hergang seiner Liebe als Durchgang durch innere Instanzen. Noch deutlicher als bei Heinrich von Morungen wird hier ein Erinnern und kein visueller Wahrnehmungsvorgang beschrieben. Es gipfelt in der Liebe des Herzens und im Wunsch des Ich, nicht nur seine innern Sinne bei ihr zu wissen, sondern selbst wie ein Falke zu ihr zu fliegen.

Wenn auch von Burgharts Gedicht nicht mehr terminologische Eindeutigkeit zu erwarten ist als von den wahrnehmungstheoretischen Traktaten,[63] so ist doch Galens Dreiteilung in Vorstellung, Verstand und Erinnerung erkennbar. Bei einem Vergleich mit der ebenfalls galenisch inspirierten Terminologie-Auswahl in *De spiritu et anima*, lassen sich ungefähr folgende Zuordnungen vornehmen: *gedanke* dienen der Vorstellung abwesender Dinge (*fantasia, imaginatio*). Der *muot* ist entweder mit der abschließend bewertenden Vernunft (*ratio*) oder mit dem die Motorik antreibenden Willen (*ingenium, intentio*) gleichzusetzen.[64] Wie schon bei Heinrich von Morungen läge hier allerdings eine ungalenische Lokalisierung der Erinnerung im Herzen vor.[65] Auffällig ist die Rolle des *sin*. Würde er mit dem *sensus* der augustinischen Tradition zusammenfallen, wäre er für die Wahrnehmung anwesender Körper zuständig, also für einen Fall, der in diesem Gedicht gerade nicht vorliegt. Das Ich fasst demnach selbst den nur vorgestellten Wahrnehmungsprozess in der Terminologie einer tatsächlichen Wahrnehmung und verstärkt damit den leiblich-sinnlichen Charakter des Vorstellungsvorgangs. Die Schnittstelle zwischen *sensus* und *imaginatio*, zwischen der direkten Wahrnehmung räumlicher Objekte und der analogen Vorstellung davon, wird damit zur Grenze zwischen zwei Erzählebenen: Die *gedanke* gehören zu einem Vorstellungsvorgang, innerhalb dessen eine reale Wahrnehmung der Geliebten imaginiert wird. Die nächsten Strophen wiederholen diesen Vorgang leicht variiert, indem sie ihn um das Element des Fesselns oder Einschließens erweitern: *Ich sant ûz dur âventiure / wilde gedanke in diu lant. / dô bekam in diu gehiure. / die tâtens dem sinne erkant. / der lie sî mîn herze schouwen. / dô erkurn siu sî zu frouwen / mit gemeinem muote: minne slôz siu zuo zir sâ zehant. // Möhte sî siu doch entsliezen: / waz ob einez dannen wil / nein, siu 'nmac dâ niht verdriezen, / siu hânt kurzewîle vil, / wan siu wünschent süeziu maere, / daz diu liebe bî mir waere / alde ich bî ir. daz ist in ein wünnebernde fröidenspil.* (KLD XII 2–3)[66]

---

mein Herz musste sie auch lieben. Könnte ich fliegen wie ein behender Falke, wollte ich auch dorthin. (Übers. UK).

63 Vgl. Anm. 8.

64 Vgl. die Auszüge aus dem Traktat in Thomas von Cantimpré, Liber de natura rerum II 8 und 15.

65 Vgl. Anm. 30.

66 *Ich sandte aufs Geratewohl herumschweifende Gedanken in die Länder hinaus. Da begegnete ihnen die Liebliche. Diese [Gedanken] machten es dem Sinn [sensus communis] bekannt. Der ließ sie mein Herz sehen. Da wählten sie [Gedanken, Sinn und Herz] sie [die Liebliche] einstimmig zu ihrer Herrin. Die Liebe fesselte sie [Gedanken, Sinn und Herz] sofort an sich.*
Könnte sie [die Liebe] sie [Gedanken, Sinn und Herz] doch von den Fesseln befreien; vielleicht will ja eines weg. – Nein, sie [die Liebe] erregt keine Langeweile, sie [Gedanken, Sinn und Herz]

Diese dritte Strophe formuliert mit der herbei gezauberten Vereinigung wieder in konkreteren Vorstellungen und leitet damit zur abschließenden vierten Strophe über, die auf das Verhältnis zwischen Geliebter und Ich zurückführt: Das Ich macht sich Sorgen um das Ansehen der (in seinen Gedanken) so freigiebigen Geliebten und beteuert seine Treue zu ihr.[67]

Die Wiederholung, die sich hier in dem mehrmals beschriebenen Durchgang durch die inneren Sinne zeigt, die Vertiefung in mehrere Gedankenebenen, das nicht Davon-Wollen und das beharrliche Festhalten an dieser Liebe entsprechen mustergültig der zweiten Stufe der Erkenntnis, der *meditatio*.

Gleichzeitig wird jedoch auch die Problematik einer solchen Vorstellungsübung aufgezeigt: Die dritte Strophe stellt die Vorstellung auch als sich selbst genügende Unterhaltung dar, bei der die Vorstellung nur deshalb immer wieder ‚erzählt' wird, um genau dasselbe Gefühl wach zu halten. Diese Strophe überblendet die virtuellen Räume der inneren Sinne folgerichtig mit den virtuellen Räumen der höfischen Unterhaltungsspiele und -kämpfe, welche die höfisch-repräsentative Hochgestimmtheit, die *fröide*, immer wieder performativ herstellen.

Sowohl dieses Minnegedicht als auch die augustinischen ‚ascensus'-Vorstellungen akzentuieren den Übergang vom beharrlichen Bemühen zur glücklichen Schau stärker als die vorausgehenden Schritte. Beide Darstellungsweisen sind durch gemeinsame virtuelle Räume verbunden: Die Unerreichbarkeit der Geliebten im Minnegedicht wird in den Vorstellungen beschrieben, die in den augustinischen geistlichen Werken die dritte Stufe der Erkenntnis zu einem Ziel machen, das nur einige wenige erreichen. Das Anschauen der Geliebten und die Vereinigung mit ihr bleiben Wunschdenken, dessen Unmöglichkeit und Intensität jedoch durch eine weitere Überblendung räumlicher Vorstellungen deutlich wird: Die erste Strophe führt die anatomische Wahrnehmungs-Szenerie ähnlich wie der Traktat *De spiritu et anima* auf die viktorinische Vorstellung zu, dass sich Geist wie Körper auf der höchsten Stufe der Erkenntnis schwerelos und schnell bewegen können. Diesen vorgestellten Flug verknüpft sie mit den virtuellen Räumen der höfischen Falkenjagd und damit mit einem äußerst reichen Fundus an Darstellungen des Liebenden als Jäger und der Geliebten als Wild. In der Zusammenschau beider virtueller Räume und der damit verbundenen Bedeutungstraditionen ergibt sich ein Komplex der Extreme: Aus der Falkenjagd leiten sich das Erreichen der Geliebten in ihrem Tod ab, aus der viktorinischen Vorstellung die Vereinigung mit Gott und der mühelose und glückliche Überblick über alles Wissen. Eine Parallelisierung der beiden Vorstellungsrichtungen ist nicht möglich, da Gott nicht sterben kann, und gerade mit

---

haben viel Unterhaltung, denn sie zaubern erfreuliche Nachrichten herbei, dass die Geliebte bei mir sei, wie ich bei ihr. Das ist ein lustvolles Vergnügen. (Übers. UK).

67 *Was will sie [die Geliebte] damit erreichen, dass sie Vergnügen an den verschwendet, der ihr nicht entrinnen kann? Ich fürchte, es steht ihr schlecht an. Ich war frei, nun gehöre ich jemandem. Sie kann mein Weinen gewiss stillen. Was immer sie will, tue ich, außer, dass ich eine andere Herrin nähme.* (Übers. UK).

dieser unauflöslichen Spannung regt das Strophenende möglicherweise die imaginative Kreativität der Zuhörenden an.

Verschiebung auf die personifizierte Liebe beim Wilden Alexander

Der Leich *Mîn trûreclichez klagen* (KLD VII) des Wilden Alexanders[68] betont noch viel stärker die Unmöglichkeit der Liebe, indem er einen mentalen Flug inszeniert. Im Eingang beklagt sich das Ich, dass es noch nicht zur Vereinigung gekommen ist, die hier ebenfalls als Freude bringendes höfisches Kampf- und Unterhaltungsspiel dargestellt wird. Mit Verweis auf die Alten, die von der todbringenden Liebessehnsucht erzählten, erbittet sich das Ich im Stil einer Musenanrufung, dass die Liebe ihm helfe, sie richtig darzustellen. Das Ich ruft das Publikum herbei und verspricht Auskunft über die Eigenschaften und Gaben der als Venus personifizierten Liebe. Das Wappenschild der Liebe zeige ein gekröntes blindes geflügeltes Kind mit einem goldenen Pfeil und einer Fackel in je einer Hand. Diese Attribute Amors werden im Folgenden einzeln erklärt. Die Wahrnehmung, die zur Liebe führt, wird als Handeln Amors geschildert: *sîn strâle vert durch ganze want; / dar nâch sô wirfet er den brant. / sô kumt ein viur und ein gelust / bald in der minne gernde brust.* (KLD VII 87–90)[69]

Auch hier werden zwei räumliche Vorstellungen überblendet: Die Brandschatzung eines Hauses mit dem Durchgang durch die Wahrnehmungsinstanzen, von denen hier zunächst nur die Endpunkte der Bewegung, der äußere Sinn und das Herz, erwähnt werden. Die *intentio,* der *wille* wird etwas später (KLD VII 101) genannt und nochmals anders auf Amor bezogen, indem die gleichzeitige Absicht zweier als Schuss Amors bezeichnet wird. Ein drittes Mal wird das Verlieben beschrieben als Fesselung durch die Minne beim Ansehen. Im dritten Teil der Darstellung des Verliebens, die in der Wiederholung wieder stark an die Meditation erinnert, verdichtet sich die Parallele zur viktorinischen Meditationsstufe durch die Stichwörter Begehren, Feuer und gerichtete Strasse: *Swâ brust kumt zu brüste, / dâ schînt von gelüste, / das viur an der strâze / brennend âne mâze.* (KLD VII 111–114)[70]

Als nächstes wird die Blindheit Amors nicht damit begründet, dass er nicht weiß, wen er trifft, sondern die folgenden Verse führen die ‚ascensus'-Anklänge weiter auf die nächste Stufe, indem sie an viktorinische Denkflüge erinnern, die allerdings nun

68 Hugo Kuhn vermutet die Entstehungszeit der Gedichte im letzten Viertel des 13. Jahrhunderts. Carl von Kraus, Deutsche Liederdichter des 13. Jahrhunderts 2: Kommentar, besorgt von Hugo Kuhn. Tübingen 1978, 2.

69 *Sein Pfeil fährt durch unversehrte Wände; danach wirft er die Fackel. Dadurch entsteht schnell ein Feuer und ein Begehren in der nach Liebe verlangenden Brust.* (Übers. UK).

70 *Wo auch immer Brust auf Brust trifft, scheint vor Begehren das Feuer an der Strasse und brennt ohne Maß.* (Übers. UK).

nicht mehr das Ich oder die zwei Liebenden ausführen, sondern die personifizierte Liebe: *Wünschen und gedenken / ist dîn gevider; / das kanstû gelenken / hôch unde nider. / wer mac dir entwenken? / du vliugest hin, du vliugest wider.* (KLD VII 121–126)[71]

Was hier über die personifizierte Liebe gesagt wird, der Flug mit einem geistigen Gefieder, der sich mühelos auf verschiedenen Ebenen und von einem Ort zum anderen bewegt, entspricht genau den Attributen der dritten Erkenntnisstufe. Die Minneklage des Wilden Alexander findet in diesem Denkflug einen Höhepunkt. Das Ich beschreibt hier die Macht der Liebe in der Form einer räumlichen Vorstellung, welche sie mit Gottes Macht gleichsetzt. In ähnlicher Zuspitzung wie bei Burghard führt die weitere Allegorese des nun rot gefärbten Schildes zur abschließenden warnenden Beschreibung der todbringenden Beziehung zu Frauen und der Krieg bringenden Liebe.

Obwohl Tod und selige Schau Gottes grundsätzlich auch in geistlichen Texten sehr gut miteinander vereinbar sind, werden in diesen beiden Gedichten diese beiden Elemente so in virtuelle Räumlichkeit gesetzt, dass sie einander widerstrebende Assoziationen verursachen. Im Falle Alexanders verhindert die Klage über den drohenden Tod durch Kampf und Krankheit in einer Szenerie des trojanischen Krieges eine solche, dem Tod hoffnungsvoll entgegensehende Harmonisierung.

Schluss

Keine Dichotomien, sondern Denken als Erfahrung; Gefühl als Vorstellungsleistung; Wahrnehmung, Gefühl und Vorstellung als zusammenhängende und miteinander kommunizierende Bereiche schafft die räumliche Darstellung in den hier behandelten mittelalterlichen Minnegedichten und Enzyklopädien. Wahrnehmungs- und erkenntnistheoretische Passagen haben eine selbstreflexive Funktion für das jeweilige Werk: Wenn mittelalterliche Enzyklopädien und Minnegedichte das Zusammenwirken zwischen Wahrnehmung, Erinnerung und Gefühlen beschreiben, reflektieren sie gleichzeitig ihre eigenen Wirkungsmöglichkeiten.

Sowohl in der Enzyklopädie von Thomas von Cantimpré und im *Renner* als auch im zeitgenössischen Minnesang begegnet über Grenzen der Gattung, der Sprache und des sozialen Entstehungsumfelds hinaus ein ähnliches Vorstellungsrepertoire augustinischer Prägung: Vorstellungen von einem emotional geleiteten und belohnten Aufstieg zur Erkenntnis finden sich in allen fünf Beispielen, allerdings mit verschiedenen Akzentuierungen und in unterschiedlicher Kombination mit anderen virtuellen Räumen.

Nicht nur die lyrischen Texte, sondern auch die Enzyklopädie Hugos von Trimberg blenden verschiedene räumliche Vorstellungen dicht übereinander: Falkenflug und Seelenflug, Haus, Landschaft und Körperhöhlen, Stufen und Leitern sind räumliche Vor-

71 *Wünschen und Denken ist dein Gefieder; das kannst du auf und nieder lenken. Wer mag dir entweichen/untreu werden? Du fliegst hin, du fliegst zurück.* (Übers. UK).

stellungen, die wegen ihrer Ähnlichkeit aufeinander verweisen und dadurch den kognitiven und emotionalen Vorgang, den sie darstellen wollen, jeweils gleichzeitig in ein mehrfaches Licht stellen: in geistliche und weltliche Bezugswelten, körperliche und geistige Zusammenhänge. Damit entwerfen diese Vorstellungen auch ein ideales Publikum, das mit solchen Mehrdeutigkeiten kreativ und ohne sich selbst zu gefährden umgehen kann. Am deutlichsten wurde die Konzeption des Publikums bei Hugo von Trimberg.

Eine Gemeinsamkeit zwischen dem *Liber de natura rerum* und den Minnegedichten ergab sich darin, dass die Texte in meditativer Weise den Durchgang durch die virtuellen Räume der menschlichen Wahrnehmungs- und Erkenntnisinstanzen mehrfach wiederholen und damit gleichzeitig das Liebesgefühl immer wieder stimulieren und dessen als anthropologisch vorgestellte Grundlagen reflektieren.

Bei der Beschreibung der einzelnen Stufen der Erkenntnis fiel auf, dass in den volkssprachlichen Texten die Mühen stärker betont werden. Solche Klagen scheinen nicht nur an den Unerreichbarkeits-Topos der höfischen Minne gebunden zu sein. Vielleicht konstituiert sich unter anderem durch diese unterschiedliche Perspektivierung derselben virtuellen Räumlichkeit der Gegensatz zwischen Laien und Geistlichen, identifizieren sich die volkssprachlichen Erzählfiguren gerade über ihre Unerreichbarkeitsklage als Laien.

Nicht nur die Minnegedichte, sondern auch der *Renner* setzen in hohem Maße auf die kreative Suggestion ähnlicher, aber in Details widersprüchlicher räumlicher Vorstellungen. Solche Widersprüche markieren vor allem den Übergang von der zweiten zur dritten Erkenntnisstufe und kennzeichnen dadurch den transzendentalen Sprung zur vollkommenen Liebe und Erkenntnis. Gerade das letzte Beispiel zeigt, dass dieser Beschreibungsart ein Moment der Vergeblichkeit innewohnt. Sowohl Minnesang als auch Enzyklopädik imaginieren die dritte Erkenntnisstufe. Aber die Beispiele aus beiden Gattungen gestehen in der Beschreibung dieser höchsten Gewissheit und Liebe gleichzeitig ein, dass ein Text sie nicht realisieren kann.

Primärliteratur:

Aurelius Augustinus, Alleingespräche = Soliloquorum libri duo, übers. von Carl Johann Perl. Paderborn 1955.
Augustinus, Bekenntnisse, übers. von Joseph Bernhart. 7. Aufl. Frankfurt am Main-Leipzig 2000.
Aurelius Augustinus, Die Grösse der Seele = De quantitate animae liber unus, übers. von Carl Johann Perl. Paderborn 1960.
Aurelius Augustinus, Tractatus in epistolam Johannis ad Parthos (Patrologia Latina 35 2033).
Aurelius Augustinus, Die wahre Religion = De vera religione liber unus, hg. und übers. von Carl Johann Perl. Paderborn 1957.
Aurelius Augustinus, Über den Wortlaut der Genesis = De Genesi ad litteram libri duodecim, übers. von Carl Johann Perl. Paderborn 1964.
Deutsche Liederdichter des 13. Jahrhunderts 1, hg. von Carl von Kraus, durchges. von Gisela Kornrumpf. 2. Aufl. Tübingen 1978.
Pseudo-Dionysius Areopagita, Himmlische Hierarchie. In: ders., Angebliche Schriften über die beiden Hierarchien, übers. von Josef Stiglmayr. Kempten und München 1911, 1–88.
Honorius Augustodunensis, Scala coeli major seu de ordine cognoscendi Deum in creaturis (Patrologia Latina 172 1229Bff.).
Honorius Augustodunensis, Scala caeli minor seu de gradibus charitatis (Patrologia Latina 172 1239Aff.).
Hugo von St. Viktor, De modo dicendi et meditandi (Patrologia Latina 176 879BC).
Hugo von Trimberg, Der Renner, hg. von Gustav Ehrismann. 4 Bde. (Bibliothek des litterarischen Vereins in Stuttgart 247, 248, 252, 256) Tübingen 1908–11.
Des Minnesangs Frühling, hg. von Hugo Moser und Helmut Tervooren. 38. Aufl. Stuttgart 1988.
Plotinus, Opera. Editio minor 1, hg. von Henry Schwyzer. Oxford 1964.
Richard von St. Viktor, De gratia contemplationis ... dictum Benjamin Major (Patrologia Latina 196 63A–202B).
Thomas Cantimpratensis, Liber de natura rerum, hg. von Helmut Boese. Berlin-New York 1973.

Sekundärliteratur:

‚Richard de Saint-Victor'. In: Dictionnaire de Spiritualité 13. Paris 1988, 640–643.
Geoffrey Bowker und Susan Leigh Star, Sorting things out. Cambridge Mass. 1999.
Regula Burri, MRI in der Schweiz. Soziotechnische, institutionelle und medizinische Aspekte der Technikdiffusion eines bildgebenden Verfahrens. In: Preprints zur Kulturgeschichte der Technik 10 (2000) 63–67.
Mary J. Carruthers, The craft of thought. Cambridge 2000.
Mary J. Carruthers, The book of memory. 9. Aufl. Cambridge 2001.
Inés de la Cuadra, Der ‚Renner' Hugos von Trimberg. Hildesheim u. a. 1999.
Antonio R. Damasio, Descartes' Irrtum. Fühlen, Denken und das menschliche Gehirn. 3. Aufl. München-Leipzig 1997 (Engl. Original New York 1994).
Xenja von Ertzdorff, Die Dame im Herzen und das Herz bei der Dame. Zur Verwendung des Begriffs ‚Herz' in der höfischen Liebeslyrik des 11. und 12. Jahrhunderts. In: Zeitschrift für deutsche Philologie 84 (1965) 6–46.
Gilles Fauconnier, Mappings in Thought and Language. Cambridge 1997.
Franz Götting, Der Renner Hugos von Trimberg. Münster 1932.
Richard Heinzmann, Philosophie des Mittelalters (Grundkurs Philosophie 7) Stuttgart u. a. 1992.
Susanne Köbele, Bilder der unbegriffenen Wahrheit (Bibliotheca Germanica 30) Tübingen-Basel 1993.

Hartmut Kugler, Die Ebstorfer Weltkarte. Ein europäisches Weltbild im deutschen Mittelalter. In: Zeitschrift für deutsches Altertum 116 (1987) 1–29.

Deutsche Liederdichter des 13. Jahrhunderts, hg. von Carl von Kraus. Bd. 2: Kommentar, besorgt von Hugo Kuhn. Tübingen 1978.

Niklaus Largier, Die Kunst des Weinens und die Kontrolle der Imagination. In: Ingrid Kasten, Gesa Stedman und Margarete Zimmermann (Hg.), Kulturen der Gefühle in Mittelalter und Früher Neuzeit. Stuttgart-Weimar 2002, 171–186.

Christel Meier, Malerei des Unsichtbaren. In: Wolfgang Harms (Hg.),Text und Bild. Stuttgart 1988, 35–65.

Pierre Michaud-Quantin, Les petites encyclopédies du treizième siècle. In: Maurice de Gandillac u. a. (Hg.), La pensée encyclopédique au moyen âge. Neuchâtel 1966, 105–120.

Leo Norpoth, Der pseudo-augustinische Traktat de spiritu et anima. Köln 1971.

Friedrich Ohly, Cor amantis non angustum. In: ders., Schriften zur mittelalterlichen Bedeutungsforschung. Darmstadt 1977, 128–155.

Sebastian Neumeister, Das Bild der Geliebten im Herzen. In: Ingrid Kasten (Hg.), Kultureller Austausch und Literaturgeschichte im Mittelalter (Beihefte der Francia 43) Sigmaringen 1998, 315–330.

Katharine Park, Picos „De imaginatione" in der Geschichte der Philosophie. In: Giovanni Francesco (Hg.), Pico Della Mirandola, Über die Vorstellung, De imaginatione. München 3. Aufl. 1997, 21–56.

H. L. Pick Jr., Psychology of Mental Maps. In: International Encyclopedia of the Social and Behavioral Sciences 14. Amsterdam 2001, 9681f.

Lutz Rosenplenter, Zitat und Autoritätenberufung im Renner Hugos von Trimberg (Europäische Hochschulschriften 1: Deutsche Sprache und Literatur 457) Frankfurt am Main u. a. 1982.

Heinz Rupp, Zum Renner Hugos von Trimberg. In: Typologia Litterarum (Festschrift für Max Wehrli) Zürich-Freiburg 1969, 233-259.

Mark Turner, The Literary Mind. New York-Oxford 1996.

Gérard Verbeke, Le „De Anima" d'Avicenne. In: Avicenna Latinus: Liber de Anima seu Sextus de Naturalibus, hg. von Simone van Riet. Bd. 2. Louvain 1968, 1*–73*.

Gérard Verbeke, Science de l'âme et perception sensible. In: Avicenna Latinus: Liber de Anima seu Sextus de Naturalibus, hg. von Simone van Riet. Bd. 1. Louvain 1972, 1*–90*.

Rudolf Kilian Weigand, Der ‚Renner' des Hugo von Trimberg (Wissensliteratur im Mittelalter 35) Wiesbaden 2000.

Brigitte Weiske, Die ‚Gesta Romanorum' und das ‚Solsequium' Hugos von Trimberg. In: Walter Haug und Burghart Wachinger (Hg.), Exempel und Exempelsammlungen. Tübingen 1991, 173–207.

Bildnachweis:

Thomas von Cantimpré, Liber de natura rerum, Farbmikrofiche-Edition der Handschrift Würzburg, Universitätsbibliothek, M. ch. f. 150, hg. von Christian Hünemörder (Codices illuminati medii aevi 55) München 2001, 250^{r}.

Götz Pochat

Virtuelle Raumdarstellung und frühmittelalterliche Ikonik

In seinem Buch „Raumphantasien und Raumillusionen“ weist Kurt Badt darauf hin, dass der im Tre- und Quattrocento entwickelte Kastenraum keineswegs ein isotropes Gebilde sei, sondern ein monofokales, der herkömmlichen Wahrnehmung eigentlich fremdes Raumkonstrukt, das von einem auf den Fluchtpunkt hin ausgerichteten Tiefensog durchwaltet ist. Der Raum ‚an sich‘ sei weder denk- noch darstellbar.[1] Dieser Umstand, der sehr wohl den Malern bewusst gewesen sein dürfte, hat bald zu polyfokalen Konstrukten und bei Leonardo zu Überlegungen einer sphärischen Perspektivkonstruktion geführt, die der Beschaffenheit des Auges mehr entspräche.[2] Die Vorreiter der Neuorientierung der Malerei im ausgehenden 13. und zu Beginn des 14. Jahrhunderts (Cimabue, Cavallini, Giotto) haben auf die bewährte Methode zurückgegriffen, die Versatzstücke selbst in ihrer Plastizität und Dinglichkeit in leichter Schräglage auf dem Bild bzw. der Wandfläche abzubilden, ohne das Objekt selbst dabei perspektivisch zu verkürzen. Die räumliche Wirkung geht somit vom Gegenstand selbst in seiner Plastizität aus, sodass die einzelnen Figuren und Versatzstücke im Zusammenwirken allesamt konstitutiv zu einer räumlichen Wirkung ihren Beitrag leisten. Diese Methode ist von John White als die „oblique perspektive“ bezeichnet worden (Abb. 1).[3] Sie konnte ohne Zweifel auf eine lange Tradition zurückblicken – in der pompeijanischen Wandmalerei und den antiken Illustrationszyklen lassen sich ähnliche Phänomene nachweisen, und in der karolingischen und frühmittelalterlichen Buchmalerei hat man auf solcherart strukturierte antike Vorlagen zurückgegriffen.[4] Auch wenn sich die Anwendung der euklidi-

1 Kurt Badt, Raumphantasien und Raumillusionen. Wesen der Plastik. Köln 1963.

2 Eine erste Zusammenfassung der schier unüberblickbaren Literatur der Entwicklung der Perspektive in: Marisa Dalai Emiliani (Hg.), La Prospettiva Rinascimentale. Codificazioni e trasgressioni I. Firenze 1980.

3 John White, The Birth and Rebirth of Pictorial Space. London 1957.

4 Eine neue einschlägige Studie zu dem Transmutationsprozess mittelalterlicher Kopiertätigkeit: Konrad Eberlein, Miniatur und Arbeit. Das Medium Buchmalerei. Frankfurt am Main 1995.

schen Optik und von am Sehkonus orientierten Konstrukten nachweisen ließ (so z. B. bei der ‚satyrische Szene' in der Wandmalerei aus Boscoreale im Metropolitan Museum, New York), war die Darstellung weiter Landschaftsräume eher von der empirischen Seherfahrung und der Wiedergabe von atmosphärischen Phänomenen geleitet, in denen die beschränkte perspektivische Erfassung von einzelnen Objekten ohne übergreifende konstruktive Kohärenz Platz fand.[5] Eine wesentliche Rolle fiel dabei dem projektiven Vermögen des Betrachters zu, der seine räumliche Erfahrung durch das In-Beziehung-Setzen der Figuren und Versatzstücke zum Malgrund bzw. zur angedeuteten Landschaft ins Spiel brachte. Eine Reduktion und Schematisierung atmosphärischer, koloristischer Effekte setzt früh in der Mosaikkunst ein, deren flache gelbe, braune, grüne und blaue Streifen Tiefenräumlichkeit indizieren sollten.[6] Der Goldgrund, in seiner Materialität selbst konstitutive Fläche, in seiner Wirkung eher schwebend und ungreifbar, stellt nicht das Transzendente dar, sondern lässt es materiell und gegenwärtig aufscheinen. Diese Materialästhetik, die ja nachweislich bereits von Plotin angesprochen und in der neuplatonisch geprägten Lichtmetaphysik eines Johannes Damascenus ihren Niederschlag fand – als einschlägiges Beispiel sei auf die Hagia Sophia verwiesen – fand eine Fortsetzung in der Miniaturenmalerei, was zur erheblichen Komplexität der frühmittelalterlichen Ikonik und Raumdarstellung beitrug.[7]

Abb. 1: Giotto, Vertreibung Joachims aus dem Tempel, um 1303–1305
Padua, Arenakapelle

5 Götz Pochat, Figur und Landschaft. Eine historische Interpretation der Landschaftsmalerei von der Antike bis zur Renaissance. Berlin-New York 1973, bes. 40–79.

6 Hans Petter l'Orange und Per Jonas Nordhagen, Mosaics. London 1958 (2. Aufl. London 1966); Miriam Schild-Bunim, Space in Medieval Painting and the Forerunners of Perspective. New York 1940 (2. Aufl. New York 1970).

7 Rosario Assunto, Die Theorie des Schönen im Mittelalter. Köln 1963; Götz Pochat, Geschichte der Ästhetik und Kunsttheorie von der Antike bis ins 19. Jahrhundert. Köln 1986.

Wenn man nun die spätantike Elfenbeinschnitzerei und die Miniaturmalerei der Spätantike und der karolingischen Epoche Revue passieren lässt, kann das Bemühen um räumliche Wirkung und Illusion im narrativen Kontext demnach nicht auf einen einfachen Nenner gebracht werden, noch lässt sich die Entwicklung im Sinne einer fortschreitenden Eroberung der sichtbaren Welt bzw. einer stufenweisen Reduktion derselben im Bild festmachen. Zu unterschiedlich dürften die vorhandenen Vorlagen, zu zufällig ihr Vorhandensein gewesen sein. Auch die spärlichen Aussagen ästhetischer Natur, die ja meist nicht auf einzelne Kunstwerke bezogen, sondern eher genereller Natur waren und auf epistemologische Überlegungen und ihren Wahrheitsgehalt und ihre Zulässigkeit abzielten, lassen nicht unbedingt Schlüsse auf eine kohärente Entwicklung zu. Nur wenn der Blick über längere Zeiträume schweift, kann man von einer grundsätzlichen Veränderung der Mittel und Intentionen sprechen, die zugleich einen Wandel althergebrachter Paradigmen und Zielsetzungen der longue durée als gesichert erscheinen lassen.

Hier werden im Folgenden Beispiele herausgegriffen, die zum einen die Vielfalt und Unterschiedlichkeit der Raumdarstellungen etwa im Zeitraum 400–1100 n. Chr. erkennen lassen, zugleich auch das gleichzeitige Auftreten höchst unterschiedlicher Darstellungsmodi belegen, die sowohl der Intention des Urhebers entsprochen haben mögen, aber ebensogut auf die jeweilige Vorlage zurückzuführen sind, die nachzubilden der Miniator sich bemühte.

Abb. 2: Die vier Evangelisten, Aachener Evangeliar, um 810
Aachen, Domschatz

Illusion mittels Verteilung von Figuren und Versatzstücken auf der Bildfläche, Bodenlinien und das projektiven Vermögens des Betrachters, den farbigen Grund im Sinne einer räumlichen Folie zu sehen, zeichnet die Miniaturen des in Syrien um 550 angefertigten purpurnen Kodex, der sog. ‚Wiener Genesis', aus, bei der ein Rückgriff auf frühere Bildillustrationen vermutet wird.[8] Die unterschiedliche Lage und Wiedergabe des Opferaltars und des Feueraltars im ‚Dankopfer Noahs' machen hier das Bestreben deutlich, einen Effekt der Verräumlichung mittels einer obliquen Darstellung von Versatzstücken zu erzielen.

Ebenso deutlich und noch stärker in der räumlichen Wirkung ist die Landschaft mit den vier Evangelisten im sog. ‚Aachener Evangeliar' (Aachen, Domschatz), um 810 in der Hofschule Karls des Großen entstanden (Abb. 2). Die vier Evangelisten sind an den vier Ecken einer weiträumig erscheinenden, in blau-grün gehaltenen Landschaft, durch markante Bodenwellen strukturiert mit ihren Schreibpulten angesiedelt. Unterhalb der oberen Leiste des fensterhaft anmutenden Rahmens schweift der Blick in die Ferne. Vor dem weißen Himmel zeichnen sich Silhouetten aufragender Bäume ab. Zu dem stupenden illusionistischen Eindruck dieser Miniatur gesellt sich die Ausformung des Rahmens, dessen Plastizität durch die sorgfältige Wiedergabe der gefassten Steine den dinglichen Charakter unterstreicht.

Abb. 3: Auferstehung und Himmelfahrt
Reidersche Tafel, um 400
München, Bayerische Staatsbibliothek

8 Otto Pächt, Ephraimillustration, Haggadeh und Wiener Genesis. In: J. Gutman, No Graven Images. Studies in Art and the Hebrew Bible. New York 1971, 249–290; Götz Pochat, Bild – Zeit, Zeitgestalt und Erzählstruktur in der bildenden Kunst von den Anfängen bis zur frühen Neuzeit. Wien 1996, 155–169.

Dasselbe Bestreben, einen räumlichen Eindruck mittels einer den Figuren hinterlegten Landschaftsdarstellung zu evozieren, lassen sich in den graphisch angelegten Illustrationen des Utrechtpsalters um 830, Reims, oder in der Josua-Rolle aus dem 10. Jahrhundert im Vatikan feststellen;[9] im ersten Falle mittels einer expressiven Strichführung, die Atmosphäre und zugleich Erregtheit suggeriert, im zweiten durch die abgeklärte malerische Ausformung und Staffelung der Hügel und der vielköpfigen Figurengruppen.

Auch in dem noch strenger an die Fläche gebundenen Medium der Elfenbeinschnitzerei werden Wege gesucht, eine räumliche Wirkung zu erzielen, oder wenigstens die Lage der Figuren zueinander in diesem Sinne anzuzeigen. In der noch stark klassisch geprägten Darstellung der ‚Auferstehung' und der ‚Himmelfahrt' auf der sog. ‚Reiderschen Tafel' um 400 n. Chr. (Bayerische Staatsbibliothek, München), befinden sich in der unteren Hälfte der Tafel die weich modellierten Protagonisten vor dem prägnanten Grabgebäude, während in der oberen Hälfte rechts der Auferstandene den steil aufsteigenden Berg, von der Hand Gottes gezogen, erklimmt (Abb. 3). Der illusionistische Eindruck wird demnach im Detail durch die erstaunlich plastische Relieftechnik verstärkt, die Lage der Szenen im Raumkontinuum durch die Übertragung auf das ‚Unten' und ‚Oben' der Platte bewerkstelligt. Die Vorbildwirkung der spätantiken Elfenbeinschnitzereien für die Meister der karolingischen Epoche steht außer Zweifel – hier sei auf die sehr eng mit der Reiderschen Tafel verwandte Tafel in Liverpool, County Museum, hingewiesen. Besonders drastisch ist die Umsetzung des räumlichen Konzepts in ‚unten' und ‚oben' in der bekannten Darstellung mit dem ‚Zelebrieren der Messe' im Liebieghaus in Frankfurt aus spätkarolingischer Zeit. Unten stehen die Kanoniker in Seiten- und Rückenansicht vor dem reich ornamentierten Antependium des Altars. Wir blicken auf die schräg aufgeklappte Mensa, auf der sich die Messbücher, der Teller mit der Hostie und in Seitenansicht der Kelch befinden; dahinter der zelebrierende Priester in Halbfigur und hinter bzw. über ihm Priester und Diakone in einem Halbkreis angeordnet. Den Abschluss bildet der in strenger Seitenansicht wiedergegebene Kirchenbau – die korinthisch anmutenden, tragenden Säulen, das gerade Gebälk sowie die sich darüber emporschwingende Kuppel.

Pächt spricht in seinem Buch „Buchmalerei des Mittelalters" über den „Konflikt Fläche – Raum", wobei hier das Räumliche im oben angeführten Sinne eher als Räumlichkeit evozierende Versatzstücke zu verstehen ist.[10] Landschaften als mehr oder weniger illusionistische Hintergründe wie oben beschrieben, sind eher die Ausnahme. Wenn Unstimmigkeiten zwischen plastisch gestalteten Elementen und in der Fläche repräsentativen oder agierenden Figuren auftreten, dürfte dies zum einen auf heterogene Vorlagen, zum anderen auf mangelndes Interesse des Miniators zurückzuführen sein, der Darstellung den Schein einer kohärenten Räumlichkeit zu verleihen. Gleichberechtigt tritt an die Stelle der Raumillusion erzeugenden Bildelemente die Organisation der

9 Kurt Weitzmann, The Josua-Roll. The Work of the Macedonian Renaissance (Studies in Manuscript Illustration 3) Princeton 1948.

10 Otto Pächt, Buchmalerei des Mittelalters. Eine Einführung. München 1986, 173–202.

Bildfläche nach ornamentalen Prinzipien wie Symmetrie, die in frontaler Fixierung beherrschenden Figuren und die formale und koloristische Entsprechung eines mehr oder weniger autonomen Linienspiels. Wenn man den überdeutlich noch an der Antike orientierten ‚Lebensbrunnen' (Paris, Bibl. Nat. Ms. lat. 8850, fol. 6v) aus St. Médard, Soissons, um 800 hernimmt, ist das Bemühen des Künstlers um Plastizität und räumliche Wirkung offensichtlich (Abb. 4). Das hexagonale Becken wird schräg von oben, das obere Gebälk schräg von unten anvisiert, wobei der vordere Teil einfach in die Fläche nach oben geklappt wurde. Hinter dem Tholos schließt eine konkave Exedra antiker Provenienz den gedachten Hof ab. Die Rasenfläche um den Tholos, auf die die Tiere in Seitenansicht fixiert sind, ist ebenfalls in die Fläche geklappt. Die Lichtperspektive im Himmel ist auf farbige Streifen reduziert, vor denen das bekrönende Kreuz des Tholos in strenger Frontalansicht steht: Das Ringen um Perspektive mag von Unstimmigkeiten beim Kopiertransfer herrühren, zugleich richtet der Kopist aber auch sein Augenmerk auf die symmetrische Organisation der Bildfläche. Der fiktive Zierrahmen mit Muschelpartien, Diamantschnitt und Einkerbungen wiederum ist plastisch gestaltet.

Abb. 4: Lebensbrunnen
Evangeliar St. Médard
Soissons, um 800
Paris, Ms. lat. 8850, fol. 6v

Abb. 5: Der Evangelist Johannes
Evangeliar St. Médard
Soissons, um 800
Paris, Ms. lat. 8850, fol. 180v

Derselbe Zwiespalt durchzieht die großartige Präsentation des Evangelisten Johannes in derselben Handschrift (fol. 180v, Abb. 5). Seine mit orangefarbenem Stoff überzogene und mit Sitzkissen versehene, architektonisch konzipierte Sitzbank ist schräg in einen hexagonalen Palasthof hineingestellt. Mit dem Evangelisten, in leichter Oberansicht wiedergegeben, befindet sie sich in einem räumlichen Spannungsverhältnis zu den in gleich bleibender Untersicht abgebildeten Fassaden. Der obere Teil des Blattes ist seinerseits symmetrisch und flächenhaft angelegt: der reich verzierte, von antikisierenden Säulen und Kapitellen getragene Arkadenbogen, dessen Akroterien die äußere Rahmung überschneiden; der Adler mit Nimbus und Spruchband vor tiefblauem Grund sowie die hexagonale Form, die sich aus den Gesimsen in die Fläche fortentwickelt. Der äußere Rahmen, abgestuft und in leichter Untersicht gesehen, schließt das Blatt seitlich und oben wie ein gestufter Portalrahmen ab. Die Verortung des Evangelisten in einem imaginären Palasthof ist demnach durchaus gegeben. Diesem virtuellen Raum wirken Gestaltungsprinzipien entgegen, die letztlich die plastischen Elemente in die höhere Ordnung der flächenhaften Struktur, die auch farbig bewerkstelligt wird, gewaltsam aufgehen lassen.

Abb. 6: Evangelist Johannes
Krönungsevangeliar, Ende 8. Jh.
Wien, Weltliche Schatzkammer, fol. 178v

Im ‚Capitulare' Karls des Großen wird dem Bild in seiner Bildhaftigkeit eine repräsentative Bedeutung zuerkannt, die allerdings nicht über die Funktion des Verweisenden und Vermittelnden hinausreichen darf.[11] Dementsprechend sind die Miniaturen in den karolingischen Prachthandschriften fast durchwegs mit einem fiktiven Rahmen versehen, der die Virtualität auch räumlich anmutender Darstellungen unterstreicht. So sehen wir z. B. im sog. ‚Wiener Krönungsevangeliar' vom Ende des 8. Jahrhunderts (Wien, Weltliche Schatzkammer) den Evangelisten vor dem raumschaffenden Versatzstück einer Thronhalle in offener Landschaft mit flüchtig gemalten Baumsilhouetten vor weißem Himmel, mit empor gehaltener Feder und aufgestütztem Buch auf seinem Thron sitzend (Abb. 6). Die räumliche Wirkung wird dadurch noch verstärkt, dass der Fußschemel aus dem Bild über die Rahmenleiste in den Realraum dringt und somit gerade die bildräumliche Illusion auch auf den Realraum übergreift. Der Rahmen mit seiner Hohlkehle, mit Akanthus eingelegt und gar beschattet, wird somit von einem Objekt überschnitten, das denselben Realitätsgrad wie dieser beansprucht und den Betrachter staunen lässt. Vielleicht wollte der Miniator durch dieses Irritationsmoment indizieren, dass auch der fiktive Rahmen mit seiner geradezu haptischen Qualität auch nur eine Illusion darstellt, die der Miniator in seiner Darstellung zu evozieren vermochte?

Abb. 7: Evangelist Lukas und Symbolwesen
Codex Millenarius, Salzburg, um 800
Stift Kremsmünster, Cim. I, fol. 174v

11 Pochat, Ästhetik 119f.

Das Phänomen der Interaktion von Bild- und Realraum lässt sich auch anderweitig nachweisen, so etwa in dem sog. ‚Codex Millenarius' aus Salzburg, etwa um die gleiche Zeit entstanden (Stift Kremsmünster, Cim. I). Auf fol. 174v sehen wir den Evangelisten Lukas, von einer Arkade eingerahmt, die der Tradition der Kanontafeln entstammen mag (Abb. 7). Dass der neutrale Grund aber durchaus räumlich gemeint ist, wird aus der runden Lampe (?) ersichtlich, die an dem Arkadenbogen befestigt ist und in bemerkenswerter perspektivischer Verkürzung wiedergegeben wird. Auch in dieser Miniatur dringt der Fußschemel und das Postament des Lesepults bis an die imaginäre Trennwand zwischen Pilaster und Realraum heran. Das aufgeklappte Lesepult überschneidet den rechten Pilaster leicht. In dem Pendant zu dieser Miniatur sehen wir den symbolischen Ochsen in einem imaginären Raum hinter der Arkade, vom rechten Pilaster überschnitten. Über dem Tier hängt ein Ring, abermals perspektivisch wiedergegeben. Die Vision des apokalyptischen Wesens bleibt auf diesen vagen Raum hinter der Arkade beschränkt, im Gegensatz zu dem Evangelistenbild, wo die Grenze zwischen Bild und Betrachterraum durch die Versatzstücke angedeutet wird.

Wenn man von einer Tendenz in der Buchmalerei von der karolingischen zur ottonischen Epoche am Ende des 10. Jahrhunderts spricht, geht es um den grundsätzlichen Wandel der bildkünstlerischen Intention, die zu entsprechenden Form- und Farbveränderungen in der Buchmalerei führte. Nicht zuletzt die räumliche Wirkung wurde dabei einer Umgestaltung unterzogen. Bei Hans Jantzen lesen wir: „Alles Raumhafte und Illusionistische der Erscheinung wird zugunsten von Flächenbeziehungen umgewandelt. Eine neue Loslösung von allem Naturhaften ermöglicht die Veranschaulichung rein ideeller Gebilde".[12]

Abb. 8: Kaiser Otto III. und die Huldigung der Provinzen. Evangeliar Ottos III., Reichenau, um 1000 München, Bayerische Staatsbibliothek, Clm. 4453

12 Hans Jantzen, Ottonische Kunst. Hamburg 1947 (2. Aufl. Hamburg 1959), 95.

Auch wenn plastische Werte (im Sinne einer raumkonstituierenden Wirkung) in der ottonischen Buchmalerei in den einzelnen Elementen wie Figuren, Versatzstücken und Ornamenten durchaus noch zu verzeichnen sind, und man nunmehr von einer Umdeutung antiker und auch karolingischer Vorlagen sprechen darf, ist die Tendenz zu einer Hierarchisierung, Symmetrisierung, Verflechtung, zur Abstraktion und zur Vergeistigung, wenn man so will, nicht von der Hand zu weisen. Der „Darstellungswert" (Jantzen) der Farbe weicht zu Gunsten des ausdrucksstarken selbstreferentiellen „Eigenwertes"; mit dem verstärkt eingesetzten Goldgrund wird die Immanenz des Göttlichen in der Miniatur selbst eingebracht. Eine Unterbindung virtueller Räumlichkeit ist die Folge. Wie alle großen Künstler lässt sich aber der Meister des wohl bedeutendsten Werkes der Epoche, des in Reichenau angefertigten ‚Evangeliar Ottos III.' um 1000 n. Chr. (München, Bayerische Staatsbibliothek, Clm. 4453) nicht auf eine schematische Einsetzung der gestalterischen Mittel festmachen. Dies gilt auch für die Einbringung plastisch-räumlicher Elemente in die beiden monumentalen Introduktionsbilder, die „huldigenden Länder", und Otto III. selbst, als Herrscher thronend, umgeben von seinen Gefolgsleuten und den Mönchen (Abb. 8). Vor transparentem farbigen Grund schwebend, bringen Roma, Germania, Gallia und Sclavinia ihre Gaben dar – kräftig in der Farbgebung, prägnant in der Linienführung. Aber diese Akzente verharren in der ihr eigenen Ausdrucks- und Aussagekraft und teilen sich nicht dem bildräumlich neutralen, eher abstrakt anmutenden Bildgrund mit. Flächenparallel bewegen sich die Figuren nach rechts auf den Herrscher auf der gegenüberstehenden Seite zu. Der Kaiser ist in seinem purpurnen Gewand in der Fülle seiner majestätischen Erscheinung vorgestellt, frontal, hieratisch, mit einer gelassenen Großartigkeit der Haltung: „Farbig herrschen die kühlen Werte, überwiegend Blau und Lila, zusammen mit Grün und Zinnober, alles durchsetzt mit breiten Goldstreifen in Borten, Kronen, Attributen".[13] Plastische Durchbildung von Einzelelementen, und gar beschränkte Perspektivität werden hier, wo notwendig, eingesetzt: Die diagonal verlaufenden Schindeln auf dem Dach des rudimentären Palastes, Kapitelle und Faltenwürfe, der bis an die Vorderseite des begrenzten Bildraumes in ‚umgekehrter Perspektive' vorragende Fußschemel des Thrones. Gestalten, Dinge und Versatzstücke erscheinen, ihrer Körperhaftigkeit und Plastizität zum Trotz, schwebend vor einem transparenten, neutralen Grund, jenseits aller irdischen Bezogenheit.

Die Souveränität des Meisters im kalkulierten Einsatz der bildnerischen Mittel bekundet sich auch in der Gegenüberstellung und im Vergleich der beiden Seiten mit dem ‚hl. Lukas' (Abb. 9) und der ‚Fußwaschung Petri'. Der Evangelist, in Purpur und Hellblau vor einer schlanken grünen Mandorla schwebend, starrt mit entrücktem Blick den Betrachter an und trägt mit dramatisch empor gestreckten Armen den ornamental geschichteten Wolkenkranz, in dessen Mitte der weiße Ochse vor schwarzem und hellblauem Grund körperhaft erscheint. Der ornamentale, außerordentlich komplex und vielfältig geflochtene Arkadenbogen wird von porphyrähnlichen Säulen und grün sprießenden Kapitellen getra-

13 Jantzen, Ottonische Kunst 93.

gen. Zwei Hirschkühe laben sich an den Quellen, die aus den Felsen am Fußende der Mandorla entspringen. Hinterlegt wird die Vision innerhalb der Arkade von einem Goldgrund, göttliche Entrücktheit und Präsenz zugleich anzeigend und jegliche räumliche Verortung und zeitliche Festlegung unterbindend. Der Eigenwert der Farbe wird verstärkt in dem opaquen Auftrag außerhalb der Arkade eingesetzt – ein kräftiges Violett mit blauen Ranken und Vögeln mit weißem und blaugrauem Gefieder.

Abb. 9 und 10: Hl. Lukas – Fußwaschung Petri. Evangeliar Ottos III., Reichenau um 1000
München, Bayerische Staatsbiliothek, Clm. 4453

Demgegenüber spielt die ‚Fußwaschung Petri' im irdischen Bereich, erhält aber zugleich überzeitliche Signifikanz (Abb. 10). In der Mitte stehend der Heiland mit drastischem Gestus Petrus segnend, der sitzend, mit einem Fuß im Becken, ihm beide Arme entgegenstreckt. Gestaffelt hinter ihm steht die dicht gedrängte Gruppe der Jünger; zwei weitere erscheinen rechts, der eine mit einem Wasserbottich stehend, der andere in virtuoser Verkürzung gerade sein aufgestütztes Bein abtrocknend. Der Ausbau des Aktionsraumes dieser durchaus narrativen Szene bleibt auf die vorderste Bildebene beschränkt. Hinterfangen werden die mittleren Figuren von einem Goldgrund, der jedwede räumliche Ausweitung unterbindet und so die geistige Bedeutsamkeit des Geschehens anzeigt. Umso überraschender erscheint darüber die ‚Himmlische Stadt', die wie ein kleines Palastmodell in strenger Frontalansicht, fast zentralperspektivisch angelegt ist. Von den malachitfarbenen Säulen getragen, übernimmt dieses Modell des ‚Himmlischen Jerusalems' die Funktion einer allfälligen Kuppel. Warum wurde gerade der Architekturdarstellung eine so dingliche und auch räumliche Qualität verliehen? Vielleicht wollte der Miniator gerade die Faktizität des eschatologischen Zieles manifestieren, in ähnlicher Weise, wie man später im Universalienstreit den Begriffen selbst eine dingliche Qualität unterschob. Hinterlegt werden nun die Figuren, der indifferente Goldgrund und die Ädikula nebst Architekturmodell von einem transparenten Grund in Hellblau und Rosa, der zweifelsohne einen starken, wenn auch unbestimmten räumlichen Eindruck erweckt. Die irdischen Kategorien von Zeit und Raum werden in der Fußwaschungsszene doch, wenn auch verhalten, angesprochen, im Gegensatz zu der Vision des Evangelisten, wo Narrativität und räumliche Bezüge fast vollständig unterbunden werden.

Fiktive Räumlichkeit in Form illusionistischer Versatzstücke, Plastizität und organischer Durchbildung von Figuren und transparenten Bildhintergründen werden fortan in der ottonischen und salischen Buchmalerei nur soweit ausgebildet, wie die Sichtbarmachung des auf Transparenz ausgerichteten Bildinhaltes es erfordern. Eine Überschreitung dieser Grenzen kam auch jenen Künstlern nicht in den Sinn, die durchaus die Fähigkeit zu einem gesteigerten Illusionismus und einem weiteren Ausbau eines virtuellen Bildraumes gehabt hätten. Auch der Meister des St. Alban Psalters, 1119–1123 (heute in St. Godehard, Hildesheim), dem Pächt eine Monographie gewidmet und als einen der ersten großen Erzähler in der Buchmalerei apostrophiert hat, bleibt in den spannungsgeladenen ganzheitlichen Bildseiten der strengen Organisation der Bildfläche verbunden.[14] Räumlichkeit wird nur partiell, durch Überschneidungen und gelegentliche Schattierungen einzelner Bildelemente suggeriert.

Abb. 11: Teppichseite. Book of Chad, 1. H. 8. Jh.
Lichfield, Cathedral Treasury, fol. 218

14 Otto Pächt, The Rise of Pictorial Narrative in Twelfth-Century England. Oxford 1962.

Die Fähigkeit und das Bestreben des mittelalterlichen Künstlers, ob in der Miniatur, der Schnitzerei oder der Plastik, dem einzelnen Gegenstand oder dem Ornament einen fiktiven dinglich-haptischen Charakter zu verleihen, war von Anfang an gegeben. Wenn wir den Begriff der virtuellen Räumlichkeit in diesem engeren Sinne verwenden, stellt sich die Frage neu.[15] Bereits in den obigen Ausführungen wurde wiederholt auf den illusionistischen Charakter der Bildrahmen verwiesen. Zu den berühmtesten Werken der insularen Buchmalerei zählen das ‚Book of Lindisfarne' um 720 (British Museum), das ‚Book of Kells' im ausgehenden 7. Jahrhundert (Dublin, Trinity, College Library, Ms 58) oder das ‚Book of St. Chad' aus den ersten Jahrzehnten danach (Lichfield, Cathedral Treasury, p. 220) (Abb. 11). Von der keltischen Flechtbandornamentik und der aus dem Kunsthandwerk erwachsenden Tradition abgeleitet, tun sich überbordende Bildseiten mit Schlingbandwerk und Verflechtungen in einer schier unentwirrbaren Fülle auf, die bei einer näheren Analyse doch einem strengen Ordnungssystem und Prinzipien wie Rapport und Symmetrie unterliegen. Raumtiefe kommt nur so weit zum Tragen, wie sie von der Bandschlinge und der Verflechtung selbst realisiert wird, ähnlich wie es in der Stickerei und der Reliefkunst, ob in Holz, Stein oder Metall, der Fall ist. Vor dunklem oder farbigem Grund heben sich die großen Schlingen und gelegentlich zoomorphen Formen ab, selbst von einem feinen Gespinst hauchdünner Ranken und Fäden umspielt. Die Bereitschaft des Betrachters, Figur und Grund, das Darüber und Darunter optisch nachzuvollziehen und als verschlungenes und verschlingendes haptisches Spiel zu begreifen, macht gerade den ästhetischen Reiz dieser ornamentalen Blätter aus, die auf analogem Weg eine höhere Ordnung hinter dem scheinbaren Chaos der Welt sichtbar werden lassen. Handfester, aber im Prinzip ebenfalls auf die Dinglichkeit des Gegenstandes ausgerichtet, sind die eher in antiker Tradition stehenden Bilderrahmen mit ihren ornamentalen Motiven aus karolingischer und ottonischer Zeit. Gerade der illusionistische Charakter der Rahmen lässt die Bildhaftigkeit der von ihnen eingefassten Miniaturen, ob räumlich, flächenhaft oder abstrakt angelegt, im Gegensatz zur Materialität des sie umgebenden Pergamentblattes in Erscheinung treten.

Auf eine weitere Variante plastischer Raumwirkung, die bis in die Antike zurückreicht, sei abschließend hingewiesen. In der antiken Ornamentik, sei es am Bauwerk oder in der Mosaikkunst, gehören der Mäander und das Schachbrettmuster mit optischen Vexiereffekten zur gängigen Ausstattung. Wir finden den Mäander und die Vexiermuster erneut in der Wandmalerei der karolingischen und frühromanischen Zeit (Abb. 12). Um eine ‚echte' Perspektive im neuzeitlichen Sinne handelt es sich nicht, denn die rechteckig reduzierten, einfachen oder gar doppelt verschränkten fortlaufenden Bänder werden nur von einer Seite aus belichtet und säumen so die Ränder der von ihnen eingefassten Wandflächen. Müstair und Lorsch um 800, St. Georgen in Oberzell Ende des 10. Jahrhunderts oder die Fresken in Lambach 100 Jahre später – alle stehen

15 Auf diese Qualität der Zierseiten und Initialen ist bereits Hans Jantzen eingegangen (Ottonische Kunst 98–103); Pächt widmet ihnen gar den größten Teil seiner Ausführungen (Buchmalerei des Mittelalters 45–129).

sie in der Tradition dieser fiktionalen Wanddekoration, die eine begrenzte virtuelle Räumlichkeit ins Spiel bringt.

Um 808 n. Chr. wurde die Abteikirche von S. Vincenzo Maggiore in Volherns errichtet. John Mitchell hat hier sogar auf die Installierung antiker Spolien in Form eines perspektivischen Kubenfrieses hingewiesen.[16] ‚Opus sectile' aus römisch-republikanischer Zeit oder später dürfte u. a. als Vorlagen für die Kosmatfußböden des 12. und 13. Jahrhunderts gedient haben. Die illusionistische Wandmalerei ornamentalen Typs mit begrenzt räumlicher Wirkung taucht auch allenthalben in der italienischen Wandmalerei des 13. Jahrhunderts auf.[17] Wir finden sie in der angeführten Form noch bei Cimabue, Cavallini und Giotto – auf der Schwelle zu einer neuen Zeit, in der der virtuelle Raum im Bild auf das Narrative, auf Vergegenwärtigung und Vereinnahmung des Betrachters ausgerichtet und systematisch ausgebaut wird.

Abb. 12: Heilung der Blutflüssigen – Auferweckung der Tochter Jairis, Ende 10. Jh.
St. Georg, Oberzell

16 John Mitchell, The Uses of spolia in Longobard Italy. In: Joachim Poeschke (Hg.), Antike Spolien in der Architektur des Mittelalters und der Renaissance. München 1996, 103 f.

17 Eine frühe, aber sehr eingehende Untersuchung der fiktiven Rahmen bei Giotto und seinen Nachfolgern: Christian Isermeyer, Rahmengliederung und Bildfolge in der Wandmalerei bei Giotto und den Florentiner Malern des 14. Jahrhunderts. Würzburg 1937.

Katja Kwastek

Raum im Bild – Traum im Raum. Gemalte Räume und gemalte Träume in der italienischen Malerei des Tre- und Quattrocento

1. Der virtuelle Raum

Fragt die Kunstgeschichte nach dem Raum – und der Raum ist eine der zentralen Kategorien der kunsthistorischen Analyse –, so bezieht sie sich meist auf den konkreten, materiell oder zumindest atmosphärisch gedachten, visuell wahrnehmbaren Umraum, wenn nicht sogar auf den urbanen oder architektonischen Raum, der entweder – durch Bauten, Festinszenierungen oder Installationen – gestaltet, oder aber im Bild dargestellt wird.

Was versteht die Kunstgeschichte aber unter dem virtuellen Raum, der in dem dieser Publikation vorangehenden Kolloquium im Mittelpunkt des Interesses stand? Folgt man gängigen Definitionen, so sind es vor allem zwei Bedeutungen, die mit dem Begriff virtuell verbunden werden. Er bezeichnet etwas, das entweder „entsprechend seiner Anlage als Möglichkeit vorhanden (Beispiel: ein virtueller Gegensatz der Interessen)", oder „nicht in Wirklichkeit vorhanden, aber echt erscheinend"[1] ist, also einerseits eine Möglichkeit, andererseits eine Illusion.

1.1. Nicht in Wirklichkeit vorhanden, aber echt erscheinend

Entsprechend des oben dargelegten Interesses der Kunstgeschichte am Raum wird vor allem letztere Definition in der kunsthistorischen Vorstellung vom virtuellen Raum wirksam. Nach dieser Definition kann im weitesten Sinne jeder gemalte, gezeichnete oder im Relief wiedergegebene Raum als ein virtueller bezeichnet werden, zumal auch die Frage nach der Echtheit der Erscheinung eine der Auslegung ist. Mit zunehmender

1 Siehe z. B. Duden, Das große Wörterbuch der deutschen Sprache 10. Mannheim u. a. 1999, 4331.

Verbreitung der Computertechnologie wird diese Definition des Virtuellen als Schein der Wirklichkeit jedoch vor allem hinsichtlich der täuschend echten Simulation angewandt, im Sinne der sogenannten ‚Virtual Reality'. Daher wird der Terminus der virtuellen Raums in der Kunstgeschichte häufig zur Charakterisierung solcher Werke verwendet, die besonders illusionistisch agieren und den Betrachter durch perspektivische Täuschung oder neue Technologien optisch oder physisch direkt in diesen Raum einbeziehen. Diese Einbeziehung des Betrachters in das Kunstwerk wird als Immersion bezeichnet, wobei nicht nur Formen der zeitgenössischen Medienkunst, sondern auch das raumgreifende Figurenprogramm der antiken Mysterienvilla oder die barocke Deckenmalerei unter dem Aspekt des immersiven, virtuellen Raumes behandelt werden[2] – ein gutes Beispiel dafür, wie neue Medien auch unseren Blick auf die alten Medien zwangsläufig verändern.

1.2. Entsprechend seiner Anlage als Möglichkeit vorhanden

Man findet in der kunsthistorischen Forschung aber auch Ansätze, die den Raum im Sinne der erstgenannten Definition des Virtuellen untersuchen, also als „entsprechend seiner Anlage als Möglichkeit Vorhandenes". Den virtuellen Raum könnte man demnach als Konstitution von Beziehungen betrachten, die im realen Raum ermöglicht werden, ohne durch diesen determiniert zu sein. Diese eher konstitutiven Fähigkeiten des Raumes, die, wie sich auch auf der diesem Kolloquiumsband zugrunde liegenden Tagung zeigte, vor allem in den Literaturwissenschaften einen wichtigen Aspekt der Analyse von Raumbeschreibungen bilden und auch in neueren soziologischen Ansätzen betont werden,[3] sind für die Kunstgeschichte aufgrund ihres tendenziell ephemeren, wandelbaren Charakters erst relativ spät fokussiert worden. Hilfreich war auch hier wiederum die Mediengeschichte, da durch Begriffe wie ‚Cyberspace' oder ‚Netzraum' der virtuelle Raum als Möglichkeit der Beziehungskonstitution plötzlich in aller Munde war und auch zeitgenössische Künstler sich verstärkt mit der Konstitution, Gestaltung und Visualisierung von Netzwerken, die den realen Raum durch neue Raumvorstellungen überlagern, befassen. Ob nun ebenfalls durch die Mediengeschichte inspiriert oder unabhängiges Parallelphänomen, eine verstärkte Beschäftigung der Kunstgeschichte mit einem durch Handlungen und gesellschaftliche Setzungen bestimmten Raumbegriff, beginnend mit rezeptionsästhetischen Forschungen über die kunsthistorischen Projekte des Berliner Sonderforschungsbereichs zu „Kulturen des Performativen"[4], bis hin zu

2 Oliver Grau, Virtuelle Kunst in Geschichte und Gegenwart. Visuelle Strategien. Berlin 2001, 138–187.

3 Vgl. Martina Löw, Raumsoziologie. Frankfurt am Main 2001.

4 Beschreibung der Ziele und Projekte des Sonderforschungsbereiches unter http://www.sfb-performativ.de (23.09.2003).

Studien zum ‚bewegten Betrachter' im Barock[5] oder zum Zusammenhang von Liturgie und Kirchenraum, lässt sich in den letzten Jahren allenthalben beobachten.

2. Der virtuelle Raum in der Malerei der italienischen Frührenaissance

Ich möchte im Folgenden am Beispiel der Raumdarstellung der italienischen Frührenaissance zeigen, wie die oben erläuterten Aspekte des virtuellen Raums sich am konkreten Objekt verschränken – am Bild, das gleichzeitig materiellen Raum darstellt und sich in diesem befindet, gleichzeitig Handlungsbezüge visualisiert und in solche einbezogen ist und zwischen verschiedensten inner- und außerbildlichen Realitätsebenen vermittelt.

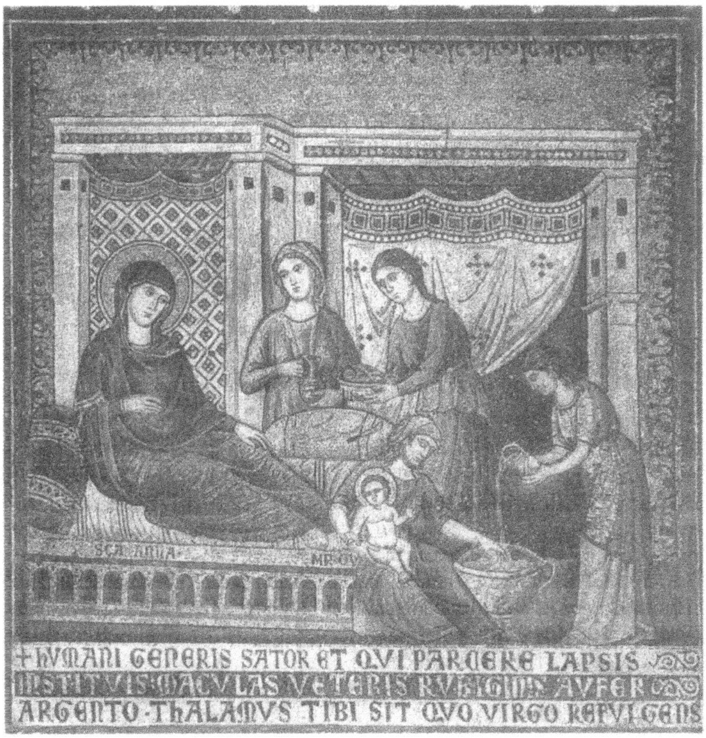

Abb. 1: Pietro Cavallini, Mariengeburt, um 1290. Rom, Santa Marie in Trastevere (nach: Guglielemo Matthiae, Pietro Cavallini. Rom 1972, tav. V)

5 Felix Burda-Stengel, Andrea Pozzo und die Videokunst. Neue Überlegungen zum barocken Illusionismus. Berlin 2001; David Ganz, Barocke Bilderbauten. Erzählung, Illusion und Institution in römischen Kirchen 1580–1700. Petersberg 2003.

Es geht dabei um die bildliche Darstellung des realen (optisch wahrnehmbaren) Raumes, die räumlich organisierte Narration im Bild, die innerbildliche Verschränkung von Realitätsebenen sowie die Verschränkung von dargestelltem und realem (begehbarem) Raum.[6]

2.1. Die bildliche Darstellung des Realraumes

Die Analyse der verschiedenen künstlerischen Strategien der Raumdarstellung ist für die kunsthistorische Forschung insofern elementar, als sie sowohl formal-bildkompositorische als auch thematisch-narrative Darstellungskonventionen offen legt. Ohne der umfangreichen Forschung zu diesem Thema hier auch nur ansatzweise gerecht werden zu können, sei doch zumindest auf Erwin Panofsky verwiesen, der in seinem grundlegenden Aufsatz „Perspektive als symbolische Form“ die perspektivische Darstellung als Gradmesser veränderter Weltwahrnehmung untersucht und eine Entwicklung vom antiken Aggregatraum zum neuzeitlichen Systemraum nachzeichnet.[7] Im Rahmen dieser Entwicklung markieren die Jahrzehnte um die Wende zum 14. Jahrhundert eine tief greifende Revolution der Wahrnehmungs- und damit Darstellungskonventionen von Raum und Räumlichkeit.[8] Dies sei anhand der Gegenüberstellung zweier, etwa 150 Jahre auseinander liegender Architekturdarstellungen erläutert: Noch gegen Ende des 13. Jahrhunderts, z. B. in den Mosaiken Pietro Cavallinis, diente Architektur im Bild hauptsächlich als zeichenhafter Hinweis auf die Lokalisierung der Szene, sowie zur zweidimensionalen Gliederung der Bildfläche. So sieht man Pietro Cavallinis ‚Mariengeburt‘ (Abb. 1) in erster Linie v o r der angedeuteten Architektur stattfinden – diese dient lediglich dazu, die Geburt als in einem Gebäude stattfindend zu bezeichnen, ohne die Handlung tatsächlich räumlich beherbergen zu wollen. Gleichzeitig übernimmt sie eine wichtige Rolle in der kompositionellen Akzentuierung des Geschehens, indem beispielsweise Anna durch ein eigenes Architektursegment gerahmt wird. Es geht um Ikonographie und Komposition der Bildfläche, aber nicht um Raumgestaltung.

Im 14. und 15. Jahrhundert begann man, zur Gliederung der dargestellten Szene zunehmend die Bildtiefe zu nutzen, wobei die Bildarchitektur eine wichtige Rolle spielte.

---

6 Viele der hier vorgestellten Analysen und Ergebnisse basieren auf meiner ausführlichen Untersuchung: Camera. Gemalter und realer Raum der italienischen Frührenaissance. Weimar 2001, auf die hiermit vorab auch für Einzelergebnisse verwiesen sei.

7 Erwin Panofsky, Perspektive als symbolische Form (1927). In: Hariolf Oberer und Egon Verheyen (Hg.), Aufsätze zu Grundfragen der Kunstwissenschaft. Berlin 1985.

8 Siehe z. B. Luciano Bellosi, Die Darstellung des Raums. In: Italienische Kunst. Eine neue Sicht auf ihre Geschichte 2. München 1991, 197–243; 199: „Zwischen den letzten Jahrzehnten des Duecento und den ersten des Trecento stellt die Zunahme der räumlichen Darstellung in illusionistischem Sinn nur den aufsehenerregendsten Aspekt einer entscheidenden Veränderung dar, die die gesamte Geschichte der europäischen Malerei betrifft. Sie bedeutet, dass die Welt der optischen Wahrnehmung eine solche Bedeutung erlangt hat, dass sich dem Künstler die Aufgabe stellt, wie er sie illusionistisch darstellen kann.“

Hierauf wird im Zusammenhang mit der Analyse der narrativen Strategien im Folgenden näher einzugehen seien, hinsichtlich der ästhetisch-kompositionell genutzten Tiefenräumlichkeit sei Cavallinis Fresko zunächst eine Darstellung des 15. Jahrhunderts gegenübergestellt, die bereits einen entwickelten Einsatz des Bildraumes zur tiefenräumlichen Komposition verkörpert: Die Architektur in Pietro di Giovanni d'Ambrogios ‚Geburt des heiligen Nikolaus' (Abb. 2) bringt das Bildpersonal bereits in einen (durch Fußboden und Wandbehandlung) vereinheitlichten und doch (durch Säulen und Gewölbejoche) strukturierten Raum. Die räumliche Bildkomposition geht hier sogar so weit, dass viele Bildfiguren für den Betrachter von Säulen verdeckt werden und selbst die Szene der Handwaschung der Wöchnerin von einer Säule überschnitten wird.[9]

Abb. 2: Pietro di Giovanni d'Ambrogio, Geburt des heiligen Nikolaus, 1430/50. Basel, Kunstmuseum (nach: Ausst. Kat. Painting in Renaissance Siena. New York 1988, 96)

9 Die verschiedenen Schritte der Eroberung der Bildtiefe waren selbstverständlich differenzierter und können im Rahmen dieser Untersuchung nur schlaglichtartig beleuchtet werden, zumal die Entwicklung zwar tendenziell chronologisch, jedoch keineswegs gradlinig verlief. Während bei Pietro di Giovanni d'Ambrogio die räumliche Wirkung über die zweidimensionale überwiegt und die Bildarchitektur die Handlung fast zu zerschneiden scheint, gibt es andere Darstellungen, die, obwohl die Szene eindeutig in und nicht wie noch bei Cavallini vor dem Raum lokalisiert ist, die Bildflächen gliedernde Wirkung in den Vordergrund stellen, z. B. Bartolo di Fredis Mariengeburt (1360/90, San Gimignano, San Agostino, Cappella di San Guglielmo).

2.2. Bildräumlich organisierte Narration

Neben der räumlich oder ästhetisch überzeugenden, formalen Komposition kann die Raumdarstellung vor allem der narrativen Strukturierung der Szene dienen, die innerhalb eines dargestellten Raumes sowie durch die vielfältigen Zusammenhänge von Innen- und Außenraum bzw. von einzelnen Raumkompartimenten hergestellt wird.

Zur Erläuterung möchte ich einige Beispiele aus San Francesco in Assisi heranziehen. In der als Doppelkirche angelegten Mutterkirche des Franziskanerordens findet man zahlreiche Fresken und Freskenzyklen aus der Zeit von etwa 1260–1350, die das größte Malereikonvolut aus der Frühzeit der nachantiken Raumdarstellung verkörpern. Die hier herangezogenen Szenen stammen zum Großteil aus dem berühmten Zyklus zum Leben des Heiligen Franziskus in der Oberkirche, der in großen Teilen Giotto zugeschrieben wird und um 1300 entstand.[10]

Abb. 3: Giotto, Vision des Feuerwagens, um 1295/1300. Assisi, San Francesco, Oberkirche (nach: Joachim Poeschke, Die Kirche San Francesco in Assisi und ihre Wandmalereien. München 1985, Abb. 158)

10 Francesca Flores d'Arcais, Giotto. Mailand 1995; Bruno Zanardi, Il cantiere di Giotto. Le storie di San Francesco ad Assisi. Mailand 1996.

Das Spektrum der Architekturdarstellungen in Assisi reicht von Landschaftsdarstellungen mit Architekturen, in deren Innern nur eine Nebenszene zu sehen ist, bis zu fast die ganze Bildfläche ausfüllenden schaukastenartigen Räumen, in denen die gesamte Handlung stattfindet. So nimmt beispielsweise in der Szene der ‚Vision des Feuerwagens' (Abb. 3) das Gebäude noch nicht einmal die Hälfte des Bildfeldes ein, während die ‚Heilung des Verwundeten von Lerida' (Abb. 4) in einem Bau lokalisiert ist, der fast das ganze Bildfeld ausfüllt und lediglich einen schmalen Streifen Umraum bzw. Himmel freigibt. In einigen wenigen Bildfeldern wird sogar bereits völlig auf die Darstellung von Außenraum verzichtet bzw. nur ein Raumausschnitt gezeigt, wie in der Szene der ‚Krippe von Greccio' (Abb. 5). Derartige Darstellungen werden auch als „interior by implication" – implizites Interieur – bezeichnet, da nur der Fußboden und die Rückwand, in diesem Fall eine Art Lettner, die räumliche Situation markieren.[11] Die nicht sichtbaren Raumteile müssen zusammen mit evtl. anschließenden Räumen vom Betrachter ergänzt werden. Dieser ‚implizite Raum' befindet sich im Off des Bildes, eine weitere, kunsthistorisch relevante Form des virtuellen Raumes, die hier aber nicht Thema sein soll.

Abb. 4: Maestro del Crocifisso di Montefalco (?), Heilung des Verwundeten von Lerida, um 1290/1300. Assisi, San Francesco, Oberkirche
(nach: Poeschke, Die Kirche San Francesco, Abb. 192)

11 Dieser Begriff wurde von Erwin Panofsky in Bezug auf die altniederländische Malerei geprägt, Erwin Panofsky, Early netherlandish painting. Its origins and character. Cambridge 1953, 37 und passim.

Die bild- und handlungsstrukturierenden Potentiale der dargestellten Architektur beschränken sich aber nicht auf die einfache Einbeziehung oder Ausgrenzung des Außenraums oder weiterer Räume, sondern erstrecken sich auch auf die Verbindung der verschiedenen Raumformen, die Gestaltung der Raumöffnungen. Wolfgang Kemp hat die Unterscheidung zwischen Schauöffnung und Handlungsöffnung eingeführt,[12] wobei sich das ‚Schauen' auf den Betrachter, das ‚Handeln' auf das Bildpersonal bezieht. Dies sei wiederum anhand einer Gegenüberstellung erläutert. Die vordere Öffnung des Gebäudes, in dem die ‚Heilung des Verwundeten von Lerida' (Abb. 4) dargestellt ist, ist natürlich nicht als reale Öffnung des Schlafgemachs in den umgebenden Außenraum zu denken, auch wenn der um den Pfeiler gebundene Bettvorhang den realistischen Eindruck der Öffnung noch verstärkt. Vielmehr handelt es sich um eine lediglich für unseren Einblick weggelassene Wand, wenn nicht gar um einen Schnitt quer durch das eigentlich tiefer zu denkende Zimmer, in jedem Fall um eine nur dem Betrachter geschuldete Schauöffnung.

Abb. 5: Giotto, Krippe von Greccio, um 1290/1300
Assisi, San Francesco, Oberkirche
(nach: Poeschke, Die Kirche San Francesco, Abb. 166)

12 Der Begriff der Schauöffnung schon 1955 bei Rohlfs von Wittich, von Kemp 1996 durch den Begriff der Handlungsöffnung ergänzt: Anna Rohlfs von Wittich, Das Innenraumbild als Kriterium für die Bildwelt. In: Zeitschrift für Kunstgeschichte 18 (1955) 109–135, 110 und 117; Wolfgang Kemp, Die Räume der Maler. München 1996, 29.

Anders steht es mit der ‚Erweckung des Jünglings von Sessa' (Abb. 6) in der Unterkirche. Man sieht auf dieser Darstellung, wie ein verstorbener Jüngling, auf den vor dem Haus bereits die Trauergemeinde mit der Bahre wartete, durch den heiligen Franziskus zum Leben erweckt wird und munter die Treppe hinunter stolziert. Die Tür, durch die er dem diesseitigen Leben wieder zugeführt wird, ist eine klassische Handlungsöffnung: Sie dient nicht dem Einblick des Betrachters, sondern der Strukturierung der Handlung dieser Simultandarstellung. Die loggienartige Öffnung hingegen, durch die man die Erweckungsszene wahrnimmt, könnte man als getarnte Schauöffnung bezeichnen. Zwar ist auch hier der Schlafraum, der normalerweise zu den privatesten Räumen eines Hauses zählt, nur für den Einblick des Betrachters geöffnet worden, durch die Gestaltung der Öffnung in Form der damals verbreiteten Bauform der Loggia wirkt diese aber weniger befremdlich.

Abb. 6: Die Erweckung des Jünglings von Sessa, um 1320. Assisi, San Francesco, Unterkirche (nach: Poeschke, Die Kirche San Francesco, Abb. 239)

In den folgenden Jahrzehnten werden die erzählerischen Möglichkeiten der Raumkomposition und -addition noch um zahlreiche Varianten bereichert und ausgebaut, und zwar vor allem in der Sienesischen Malerei, während die Florentiner Maler ihr Hauptaugenmerk auf die Gestaltung und Ausstattung eines solitären Raumes, auf seine Integration in die Bildfläche, auch durch die Wahl verschiedener Blickpunkte, legen. Noch im gesamten 14. Jahrhundert bleiben die Räume jedoch bühnenartige Schauräume. Erst im 15. Jahrhundert entstehen dann, beeinflusst auch durch norditalienische Entwicklungen, weiträumige und dennoch schlüssige Gebäudekomplexe mit innenraumspezifischer Lichtregie: Nachdem Brunelleschi die Regeln zentralperspektivischer Konstruktion bewiesen hat, löst sich die Raumauffassung – beginnend mit Masaccios ‚Trinità' – auch in der Toskana zunehmend von den Vorbildern Giottos. Einerseits werden – wie bei Fra Angelico oder später Domenico Ghirlandaio – solide Konstruktionen mit überzeugender Beleuchtung und baulicher Einbindung gestaltet, Ausstattung und Bauformen der gemalten Räume variiert und perfektioniert. Andererseits jedoch beginnen die Bildhauer und Maler, allen voran Donatello und Filippo Lippi, schon bald damit, die neuen Erkenntnisse zu einer freien Interpretation räumlicher Verhältnisse zu verwenden. Ohne an dieser Stelle die Entwicklung der Raumdarstellung in der Frührenaissance, die Charakteristika einzelner Schulen und Regionen, Bildträger und Bildfunktionen ausführlich aufrollen zu können,[13] soll hier stellvertretend für die letztgenannte Richtung ein Werk Filippo Lippis näher betrachtet werden, der um 1465/70 entstandene so genannte ‚Tondo Pitti' (Abb. 7). Architektonisch kann man auf diesem Rundbild, das im Vordergrund die erwachsene Madonna, im Hintergrund ihre Geburt durch Anna wiedergibt, drei hintereinander liegende Innenräume unterscheiden. Den Kernraum bildet das Zimmer der Wöchnerin, an das sich nach hinten wie nach vorne, nur durch einen Sturz getrennt, je ein weiterer Raum anschließt. Der hintere Raum ist wie der Kernraum in fahles Licht getaucht, der vordere wird nach vorne hin heller. Seine Kassettendecke wird vom Bildrahmen überschnitten. Die linke Seitenwand ist nicht zu sehen, die rechte mündet in eine große, portalartige Öffnung. Diese wird ebenfalls vom Bildrahmen überschnitten. Rechts der drei hintereinander liegenden Räume und auf einer höheren Ebene zeigt der Maler die ‚Begegnung von Joachim und Anna an der Goldenen Pforte', die als schlichter Hauseingang konzipiert ist. Darunter bzw. davor, durch einige Stufen und einen undefinierten dunklen Leerraum getrennt, schreiten im Bereich des genannten Portals die Besucherinnen der Wöchnerin. Auf diese, durch einen gemusterten Fußboden gekennzeichnete Ebene, ragt auch das Bett Annas hinaus, das sich so aus dem Kernraum löst. Vor der komplexen Szenerie thront die Madonna mit dem Kind, die als große Halbfigur keiner der Realitätsebenen wirklich zuzuordnen ist.

Der Tondo ist ein gutes Beispiel dafür wie die (zentral-)perspektivische Sicherheit des Künstlers ein homogenes, auf den ersten Blick völlig schlüssiges Raumgefüge entstehen lässt, das jedoch auf den zweiten Blick künstliche Brüche und kompositorische Dissonanzen offenbart. Der Betrachter ist zunächst eingenommen von der tiefenräumlich überzeugenden und komplexen Komposition, die sogar ihn selbst in das Bild hineinzuziehen scheint: Das starke Vorwärtsdrängen der Architektur, die an den Bildgrenzen umso abrupter endet, legt eine Fortführung im Off des Bildes – in diesem Fall

13 Siehe hierzu Kwastek, Camera, dort auch weiterführende Literatur.

dem Betrachterraum – mehr als nahe, zumal die Madonna annähernd lebensgroß dargestellt wird. Erst auf den zweiten Blick wird deutlich, dass die vorgestellte Welt eine extrem fragmentarische und brüchige ist, deren räumliche Konstruktion wenig Zugeständnisse an reale Architektur oder auch nur an statische Gesetze zu machen scheint. Daher bietet es sich an, Erklärungen auf semantischer Ebene zu suchen. So könnte die Verschiebung der räumlichen Ebenen von Joachim und Anna, Geburt Mariens und Madonna mit Kind auf den zeitlichen Abstand der Szenen verweisen, könnte der dunkle, leere Raum, der das Gebäude nach hinten abschließt, bereits die Schmerzen Mariens andeuten. Andere Elemente, wie die dunkle Fläche am rechten Bildrand, hinter den Besucherinnen, bleiben jedoch rätselhaft.

Abb. 7: Fra Filippo (di Tommaso) Lippi, Mariengeburt (Tondo Pitti), um 1465/70. Florenz, Palazzo Pitti (Galleria Palatina) (nach: Jeffrey Ruda, Fra Filippo Lippi. London 1993, pl. 135)

Festzuhalten ist, dass eine Analyse der Raumdarstellung sich in Anbetracht solcher Werke zwangsläufig von einer Definition des Raumes als illusionistische Darstellung optisch wahrnehmbaren Realraumes entfernen muss. Der dargestellte Raum ignoriert in Bildern wie diesen sowohl die Einheitlichkeit der Zeit als auch des Ortes: In einem gleichzeitig wahrnehmbaren, auf den ersten Blick homogenen Raumgefüge werden verschiedene nacheinander und an unterschiedlichen Orten stattfindende Ereignisse visualisiert. Räumliche Verschränkungen und Brüche entsprechen nicht praktischen oder statischen Erfordernissen gebauter Architektur, sondern bieten verschiedene inhaltliche Interpretationsebenen. Gleichzeitig führt die Gestaltung der Schauöffnung zu einer Einbeziehung des Betrachters und damit einer Verschränkung von gemaltem und realem Raum. Bevor diese Beziehung näher analysiert wird, soll eine weitere Frage hinsichtlich der bildimmanenten Narration angesprochen werden: Was passiert, wenn innerhalb des Bildes nicht nur eine einfache Handlung strukturiert werden soll, sondern diese verschiedene – innerbildliche – Realitätsebenen einbezieht? Sobald Visionen, Erscheinungen oder Träume dargestellt werden sollen, wird bereits auf inhaltlicher Ebene Realität mit Virtualität, in diesem Fall die laut Legende real geschehene Handlung mit Träumen und Visionen, von denen berichtet wird, verschränkt.

Abb. 8: Giotto, Der hl. Franziskus erscheint dem Bruder Augustinus und dem Bischof von Assisi, um 1290/1300. Assisi, San Francesco, Oberkirche (nach: Poeschke, Die Kirche San Francesco, Abb. 192)

2.3. Die innerbildliche Verschränkung von Realitätsebenen: der Traum im Raum

Eine Darstellung einer Erscheinung wurde bereits erwähnt, die ‚Erweckung des Jünglings von Sessa' (Abb. 6). Laut Legende war Franziskus zu diesem Zeitpunkt bereits verstorben, erschien dem Jüngling also als Heiliger. Ein einfaches Bildzeichen verdeutlicht diese Tatsache: Der heilige Franziskus schwebt auf den Jüngling zu, sein Körper ist von den Gesetzen der Schwerkraft unabhängig. Viele Darstellungen gehen sogar noch weiter und verzichten auf die Darstellung des Unterleibs, kennzeichnen die Erscheinung durch einen Wolkenkranz oder ein verschwommenes, vernebeltes Auslaufen des Körpers. Hier sind derartige Lösungen umgangen worden, indem die Füße des Heiligen von der Bildarchitektur überlappt werden.

Für die Charakterisierung einer einzelnen erscheinenden Person gab es also ein festes, allgemein verständliches Bildzeichen – was aber, wenn Träume dargestellt werden sollten, d. h. ganze Episoden, die der Schlafende erträumt?

Sixten Ringbom unterscheidet vier Möglichkeiten der Traumdarstellung:[14] zunächst die Aufteilung von Träumer und Traum auf zwei angrenzende Bildfelder in einem Zyklus („contiguity"), als zweite Möglichkeit die (ununterschiedene) Zusammenstellung von Subjekt und Traum in einem Bildfeld („juxtaposition"), wobei Details oder Attribute, Größenunterschiede oder Gesten den Trauminhalt als solchen kennzeichnen können, ohne dass eine eindeutige Trennung der Realitätsebenen vorgenommen wird. Wird diese Unterscheidung hingegen durch Linien, Wolkenbänder oder ähnliches auf den ersten Blick deutlich, ist die dritte Möglichkeit der Traumdarstellung gegeben („differentiation"). Als vierte Möglichkeit nennt Ringbom noch das „Anhängen eines untergeordneten Motivs" in der Art eines Bildes im Bild, das ebenfalls eine andere Realitätsebene kennzeichnet. Häufig werden solche Anhängungen durch eine Darstellung des Traums im Fenster oder als Erscheinung im Altarbild gestaltet.

Ein Beispiel für erstere Lösung, die Aufteilung von Traum und Träumer auf zwei Bildfelder, ist die ‚Erscheinung des Franziskus vor Bruder Augustinus und dem Bischof von Assisi' aus Giottos Franziskuszyklus (Abb. 8). Der Legende nach lag, als Franziskus in Assisi starb, Bruder Augustinus ebenfalls im Sterben, jedoch weit entfernt, in Campanien. Obwohl er des Sprechens nicht mehr mächtig war, richtete er sich auf, als er im Traum Franziskus gen Himmel auffahren sah und rief: „Warte auf mich, Vater, denn ich gehe mit Dir!" Zur selben Zeit erschien Franziskus auch dem Bischof von Assisi, der gerade in Süditalien weilte.

14 Sixten Ringbom, Some pictorial conventions for the recounting of thoughts and experiences in late medieval art. In: Medieval Iconography and Narrative. Odense 1980, 38–69.

Die Szene, die Augustinus und den Bischof von Assisi zeigt, belegt in Assisi das Bildfeld neben dem Tod und der Himmelfahrt des Heiligen – Träumende und Traum/Vision sind also in zwei nebeneinander liegenden Bildfeldern zu sehen. Dennoch bildet diese Darstellung schon insofern eine Ausnahme, als der Tod des heiligen Franziskus auch als reale Begebenheit zentraler Bestandteil des Zyklus sein musste. Dass er für Augustinus eine Vision darstellte, lag lediglich in dessen geographischer Distanz zum Sterbeort begründet. Eine Aufteilung der Szenen auf zwei Bildfelder bot sich aus diesem Grunde an. Prinzipiell muss man aber feststellen, dass diese Darstellungsweise in der Monumentalmalerei nicht üblich war – normalerweise sind Träumer und Trauminhalt in einem Bildfeld vereint, wobei es zahlreiche subtile Nuancen der Charakterisierung der verschiedenen ‚levels of reality' gibt.

Hier soll es nun vor allem darum gehen, inwieweit räumliche Differenzierungen zur Unterscheidung der Realitätsebenen dienen können, denn mit der zunehmenden Bedeutung einer realitätsnahen, dreidimensionalen Raumdarstellung wurden die Möglichkeiten der bildlichen Charakterisierung verschiedener Realitätssphären immer mehr zum Problem. Wie sollte man ein räumlich kontingentes Bildfeld darstellen, in dem dennoch Träumer und Traum vereint sind? Am Beispiel von Darstellungen des Traums Innozenz III. soll im Folgenden ein kurzer Einblick in die Strategien der Traumdarstellung der italienischen Frührenaissance versucht werden.

Abb. 9: Franziskusmeister, Traum Innozenz III., um 1250.
Assisi, San Francesco, Oberkirche
(nach: Frank Martin, Die Glasmalereien von San Francesco in Assisi. Entstehung und Entwicklung einer Gattung in Italien. Regensburg 1997)

Der Legende nach sah Innozenz III. im Traum, wie ein einfacher Mann die vom Einsturz bedrohte Laterankirche rettete, indem er sie mit der Schulter stützte. Innozenz erkannte in dem Mann Franziskus. Frühere Darstellungen, die den Raum noch weniger mimetisch behandelten, kennen das Problem der räumlich überzeugenden Verknüpfung verschiedener Realitätssphären kaum, wie ein Blick auf ein Glasfenster in Assisi zeigt, das aus der Mitte des 13. Jahrhunderts stammt (Abb. 9):

Hier ist der schlafende Papst diagonal vor die Laterankirche positioniert, die durch Franziskus gestützt wird. Ein räumlicher Zusammenhang besteht nicht, eher deutet die diagonale Position und die weisende Hand des Papstes auf seine inhaltliche Distanz zur übrigen Szene hin. Schon Ringbom weist darauf hin, dass der mittelalterliche Betrachter geradezu darauf konditioniert war, schlafende Personen im Bild als Hinweis auf eine Traumszene zu deuten.[15] Allerdings gibt es auch im Mittelalter zahlreiche Möglichkeiten, die Unterscheidung der Realitätssphären wenn auch nicht tiefenräumlich, so doch ikonographisch und auch formal zu betonen. Neben der Erweiterung der Szene um Traumboten – Engel oder Heilige, die zwischen Träumer und Traum vermitteln – kann der Träumende selbst formal als solcher gekennzeichnet sein: Steffen Bogen macht in seiner ausführlichen Untersuchung zu diesem Thema den literaturwissenschaftlichen Terminus des ‚Embedding' für die Bildanalyse fruchtbar: in vielen mittelalterlichen Traumdarstellungen wird nicht der Traum als jenseitige Sphäre vom übrigen Bild abgetrennt, sondern der Träumer in einer Art gestalteten Hülle oder blasenartigen Umrahmung in die Traumdarstellung „eingebettet".[16]

Solche – aus mimetischer Sicht recht abstrakten – Rahmungen im Bild wurden schwierig, als man mit Beginn des 14. Jahrhunderts einen kontingenten, tiefenräumlich überzeugenden Bildraum zu schaffen bestrebt war: In der im Vergleich zum Glasfenster nur etwa fünfzig Jahre jüngeren ‚Darstellung des Traums Innozenz III.' durch Giotto in Assisi (Abb. 10) sind Traum und Träumer in einem homogenen Raum mit durchgehender Bodenstruktur und allumfangendem Himmelszelt angeordnet. Der Papst liegt in einer prunkvollen Baldachinarchitektur auf einem Bett, das durch einen prächtigen Vorhang nobilitiert wird. Die gerade noch vor dem Einsturz bewahrte Kirche ist in der linken Bildhälfte zu sehen. Die detaillierte Darstellung des Schlafgemachs, die mehr als die Hälfte der Bildfläche einnimmt, macht es zunächst schwierig, den Papst wie im vorherigen Bild lediglich als eine Art Erzähler oder ‚Traumcontainer' zu deuten, zumal hinsichtlich der räumlichen Plausibilität keinerlei Differenzierung zwischen seinem Schlafgemach und der Traumszene gemacht wird. Daher ist zu fragen, inwieweit die Tatsache, dass der Träumende im Innenraum, der Traum aber im Außenraum zu sehen

---

15 Ringbom, Pictorial conventions 45.

16 Steffen Bogen, Träumen und Erzählen. Selbstreflexion in der Bildkunst vor 1300. München 2001, 75, sieht diese Umkehrung der Gewichtung inhaltlich begründet, da es nicht um den subjektiven Bericht eines Träumers von seinem Traum geht, wie ihn Ringbom in Analogie zur indirekten Rede konstruiert, sondern um eine unanfechtbare göttliche Botschaft: „Nicht der Träumer erzählt vom Traumboten, sondern der Traumbote ‚bespricht' im göttlichen Auftrag den Träumer".

ist, als Differenzierung im Sinne des ‚Embedding' verstanden werden kann, ob die mittelalterliche Rahmung oder Blase im Zuge der zunehmenden Räumlichkeit der Bilder zum Innenraum ausgestaltet wurde. Zwei Beobachtungen können zur Bestätigung dieser Vermutung herangezogen werden: Zunächst ist trotz der zunächst homogen erscheinenden räumlichen Gesamtkomposition die Traumszene so nah und doch räumlich unbestimmt an den Papstpalast herangerückt, dass man meinen könnte, gerade hiermit sei die Unmöglichkeit des realen Nebeneinanders beider Gebäude bereits betont. Zudem umschließt das Schlafgemach des Papstes – als Teil der Bildfläche betrachtet – den Träumenden so eng, dass dieser wie zwischen die seitlichen Pfeiler eingespannt erscheint. Dieser enge Einschluss ist bei Traumszenen des Öfteren zu beobachten, während bei anderen Innenraumszenen der Raum, der dem Schlafenden zur Verfügung steht, oft großzügiger bemessen ist.

Abb. 10: Giotto, Traum Innozenz III., um 1290/1300.
Assisi, San Francesco, Oberkirche
(nach: Poeschke, Die Kirche San Francesco, Abb. 151)

Es erscheint also plausibel, in der Innozenz-Szene des Franziskuszyklus zumindest den Nachklang von mittelalterlichen Traditionen der Traumkennzeichnung zu vermuten. Dazu kommen jedoch neue Erzählstrategien, die erst durch die tiefenräumliche

Gestaltung des Geschehens möglich werden. Hier ist zunächst die Einbeziehung der Handlungsöffnung in die Erzählstruktur zu nennen. Dadurch, dass das Schlafgemach des Träumers durch Türen oder Fenster zum Traum hin geöffnet ist, können Blicke und Zeigegesten die Beziehung von Innen und Außen, von Traum und Träumer, plausibel machen. Hinzu kommt die Einführung weiterer ‚Traumassistenten', der Wächter des Träumers: Wie in der Forschung bereits mehrfach analysiert, können zwei Wächter, von denen einer wie im Fresko Giottos schlafend, einer mit offenen Augen dargestellt ist, als Hinweis auf die beiden Bewusstseinszustände Schlaf und Traum gedeutet werden.

Abb. 11: Taddeo Gaddi, Traum Innozenz III, 1330/35.
Florenz, Galleria dell' Accademia
(nach: Andrew Ladis, Taddeo Gaddi. Critical reappraisal and catalogue raisonné. Columbia-London 1982, Abb. S. 121)

Auch Taddeo Gaddi, der die Szene auf einer Tafel in der Florentiner Galleria dell'Accademia (Abb. 11) darstellt, verlässt sich nicht auf architektonische Differenzierung von Innen und Außen, um das Geschehen vor dem Schlafgemach Innozenz' als Traum deutlich zu machen. Er zeigt ebenfalls die Wächter, bereichert die Szene aber zudem um Petrus, der als Traumbote ans Bett des Papstes tritt und aus dem Fenster weist. Er steht in der Tradition der mittelalterlichen Traumboten, hat aber einen Positionswechsel vollzogen: Der Traumbote ist nicht mehr außerhalb der Blase des Träumers zu sehen, sondern in den Innenraum einbezogen, er weist nun aus der Sphäre des Träumers in die des Traumes hinaus. Im konkreten Beispiel bildet Petrus als Urpapst und Fels, auf dem die christliche Kirche gründet, auch eine inhaltliche Parallele zur Legende, die Franziskus als Stütze und Erneuerer der Kirche vorstellt. Auch hier nimmt die Sphäre des Träumers einen großen Teil der Bildfläche ein, scheint jedoch von rechts in den Bildraum hineinzuragen. Der Raum ist abgeschnitten, was man im Sinne der Betrachtereinbindung als Mittel deuten könnte, den Raum des Träumenden in den Betrachterraum fortzusetzen, eine Identifikation des Betrachters mit dem die göttliche Vision Schauenden zu erreichen.

Abb. 12: Benozzo Gozzoli, Traum Innozenz III., 1452. Montefalco, San Francesco, Chorkapelle (nach: Steffi Roettgen, Wandmalerei der Frührenaissance in Italien I. München 1996, Abb. 173)

Benozzo Gozzoli, der den Traum Innozenz' Mitte des 15. Jahrhunderts als Teil eines Bildfeldes in einem Zyklus in Montefalco darstellt (Abb. 12), macht hingegen den

Schlafenden wieder zur Nebenszene im Hintergrund, womit er fast an mittelalterliche Traditionen anzuknüpfen scheint, ohne die räumliche Einbindung des Papstes und das Motiv der Wächter aufzugeben. Schon die wenigen hier herangezogenen Beispiele zeigen, dass eine Differenzierung der Welten im Bild sich zwar die tiefenräumliche Struktur der Darstellung zunutze macht, jedoch nicht auf den homogenen Bildraum verzichtet, sondern die unterschiedlichen Realitätssphären von Innen- und Außenraum durch unterschiedliche Gewichtungen oder kleine Dissonanzen von Innen- und Außenraum, durch Blickbeziehungen und ikonographisch konnotierte Assistenzfiguren verdeutlicht. Gerade die Detailgenauigkeit, räumliche Plausibilität und Einheitlichkeit der Traumszenen dienen dazu, sowohl den Bereich des Träumenden, als auch den des Traumes möglichst real erscheinen zu lassen, um ihm Glaubwürdigkeit zu verleihen.[17] Die Maler bedienen sich ihrer perspektivischen Fähigkeiten zur möglichst überzeugenden Einbindung der Vision in die gemalte Welt. So können die Traumdarstellungen der italienischen Frührenaissance als Hinweis darauf gewertet werden, wie eng die Zeit die diesseitige, materiell wahrnehmbare und die göttliche Sphäre verknüpft wissen wollte.[18]

Abb. 13: Antonio del Pollaiuolo, Johannesgeburt, Altardossale aus dem Florentiner Baptisterium, 1477/1483. Florenz, Museo dell' Opera del Duomo (nach: Leopold D. Ettlinger, Antonio and Piero Pollaiuolo. London 1978, pl. 102)

17 Vgl. Bogen, Träumen und Erzählen 342 und passim.

18 Siehe zu dieser Frage, auf die im Rahmen dieser Untersuchung nicht näher eingegangen werden kann, Max Jammer, Das Problem des Raumes. Die Entwicklung der Raumtheorien. Darmstadt 1960, 27 und passim.

Vor diesem Hintergrund soll die Frage nach den Realitätsebenen noch auf einen weiteren Raum ausgedehnt werden, den des Betrachters: Wie wird seine Beziehung zum Bildraum durch den Künstler angelegt? In welcher der verschiedenen Realitätssphären ist der Betrachter zu lokalisieren? Findet man auch im Realraum Hinweise auf den göttlichen Raum im Bild und umgekehrt?

2.4. Verschränkung von dargestelltem und realem Raum

Durch den Detailreichtum und schaukastenartigen Aufbau gerade der Innenraumbilder der italienischen Frührenaissance liegt es nahe, in diesen nahezu Portraits oder doch zumindest Idealtypen realen Wohnraums der Zeit zu sehen. Da kaum reale Ausstattungselemente, geschweige denn original überlieferte Ensembles der Zeit erhalten sind, werden die Innenraumbilder gerne zur Illustration des Alltagslebens der Renaissance verwendet. Vergleicht man den gemalten Raum genauer mit Informationen über den gebauten Raum der Zeit, so kann man tatsächlich nachweisen, das einzelne, in den Bildern gezeigte Bauformen, konkrete Elemente der zeitgenössischen Architektur übernehmen. Im Einzelfall konnte man sogar die Rezeption konkreter Bauten glaubhaft machen. So stellt z. B. Antonio Pollaiuolo in seiner Johannesgeburt für den Silberaltar des Florentiner Baptisteriums (Abb. 13) Biforen dar, wie man sie heute noch an vielen Renaissancepalästen – unter anderem am Palazzo Medici in Florenz – sehen kann und Piero della Francesca zeigt auf seiner ‚Geißelung Christi' Säulen, die von Albertis Cappella Rucellai inspiriert scheinen.[19] Analysiert man diese Parallelen jedoch genauer, so lassen sich die Übereinstimmungen nur bis zu einem bestimmten Grade nachvollziehen: In Pollaiuolos Relief der Johannesgeburt sind die Fenster extrem hoch an der Wand angebracht. Hohe Fenster sind in erhaltenen Bauten nur im Erdgeschoss nachweisbar, wo sie vor unerwünschten Beobachtern schützen sollten. Biforen wie die von Pollaiuolo dargestellten sind jedoch – zumindest nach den erhaltenen Quellen – nie im Erdgeschoss, sondern immer im Piano nobile oder dem darüber liegenden Stockwerk zu finden.[20] Lässt sich also der dargestellte Fenstertypus durchaus an realen Bauten finden, so folgt ihre Anordnung im Bild eindeutig bildimmanenten Erfordernissen.

Genauso ist Pieros ‚Geißelung' in einer antikischen Tempelarchitektur situiert, die zwar in Einzelformen eine Auseinandersetzung mit Alberti nahe legt, in ihrer spezifischen Monumentalität aber keinerlei Verbindung zu dessen Bauten zeigt.

---

19 Piero della Francesca, ‚Geißelung Christi', um 1450, Urbino, Galleria Nazionale delle Marche, zur Rezeption von Alberti u. a. Marilyn Aronberg Lavin, Piero della Francesca. The Flagellation. London 1972, 36–40.

20 In Florenz Palazzi Medici, Pazzi, Rucellai, Strozzi, in Siena Palazzo Piccolomini; ausführlich zum Biforienfenster im Profanbau der Frührenaissance Candida Syndicus, Leon Battista Alberti. Das Bauornament. Münster 1996, 294–299.

Ein anderes Beispiel sind die dargestellten Deckenformen. So stellt beispielsweise Pietro Lorenzetti auf seiner Mariengeburt (Abb. 14) aus dem Sieneser Dom ein prachtvolles Kreuzgratgewölbe mit gemaltem Sternenhimmel dar. Dieses entspricht durchaus gebauter Architektur der Zeit, aber nicht der Profanarchitektur. Das sternengeschmückte Kreuzgratgewölbe stammt eindeutig aus dem gotischen Kirchenbau – und genau aus diesem Grund wird es hier wohl auch eingesetzt: als Ort der Geburt der Himmelskönigin könnte dieser Innenraum nicht deutlicher sprechen.

Abb. 14: Pietro Lorenzetti, Mariengeburt, Altar des heiligen Savino, 1335/42.
Siena, Museo dell' Opera del Duomo
(nach: Carlo Volpe, Pietro Lorenzetti. Mailand 1989, Abb. S. 153)

Pietros Mariengeburt war Teil eines Ausstattungsprogramms für die Kathedrale Santa Maria in Siena, das aus vier Altären bestand, die jeweils einem der Stadtpatrone Sienas gewidmet waren und gleichzeitig wichtige Stationen aus dem Leben Mariens darstellten – reihte sich also ein in das umfassende Marienverherrlichungsprogramm der Stadt und konkreter in die liturgische und ikonographische Gesamtgestaltung des Sieneser Doms.[21] Insofern erscheint es mehr als nahe liegend, dass der Betrachter der Mariengeburt in dem sternengeschmückten Kreuzgratgewölbe dasjenige der Kirche, in der er sich befand, und auch in dem Fußboden eher eine Parallele zur kostbaren Ausstattung des Domes als zu zeitgenössischen Profangebäuden sehen sollte. Die Beziehung, die konstruiert wird, ist die zwischen aktuellem Betrachterraum und Bildraum.

Abb. 15: Domenico Ghirlandaio, Mariengeburt, 1486/90.
Florenz, S. Maria Novella, Cappella Tornabuoni
(nach: Roettgen, Wandmalerei der Frührenaissance in Italien II. München 1997, Abb. 86)

Dies belegt auch ein weiteres Beispiel, diesmal aus dem 15. Jahrhundert: Domenico Ghirlandaio ist berühmt für seine aufwändig mit Kandelabern verzierten Pilaster, die im Auftrag zu seinem berühmten Freskenzyklus von Santa Maria Novella explizit erwähnt werden.[22] In der Cappella Tornabuoni, der Chorkapelle der Kirche, gestaltete er einen

21 Zum Sieneser Marienkult siehe Diana Norman, Siena and the Virgin. Art and Politics in a late medieval city state. New Haven-London 1999, zum Altarprogramm des Domes 67–85.

22 *[...] ut vulgaritur dicitur e pilastri dicte cappelle pingere cum fogliaminibus apparentibus coloris marmorei cum campo auri finis et capitellis ornatis auro fini et aliis coloribus condecentibus et requisitis in tali opere.* Vertrag vom 1.9.1485, ASF, Rogiti di Ser Jacopo di Martino da Firenze,

Zyklus zum Leben Mariens und Johannes, der auch zwei Innenraumszenen zeigt, die Mariengeburt (Abb. 15) und Johannesgeburt. Beide dargestellten Räume sind mithilfe prunkvoller Pilaster gegliedert. Solche Dekorationen sind im Profanbau der Zeit zwar an Kaminen oder als Türrahmen realisiert, als Verzierung Raum gliedernder Pilaster gegen Ende des 15. Jahrhunderts aber noch unbekannt – mit einer Ausnahme: In der Sala degli Gigli im Florentiner Palazzo Vecchio[23] werden die prunkvollen, azurblauen oder figürlich bemalten Wandsegmente durch Pilaster mit aufwändiger, vergoldeter Kanndelaberornamentik untergliedert. Es handelt sich allerdings nicht um gebaute Wandgliederungen; diese Dekoration ist ihrerseits gemalt, und zwar unter Beteiligung von Domenico Ghirlandaio selbst, ein frühes Beispiel gemalter Illusionsarchitektur. Hier wird also im Bild gezeigt, was auch die reale Architektur als Bild bereicherte.[24] Aber auch in Santa Maria Novella selbst ist der Übergang von Bildarchitektur und Kirchenraum fließend. Die meisten der gemalten Pfeiler in den Fresken der Cappella Tornabuoni sind Bestandteil der Schauöffnung der Szenen, d. h. bei reinen Innenraumszenen gleichzeitig Bildarchitektur und Bildrahmung. Als Bildrahmung tragen sie ein Gebälk, das eindeutig vor dem Deckengebälk des Bildraumes liegt – als Bildarchitektur stehen sie auf demselben Fußboden, auf dem auch die Handlung stattfindet.[25] Spiegeln also die Pfeiler im gemalten Raum die Ornamentik der Rahmenarchitektur oder greift die gemalte Bildarchitektur als Illusionsmalerei in den realen Raum hinaus?

Diese Beobachtung führt zu einem weiteren Detail: Die prachtvolle Wirkung der Geburtsszenen ist zu nicht geringem Teil der aufwändig intarsierten ‚spalliera‘ – der gemalten Wandverkleidung, die hinter dem Bett Annas unterhalb des Puttenfrieses zu sehen ist – geschuldet. Nun hat Giovanni Tornabuoni nicht nur die Ausmalung der Kapelle gestiftet, sondern auch eine hölzerne Verkleidung des unteren Wandbereiches, die leider im 16. Jahrhundert stark überarbeitet wurde.[26] Es erscheint nicht unwahrscheinlich, dass dieser Bezug zwischen dem gemalten Freskenzyklus und der realen Ausstattung der Kapelle beabsichtigt war, zumal beide Aufträge eben in der Hand eines Auftraggebers lagen. Man kann sich des Eindrucks nicht erwehren, dass hier verschiedene

---

zitiert nach Gaetano Milanesi, Nuovi documenti per la storia dell'arte toscana dal XII al XV secolo. Reprint Soest 1973, 135.

23 Florenz, Palazzo Vecchio, Sala dei Gigli, Ausmalung 1482–1484.

24 Ein weiteres Beispiel ist die Mariengeburt Nardo di Ciones in der Annenkapelle von Santa Maria Novella in Florenz (1345/50), die einen Rundbogenfries als Wandabschluss darstellt. Derartige Friese sind aus der profanen Innenarchitektur nicht überliefert, aber an zahlreichen mittelalterlichen Gebäuden am Außenbau zu finden – u. a. am Außenbau von Santa Maria Novella selbst. Was den Innenraum betrifft, wird man in der Sala dei Papagalli des Florentiner Palazzo Davanzati (Ausmalung 14. Jahrhundert) fündig. Dort sieht man vor imitierten Marmorplatten imitierte Vorhänge und in der oberen Zone einen fiktiven Ausblick in die Natur – bekrönt mit eben den fraglichen Rundbogenfriesen.

25 Diese Ambivalenz setzt sich fort, wenn die seitlichen Pilaster der Schauöffnung in der Johannesgeburt exakt den Eckpilastern in den hinteren Ecken des Raumes gleichen, während sie in der Mariengeburt von den Pfeilern mitten im Bildraum eindeutig unterschieden sind.

26 Vgl. u. a. Steffi Roettgen, Wandmalerei der Frührenaissance in Italien II: Die Blütezeit 1470–1510. München 1997, 165.

Realitätsebenen – der Reichtum der Tornabuoni, die sakrale Umgebung und der religiöse Zyklus – bewusst verschränkt wurden, um den zeitgenössischen Betrachter einzubeziehen und ihm Anknüpfungspunkte in diesem so konstruierten virtuellen Raum zu ermöglichen. Die Immersion erfolgt hier also nicht über perspektivische Illusion, sondern über verschiedene bildliche, räumliche und materielle Anreize, die jedoch genügend Spielraum für die aktive Konstruktion dieses Beziehungsgefüges durch den Betrachter lassen.

Es zeigt sich also, dass der virtuelle Raum im Sinne der illusionistischen Darstellung realen Raumes und der virtuelle Raum im Sinne der Konstitution abstrakter Beziehungen im Realraum in der zunehmend tiefenräumlich organisierten Malerei der Frührenaissance ein komplexes Gefüge aus verschränkten und sich überlagernden formalen wie inhaltlichen Rezeptionsangeboten bildeten. Diese konnten dem zeitgenössischen Betrachter zur Vergegenwärtigung der biblischen Szenen und Offenbarungstatsachen, dem Auftraggeber zur persönlichen Identifikation und öffentlichen Repräsentation von seiner Stiftung und der Kirche zur überzeugenden Vermittlung und liturgischen Einbindung der Glaubensinhalte in Zeremoniell und Kirchenraum dienen.

Christina Lechtermann

Körper-Räume. Die Choreographie höfischer Körper als Mittel der Raumgestaltung

Der Modus, in dem wir Raum wahrnehmen, uns vorstellen oder ihn darstellen, hat gerade im Verlauf des letzten Jahrhunderts ganz entscheidende Änderungen erfahren. Technische Neuerungen im Bereich des Personenverkehrs etwa lassen die Bedeutung von durchquertem Raum immer mehr zurücktreten hinter der Zeit, die man benötigt, um ihn zu durchqueren. So sind Berlin und Wien gut eine Stunde und zehn Minuten von einander entfernt, und nur eine halbe Stunde rappelnder Dunkelheit trennt Dover von Calais. Stärker noch als solche Innovationen sind rezente Medienformationen, die uns Raum neu denken lassen.[1] Besonders die Anwendungsformen des digitalen Mediums, die als ‚cyberspace' oder ‚virtual reality' bezeichnet werden, verändern die Diskurse über Raum, ermöglichen sie es doch scheinbar im Gegensatz zum Bild oder zum Film, Raum multisensorisch wahrzunehmen. Der virtuelle Raum der neuen Medien kann durchschritten, erlauscht, erspürt und eben nicht nur gesehen werden, und er ist darüber hinaus ein Raum, der sich im Zusammenspiel zwischen dem Programm, das ihn konstituiert, und dem Körper des Benutzers generiert, der ihn mit seinen Navigationen aktualisiert.[2] In diesem Sinne öffnet das Reden über ‚virtuelle Räume' den Blick auf Fragen nach dem Bezug von Raum und Körper oder nach akustischer, haptischer oder olfaktorischer Raumwahrnehmung.

---

1 Uwe Mattusch, Raum, Zeit, Körper und Virtualität – Zur Bedeutung des Raumes in Zeiten raumzeitlicher Entkoppelung. In: Sybille Bolik, Manfred Kammer, Thomas Kind und Susanne Pütz (Hg.), Medienfiktionen. Illusion – Inszenierung – Simulation. Frankfurt am Main 1999, 429–440. Zur Renaissance und ihren neuen Techniken: Charlotte E. Haver, Landschaft und Raum im Quattrocento. Überlegungen zu Raumwahrnehmung und Epochenwandel. In: Jan A. Aertsen und Andreas Speer (Hg.), Raum und Raumvorstellung im Mittelalter. Berlin-New York 1998, 739–762.

2 Stellvertretend für die mittlerweile unüberschaubare Literatur zu diesem Thema: Oliver Grau, Telepräsenz: Zu Genealogie und Epistemologie. In: Formen interaktiver Medienkunst. Frankfurt am Main 2001, 39–63.

Zugleich wird damit die historische Bedingtheit von Raumwahrnehmung und Raumdarstellung deutlich erkennbar.[3] Diese geht aber nicht auf in einer rein technischen Mediengeschichte, sondern verlangt auch nach den Analysen einer historischen Anthropologie der Medien, wie sie z. B. Michael Baxandall für die Malerei der Renaissance durchgeführt hat. Baxandall beschreibt, in welcher Weise ein bestimmter ,kognitiver Stil' die neuen perspektivischen und zentralperspektivischen Raumdarstellungen mit ihren Benutzern und Betrachtern verbindet.[4] Als Händler und Kaufleute nämlich seien letztere ganz besonders darin geübt, auf eine ganz bestimmte Weise mit ,Raum' zu verfahren und Raum wahrzunehmen. Vor der Etablierung von Normgrößen in Maß und Volumen sei es für sie notwendig gewesen, Entfernungen, Längen, Rauminhalte und Proportionen abschätzen zu können und d. h. dem eigenen Blick eine mathematische Komponente beigeben zu können, die nicht nur für den alltäglichen Warenverkehr, sondern eben auch für den theoretischen, den euklidischen Raum der zentralperspektivischen Malerei relevant sei. Der neuen Darstellungsform, die in der italienischen Renaissance mit dem Medium Bild verbunden wird, korrespondieren also kognitive Routinen seiner Benutzer, die es ihnen erleichtern, die plane, farbige Fläche transparent werden zu lassen zugunsten eines dreidimensionalen Raumeindrucks.

Räume, die durch die hörende oder lesende Rezeption von Texten entstehen sollen, haben im Vergleich zu den ,Räumen der Maler'[5] noch eine andere Qualität. Sie müssen die geschriebene Seite bzw. den tatsächlichen Raum der Aufführung von Literatur vergessen machen, um allein in der Imagination des Rezipienten generiert zu werden. Im Anschluss an Baxandall möchte ich im Folgenden danach fragen, inwieweit auch die Räume der höfischen Literatur im Rahmen ihrer medialen Bedingungen auf kognitive Routinen der Benutzer des für die höfische Kultur neuen skriptographischen Mediums rekurrieren.

Ich gehe dabei von der Annahme aus, dass – gerade vor der Etablierung des euklidischen Raums in der Malerei und der ihr korrespondierenden mathematisch geprägten Wahrnehmungsroutine – für den ästhetischen Raum wie für den phänomenalen Raum eine ,Doppelaspektigkeit' konstitutiv ist, wie sie Paul Michel im Anschluss an Arbeiten Otto Bollnows explizit gemacht hat: „[...] denn was für die Doppelaspektigkeit unseres Leibes bzw. Körpers gilt: Ich bin mein Leib und ich verfüge über meinen Körper, gilt ähnlich auch für den Raum: Einerseits spanne ich – welterfassend – Raum um mich herum aus, konstruiere ihn in den meinem Leibesbauplan entsprechenden Dimensionen (oben/unten, vorn/hinten, links/rechts) sowie durch Gesichtspunkt und Horizont – andererseits bewege ich mich immer schon in einem Raum, der um mich herum vorgegeben

3 Vgl. neuerdings auch den Beitrag der Arbeitsgruppe Wahrnehmung des Sonderforschungsbereichs 447 ,Kulturen des Performativen'. Arbeitsgruppe Wahrnehmung: Wahrnehmung und Performativität. In: Paragrana 2004.

4 Michael Baxandall, Die Wirklichkeit der Bilder. Malerei und Erfahrung im Italien der Renaissance, übersetzt von Hans Günter Holl. Berlin 1999.

5 So der Titel eines Buches von Wolfgang Kemp (Die Räume der Maler. Zur Bilderzählung seit Giotto. München 1996), das Modelle räumlichen Erzählens in der Malerei des 14. und 15. Jahrhunderts in den Blick nimmt.

ist, der in Nähe und Ferne gespannt ist, in dem ich mich orientiere, den ich bewohne, in dem ich hantiere und handle, den ich deutend auslege".[6]

Dass diese Doppelaspektigkeit besonders auch für die Räume der höfischen Literatur gilt, wird schon im Überblick über die mediävistische Forschung zu diesem Thema deutlich, die sich von der Landschaft, über die architektonischen Kulissen und die Geographie bis hin zum Raum als ‚Funktion einer Person in Bewegung' erstreckt.[7] Während die Arbeiten z. B. von Gruenter, Hahn und Ruberg jedoch vor allem den epischen Großraum der durchwanderten Landschaft in enger Verbindung zum Körper und zu seinen Bewegungen setzten,[8] soll es mir um den erzählten Nahraum gehen, der – abgesehen von den frühen und nur mäßig rezipierten Forschungen Erwin Kobels zum gelebten Raum[9] – erstmals von Hartmut Beck konsequent unter diesem Paradigma gedacht wurde.[10] Ich möchte im Anschluss an diese Überlegungen zunächst versuchen zu zeigen, dass nicht allein der Raum als ‚Funktion einer Person in Bewegung', sondern zugleich auch der (vor-)gegebene Raum in der Literatur des hohen Mittelalters von einer Person her konstituiert und vom Körper her gedacht werden kann. In einem zweiten Schritt möchte ich versuchen zu zeigen, dass diese v. a. am Visuellen orientierte Form der Raumdarstellung nicht notwendig die einzige Art und Weise ist, in der Räume in der höfischen Literatur gestaltet werden können, und dass gerade der Begriff des Virtuellen dabei helfen kann, seine besonderen Qualitäten beschreibbar zu machen.

1. Körper-Räume

Der Nahraum ist im Bereich der höfischen Kultur und Literatur vor allem eins, nämlich Raum der Interaktion und der Kopräsenz höfischer Körper, die sich in ihm bewegen, ihn strukturieren und formen. Er ist der Raum, in dem die gesellschaftliche Hierarchie manifest wird, dadurch dass sie von diesen Körpern, ihren Bewegungen und Stellungen

---

6 Paul Michel, Vorwort des Herausgebers. In: ders. (Hg.), Symbolik von Ort und Raum. Bern u. a. 1997, VIII, im Anschluss an Otto F. Bollnow, Mensch und Raum. Stuttgart 1963; vgl. ders., Probleme des erlebten Raums (Wilhelmshavener Vorträge. Schriftenreihe der Nordwestdeutschen Universitätsgesellschaft Heft 34) 1962.

7 Zitat: Ingrid Hahn, Raum und Landschaft in Gottfrieds Tristan. Ein Beitrag zur Werkdeutung. München 1963, 9; vgl. Heinrich Lichtenberg, Die Architekturdarstellungen in der mittelhochdeutschen Dichtung. Münster in Westf. 1931; Diether Röth, Dargestellte Wirklichkeit im frühneuhochdeutschen Prosaroman. Die Natur und ihre Verwendung im epischen Gefüge. Diss. (masch). Göttingen 1959; Joachim Schröder, Zu Darstellung und Funktion der Schauplätze in den Artusromanen Hartmanns von Aue. Göppingen 1972.

8 Rainer Gruenter, Zum Problem der Landschaftsdarstellung im höfischen Versroman. In: Euphorion 56 (1962) 248–278; Uwe Ruberg, Raum und Zeit im Prosa-Lanzelot. München 1965.

9 Erwin Kobel, Untersuchungen zum gelebten Raum in der mittelhochdeutschen Dichtung. Zürich 1951.

10 Hartmut Beck, Raum und Bewegung. Untersuchungen zu Richtungskonstruktion und vorgestellter Bewegung in der Sprache Wolframs von Eschenbach. Erlangen-Jena 1994.

zueinander immer neu ausgehandelt wird. Gerade für die herrscherliche Repräsentation ist der Nahraum in dieser Hinsicht von entscheidender Bedeutung. In ihm soll der Herrscher und seine Macht sinnfällig werden, indem er, so Horst Wenzel, den Raum in all seinen sinnlich erfahrbaren Dimensionen besetzt,[11] und indem er sich seinen eigenen Raum eigentlich erst herstellt und zwar v. a. auch mit Hilfe der höfischen Körper, die ihn umgeben. Als geschaffener Raum bleibt er immer zugleich auf seinen Schöpfer, den Herrscher, bezogen und weist in all seinen Dimensionen immer auf den Ursprung zurück, dem er entstammt. Der Raum der Repräsentation ist so vor allen Dingen Ort des Herrscher-Körpers, der ihn als Mittelpunkt eines dreistrahligen Koordinatensystems – also in Höhe, Breite und Tiefe – überhaupt erst bildet.[12] Höfische Repräsentation wäre vor diesem Hintergrund als Festlegung des Raumes auf einen Ort hin – als Vollzugsform des Raumes aus einem Ort heraus, nämlich dem Herrscher, zu beschreiben.[13] Raum existiert hier als ‚Ordnung eines möglichen Beisammen', er gewinnt, nach Cassirer, seine Objektivität durch die ‚Wahrheit von Beziehungen'.[14]

Besonders deutlich wird dies in der Karlsdarstellung des *Rolandsliedes*:[15] Breite, Tiefe und Höhe des Raumes sind auf einen einzelnen Punkt – eben Karl – hin festgelegt. Alle drei Komponenten werden in der Beschreibung des Textes wiedergegeben. Die Ausdehnung in Breite und Tiefe durch die *velt* (*Rolandslied* v. 634), die gefüllt mit Ritterspielen, Fahnen und kämpfenden Tieren die Macht Karls manifest werden lassen, die Höhe durch Schatten spendende Adler und fliegende Jagdvögel (*Rolandslied* V. 659f.). Zugleich wird der Schallraum gebildet durch gesprochene Rechtslehre, Saitenspiel und Gesang (*Rolandslied* V. 650–665). Der gesamte Raum ruht in seinem Mittel-

11 Horst Wenzel, Hören und Sehen, Schrift und Bild. Kultur und Gedächtnis im Mittelalter. München 1995, 128–180.

12 Abseits von der oft nur aus den (literarischen) Dokumenten rekonstruierbaren Raumgestaltung und Raumwahrnehmung in der höfischen Kultur existiert in der mittelalterlichen ‚Raumtheorie' eine große Bandbreite von z. T. sehr disparaten Diskursen, die jedoch vielfach nicht mit dem Begriff ‚Raum' sondern mit ‚Ort' (*topus*, *locus*) operieren. Nachvollziehbar werden sie in: W. Breidert u. a., Art. ‚Raum'. In: Joachim Ritter und Karlfried Gründer (Hg.): Historisches Wörterbuch der Philosophie 8, 67–111; Rudolf zu Lippe, Raum. In: Christoph Wulf (Hg.), Vom Menschen. Handbuch Historische Anthropologie. Weinheim-Basel 1997, 169–179; Jan A. Aertsen und Andreas Speer (Hg.), Raum und Raumvorstellung im Mittelalter. Berlin-New York 1998; Michel, Symbolik von Ort und Raum.

13 „Wo Bewegung nicht personal orientiert ist, geht sie auch meistens nicht auf einen Ort. Dies ist ein Beweis dafür, daß Menschen nicht nur Platzhalter von existierenden Raumpunkten, sondern selbst Orte sind; anders gesagt, sie besetzen nicht ein vorhandenes Lokalsystem, sondern konstituieren es." Beck, Raum und Bewegung 93, Anm. 18.

14 In beiden Formulierungen orientiert sich Cassirer an der Theorie und Begrifflichkeit Leibnitz'. Ernst Cassirer, Mythischer, ästhetischer und theoretischer Raum. In: Alexander Ritter (Hg.), Landschaft und Raum in der Erzählkunst. Darmstadt 1975, 15–35, bes. 22 und 26.

15 Zitiert nach: Das Rolandslied des Pfaffen Konrad. Mittelhochdeutsch/Neuhochdeutsch, hg., übersetzt und kommentiert von Dieter Kartschoke. Stuttgart 1993.

punkt, in Karl, der ihn hergestellt hat und der der feste Ort ist, auf den hin alles orientiert ist.[16]

Der ‚Ort' Karl, von dem aus der Raum, der ihn umgibt, gestaltet ist, hat eine ganz andere Struktur als der der Zentralperspektive. Während letztere ein nie erreichbarer, also nur gedachter Punkt ist, der einen mathematisch konstruierten, unendlichen und kohärenten Raum zu erschaffen hilft;[17] ist ersterer ein durchaus greifbarer Ort, auf den alles bezogen bleibt und den – wie eine Sphäre – ein Raum umgibt, in dem sich alles auf diesen Punkt bezieht.

Der Herrscher-Körper Karl stellt einen ‚(vor)gegebenen Raum' her, der, obgleich Bewegung in ihm stattfindet, obgleich Figuren der Erzählung ihn betreten und verlassen können, von relativer Statik ist, insofern er ein ruhendes, unbewegtes Zentrum besitzt, auf den seine einzelnen Bereiche bezogen bleiben. In der Art und Weise jedoch, in der das *Rolandslied* diesen Raum der Herrschaft präsentiert, wird die oben beschriebene ‚Doppelaspektigkeit' des erzählten Raumes deutlich.

Der Herrscher ist Fixpunkt des Raumes, den er schafft, und im Rahmen höfischer Interaktion zugleich auch der Ort, auf den sich alle Aufmerksamkeit richtet, auf den hin die Wahrnehmung aller anderen orientiert ist.[18] Die Funktion eines jeden Elements in einem solchen Raum ist es, die Aufmerksamkeit auf diesen Punkt zu lenken, jedes dieser Momente ist also weniger Ablenkung als vielmehr Lenkung der Wahrnehmung. Auf eben diese Weise erfahren die Boten Marsilies die Detailfülle der *velt*, die sie durchwandern, vor allem als Weg auf Karl hin. Begleitet von der Imagination der Rezipienten des Textes wird durch ihren Blick in dieser Szene eine andere Art der Raumdarstellung etabliert, die durch ihre Bewegung in Karls Repräsentationsraum und ihren Weg auf dessen Zentrum hin entsteht.[19]

Der erzählte Nahraum konstituiert sich für den Rezipienten in dieser Szene im oben genannten Sinne unter zwei Aspekten: als ‚gegebener Raum' und als ‚Funktion einer Bewegung'. Beide Dimensionen des Raums gehen dabei vom Körper – einerseits von dem des Herrschers, andererseits von dem der Boten – aus. Dem von Karl erzeugten Raum der Repräsentation korrespondiert hier eine Raumwahrnehmung zielgerichteter

16 Als Paradebeispiel höfischer Repräsentation hat diese Stelle zuerst Horst Wenzel gelesen. Wenzel, Hören und Sehen 395–400.

17 Sybille Krämer, Zentralperspektive, Kalkül, Virtuelle Realität. Sieben Thesen über die Weltbildimplikationen symbolischer Formen. In: Gianni Vattimo und Wolfgang Welsch (Hg.), Medien-Welten, Wirklichkeiten. München 1998, 27–37.

18 Vgl. zur Geschichte der Aufmerksamkeit Peter Matussek, ‚Aufmerksamkeit'. In: Nicolas Pethes und Jens Ruchatz (Hg.), Gedächtnis und Erinnerung. Reinbek bei Hamburg 2001, 59–60; ders., Aufmerksamkeitsstörungen. Selbstreflexion unter den Bedingungen digitaler Medien. In: Aleida und Jan Assmann (Hg.), Aufmerksamkeit. München 2001, 197–215; Jonathan Crary, Aufmerksamkeit: Wahrnehmung und moderne Kultur. Frankfurt am Main 2002.

19 Auffälligerweise wird dieses Zentrum, auf das der erzählte Raum hin orientiert ist, mit ‚Licht', genauer dem *splendor imperii* (s. u.), der von Karl ausgeht, gleichgesetzt. Eine solche Orientierung entspräche nach Cassirer dem mythischen Raum, der auf das Licht (z. B. der Sonne) hin orientiert sei. Cassirer, Mythischer, ästhetischer und theoretischer Raum 28f.

Aufmerksamkeit. Rudolf zur Lippe bestimmt in eben dieser Hinsicht den augustinischen Begriff der *attentio* als relevant auch für die Erzeugung von Raum.[20] Hier ist mehr gemeint als diese – sehr allgemeine – Form der Zeit-Raum-Synchronisation, nämlich die zielgerichtete Bewegung auf etwas zu. Diese kann sowohl in ortsverändernder Körperbewegung manifest werden, wie im Beispiel der Boten, doch sie kann auch – gerade im Kontext der mittelalterlichen Wahrnehmungstheorie – als Wahrnehmungsbewegung gestaltet sein. Denn nach Maßgabe der zeitgenössischen Vorstellung vom Sehen ist der Blick nichts anderes als die Reise des Sehstrahls zu den Dingen.[21] Sarah Stanbury ist solchen Blickbewegungen im Rahmen der altenglischen Dichtung nachgegangen und hat Konstellationen ausmachen können, die in ähnlicher Weise wie Körperbewegungen hierarchisch organisierte Räume festlegen (reverential gaze).[22]

Diese Formen der Raumherstellung und Raumdarstellung sind in der höfischen Literatur nicht allein auf das Thema der herrscherlichen Repräsentation beschränkt: Schönheit, Leid, Zorn (s. u.) aber auch Komik (wie etwa bei Parzivals Erscheinen am Artushof) können in ihrem Zentrum stehen. Sie sind also vielmehr Muster, die als kognitive Routinen der höfischen Gesellschaft angenommen werden dürfen, weil sie im Raum der Kopräsenz relevant sind, und weil die höfische Gemeinschaft als repräsentationale Gemeinschaft in solche Routinen der Raumwahrnehmung eingeübt ist. Der je eigene Platz in der höfischen Gemeinschaft sowie die Gemeinschaft selbst konstituieren sich in der Bewegung, in der ständigen Neuausrichtung in einem Raum, der von einem speziellen Körper – oft dem sozial Höchsten – bestimmt wird. Im Adventus, im Turnier, am Tisch, im Betreten und Verlassen eines Saales z. B. wird die hierarchische Struktur einer Hofgemeinschaft auch räumlich immer wieder neu manifest und praktiziert.[23] Die poetologischen Strategien, die dem Rezipienten helfen können, ein räumliches Vorstellungsbild zu erzeugen und eine erzählte Situation wie ein Augenzeuge als Präsenzerfahrung

---

20 Lippe, Raum 171: „Wenn wir für Dauer das Wort Zeitraum bilden, geben wir damit zu erkennen, dass wir unter Raum eben jede Art von Ausdehnung verstehen, also in der qualitativen Dauer der Aufmerksamkeit sich auch ein qualitativer Raum bilden kann. Das ist ein Ort, nämlich die Begegnung einer bestimmten Existenz unter bestimmten Umständen mit dem anders uns unbestimmten Ganzen des Weltenganges."

21 Die Prominenz der Emissionstheorie bis weit ins 13. Jahrhundert und darüber hinaus scheint im besonderen Maße für die laikale Kultur zu gelten. Vgl. Gudrun Schleusener-Eichholz, Das Auge im Mittelalter, 2 Bde. München 1985. Nicht nur durch ihre Einführung in mittelalterliche Sehtheorien wird dies deutlich, sondern sprechend sind auch die Metaphern und Textstellen, die sie zahlreich anführt. – Zum frühen Einfluss der Intromissionstheorien vgl. Michael Camille, Before the Gaze. The Internal Senses and Late Medieval Practices of Seeing. In: Robert S. Nelson (Hg.), Visuality Before and Beyond the Renaissance. Seeing as Others Saw. Cambridge 2000, 197–223.

22 Sarah Stanbury, The Framing of the Gaze in ‚Sir Gawain and the Green Knight'. In: dies., Seeing the Gawain-Poet. Description and the Act of Perception. University of Pennsylvania Press. Philadelphia 1991, 101.

23 Dem entsprechen auch die Berichte über die spezifische Rauminszenierung von Herrscherauftritten, wie sie Gerd Althoff untersucht hat (Spielregeln der Politik im Mittelalter. Kommunikation in Frieden und Fehde. Darmstadt 1997, bes. 230f. und passim). Auch hier allerdings muss grundsätzlich eine literarische Überhöhung in Rechnung gestellt werden.

zu akzeptieren, entsprechen damit der Wahrnehmung am Hof selbst. Ebenso wie den zentralperspektivischen Bildern eine Orthopraxis ihrer Benutzer korrespondiert, nämlich Distanzen abzuschätzen oder Räume zu berechnen, ebenso korrespondiert meines Erachtens der Raumdarstellung in den volkssprachigen Texten des Mittelalters die Fähigkeit ihrer Rezipienten, ihre Aufmerksamkeit im Raum nach bestimmten Mustern wie dem der Repräsentation zu organisieren. Zugleich ist in Rechnung zu stellen, dass die literarische Raumdarstellung, die als Überformung und Überhöhung solcher Wahrnehmungsroutinen zu verstehen ist, lediglich ihr Surrogat, lediglich das Ideal des Repräsentationsraumes formuliert und abbildet, um dieses – ähnlich einer Rückkopplungsschleife – der höfischen Orthopraxis von Bewegung und Raumherstellung wieder zur Verfügung zu stellen.[24] Ebenso, wie sie als Medium Wahrnehmungserfahrung überträgt, wirkt sie – im Sinne Luhmanns – als Metapher, die die Wahrnehmung immer schon vorstrukturiert, zurück auf den Raum höfischer Interaktion.

Die Leistung der Literatur liegt darin, die Raumstruktur der Repräsentation mit ihrem fixen Ort, der sie bestimmt und der Bewegungen oder Blicke an sich bindet, auch anderen Inhalten zur Verfügung zu stellen. Vor diesem Hintergrund liegt es nahe, das Schema ‚Repräsentation' auch als narrative Strategie zu begreifen, die eine ganz spezifische Gestaltungsweise des ästhetischen Raumes meint, nämlich das Zusammenspiel von zwei Formen der Darstellung: einerseits die eines von einem bestimmten Körper ‚gesetzten' Raumes und andererseits die sukzessive Entwicklung des gleichen Raumes aus der zielgerichteten Wahrnehmung und Bewegung anderer Körper heraus, die ihn bevölkern. Beide werden demnach als Überschau und als Raumwahrnehmung in Bewegung dem Rezipienten angeboten, um seine Vorstellung vom erzählten Raum zu generieren.

Im *Willehalm* Wolframs von Eschenbach[25] werden an zwei ganz besonders prominenten Stellen der Erzählung zwei parallel entworfene Formen einer solchen Raumherstellung durch den höfischen Körper durchexerziert. Der Ort dieser ‚Experimente zum Raum der Repräsentation' ist der französische Hof in Munleun. Zentrum und Ursprung der erzählten Räume sind zum einen Willehalm und zum anderen Alîse.

Willehalms Eintreffen am französischen Hof verändert die aktuelle Raumordnung in signifikanter Weise.[26] Der belebte und in Abwesenheit des Herrscherpaares unorgani-

---

24 Für den Bereich der Raumdarstellung und -wahrnehmung würde damit Ähnliches gelten wie für den ‚epischen Blick', nämlich, dass seine literarische Verarbeitung zurückwirkt auf die Fähigkeit der höfischen Gemeinschaft, sich im Raum der Repräsentation zu orientieren. Vgl. Haiko Wandhoff, Der epische Blick. Eine mediengeschichtliche Studie zur höfischen Literatur. Berlin 1996.

25 Wolfram von Eschenbach, Willehalm. Nach der Handschrift 857 der Stiftsbibliothek St. Gallen. Mittelhochdeutscher Text, Übersetzung, Kommentar, hg. von Joachim Heinzle. Mit den Miniaturen aus der Wolfenbütteler Handschrift und einem Aufsatz von Peter und Dorothea Diemer. Frankfurt am Main 1991. Im folgenden *Willehalm.*

26 Vgl. zur Deutung dieser Stelle: Peter Czerwinski, Der Glanz der Abstraktion: frühe Formen von Reflexivität im Mittelalter. Frankfurt am Main-New York 1989, 19–57; Stephan Fuchs, Hybride

sierte Hof wird zu einem Raum, dessen Zentrum in der Person des Ritters, der in heidnischer Rüstung in die *vreude* des Hofes einbricht, verankert ist. Willehalms Erscheinung verschafft ihm Raum:

> *z'einem ölboume und z'einer linden*
> *er kêrte, die ê dâ lagen*
> *und sâzen gar, die pflâgen,*
> *daz si im den schate al eine*
> *liezen: niht gemeine*
> *wolten's mit im dâ hân.*
> *im wart ein sölh rûm getan,*
> *daz al wît wart sin stat.*
> (*Willehalm*, V. 127,2ff.)

Willehalm ist Ursprung eines Frei-Raumes und zugleich sein Zentrum. Aus dem diffusen Gedränge ‚Hof' (*gedranc*, *Willehalm* V. 126,17) entsteht eine auf ihn bezogene Raumordnung, die zugleich auch die Aufmerksamkeit auf ihn fokussiert und die im Text die prominentere Stellung einnimmt, wird doch der Hof Munleun selbst, seine Architektur und Gestalt vom Erzähler gar nicht beschrieben. Allein die Bezüge zwischen den höfischen Körpern schaffen einen Raumeindruck, denn während die Körperbewegung von ihm wegstrebt, fliegen alle Blicke ihm zu:

> *swaz al der massenîe was,*
> *die begunden an in schouwen,*
> *in den venstern ouch die vrouwen*
> (*Willehalm*, V. 127,14ff.)

Grundsätzlich eignet dieser Raumordnung eine Struktur, wie sie vergleichbar beim Eintritt Alîses in den Thronsaal generiert wird. Auch Alîse organisiert mit ihrem Auftritt den Raum um und bewirkt, dass sich die Umgebung völlig auf sie bezieht.

> *gein ir spranc snellecliche dar*
> *ir oeheim Buove von Kumarzî*
> *und dennoch anderer vürsten drî:*
> *die macheten rûm der klâren.*
> (*Willehalm*, V. 155,18ff.)

Helden: Gwigalois und Willehalm. Beiträge zum Heldenbild und zur Poetik des Romans im frühen 13. Jahrhundert. Heidelberg 1997, bes. 256–267; Kathryn Starkey, Die Androhung der Unordnung. Inszenierung, Macht und Verhandlung in Wolframs Willehalm. In: Zeitschrift für deutsche Philologie 121 (2002) 321–341.

Besonders in der Geste des Raumschaffens wird diese Parallele deutlich und ebenso in den Blicken, die sich auf sie beziehen. Wo zuvor auch im Thronsaal der isolierte und tobende Willehalm die Höhe, Tiefe und Breite besetzt hat, gelingt es nun Alîse zum Fixpunkt der Raumkoordinaten zu werden und damit zugleich zum Ort der Aufmerksamkeit. Wie im Fall Willehalms, so wird auch hier Raum erst als das Verhältnis höfischer Körper zueinander greifbar. Dennoch unterscheidet sich die Qualität der Räume, die von den beiden Figuren hergestellt werden, in signifikanter Weise. Nur Alîse nämlich erreicht es zugleich mit einer neuen, auf sie zentrierten Raumordnung, auch einen Resonanzraum/Konsonanzraum herzustellen, in der ihre physische Schönheit, die Ursprung und Anlass des Raumes ist, nicht nur die Aufmerksamkeit der anderen, sondern auch deren Affekte prägt und steuert. Nur in ihrem Herrschaftsraum-Raum korrespondiert die Reaktion der Anwesenden dem Anspruch, den sie als höfische Dame und v. a. als Minnedame behaupten darf. Ebenso wie der herrscherlichen Raumformung Karls im *Rolandslied* die Einsicht der Boten folgt, dass *wider sîner herscephte ne dörfte sich nieman behefte* (*Rolandslied* V. 639f.), folgt ihrem Auftritt das Begehren und die Zuneigung aller Anwesenden, die auf sie hin orientiert sind: *der werelde vîentschaft si vlôch* (*Rolandslied* V. 155,8). Willehalm hingegen wird nur noch weiter fort gewünscht, möglichst *ze Katus Erkules* oder *ûf den wert inz Lebermer* (*Willehalm* V. 141,11ff.) – bis ans Ende der Welt und darüber hinaus.

Gerade in der Gegenüberstellung dieser beiden strukturell ähnlichen Raumgefüge wird deutlich, dass der vom höfischen Körper hergestellte Raum nicht nur dadurch aktualisiert und vollendet wird, dass sich andere physisch auf ihn hin orientieren – denn dies ist in beiden Fällen gegeben –, sondern dass diese Orientierung zudem im Modus der Konsonanz und Bestätigung erfolgen muss, damit er als Repräsentationsraum gelingen kann. In diesem Sinne ist der Freiraum, den Willehalms Körper erzeugt, immer noch dem Raumgewinn in der Schlacht ähnlich. Gerade sein Beispiel erinnert an den etymologischen Zusammenhang von mhd. *rûm* und germanisch **rumian* – roden.[27]

Vor diesem Hintergrund wird erkennbar, inwieweit der Körper-Raum, wie er in der höfischen Literatur präsentiert wird, einerseits mit dem virtuellen vergleichbar ist, sich aber andererseits auch von diesem unterscheidet:

Anhand der Charakterisierung der virtuellen Welt durch Elena Esposito lassen sich die Übereinstimmungen zwischen beiden besonders gut verdeutlichen. Sie charakterisiert den virtuellen Raum wie folgt: „Die Welt, mit der es der Benutzer zu tun hat, ist nicht eigentlich fiktional – weil sie der Interaktion bedarf und nicht ganz auf die kommunikative Absicht desjenigen zurückgeführt werden kann, der die Maschine geplant hat. Wegen des interaktiven […] Moments kann die dadurch generierte virtuelle Welt vom Entwerfer nicht vorausgesehen (und noch weniger bestimmt) werden".[28] Am Bei-

27 Vgl. das Lemma in den entsprechenden Wörterbüchern sowie Beck, Raum und Bewegung 15.

28 Elena Esposito, Die Wahrnehmung der Virtualität. Perzeptionsaspekte der interaktiven Kommunikation. In: Georg Stanitzek und Wilhelm Voßkamp (Hg.), Schnittstelle. Medien und Kulturwissenschaften. Köln 2001, 116–131, hier 125f.; vgl. dies., Fiktion und Virtualität. In: Sybille

spiel vorprogrammierter Räume, etwa von Spiel-, Architektur- oder Archiv-Environments, wie sie den Benutzern digitaler Medien zu unterschiedlichen Zwecken zur Verfügung gestellt werden, wird offensichtlich, wie dies gemeint ist: Virtuelle Räume sind nur Möglichkeiten, die zur Verfügung gestellt werden, die jedoch nicht notwendigerweise alle genutzt werden müssen. Bewegt man beispielsweise eine Spielfigur – oder, je nach der immersiven Kraft des Programms, ‚sich selbst' – durch ein Environment, ist es von den Interessen, den Kompetenzen und Vorerfahrungen der Benutzer abhängig, welche der vorprogrammierten Räume sie überhaupt zu Gesicht bekommen: ganz banal gesagt, ob sie alle Türen und Brücken finden bzw. finden wollen. Die virtuelle Welt, die tatsächlich wahrgenommen wird, ist nie ganz diejenige, die der Programmierer entworfen hat, sondern sie ist ein Zusammenspiel von diesem Entwurf und der gerichteten, gestimmten Aufmerksamkeit der Benutzer.

Auch die Körper-Räume der höfischen Literatur lassen sich, wie ich versucht habe zu zeigen, als ‚virtuell' im Sinne von ‚latent' beschreiben. Die Räume, die von den höfischen Körpern geschaffen und behauptet werden können, sind in den Erzählungen charakterisiert als Räume, die der Aktualisierung, der Aufmerksamkeit und Bestätigung durch andere höfische Körper bedürfen, um vollendet zu werden. Insofern muss einem Auftritt oder Eintritt bzw. einer Inszenierung, die auf die Neuordnung eines Raumes hin angelegt ist, die Wahrnehmung aller Anwesenden folgen.[29] Darüber hinaus ist hier noch eine ganz andere Form der Aktualisierung für ihr Gelingen notwendig, nämlich die affektive Bestätigung. Das heißt, sie bedürfen der Aktualisierung durch den anderen auch auf der Ebene, die man in der Raumtheorie wohl als ‚Gestimmtheit' bezeichnen würde, also – um mit Elisabeth Ströker zu sprechen – nicht nur im Modus des Wahrnehmens und Erkennens muss er aktualisiert werden, sondern ebenso im Ergriffen- und Betroffensein.[30] Körperräume, so wie sie die höfische Literatur darstellt, sind virtuelle Räume, sind Räume in der Latenz, weil ihre Konstitution ebenso abhängig ist von den Körpern,

Krämer (Hg.), Medien, Computer, Realität. Wirklichkeitsvorstellungen und Neue Medien. Frankfurt am Main 1998, 269–296. Ein Versuch, Espositos Virtualitätsbegriff für die Mediävistik produktiv zu machen, liegt bereits vor, vgl.: Christina Lechtermann, Carsten Morsch und Horst Wenzel (Hg.), Kunst der Bewegung. Kinästhetische Wahrnehmung und Probehandeln in virtuellen Welten (Publikationen zur Zeitschrift für Germanistik 8) 2004 (im Druck), siehe bes. die Einleitung sowie die Beiträge von Carsten Morsch (Bewegte Betrachter. Kinästhetische Erfahrung im virtuellen Raum höfischer Texte) und Haiko Wandhoff (Eine Pilgerreise im virtuellen Raum. Das Palästinalied Walthers von der Vogelweide).

29 Nicht nur fehlende affektive Konsonanz kann im Übrigen Grund dafür sein, dass die Etablierung eines Repräsentationsraumes misslingt, sondern eben auch eine Aufmerksamkeitsstörung. Ausführlich diskutiert wird ein solcher Fall im *Erec* Hartmanns, wo beim Eintritt Ginovers nur ein Ritter, der Erzähler Kalogrenant, die Königin wahrnimmt, während alle anderen, absorbiert von seiner Geschichte und mit dem Rücken zu ihr positioniert, ihren Raum- und Aufmerksamkeitsanspruch zunächst nicht beantworten.

30 Elisabeth Ströker, Philosophische Untersuchungen zum Raum. Frankfurt am Main 1965, 22f.

die sie herstellen, wie von der *intenio* derer, die sie durch ihre gerichtete Wahrnehmung aktualisieren.[31]

2. Blickräume – Tasträume

Der Raum, der durch das Verhältnis höfischer Körper zueinander in diesen Passagen geschaffen wird und der die Handlungsorte Hof und Thronsaal definiert und bestimmt, wird im Fall Willehalms wie Alîses v. a. durch wechselseitige Blicke hergestellt.[32] Auch in ihnen wird die unterschiedliche ‚Gestimmtheit' – vielleicht könnte man auch von unterschiedlicher Atmosphäre sprechen[33] – der beiden Körperräume fassbar: Willehalms ‚wilden Blicken' begegnen die abschätzigen, prüfenden und ängstlichen Blicke der Hofgesellschaft, weil *ein wolf mit alse kiuschen siten / in die schâfes stîge siht / (des mir diu âventiure giht / als dô der marcrâve sach,)* (*Willehalm* V. 129,14ff.). Die Qualität der Blicke, die von Alîse ausgehen und die sie treffen, ist hingegen eine ganz andere: *swen dâ reichte ir ougen blickes swanc: / dem wart dar nâch sîn trûren kranc* (*Willehalm* V. 155,25f.), berichtet der Erzähler über ihren Blick und stellt ihm zugleich in der Art seiner Schilderung der Alîse einen begehrlichen und m. E. durchaus männlichen Blick auf ihren Körper zur Seite.[34] Auch Karls Repräsentationsraum im *Rolandslied* ist v. a. ein Raum visueller Wahrnehmung, dementsprechend stehen in seinem Zentrum die strahlenden Augen Karls, in die man nicht ungeschützt hineinblicken kann: *mit vollecîchen ougen / ne mochten si in nicht gescouwen / diu liuchte gab in den widerslac / sam der sunne umbe mitten tac* (*Rolandslied* V. 693ff.).

Der französische Hof in Munleun wird in seiner architektonischen Gestalt vom Erzähler fast überhaupt nicht thematisiert. Erst im Verhältnis der höfischen Körper, die in ihm agieren, bekommt er räumliche Qualitäten zugewiesen und wird darüber hinaus als

31 Mary J. Carruthers, The Craft of Thought. Meditation, Rhetoric and the Making of Images 400–1200. Cambridge 1988.

32 Vgl. zur Visualität höfischer Literatur und bes. zum Motiv des wechselseitigen Blicks: Horst Wenzel, Augenzeugenschaft und episches Erzählen. In: Klaus Zatloukal (Hg.), 800 Jahre Nibelungenlied. Rückblick – Einblick – Ausblick. 6. Pöchlarner Heldenliedgespräch. Wien 2001, 215–234; ders., Szene und Gebärde. Zur visuellen Imagination im Nibelungenlied. In: Zeitschrift für deutsche Philologie 111 (1992) 321–343; ders., Visualität. Zur Vorgeschichte der kinästhetischen Wahrnehmung. Editorial. In: Zeitschrift für Germanistik N. F. 3 (1999) 549–556.

33 Der Begriff ist dabei im Sinne Gernot Böhmes zu verstehen, der eine ‚Ästhetik der Atmosphäre' gerade als ‚Theorie der Wahrnehmung' entwirft (Gernot Böhme, Atmosphäre. Essays zur neuen Ästhetik. Frankfurt am Main 1995, 47) und v. a. die Wirkmächtigkeit der Atmosphäre betont: „Sie greift bei der Befindlichkeit des Menschen an, sie wirkt aufs Gemüt, sie manipuliert die Stimmung, sie evoziert Emotionen. Diese Macht tritt nicht als solche auf, sie greift an beim Unterbewußten. Obgleich sie im Bereich des Sinnlichen operiert, ist sie doch unsichtbarer und schwerer faßbar als jede andere Gewalt" (ebd. 39).

34 Vgl. Christina Lechtermann, Alîse. Nebenwirkungen der Wahrnehmung. In: Ulrich Schmitz und Horst Wenzel (Hg.), Wissen und neue Medien. Bilder und Zeichen von 800 bis 2000. Berlin 2003, 93–111.

Raum gekennzeichnet, der vorrangig visuell bestimmt ist, in dem sich die Bezüge zwischen den höfischen Körpern im Bereich des Optischen manifestieren. Isolation und Integration werden in erster Linie als sichtbare Raumordnung verhandelt und durch die Qualität der wechselseitigen Blicke charakterisiert und festgelegt.

Auffälligerweise fehlt dem zweiten Hof im *Willehalm* (Oransche) eine solche im Visuellen verankerte Raumordnung fast völlig. Natürlich wird auch hier geschaut, etwa bei der Ankunft der lange erwarteten Befreiungsheere oder auf die verlockende Gestalt Gyburgs, doch an keiner Stelle arbeitet der Erzähler in vergleichbarer Weise mit Distanz- und Blickbezugsräumen, wie er es in Munleun getan hat, oder wie der Erzähler des *Rolandsliedes* den Repräsentationsraum Karls kennzeichnet. Der Handlungsort Oransche wird ganz anders charakterisiert, doch auch hier sind es v. a. die Verhältnisse höfischer Körper zueinander, die ihn bestimmen, und zwar als taktil wahrnehmbaren Ort der verschiedensten wechselseitigen – und oft familiären – Berührungen.

Als erste unter ihnen sind natürlich die Berührungen zwischen Willehalm und Gyburc zu nennen, die schon von der erzählerischen Logik her Oransche als Ort haptischer Wahrnehmung kennzeichnen. Das Küssen und An-die-Brust-Drücken zwischen den Eheleuten wird gleich mehrfach geschildert und darüber hinaus, und das empfinde ich als auffällig, auch noch im Hinblick darauf beschrieben, was dabei spürbar ist, nämlich die haptische Differenz von Weichheit und Härte: *ouwê, daz ein sô rûher bart / sich immer solt erbieten dar!* (*Willehalm* V. 229,24).

Das Küssen, das im Fall Willehalms in Munleun ja schon durch das Gyburc gegebene Versprechen nicht erzählbar war (*Willehalm* V. 119,7f. u. ö.), bleibt nicht auf Willehalm beschränkt. Insgesamt organisiert sich die Hofgemeinschaft in Oransche über den Kuss und die Berührung und zwar, wie vom Erzähler explizit gemacht wird, nicht in sozial-hierarchischer sondern in höfisch-gastgeberischer Ordnung. Alle werden ausnahmslos von Gyburg geküsst und zwar die Fremden zuerst. Verdoppelt wird ihre Kussberührung durch die Hand Heimrichs, der ihr persönlich jeden einzelnen Ritter und Fürsten zuführt: *er vuorte iegeslîchen mit der hant* (*Willehalm* V. 250,24), d. h. alle die nach Oransche kommen, erleben ihre Ankunft dort als taktile Erfahrung und als Ort familiärer und z. T. auch erotischer Nähe, denn dem Begrüßungskuss Gyburcs korrespondiert eine Tischordnung in der *diu vrouwenlîche schar / mit rîteren undersezzen* (*Willehalm* V. 250,30f.) wird.

Besonders häufig sind indes die Berührungen zwischen Gyburc und Heimrich, sie halten sich ständig bei der Hand, im Arm oder sitzen beieinander und sogar eine Fußmassage wird Heimrich zuteil (*Willehalm*, V. 278,22ff.):

> *Gîburc vür den grîsen man*
> *nider ûf den teppich saz.*
> *juncvrouwen entschuohten in umbe daz,*
> *daz Gîburc im erstriche*
> *sîniu bein, ê si im im entwiche*

Die familiäre Nähe in Oransche ist im Wortsinne spürbar als Verhältnis der Körper zueinander, die mehr über Berührungen denn über Blicke kommunizieren. Doch auch in seiner materiellen Ausstattung ist Oransche als ein Ort gekennzeichnet, an dem das Weiche, Angenehme, also die Tasterfahrung vorherrscht. Explizit gemacht wird dies – gerade in Abgrenzung zum Rauen – z. B. durch den Kleiderwechsel der Damen, die die Rüstung und das *verdrucket vel von ringen*, also die Druckspuren der Rüstung auf dem Körper – wieder gegen edle Stoffe und weiche Haut eintauschen (*Willehalm* V. 246,26–247,10). Besonders deutlich spürbar gemacht wird diese Veränderung, indem sie durch eine Zote aus dem Bereich des Haptisch-Erotischen vom Erzähler eingeleitet wird, nämlich durch den augenzwinkernden Hinweis auf das *semftenier* (*Willehalm* V. 231,25), das Damen bekanntlich an einer bestimmten Stelle hätten. Doch nicht nur seine Bewohner, auch Oransche selbst wird entsprechend verändert:

> *nû heiz des balde gâhen,*
> *daz der palas an allen sîten*
> *mit semften pflûmîten*
> *sî beleit und teppiche vil dar vür,*
> *ûf diu pflûmît kultern von der kür,*
> *daz man in tiure müeze jehen*
> (*Willehalm*, V. 244,10ff.) [35]

Sieht man von den blickbestimmten Körperräumen in Munleun einmal ab, so wird der Hof des französischen Königs dort, wo es um die Gestaltung der Innenräume geht, v. a. als Duftraum beschrieben: die auf den Boden gestreuten, zertretenen Rosen stellen ihn her.[36] Auffällig werden dagegen in Oransche immer wieder Teppiche, Kissen, Tischtücher und *pfelle* von Alamansurâ (*Willehalm* V. 248,26) erwähnt, Requisiten also, die in allererster Linie den Tastsinn adressieren. Dementsprechend wird auch Rennewarts Position in dieser Gemeinschaft, seine isolierte Stellung als Heide zwischen Christen sowie die Möglichkeiten seiner Integration, nicht nur verbal, sondern v. a. auch im Bereich des Taktilen verhandelt. Seine Isolation wird so auch als haptische Erfahrung der Härte inmitten der Weichheit und Bequemlichkeit Oransches manifest: *sîn lindez wanküsselîn / daz was sîn hertiu stange* (Rennewart in der Küche, *Willehalm* V. 282,16f.). Sie wird jedoch aufgehoben in einer Reihe von Berührungen bes. zwischen Gyburc und Rennewart, die eng beieinander sitzen, sich das Tischtuch teilen, sich bei der Hand halten und endlich in der Schutzmantelgeste Gyburcs zu vollständiger familiärer Inter-

---

35 Vgl. *Willehalm*, V. 274,4; 274,11f.

36 Auch hier liegen Teppiche aus, die mit Rosen bedeckt sind (*Willehalm*, V.144,1f.), diese jedoch haben eine explizit akustische (*gein der hôchgezîte schalle. Willehalm*, V. 143,30) und eben die olfaktorische Bedeutung.

aktion gelangen.[37] Der körperlichen Nähe, die hier hergestellt wird, entspricht ihre Familienähnlichkeit, die mit einem Siegelabdruck verglichen wird:

> *sîn und ir, ir bêder schîn*
> *sich kunde alsus vermaeren,*
> *als ob si bêde waeren*
> *ûf ein insigel gedrucket*
> *und gâhes her abe gezucket:*
> *daz underschiet niht wan sîn gran.*
> (*Willehalm*, V. 274,18ff.)

Auch im Bezug auf Alîse wird so eine mögliche Lösung des Rennewart-Problems durch Elemente aus dem Bereich des Haptischen angedeutet, indem gegen das raue Gesicht Willehalms (s. o.) hier der *grân,* der gerade beginnende Bartflaum des jungen Heiden gesetzt wird, den Alîses Kuss hat sprießen lassen (*Willehalm* V. 271,1ff.; 274,23ff.); und während auf diese Weise bestehende oder werdende Minnebindungen auf der Basis fühlbarer Unterschiede und Ähnlichkeiten angedeutet werden, erscheint die Bindung zwischen den Verwandten explizit als Spur einer Berührung, als Abdruck – kein Wunder also, dass in Oransche das Glück nun wieder *sinewel* (*Willehalm* V. 246,28), also rund ist.

3. Virtuelle Räume

Begreift man die Choreographie höfischer Körper als ein Mittel der Raumgestaltung, so treten deutlich die Unterschiede zwischen den Höfen in Munleun und Oransche hervor. Sie bieten beide vor einer kaum präzisierten architekturalen Kulisse den Hintergrund für das Entstehen von zwei ganz unterschiedlich charakterisierten Körperräumen. Während in Munleun – analog zum *Rolandslied* – die Bedingungen eines v. a. durch Blickbezüge und Blickwahrnehmungen in Bewegung bestimmten Raumes der Repräsentation deutlich werden, wird Oransche als – weniger klar zentrierter und strukturierter taktiler Raum erzählt. Obgleich auch er durch die Anweisungen und Interaktionsangebote Willehalms, Gyburcs und v. a. Heimrichs, der die Begrüßungsküsse und Begrüßungsberührungen arrangiert, deutlich als geschaffener Raum gekennzeichnet ist, scheint er von seiner Struktur her diffuser und konzentriert sich auf mehr als eine Person. In der Raumgestaltung, und d. h. durch die materielle Ausstattung ebenso wie durch die hergestellten Körperräume, manifestiert sich Oransche als Ort der Familien-

---

37 *diu küneginne des niht verdrôz, / daz tischlachen si gein sîner schôz / güetlîchen bôt: dar zuo er sweic, / wan daz er mit zühten neic.* (*Willehalm*, V. 274,11ff.); *si tet, als ez ir zuht wol zam: / in ir hende sîne hant si nam* (*Willehalm*, V. 292,1ff.); *si bat in zuo z'ir sitzen nider / ir mantels swanc si umbe in ein teil* (*Willehalm*, V. 291,4f.).

bindung. Die Atmosphäre der Nähe, die ihn prägt, ist nämlich gekennzeichnet durch den Sinn, den Wilhelm von St. Thierry in seiner Liebeslehre der Verwandtenliebe zuordnet – durch den *tactus*.[38]

Ist der Nahraum in der höfischen Kultur v. a. als Raum der Interaktion relevant, also als Raum, in dem unterschiedliche Bezüge zwischen höfischen Körpern hergestellt werden, so stellt sich für mich die Frage, ob ‚Raum' nicht gerade auch von diesem Begriff her gedacht werden sollte. Und d. h. ob das, was unser Reden über den Raum ausmacht, nämlich der Blick und der Blick in Stillstellung und Bewegung nicht erweitert werden muss um die crossmodalen und multisensorischen Aspekte des Raumes, wie sie im Rahmen der höfischen Interaktion vorgelegen haben dürften und in den Texten – sicherlich narrativ überhöht – auch ausgestellt werden.

Gerade der Begriff der ‚Virtualität' ist in diesem Sinne dazu angetan, den Blick auf solche anderen Aspekte des Raums zu öffnen. Als technischer Begriff, im Sinne der ‚virtual reality', macht er deutlich, dass Raum multisensorisch angelegt ist und unter den aktuellen medialen Bedingungen auch als multisensorisches Erlebnis medial hergestellt werden kann.

Als theoretischer Begriff macht er deutlich, dass Raum immer zusammen mit dem Körper gedacht werden muss, dass er der Aktualisierung durch die Wahrnehmung bedarf, und dass er bis zu diesem Zeitpunkt Raum in der Latenz also nur eine Möglichkeit ist. Er eröffnet damit für die Mediävistik eine theoretische Perspektive auf das Thema Raum, die durchaus nicht nur an den aktuellen medientheoretischen Begriff anschließen muss, sondern die zurückgreifen kann auf Raumtheorien, wie sie in der Phänomenologie, Philosophie oder Kulturwissenschaft schon angedacht worden sind (Ströker, Cassirer).[39]

Meine Beschreibung von Munleun als visuellem und Oransche als taktilem Raum war darauf angelegt, zwei Möglichkeiten (Latenz/Aktualisierung und multisensorische Wahrnehmung), die der Begriff des Virtuellen im Hinblick auf den Raum bietet, zu illustrieren. Das heißt, auch die prägnante Trennung von Sicht- und Tastraum, die ich

38 Kurt Ruh, Die Augen der Liebe bei Wilhelm von St. Thierry. In: Theologische Zeitschrift (= Festschrift für Martin Anton Schmidt zum 70. Geburtstag) 45 (1989) 103–114, bes. 104. – Auffällig scheint dem zu korrespondieren, dass Rennewart, abgesehen von seinen taktilen Verbindungen, häufig mit Essen und Geschmack, dem Sinn der Feindesliebe assoziiert wird: er muss in der Küche schlafen und wird an der Tafel Gyburcs fast schon als Vielfraß gezeichnet: *er verschoup alsô der wangen want / mit spîse, die er vor im dâ vant, daz drîn ihnt dorfte snîen.* (*Willehalm* V. 275,1f.), vgl. auch den Kommentar von Heinzle zu dieser Stelle sowie: Kurt Ruh, Geistliche Liebeslehren des XII. Jahrhunderts. In: Beiträge zur Geschichte der deutschen Sprache und Literatur 111 (1989) 157–178, 168. Für die Bilder der ‚großen Bilderhandschrift' (Cgm 19/III, Bayerische Staatsbibliothek, München) hat Lieselotte E. Saurma-Jeltsch diesen Bezug zur Liebeslehre Wilhelms herausgearbeitet: dies., Compassio als Heldentugend am Beispiel des ‚Willehalm'-Fragments: Zur Darstellbarkeit von Gefühlen in der Epenillustration. In: Wiener Jahrbuch für Kunstgeschichte 46/47 (1993–94) 629–640.

39 Eine ausführliche Diskussion dieser Positionen findet sich bei Martina Löw, Raumsoziologie. Frankfurt am Main 2001, bes. 115–151. Löw arbeitet aus soziologischer Perspektive am Thema ‚Körperräume'.

versucht habe, ist zunächst vor allem heuristisch und stark pointiert dargestellt. In Munleun wird berührt, ebenso wie in Oransche auch geblickt wird, und an beiden Orten wird darüber hinaus gehört und gerochen. Deutlich wird allerdings in der Schilderung der beiden Höfe, dass der Erzähler Wolframs Schwerpunkte setzt, dass er Atmosphären der Distanz und Nähe etabliert, die eine solch pointierte Charakterisierung ermöglichen. Nachdem diese Differenz durch die Erzählung selbst vorgeführt worden ist, kann ein weiterer (Rück-)Blick auf Munleun zeigen, inwieweit auch dort der taktile Raum diskutiert wird. Während es Willehalm – anders als Alîse – nicht gelingt, einen visuell bestimmten, eigenen Repräsentationsraum zu etablieren, der ihm nicht nur die Aufmerksamkeit, sondern auch den emotionalen Konsens der Anwesenden garantiert, verhindert sein eigenes Versprechen, auf jedweden Kuss und jede Form körperlicher Bequemlichkeit zu verzichten, die Möglichkeit, Munleun als taktilen Raum zu schildern und damit einen Raum körperlicher Nähe, der in der höfischen Interaktion grundsätzlich angelegt ist, auch zu aktualisieren.

Dennoch gibt es gerade nach der Versöhnung Momente, die eine solche Möglichkeit durchscheinen lassen und die Munleun und Oransche einander annähern. Greifbar werden sie, wenn die Königin etwa Willehalms Wunden neu versorgt, oder Alîse Rennewart mit einem Kuss entlässt. Die Gemeinsamkeiten zwischen Munleun und Oransche scheinen indes einem Rezipienten besonders deutlich geworden zu sein, nämlich dem Illustrator der Wolfenbütteler Prachthandschrift (Cod. Guelf. 30.12) aus der Mitte des 14. Jahrhunderts. Er entwirft auf fol. 125 eine Darstellung, in der – ähnlich wie Gyburc Rennewart – Willehalm Alîse mit seinem Mantel Schutz bietet. Was der Text nicht erzählt, nämlich eine Mantelgeste zwischen Willehalm und Alîse, wird vom Illustrator vorgeschlagen, der auf diese Weise den Raum wechselseitiger Blickwahrnehmung, der, wie ich versucht habe zu zeigen, besonders beim Eintritt Alîses relevant wird, überführt in einen Raum taktiler Nähe, wie er Oransche kennzeichnet. So gilt auch für die erzählten Räume der höfischen Literatur, besonders dort, wo es sich um Körper-Räume handelt, das, was Merleau-Ponty für die Wahrnehmung ganz allgemein vermerkt:

„Wir müssen uns an den Gedanken gewöhnen, daß alles Sichtbare aus dem Berührbaren geschnitzt ist, daß jedes taktile Sein gewissermaßen der Sichtbarkeit zugedacht ist und daß es ein Übergreifen und Überschreiten nicht nur zwischen dem Berührten und dem Berührenden gibt, sondern auch zwischen dem Berührbaren und dem Sichtbaren, das in das Berührbare eingebettet ist, [...] jedes Sehen [findet] innerhalb des taktilen Raumes statt".[40]

40 Maurice Merleau-Ponty, Das Sichtbare und das Unsichtbare, hg. von Claude Lefort. München 1986, 172–203, hier 177; vgl. Henri Maldiney, La dimension du contact au regard du vivant et de l'existant. De l'ésthetique-sensible à l'ésthetique-artistique. In: ders., Penser l'homme et la folie. À la lumière de l'analyse existentielle et de l'analyse du destin. Grenoble 1991, 187–249.

Sebastian Baier

Heimliche Bettgeschichten. Intime Räume in Gottfrieds *Tristan*

Es sind bisweilen nur Zufall, eine Kette unvorhergesehener Ereignisse oder schlicht ein ungünstiger Moment, die einen Ehepartner etwas entdecken lassen, was er besser nicht hätte sehen sollen. So wäre es für König Marke sicher weniger schmerzhaft gewesen, den Ort der Entdeckung nicht zu betreten, nachdem er den Kämmerer, der zufällig vor die Gartentür getreten war, nach seiner Frau gefragt, von der halb schlafenden Brangäne den Weg in den Liebesgarten gewiesen bekam und schließlich der, zumindest bei Gottfried von Straßburg, letzten Vereinigung der Liebenden Isolde und Tristan ansichtig wurde:

> *Wîp unde neven die vander*
> *mit armen zuo z'ein ander*
> *gevlohten nâhe und ange*
> *ir wange an sînem wange*
> *ir munt an sînem munde.*
> (V. 18195–18199)[1]

Was Marke erblickt und ihn verstummen lässt, ist der höchste Gipfel der Intimität beider Liebenden. In dieser Szene finden sich die grundlegenden Konstituenten der Kategorie Intimität vereinigt. Nun ist Intimität nicht allein an Ehebruchsgeschichten geknüpft, diese eignen sich jedoch in besonderer Weise für intime Beziehungsmuster, weil sich an ihnen zwei wesentliche Momente einer „Grammatik der Intimität"[2] deut-

1 Ich zitiere nach Gottfried von Straßburg, Tristan. Nach dem Text von Friedrich Ranke, neu herausgegeben, ins Neuhochdeutsche übersetzt, mit einem Stellenkommentar und einem Nachwort von Rüdiger Krohn. 6. durchgesehene Aufl. Stuttgart 1993.

2 Abram de Swaan, Die Inszenierung der Intimität. Wohnverhältnisse und Familienleben. In: Michael B. Buchholz (Hg.), Intimität. Über die Veränderung des Privaten. Weinheim-Basel 1989, 41–57, hier 52.

lich machen lassen: es geht um eine enge, intensive, auch körperliche Bindung zweier Menschen, die einen Dritten kategorisch ausschließt. Zudem vollzieht sich Intimität innerhalb bestimmter Räume, in denen sie sich zu verbergen sucht und in denen sie letztlich enthüllt werden kann – durch den Blick des Ausgeschlossenen, oder zumindest des Rezipienten.

Ich möchte mit den folgenden Ausführungen den Fragen nachgehen, wie sich im Tristanroman Gottfrieds das Verhältnis von Raum und intimer Interaktion gestaltet:

1. welche räumlichen Bedingungen für Intimität notwendig sind und wie ein bestimmter Raum Intimität erzeugen kann;
2. inwiefern der Raum durch intime Kommunikation verändert bzw. funktionalisiert wird, intimer Raum mithin durch intimes Handeln entsteht.

Dabei erweist sich der Begriff ‚Virtualität' als konstruktiv, bietet er doch an, gerade diesen performativen Aspekt der Raumfunktionalisierung zu beschreiben.

Intimität ist in vielen wissenschaftlichen Disziplinen eine häufig genutzte Kategorie, an deren klarer Bestimmung es jedoch zumeist mangelt. Synonyme wie ‚Nähe', ‚Liebe', ‚Sexualität' oder ‚Vertrautheit' bieten nur erste Orientierungen. Der Begriff selbst ist erst nach dem 16. Jahrhundert in den deutschen Wortschatz eingegangen und vor allem seit dem 19. Jahrhundert belegt. Trotz der Verwendung des Etymons ‚intimus' seit der Antike ist Intimität dennoch keine anthropologische Konstante,[3] sondern historischen Veränderungen unterworfen. Sie wird zumeist als ein genuin neuzeitliches Phänomen aufgefasst, gebunden an das Aufkommen der bürgerlichen Ehe und Kleinfamilie, als Teil moderner Privatheit.

Gleichwohl gibt es, so meine ich, ein tiefer liegendes Strukturprinzip, das sich, bei aller notwendigen Historisierung, auf das Mittelalter übertragen lässt. Die Entdeckungsszene im Garten hat das Prinzip bereits angedeutet: Intimität ist immer ein Wechselverhältnis von Inklusion und Exklusion. Indem etwas aus einer intimen Kommunikation ausgeschlossen wird, bestimmt sich der spezifische Inhalt und die Form der Inklusion. „Intimität als Charakteristikum von Beziehungen zwischen Menschen bedeutet in erster Linie wechselseitiges Einbezogensein, Inklusion, sie bedeutet ein Miteinanderteilen von Informationen, Gefühlen, Aktivitäten und Orten".[4] Damit geht auch die Exklusion der Außenstehenden einher. „Nach innen bedeutet Intimität also Teilhabe und Partizipation, nach außen Abgeschlossenheit".[5] Damit konstituiert eine intime Bindung immer ein ‚exkludiertes Drittes'. Beides steht in einer notwendigen dialektischen

3 So Beatrix Bastl, Intimität und Höflichkeit. Gesten und Orte der Intimität und deren Ambivalenz in der Zeit. In: Christa Tuczay (Hg.), ir sult sprechen willekomen. Grenzenlose Mediävistik. Festschrift Helmut Birkhan. Bern 1998, 361–415. Die überzeitliche Konstante läge in der „Diskretion gegenüber dem Intimen" (Bastl, Intimität 394).

4 De Swaan, Inszenierung der Intimität 52.

5 Ebd.

Verbindung. Es sind, so ist wohl unstrittig, vor allem die Mechanismen personaler bzw. persönlicher Bindung, die für die inkludierenden Prozesse in Frage kommen.

Der exkludierende Mechanismus ist maßgeblich an das Geheimnis geknüpft. Zwar beruhen jegliche Beziehungen der Menschen untereinander auf Differenzen im Wissen, wie sie das Geheimnis zugleich verbindend und ausgrenzend konstituiert, doch „ohne dies Prinzip des vorenthaltenen Wissens gäbe es keine Intimität, keine Privatheit und keine darauf basierende Personalität".[6] Entscheidend ist, dass Geheimnisse durch „die konträren Interessen von Selbstkontrolle (also Verschwiegenheit, Verbergen des eigenen Inneren) und Vertrauensgewinnung (also Mitteilung und Selbstoffenbarung)"[7] gekennzeichnet sind. In intimer Kommunikation ist es das Innere, das, nur auf einen exklusiven Anderen gerichtet, offenbart werden will und sich den Übrigen gegenüber verschließt. Das damit exkludierte Dritte bleibt gleichwohl im Kommunikationsverhalten der Geheimhaltenden präsent – sei es allein durch den Zwang der Geheimniswahrung. So „liegt der soziologische Sinn des Geheimnisses [...] in der Öffnung einer sonst nicht bestehenden Kommunikationschance".[8] Diese Chance besteht eben in der Eroberung intimer Kommunikation.

In den Inklusionsprozessen von Offenbaren und Vertrauen wird das Innere der beteiligten Personen zum Inhalt der Dyade. Im Hochmittelalter vollzieht sich ein Wandel, der die eigene Person zunehmend in den Mittelpunkt der Wahrnehmung und des Denkens rückt: Identität wird nun „vom einzelnen erlebt als Überschreitung des gesellschaftlichen Seins durch das Wahrnehmen und Erleben der eigenen Person und ihrer Subjektivität".[9] Bindungsauslöser wird die Selbstöffnung bzw. Selbstenthüllung. Das Gegenüber toleriert die Selbstentäußerung jedoch nicht nur, sondern das reziproke Offenbaren begründet die Basis des exklusiven Binnenverhältnisses. In der Intimität wird das Innerste zweier Menschen gegeneinander offenbart, und in jeder gegenseitigen Offenbarung konstituiert sich Intimität, die beginnt, wenn eine Person sich „zugleich öffnet und Interesse an einer Öffnung des anderen zeigt".[10] Es entsteht zwangsläufig eine neue Entität, die beide ‚Innersten' verbindet. Notwendig für das Bestehen einer solchen Bindung ist das Vertrauen, ein „Sich-Verlassen auf ein Gegenüber angesichts eines ungewissen und risikohaften Ausgangs einer Handlung".[11] Bestätigtes Vertrauen steigert

---

6 Aleida und Jan Assmann, Das Geheimnis und die Archäologie der literarischen Kommunikation. In: dies. (Hg.), Schleier und Schwelle 1. Geheimnis und Öffentlichkeit. München 1997, 9–11, hier 7.

7 Alois Hahn, Soziologische Aspekte von Geheimnissen und ihren Äquivalenten. In: Assmann und Assmann (Hg.), Schleier und Schwelle 1, 23–39, hier 25.

8 Hahn, Soziologische Aspekte 23.

9 Hans-Georg Soeffner, ‚Typus und Individualität'. In: Horst Wenzel (Hg.), Typus und Individualität im Mittelalter. München 1983, 11–44, hier 29.

10 Claus-Heinrich Daub, Intime Systeme. Eine soziologische Analyse der Paarbeziehung. Basel-Frankfurt am Main 1996, 125.

11 Tanja Gloyna, Vertrauen. In: Historisches Wörterbuch der Philosophie 11. Völlig neubearbeitete Ausgabe Basel 2001, 986–990, hier 988. Siehe auch Martin Endreß, Vertrauen und Vertrautheit. Phänomenologisch-anthropologische Grundlegung. In: Martin Hartmann und Claus Joffe (Hg.),

sich zur Vertrautheit. Und je vertrauter die Interaktionspartner werden, desto risikoärmer wird die Ungewissheit dem anderen gegenüber, desto größer jedoch auch die Notwendigkeit der Exklusion. Gerade hierin liegt die hohe Wirksamkeit einer intimen Zweierbindung: „Der Austritt jedes Einzelnen würde das Ganze zerstören".[12] Unter diesem Druck wird das Gegenüber unersetzbar – die Bindung kann nicht durch Substitution eines Partners aufrechterhalten werden. Der Andere wird Teil des eigenen Erlebens, die Dyade rückt in den Mittelpunkt der Wahrnehmung und grenzt sie gegen die Welt hin ab: „Sobald nun jenes erste, die Binnenseite des Verhältnisses, als dessen Wesentliches empfunden wird, sobald seine gefühlsmäßige Struktur es auf dasjenige stellt, was jeder nur diesem einzigen andern und niemandem sonst gibt oder zeigt – so ist die eigentümliche Färbung gegeben, die man Intimität nennt".[13]

Die Codierung dieser Bindungen kann dabei durchaus unterschiedlich sein: Familie, Freundschaft, Liebe. Liebe ist gleichwohl die weitgehendste Form intimer Interaktion, da sie zum einen die Sexualität einschließt, zum anderen wohl besonders der Ausschließlichkeit gegenüber Dritten bedarf.

Es liegt auf der Hand, dass diese Interaktionsprinzipien nicht ortlos gedacht werden können. „Nicht nur ist jede Raumanordnung auch eine Kommunikationsordnung, sondern es ist umgekehrt [...] beinahe jede Kommunikationsordnung in einer sichtbaren räumlichen Ordnung konkretisiert".[14] Dies gilt insbesondere für die mittelalterliche Kultur, in der in einem noch ungleich höherem Maße als heute Kommunikation „Interaktion unter Anwesenden" in „Räumen körperlicher Kopräsenz"[15] bedeutet. Die intimitätsstiftenden Prozesse von Inklusion und Exklusion müssen daher durch die räumliche Kommunikationsumgebung ermöglicht werden. „Intimität muß sich innerhalb eines spezifischen räumlichen Arrangements herstellen, das es gestattet, bestimmte Dinge vor anderen Personen zu verbergen und andere Dinge bestimmten Personen zu enthüllen".[16]

Damit ist nun eine Seite eines spannungsvollen Wechselverhältnisses benannt: Räume weisen den in ihnen agierenden Personen Handlungsmöglichkeiten zu, sie schreiben sie durch ihre materiale Beschaffenheit und kulturelle Codierung fest bzw. evozieren überhaupt erst bestimmtes Handeln. Dennoch ist, so Georg Simmel, Raum kein spezieller, ursächlicher Faktor für bestimmte soziologische Formen bzw. Kommunikations-

Vertrauen. Die Grundlage des sozialen Zusammenhalts. Frankfurt am Main-New York 2001, 161–203.

12 Georg Simmel, Soziologie. Untersuchungen über die Form der Vergesellschaftung. Frankfurt am Main 1996, 100.

13 Simmel, Soziologie 105.

14 Peter Strohschneider, Kemenate. Geheimnisse höfischer Frauenräume bei Ulrich von dem Türlin und Konrad von Würzburg. In: Jan Hirschbiegel und Werner Paravicini (Hg.), Das Frauenzimmer. Die Frau bei Hofe in Spätmittelalter und Früher Neuzeit. 6. Symposium der Residenzen-Kommission der Akademie der Wissenschaften Göttingen. Stuttgart 2000, 29–45, hier 30.

15 Strohschneider, Kemenate 30.

16 De Swaan, Inszenierung der Intimität 43.

verhältnisse. Es seien vielmehr die „seelischen Inhalte“ des Raums, seine „von der Seele her erfolgende Gliederung und Zusammenfassung seiner Teile“,[17] die ihn ausmachen. Der Raum wird durch das Handeln und die Wahrnehmung der in ihm agierenden Menschen bestimmt, nur in dieser Wechselwirkung kann dem ungegliederten, abstrakten, mathematischen Raum Sinn-Struktur gegeben werden. Er erhält seine Semantik nicht allein aus der empirisch nachweisbaren Dreidimensionalität und materialen Beschaffenheit, sondern aus der Bedeutung für menschliches Handeln. „Räume werden in sozialen Prozessen und auf bestimmte Zwecke hin hergestellt. Damit antizipieren sie Handlungsfolgen und schreiben sie physisch fest“.[18] Gerade im Mittelalter aber ist Raum, bei aller Fortdauer des aristotelischen Gefäß-Theorems, kein homogenes, isotropes System, sondern Raumdarstellung ist immer eine Weltdarstellung, „der es auf die Darstellung von Bedeutung, Einheit, Sinn [...] ankommt“.[19]

Insbesondere literarische Raumentwürfe bedienen sich dieses funktionalen, sinnstiftenden Aspekts und gehen damit über den materialen Raum weit hinaus. Hier bietet sich nun der Begriff der Virtualität an. Virtuelle Räume lassen sich als Aktualisierungen von Möglichkeiten und Handlungsoptionen verstehen.[20] Sie entstehen performativ durch die in ihnen Interagierenden.[21] Somit tragen zur Konstitution von virtuellen Räumen vor allem Personenkonstellationen, ihre Wahrnehmungen und Bewegungen bei.[22] Intime Räume werden folglich – bei aller Notwendigkeit räumlicher Voraussetzungen – durch die Handlungen einer Intimdyade erzeugt. Durch inkludierend-exkludierende Binnenkommunikation kann dann gar in einem öffentlichen Raum ein virtueller intimer Raum aufgespannt werden.

In Bezug auf die Räumlichkeiten von Intimität in Gottfrieds *Tristan* sind zwei Felder von Raumdarstellung zu verzeichnen: zunächst der höfische Binnenraum der Kemenate mit dem obligaten Bett sowie der bukolische Naturort. Innerhalb der Sphäre des Hofes sind alle Teilräume in den repräsentativen Herrschaftsraum eingewoben. Die Kemenate ist dabei ein durchaus tolerabler Rückzugsraum, wiewohl der Begriff wenig differen-

---

17 Simmel, Soziologie 688.

18 Bernd Hamm, Raum. In: Bernhard Schäfers (Hg.), Grundbegriffe der Soziologie. Opladen 2000, 277f., hier 278.

19 Peter Czerwinski, Gegenwärtigkeit. Simultane Räume und zyklische Zeiten, Formen von Regeneration und Genealogie im Mittelalter. Exempel einer Geschichte der Wahrnehmung II. München 1993, 16.

20 Hierzu Carsten Morsch, Virtuelle Wahrnehmungsräume in mittelalterlichen Texten: Betten und Frauenzimmer, im demnächst erscheinenden Tagungsband Haiko Wandhoff (Hg.), Ekphrasis. Kunstbeschreibung und virtuelle Räume im medialen Wandel.

21 Zum performativen Charakter virtueller Raumkonstruktionen Ralf Schlechtweg-Jahn (in diesem Band). Grundlegend zum Konzept der Performativität für die ältere deutsche Literatur siehe Hans Rudolf Velten, Performativität. In: ders. und Claudia Benthien (Hg.), Germanistik als Kulturwissenschaft. Eine Einführung in neue Theoriekonzepte. Reinbek 2002, 217–242.

22 Über die Konstitution von Räumen durch Körperbeziehungen vgl. Christina Lechtermann (in diesem Band).

ziert und mit einer Fülle von Denotaten verbunden ist.[23] Das gilt insbesondere für die Frauen, wie es sich z. B. an der heimlichen Pflege Tantris' durch die drei Frauen am irischen Hof belegen lässt.

Mit dem Minnetrank kommen die Liebenden in ein verhängnisvolles Dilemma. Gebunden an die höfische Ehre erwächst eine Liebe im Spannungsfeld von Öffentlichkeit und eigenem Begehren. „Denn zumindest die Liebenden selbst erfahren die Gewalt ihrer Liebe als Widerspruch zwischen Pflicht und Neigung, als Dissoziation also zwischen ihren individuellen Wünschen und Trieben auf der einen, ihrem höfisch-gesellschaftlichen Status und ihren Pflichten auf der anderen Seite".[24] Aus ihrer illegitimen Bindung ist der gesamte Hof ausgeschlossen. Da das Repräsentationsprinzip das Einlösen des Standesideals vor den Augen und Ohren der Öffentlichkeit verlangt,[25] gilt es, einen Raum zu finden, der der Öffentlichkeit verborgen oder entzogen ist.

Ich sehe innerhalb der Raumentwürfe des *Tristan* am Hofe vor allem zwei Strategien, die Intimität zu wahren: 1. Reduzieren von Öffentlichkeit durch Verschließen oder Unzugänglichkeit sowie 2. das Verhindern von Sichtbarkeit – Verdunklung des Raumes. Dabei wird je auch die Zahl der Interaktionspartner reduziert.

Bereits die Heilung Riwalins durch Blanscheflur erfolgt in einer verschlossenen Kammer, die zuvor alle übrigen Personen verlassen hatten. Der körperlichen Vereinigung von Tristans Eltern geht dabei eine Statusangleichung voraus, quasi ein gemeinsamer Durchgang durch eine Todesnähe (V. 1298–1307). Die Intimität vollzieht sich hier im Bild der *arzâtinne minne*. Auch die Gespräche der Ehegattten, die *bettemaeren* vollziehen sich in einem verschlossenen Raum; Markes List mit dem um Tristans Bett gestreuten Mehl verfängt nur durch die Versuchung, die die alleingelassenen Liebenden befällt; in völliger Dunkelheit lieben sich Tristan und Isolde in der Marjodo-Sequenz.

Zu einem besonders kunstvollen Entwurf intimer Interaktionen kommt es in der Brautnacht zwischen König Marke und Isolde. Diese bietet nicht nur narrative, erzähllogische Motive, sondern eine Verbindung des aus der Tristanliebe exkludierten Dritten (Marke) mit den Intimitätslisten der Liebenden. Gerade die Brautnacht ist von besonderem Interesse für die Inszenierungsform von Intimität. Brautnächte können die „schrittweise Reduktion von Öffentlichkeit" darstellen, sind aber wegen ihres rituellen Rechtscharakters in besonderer Weise an die Öffentlichkeit gebunden.[26]

---

23 Strohschneider, Kemenate 31. Zum Bett als Refugium von Intimität siehe Bastl, Intimität und Höflichkeit 395–412.

24 Werner Röcke, Im Schatten höfischen Lichts. Zur Trennung von Öffentlichkeit und Privatheit im mittelalterlichen Tristan-Roman. In: Walter Gebhard (Hg.), Licht. Religiöse und literarische Gebrauchsformen. Bayreuth 1990, 37–76, hier 48.

25 Vgl. Horst Wenzel, Öffentliches und Nichtöffentliches Herrschaftshandeln. In: Gerd Althoff (Hg.), Formen und Funktionen öffentlicher Kommunikation im Mittelalter. Stuttgart 2001, 247–260, besonders 247–251.

26 Rüdiger Brandt, Enklaven – Exklaven. Zur literarischen Darstellung von Öffentlichkeit und Nichtöffentlichkeit im Mittelalter. München 1993, 182. Über die Veröffentlichung von Hochzeit und die Ehe vollziehender Sexualität siehe Rüdiger Schnell, Die ‚Offenbarmachung' der Geheimnisse Gottes und die ‚Verheimlichung' der Geheimnisse des Menschen. Zum prozeßhaften Charakter

Stufenweise wird der Personenkreis der Anwesenden beschränkt, in der Kammer des Königs sind schließlich nur noch Marke und die falsche Braut Brangäne sowie die Liebenden Tristan und Isolde als Aktanten innerhalb des Rituals zugegen. Tristan führt die Braut an das Bett (V. 12592), *diu lieht diu laschte ir vrouwe Îsôt* (V. 12594). Gottfried wählt nicht ohne Grund für die Vorbereitung des Betruges den Terminus ‚besetzen' (V. 12582), einen strategischen Begriff für das Einnehmen eines Raumes.

Die nun folgende Szene ist in ihrer Intimität dekonstruiert, die Intimität zwischen den Vertrauten wird durch den Ausschluss aus dem Hochzeitsbeischlaf dennoch bestätigt. In dieser Paradoxie zeigt sich die „scheinhafte Inszenierung für den betrogenen Marke".[27] Im *bettespil* (V. 12616) liegen durchaus intime Handlungsformen vor, aber nur in der Wahrnehmung von Marke. Aus Sicht der Verschwörer herrscht eine Gruppenintimität, die im gemeinsamen Betrug gegen den König besteht. Dabei wird der intime Raum – bezogen auf Marke – durch die Anwesenden aufgelöst. Isolde ist beim intimen Akt Markes mit Brangäne als Zuhörerin präsent. Sie beschädigt hierin in der Position eines exkludierten Dritten die Intimität, die Marke glaubt, gerade mit ihr im Bett zu teilen.

Wesentliches Inszenierungsmittel sowohl für die Reduktion hin zu einer intimen Begegnung als auch für die anschließende Überleitung in die höfische Sichtbarkeit ist erneut das Licht.[28] Mit dem Löschen des Lichtes wird der Raum im Dunkeln intimisiert (V. 12594). Gleich im nächsten Vers zieht Marke Brangäne an sich. Die völlige Dunkelheit ist für das erfolgreiche Funktionieren der vermeintlichen Intimität Markes mit Isolde notwendig. Er wird blind gegenüber den beiden Frauen in seinem Bett, die er nicht voneinander unterscheiden kann: *ime was ein als ander* (V. 12669). Nach der Entjungferung der Braut bedarf der Akt jedoch des Lichtes der Öffentlichkeit, da er rechtsverbindliche Funktion hat. Nun bringt ausgerechnet Tristan das Licht, um die Intimität von Bräutigam und Braut wieder in die höfische Sichtbarkeit zurückzuführen. Dabei ist die Doppelcodierung und ambivalente Metaphorik auffallend: Über das Verdunkeln der vermeintlichen Intimität durch Isolde und ihr Erhellen durch Tristan bestätigt sich die konnektive Beziehung der Liebenden. Sie werden durch das Licht gleichsam verbunden. Andererseits wird mit der Dunkelheit auch das Unheimliche, Dämonische verbunden, das mit der moralischen Fragwürdigkeit des Betrugs korrespondiert.

Eine Verbindung von Dunkelheit und Verschließen des Raumes bietet auch die Marjodo-Sequenz. Dabei fällt zunächst die Randlage des intimen Ortes auf: Tristan muss durch ein *boumgertelîn*, um zum entlegenen Treffen zu kommen. Dort findet er Isolde allein, die sich aus dem ehelichen Gemach gestohlen hat.[29]

---

des Öffentlichen und Privaten. In: Peter von Moos und Gerd Melville (Hg.), Das Öffentliche und das Private in der Vormoderne. Köln 1998, 359–410, hier 396ff.

27 Wenzel, Herrschaftshandeln 257.

28 Vgl. grundlegend zur Dunkel-Licht-Metaphorik Röcke, Schatten höfischen Lichts.

29 Es ist nicht ganz klar, wo sich der Raum des intimen Treffens befindet: der Baumgarten verweist auf den Rand des Hofes; die Tatsache jedoch, dass Marjodo vor der angelehnten Tür auf den Gedanken kommt, Tristan könnte sich zur Königin fortgestohlen haben, lässt auf einen Raum schlie-

In völliger Dunkelheit sind die Liebenden für die Augen des Hofes unsichtbar. Dennoch hat das Licht nicht nur verbergende, sondern auch eine erhellende Wirkung. Im Mondlicht findet Marjodo die Spuren Tristans im Schnee (V. 13566f.). Mit seinem Nachschleichen beginnt der intime Raum dekonstruiert zu werden. Immer näher gelangt Marjodo den Liebenden. Die angelehnte Tür ist dann die defekte Stelle des intimen Raums, über die der ‚Dritte' eindringen kann. Damit wird auch die intime Kommunikation, wiewohl noch unbemerkt vom sich liebenden Paar, beschädigt.

Allein die Dunkelheit hält den Intimitätscharakter aufrecht. Die materialen Komponenten des Kemenaten-Raumes verwischen, *allein greifende mit henden / an mûren unde an wenden, / biz er z'ir beider bette kam* (V. 13591–13593), kann sich Marjodo orientieren, lediglich hörend, was den Raum zu einem intimen Refugium macht. Wiederum in der Anwesenheit eines exkludierten Dritten wird die intime Bindung der Liebenden besonders prägnant, sie wird im Moment ihrer Dekonstruktion durch den exkludierten Ohrenzeugen inszeniert.

Die arkanen Begegnungen Isoldes und Tristans am Hofe werden zunehmend gefährlicher. Der Naturraum des *boumgartens*, der Entlegenheit und verräterische Spuren in sich trägt, wird hiermit in die Inszenierungen von Intimität, die sich bisher auf höfische Binnenräume beschränkten, eingelagert und bereitet die Transponierung der intimen Begegnungen an einen Naturort vor. Von vornherein ist der Naturraum jedoch ein für die Liebesintimität ambivalenter Ort.

Der Prozess der Verlagerung der intimen Begegnungen aus dem Zentrum des Hofes, wo Marke den Liebenden jeden Kontakt verboten hat, zeigt sich insbesondere in der nächsten Baumgarten-Szene, die in der bildlichen Rezeption des Tristanstoffes besonders herausragt.[30]

Interessant scheint mir, dass hier das Muster eines ‚realen' Gartens, wie sie durchaus an vielen Höfen Europas zu finden waren, mit dem rhetorischen Topos des ‚locus amoenus' verbunden wird. Eine Auffälligkeit sehe ich darin, dass der Naturort nicht in einem „Gang" entworfen wird, sondern in topologischer Durchdringung höfischer und rhetorischer Muster gestaltet ist. Im räumlichen Zentrum des Entwurfs steht an der Quelle des Baches ein Ölbaum (V. 14608).

Die Bestandteile des ‚locus amoenus' können auch in den *boumgarten*-Sequenzen nachgewiesen werden. Eine solche detaillierte Auflistung der topischen Einzelmotive, wie sie die Toposforschung lange praktiziert hat – „On peut donc y trouver ce que l'on

ßen, an dem man die Königin durchaus vermuten kann, einen Raum, der sich eher im Zentrum des Hofes befunden haben dürfte.

30 Gerd Dicke, Das belauschte Stelldichein. Eine Stoffgeschichte. In: Christoph Huber und Victor Millet (Hg.), Der ‚Tristan' Gottfrieds von Straßburg. Symposium Santiago de Compostela 2000. Tübingen 2002, 199–220, hier 202. Siehe auch Michael Curschman, Images of Tristan. In: Adrian Stevens und Roy Wisbey (Hg.), Gottfried von Strassburg and the Medieval Tristan Legend. Cambridge 1990, 1–17, hier 16.

veut“[31] – reicht jedoch nicht aus. Es ist nach der narrativen Funktion der Landschaftsdarstellung bei der Inszenierung intimer Begegnungen am Naturort, das heißt nach ihrer Funktion für intime Interaktion zu fragen.

Obwohl der Baumgarten nahe am Hofe zu finden ist, ist er schon Teil einer Übergangssphäre, die vom höfischen Kulturbereich in den Wald hinausweist. Damit ist nun der gänzlich unhöfische Gegenpol benannt. Über die Wildnis als Gegenbild wird die Kulturlandschaft des Hofes „moralisch als Abgrenzung der prämierten von den nicht prämierten adligen Verhaltensweisen“[32] entworfen. Bei der Interpretation der Baumgartenszene des *Tristan* ist von dieser Ambivalenz der Semantik auszugehen. Sowohl höfische Begegnung als auch unhöfische Bedrohung sind in diesen Naturort eingewoben.[33]

Zunächst fällt die Entfernung des Gartens vom Hof auf. Er ist von dort nicht einsehbar, was die Abschirmung des verbotenen Stelldicheins begünstigt. So treffen sich beide *dâ der öleboum schate gît* (V. 14444). Nicht nur verweist der Schatten auf die intimisierende Dunkelheit der reduzierten Öffentlichkeit, sondern der Baum selbst wird zum intimen Refugium der Liebenden: *ein öleboum, der was mâze grôz, / nider unde doch billîche breit* (V. 14608f.). Mit seinen Ästen und Blättern bildet er gleichsam eine virtuelle Kemenate, die das Paar vor den Blicken des Hofes verbirgt und die Fortsetzung ihrer gemeinsamen Freuden ermöglicht. Die Natur wird so zum Schauplatz der verborgenen Liebe funktionalisiert. Die räumliche Distanz zwischen Hof und Garten erschwert jedoch die Kommunikation der Liebenden. An dieser Stelle zeigt sich eindringlich, wie sich der Einfluss des exkludierten Dritten auf die Binnenkommunikation der Dyade vollziehen kann. Da die intime Kommunikation der Nähe unterbunden ist, greifen die Liebenden zu dem geheimen Zeichen des Initialenspans, das nur ihnen selbst, den Inkludierten, verständlich ist (V. 14423–14427). Im *jâmergarten* vor der Kemenate Isoldes, wo die Frauen die Liebesqualen der Trennung betrauern, kommen Tristans Späne an. „Das Zeichen Tristans aus dem Ölbaumgarten ist mehr als ein Anwesenheitszeugnis“.[34] Es nimmt vielmehr das verschlungene Initialenspiel wieder auf, mit der die Einheit der Liebenden im Roman immer wieder deutlich gemacht wird.

31 Francis Goyet, Le sublime du ‚lieu commun‘. L’invention rhétorique dans l’Antiquité et à la Renaissance. Paris 1996, 22.

32 Horst Wenzel, ‚ze hove‘ und ‚ze holze‘ – ‚offenlîch‘ und ‚tougen‘. Zur Darstellung und Deutung des Unhöfischen in der höfischen Epik und im Nibelungenlied. In: Gerd Kaiser und Jan-Dirk Müller (Hg.), Höfische Literatur, Hofgesellschaft, höfische Lebensformen um 1200. Düsseldorf 1986, 277–299, hier 280.

33 Diese Codierung des Baumgartens mit Bindung an ein Geheimnis findet sich bereits in Irland. Um die Ansprüche des Truchsessen abzuwehren, verabreden sich Königin Isolde, ihre Tochter und Brangäne an einer verborgenen Pforte (*hâltürlîn*) eines Baumgartens (V. 9324f.), um nach dem wahren Drachenbezwinger zu suchen. Durch diese Tür bringen sie Tantris unbemerkt in das Schloss (V. 9497f.), wo sie ihn erneut gesund pflegen.

34 Heinz Klingenberg: Si las Isot, si las Tristan. Das Kreuz im Tristan Gottfrieds von Straßburg. In: Alfred Ebenbauer (Hg.), Strukturen und Interpretationen. Studien zur deutschen Philologie. Festschrift Blanka Horacek. Wien 1974, 145–161, hier 147.

Gleichwohl trägt es auch die Distanz symbolisch in sich, die durch Markes Verdikt die Liebenden trennt.[35]

Zusammenfassend lässt sich gut ermessen, dass die Natur gänzlich eingebunden in die intime Interaktion ist. Sie bietet den Schutz für intime Begegnungen, ist gleichzeitig ein Kommunikationsmedium der Getrennten. Hieran ist genau der Interpretationsgewinn abzusehen, der sich ergibt, fragt man weniger nach der topischen Erscheinung, sondern nach der narrativen Funktion. Die Komponenten des Baumgartens werden Bestandteile der Intimitätsinszenierung, sie gewährleisten die intime Interaktion der Liebenden, über die Kemenate und Ölbaumquelle zu einem virtuellen Liebesraum verbunden sind: Gottfried entwirft gleichsam eine „kemenatisierte Natur“.[36] Wenn ich eingangs darauf verwies, dass Intimität ohne das von der konnektiven Beziehung Ausgeschlossene nicht betrachtet werden kann, weil es als voyeuristischer oder zumindest enthüllender Blick stets präsent ist, dann wird das durch die heimlich spähenden Marke und Melot kunstvoll deutlich.

Gottfried nutzt im nächtlichen Baumgarten einmal mehr eine paradoxe Inszenierung intimer Bindung, indem er sie in ihrer Bedrohung durch die Anwesenheit des Exkludierten besonders heraushebt. Unter den Spionen im Baum intensiviert sich die intime Bindung der Liebenden, da sich ihre Vertrautheit bewährt. So gelingt ihnen bei Wahrung eines gemeinsamen Codes die Täuschung der Voyeure.

Wiederum bildet der Naturraum handlungsauslösende Zeichen: Im Licht des Mondes enthüllt sich der Schatten der Spähenden. Tristans unerwartetes Verhalten – er geht nicht auf Isolde zu – gibt Isolde ein von den beiden Männern im Baum nicht bemerkbares Zeichen: Sie erkennt die Gefahr schlicht an seiner unerwarteten räumlichen Distanz. In der intimen Interaktion beider Liebenden hat sich eine vertrauliche Sprache eingespielt, die durch Tristan durchbrochen wird. Es ist evident, dass über das Signal der veränderten Vertrautheit ein Zeichen gesetzt wird, das Isolde in die Lage versetzt, aufmerksam auf die Bedrohung zu reagieren. In ihrer Furcht (V. 14690) erkennt auch sie die Schatten der Beobachter im Baum.

Beide inszenieren fortab eine Begegnung, die für Marke ohne ersichtliche Intimitätsverweise bleibt. *Si gestuont von verre* (V. 14716) und markiert darin eine körperliche Distanz, ebenso wie Tristan, der am Baum stehen bleibt. Weiterhin verweist Isolde auf die vorgeblich nahe Brangäne, um den Charakter einer Zweierkommunikation zu verwischen (V. 14739). Sie scheint eben nicht eine *unde nahtes* (V. 14839) beim Geliebten zu weilen und tut es doch. Die negative Konnotation der vermeintlichen Beschuldigungen gilt den Lauschern, im Code der Binnenkommunikation sind sie die Bestätigung des intimen Diskurses. Das Paradoxe der kommunikativen Situation ist für den Hörer,

---

35 So Petrus W. Tax, Wort, Sinnbild, Zahl im Tristanroman. Studien zum Denken und Werten Gottfrieds von Straßburg. Berlin 1961, 93.

36 Vgl. Ulrich Ernst, Virtuelle Gärten in der mittelalterlichen Literatur. Anschauungsmodelle und symbolische Projektionen. In: Konstitution imaginärer Räume im Mittelalter (Veröffentlichungen des Instituts für Realienkunde des Mittelalters und der frühen Neuzeit 19) Wien (im Druck).

nicht jedoch für Marke zu fassen. Während sich die Liebenden vor den Augen des exkludierten Dritten ihrer tiefen Bindung bestätigen, während sich Intimitäten und Liebeserklärungen offenbaren, verdunkelt sich die Beweiskraft eines belauschten Ehebruchs. Im Zwielicht des durch die Lauscher zunächst ent-intimisierten Raums zweideutiger Hofferne bleibt das Geheimnis der Liebe Tristans und Isoldes noch gewahrt: über die performative Kraft ihrer Interaktion bleibt den Liebenden der Baumgarten ein intimer Ort. Die vertrauliche Kommunikation funktionalisiert den *boumgarten* in einen Raum virtueller Intimität. Gottfried versteht es einmal mehr, durch die kunstvoll paradoxe Verbindung gleichzeitiger Bestätigung und Entbergung von intimen Geheimnissen dem Rezipienten die virtuellen Liebesräume besonders sinnfällig zu machen.

Der Umfang dieses Beitrages würde durch eine detaillierte Untersuchung der Minnegrotte zweifellos gesprengt, auch wenn ihre kunstvolle Raumallegorese hinsichtlich der Intimitätsproblematik ergiebig ist. Dies werde ich in einer weiteren Arbeit unternehmen. Einige prägnante Punkte sollen gleichwohl skizziert werden.

Der Intimitätscharakter des wiederum als ‚locus amoenus' geformten Handlungsraums um die Liebesgrotte rührt einerseits aus der abgeschiedenen, schwer zugänglichen Lage weitab des Hofes sowie andererseits aus der ungestörten intimen Interaktion der Liebenden, die mit ihrer *geraden schar* (V. 16852) nur sich selbst genügen. Im Gesellschafts- und Speisewunder scheint die Bedrohung durch den exkludierten Gatten fern. Der Mangel höfischer Geselligkeit wird durch die Naturinszenierung aufgehoben: Vögel und ‚locus amoenus' bilden einen virtuellen Artushof. Der paradiesische Ort ruft über visuelle Wahrnehmung und Sinnesreizung intime Kommunikationsformen wie das gemeinsame Lesen und Musizieren hervor. Zudem erscheinen die Teilaspekte der inkludierenden Prozesse wie Lauterkeit, Wahrhaftigkeit, Treue oder vertrauende Beständigkeit in der Allegorese des Grottenraums, der ausschließlich den beiden Liebenden vorbehalten ist. Die Grotte als virtuelles Glanzstück der Intimität Tristans und Isoldes weist weit über ihre handlungstopologische Bedeutung hinaus. Hier wird mit einem allegorischen Raum-Bild ein Minneexkurs entworfen, der die Bedingungen und Bedingtheiten gelingender intimer Bindung verallgemeinert: *diu minne sol auch cristallîn, / durchsihtic und durchlûter sîn* (V. 16983f.).

Ohne die bisher schon oft angeführte Präsenz des exkludierten Dritten kommt auch der utopische Wunschort nicht aus: Marke gelangt zur Grotte, kann aber nicht in den Raum mit dem kristallenen Bett gelangen. Dennoch reicht die höfische Ehre, die sich aus seinen Ansprüchen herleitet und die eben den Liebenden nicht zuteil werden kann, in die Grotte hinein, wenn die Sonne durch die Fenster auf Isolde scheint.

Wiederum ist das Licht maßgeblich für die Inszenierung intimer Räume. Innerhalb des Romans ist gar eine Zunahme der Sichtbarkeit abzusehen, die über die zunehmende Einwirkung von Licht exponiert wird. Der Schutz der intimen Liebesbindung wird immer brüchiger. So wundert es wenig, wenn die letztendliche Entdeckung in flagranti im prallen Mittagslicht der Sonne erfolgt.[37] Wieder ist es ein *boumgarten*, diesmal ohne die Ausführlichkeit der Naturdarstellung, der seine intime Semantik jedoch bereits erhalten hat. Allein ein Baum spendet ein wenig Schatten. Zwei Nuancen sind jedoch von Bedeutung: der Garten ist abschließbar (V. 18169) und Isolde lässt dort ein prächtiges Bett aufstellen: *kulter und lîlachen, / purper unde plîât, / küniclîcher bettewât / wart über daz bette vil geleit* (V. 18148–18151). In der Natur des Gartens richtet Isolde eine *kemenâte* her. Damit durchsetzt Gottfried den Naturort mit höfischen Raumkomponenten. Dieser ,locus intimus' ist wohl als ein Versuch zu werten, den utopischen Ausgleich der Minnegrotte in den Markehof zu überführen. Dafür spricht die Wiederaufnahme der Sonnenmetaphorik: Vers 18132 wiederholt Vers 17583, wobei das erotische Glühen nun als *minne* bezeichnet wird. Sind die früheren Begegnungen in höfischen Räumen unmöglich und daher in die Natur verlagert worden, lässt sich nun eine Retransponierung des intimen Schauplatzes ausmachen. Der zweite Baumgarten ist somit nicht mehr bukolische Lagerung am amoenen Ort, aber er ist dennoch nicht wieder eine Intimität im höfischen Schlafraum.

Nur noch kurzfristig gelingt es, den Raum durch das Wegschicken der Bediensteten der Öffentlichkeit zu entziehen (V. 18156f.). Auffällig ist zweifellos die Organisation des Verschließens, an der derart viele Personen beteiligt sind, dass die intime Begegnung nachgerade in der Öffentlichkeit stattfindet. Die Vielzahl der Beteiligten ist dann auch die Schwachstelle dieser List.

Fast schon als Denkmal bietet Gottfried das plastisch-körperliche Bild der Liebenden auf dem Bett, das sich Marke im Moment der Entdeckung darbietet.[38] Die Intimität verdeutlicht sich einmal mehr in ihrer Zerstörung. Marke entbirgt das Geheimnis und beendet die Exklusion, wobei sein Blick noch einmal die intime Vereinigung in Nähe und Vertrautheit enthüllt.

Die Bettdecke, die über den Schlafenden liegt, verdeutlicht noch den Anspruch „auf die Sphäre der Intimität, die es zu respektieren gilt".[39] Andererseits verbirgt sie nichts mehr – Marke sieht deutlich die Umarmung des Liebespaares. Nun hat der König Gewissheit über den Ehebruch seiner Gattin. Was fehlt, ist die rechtmäßige Veröffentlichung am Hof.[40] Dazu braucht es Augenzeugen, die herbeizurufen keine Schwierigkeit bereitet hätte. Der König jedoch schweigt. Auch in ihm richtet die Entdeckung der Liebenden eine Zerstö-

37 Zum literarischen Motiv des entdeckten Ehebruchs siehe Alfred Ebenbauer, In flagranti. Zur literarischen Darstellung entdeckter Ehebrüche. In: Marc Chinca, Joachim Heinzle und Christopher Young (Hg.), Blütezeit. Festschrift L. Peter Johnson. Tübingen 2000, 245–269.

38 Hierzu Ebenbauer, In flagranti 264; Peter Wapnewski, Der Abschied Tristans. Ein Vergleich der Dichtung Gotfrids von Straßburg mit ihrer Vorlage Thomas'. In: ders., Zuschreibungen. Gesammelte Schriften. Hildesheim 1994, 12–44 verweist auf den Charakter eines Kunstwerkes, das der Szene die Körperlichkeit nimmt (33).

39 Karin Lerchner, Lectulus floridus. Zur Bedeutung des Bettes in der mittelalterlichen Literatur und Handschriftenillustration des Mittelalters. Köln 1993, 387.

40 Marke hätte nach gültigem Recht dennoch Tristan auf der Stelle hinrichten können. Siehe hierzu Rosemary Norah Combridge, Das Recht im ,Tristan' Gottfrieds von Straßburg. Berlin 1964, 133f.

rung an: „Diesen Mann gibt es fortan nicht mehr, sein Schweigen ist Ausdruck seines Tot-Seins“.[41] Der Ehebruch ist daher in Gottfrieds Roman weniger ein Rechtsproblem denn eine emotionale Katastrophe – für alle Beteiligten. Das Ende der dialektischen Verwobenheit von Verheimlichen und Vertraulichkeiten vollzieht sich in tiefer Stille: stumm geht der König fort und still sieht ihm der erwachte Tristan nach (V. 18249).

Nach dem Abschied gibt es keine intimen Räume mehr für Tristan und Isolde. Ohne Ort gemeinsamer Erneuerung der Bindung verliert ihre Dyade an konnektiver Kraft. Die körperliche und räumliche Nähe Tristans zu Isolde Weißhand stiftet nun keine neue Intimität, vermag aber seine Sicherheit, die er in der Beziehung zu Isolde erfahren hat, nachhaltig zu erschüttern.[42] Der Raumaspekt spiegelt sich in der Differenz von *nâher* und *verrer minne*. Auch die Erinnerung an die ferne Isolde vermag nicht mehr einen virtuellen Raum aufzuspannen – in der Memoria zu aktualisieren –, der die Distanz zu überbrücken vermag, wenngleich Isolde Weißhand nach Cornwall zurückweisendes Erinnerungszeichen ist. Die Bindungsverführung in Arundel und die erinnernde Bewahrung an die blonde Isolde mindern sich gegenseitig in ihrer Wirkung, denn es ergibt sich, dass Isolde Weißhand „den Platz der nicht gegenwärtigen andern einnehmen kann, gerade dadurch aber, daß sie die Andere, an die sie erinnert, nicht ist, als markierte Differenz die Abwesende in der Erinnerung und als Erinnerung [...] präsent hält“.[43] Damit einher geht der Verlust der dem Anderen vertrauenden Sicherheit: schon bei Isolde, in weitaus stärkerem Maße aber bei Tristan wird räumliche Desorientierung zum Zeichen beginnender Entfremdung: Isoldes *wâ mag ich mich nu vinden? / wâ mac ich mich nu suochen, wâ? [...] wer wart ouch sus verirret ie? / wer wart ie sus zerteilet mê?* (V. 18532f.; 18536f.) findet seine Entsprechung in Tristans *man suoche dâ, sô bin ich hie. / man suoche hie, sô bin ich dâ. / wie vindet man mich oder wâ? / wâ man mich finde? dâ bin ich* (V. 19516–19519).

Abschließend soll kurz zusammengefasst werden, was ich an diesen Raumentwürfen intimer Interaktionen im *Tristan*-Roman Gottfrieds zu zeigen versucht habe. Intimität als Wechselwirkung inkludierender und exkludierender Mechanismen, die eine Dyade mit einem spezifischen Bindungsgehalt und einen exkludierten Dritten konstituiert, ist an räumliche Voraussetzungen gebunden. Intime Räume müssen die höfische Zugänglichkeit und Sichtbarkeit beschränken oder unterbinden. Dafür stehen Strategien der Vereinzelung, des Verschließens oder Verdunkelns oder auch der räumlichen Randständigkeit zur Verfügung. Die räumlichen Bestandteile werden, in der literarischen Darstellung sowie in der

41 Wapnewski, Der Abschied Tristans 34.

42 Zur Identitätskrise Tristans in Arundel vgl. Judith Klinger, Möglichkeiten und Strategien der Subjekt-Reflexion im höfischen Roman. Tristan und Lancelot. In: Jan-Dirk Müller und Horst Wenzel (Hg.), Mittelalter. Neue Wege durch einen alten Kontinent. Stuttgart-Leipzig 1999, 127–148.

43 Silke Philipowski, Mittelbare und unmittelbare Gegenwärtigkeit oder: Erinnern und Vergessen in der Peticriu-Episode des ‚Tristan‘ Gottfrieds von Straßburg. In: Beiträge 120 (1998) 29–35, hier 33.

Konstruktion der Wahrnehmung, in dieses Wechselverhältnis einbezogen. Durch die performativen Aspekte der Intimkommunikation erhält ein Raum spezifische Aktualisierung und Bedeutung als intimer Raum. Ein ‚locus intimus' ist hierbei ein funktionalisierter virtueller Raum, der die intime Interaktion für den Exkludierten wie für den Rezipienten sichtbar macht, sie schützen, aber auch enthüllen kann.

Um das Eingestehen des fragmentarischen Charakters von Gottfrieds Roman kommt man nicht umhin. Gleichwohl ist unübersehbar, welch fatale Konsequenz der entdeckte Ehebruch zeitigt: In der räumlichen Ferne verliert die Liebesintimität Tristans und Isoldes an Kraft – und über Markes Schmerzen braucht man wenig zu spekulieren.

Claudia Brinker-von der Heyde

Zwischenräume: Zur Konstruktion und Funktion des handlungslosen Raums

Zwischenraum: Der Begriff macht bereits deutlich, dass diesem Raum keine autonome Existenz zukommt. Er benötigt zwingend ein ‚davor' und ‚danach' bzw. ein ‚weg von' und ‚hin zu', um überhaupt vorstellbare Dimensionen zu erhalten, Dimensionen, die örtlich oder auch zeitlich bestimmt sind: örtlich, wenn es darum geht, das zwischen Personen, geographischen Orten oder auch Körperteilen Liegende zu beschreiben, zeitlich, wenn ein Zeitabschnitt zwischen Ereignissen oder auch Tätigkeiten benannt werden soll.[1] Der Zwischenraum ist damit gleichzeitig *intervallum* und *spatium* ohne absolute Größe per se. Er ist kein Ort des Bleibens, sondern immer nur ein Raum des Unterwegsseins.[2] Und als solcher spiegelt er in besonderer Weise die den arthurischen Ritter bestimmende Lebensform der rast- oder auch ziellosen Suche. Doch wie sieht dieser Raum *enzwischen* den einzelnen *Âventiuren* aus? Ist er leer oder gestaltet, in seiner Abgrenzung wahrnehmbar oder endlos, sinnlich zu erleben, funktional auf das Kommende gerichtet oder ohne Bezug zum Geschehen? Hat er eine zeitliche, topographische, symbolische Dimension? Kann aus einem Zwischenraum ein Handlungsraum werden? Oder schafft im Gegenteil erst die Unbestimmtheit bzw. die dezidierte Aussparung der Beschreibung seine Imaginierung?

Um diesen Fragen nachzugehen sollen im folgenden zwei Textsequenzen im Zentrum stehen, weil sie exemplarisch und in äußerster Komplexität die konstitutiven Merkmale aufzeigen, welche einen Raum als Zwischenraum erkennbar machen. Es sind dies

---

1 Jacob und Wilhelm Grimm, Deutsches Wörterbuch 32. Leipzig 1854, 1365–1367.

2 Paul Zumthor, La mesure du monde. Représentation de l'espace au moyen âge. Paris 1993. Er unterscheidet zwei Grundstrukturen räumlicher Erfahrung, „la demeure", Bleiben (49ff.), und „la chevauchée", das Unterwegssein (143ff.), wobei letzterem dezidiert der „chevalier errant" zugewiesen wird (201ff.).

die erste ,Wunderkette'[3] der *Crône* Heinrichs von dem Türlin[4] sowie Ausschnitte aus dem *Wigalois* des Wirnt von Grafenberg[5]. Ergänzend dazu werden der *Iwein* Hartmanns von Aue[6] und der *Parzival* Wolframs von Eschenbach[7] herangezogen. Um die zu diskutierenden Konstituenten des Zwischenraums zu markieren, sei mit einer kurzen Zusammenfassung der beiden erstgenannten Romansequenzen begonnen:

Als Gawein durch den Wald *Aventuros* zu einem Turnier zieht, verliert er in seinem Übereifer die Gefährten, die mit ihm reiten, so wie es alle die Leute machen, *sô si in gedenken sint / da von sint sie schiere blint* (V. 13942ff.). Er gerät auf einen breiten, angenehm zu reitenden Weg, den er bis zur *vesper zît* (V. 13957) entlang reitet. Plötzlich hört er – wie es ihm erscheint in der Nähe – einen Kampf. In diesem Augenblick wird ihm bewusst, seine Kollegen verloren zu haben. Zielgerichtet folgt er nun dieser ,Hör'-Spur, glaubt er doch in den Kampfgeräuschen die Turniere der Tafelrunde zu erkennen. Doch der Raum beginnt sich auszudehnen. Je mehr er ihnen nachreitet, umso weiter entfernen sich die Geräusche. In der Folge trifft Gawein auf ein „surreales Panoptikum":[8] Eine reitende Frau trägt einen toten Ritter im Arm und klagt über die versäumte Gralsfrage Parzivals. Gawein versucht vergeblich, ihr Leid nicht nur zu hören, sondern auch in ihrem Gesicht zu sehen. Denn trotz allem Bemühen: *er kunde si nie überrîten* (V. 14017). Kurze Zeit später liefern sich Ritter vor seinen Augen Kämpfe mit einem Schwert und einem Speer, ohne dass deren Träger zu sehen sind. Beide Waffen werden von Pferden davon getragen, nachdem sie das ganze Ritterheer erschlagen haben. Gerne hätte Gawein jemanden gefunden, *der im seit, waz es bediuten solde* (V. 14090f.), doch alles bleibt stumm. Gawein entschließt sich, der Pferdespur zu folgen. Im Zurückblicken sieht Gawein, wie die Getöteten alle in Flammen aufgehen und die Nacht taghell erleuchten (V. 14025–14103). Und schon wieder trifft er auf rätselhafte Gestalten. Merkwürdige Mischwesen sind gleichsam in der Bewegung zur Ikone erstarrt oder erinnern an mythologische Figuren. An Prometheus etwa, wenn Vögel einem angeketteten Riesen das Fleisch herab- und das Herz herausreißen (V. 14131ff.). Das nackte Mädchen, das vergeblich die Vögel abzuwehren sucht, von ihnen aber auch

3 Zu diesem Terminus und zur Forschungsdiskussion vgl.: Johannes Keller, *Diu Crône* Heinrichs von dem Türlin: Wunderketten, Gral und Tod (Deutsche Literatur von den Anfängen bis 1700 25) Bern u. a. 1997.

4 Heinrich von dem Türlin, Diu Crône, hg. von Gottlob Heinrich Friedrich Scholl (Bibliothek des Litterarischen Vereins in Stuttgart XXVII) Amsterdam 1966, vv. 13939–14571.

5 Wirnt von Gravenberc, Wigalois, hg. von Franz Pfeiffer (Dichtungen des deutschen Mittelalters 6) Leipzig 1847, vv. 579–660; 1125–1130; 1190–1197; 1924–3887.

6 Hartmann von Aue, Iwein, hg. von Thomas Cramer. Berlin 2001.

7 Wolfram von Eschenbach, Parzival, übers. von Peter Knecht. Berlin 1998.

8 Walter Haug, Paradigmatische Poesie. Der spätere deutsche Artusroman auf dem Weg zu einer ,nachklassischen' Ästhetik. In: Walter Haug (Hg.), Strukturen als Schlüssel zur Welt, Kleine Schriften zur Erzählliteratur des Mittelalters. Tübingen 1989, 651–671 (erstmals in: Deutsche Vierteljahrsschrift für Literaturwissenschaft und Geistesgeschichte 54 [1980] 204–231), hier: 657. Ulrich Wyss spricht von „Todesbildern": Ulrich Wyss, Wunderketten in der „Crône". In: Peter Krämer (Hg.), Die mittelalterliche Literatur in Kärnten. Vorträge des Symposions in St. Georgen/Längsee vom 8. bis 13.9.1980. Wien 1981, 269–291.

nicht attackiert wird, scheint im mythischen Szenario dann aber wieder fremd. Diesmal versagt es sich Gawein selbst nachzufragen, um nicht die Spur zu verlieren (V. 14139–14141). Jede Erscheinung ist ins Extrem gesteigert: Monströse Körper – u. a. Riesen, abgrundtief hässliche Frauen, ein grässliches grasgrünes Tier (V. 14151ff.) – stehen überaus schönen, oft nackten Mädchengestalten gegenüber. Gawein sieht einen abgeschlagenen Kopf und hört klagende Frauenstimmen, kann die dazugehörenden Personen aber nicht sehen, er erreicht einen Kristallpalast, aus dem fröhlicher Mädchengesang ertönt (V. 14271ff.). Doch kurz darauf wird der liebliche Ort von einem Furcht einflößenden Wildmann mit der Keule zerstört, die singenden Mädchen wirft er ins Feuer (V. 14287–14317).

Gawein bleibt bei all dem ausschließlich im Beobachterstatus. Er fragt nicht und wird auch nicht angesprochen. Er überwindet Berge, Täler, Wälder, Heiden, kommt durch vollständig verheerte, leblose Gegenden, er reitet Tag und Nacht. Müdigkeit und Hunger verschwinden dank des lieblichen Geruchs, der einem Rosenfeld entströmt (V. 14340–14352). Nach weiteren, sich immer grotesker steigernden Bildern wird schließlich ein Fluss zum unüberwindlichen Hindernis, Gawein droht mit seinem Pferd zu versinken (V. 14410–14452). Da bietet ihm eine mit Jagdvogel und Jagdhund daher reitende Frau ihre Hilfe an, wenn er seinerseits bereit ist, ihr zu helfen. Sie bringt das Wasser zum Erstarren, hilft ihm das Pferd aus dem Sumpf zu ziehen, Gawein erreicht das andere Ufer (V. 14458–14514). Dort findet er eine blutige Lanze mit goldener Inschrift, die zur Rache aufruft für denjenigen, der mit ihr getötet wurde. Doch genau auf diese Rache bittet Gener von Kartîs, als die sich die junge Frau zu erkennen gibt, zu verzichten, ist es doch ihr Bruder, der aus guten Gründen den Ritter Râhin von Gart erschlagen hat (V. 14516–14559). Nachdem sie ohne weitere Worte weg geritten ist, zieht auch Gawein weiter und sieht im Zurückblicken auf das erneut fließende Wasser (V. 14560–14567). Gawein wählt den am nächsten liegenden Weg, durchquert eine Heide als *breite wegescheide* (V. 14571) und erreicht schließlich am Abend eine Burg, in deren Mauern sich ähnliches wie bei Parzivals erstem Gralsbesuch abspielt.[9]

Im *Wigalois* muss sich Gawein nach heftigem Kampf einem unbekannten Ritter gefangen geben, der dank eines Gürtels über unüberwindbare Kräfte verfügt (V. 520–577). Nachdem sie einen Wald durchquert haben und vor einer hohen Felswand stehen, die es zu überwinden gilt, übergibt der Fremde Gawein den Zaubergürtel, der ihn in Zukunft vor aller *vreise* bewahren soll. Sie reiten weiter, überqueren das Gebirge und kommen in ein wunderschönes Land. Gawein glaubt angesichts dieser *ougenweide* (V. 646) zu träumen. Allerdings ist das ganze Land menschenleer. Die Zeit des Reitens vertreiben sie sich mit Geschichten erzählen. Am 13. Tag treffen sie im Land des unbekannten Ritters ein (V. 636–659). Dort verliebt sich Gawein sofort in Flôrîe, die schöne Tochter des Gastgebers, heiratet sie und zeugt mit ihr den Sohn Wigalois (V. 1006–

9 Eine genaue Auflistung der einzelnen Stationen der Wunderkette bei Keller, *Diu Crône* Heinrichs von dem Türlin, im Anhang.

1023). Wie es bei arthurischen Vätern üblich ist, verlässt er noch vor dessen Geburt seine Frau, um zu seinen ritterlichen Gefährten an den Artushof zurückzukehren, vergisst beim Abschied aber den Zaubergürtel (V. 1064–1132). Doch anstelle von zwölf Tagen braucht er für den Rückweg nun ein halbes Jahr. Und als er erneut zu seiner Frau zurück reiten will, sucht er ein ganzes Jahr vergeblich den Raum, der ihn von ihr trennt.

Zwanzig Jahre später macht sich Wigalois auf die Vatersuche und gelangt zum Artushof (V. 1300–1475). Als eine Botin aus dem Land Korntîn um Hilfe bittet, ist der gerade zum Ritter ernannte junge Mann bereit, diese Hilfe zu leisten (V. 1795ff.), wird aber zunächst von dieser aufgrund seiner Jugend nicht akzeptiert und muss während der gemeinsamen Reise in verschiedenen Kämpfen gegen Ritter, Zwerge, verwunschene Schlösser u. a. erst seine Fähigkeiten unter Beweis stellen. Auch hier führt 2000 Verse lang der Weg durch Wälder, Täler und über Berge. Viele Nächte sind die Reisenden unterwegs und erzählen sich dabei Geschichten. Als schließlich die Botin von Wigalois überzeugt ist, berichtet sie ihm von den Schwierigkeiten, denen sich ihre Herrin Lârîe ausgesetzt sieht, und von der Aufgabe, die an ihn gestellt werden wird. Genau in dem Augenblick als Wigalois sich dazu bekennt, das Wagnis auf sich zu nehmen, sieht er vor sich die Burg der schönen Lârîe, Ziel seiner Reise und Ausgangspunkt der zu bewältigenden *Âventiure* (V. 1810–3887).

So unterschiedlich beide Erzählungen angelegt sind, sollten doch bereits in der Nacherzählung Analogien und gemeinsame Phänomene erkennbar geworden sein, welche einen deutlich virtuellen Zwischenraum konstituieren. Zu nennen sind: die permanente Bewegung, die Koordinaten, die Fragmentierung und die Leblosigkeit des Raums, sowie eine Form von Bewusstseinsstörung des Helden.

1. Permanente Bewegung

In beiden Texten ist der Ortswechsel mit einer längeren Reise verbunden, die entweder unterbrochen wird von Handlungssequenzen (*Wigalois*), von Schaubildern oder -szenen (*Crône*). Auch sie sind in der Diktion Heinrichs von dem Türlin *âventiuren*, allerdings nicht in ihrer ‚klassischen' Bedeutung aktiven Eingreifens, sondern dadurch, dass sie sagen, „wo es langgeht".[10] Denn Gawein folgt konsequent den Spuren, die sie legen und findet dadurch wieder auf den ‚rechten' Weg zurück. Wie ein Film laufen die Begegnungen dabei vor Gawein ab, während Wigalois jeweils selbst aktiv werden muss. Dennoch bleiben auch seine Taten Episoden, sind Etappen, die gleichsam im Vorbeireiten bewältigt werden und – ohne dass dies Wigalois bewusst würde – nur ein Ziel haben: die Botin von seinen Qualitäten zu überzeugen. Sie führen damit zu einer Retardierung, ohne aber wirklich aufhalten zu können. Selbst wenn wir nicht die ganze Sequenz als

10 Mireille Schnyder, *Âventiure? waz ist daz?* Zum Begriff des Abenteuers in der deutschen Literatur des Mittelalters. In: Euphorion 96 (2002) 257–272, hier 264.

Zwischenraum interpretieren wollen, sondern die einzelnen Kämpfe als jeweiligen Unter- oder auch Ausbruch aus ihm verstehen, so ist doch immer wieder die Rückwendung in den handlungslosen Zwischenraum entscheidend, dessen Durchquerung notwendig ist, um die eigentliche, die angestrebte *âventiure* zu erreichen. Dass nur die Befreiung Korntîns als solche bezeichnet wird (*Wigalois* V. 1761; 2455; 3164; 3213), ist ein Hinweis mehr, dass es sich bei allen anderen Kampfhandlungen nur um Zwischenhalte handelt.[11] Räume der Handlung sind in der Regel Orte,[12] der Zwischenraum erschließt sich dagegen nahezu ausschließlich über die Bewegung. Er ist nicht im eigentlichen Sinn „erlebter Raum",[13] sondern durchquerter Raum. Unterwegs sein wird dadurch markiert als ein Dazwischen-sein von Ort zu Ort. Erst am Ziel ereignet sich dann die eigentliche Tat, mit der die Linearität des Wegs beendet wird.

2. Raumkoordinaten

Zur Strukturierung durch Kinästhesie treten die Koordinaten Zeit, Topographie und Richtungen. Mathematisch berechnete Distanzen, welche in modernem Verständnis ganz besonders Raum konstituieren, fehlen weitgehend. Dies ist allerdings keine Besonderheit literarischer Räume, sondern entspricht mittelalterlichem Denken, das keine spatiale und temporale Trennung kennt,[14] sondern Raum nur als Chronotopos wahrnimmt.[15] Zeit ist Raum, Raum ist Zeit, beides ist Bewegung. Auf mittelalterlichen ‚mappae mundi' lässt sich dieses Phänomen sehr gut beobachten. Auf ihnen ‚wandert' die Geschichte von geographischem Ort zu Ort, von Ost nach West und mit dem Finger auf der Landkarte folgt ihr der Betrachter. Der Raum ist kein vermessener Raum, sondern eben ein ‚Zeitraum'. Erst die Portolankarten der beginnenden Neuzeit erweitern diesen um die mathematischen Raumgrößen und markieren damit sehr deutlich den Epochenwandel. In den mittelalterlichen Romanen aber wird der zurückgelegte Weg ausschließlich über Zeiteinheiten fassbar. Man reitet zwölf Tage, bis man vor sich das

---

11 Der Aufsatz von Mireille Schnyder belegt, dass der Begriff *âventiure* keineswegs so inflationär benutzt wird wie in der Forschungsliteratur.

12 Auch in der antiken und scholastischen Philosophie spielen Orte (‚topos', ‚locus') eine sehr viel entscheidendere Rolle als Räume. Vgl. die Einleitung in: Jan A. Aertsen und Andreas Speer (Hg.), Raum und Raumvorstellungen im Mittelalter (Miscellanea Mediaevalia 25) Berlin-New York 1998, XII. Es würde in diesem Zusammenhang aber zu weit führen, zu untersuchen, ob hier Zusammenhänge bestehen.

13 Zu diesem Begriff: Otto Friedrich Bollnow, Mensch und Raum. Stuttgart-Berlin-u. a. 1980, 18ff. Die Relation von Raum und bewegendem Subjekt betont auch Ingrid Hahn, Raum und Landschaft in Gottfrieds ‚Tristan'. Ein Beitrag zur Werkdeutung (Medium aevum 3) München 1963, Kap. 2.

14 Vgl. dazu: Friederike Hassauer, Santiago. Schrift, Körper, Raum, Reise. Eine medienhistorische Rekonstruktion. München 1993, 97.

15 Michael M. Bachtin, Raum und Zeit im Roman. In: Kunst und Literatur 22 (1974) 1161–1191, hier 1161; Michael M. Bachtin, Formen der Zeit im Roman. Untersuchungen zur historischen Poetik. Frankfurt am Main 1989, 191ff.

Ziel sieht, das man am 13. Tag frühmorgens erreicht (*Wigalois* V. 648f.). Nacht, Tag, Vesperzeit, Abend weisen auf die jeweils zurückgelegten Streckeneinheiten hin.[16] Weitere Distanzsignale liefern die wechselnden Landschaftselemente. In geradezu voraussehbarer Regelmäßigkeit durchreiten die Protagonisten weite Ebenen, verschiedene Gebirge, undurchdringliche Wälder, tiefe Täler, breite Gewässer. Tempo- und Richtungsangaben – schnelles oder langsames Reiten, Richtungswörter wie *dar, her* oder auch binäre Oppositionen wie z. B. links-rechts – vermitteln den Eindruck stetigen Voraneilens bzw. – sehr viel seltener – eines Kreuz- und Querreitens.[17]

Eine besonders häufige Form der Distanzmessung ist das „Erzählen beim Reiten“.[18]

> *sie reiten miteinander:*
> *dô saget er ir mære*
> *und kurzet ir die stunde*
> *als er beste kunde*
> *unz daz der âbent ane gie*
> *(Wigalois* V. 1924ff.*)*[19]

Was erzählt wird, erfährt der Leser hier nicht, denn zunächst ist es nichts anderes als ein „Erzählen stattdessen“.[20] Man nutzt das Handlungsvakuum, um sich die Zeit *mit mæren* zu vertreiben (*Wigalois* V. 660) und sie damit kürzer erscheinen zu lassen. Aber gleichzeitig markiert der Zwischenraum, in dem sich das Paar befindet – und erzählt wird immer nur dort, wo mindestens zwei Figuren einen Zwischenraum durchqueren – auch die zwischenmenschliche Distanz von Nêrejâ[21] zu Wigalois. Einerseits durchaus

16 **Nacht**: *Wigalois* V. 2056; 2967; 3487; *Crône* V. 14103; 14323. **Tag/Morgen**: *Wigalois* V. 2025; 2133; 2197; 2223; 3143; 3487; 3625; *Crône* V. 14114; 14326; **Abend**: *Wigalois* V. 1927; **Vesper/Mittag**: *Wigalois* V. 3140; *Crône* V. 13958;

17 **Heide, offene Landschaft, gevilde, anger**: *Wigalois* V. 645; 2019; 2269; 2287; 2645; 3297; *Crône* V. 14111; 14224; 14273; 14338; 14352; **Gebirge**: *Wigalois* V. 634; 1192; 1205; 2353; 3192; *Crône* V. 14111; 14235; 14266; 14334; **Tal/Aue**: *Wigalois* V. 2353; **Wald/Wilde**: *Wigalois* V. 653; 1127; 2023; 2043; 2060; 2270; 2286; 3193; 3299; *Crône* V. 13935; 13962; 14111; 14125; 14224; 14234; 14285; **links-rechts/breit-eng**: *Crône* V. 13940ff.; 14352; 14440; **Gewässer**: *Wigalois* V. 651; 2016; 2043; Crône V.14410ff.

18 So lautet der Untertitel eines Aufsatzes von Alexander Lasch und Béatrice Liebig, schoene rede sunder zil. Erzählen beim Reiten in der deutschsprachigen Literatur des Mittelalters. In: Ludger Lieb und Stephan Müller (Hg.), Situationen des Erzählens. Aspekte narrativer Praxis im Mittelalter. Berlin-New York 2002, 69–88.

19 Auch: V. 660ff.; 2283ff.; 2636ff.; 3286ff.

20 Peter Strohschneider, Zeit Tod Erzählen. Ansichten der *Teutschen Winter=Nächte* Johann Beers vor der Tradition des Novellare. In: Wolfgang Harms und Jean-Marie Valentin (Hg.), Mittelalterliche Denk- und Schreibmodelle in der deutschen Literatur der frühen Neuzeit (Chloe. Beiheft zu Daphnis 16) Amsterdam-Atlanta/GA 1993, 269–300, hier 278.

21 Erhält in den ‚klassischen‘ Artusepen der Held seinen Namen und damit seine Identität nach der ersten entscheidenden Tat, so ist es hier die Botin, welche, erst als sie den Artusritter als Retter an den Hof von Korntîn bringt, mit Namen genannt wird (V. 4069). Vorher ist sie die namenlose *maget*.

aufgrund ihrer genuinen Raumzuordnung, denn die *maget* reitet zurück in ihr Herkunftsland, Wigalois dagegen weg aus seiner ritterlichen Heimat, dem Artushof als eigentlichem ‚Vater'land. Beider Bewegung ist also trotz der auf der Oberfläche sichtbaren Richtungsgleichheit gegenläufig. Doch darüber hinaus hat Nêrejâs Ablehnung gegenüber Wigalois einen schier unüberbrückbaren menschlichen Zwischenraum geschaffen, den sie in ihrem zornigen Verhalten auch durchaus zu markieren weiß und erneut in räumliche Distanz umzusetzen sucht:

> *der [rîter] begunde kêren*
> *sîner juncvrouwe nâch.*
> *der was von im harte gâch,*
> *wand es was ir vil leit*
> *daz er iender mit ir reit*
> *(Wigalois* V. 2184ff.*)*

Das Erzählen wird daher sehr viel mehr als nur ein Distanzsignal für die zurückgelegte Wegstrecke. Denn es ist zwar nicht unmittelbar ein Erzählen gegen den Tod, wie wir dies etwa von den Märchen aus tausendundeiner Nacht her kennen,[22] aber es ist zumindest ein Erzählen gegen die Zurückweisung durch die *frouwe*, was ja zumindest einem gesellschaftlichen Tod nahe kommt. Erzählen dient nicht nur dazu, den Abstand zum Zielort, sondern auch denjenigen zwischen den Protagonisten geringer werden zu lassen. Ist es zuerst nur Wigalois, der seiner Gefährtin die Zeit beim Geschichtenerzählen verkürzt und ihr damit näher zu kommen sucht, später einer der beiden mitreitenden Zwerge als Vermittler dazwischen, so ist es am Schluss Nêrejâ selbst, welche Wigalois ausführlich in die Geschichte einweiht, um die es gehen wird. Einerseits verbinden sich damit Vergangenheit und Zukunft. Die Gegenwart, in der erzählt wird, ist zeitlicher Zwischenraum, speist sich das erwartete Geschehen der Zukunft doch aus dem Geschehen der Vergangenheit. Andererseits ist nun auch der psychische Zwischenraum überwunden. Mit dem Durchreiten des geographischen Zwischenraums löst sich also auch das auf, was zwischen den Menschen steht. Und folgerichtig taucht in dem Augenblick als sich Wigalois vorbehaltlos und ohne jegliche Distanzierung zur Übernahme der Aufgabe bereit erklärt, vor den Augen der Reisenden das Ziel auf, die Burg von Korntîn.[23] „Der räumlichen Annäherung an die Burg entspricht die erzählerische".[24] Dies ist das Signal für das endgültige Verlassen des Zwischenraums.

Bezogen auf die spatiale Komponente heißt dies erneut: Sie entsteht nicht im eigentlichen Sinn räumlich, sondern über das sich einerseits im Reiten, andererseits auch über

22 Vgl. zu diesem Erzählmuster: Strohschneider, Zeit Tod Erzählen.

23 Vgl. etwa *Parzival* V. 615,27–619,30: Orgeluse, die sich so abweisend gegen Gawein verhalten hat, hebt in dem Augenblick diese Distanz auf, als sie ihm auf dem Weg zu *Schastel marveille* ihre Lebensgeschichte erzählt und ihn damit an ihrem Schicksal teilhaben lässt.

24 Lasch und Liebig, schoene rede sunder zil 84.

das Erzählen weiter bewegende Subjekt, wobei dieses Fortschreiten sowohl motorisch wie mental zu verstehen ist. Das Subjekt prägt also verschiedene Zwischenräume, seine Wahrnehmung bestimmt das wahrzunehmende oder auch wahrgenommene Objekt.[25]

3. Der Aggregatraum

Geschlossene Raumeinheiten bilden sich trotz der topographischen Angaben nicht. Jeder Hinweis liefert nur Raumteile, die beliebig kombinier- und damit auch zu unterschiedlichen Zwecken einsetzbar sind. Oft dienen sie gleichsam als Rahmen der Schau- oder auch Hörbilder. Wie auf den ‚mappae mundi' bilden Wald, Gebirge und Wasser keine eigentlichen topographischen Zusammenhänge, sondern trennen lediglich die Bedeutung tragenden Orte voneinander ab. Und ihre jeweilige Nennung provoziert Lesererwartungen. Denn was für den ‚wilden Wald' gilt, trifft auch für die anderen Landschaftsformationen zu: sie sind Raummetaphern.[26] Wer Wald hört, denkt an Gefahr, an nichtmenschliche Gestalten, an merkwürdige Begebenheiten. Ein breiter, angenehm zu reitender Weg verheißt nichts Gutes, eine Wendung nach rechts lässt zwar manche Anstrengungen erwarten, schlussendlich aber auf Erfolg hoffen, die Wahl des linken Wegs dagegen deutet auf Unheil. Das Gebirge suggeriert Unüberwindlichkeit, Abgeschlossenheit, Zäsur; Tal und Heide lassen dagegen eher eine liebliche Natur vermuten, Wasser und Flüsse bilden Grenzlinien, hinter denen in der Regel etwas Neues beginnen wird. Ganz ähnliches lässt sich auch für die Zeitangaben konstatieren. Die Nacht – im Mittelalter etymologisch von *nocere*, Schaden zufügen, hergeleitet[27] – erscheint bedrohlich, der frühe Morgen, der helle Tag oder Mittag dagegen aktivieren erneut die Kräfte, Vesperzeit und Abend mahnen wiederum an das heraufziehende Dunkel.

Ein weiteres zentrales Phänomen des Zwischenraums ist seine Variabilität in Größe und Ausdehnung. Wenn Zeit Raum ist, dann wird über das Verkürzen dieser Zeit durch Erzählen auch der Raum verkleinert. Finden sich gar nur Richtungsangaben, ohne weitere Beschreibung, dann bleibt es gänzlich dem Rezipienten überlassen, sich den mit ‚von her' oder ‚da hin' angedeuteten Zwischenraum vorzustellen und in der Phantasie auszugestalten.[28]

---

25 Hassauer, Santiago. Schrift, Körper, Raum, Reise 97f.

26 Zum wilden Wald vgl.: Christian Schmid-Cadalbert, Der wilde Wald. Zur Darstellung und Funktion eines Raumes in der mittelhochdeutschen Literatur. In: Rüdiger Schnell (Hg.), Gotes und der werlde hulde. Literatur in Mittelalter und Neuzeit. Festschrift für Heinz Rupp zum 70. Geburtstag. Bern-Stuttgart 1989, 24–47.

27 Tzotcho Boiadjiev, Loca nocturna – Orte der Nacht. In: Jan A. Aertsen und Andreas Speer (Hg.), Raum und Raumvorstellungen im Mittelalter (Miscellanea Mediaevalia 25) Berlin-New York 1998, 439–451, hier 441.

28 Mehr noch als Landschaften sind es oft ‚Körperräume', welche über die dezidierte Aussparung erst eigentlich wahrgenommen und vor allem attraktiv werden. Im beredtem Verschweigen des *enzwischen* Hände und Fuß Liegenden der wunderschönen Dame schafft so z. B. Walther von der

Auch über unterschiedlich lange Erzählsequenzen ein und desselben Raums verändern sich zumindest in der Wahrnehmung der Rezipienten die Maße. Wenn Iwein aufgrund der Erzählung Kalogrenants aufbricht, dann findet er zwar alle Raumelemente wieder, aber sie ziehen gleichsam im Zeitraffertempo an ihm vorbei, was den Blick des Rezipienten auf den Raum verändert. Benötigt Kalogrenant 340 Verse bis er an der Quelle angelangt ist, so braucht Iwein gerade mal 20 Verse für denselben Weg.[29] Explizit ausgesprochen wird diese beliebige Einengung oder Dehnung des Raums, wenn das, was nahe klingt, trotz kontinuierlichem Näherrücken immer gleich weit entfernt bleibt (*Crône*) oder wenn der in zwölf Tagen durchquerte Raum auf dem Rückweg ein halbes Jahr durchritten werden muss und in einem dritten Anlauf überhaupt nicht mehr auffindbar ist (*Wigalois*). Die Gesetze des physikalischen Raums sind außer Kraft gesetzt. Entscheidend für die Ausdehnung bzw. für das Vorhandensein des Zwischenraums ist derjenige, der ihn betreten will. Erneut wird so der Raum zum „Entwurf des Subjekts",[30] sowohl innerliterarisch als auch bezogen auf den Rezipienten. Denn je nachdem, welche Bilder sich für ihn mit den genannten Landschaftsformationen und den Distanzsignalen verbinden, wird er sich seine eigenen Landschaften zusammenbauen, einen deutlich virtuellen Raum, der Realität simuliert, weil er aus deren materiellen Bausteinen eine je eigene Wirklichkeit schafft. Imaginäres und Reales wird so narrativ zur Deckung gebracht.

4. Bewusstlosigkeit

Der Zwischenraum ist der ‚bewusstlose' Raum. Der Protagonist gerät zufällig hinein. Er ist *blint* für das, was um ihn herum geschieht, gedankenverloren verliert er auch den Weg. Nichts anderes geschieht, wenn Parzival die Zügel schleifen lässt und damit auf Selbstbestimmung verzichtet (*Parzival* V. 224,19ff.) oder die Protagonisten im *Wigalois* sich der Führung einer fremden Person anvertrauen. Im *Iwein* wird diese Bewusstlosigkeit ins Extrem gesteigert. Iwein verliert seine Identität, hat alle Orientierung und Handlungsfähigkeit verloren, (nackter) Körper und umschließender (wilder) Raum korrespondieren deutlich mit einander (*Iwein* V. 3234ff.). Er kann reagieren, aber nicht agieren. Noch im ‚Erwachen' verschwimmen die Grenzen von Traum und Wirklichkeit (*Iwein* V. 3509–3593). Ganz ähnlich ergeht es Gawein in der *Crône*. Er sieht, er hört, riecht und fühlt die auf ihn zukommenden Gestalten, aber er kommuniziert nicht mit ihnen. Er vermeidet jede Frage, er greift in kein Kampfgeschehen ein, und er droht immer wieder

---

Vogelweide einen imaginären Raum der Sehnsucht, der gleichsam zum Zentrum der Beschreibung wird, gerade weil er sprachlich ungestalteter Zwischenraum bleibt. Walther von der Vogelweide, Leich, Lieder, Sangsprüche, hg. von Christoph Cormeau. Berlin 1996. Nr. 30, V: L 54,17ff.

29 Hartmann von Aue, Iwein. vv. 259–599; vv. 967–988.

30 Hartmut Beck, Raum und Bewegung: Untersuchungen zu Richtungskonstruktion und vorgestellter Bewegung in der Sprache Wolframs von Eschenbach. Erlangen 1994, 163.

das anvisierte Ziel zu verlieren. Selbst dort, wo er versucht, weitere Informationen zu erhalten, lösen sich die Figuren gleichsam auf, nie gelingt es dem Helden, sich mit Hilfe eines veränderten Blickwinkels andere Ansichten zu verschaffen als die vorgegebenen. Und dies trifft gleichermaßen für die Außen- wie für die Innenperspektive zu. Gawein kann das *herzeleit* (*Crône* V. 14010) der mit einem toten Ritter daher reitenden Dame zwar hören, aber nicht sehen. Sein Versuch, ihr ins Gesicht zu schauen, scheitert trotz intensiven Bemühens:

> *Wie willec er sîn wære*
> *Er kunde si nie überrîten*
> *Anders denn daz er si bî siten*
> *Den tôten ritter vüren sach*
> *(Crône V.* 14016ff.)

Als Phantasmagorien erscheinen und verschwinden die Bilder vor seinen Augen und die Töne aus seinen Ohren.

Auditive und visuelle Eindrücke bei fortlaufender Bewegung kennzeichnen auch im Wigalois die Wahrnehmung des Raums. Der Held fühlt sich dabei *wie er in einem troume wære* (*Wigalois* V. 640). Nicht Handeln als bedeutungs- und sinngebender Vorgang, sondern Verhalten als „Bewegung an und für sich ohne Bezug auf Bedeutung und Sinn“[31] ist durchgängig zu beobachten. In allen Texten, ganz besonders deutlich aber in der *Crône* ist eine „vorübergehende, quasi irreale Seinsweise eines Objekts“ zu erkennen, „das mit den Kategorien des Vorhandenseins nicht zu fassen ist“, eine Definition, die im philosophischen Diskurs Virtualität kennzeichnet.[32]

Auf diese Weise wird der Weg zu einem virtuellen Weg in einer virtuellen Welt, dessen einziger Sinn darin besteht, ihn abzulaufen, um in eine neue, eine andere Welt zu gelangen. Der Zwischenraum als ganzer wird zur Raumschwelle, zur liminalen Zone schlechthin, befindet sich der Artusritter doch in einem „Zwischenstadium der Statuslosigkeit“[33] und ist „weder hier noch da“.[34]

31 Andreas Ramin, Symbolische Raumorientierung und kulturelle Identität. Leitlinien der Entwicklung in erzählenden Texten vom Mittelalter bis zur Neuzeit. München 1994, 17.

32 Dirk Vaihinger, Virtualität und Realität – Die Fiktionalisierung der Wirklichkeit und die unendliche Information. In: Holger Krapp und Thomas Wägenbaur (Hg.), Künstliche Paradiese – virtuelle Realitäten. Künstliche Räume in Literatur-, Sozial- und Naturwissenschaften. München 1997, 19–43, hier 21f.

33 Victor Turner, Das Ritual. Struktur und Antistruktur. Frankfurt am Main-New York 2000, 97.

34 Turner, Das Ritual 95.

5. Der leblose Raum

Mit der Passivität des Protagonisten korreliert die häufig genannte Leblosigkeit im Raum. Das *lant* ist gänzlich verheert (*Crône* V. 14115ff.) oder es ist ein ‚locus amoenus', dem aber das Entscheidende fehlt: Menschen, die sich in ihm bewegen (*Wigalois* V. 637–646). Der Raum liefert eine Fülle auditiver, visueller und olfaktorischer Eindrücke, er ist eine Sinnenwelt und doch ‚sinnlos', denn es fehlt ihm genau das, was im Mittelalter Landschaften konstituiert. Menschen, die dort wohnen und „politisch, ökonomisch, sozial, rechtlich und kulturell handeln".[35] Der Zwischenraum ist somit immer auch der Raum, der zwischen Ländern, Völkern und Kulturen steht, wird aber dadurch gleichzeitig zu einem für den Protagonisten ungefährlichen Raum. Denn es gibt keine Herrschaft, keinen Besitz und folglich keine Konfrontation. Als Niemandsland ist er nicht greifbar, namenlos und uneinnehmbar, weil es gar niemanden gibt, der Anspruch auf ihn erhebt. Der Protagonist bewegt sich zwar in ihm, aber er gehört nicht zu ihm. Kommunikation kann daher auch nur zwischen den Figuren zustande kommen, welche in den Zwischenraum eingedrungen sind und sich in ihm bewegen, aber eben nicht unmittelbar selbst zu ihm gehören. Erst an der Grenze zum Handlungsort wird der Protagonist wieder ins Geschehen involviert. Jetzt gelingt die Kommunikation, weil er direkt angesprochen wird. Und diese Kommunikation ist unbedingt nötig, weil er in der Regel die Grenze nicht ohne fremde Hilfe überschreiten kann. Meist sind es Flüsse, welche das Ende des liminalen Raums markieren (*Wigalois* V. 651f.; *Crône* V. 14410ff.) oder ein weites offenes Gelände, eine Heide, die in der *Crône* ganz explizit als *breite wegescheide* (*Crône* V. 14576) bezeichnet wird. Auch eine Straße kann in die Welt zurückführen, so wie Iwein, der in ihrer Nähe gefunden und mit Hilfe der Heilsalbe wieder auf diesen ‚rechten Weg' gebracht wird. Oder es ist die abgeschlossene Erzählung, die nun nicht mehr nur Distanzmesser, sondern auch Informationsträger geworden ist, welche auf ein baldiges Ende des Zwischenraums deutet, der dann mit einer gleichsam magischen Formel überschritten wird:

> *er sprach: „triuwen daz sol sîn"*
> *Dô er daz wort volsprach,*
> *die schoenen burc er dô sach*
> *bî im ligen nâhen.*
> (*Wigalois* V. 3884ff.)[36]

---

35 Burckhardt Krause, *Landscaft*, Landschaft, *Landscape*: Die eigene und die fremde Landschaft. Anmerkungen zum ‚deutschen' und nordamerikanischen Landschaftsverständnis. In: Burckhardt Krause und Ulrich Scheck (Hg.), Natur, Räume, Landschaften. 2. Internationales Kingstoner Symposium. München 1996, 25–72, hier 25.

36 Auch in der *Crône* ist das Überschreiten des Grenzflusses von magischer Beschwörung abhängig, mit der das fließende Wasser zum Erstarren gebracht wird.

Deutete die als Zeitreise gestaltete Bewegung im Zwischenraum auf eine unbewusste Entwicklung des jeweiligen Protagonisten,[37] so beendet das aus ihm Heraustreten den Zwischenzustand von Traum und Realität, von Zweifel und Hoffen, von Ablehnung und Anerkennung. Der arthurische Ritter hat wieder zu sich selbst gefunden. Als Grenzgänger in Zwischenräumen hat er neue Konzepte und Formen der Existenz erprobt[38] und kann mit dem dadurch veränderten Bewusstsein die an ihn gestellten Aufgaben erfüllen. Nicht immer sind Zwischenräume so ausgeprägt vorhanden wie in der *Crône*, die in weiten Teilen fast nur aus Zwischenräumen zu bestehen scheint, was sowohl der „Scheinexistenz des Grals zwischen Leben und Tod" entspricht[39] als auch mit dem oft konstatierten Programm einer Auflösung der gattungstypischen Strukturen und Erzählmuster deutlich korreliert. Aber sie fehlen nirgends, denn ohne Zwischenräume ist erfolgreiche *Âventiure* überhaupt nicht denkbar. Daher brauchen nicht nur Zwischenräume zwingend ein hier und dort, um überhaupt erst zu entstehen, sondern auch das hier und dort wird erst über den Zwischenraum als Handlungsort konstituiert.

37 Sigrid Weigel erkennt in der Bewegung im Raum ein „prominentes literarisches Verfahren zur Darstellung individueller oder kultureller Entwicklungen in der Dimension der Zeit". Sigrid Weigel, Zum ‚topographical turn'. Kartographie, Topographie und Raumkonzepte in den Kulturwissenschaften. In: KulturPoetik. Zeitschrift für kulturgeschichtliche Literaturwissenschaft 2 (2002) 151–165, hier 157.

38 Vgl. dazu: Dirk Hohnsträter, Im Zwischenraum. Ein Lob des Grenzgängers. In: Claudia Benthien und Irmela Marei Krüger-Führhoff (Hg.), Über Grenzen: Limitation und Transgression in Literatur und Ästhetik. Stuttgart-Weimar 1999, 231–244, hier 244.

39 Keller, *Diu Crône* Heinrichs von dem Türlin 415.

Gerrit Jasper Schenk

Heiltümer und geraubte Himmel. Virtuelle Räume bei spätmittelalterlichen Herrschereinzügen im Reich[1]

Ein ‚virtueller Raum' kann „durch die Überformung der realen topographischen Koordinations- und Raumstiftungselemente durch Konstituenten anderer Kategorien"[2] wie z. B. Sinneswahrnehmungen, psychische Dispositionen, funktional oder intentional geforderte Raumgrenzsetzungen entstehen. Diese sollen ihrerseits die alltäglichen Raumwahrnehmungsmuster mit anderen Raumvorstellungen überlagern und so einen virtuellen Raum im realen Raum situieren können. Ich möchte in einem ersten Schritt (I) diesen in der Tagungsankündigung nur angedeuteten Entwurf einer ‚Theorie des virtuellen Raumes' aufgreifen und für die Zwecke meines Vortrags begrifflich zuspitzen. In einem zweiten Schritt (II) versuche ich an einer Reihe von Beispielen zu zeigen, wo und wie bei Herrschereinzügen in Städte des spätmittelalterlichen Reiches virtuelle Räume entstanden, und dass diese virtuellen Räume für die Zeitgenossen sogar eine ganz zentrale Rolle spielten. In einem dritten Schritt (III) schlage ich einige mögliche Lesarten zweier Phänomene vor, die meiner Ansicht nach mit den beschriebenen virtu-

---

1 Der Beitrag beleuchtet nur eine Facette der hochkomplexen Problematik der ‚rituellen Beraubungen' bei mittelalterlichen zeremoniellen Akten im Sinne einer Vorstudie zu einer noch zu schreibenden Geschichte von ‚Ritualen des Königtums'. Ausgangspunkt sind meine Überlegungen in: Zeremoniell und Politik. Herrschereinzüge im spätmittelalterlichen Reich (Forschungen zur Kaiser- und Papstgeschichte des Mittelalters. Beihefte zu J. F. Böhmer, Regesta Imperii 21) Köln-Weimar-Wien 2003, 448-504. Weitere Facetten werde ich beleuchten in: Rituelle Beraubung. ‚Volksvergnügen' oder Forschungsmythos? Vorgänge um die Einsetzung des venezianischen Dogen im Vergleich mit ähnlichen „rites de passage". In: Marion Steinicke und Stefan Weinfurter (Hg.), Investitur- und Krönungsrituale. Heidelberg (in Vorbereitung 2004); Enter the Emperor: Charles IV and Siena between Politics, Diplomacy, and Ritual. In: Fabrizio Nevola und Philippa Jackson (Hg.), Ritual in Renaissance Siena. Comparative Disciplinary Approaches (Renaissance Studies, voraussichtlich 2005). Die Vortragsform wurde weitgehend beibehalten, die Nachweise beschränken sich auf das Wesentliche. Für zahlreiche wertvolle Anregungen danke ich den Teilnehmern der Kremser Tagung.

2 Tagungsankündigung des Mediävistenverbandes: Virtuelle Räume. In: Mitteilungen der Residenzenkommission der Akademie der Wissenschaften zu Göttingen 12/2 (2002) 89–91.

ellen Räumen bei Herrscheradventus zusammenhängen, nämlich unterschiedliche Interpretationen für die eigentümliche Verwendung von Traghimmeln und Reliquien.

(I) Im Gegensatz zum ‚Ort' ist ‚Raum' eigentlich das Umfassende, in dem alles seinen bestimmten ‚Ort' hat. Der – in der deutschen Wissenschaftsgeschichte politisch belastete[3] – Begriff ‚Raum' verweist jedoch wortgeschichtlich auf die Tätigkeit des Räumens, des Rodens und Urbarmachens, letztlich auf seine Entstehung durch menschliches Handeln.[4] ‚Raum' soll hier also nicht als eine erkenntnistheoretisch notwendige oder physikalisch messbare Kategorie verstanden werden, sondern den erst durch menschliches Handeln, Wahrnehmen, Denken oder Sprechen konstituierten Raum bezeichnen. Anders als es der physikalische Raumbegriff fordert, ist der hier gemeinte menschliche Raum also inhomogen und anisotrop,[5] würde also im Sinne der eingangs genannten Unterscheidung von ‚Raum' und ‚Ort' eigentlich aus vielen verschiedenen, sich räumlich und zeitlich überlagernden ‚Orten' bestehen. Dennoch lässt es sich gerade angesichts der Wortgeschichte vertreten, bei den Begriffen ‚Raum' (als Abstraktum und Kontinuum) und ‚Räume' (als diskrete, konkrete Einheiten) zu bleiben. Ein Teil des Abstraktums ‚Raum' ist in dem Sinne ‚real', dass er mit den menschlichen Sinnesorganen intersubjektiv wahrnehmbar ist. Dieser zum Teil schon durch Menschen geprägte und unterschiedlich wahrgenommene ‚reale Raum' besteht wegen seiner besagten Inhomogenität folglich ebenfalls aus vielen unterschiedlichen Räumen, die sich auch gegenseitig überlagern oder am selben physikalischen Ort zeitlich aufeinander folgen können. Der ‚reale Raum' wird dauerhaft gegliedert durch naturräumliche Gegebenheiten wie Fluss und Berg, zeitweise durch menschliche Eingriffe wie Hafen und Stadtmauer, aber auch kurzzeitig durch Handlungen wie z. B. Flurumgänge, bei denen durch das Abschreiten eine dadurch erst sichtbar werdende Grenze markiert wird, also ein konkreter, diskreter Raum evoziert wird. Dabei darf jedoch nicht übersehen werden, dass die Konstituierung dieser ‚realen Räume' durch die Menschen sehr stark von Raumvorstellungen determiniert wird, die nicht mit den menschlichen Sinnen intersubjektiv wahrgenommen werden können, nämlich z. B. von menschlichen Ideen und Institutionen, von Vorstellungen aus dem Sprach-Raum, dem Denk-Raum oder aus dem Raum der (kollektiven) Erinnerung – Henri Lefebvre würde in diesen Fällen also längst schon von ei-

3 Vgl. Werner Köster, Die Rede über den „Raum". Zur semantischen Karriere eines deutschen Konzepts (Studien zur Wissenschafts- und Universitätsgeschichte 1) Heidelberg 2002.

4 Vgl. Jacob und Wilhelm Grimm, Deutsches Wörterbuch 8. Leipzig 1893 (Neudr. München 1984) 275–283; Elmar Seebold (Hg.), Kluge. Etymologisches Wörterbuch der deutschen Sprache. 23. Aufl. Berlin-New York 1999, 670.

5 Vgl. Rolf Gehlen, Raum. In: Hubert Cancik, Burkhard Gladigow und Karl-Heinz Kohl (Hg.), Handbuch religionswissenschaftlicher Grundbegriffe 4. Stuttgart-Berlin-Köln 1998, 377–398, hier 377–380; Otto Friedrich Bollnow, Mensch und Raum. 9. Aufl. Stuttgart-Berlin-Köln 2000 (1. Aufl. 1963), 13–25, 31–44.

ner sozialen „Production de l'Espace" sprechen.[6] Das Beispiel des oben erwähnten Flurumganges macht dieses ‚Herausführen' eines derartigen Raumes aus dem natürlichen Raum durch soziales Handeln, das durch kollektive, jedoch intersubjektiv nicht direkt sinnlich wahrnehmbare Raumvorstellungen mitgeprägt wird, leicht einsichtig. Die nicht direkt sinnlich wahrnehmbaren, aber sehr wohl mit der Realität in Austausch stehenden und dadurch indirekt den sinnlich wahrnehmbaren Raum mit-konstituierenden kulturspezifischen Vorstellungen könnte man den Raumvorstellungen des ‚Imaginaire' im Sinne von Jacques Le Goff zurechnen. Diese nur in der Vorstellungswelt existenten Räume sollen hier als ‚imaginäre Räume' bezeichnet werden.[7] ‚Reale' und ‚imaginäre Räume' können in den zeitgenössischen Beschreibungen vergangener Wirklichkeiten nur schwer voneinander geschieden werden und gerade ‚imaginäre Räume' können – man denke etwa an Fresken mit Darstellungen von Himmel und Hölle in Kirchen – im sinnlich wahrnehmbaren Raum als Bild ‚real' werden. Ihre analytische Unterscheidung kann zu wissenschaftlichem Mehrwert führen: Wenn ein ganz bestimmter Raum bei ganz bestimmten Gelegenheiten eine eigentümliche und spezifische Valenz entfaltet, die sich nicht nur aus den von den Zeitgenossen überlieferten sinnlich feststellbaren Raumkonstituenten oder sachlichen Zusammenhängen erklären lässt, dann liegt der Verdacht nahe, dass gewissermaßen eine Interferenz oder Amalgamierung von – immer idealtypisch gesprochen – ‚realem' und ‚imaginärem Raum' vorliegt. Die eigentümliche Valenz oder besser: *virtus* dieses Raumes erlaubt es, ihn als ‚virtuellen Raum' zu charakterisieren.[8] Um diesen ‚virtuellen Raum', der im ‚realen Raum' als – nur zeitweise wirkende – artifizielle Möglichkeit aufscheint und der ohne die Existenz ‚imaginärer Räume' unverständlich bleibt, soll es im Folgenden also gehen.

---

6 Vgl. Henri Lefebvre, The Production of Space. Oxford 2001 (ursprünglich französisch 1974) bes. 33, 38f.; zu älteren Positionen (französische Strukturalisten) vgl. Gehlen, Raum 388–391. Ferner Aleida Assmann, Erinnerungsräume. Formen und Wandlungen des kulturellen Gedächtnisses. München 1999, bes. 298ff.

7 Vgl. die Vorschläge von Jacques Le Goff, Phantasie und Realität des Mittelalters. Stuttgart 1990, 7, 14, 21, 27, 344f. und öfter zum ‚Imaginaire'; Kritik z. B. bei Christoph Auffahrt, Irdische Wege und himmlischer Lohn. Kreuzzug, Jerusalem und Fegefeuer in religionswissenschaftlicher Perspektive (Veröffentlichungen des Max-Planck-Instituts für Geschichte 144) Göttingen 2002, bes. 77–83. Vgl. ferner z. B. Peter Ainsworth und Tom Scott, Introduction. In: dies. (Hg.), Regions and Landscapes. Reality and Imagination in Late Medieval and Early Modern Europe. Oxford u. a. 2000, 13–23, hier 19, und, zur Inflation der Raumbegriffe, Barbara A. Hanawalt und Michal Kobialka, Introduction. In: dies. (Hg.), Medieval Practices of Space (Medieval Cultures 23) Minneapolis-London 2000, IX–XVIII, hier IX.

8 Es ist unübersehbar, dass Diskurse der Gegenwart wie etwa über die ‚virtual reality' begriffsbildend wirkten, vgl. etwa auch die Motive, die Martin Burckhardt, Metamorphosen von Raum und Zeit. Eine Geschichte der Wahrnehmung. Frankfurt am Main-New York 1994, 10ff., für seine Untersuchung nennt. Das Wort ‚virtuell' lässt sich etwa seit dem 19. Jahrhundert nachweisen und ety-mologisch über französisch *virtuel* oder englisch *virtual* auf lateinisch *virtus* (Kraft, Macht, Wunder, Tugend, Tüchtigkeit, Mannhaftigkeit) zurückführen, vgl. Werner Stolze-Stubenrecht (Hg.), Duden. Das große Wörterbuch der deutschen Sprache 10. 3. Aufl. Mannheim u. a. 1999, 4331; Seebold, Kluge 865; J. F. Niermeyer, C. van de Kieft und J. W. J. Burgers (Hg.), Mediae Latinitatis Lexicon Minus 2. 2. Aufl. 2002, 1447–1448.

(II) Die Verschmelzung von realen und imaginären Räumen zum kurzzeitig wirkenden virtuellen Raum lässt sich bei den von der Forschung schon häufig untersuchten Herrschereinzügen in Städte des Reiches gut beobachten.[9] Die Einzüge weisen ein zeremonielles Schema auf, das beim jeweils ersten Besuch des Reichsoberhauptes in einer Reichsstadt besonders klar ausgeprägt ist.[10] Die räumliche Ausgangslage ist denkbar einfach:

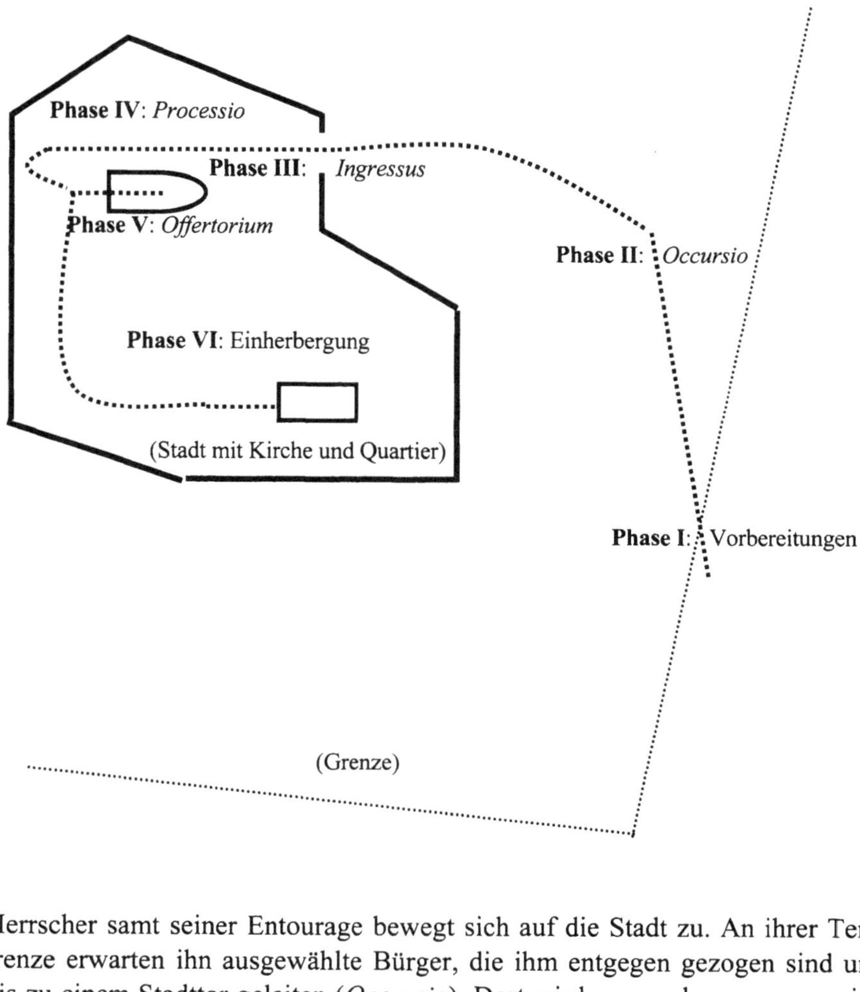

Der Herrscher samt seiner Entourage bewegt sich auf die Stadt zu. An ihrer Territoriumsgrenze erwarten ihn ausgewählte Bürger, die ihm entgegen gezogen sind und ihn nun bis zu einem Stadttor geleiten (*Occursio*). Dort wird er von den gruppenweise formierten Bewohnern der Stadt erwartet und begrüßt: vom städtischen Klerus, der Stadt-

9 Vgl. zur Forschungslage den Überblick in meiner Dissertation: Schenk, Zeremoniell, bes. 34–46.
10 Vgl. zum folgenden Schenk, Zeremoniell 238–242 (‚Idealschema'), 243–402 (Details).

regierung und der gesamten Bevölkerung – Männern und Frauen, Arm und Reich, Jung und Alt. Dann quert der Herrscher die Torschwelle (*Ingressus*) und zieht, falls dies nicht gerade dunkle Nacht oder schlechtes Wetter verhindern, gemeinsam mit dem Klerus in einer Prozession und unter dem Jubel der Städter auf einer ganz bestimmten Route zur Hauptkirche der Stadt (*Processio*). Dort wird er, wie von kirchlichen *Ordines ad recipiendum regem* vorgesehen, in liturgisch gebundener Form begrüßt (*Offertorium*).[11] Abschließend geleiten ihn die Bürger in einem festlichen Zug zu seinem Quartier, häufig dem Haus eines prominenten Bürgers, aber gegebenenfalls auch der Residenz des Ortsbischofs, einem Kloster oder einer Burg wie etwa in Nürnberg (Einherbergung).

Dies alles vollzieht sich im realen Raum, der von den Zeitgenossen wahrgenommen und beschrieben wird, der teilweise bis heute als Überrest vorhanden ist oder wenigstens mit Hilfe alter Stadtansichten, Stadtpläne und rezenter Straßenzüge rekonstruiert werden kann. Bei günstiger Quellenlage können sogar nähere Aussagen über die Ausgestaltung des Raumes gemacht werden, über die Ausstattung der Tore mit Wappen, Bildern und Skulpturen, den Schmuck der Straßen mit Grünpflanzen, über die Altäre der besuchten Kirche und sogar die Ausstattung des Quartiers von den Betten bis hin zu den *prunczscherben*.[12] Das eigentümliche Zeremoniell des Einzugs verweist jedoch unübersehbar darauf, dass nicht einfach irgendjemand von A nach B zieht, sondern dass diese hochkomplexe Handlungsfolge von kulturspezifischen Vorstellungen aus dem ‚Imaginaire' mitgeformt sein muss und etwas bedeutet. Die Forschung hat längst nachgewiesen, dass hier uralte und immer wieder neu überformte Erinnerungsfiguren wie bei einem Palimpsest durchschimmern – namentlich die altorientalisch begründete hellenistische Tradition der *Parousía* oder *Epidemía* des antiken (Gott-)Herrschers, des römischen Imperators oder byzantinischen Basileus in seiner Stadt, die biblisch tradierten Einzüge Davids, Salomos und Jesu in Jerusalem, die heilsgeschichtliche Erwartung der *Parousie* Christi und der kirchenjährlich wiederholte Nachvollzug des Heilsgeschehens vor allem in der Palmsonntagsprozession.[13] Dabei tritt, so die opinio communis der Forschung, der einziehende

11 Zu den *Ordines* vgl. ebd. 101–122.

12 Vgl. ebd. 254–261, 313–318, 376–381; *prunczscherben* (Nachttöpfe): Ausstattung der Nürnberger Kaiserburg beim Besuch Kaiser Friedrichs III. in Nürnberg 1471, vgl. Friedrich von Weech und Matthias Lexer (Hg.), Endres Tuchers Baumeisterbuch der Stadt Nürnberg (1464–1475) mit einer Einleitung und sachlichen Anmerkungen (Bibliothek des litterarischen Vereins in Stuttgart 64) Stuttgart 1862, 296.

13 Vgl. z. B. den ursprünglich 1944 erschienenen Aufsatz von Ernst H. Kantorowicz, Des ‚Königs Ankunft' und die rätselhaften Bildtafeln in den Türen von Santa Sabina. In: ders., Götter in Uniform. Studien zur Entwicklung des abendländischen Königtums, hg. von Eckhart Grünewald und Ulrich Raulff; mit einer Einleitung von Johannes Fried und einem Nachwort von Eckhart Grünewald; aus dem Englischen übersetzt von Walter Brumm. Stuttgart 1998, 91–147; Hans Conrad Peyer, Der Empfang des Königs im mittelalterlichen Zürich. In: ders., Könige, Stadt und Kapital. Aufsätze zur Wirtschafts- und Sozialgeschichte des Mittelalters, hg. von Ludwig Schmugge, Roger Sablonier und Konrad Wanner. Zürich 1982, 53–68, 279–284 (ursprünglich 1958); Anna Maria Drabek, Reisen und Reisezeremoniell der römisch-deutschen Herrscher im Spätmittelalter (Wiener Dissertationen aus dem Gebiet der Geschichte 3) Wien 1964, 72–80. Erinnerungsfigur: Jan Assmann, Das kulturelle Gedächtnis. Schrift, Erinnerung und politische Identität in frühen

Herrscher gleichsam als Nachfolger Christi auf, während die Stadt als Abbild Roms, des irdischen oder mittelbar auch des ‚Himmlischen' Jerusalems figuriert.[14]

Erst in jüngster Zeit wird die Interpretation des Einzugs als eine prononciert inszenierte ‚Imitatio Christi' des Herrschers relativiert und, bei aller zeremoniellen oder rituellen Verwandtschaft, auf bedeutungstragende Unterschiede hingewiesen:[15] In der Regel zog der Herrscher z. B. auf einem Pferd reitend ein – und eben nicht wie Jesus auf einem Eselsfüllen und auch nicht wie die römischen Imperatoren im Triumphwagen. Zusammenhänge zwischen seinem liturgischen Empfang *processionaliter* und einem christlich gefärbten ‚Sakralkönigtum' bleiben insgesamt recht vage, wurden doch auch Prälaten und ungesalbte Fürsten derartig empfangen.[16] Schließlich greifen die eher sel-

Hochkulturen. München 1992, bes. 37–42; Palmsonntagsprozession: Christine Barraud Wiener und Peter Jezler, Liturgie, Stadttopographie und Herrschaft in den Festtagsprozessionen des Zürcher Liber Ordinarius. In: Heidi Leuppi (Hg.), Der Liber Ordinarius des Konrad von Mure. Die Gottesdienstordnung am Grossmünster in Zürich (Spicilegium Friburgense 37) Freiburg i. Ue. 1995, 127–156, 495–506, hier 137–151. Vgl. ferner die Übersicht bei Schenk, Zeremoniell 34–46 (Forschung), 47–59 (*Adventus*).

14 Vgl. neben voriger Anmerkung bes. Winfried Dotzauer, Die Ankunft des Herrschers. Der fürstliche ‚Einzug' in die Stadt (bis zum Ende des Alten Reiches). In: Archiv für Kulturgeschichte 55 (1973) 245–288; Klaus Tenfelde, Adventus. Zur historischen Ikonologie des Festzugs. In: Historische Zeitschrift 235 (1982) 45–84; Dagmar Stutzinger, Der Adventus des Kaisers und der Einzug Christi in Jerusalem. In: Spätantike und frühes Christentum. Ausstellung im Liebighaus Museum alter Plastik Frankfurt am Main. Frankfurt am Main 1983, 284–307; Pierre Dufraigne, Adventvs Avgvsti, Adventvs Christi. Recherche sur l'exploitation idéologique et littéraire d'un cérémonial dans l'antiquité tardive (Collection des Études Augustiennes, Série Antiquité 141) Paris 1994, 349ff.; Alfred Haverkamp, „... an die große Glocke hängen". Über Öffentlichkeit im Mittelalter. In: Jahrbuch des Historischen Kollegs 1 (1995) 71–112, hier 92; Gábor Klaniczay, Holy Rulers and Blessed Princesses. Dynastic Cults in Medieval Central Europe. Cambridge 2002, 41–43, 56–61; mit europaweitem Blick Edward Muir, Ritual in Early Modern Europe. Cambridge 1997, 239–246. Abweichend jedoch Hieronymus Frank, Ecce advenit Dominator Dominus. Alter und Wanderung eines römischen Epiphaniemotivs. In: Hugo Rahner und Emmanuel von Severus (Hg.), Perennitas. Beiträge zur christlichen Archäologie und Kunst, zur Geschichte der Literatur, der Liturgie und des Mönchtums sowie zur Philosophie des Rechts und zur politischen Philosophie. P. Thomas Michels OSB zum 70. Geburtstag. Münster 1963, 136–154. Zur Stadt als Abbild Roms bzw. des (Himmlischen) Jerusalems vgl. jüngst z. B. Frank G. Hirschmann, Stadtplanung, Bauprojekte und Großbaustellen im 10. und 11. Jahrhundert. Vergleichende Studien zu den Kathedralstädten westlich des Rheins (Monographien zur Geschichte des Mittelalters 43) Stuttgart 1998, 475–484 und passim; Auffahrt, Irdische Wege 103–112.

15 Vgl. zu diesem Abschnitt mit unterschiedlichen Akzenten: Achim Thomas Hack, Das Empfangszeremoniell bei mittelalterlichen Papst-Kaiser-Treffen (Forschungen zur Kaiser- und Papstgeschichte des Mittelalters. Beihefte zu J. F. Böhmer, Regesta Imperii 18) Köln-Weimar-Wien 1999, 262–267, 348 und ders., Epiphanie/Advent. In: Christoph Auffahrt, Jutta Bernhard und Hubert Mohr (Hg.), Metzler Lexikon Religion. Gegenwart – Alltag – Medien 1. Stuttgart-Weimar 1999, 277–280, hier 279f.; Schenk, Zeremoniell, 49–59, 211–225, 292–294, 319–322. Zur schon zeitgenössischen Kritik an der Christomimesis der byzantinischen Herrscher Wolfgang Christian Schneider und Rudolf H. W. Stichel, Der ‚Cherubinische Einzug' in der Hagia Sophia Justinians. ‚Aufführung' und ‚Ereignis'. In: Erika Fischer-Lichte u. a. (Hg.), Performativität und Ereignis (Theatralität 4) Tübingen-Basel 2003, 377–394, bes. 386–389.

16 Vgl. die häufig am Vorbild von Guillelmus Durantis' *Pontificale Romanum*, Michel Andrieu (Hg.), Le Pontifical Romain au Moyen-Âge 3 (Studi e testi 88) Città del Vaticano 1940, 627–630,

tenen spätmittelalterlichen Berichte und Bilder von Herrschereinzügen, die sprachlich oder bildlich das Urbild vom Einzug Jesu in Jerusalem evozieren, auf literarische Topoi, Typologien und ikonographische Traditionen zurück[17] und können – als Traditionsgut – daher nicht unbedingt als pauschaler Beweis für Annahmen der Zeitgenossen über eine bewusst inszenierte sakrale Christusähnlichkeit des Herrschers gelten.

Aus Gemeinsamkeiten und Unterschieden lässt sich folgern, dass der Herrschereinzug von einem Zeremoniell sui generis geformt wurde. Seine Gestaltung und Wahrnehmung wurde zweifellos von den erwähnten Urbildern aus imaginären Gedächtnis-Räumen jenseits des realen Raumes mitgeformt – jedoch mit bezeichnenden Abweichungen und Unterschieden. An zwei Phänomenen lässt sich dies besonders gut zeigen, nämlich am eigentümlichen Gebrauch von Traghimmeln und Reliquien beim ersten Adventus eines Herrschers in einer (Reichs-)Stadt.

In aller Regel erwartete den Herrscher noch vor dem Stadttor eine Gruppe von ausgewählten Bürgern mit einem tragbaren Baldachin, unter dem sie ihn bis zur Kirche und dann weiter zu seinem Quartier geleiteten.[18] Derartige Baldachine, Traghimmel oder Schirme weisen eine sehr lange Tradition als kosmisch-religiöses Attribut von Göttern und Königen auf, die bis ins Assyrien des 3. vorchristlichen Jahrtausends zurückverfolgt werden kann.[19] Als Würdeformel und Herrschaftszeichen wurden sie von den triumphierenden Imperatoren der Spätantike verwendet und begegnen in ähnlicher Funktion auch in Byzanz. Hier kann nur knapp die mittelalterliche Tradition und vermutete Semantik des in einer Prozession verwendeten Tragehimmels für Herrscher skizziert werden.

Nr. XIII–XV orientierten *Ordines* für den Empfang von Legaten, Prälaten, Königen und Fürsten, z. B. für Speyer Philippus episcopus Spirensis (Hg.), Agenda Spirensis. Speyer 1512, fol. CXXVI–CXXVII; vgl. dazu auch Schenk, Zeremoniell, 104f. Zum ‚Sakralkönigtum' vgl. unten Anm. 61.

17 Mit Paul Michel, Übergangsformen zwischen Typologie und anderen Gestalten des Textbezugs. In: Wolfgang Harms, Klaus Speckenbach und Herfried Vögel (Hg.), Bildhafte Rede in Mittelalter und früher Neuzeit. Probleme ihrer Legitimation und ihrer Funktion. Tübingen 1992, 43–72, hier 67–71, plädiere ich dabei für einen mentalitätshistorisch weit gefassten Typologiebegriff im Sinne einer ‚Denkform' oder einer ‚Erinnerungsfigur'. Vgl. zu Bildern Mark Mersiowsky und Ellen Widder, Der Adventus in mittelalterlichen Abbildungen. In: Wilfried Ehbrecht u. a. (Hg.), Der weite Blick des Historikers. Einsichten in Kultur-, Landes- und Stadtgeschichte. Peter Johanek zum 65. Geburtstag. Köln-Weimar-Wien 2002, 55–98, hier 97f.; ferner (auch zu Texten) Schenk, Zeremoniell 54–59, 211–225.

18 Vgl. zum folgenden Abschnitt umfassend Schenk, Zeremoniell 261, 348, 381f., bes. 448–504 (Belege); hingewiesen sei auch auf die zeremonielle Verwandtschaft von Herrscheradventus mit Reliquientranslationen sowie Empfängen für aus dem Heiligen Land zurückgekehrte Pilger.

19 Es verwundert in diesem Kontext nicht, dass sich Kaiser Wilhelm II. in seinem holländischen Exil nach dem unwiederbringlichen Verlust auch seiner Herrschaftssymbole durch die deutsche Revolution von 1918 intensiv (aber wissenschaftlich medioker) mit dem „organischen Zusammenhang [...] zwischen der äußeren Gestalt der uns überlieferten Monumente der Vergangenheit und der Geistigkeit, der sie ihren Ursprung verdanken" am Beispiel des Baldachins und im Rahmen der ihm in seinen letzten Lebensjahren ein geneigtes Forum bietenden ‚Doorner Arbeitsgemeinschaft' beschäftigte, vgl. seinen Lichtbildervortrag vom 26. Oktober 1938: Wilhelm II., Ursprung und Anwendung des Baldachins. Amsterdam 1939, 43 (Zitat). Ich verdanke die Kenntnis dieses bizarren Dokuments kaiserlicher Selbstsicht einem freundlichen Hinweis von Thomas Vogtherr, dem dafür an dieser Stelle nochmals gedankt sei.

Im lateinischen Westen lässt sich noch vor der Mitte des 12. Jahrhunderts die Verwendung eines Himmels für den Papst bei Prozessionen in den Stationskirchen Roms und etwa zur gleichen Zeit auch als Herrschaftszeichen außerhalb von Prozessionen nachweisen.[20] Offenkundig deutete der solcherart verwendete Himmel die Würde, Reinheit, sogar Heiligkeit des darunter Befindlichen an. Thronbaldachine, architektonisch gestaltete Baldachine über Heiligenstatuen, Altären und Grabmalen, vielleicht sogar die von Gewölben geprägte ‚Baldachinarchitektur' der gotischen Kathedralen selbst könnten zeichenhaft auf das ‚Himmlische Jerusalem' verwiesen haben.[21] Wahrscheinlich evozierte der Tragehimmel ähnliche Assoziationen, ließ im Hier und Jetzt einen virtuellen Raum aufscheinen. Vom Ende des 12. Jahrhunderts bis in die erste Hälfte des 13. Jahrhunderts hinein breitete sich jedenfalls der Gebrauch tragbarer Stoffbaldachine als Würdeformel sowohl für weltliche und geistliche Große als auch bei theophorischen Prozessionen über dem Corpus Christi und bei Reliquienprozessionen über den Reliquien immer weiter aus.[22] Doch nur selten ist die Rede von der Verwendung eines Baldachins für Herrschaftsträger in einer Prozession. Zunächst begegnet diese Kombination nur bei Krönungen[23] oder in Situationen, in denen sich der Herrschaftsträger z. B. als Träger einer Reliquie an Prozessionen beteiligt und daher nicht entschieden werden kann, ob der Einsatz des Baldachins dem gekrönten Haupt oder nicht vielmehr der Reliquie galt. Als der englische König Heinrich III. eigenhändig eine Heiligblutreliquie 1247 in einer Prozession nach St. Peter in Westminster überführte, hat er dies offenbar unter einem Baldachin schreitend getan.[24] Der Augenzeuge Martin da Canal beobachtete schon in den Jahren vor 1275, dass der venezianische Doge bei Osterprozessionen einen Baldachin verwandte.[25] Doch ein Einzug eines Herrschers allein unter einem

20 Vgl. Joseph Braun, Baldachin I. tragbarer. In: Otto Schmitt (Hg.), Reallexikon zur deutschen Kunstgeschichte 1. München-Stuttgart 1937, 1390–1394, hier 1391; Percy Ernst Schramm, Herrschaftszeichen und Staatssymbolik. Beiträge zu ihrer Geschichte vom dritten bis zum sechzehnten Jahrhundert 3 (Schriften der Monumenta Germaniae Historica 13/3) Stuttgart 1956, 716–720; Michail A. Bojcov, Der diskrete Charme der Herrschaft. Zum Image deutscher Machtträger im 14.–15. Jahrhundert. In: Majestas 5 (1997) 23–66, hier 56; Agostino Paravicini Bagliani, Der Leib des Papstes. Eine Theologie der Hinfälligkeit. München 1997, 211f.; Marie-Luise Favreau-Lilie, Vom Kriegsgeschrei zur Tanzmusik. Anmerkungen zu den Italienzügen des späteren Mittelalters. In: Benjamin K. Zedar, Jonathan Riley-Smith und Rudolf Hiestand (Hg.), Montjoie. Studies in Crusade History in Honour of Hans Eberhard Mayer. Aldershot (Hampshire) 1997, 213–233, hier 222f.

21 Vgl. Schenk, Zeremoniell 448f., 456–461.

22 Vgl. ebd. 462f.

23 Vgl. zum Spezialfall der Krönungen schon Schramm, Herrschaftszeichen 725ff.

24 Vgl. Bericht und Bild im Autograph der Chronica Maiora des Matthaeus Paris, Richard Vaughan (Hg.), The Illustrated Chronicles of Matthew Paris. Observations of Thirteenth-Century Life. Cambridge 1993, 37f.; Henry Richard Luard (Hg.), Matthaei Parisiensis Chronica majora 4 (Rerum Britannicarum medii aevi scriptores. Rolls Series 57) London 1877, 641f. Ich danke Rolf Köhn herzlich für diesen Hinweis.

25 Vgl. Martin da Canal, Les Estoires de Venise. Cronaca veneziana in lingua francese dalle origini al 1275. A cura di Alberto Limentani. Firenze 1972, 246f. (dieser Beleg nicht bei Schramm, Herrschaftszeichen 726).

(hier purpurfarbenen) Baldachin *processionaliter* scheint sich frühestens im Jahr 1311 für den römisch-deutschen König Heinrich VII. in Genua nachweisen zu lassen.[26]

Für die Wahrnehmung der Zeitgenossen vor Ort waren die Lokaltraditionen jedoch offenkundig wichtiger als die fernen Vorbilder von Papsthof und Königshäusern. 1486 vergleicht ein Augenzeuge den Baldachingebrauch beim Herrschereinzug in Frankfurt mit den Usancen bei Fronleichnamsprozessionen, die zu Beginn des 14. Jahrhunderts im Reich aufkamen und stark laikal geprägt waren – so trugen z. B. Bürger und nicht Kleriker den Baldachin über dem Corpus Christi.[27] Die Beobachtung des Zeitgenossen trifft cum grano salis zu: Tatsächlich orientierten sich die einen Adventus vorbereitenden Stadtregierungen und der städtische Klerus nach Ausweis städtischer Überlieferungen gerade für die Einzugsprozession mit dem Baldachin an den vertrauten Usancen bei Fronleichnamprozessionen.[28] Aber es gibt auch bezeichnende Unterschiede: bei der Routenführung der Prozession, bei der Auswahl ganz bestimmter Bürger als Baldachinträger und bei der Gestaltung des Traghimmels. So wurde dieser häufig mit dem Reichsadler verziert, manchmal traten auch die Wappen der sieben Kurfürsten und das Wappen der gerade regierenden Königsfamilie hinzu.[29]

---

26 Vgl. Giovanna Petti Balbi (Hg.), Georgii et Iohannis Stellae Annales Genuenses (Ludovico Antonio Muratori, Rerum Italicarum Scriptores. Nuova Edizione 17/2) Bologna 1975, 77; Ludovico Antonio Muratori (Hg.), Albertini Mussati De Gestis Henrici VII. Caesaris Historia Augusta. In: ders., Rerum Italicarum Scriptores 10. Mailand 1727, 9–568, hier 399; ferner Gerrit Jasper Schenk, Der Einzug des Herrschers. ‚Idealschema' und Fallstudie zum Adventuszeremoniell für römisch-deutsche Herrscher in spätmittelalterlichen italienischen Städten zwischen Zeremoniell, Diplomatie und Politik (Edition Wissenschaft. Reihe Geschichte 13) Marburg 1996, 65. Für Hinweise auf frühere Belege wäre ich dankbar.

27 Vgl. Georges Doutrepont und Omer Jodogne (Hg.), Chroniques de Jean Molinet 1 (Académie Royale de Belgique. Classe des lettres et des sciences morales et politiques. Collection des anciens auteurs belges N. F. 1) Bruxelles 1935, 480: Bericht des Burgunders Jean Molinet über den Einzug Kaiser Friedrichs III. und seines Sohnes Maximilian I. am 20. Januar 1486 in Frankfurt unter einem Baldachin *comme on fait le jour du Sacrament pardessus le Corpus Domini.* Zu den französischen Verhältnissen vgl. schon Bernard Guenée und Françoise Lehoux, Les entrées royales françaises 1328–1515. Paris 1968, 13ff. Zur Fronleichnamsprozession allg. vgl. Sabine Felbecker, Die Prozession. Historische und systematische Untersuchungen zu einer liturgischen Ausdruckshandlung (Münsteraner Theologische Abhandlungen 39) Altenberge 1995, 174–336; Andrea Löther, Prozessionen in spätmittelalterlichen Städten. Politische Partizipation, obrigkeitliche Inszenierung, städtische Einheit (Norm und Struktur. Studien zum sozialen Wandel in Mittelalter und Früher Neuzeit 12) Köln-Weimar-Wien 1999, bes. 128, 140ff., 330ff.; Miri Rubin, Corpus Christi. The Eucharist in Late Medieval Culture. Cambridge 1991; südlich der Alpen: Philine Helas, Lebende Bilder in der italienischen Festkultur des 15. Jahrhunderts. Berlin 1999, 38–45.

28 Vgl. Schenk, Zeremoniell 465f., 548f. Zeile 21–31 (Überlingen 1485), 673 Zeile 4–6 (Ravensburg 1485); Thomas Zotz, Der Reichstag als Fest: Feiern, Spiele, Kurzweil. In: Hans Schadek (Hg.), Der Kaiser in seiner Stadt. Maximilian I. und der Reichstag zu Freiburg 1498 (Sonderausgabe für die Mitglieder des Breisgau-Geschichtsvereins „Schau-ins-Land" 117. Jahresheft) Freiburg im Breisgau 1998, 146–170, hier 157, ergänzend Stadtarchiv Freiburg im Breisgau, C1 Landes- und Reichssachen 1 Nr. 8, fol. 15v.

29 Der Baldachin für König Sigismund in Speyer 1414 wird von Frankfurter Augenzeugen folgendermaßen geschildert: *Auch waz daz duch, darunder er zu Spire inging, xvi fusze lang und xii breit, und wart das duch zu Mencze bynnen eim tage gemachet und gemalet von geler farbe und ein*

Die Semantik des Baldachingebrauchs bei Herrschereinzügen in der Wahrnehmung der Zeitgenossen lässt sich also recht gut (re-)konstruieren: Der Traghimmel hob den Herrscher optisch als Zentrum des Zuges hervor, betonte seine Reinheit und Würde durch angedeutete Parallelen zur Fronleichnamsprozession (an die Stelle des Corpus Domini trat das Corpus Regis, vgl. Abb. 1), überhöhte ihn also in fast schon sakraler Weise und entrückte ihn – möglicherweise – zeichenhaft in den virtuellen Raum des ‚Himmlischen Jerusalems'. Im Unterschied zur Fronleichnamsprozession wurde aber durch den auf Reich und Herrscher bezogenen Wappenschmuck des Baldachins, durch die Auswahl seiner Träger und den zeremoniellen Kontext die zeichenhafte Aussage semantisch präzisiert: Von Seiten der Stadt handelte es sich ersichtlich um ein geradezu transpersonal zu verstehendes, ehrendes Herrschaftszeichen für den jeweiligen römisch-deutschen König.

Abb. 1: König Sigismund wird unter einem Baldachin nach Bern geleitet (wohl 1414)
Illustration in Diebold Schillings des Älteren Berner Chronik (1483)

Im 15. Jahrhundert konnte es bei Ersteinzügen der Fall sein, dass sich der Herrscher dieser Ehrung nicht lange erfreute. Als Friedrich III. auf seiner Krönungsreise 1442 unter einem Baldachin in die freie Stadt Besançon einzog, nahm sich beim Betreten der

schwarcz adeler darynne, und die umbhenge zweier fusze breit und lappen zweier fusze lang und breit, die waren mit des richs und Ungern und der kurfursten wappen; Johannes Janssen (Hg.), Frankfurts Reichscorrespondenz nebst andern verwandten Aktenstücken von 1376–1519, 1: Aus der Zeit König Wenzels bis zum Tode König Albrechts II. 1376–1439. Freiburg im Breisgau 1863, 257f. Nr. 466; vgl. ferner Schenk, Zeremoniell 368–373, 451–455, 461f., 466–469.

Kathedrale St. Johannes der Küster das Herrschaftszeichen. Allerdings konnte er seinen Anspruch in der Folgezeit nicht gegen den als gierig bekannten königlichen Kanzler Kaspar Schlick durchsetzen.[30] Der Konflikt ist kein Einzelfall: Häufig beanspruchte der Reichserbkämmerer noch während oder bald nach dem Einzug den Traghimmel, seltener des Königs Marschall, ein Untermarschall oder der Hofmeister, im 16. Jahrhundert schließlich regelmäßig der Reichserbmarschall von Pappenheim.[31] Die Städte pflegten den Baldachin wieder auszulösen – gegen ein Geldgeschenk, das den eigentlichen Materialwert des Himmels übersteigen konnte: ein Hinweis auf seine Valenz als ‚symbolisches Kapital'?[32] Im Reich südlich der Alpen scheinen es hingegen vor allem Stadtadlige oder Bürger der besuchten Städte gewesen zu sein, die sich gelegentlich – und manchmal offenbar auch gewaltsam – des Baldachins bemächtigten.[33]

Damit nicht genug:[34] Insbesondere beim Krönungsumritt wurden das Pferd, auf dem der König eingeritten war, das Bett, in dem er geschlafen, das Tafelsilber, von dem er gegessen hatte, ja sogar die Küche, in der seine Speisen zubereitet worden waren, zum Objekt der obskuren Begierde immer weiterer Kreise bis hinunter zu Köchen und Stadtknechten. Die Mehrzahl dieser Ansprüche wurde erst einige Zeit nach dem Einzug erhoben. Manche lassen sich aber auch schon während des Adventus verorten, und einige weisen dabei einen auffälligen Raumbezug auf: In diesen Fällen scheint man den Herrscher beim Einzug durch das Stadttor, beim Betreten der Kirche oder vor seinem Quartier spoliiert zu haben. Doch bevor Interpretationsvorschläge für diese Phänomene gemacht werden können, muss eine zweite eigentümliche Erscheinung skizziert werden: die Verwendung von Reliquien.

Besonders bei Ersteinzügen erwartete der städtische Klerus den Herrscher mit *cruytz, heyltom ind vaenen* in der Nähe des Stadttores, um ihn in einer Prozession zur Hauptkirche zu geleiten.[35] Hinter der allgemeinen Bezeichnung ‚Heiltum' verbargen sich in

30 Vgl. F. I. Dunod de Charnage, Histoire de l'église, ville et diocèse de Besançon 1. Besançon 1750, 266f.; Pierre Despotots, Recueil de plusieurs choses mémorables appartenent à la cité selon le temps qu'elles sont arrivées. In: Académie de Besançon (Hg.), Mémoires et documents inédits pour servir à l'histoire de la Franche-Comté 7. Besançon 1876, 285–322, hier 295f.; ferner Schenk, Zeremoniell 473.

31 Vgl. ebd. 453, 473–475.

32 Vgl. Schenk, Zeremoniell 453 mit dem Beispiel des Einzugs Maximilians I. in Nördlingen 1489 nach dem Bericht des Nördlinger Kaiserempfangsbuches (ediert ebd. im Quellenanhang 622): *Item umb den himel tät her Wyprecht Reichenberger marschalck uns fordrung. Dafür het man gewilligt, vj guldin zůgeben und jn damit zů eeren; die wolt er nit annemen, so wolt er auch nit sagen, was man jm schuldig wer, und fordert den himel. Den gab man jm, der was nit iij fl. wert, aber aim rat zů eren und umb frids willen wolt man jm die vj guldin geben haben.*

33 Zu einigen der (nicht sehr zahlreichen) Belege für das Mittelalter vgl. Schenk, Einzug 37, 66f. (Belege), 103; vgl. ferner Sergio Bertelli, The King's Body. Sacred Rituals of Power in Medieval and Early Moderne Europe. University Park (Pennsylvania) 2001, 97–113 mit einigen Belegen für die Frühe Neuzeit.

34 Vgl. zu diesem Abschnitt Schenk, Zeremoniell 472–488.

35 Vgl. zu diesem Abschnitt Schenk, Zeremoniell 327–335, 368–373 und 536 Zeile 4f. (Zitat: Einzug Kaiser Friedrichs III. in Köln 1475 nach der Notiz des Kölner Protonotars Reiner van Dalen) und knapp ders., Einzug 27 (Anmerkung 110), 30, 52 zu den Verhältnissen südlich der Alpen.

der Regel Reliquien, seltener das Corpus Christi. Dabei bildeten sich mit Zahl und Art der Reliquien, mit dem Empfangsort, den Empfangsumständen und dem anschließenden Prozessionsweg innerhalb der städtischen Sakraltopographie[36] ausgesprochene Lokaltraditionen aus. In Frankfurt trug man dem Herrscher die Hirnschale des Heiligen Bartholomäus entgegen, in Aachen die Karlsbüste mit dem Schädel Karls des Großen, in Dortmund Haupt und Gebein des Heiligen Reinold und in Nürnberg das Haupt des Heiligen Sebald, fallweise auch die Häupter der Heiligen Cyprian und Deokar, vereinzelt auch einmal die in Nürnberg verwahrte, einen Reliquiencharakter tragende Reichskrone.[37] Der Herrscher erwies den Reliquien seine Verehrung: In Aachen verneigte er sich vor dem Haupt Karls des Großen, in Frankfurt küsste er die Hirnschale des Heiligen Bartholomäus, in Dortmund den Schädel des Heiligen Reinold und in Nürnberg wurde ihm ein heiliges Haupt, vermutlich dasjenige St. Sebalds, aufs Haupt gesetzt.[38] In Köln kamen die wichtigsten Reliquien nicht zum Herrscher, sondern dieser kam zu ihnen in den Dom, um dort die Heiligen Drei Könige in ihrem Schrein zu verehren.[39] Als Friedrich III. 1442 in Sankt Gallen einzieht, *begegnet im ouch uf dem Bruoel [...] die priesterschaft mit dem hailtum; die liessend in uf dem kilchhof under den zwaien särchen durhin schlüffen S. Constantinus und S. Remaclus.*[40]

Dies alles spielte sich zwar im realen Raum ab, doch die Motive für die Wahl einer ganz bestimmten Einzugsroute oder ganz bestimmter Orte, an denen der Herrscher es

---

36 Sakraltopographie als gleichsam städtische ‚Sakrallandschaft', vgl. Peter Dinzelbacher, Hoch- und Spätmittelalter. Mit einem Beitrag von Daniel Krochmalnik (Handbuch der Religionsgeschichte im deutschsprachigen Raum 2) Paderborn u. a. 2000, 244–253.

37 Die Reichskrone wurde im Spätmittelalter als authentische Krone Karls des Großen angesehen und rückte gerade in Nürnberg im Rahmen der einen großen Teil der Reichsinsignien als ‚Reichsreliquien' zeigenden Heiltumsweisungen in die Nähe einer (Berührungs)Reliquie, vgl. dazu Hartmut Kühne, ostensio reliquiarum. Untersuchungen über Entstehung, Ausbreitung, Gestalt und Funktion der Heiltumsweisungen im römisch-deutschen Regnum (Arbeiten zur Kirchengeschichte 75) Berlin-New York 2000, 98–105.

38 Frankfurt: z. B. Friedrich III. 1474 nach dem Bericht des Augenzeugen Caspar Feldener, vgl. Richard Froning (Hg.), Frankfurter Chroniken und annalistische Aufzeichnungen des Mittelalters (Quellen zur Frankfurter Geschichte 1) Frankfurt am Main 1884, 23; Aachen: z. B. Sigismund 1414 nach dem Bericht hg. von Dietrich Kerler, Deutsche Reichstagsakten unter Kaiser Sigmund. Erste Abtheilung 1410–1420 (Deutsche Reichstagsakten. Ältere Reihe 7) München 1878, 245 Nr. 168; Dortmund: z. B. Karl IV. 1377 nach dem Bericht Dietrich Westhoffs, vgl. Joseph Hansen (Hg.), Chronik des Dietrich Westhoff von 750–1550 (Die Chroniken der deutschen Städte vom 14. bis ins 16. Jahrhundert 20: Die Chroniken der westfälischen und niederrheinischen Städte 1: Dortmund, Neuß) Leipzig 1887, 231; Nürnberg: vgl. zuletzt Dieter J. Weiß, Des Reiches Krone – Nürnberg im Spätmittelalter. In: Helmut Neuhaus (Hg.), Nürnberg. Eine europäische Stadt in Mittelalter und Neuzeit (Nürnberger Forschungen 29) Nürnberg 2000, 23–41, hier 38–41.

39 Z. B. Friedrich III. 1442, vgl. den Bericht bei Friedrich E. Mering, Geschichte der Burgen, Rittergüter, Abteien und Klöster in den Rheinlanden und den Provinzen Jülich, Cleve, Berg und Westphalen nach archivalischen und anderen authentischen Quellen 10. Köln 1855, 127.

40 Nach dem Bericht des mit zeitlichem Abstand schreibenden St. Galleners Joachim Vadian, hier zitiert nach der Quellensynopse bei Christoph Studer, Do der kúng hie wz. Der Besuch Friedrichs III. 1442 in St. Gallen. In: Schriften des Vereins für Geschichte des Bodensees und seiner Umgebung 112 (1994) 1–44, hier 19.

mit den Reliquien zu tun bekommen sollte, liegen nur zum Teil in topographischen Sachzwängen begründet. In der Forschung werden für die Eigenarten der Bewegung im realen Raum unterschiedliche Modelle diskutiert: Zum einen solle ein Zusammenhang zur Routenführung bei städtischen Prozessionen wie vor allem (und vielleicht zunächst) Palmsonntagsprozessionen und (vielleicht später, seit dem endenden 14. Jahrhundert) Fronleichnamsprozessionen bestanden haben.[41] Dabei wird idealtypisch zwischen einer demarkierenden Routenführung (*circuitus*), bei der eine Grenze abgeschritten wird, wie z. B. Immunitätsbezirke und alte Stadtmauerringe, und einer verbindenden Routenführung zwischen z. B. Stadttor und Kirche auf den Hauptachsen der Stadt unterschieden. Zum anderen könne auch nur auf eine möglichst repräsentative Routenführung geachtet worden sein, entlang den Hauptstraßen und mit Rücksicht auf die religiöse und politische Topographie der Stadt.[42]

Tatsächlich spielten alle diese Faktoren eine Rolle, jedoch in Abhängigkeit von der jeweils einmaligen historischen Situation bis hin zur Tageszeit des Einzugs oder der Himmelsrichtung, aus welcher der Herrscher kam.[43] Im Nürnberg des 15. Jahrhunderts bevorzugte man die repräsentativsten Toranlagen (Neutor, Spitaltor und Frauentor) und Straßenzüge und suchte normalerweise die ratsnahe Kirche St. Sebald auf. Die Begrüßung mit den Reliquien erfolgte in der Regel vor der ersten Kirche innerhalb der Stadtmauern (St. Jakob, St. Martha, St. Klara). In Köln wurde der Herrscher von den zahlreichen Orden innerhalb der Stadtmauern gestaffelt empfangen, und man scheint sich auch bemüht zu haben, die Grenzen des Dombezirks zu umschreiten, bevor erst dort die Reliquien der Heiligen Drei Könige verehrt wurden. In Zürich wählte man 1353 für Karl IV. offenbar bewusst eine Route, die dem Pilgerweg vom Fraumünster über die Wasserkirche zum Großmünster folgte und damit an die Orte der Verehrung der Stadtheiligen Felix und Regula führte (Abb. 2) – übrigens Kephalophoren, deren Gebeine nach örtlichen Legenden von Karl dem Großen persönlich aufgefunden worden sein sollen.[44]

---

41 Die Unterscheidung bei Bertelli, King's Body 75–78, der zum Teil unter Rückgriff auf ethologisch gefärbte Theorien vom ‚Markieren' eines Territoriums (!) spricht – eine hochproblematische und sicher zu kurz greifende Erklärung. Vgl. ferner Rubin, Corpus Christi 267ff.; Christine Barraud Wiener und Peter Jezler, Liturgie, Stadttopographie und Herrschaft in den Festtagsprozessionen des Zürcher Liber Ordinarius. In: Heidi Leuppi (Hg.), Der Liber Ordinarius des Konrad von Mure. Die Gottesdienstordnung am Grossmünster in Zürich (Spicilegium Friburgense 37) Freiburg i. Ue. 1995, 127–156, 495–506, hier 137ff. Meine Vermutung, dass neben (oder sogar vor) das Vorbild der Palmsonntagsprozessionsroute für Herrschereinzüge im 15. Jahrhundert tendenziell das der Fronleichnamsprozession getreten sein könnte, lässt sich einstweilen nicht durch eine hinreichend dichte Folge von Belegen absichern.

42 Vgl. Schenk, Einzug 37f.

43 Vgl. zu diesem Abschnitt Schenk, Zeremoniell 368–373 mit Karte 7f.

44 Vgl. schon Peyer, Empfang, 53f.; Barraud Wiener und Jezler, Liturgie 147ff.; zur Legende wohl der ersten Hälfte des 14. Jahrhunderts Eugen Egloff, Der Standort des Monasteriums Ludwigs des Deutschen in Zürich. Kritik der bisher geltenden Auffassung. Diss. Zürich 1949, 115–127; zu den Heiligen auch Hansueli F. Etter u. a. (Hg.), Die Zürcher Stadtheiligen Felix und Regula. Legen-

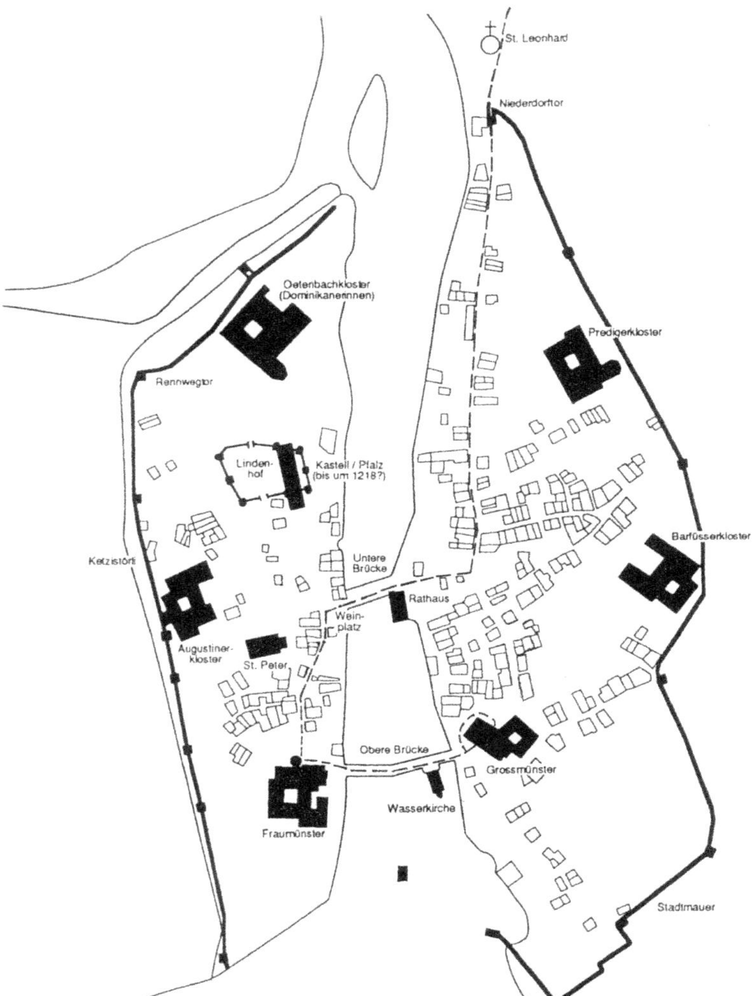

Abb. 2: Rekonstruierte Einzugsroute Karls IV. in Zürich, 1353

---

den, Reliquien, Geschichte und ihre Botschaft im Licht moderner Forschung. Zürich 1988. Karte (Abb. 2): von mir modifiziert nach Leuppi, Liber Ordinarius 501, Abb. 5.

Die Auswahl der Reliquien weist einen klaren Bezug sowohl zur Stadt als auch zum römisch-deutschen König- bzw. Kaisertum auf. Fast immer wurden die Reliquien des Patrons der Hauptkirche und damit die des schirmenden, die Stadt als Gemeinschaft verkörpernden Stadtheiligen[45] präsentiert, fast immer lässt sich ein – wenn auch meist nur legendarischer – Bezug zum Kaisertum herstellen: In Frankfurt wurde mit Bartholomäus der Patron der alten Salvator-Pfalzkapelle und gegenwärtigen Wahlkirche verehrt, in Aachen der große Karl selbst, in Köln mit den Heiligen Drei Königen die ersten Jesum verehrenden Könige, in Dortmund mit Reinold der Stadtpatron und legendarische Kämpfer zur Zeit Karls des Großen, in Nürnberg mit Sebald ein der Legende nach in der Zeit Karls des Großen verorteter Ratsheiliger königlicher Abkunft und mit Deokar ein legendarischer Beichtvater Karls des Großen.[46] Es war offenkundig gerade für reichsnahe Städte wie Nürnberg auch politisch wichtig, eine in Reliquien manifes-

---

45 Vgl. nur Wilfried Ehbrecht, Die Stadt und ihre Heiligen. Aspekte und Probleme nach Beispielen west- und norddeutscher Städte. In: Ellen Widder, Mark Mersiowsky und Peter Johanek (Hg.), Vestigia Monasteriensia. Westfalen – Rheinland – Niederlande (Studien zur Regionalgeschichte 5) Bielefeld 1995, 197–261; Peter Johanek, Die Mauer und die Heiligen. Stadtvorstellungen im Mittelalter. In: Wolfgang Behringer und Bernd Roeck (Hg.), Das Bild der Stadt in der Neuzeit 1400–1800. München 1999, 26–38, 428–431, hier 34–38. Vgl. ferner für die Verhältnisse südlich der Alpen Diana Webb, Patrons and Defenders. The Saints in the Italian City-States (International Library of Historical Studies 7) London-New York 1996, bes. 198–247.

46 Vgl. allgemein die Beiträge in Jürgen Petersohn (Hg.), Politik und Heiligenverehrung im Hochmittelalter (Vorträge und Forschungen 42) Sigmaringen 1994 und Olaf B. Rader, Profaner Wandel und geheiligte Ordnung. Die numinose Kraft von Heiligenreliquien in gesellschaftlichen Umbruchprozessen. In: ders. (Hg.), Turbata per aequora mundi. Dankesgabe an Eckhard Müller-Mertens (Monumenta Germaniae Historica. Studien und Texte 29) Hannover 2001, 271–302, hier 299. Frankfurt: zum Stift vgl. Günter Rauch, Pröpste, Propstei und Stift von Sankt Bartholomäus in Frankfurt. 9. Jahrhundert bis 1802 (Studien zur Frankfurter Geschichte 8) Frankfurt am Main 1975; Aachen: zur Karlsbüste als Reliquiar für das Haupt Karls des Großen vgl. Max Kerner, Karl der Große. Entschleierung eines Mythos. Köln-Weimar-Wien 2001, 138–156; Köln: Hans Hofmann, Die Heiligen Drei Könige. Zur Heiligenverehrung im kirchlichen, gesellschaftlichen und politischen Leben des Mittelalters (Rheinisches Archiv. Veröffentlichungen des Instituts für geschichtliche Landeskunde der Rheinlande an der Universität Bonn 94) (Diss. Göttingen 1972) Bonn 1975, bes. 142, 163–165; Dortmund: vgl. umfassend die Beiträge in Thomas Schilp und Beate Weifenbach (Hg.), Reinoldus und die Dortmunder Bürgergemeinde. Die mittelalterliche Stadt und ihr heiliger Patron (Veröffentlichungen des Stadtarchivs Dortmund 15) Essen 2000, dort auch die Edition der *Historie van sent Reynolt*; ferner Heinz-Dieter Heimann, Städtische Feste und Feiern. Manifestationen der Sakralgemeinschaft im gesellschaftlichen Wandel. In: Ferdinand Seibt u. a. (Hg.), Vergessene Zeiten im Ruhrgebiet. Katalog zur Ausstellung im Ruhrlandmuseum Essen, 26. September 1990 bis 6. Januar 1991, Bd. 2. Essen 1990, 171–176, hier 172f.; Nürnberg: Arno Borst, Die Sebaldslegenden in der mittelalterlichen Geschichte Nürnbergs. In: Jahrbuch für fränkische Landesforschung 26 (1966) 19–178; Svetozar Sprusansky, Das Haupt des heiligen Sebald. Zur Geschichte des Nürnberger Stadtheiligen und seiner Verehrung. In: Mitteilungen des Vereins für Geschichte der Stadt Nürnberg 68 (1981) 109–121; Heinrich Dormeier, Kirchenjahr, Heiligenverehrung und große Politik im Almosengefällbuch der Nürnberger Lorenzpfarrei (1454–1516). In: Mitteilungen des Vereins für die Geschichte der Stadt Nürnberg 84 (1997) 1–60, hier 15ff.; Löther, Prozessionen 147–149, 153f. Constantinus und Remaclus stehen, soweit ich sehe, in keiner Beziehung zu Karl dem Großen.

tierte Beziehung zum Reich herauszustellen, wie z. B. die im Laufe des 15. Jahrhunderts allmähliche ‚Verdrängung' der Cypriansreliquie ohne Bezug durch die Deokarsreliquie mit Bezug zu Karl dem Großen als ‚Repräsentant' der Lorenzer Stadtseite aus dem Adventuszeremoniell zeigt.[47]

Der Heilige vermittelte zwischen der Stadt als – frei nach Max Weber – Kult- und Kampfgemeinschaft[48] und dem Reichsoberhaupt als dem legitimen Nachfolger des ersten Kaisers. Die Stadt konnte gerade im Spätmittelalter von Juristen und politischen Schriftstellern als durch Eide verbundene Körperschaft, als *corpus mysticum*, verstanden werden und in der Vorstellungswelt der Zeitgenossen Züge des ‚Himmlischen Jerusalems' (und des irdischen Jerusalems als Ort des Heilsgeschehens) annehmen.[49] Der Bezug auf die Erinnerungsfigur ‚Jerusalem' reichte bis in die Wahrnehmung der städtebaulichen Wirklichkeit hinein, so konnte beispielsweise im Nürnberg des 15. Jahrhunderts die Kirche St. Sebald mit der Jerusalemer Grabeskirche und entsprechend die Sebalder Dreikönigspforte (eigentlich nur ein seitlicher Eingang zum Kirchenschiff), durch die der einziehende Herrscher in der Regel den Kirchenraum betrat, mit dem Hauptportal der Grabeskirche verglichen werden.[50] Mit der Verehrung des Stadtpatrons in seinen Reliquien kommunizierte der Herrscher also im realen Raum durch ausdrucksstarke körperliche Zeichen mit einer Mittlerfigur, die zeichenhaft auf die Stadt als imaginären Raum mit geradezu heilsgeschichtlichen Dimensionen verwies.

---

47 Vgl. bereits Corine Schleif, Bild- und Schriftquellen zur Verehrung des Heiligen Deocarus in Nürnberg. In: 119. Bericht des Historischen Vereins für die Pflege der Geschichte des ehemaligen Fürstbistums Bamberg (1983) 9–24, hier 21f.

48 Vgl. Ernst Voltmer, Leben im Schutz der Heiligen. Die mittelalterliche Stadt als Kult- und Kampfgemeinschaft. In: Christian Meier, Die Okzidentale Stadt nach Max Weber. Zum Problem der Zugehörigkeit in Antike und Mittelalter. In: Historische Zeitschrift. Beiheft N. F. 17 (1994) 213–242, hier 233ff.

49 Vgl. schon Ernst H. Kantorowicz, Die zwei Körper des Königs. Eine Studie zur politischen Theologie des Mittelalters. München 1990 (ursprünglich englisch 1957), 219–222; ferner Stefan Breuer, Herrschaftsstruktur und städtischer Raum. Überlegungen im Anschluss an Max Weber. In: Archiv für Kulturgeschichte 77 (1995) 135–164, hier 147–151. Zur Stadt als ‚Himmlischem Jerusalem' vgl. oben Anm. 10; Wilfried Ehbrecht, Überall ist Jerusalem. In: Helmut Bräuer und Elke Schlenkrich (Hg.), Die Stadt als Kommunikationsraum. Beiträge zur Stadtgeschichte vom Mittelalter bis ins 20. Jahrhundert. Festschrift für Karl Czok zum 75. Geburtstag. Leipzig 2001, 129–185; Sergiusz Michalski, Vom Himmlischen Jerusalem bis zu den Veduten des 18. Jahrhunderts – Symbolik und Darstellungsparadigmen der Stadtprofilansichten. In: Wolfgang Behringer und Bernd Roeck (Hg.), Das Bild der Stadt in der Neuzeit 1400–1800. München 1999, 46–55, 431f.

50 Vgl. zum *geleichnuß von Sant Sebolcz kirchen* des Nürnberger Bürgers Hans Tucher d. Ä. von 1479, das aber keine Gleichsetzung bedeutet, Randall Eugene Herz, Briefe Hans Tuchers d. Ä. aus dem Heiligen Land und andere Aufzeichnungen. In: Mitteilungen des Vereins für Geschichte der Stadt Nürnberg 84 (1997) 61–92, hier 63, 66 (Zitat); ferner Susanne Wegmann, Der Kreuzweg von Adam Kraft in Nürnberg. Ein Abbild Jerusalems in der Heimat. In: ebd. 93–117, hier 114–117; zum Kirchenraum als Erinnerungsfigur allgemein vgl. Franz Kohlschein, Der mittelalterliche Liber Ordinarius in seiner Bedeutung für Liturgie und Kirchenbau. In: ders. und Peter Wünsche (Hg.), Heiliger Raum. Architektur, Kunst und Liturgie in mittelalterlichen Kathedralen und Stiftskirchen (Liturgiewissenschaftliche Quellen und Forschungen 82) Münster 1998, 9–24; Eintritt des Herrschers durch das Dreikönigsportal: Schenk, Zeremoniell 375 mit Anmerkungen 643, 647.

(III) Doch wo bleibt der ‚virtuelle Raum'? Die Skizze der Verwendung von Heiltümern und Himmeln bei Herrschereinzügen zeigte, dass ihr eigentümlicher Gebrauch im Adventuszeremoniell weitgehend unverständlich bleiben müsste, wenn man nur von der Strukturierung des sinnlich wahrnehmbaren Raumes ausgehen würde. Erst die Kenntnis der kulturellen Traditionen und Kontexte wie z. B. der Vorstellungen von der Stadt als ‚imaginärem Raum' mit bestimmten Qualitäten (Raum einer rituellen Gemeinschaft mit transzendentem Bezug), der vom Stadtpatron in Gestalt seiner von besonderer *virtus* umgebenen Reliquie verkörpert und beschirmt wird und deren ‚realer Raum' durch eine spezifische sakrale und politische Topographie strukturiert ist, erst das Wissen um den ‚imaginären Raum' unter dem Baldachin, um seine überhöhende und möglicherweise entrückende Valenz, lässt die Handlungsketten während des Einzugs verständlicher werden.[51]

Doch es gibt noch offene Fragen: Warum wurde dem Herrscher der Tragehimmel erst großzügig zugestanden, um ihn dann sowohl ihm als auch der Stadt gleich wieder zu nehmen? Und warum haben dies bestimmte Personenkreise an bestimmten Orten zu bestimmten Zeitpunkten getan? Warum wurden hauptsächlich Kopfreliquien verwendet? Lassen sich Ort und Zeitpunkt der Reliquienverehrung plausibel erklären?

Natürlich gibt es auf diese Fragen eine ganze Reihe plausibler Erklärungsmodelle, die in der Forschung schon mehr oder weniger ausführlich erörtert wurden. Anna Maria Drabek lieferte 1964 ein detailliertes Erklärungsmodell für Spoliierungen bei Herrschereinzügen, offenbar durch Erläuterungen Eduard Eichmanns (1942) zu Usancen bei Kaiserkrönungen angeregt.[52] Nach Drabek lassen sich die ‚Beraubungen' recht schlüssig auf das Vorbild des Krönungseinzugs in Aachen bzw. Rom zurückführen. Dort fielen gemäß präskriptiven *Ordines* und in Analogiebildung[53] zu Bräuchen bei Bischofsordinationen die Kleider und das Pferd des zur Krönung in die Kirche Eintretenden an die Personen, die dem *Electus* beim Absteigen vom Pferd und beim Umkleiden halfen – gleichsam als eine Belohnung, als Servitien des zukünftigen Herrschers, der ohnehin

51 Zur besonderen *virtus* von Reliquien vgl. André Vauchez, La Sainteté en Occident aux derniers siècles du Moyen Âge d'après les procès de canonisation et les documents hagiographiques (Bibliothèque des écoles françaises d'Athènes et de Rome 241) 2. Aufl. Rom 1988, 499–518; Anton Legner, Reliquien in Kunst und Kult zwischen Antike und Aufklärung. Darmstadt 1995, 37–44; Arnold Angenendt, Heilige und Reliquien. Die Geschichte ihres Kultes vom frühen Christentum bis zur Gegenwart. 2. Aufl. München 1997, 155ff.; Kühne, ostensio reliquiarum 905–907 macht auf den „Konnex zwischen Heiltumsweisungen und der Repräsentation von Herrschaft" und damit zugleich auf die herrschaftsräumliche Wirkkraft von Reliquienverehrung aufmerksam.

52 Vgl. Drabek, Reisen 37–44 unter Rückgriff auf Eduard Eichmann, Die Kaiserkrönung im Abendland. Ein Beitrag zur Geistesgeschichte des Mittelalters mit besonderer Berücksichtigung des kirchlichen Rechts, der Liturgie und der Kirchenpolitik 2: Einzeluntersuchungen. Würzburg 1942, 257–267. Von einer an sich nötigen Differenzierung der Beraubungsakte (Pferd, Mantel, Baldachin, Bett, Geschirr, Küche) sehe ich hier weitgehend ab, vgl. ausführlicher zu diesem Abschnitt Schenk, Zeremoniell 488–504.

53 Zu Analogiebildungen gerade in diesem Zusammenhang vgl. jetzt auch Gerd Althoff, Die Macht der Rituale. Symbolik und Herrschaft im Mittelalter. Darmstadt 2003, 194.

zur Demonstration der königlichen Tugend der *largitio* mit Geschenken mehr oder weniger gezwungen war.[54] Diese Ansprüche, so Drabek, seien auf die Krönungseinzüge im Reich übertragen, teils auf weitere Einzüge ausgeweitet und allmählich von weiteren Personenkreisen wie dem Reichserbkämmerer erhoben oder, etwa von den Stadtknechten, usurpiert worden. Demzufolge wäre also der Anspruch des Küsters von St. Johannes in Besançon auf den Baldachin Friedrichs III. nicht als Prätention, sondern als alter (und damit rechtmäßiger) Anspruch in Analogiebildung zum Recht auf den Mantel des Herrschers[55] zu werten.

Einstweilen nicht zufrieden stellend geklärt sind Fragen, die im Zusammenhang mit der langfristigen Entwicklung der Spoliierungen stehen: Gab es eine Tendenz zur Verrechtlichung des Anspruchs auf einzelne Gegenstände wie Pferd, Baldachin und Küche des Herrschers für einzelne Personen? Erfolgte dadurch eine Verengung oder Erweiterung des Kreises der ‚Anspruchsberechtigten'? Wie verhält es sich mit der Gewaltsamkeit der ‚Beraubungen' – nimmt sie im Verlauf der Zeit ab, ist sie ein sporadisch auftauchendes Phänomen, begegnet sie auch einmal als bewusst inszeniertes, gleichsam ‚archaisierendes' Element?

Drabek ergänzend kann man zwar die Tendenz beobachten, dass als Anspruchsberechtigte für das Pferd zunächst Amtspersonen der historisch älteren Lokalmächte auftreten, nämlich Marschälle, Vögte und Hofmeister, und erst an zweiter Stelle Vertreter der historisch jüngeren Lokalmächte, nämlich Bürger und Knechte der Städte.[56] Möglicherweise in Analogiebildungen zu Bestimmungen der Goldenen Bulle scheint es nach 1356 auch eine Tendenz gegeben zu haben, die Ansprüche durch Privilegienvergabe zu verrechtlichen und dadurch formal zu bändigen oder sogar im Interesse des Herrschers zugunsten seiner Parteigänger zu instrumentalisieren.[57] Doch war es offenbar nicht völlig ausgeschlossen, dass diese Tendenz auch einmal durchbrochen wurde und im Ge-

---

54 Vgl. zur Tugend schon Marian P. Whitney, Queen of Medieval Virtues: Largesse. In: Christabel F. Fiske (Hg.), Vassar Medieval Studies. New Haven 1923, 181–215. Gerade im Krönungszusammenhang begegnet mit der *sparsio* von Geld unter das Volk eine besonders eindrucksvolle Demonstration herrscherlicher Freigebigkeit, vgl. dazu Schenk, Zeremoniell 363f., dort 102 auch zum Problem, mit präskriptiven *Ordines* Handlungen (re-)konstruieren zu wollen.

55 Vgl. etwa auch den Verweis von Drabek, Reisen 40, nach Eichmann, Kaiserkrönung 2, 262, auf die entsprechende Bestimmung im *Liber Ordinarius* der Metropolitankirche St. Martin in Utrecht aus der ersten Hälfte des 13. Jahrhunderts, Paul Séjourné (Hg.), L'ordinaire de S. Martin d'Utrecht (Bibliotheca Liturgica Sancti Willibrordi 1) Utrecht 1919–1921, [10]: *Sciendum est, quod in adventu regis vel imperatoris, cum ecclesiam beati Martini intraverit, superiorem vestem ipsius custos Major habebit.*

56 Vgl. Schenk, Zeremoniell 479–483.

57 Vgl. z. B. das Privileg Karls IV. über den Anspruch auf das Reitpferd des *Electus* für seinen Frankfurter Parteigänger Siegfried zum Paradies: Julius Weizsäcker (Hg.), Deutsche Reichstagsakten unter König Wenzel. Erste Abtheilung 1376–1387 (Deutsche Reichstagsakten. Ältere Reihe 1) München 1867, 83 Nr. 56; vgl. ausführlicher Schenk, Zeremoniell 481–493 (Privilegien, Analogiebildungen).

tümmel um die Beute zunächst irgendjemand durch Zufall erfolgreich war, bevor der eigentlich Berechtigte zum Zuge kommen konnte.[58]

Den Zugriff auf Gegenstände, die direkt mit dem Herrscher in Kontakt gekommen waren, erklärt Drabek mit einer besonderen, sozusagen ausstrahlenden sakralen Qualität des Königs als christlich geprägtes Erbe germanischer Vorstellungen vom ‚Königsheil'.[59] Zwar wird man sicher zustimmen können, dass in der Auffassung der Zeitgenossen dem Königtum etwas Numinoses zugesprochen und mit diesen Vorstellungen von Seiten des einziehenden Herrschers wie des empfangenden Klerus gespielt wurde, doch darf bezweifelt werden, dass noch im Spätmittelalter ‚germanisches Erbgut' nachwirkte,[60] das forschungsgeschichtlich ohnehin konstruierende Züge trägt.[61] Wie

---

58 Angesichts der insgesamt geringen Belegdichte und des Problems der ‚Faktizität' normativer Quellen ist vor Generalisierungen zu warnen: Zwar scheint es die oben skizzierten Tendenzen seit der Mitte des 14. Jahrhunderts, seit der man schriftliche Zeugnisse einer ‚Verrechtlichung' des Anspruchs vor allem auf das Pferd beibringen kann, gegeben zu haben, doch sind die Verhältnisse vor diesem Zeitpunkt unklar (tumultuarisch erfolgter Zugriff des Geschicktesten?) und auch danach könnten selbst Stadtknechte einmal Erfolg mit Beraubungsversuchen gehabt haben. In Frankfurt z. B. sah der *Ordo A* des Bartholomäusstifts, der Verhältnisse aus der ersten Hälfte des 14. Jahrhunderts widerspiegelt, für den Empfang und die Wahl des Königs folgendes vor*: ante cimiterium [electus] de equo descendat, quem cui sors dederit obtinebit* (Froning, Frankfurter Chroniken 9; Ergänzung von mir), in Aachen erhielten 1442 *der Portner und der turner, die der statt huetten*, nach einer Aachener Ordnung und einem Augenzeugenbericht das Reitpferd Friedrichs III., vgl. Kerler, Deutsche Reichstagsakten 172, Nr. 100 (Zitat); 192, Nr. 108. Nach dem (jedoch nicht unbedingt vertrauenswürdigen) Bericht des vermutlichen Augenzeugen Georg Schamdocher wurde König Friedrich III. auf seinem Krönungszug 1442 mehrfach seines Reitpferds nach *des reichs sazung* durch *statknecht und schergen* beraubt, vgl. Andreas Felix Oefele (Hg.), Rerum Boicarum Scriptores 1. Augsburg 1763, 317.

59 Vgl. Drabek, Reisen 43f.

60 So spricht etwa auch Peyer, Empfang 65, vom „[...] starke[n] Nachwirken der Tradition des antiken Herrscherempfanges einerseits und germanisch-brauchtümlichen Erbgutes andererseits [...]". Die komplexen Vorgänge bei der Tradierung kultureller (symbolischer) Formen und den Wandlungen, Umprägungen und des auch schöpferischen Umgangs mit ihnen können hier natürlich nicht gebührend untersucht werden.

61 Vgl. dazu die Kontroverse um ein spezifisch germanisches Sakralkönigtum bzw. allgemeiner (und prospektiver) um die Sakralität von Herrschaft (in Auswahl): Arnold Angenendt, Rex et Sacerdos. Zur Genese der Königssalbung. In: Norbert Kamp und Joachim Wollasch (Hg.), Tradition als historische Kraft. Interdisziplinäre Forschungen zur Geschichte des frühen Mittelalters (Festschrift Karl Hauck) Berlin-New York 1982, 100–118; Eve Picard, Germanisches Sakralkönigtum? Quellenkritische Studien zur Germania des Tacitus und zur altnordischen Überlieferung (Skandinavistische Arbeiten 12) Heidelberg 1991; Gillian Feeley-Harnik, Herrscherkunst und Herrschaft: Neuere Forschungen zum sakralen Königtum. In: Alf Lüdtke (Hg.), Herrschaft als soziale Praxis. Historische und sozial-anthropologische Studien (Veröffentlichungen des Max-Planck-Instituts für Geschichte 91) Göttingen 1991, 195–253; Rolf Gundlach, Der Sakralherrscher als historisches und phänomenologisches Problem. In: ders. und Hermann Weber (Hg.), Legitimation und Funktion des Herrschers vom ägyptischen Pharao zum neuzeitlichen Diktator (Schriften der Mainzer philosophischen Fakultätsgesellschaft 13) Stuttgart 1992, 1–22; Jacques Revel, La royauté sacrée. Éléments pour un débat. In: Alain Boureau und Claudio Sergio Ingerflom (Hg.), La royauté sacrée dans le monde chrétien. Colloque de Royaument, mars 1989 (L'histoire et ses répresentations 3) Paris 1992, 7–17; Peter Linehan, The King's Touch and the Dean's Ministrations: Aspects of Sacral Monarchy. In: Miri Rubin (Hg.), The Work of Jacques Le Goff and the Challenges of Medie-

gezeigt wurde, wirkte der *processionaliter* gebrauchte Baldachin für die Zeitgenossen nicht als antik-imperiales oder germanisches, sondern als spezifisch christliches und mit seinem Wappenschmuck sogar präzise als römisch-deutsches Herrschaftszeichen. Der Besitz von Gegenständen, die wie der Baldachin ganz klar zum Herrscher in Bezug gesetzt wurden, war als ‚symbolisches Kapital' für die Zeitgenossen sicher auch ohne die wirkende Aura eines spezifisch germanischen Königsheils wertvoll und eine Spoliierung des Herrschers zur Steigerung des eigenen Sozialprestiges also attraktiv. Eine (ebenfalls schwerlich ‚germanisches Erbgut' darstellende) Analogiebildung mag man etwa auch in dem bezeichnenderweise erst im 15. Jahrhundert nachzuweisenden Brauch sehen, bei der öffentlichen Investitur von Reichsfürsten die zeichenhaft überreichten Lehnsfahnen nach dem Belehnungsakt in die zuschauende Menge zu werfen, wo sie unter offenbar tumultuarischen Umständen zerrissen wurden.[62]

Ort, Zeitpunkt und Objekt der Beraubungen werden durch dieses Modell freilich nur teilweise erklärt. Daher möchte ich ergänzend und mit der neueren Forschung[63] eine kulturanthropologische Lesart der Phänomene vorschlagen, die eng mit Raumvorstellungen verknüpft ist: Demnach könnte es sich hier um einen – allerdings spezifisch spätmittelalterlich gewandeten – ‚rite de marge' handeln, ein Schwellen- bzw. Umwandlungsritual im Sinne Arnold van Genneps, kombiniert mit Elementen von Initiationsritualen und einigen der Merkmale, die Victor Turner für den Schwellenzustand bei Übergangsriten für konstitutiv hält.[64] Zusätzlich lassen sich Strukturen beobachten, die aus Rebellions- bzw. Inversionsritualen im Sinne Max Gluckmans bekannt sind.[65] Man

---

val History. Woodbridge 1997, 189–206; Jens Ivo Engels, Das ‚Wesen' der Monarchie? Kritische Anmerkungen zum ‚Sakralkönigtum' in der Geschichtswissenschaft. In: Majestas 7 (1999) 3–39; Franz-Rainer Erkens, Vicarius Christi – sacratissime legislator – sacra majestas. Religiöse Herrschaftslegitimierung im Mittelalter. In: Zeitschrift der Savigny-Stiftung für Rechtsgeschichte. Kanonistische Abteilung 120 (2003) 1–55.

62 Vgl. Karl-Heinz Spiess, Kommunikationsformen im Hochadel und am Königshof im Spätmittelalter. In: Gerd Althoff (Hg.), Formen und Funktionen öffentlicher Kommunikation im Mittelalter (Vorträge und Forschungen 51) Stuttgart 2001, 261–290, hier 282. Möglicherweise ist die Integration von Spoliierungen in zeremoniell oder rituell ‚verwandte' Strukturen nicht nur eine gleichsam modische Tendenz des Spätmittelalters, sondern Indiz einer spezifischen ‚Interritualität' oder ‚Interzeremonialität', die Aufschluss über die Entstehung, Veränderung und das Beziehungsgefüge ritueller bzw. zeremonieller Strukturen in der mittelalterlichen Lebenswelt geben könnte.

63 Vgl. zum Forschungskonzept, das hier nur grob skizziert werden kann (ausführlicher Schenk, Zeremoniell 496–504), und mit im Detail deutlich unterschiedlichen Ansätzen zuletzt z. B.: Carlo Ginzburg, Saccheggi rituali. Premessa a una ricerca in corso. In: Quaderni storici 65 (1987) 615–636; Agostino Paravicini Bagliani, Der Leib des Papstes. Eine Theologie der Hinfälligkeit. München 1997, 105–111, 125–133; Muir, Ritual 152f.; Bertelli, King's Body 39–61.

64 Nach Arnold van Gennep, Übergangsriten (Les rites de passage), aus dem Französischen von Klaus Schomburg und Sylvia M. Schomburg-Scherff. Frankfurt am Main-New York-Paris 1986, bes. 20–23, 123f., ist eine Kombination eines ‚rite de marge' mit einer Initiation eine häufige Erscheinung; vgl. ferner Victor Turner, Das Ritual. Struktur und Antistruktur, aus dem Englischen von Sylvia M. Schomburg-Scherff (Theorie und Gesellschaft 10) Frankfurt am Main-New York 1989, 94–107.

65 Vgl. Max Gluckmann, Rituale der Rebellion in Südost-Afrika. In: Fritz Kramer und Christian Sigrist (Hg.), Gesellschaften ohne Staat 1: Gleichheit und Gegenseitigkeit. Frankfurt am Main

könnte vielleicht auch in Erwägung ziehen, ob der tiefere Grund für die Spoliierungen in einer Art ‚Tabu‘zeremoniell um den Herrscher herum liegt. Um Missverständnissen vorzubeugen: Die eben erwähnten, auf der Grundlage hauptsächlich ethnologischen Materials entwickelten, zumeist funktionalistischen (Ritual-)Theorien können selbstverständlich nicht in simpler Weise auf die spätmittelalterlichen Verhältnisse übertragen werden, sondern es kann nur darum gehen, Anregungen für eine kulturanthropologische Lesart der Phänomene auf einer abstrakten, strukturellen Ebene zu gewinnen.[66] Dies geschieht in der Hoffnung, mit einer neuen Lesart einen wissenschaftlichen Mehrwert durch z. B. eine neue Perspektive auf oder eine neue Erklärung für ansonsten nur teilweise erklärbare Phänomene zu erzielen.

Spoliierungen bei Einzügen sind strukturell am ehesten mit ‚Beraubungsphänomenen‘ im Zusammenhang mit der Wahl von Päpsten oder – jedoch in deutlich reduzierter Form – von Dogen Venedigs vergleichbar.[67] Bei Papst- wie Dogenwahlen wird ein dreiphasiger Übergang erkennbar, der mit einem signifikanten Status- bzw. Raumwechsel verbunden ist: vom Kardinalat über das Konklave zum Papat, vom venezianischen Aristokraten über den Wahlvorgang zum Dogen. Die Investitur in ein lebenslanges und quasi-absolutes Amt wie Papat und Dogat oder, etwas anders, auch Königtum, trägt zudem Züge einer Initiation, bis hin zum dabei erfolgenden Kleiderwechsel oder – beim Papst – Namenswechsel. Die mittlere, liminale Phase dieser spezifischen ‚rites de passage‘ wird von einer gewissen Unsicherheit gekennzeichnet, während der sich die Beraubungen ereignen konnten.

Bei Ersteinzügen von Herrschern in Reichsstädte, so meine erste These, findet in vergleichbarer Weise sowohl ein Raum- als auch ein Statuswechsel statt: Der Herrscher wird vom fernen Reichs- zum gegenwärtigen Stadtoberhaupt. Mit dem Überschreiten der Schwelle zur Stadt, zur Hauptkirche als der sakralen Manifestation der Kultgemeinschaft Stadt oder zum Quartier wird der Herrscher temporäres Stadtoberhaupt und die Stadt seine und des Reiches Stadt. Die Unsicherheit während dieser liminalen Phase kann dadurch verringert werden, dass die allen Beteiligten vorher bekannte Form der

---

1978, 250–280; zur kritischen Revision vgl. Susanne Schröter, Rituals of Rebellion – Rebellion as Ritual: A Theory Reconsidered. In: Jens Kreinath, Constance Hartung und Annette Deschner (Hg.), The Dynamics of Changing Rituals. The Transformation of Religious Rituals within Their Social and Cultural Context (Toronto Studies in Religion 29) New York 2004, 41–57.

66 Vgl. die Zusammenfassung jüngster Kritik bei Jürgen Martschukat und Steffen Patzold, Geschichtswissenschaft und „performative turn“. Eine Einführung in Fragestellungen, Konzepte und Literatur. In: dies. (Hg.), Geschichtswissenschaft und „performative turn“. Ritual, Inszenierung und Performanz vom Mittelalter bis zur Neuzeit (Norm und Struktur. Studien zum sozialen Wandel in Mittelalter und Früher Neuzeit 19) Köln-Weimar-Wien 2003, 1–31, hier 17f.

67 Papstwahl: vgl. Reinhard Elze, Sic transit gloria mundi. Zum Tode des Papstes im Mittelalter. In: Deutsches Archiv für Erforschung des Mittelalters 34 (1978) 1–18, hier 6f.; Ginzburg, Saccheggi 618–621; Paravicini Bagliani, Leib 149ff. Zum im Einzelnen problematischen Fall der Dogenwahl vgl. Edward Muir, Civic Ritual in Renaissance Venice. Princeton 1981, 282f. Ich sehe hier von einem Vergleich mit Beraubungsphänomenen im Zusammenhang mit dem Tod von Päpsten und Dogen ab, da es sich dabei um eine nur partiell ähnliche Struktur handelt (der Tote spielt naturgemäß keine aktive Rolle mehr).

Ein-Führung (*processionaliter* unter einem Baldachin, Begrüßung durch Reliquien) im Sinne Niklas Luhmanns eine gewisse Erwartungssicherheit verschafft.[68] Der zeremonielle Apparat moderiert also eine heikle Situation, wobei der virtuelle Raum unter dem Baldachin den Herrscher fast schon anstößig überhöht und ihm eben wegen dieser überhöhenden *virtus* gleich wieder genommen wird. Die schwer erträgliche ambivalente Spannung der Überhöhung, so also meine zweite These, löst die Spoliierung aus, die folglich Züge eines Rebellionsrituals trägt, bei dem kurzzeitig das dargestellte Herrschaftsverhältnis mit kathartischer Wirkung gemindert, aber langfristig gerade dadurch die vorgestellte Herrschaftsstruktur befestigt wird.

In dieses Modell lässt sich auch die besondere ‚mediale' Funktion der Reliquien integrieren.[69] Bald nach dem Durchschreiten des Stadttors oder beim Betreten des Kirchhofs wurde der Herrscher in den virtuellen Raum um die Reliquie eingeführt. Bevor der Herrscher Aufnahme in die Kultgemeinschaft Stadt fand, musste er sich – man denke besonders an die Beispiele von Sankt Gallen oder Nürnberg – in einer christlich gedachten, körperlichen Demutsgeste der ‚Realpräsenz' des Stadtpatrons in seinen Reliquien unterwerfen.[70] Diese humiliter demonstrierte Verehrung, ja geradezu Anerkennung des Stadtpatrons[71] durch den Herrscher könnte also komplementär zu seiner Überhöhung durch die Stadt mit dem Tragehimmel verstanden werden. Die auffällige Verwendung von Kopfreliquien ist vielleicht im Sinne einer Analogie zu verstehen – das Reichoberhaupt wird vom Haupt des Heiligen als dem eigentlichen Stadtoberhaupt empfangen – vielleicht aber auch einfach nur mit verbreiteten Vorstellungen von sympathetischer Magie.[72]

Mit diesen Überlegungen, so meine dritte und abschließende These, ließe sich das psychologisch motivierte (und daher letztlich spekulative) Denkmodell Sigmund Freuds vom ‚Tabuzeremoniell' um den Herrscher kulturanthropologisch modifizieren.[73] Köni-

---

68 Vgl. Niklas Luhmann, Soziale Systeme. Grundriß einer allgemeinen Theorie. 2. Aufl. Frankfurt am Main 1985, 421f., 613f.

69 Vgl. Uwe Geese, Reliquienverehrung und Herrschaftsvermittlung. Die mediale Beschaffenheit der Reliquien im frühen Elisabethkult (Quellen und Forschungen zur hessischen Geschichte 57) Darmstadt-Marburg 1984, 27f., 96–106.

70 Vgl. Peter Dinzelbacher, Die „Realpräsenz" der Heiligen in ihren Reliquiaren und Gräbern nach mittelalterlichen Quellen. In: ders. und Dieter R. Bauer (Hg.), Heiligenverehrung in Geschichte und Gegenwart. Wissenschaftliche Studientagung der Diözese Rottenburg-Stuttgart, 8.–12. April 1987 in Weingarten. Ostfildern 1990, 115–174; Christof L. Diedrichs, Vom Glauben zum Sehen. Die Sichtbarkeit der Reliquie im Reliquiar. Ein Beitrag zur Geschichte des Sehens. Berlin 2001, 149–157.

71 Vgl. Matt 23,12: *Qui autem se exaltaverit humiliabitur et qui se humiliaverit exaltabitur.*

72 Vgl. schon Peyer, Empfang 65; allg. Henk van Os und Thijs Tromp, Neues über Totenköpfe. In: Markus Mayr (Hg.), Von Goldenen Gebeinen. Wirtschaft und Reliquie im Mittelalter (Geschichte und Ökonomie 9) Innsbruck 2001, 96–110.

73 Vgl. Sigmund Freud, Totem und Tabu. Einige Übereinstimmungen im Seelenleben der Wilden und der Neurotiker. Einleitung von Mario Erdheim. Frankfurt am Main 1991. Freuds Modell ist sowohl in seinen ethnologischen als auch seinen psychologischen Annahmen überholt, verweist aber im Sinne von Ulrike Brunotte, Satyrchor, Brüderclan und Kollektivgefühl: Modelle und Theorien ritueller Vergemeinschaftung um 1900. In: Dietrich Harth und Gerrit J. Schenk (Hg.), Ritu-

ge, Päpste oder Dogen des Spätmittelalters sind zwar keine ‚Mana'-Träger im Sinne Freuds oder Frazers, besitzen also keine ‚Zauberkraft', die sie mit einem – forschungsgeschichtlich ebenso problematischen[74] – ‚Tabu' umgab, welches wiederum ein kompliziertes Zeremoniell um sie herum erforderlich machte.[75] Dennoch lässt sich meines Erachtens nicht nur am Beispiel der heilenden Hände des französischen Königs, sondern auch an den hier skizzierten Phänomenen zeigen, dass die mittelalterlichen Herrscher qua Amt und den damit verbundenen, traditionsvermittelten zeichenhaften Handlungen doch ein Hauch vordergründig Numinoses umfloss, eine gewisse Außer-Ordentlichkeit, und zwar unabhängig davon, ob sie sich im Einzelfall dieses Etwas selbst zuschrieben und ob es ihnen zugeschrieben wurde. Im einen wie im anderen Fall handelte es sich um ein kulturelles Produkt[76] – vielleicht um etwas, das man (unter anderem) als einen zeitweise im realen Raum wirksamen ‚virtuellen Raum' bezeichnen könnte.

Mein Blick auf den Umgang mit realen und imaginären Räumen bei Herrschereinzügen diente dazu, an einem Beispiel Nutzen und Nachteil einer ‚Theorie des virtuellen Raumes' zu erproben. Theoretische Modelle erfassen die (re-)konstruierte Wirklichkeit freilich immer nur unvollkommen. Immerhin, und das hoffe ich gezeigt zu haben, können sie dank ihrer analytischen Distinktionskraft dazu beitragen, die verwirrend komplexen Phänomene auf einer abstrakten Ebene erst zu beschreiben, dann zu ordnen und hier und dort plausible Erklärungen für ansonsten unverständliche oder nur partiell verständliche Vorgänge zu liefern.

---

aldynamik. Kulturübergreifende Studien zur Theorie und Geschichte rituellen Handelns. Heidelberg 2004, 141–154 auf europäische Denkmodelle über die politische Gewalt und ihre Ritualisierung in monarchisch strukturierten Gesellschaften.

74 Vgl. knapp Hans-Jürgen Greschat, Mana und Tabu. In: Gerhard Krause und Gerhard Müller (Hg.), Theologische Realenzyklopädie 22. Berlin-New York 1992, 13–16.

75 Vgl. James George Frazer, Der goldene Zweig. Eine Studie über Magie und Religion. Köln-Berlin 1968, 245–260, 296–301.

76 Es scheint mir, als ginge der unscharf bleibende Begriff Bourdieus von der ‚sozialen Magie' im Rahmen seiner Untersuchung von Institutierungsritualen (‚rite d'institution') letztlich auf ähnliche, jedoch die sozial produzierenden Faktoren auf Kosten der formativen Kraft kultureller Traditionen betonende Überlegungen zurück, vgl. Pierre Bourdieu, Was heißt sprechen? Die Ökonomie des sprachlichen Tauschs. Wien 1990, 84–93.

Sonja Dünnebeil

Innen und Außen. Die Feste des Ordens vom Goldenen Vlies unter den Herzögen von Burgund

Noch heute erregt der Orden vom Goldenen Vlies, der 1430 anlässlich der Hochzeit Herzog Philipps des Guten mit Isabella von Portugal nach dem Vorbild anderer monarchischer Orden, wie z. B. des englischen Hosenbandordens, gegründet wurde und in dem 30 Ritter mit untadeligem Ruf sich mit dem jeweiligen Herzog von Burgund – später den Habsburgern – als Souverän vereinigten, viel Interesse.[1] Besonders die Ordensfeste vermittelten ein anschauliches Bild, denn dort erneuerten die wichtigsten Ritter des Landes, die prachtvolle Samtroben und schwere Goldketten trugen, in prunkvoll ausgeschmückten Räumen mit aufwändigen Mahlzeiten, begleitet von Heroldsrufen, Fanfarenklängen und Theaterinszenierungen, regelmäßig ihren exklusiven Verbund. Geprägt wurde dieses Bild vor allem durch die Berichte der zeitgenössischen Chronisten und Historiographen.[2] Diese Feste wurden aber auch in den von den jeweiligen Or-

1 Zur Gründung des Ordens vgl. z. B. D'Arcy J. D. Boulton, The knights of the crown. The monarchical orders of knighthood in later medieval Europe (1325–1520). Woodbrigde 1987, 356ff.; Jacques Paviot, Du nouveau sur la création de l'ordre de Toison d'or. In: Journal des Savants (2002) 279–298. Zu den Ordensfesten vgl. z. B. Frédéric de Reiffenberg, Histoire de l'Ordre de la Toison d'or depuis son institutions jusqu'a la cessation des chapitres généraux; tirée des archives mémes de cet ordre et des écrivains qui en ont traité. Brüssel 1830; Françoise de Gruben, Les chapitres de la Toison d'or à l'époque bourguignonne (1430–1477) (Mediaevalia Lovaniensia 1, 23) Löwen 1997. Eine nahezu komplette Mitgliederliste druckt z. B. der Ausstellungskatalog La Toison d'or. Cinq siècles d'art et d'histoire. Brügge 1962, 35–81; Kurzbiographien der Mitglieder des 15. Jahrhunderts gibt Raphaël de Smedt (Hg.), Les chevaliers de l'ordre de la Toison d'or au XVe siècle: notices bio-bibliographiques (Kieler Werkstücke D 3) 2. verbesserte Aufl. Frankfurt am Main 2000. Für die Geschichte des Ordens im 15. Jahrhundert siehe des weiteren Pierre Cockshaw und Christiane van den Bergen-Pantens (Hg.), L'ordre de la Toison d'or de Philippe le Bon à Philippe le Beau (1430–1505): Idéal ou reflet d'une société? Brüssel 1996.

2 Die einzige Chronik, in der die Ordensfeste aus erster Hand vom Wappenkönig Toison d'or beschrieben werden, druckt François Morand (Hg.), Chronique de Jean le Fèvre, seigneur de Saint-Remy. Transcrite d'un manuscrit appartenant à la bibliothèque de Boulogne-sur-Mer 2. Paris 1881, 201ff., 266f., 284f., 373f. Die Beschreibung Oliviers de la Marche von dem Ordensfest im Jahr 1445 in Gent zeigt dagegen, dass er an dem Fest nicht persönlich teilgenommen hat, denn er

denssekretären verfassten Protokollbüchern beschrieben, die derzeit für die Zeit von 1431 bis 1473 ediert werden.[3] Aus diesen bisher nahezu unbekannten Berichten erhält man neue Erkenntnisse über den Orden, denn diese Berichte wurden von den Autoren für den ordensinternen Gebrauch geschrieben und waren nicht für die Öffentlichkeit bestimmt.

Ausgehend von diesen internen Berichten aus den Protokollbüchern und der Gegenüberstellung der Chroniken, deren Autoren die Geschehnisse nur von außen als Zuschauer oder aus zweiter Hand kannten, soll in den folgenden Ausführungen am Beispiel des Ordens vom Goldenen Vlies gezeigt werden, wie eine Adelsvereinigung des Spätmittelalters das Wechselspiel von internen und öffentlichen Handeln bewusst für verschiedene Zwecke zu nutzen wusste und Teil des Zeremoniells werden ließ.[4] Dabei sollen folgende drei Aspekte der Raumnutzung bzw. -projektion näher betrachtet werden:

---

nennt einerseits einen falschen Termin und zählt andererseits zu diesem Fest Begebenheiten verschiedener Jahre auf; vgl. Henri Beaune und Jules d'Arbaumont (Hg.), Mémoires d'Olivier de la Marche, maître d'hôtel et capitaine des gardes de Charles de Téméraire 2. Paris 1884, 83–96. – Einen guten Überblick über die anderen chronikalischen Berichte bietet Françoise de Gruben, Les chapitres de la Toison d'or vus par les chroniqueurs à l'époque bourguignonne. In: Jean-Marie Cauchies (Hg.), Les sources littéraires et leurs publics dans l'espace bourguignon (XIVe–XVIe siècles) (Publication du Centre européen d'études bourguignonnes 31) Neuchâtel 1991, 127–137. In den folgenden Ausführungen wird wiederholt auf verschiedene Chroniken eingegangen werden.

3 Die Editionen entstehen mit Unterstützung des Deutschen Historischen Instituts in Paris und dem dortigen Direktor Prof. Dr. Werner Paravicini: Sonja Dünnebeil (Hg.), Die Protokollbücher des Ordens vom Goldenen Vlies 1: Herzog Philipp der Gute (1430–1467) (Instrumenta 9) Stuttgart 2002; 2: Das Fest im Jahr 1468 unter Herzog Karl dem Kühnen (Instrumenta 12) Stuttgart 2003; 3: Das Fest im Jahre 1473 (in Vorbereitung). Die Protokollbücher befinden sich heute im Archiv des Ordens vom Goldenen Vlies, das als Depositum im Haus-, Hof- und Staatsarchiv in Wien lagert, unter der Signatur „Archiv des Ordens vom Goldenen Vlies, Akten Karton 1". Ein gedrucktes Inventar für dieses Archiv bietet Joseph Ruwet, Les archives et bibliothèques de Vienne et l'histoire de Belgique. Brüssel 1956, 766–799. An dieser Stelle möchte ich mich bei dem Ordensgreffier Graf Alexander von Pachta-Reyhofen für die Erlaubnis, das Ordensarchiv zu benutzen, und Prof. Dr. Werner Paravicini für seine mannigfaltige Unterstützung bei der Entstehung der Edition bedanken.

4 Vgl. dazu allgemein Hans-Georg Soeffner, Appräsentation und Repräsentation. Von der Wahrnehmung zur gesellschaftlichen Darstellung des Wahrzunehmenden. In: Hedda Ragotzky und Horst Wenzel (Hg.), Höfische Repräsentation. Das Zeremoniell und die Zeichen. Tübingen 1990, 43–64; Werner Paravicini, Zeremoniell und Raum (Vorwort). In: ders. (Hg.), Zeremoniell und Raum (Residenzenforschung 6) Sigmaringen 1997, 11–36; Gudrun Gleba, Repräsentation, Kommunikation und öffentlicher Raum: Innerstädtische Herrschaftsbildung und Selbstdarstellung im Hoch- und Spätmittelalter. In: Bremisches Jahrbuch 77 (1998) 125–152; Raymond van Uytven, Showing of One's Rank in the Middle Ages. In: Wim Blockmans und Anteun Janse (Hg.), Showing Status. Representation of Social Positions in the Late Middle Ages (Medieval Texts and Cultures of Northern Europe 2) Turnhout 1999, 19–34; Gerd Althoff, Inszenierung verpflichtet: Welche Erinnerungen fixieren politische Rituale des Mittelalters? In: Erika Fischer-Lichte und Gertrud Lehnert (Hg.), Inszenierungen des Erinnerns (Paragrana. Internationale Zeitschrift für Historische Anthropologie 9/2) Berlin 2000, 45–60. – Zum breiten semantischen Spektrum des Wortes ‚Öffentlichkeit' im deutschen Sprachgebrauch vgl. Ernst Schubert, Ludwig der Bayer im Widerstreit der öffentlichen Meinung seiner Zeit. In: Hermann Nehlsen und Hans-Georg Hermann (Hg.), Kaiser Ludwig der Bayer. Konflikte, Weichenstellungen und Wahrnehmung seiner Herr-

1. Für die verschiedenen Elemente des Ordensfestes wechselten die Mitglieder immer wieder die Räumlichkeiten. Sie nutzten dabei die öffentlichen Straßen für Umzüge, große Kirchen für Gottesdienste aber auch gänzlich verschlossene Räume, die schon von den Zeitgenossen als Konklaven bezeichnet wurden.[5] Die Zahl des dabei zugelassenen Publikums variierte dabei je nach Größe der Räumlichkeit und somit wurde die ‚gestaffelte Öffentlichkeit' selbst zu einem Festelement.[6]
2. Die Auftritte des Ordens vom Goldenen Vlies im öffentlichen Raum dienten der Repräsentation einer ritterlichen Elite, die sich nach ‚außen' symbolisch als nachahmenswertes Anschauungsobjekt zur Schau stellte. Um diesem Vorbildcharakter gerecht zu bleiben, wurden die Ordensmitglieder regelmäßig geprüft, ob sie wirklich entsprechend den ritterlich-höfischen Wertidealen lebten. Als letzte Maßnahme dieser internen, hinter verschlossener Tür stattfindenden Sozialdisziplinierung galt der öffentlich inszenierte Ausschluss des Uneinsichtigen, dessen guter Ruf damit zerstört werden sollte.
3. Die gemeinsamen Auftritte der Mitglieder des Ordens vom Goldenen Vlies in öffentlichen Räumen dienten sowohl der Repräsentation des Gesamtordens als auch der einzelnen Mitglieder. Dabei galt es zu zeigen, wer dazugehörte und wie die Mitglieder zueinander standen. Auch wenn die Statuten des Ordens die Gleichheit der Mitglieder untereinander propagierten und dies durch die einheitliche Kleidung und die schwere goldene Halskette unterstrichen wurde, so bestand dennoch unter den Mitgliedern eine Rangordnung, die sich durch die Position innerhalb der prozessionsartigen Umzüge und bei der Sitzordnung manifestierte. Die Rangfolge wurde dabei nicht nur dem außen stehenden Publikum sichtbar gemacht, sondern das teilnehmende Mitglied erlebte sie durch seine Position im Raum persönlich.

---

schaft (Quellen und Forschungen aus dem Gebiet der Geschichte N. F. 22) Paderborn-München-Wien-Zürich 2002, 163–197, hier 174f.

5 So bei Beaune und Arbaumont, Mémoires d'Olivier de la Marche 4. Paris 1888, z. B. 159 u. 172.

6 Gert Melville, Rituelle Ostentation und pragmatische Inquisition. Zur Institutionalität des Ordens vom Goldenen Vlies. In: Heinz Duchhardt und Gert Melville (Hg.), Im Spannungsfeld von Recht und Ritual. Soziale Kommunikation in Mittelalter und Früher Neuzeit (Norm und Struktur 7) Köln 1997, 215–271, hier 248, benutzte den Begriff ‚gestaffelte Öffentlichkeit' zum ersten Mal im Zusammenhang mit den Festen des Ordens vom Goldenen Vlies. Dazu auch Sonja Dünnebeil, Soziale Dynamik in spätmittelalterlichen Gruppen. In: Ulf C. Ewert und Stephan Selzer (Hg.), Menschenbilder – Menschenbildner. Individuum und Gruppe im Blick des Historikers (Hallische Beiträge zur Geschichte des Mittelalters und der Frühen Neuzeit 2) Berlin 2002, 153–175, hier 162ff.; Bernhard Sterchi, Der Orden vom Goldenen Vlies und die burgundischen Überläufer von 1477 (Schriftenreihe der Eidgenössischen Militärbibliothek und des Historischen Dienstes 4) Bern 2003, 11f. und 33ff. und ders., Über den Umgang mit Lob und Tadel. *Noblesse*, *vertu* und *renommée* im burgundischen Hofadel, 1430–1506 (Burgundica 11) Turnhout im Druck (zugleich Diss. phil. Basel 2002). – Ich danke an dieser Stelle Bernhard Sterchi, dass er mir den das Goldenen Vlies betreffenden Teil seiner Dissertation zur Verfügung gestellt hat und für die vielen Gespräche, in denen wir immer wieder die repräsentativen Aspekte des Ordens entwickelt und diskutiert haben.

Mit diesen Ausführungen soll ein Eindruck davon vermittelt werden, wie der Orden vom Goldenen Vlies bei den regelmäßigen Mitgliederversammlungen verschiedene Räume nutzte, um mit unterschiedlicher Performanz[7] die eigene Exklusivität zu visualisieren und dabei den realen Raum mit alternativen Wahrnehmungsmustern – virtuellen Räumen – ausfüllte.

1. Die gestaffelte Öffentlichkeit

Die zeremoniellen Elemente des Ordensfestes, das anfangs immer jährlich, dann aber – sicherlich wegen der hohen Kosten – in unregelmäßigen Abständen alle fünf bis sieben Jahre stattfand, wurden im Laufe der Zeit immer mehr ausgeweitet.[8] Die Protokollbücher des Ordens vom Goldenen Vlies geben für das Jahr 1468 zum ersten Mal einen ausführlichen Bericht:[9] Dort wird beschrieben, dass die Festgesellschaft sich für den Gang in die Kirche zu den fünf vorgeschriebenen Gottesdiensten zu einem prozessionsartigen Umzug formierte: An erster Stelle ritt der Wappenkönig Toison d'or. Um seinen Hals trug er die große Ordenskette mit den Wappen aller Mitglieder. Zu Fuß folgten ihm der Ordenskanzler, der Schatzmeister und der Sekretär. Nun kamen die Mitglieder mit ihrem Ordensornat bekleidet, jeweils in Zweierreihen. Die jüngsten Mitglieder bildeten den Anfang, die ältesten den Schluss. Zuletzt ging allein der Ordenssouverän. Die so beschriebene Formation bildete den Kern des Umzuges, ihnen voran gingen der

7 „Als Performanz soll die Durchführung und Gestaltung eines öffentlichen Aktes bezeichnet werden, wobei Art, Weise und Ablauf des Aktes den Beteiligten durch Gewohnheit, Brauch, Sitte, Tradition etc. bekannt sind, durch Erinnerung an vergangene Akte, durch Kenntnis von Vorbildern, mündliche oder auch schriftliche Überlieferung. [...] Der Begriff der Performanz betont das aktuelle, situativ und körperlich gebundene Handeln aller Beteiligten, darunter auch das (re)aktive Verhalten von Zuschauern."; so die Definition bei Gerrit Jasper Schenk, Zähmung der Widerspenstigen? Die Huldigung der Stadt Worms 1494 zwischen Text, Ritual und Performanz. In: Christoph Wulf und Jörg Zirfas (Hg.), Rituelle Welten (Paragrana. Internationale Zeitschrift für Historische Anthropologie 12/1–2) Berlin 2003, 223–257, hier 225.

8 Dass beim Orden vom Goldenen Vlies das Zeremoniell bei den öffentlichen Auftritten nicht dem Zufall überlassen wurde, sondern wohl überlegt war, zeigen verschiedene Einträge in den Protokollbüchern. 1468 wurde z. B. vor dem eigentlichen Beginn des Ordensfestes nicht nur die Reihenfolge im Umzug für die Kirchgänge besprochen, sondern auch wie der Übergang der Ordenssouveränität des im Vorjahr verstorbenen Herzog Philipps des Guten auf seinen Sohn Herzog Karl zeremoniell gestaltet werden soll; vgl. dazu Dünnebeil, Protokollbuch 2, 38ff., 76ff. § 3–6, 9, 42f. und 45; weitere Beispiele nennt Sterchi, Orden 31.

9 Für die Feste davor wurden in den Protokollen in erster Linie die Teilnehmer und die während der Sitzungen diskutierten Beschlüsse festgehalten. Erst nachdem Martin Steenberch im Jahr 1461 das Amt des Ordenssekretärs übernahm und beim Fest 1468 zum ersten Mal allein das Protokoll führte, wurden die Beschreibungen ausführlicher. Der im folgenden beschriebene Umzug findet sich bei Dünnebeil, Protokollbuch 2, 77ff. § 45f.; dazu auch dies., Öffentliche Selbstdarstellung sozialer Gruppen in der Stadt. In: Hanno Brand, Pierre Monnet und Martial Staub (Hg.), Memoria, Communitas, Civitas. Mémoire et conscience urbaine en Occident à la fin du Moyen Âge (Francia. Beiheft 55) Stuttgart 2003, 71–84.

männliche Hofstaat des Herzogs und zahlreiche Persevante, Herolde und Wappenkönige. Den Abschluss bildeten die Gesandten, die anlässlich des Ordensfestes vom Papst und von verschiedenen Königen und Fürsten an den burgundischen Hof gesandt worden waren. Damit der Umzug unbehelligt seinen Weg durch die Zuschauermassen nehmen konnte, gingen zu beiden Seiten herzogliche Soldaten.

Mit diesem Umzug erreichte der Orden sicherlich das größte Maß an öffentlicher Aufmerksamkeit, denn ein solch prachtvolles Ereignis zog staunende Zuschauer in großen Mengen an. Als die Mitglieder sich im Chor auf den mit ihren Wappen und Namen gekennzeichneten Plätzen niederließen, konnte ihnen aus Platzgründen nur ein Teil der Zuschauer in die Kirche folgen. Das Zeremoniell sah vor, dass während der Gottesdienste die Mitglieder mehrfach namentlich genannt wurden, die dann vorzutreten hatten, um symbolhaft eine Goldmünze oder eine mit ihrem Wappen gekennzeichnete Kerze zu stiften.[10] Nach dem Ordensfest konnten Interessierte sich in der Kirche über die Zusammensetzung des Ordens informieren, denn die Wappentafeln, die über den Sitzplätzen der Mitglieder angebracht worden waren, blieben hängen und sollten für alle Zeiten an das Fest des Ordens erinnern.[11]

Noch weiter eingeschränkt wurde die Zuschauermenge beim großen Festbankett. Die breite Öffentlichkeit erfuhr davon nur das, was an Gerüchen und Geräuschen nach außen drang, was an Essensresten an die Armen verteilt wurde oder was anwesende Gäste und Diener zu erzählen hatten. Diese werden jedoch ausführlich von dem Prunk erzählt haben, von dem großen Festsaal, der mit prachtvollen Tapisserien mit Geschichten zu Gideon behängt war, von einer Anrichte, auf der in fünf Reihen zahlreiche goldene und silberne Pokale und Kelche standen, und sogar davon, dass vier Hörner von Einhörnern aufgestellt worden waren.[12] Sie werden berichtet haben, dass zu dem Festmahl, das von Heroldsrufen und musikalischen und szenischen Darbietungen begleitet wurde, der Herzog und die Ritter des Ordens entsprechend ihrer Rangordnung an einem Tisch mit reich bestickten Tischtüchern saßen, wobei vor jedem ein eigener Teller und ein eigenes Trinkgefäß stand. An einem zweiten Tisch nahmen die Amtsträger des Ordens Platz; dort erhielten der Kanzler und der Schatzmeister jeweils eigene Teller und Trinkgefäße, während sich Sekretär und Wappenkönig diese teilen mussten. Drei weitere Tische waren gedeckt, einer für die eigens zum Ordensfest angereisten Gesandtschaften fremder Könige und Fürsten, einer für die hohen kirchlichen Würdenträger und ein

---

10 Auch bei den Opfergaben stammt die erste ausführlichere Beschreibung aus dem Protokollbuch des Jahres 1468, vgl. Dünnebeil, Protokollbuch 2, 81ff. § 47–53 (Goldmünzen) und 87f., § 61 (Kerzen). Den Ablauf der Gottesdienste regeln die Statuten des Ordens; gedruckt bei Dünnebeil, Protokollbuch 1, 189–231, hier 214f. § 50–53; vgl. dazu auch dies., Dynamik 160f. – Mit der Kirche als Schauraum und Ort der Repräsentation beschäftigt sich z. B. Horst Wenzel, Hören und Sehen, Schrift und Bild: Kultur und Gedächtnis im Mittelalter. München 1995, 95ff.

11 Auf die Wappen wird an späterer Stelle noch ausführlicher eingegangen werden.

12 Die folgenden Details von dem Fest 1473 sind bekannt durch die Beschreibung bei Dünnebeil, Protokollbuch 3 § 40–43 (fol. 8v–9v); dazu auch Gruben, Chapitres 369f.; Dünnebeil, Dynamik 156f.

dritter für Wappenkönige und Herolde. Auch wenn die Quellen keine Details über die Abfolge und Zusammenstellung der Speisen aussagen, kann man davon ausgehen, dass sie sehr aufwändig und erlesen gewesen sind.[13] Sowohl für die am Festmahl Teilnehmenden als auch für die im Festsaal anwesenden Gäste und Angehörigen des burgundischen Hofes wurde dieses Ereignis zu einem repräsentativen Schauessen, das den Glanz des Ordens und über ihn den des Ordenssouveräns – des Herzogs von Burgund – nach außen tragen sollte.

Gänzlich unter Ausschluss der Öffentlichkeit fand dann die eigentliche Mitgliederversammlung statt.[14] Die anwesenden Ordensmitglieder und Amtsträger mussten bei jedem Fest aufs neue beeiden, von dem Besprochen nichts nach außen weiter zu tragen.[15] Hinter verschlossenen Türen wurde nun die Politik des Ordens erörtert, wurden Streitigkeiten der Mitglieder geschlichtet und neue Mitglieder gewählt. Darüber hinaus hatte sich jedes Mitglied einer Evaluierung zu unterziehen. Hier im internen, innersten Raum trug der Orden unter strenger Geheimhaltungspflicht seine Differenzen aus, während er nach außen, gegenüber der Öffentlichkeit stets das Bild der geschlossenen Einigkeit und Eintracht zur Schau stellte.

Wie der skizzierte Festablauf zeigt, bestand der Festablauf des Ordens vom Goldenen Vlies aus verschiedenen Elementen, die durch den Wechsel von ‚Innen‘ und ‚Außen‘ unterschiedliche Grade an Öffentlichkeit erreichten, mit denen auch die Zahl der zugelassenen Gäste und Zuschauer korrespondierte.[16] Je nach Festakt und Grad der Öffentlichkeit differierte dabei aber auch die Zusammensetzung des Publikums, denn bei den Umzügen fand sich unwillkürlich eine breite Masse ein, während in der Kirche und beim Festmahl willkürlich nur ausgewählte Gäste teilnehmen durften, von denen aber erwartet wurde, dass sie das Erlebte nach ‚außen‘ trugen.

Das Publikum erlebte den Orden dabei durch ‚Sehen‘, indem es z. B. beim Umzug die Mitglieder persönlich sah, und durch die in der Kirche verbleibenden Wappentafeln.[17] Eine andere Form des Erlebens war das ‚Hören‘: z. B. von Fanfarenklängen oder Heroldsrufen während des Umzugs und während des Festmahles. Wichtiger war aber das ‚Sehen und Hören‘ während des Gottesdienstes, wenn die nacheinander aufgerufe-

---

13 Vgl. dazu z. B. Gerhard Fouquet, Das Festmahl in den oberdeutschen Städten des Spätmittelalters. Zu Form, Funktion und Bedeutung öffentlichen Konsums. In: Archiv für Kulturgeschichte 74 (1992) 83–123.

14 Sterchi, Orden 11, spricht in diesem Zusammenhang von der „Visualisierung von Invisibilität“.

15 Das Schweigegebot wurde schon in den Statuten festgelegt, siehe Dünnebeil, Protokollbuch 1, 216 § 55. Auch in den Protokollbüchern wurde regelmäßig vermerkt, dass zu Beginn der eigentlichen Ordensversammlung die Anwesenden einen entsprechenden Eid leisteten, so z. B. 1468 bei dies., Protokollbuch 2, 94f. § 70. Vgl. dazu auch Sterchi, Orden 31f.

16 Karl-Heinz Spieß, Kommunikationsformen im Hochadel und am Königshof im Spätmittelalter. In: Gerd Althoff (Hg.), Formen und Funktionen öffentlicher Kommunikation im Mittelalter (Vorträge und Forschungen 51) Stuttgart 2001, 261–290, hier 269ff., zeigt, dass auch bei Fürstenhochzeiten die Anzahl der Zuschauer vergleichbar mit der Größe des Festraumes und der Art des Festaktes variierte.

17 Zur Bedeutung der audiovisuellen Wahrnehmung vgl. ausführlich Wenzel, Hören und Sehen 48ff.

nen Mitglieder aufstehen mussten, um eine Opfergabe zu erbringen. Der Zuschauer konnte dabei den Namen eines Mitglieds einer bestimmten Person zuordnen. So auf den Orden neugierig gemacht, war das Publikum dann auch interessiert, was es von den wenigen zugelassenen Gästen und Dienern vom Festmahl und wichtiger noch von der Versammlung zu hören bekam.[18] An diesem Punkt tritt das Begriffspaar ‚Hören – Sagen' mit dem Stichwort ‚Gerücht' in Verbindung.[19]

Mit dem Wechsel zwischen ‚öffentlich' und ‚nichtöffentlich' sollte die Neugier der Umwelt geweckt und damit der Eindruck der Exklusivität verstärkt werden. Denn im Spätmittelalter war das Wechselspiel zwischen ‚öffentlich' und ‚heimlich' ein gängiges Medium der Machtdemonstration. Während die Öffentlichkeit, also der öffentliche Raum, der Ort der Macht- und Statusdemonstration war, fanden die eigentlichen (politischen) Entscheidungen hinter verschlossenen Türen, im für die Allgemeinheit verborgenen Raum statt und die daran beteiligten Personen stammten damit aus einem exklusiven, dem Machtzentrum zugehörenden Kreis.[20]

2. Die Präsentation des Gesamtordens und dessen Vorbildcharakter

Die während der Ordensfeste entfaltete repräsentative Pracht diente zur Vermittlung der Exklusivität des Ordens vom Goldenen Vlies, dem ausschließlich Ritter mit untadeligem Ruf und ritterlich-tugendhafter Lebensweise angehörten,[21] die hohe Stellungen in-

---

18 Dementsprechend fällt der Bericht des Matthieu d'Escouchy über das Ordensfest 1451 in Mons aus: Ausführlich sind seine Beschreibungen von den ihm zugänglichen Festelementen wie der Umzug des Ordens zum Gottesdienst, die Ausstattung der Kirche und die Prozeduren während des Gottesdienstes. Am Festmahl selbst nahm er nicht teil, er geht aber in seiner kurzen Bemerkung davon aus, dass es sehr prunkvoll gewesen sein muss, und beschreibt dann ausführlicher, dass man von außen Trompeten und andere Musikinstrumente hören konnte und dass, wie er erfragen konnte, die Herolde zu diesem Anlass großzügig entlohnt wurden. Von der eigentlichen Ordensversammlung berichtet er nur, dass sie, wie ihm berichtet wurde, stattfand und welche Funktion sie hatte. Siehe Gaston du Fresne de Beaucourt (Hg.), Chronique de Mathieu d'Escouchy, Nouvelle édition 1. Paris 1863, 346–355; dazu auch Melville, Rituelle Ostentation 240f.; Sterchi, Orden 12f.

19 Was im Mittelalter unter ‚Gerücht' und *fama* verstanden wurde, zeigt z. B. Schubert, Ludwig der Bayer 166f.

20 Dazu ausführlich Horst Wenzel, Öffentliches und nichtöffentliches Herrschaftshandeln. In: Gerd Althoff (Hg.), Formen und Funktionen öffentlicher Kommunikation im Mittelalter (Vorträge und Forschungen 51) Stuttgart 2001, 247–260; ders., Repräsentation und Secretum. Geheimnisträger im Spannungsfeld von Mündlichkeit und Schriftlichkeit. In: Gisela Engel, Brita Rang, Klaus Reichert und Heide Wunder (Hg.), Das Geheimnis am Beginn der europäischen Moderne. Frankfurt am Main 2002, 61–71; Hermann Kamp, Philippe de Commynes und der Umgang mit der Öffentlichkeit in der Politik seiner Zeit. In: Gert Melville und Peter von Moos (Hg.), Das Öffentliche und Private in der Vormoderne. Köln-Weimar-Wien 1998, 687–716.

21 Den Statuten gemäß sollte es sich bei den Mitgliedern um *chevalliers, gentilz hommes de nom et d'armes et sans reproche* handeln; siehe Dünnebeil, Protokollbuch 1, 197 § 1. In dem bei Paviot,

nerhalb der Sozialhierarchie Burgunds einnahmen. Der Eindruck der Exklusivität konnte nur entstehen, wenn diese als solche wahrgenommen und anerkannt wurde, deshalb war es für den Orden von großer Wichtigkeit, sich regelmäßig im öffentlichen Raum zu präsentieren und die Mitglieder physisch vorzuführen, damit die Zuseher sie visuell erfassen und ihnen Ehre erweisen konnten.[22]

Die öffentlichen Auftritte sollten aber die Ordensmitglieder auch als nachahmenswerte Anschauungsobjekte darstellen, um Außenstehende anzuspornen, nach Vorbild der Ordensritter das eigene Ansehen zu vergrößern, um dann vielleicht selbst als mögliches Mitglied des Ordens in Frage zu kommen.[23] Horst Wenzel kommt bei seinen literaturwissenschaftlichen Forschungen zum Schluss, dass sich der höfische Adlige bewusst war, dass seine „Vorbildlichkeit öffentlich überprüft" wurde und dass er „sich vor den Augen und den Ohren der Öffentlichkeit als potentielles Anschauungsobjekt normierter Vorbildlichkeit behaupten musste".[24] Der Orden vom Goldenen Vlies musste demnach mit seinem gesteigerten Anspruch auf ritterlich-höfische Wertvorstellung um so mehr das Interesse der Öffentlichkeit erregt haben und machte sich deshalb auch große Sorge um seine Exemplarität. Aus diesem Grund wurde die regelmäßige Evaluierung der Mitglieder, der sich auch der Ordenssouverän unterwerfen musste, ein fester Bestandteil der Ordensfeste.[25] Sie nahm unter Herzog Karl dem Kühnen wegen ihrer Ausführlichkeit sogar mehrere Tage in Anspruch.[26] Nach und nach mussten dabei die

---

Création 289–298 zitierten Statutenentwurf wurde dazu noch gefordert, dass das Mitglied *nez en loyal mariage* sein müsse (§ 2).

22 Vgl. dazu Sonja Dünnebeil, Umzug und Tanz als Formen der ‚bewegten' Repräsentation. In: Gerhard Fouquet, Matthias Steinbrink und Gabriel Zeilinger (Hg.), Geschlechtergesellschaften, Zunft-Trinkstuben und Bruderschaften in spätmittelalterlichen und frühneuzeitlichen Städten (Stadt in der Geschichte 30) Stuttgart 2003, 129–145, hier 130.

23 Die Vorbildfunktion beschrieb schon Jean le Fèvre, der erste Wappenkönig des Ordens, in seiner Chronik, vgl. Morand, Chronique de Jean le Fèvre 172f.; dazu auch Melville, Rituelle Ostentation 220; Sterchi, Orden 29. – Gerhard Schönrich, Ritter, Regeln, Rituale. Institutionalität als Zeichenprozeß. In: Gert Melville (Hg.), Institutionalität und Symbolisierung. Verstetigung kultureller Ordnungsmuster in Vergangenheit und Gegenwart. Köln-Weimar-Wien 2001, 493–511, hier 495, bemerkt zu recht, dass bei der Aufnahme eines Ritters in den Orden dessen Ritterschaft gesteigert wurde.

24 Wenzel, Herrschaftshandeln 250.

25 In den Statuten wird der Ablauf dieser Evaluierung genau geregelt; siehe Dünnebeil, Protokollbuch 1, 216f. § 56–60. Zu deren Funktion vgl. auch Malcom Vale, War and Chivalry. Warefare and Aristocratic Culture in England, France and Burgundy at the End of the Middle Ages. Athens 1981, 46–51; Melville, Rituelle Ostentation 259ff.; Leonhard Horowski, *xxxj chevaliers sans reproche*. Der Orden vom Goldenen Vlies als Instrument burgundischer Elitenpolitik. In: Sacra Militia. Rivista di storia degli Ordini militari 1 (2000) 187–233; Sterchi, Orden 37ff. Letzterer zeigt, dass der Ordensouverän mit der „sittlichen Sorge um seine Mitglieder" auf diese Weise auch politische Kontrolle ausübte.

26 Vgl. Dünnebeil, Protokollbuch 2, 96ff. § 75–138 und 3 § 83ff. (fol. 16v–30r). – Diese Evaluierungen der Mitglieder, die in den ordensinternen Quellen als *correction* und in der (deutschsprachigen) Gelehrtenliteratur auch gerne als „Sittenrüge" bezeichnet werden, sind sicherlich mit Abstand die interessantesten Passagen der Protokollbücher des Ordens vom Goldenen Vlies. Der Katalog der Beanstandungen reicht von einfachen Vergehen wie Wortbruch und Unehrlichkeit über Geil-

Mitglieder den Versammlungsraum verlassen, und die übrigen Mitglieder diskutierten dann darüber, ob es Anlass zur Kritik gab. Mag es zunächst widersprüchlich anmuten, wenn bei dieser Prüfung, die hinter verschlossenen Türen unter größter Geheimhaltungspflicht abgehalten wurde, zusammengetragen wurde, welche Informationen und Gerüchte in der Öffentlichkeit über den Prüfling kursierten, so zeigt dies tatsächlich nur, dass es dem Orden wichtig war, dass sein *bonne renommée* und das seiner Mitglieder nicht durch negative Gerüchte befleckt wurde.[27] Indem der Orden sein durch die Öffentlichkeit wiedergegebenes ‚Bild' zur Kenntnis nahm, erreichte er durch das Zuführen von eigenem Anspruch von öffentlicher Widerspiegelung eine Art interne ‚Qualitätskontrolle'.

Ergab die Prüfung keine Beanstandungen, so wurde das Mitglied bei seiner Rückkehr in den Versammlungsraum gelobt und den anderen Mitgliedern als Vorbild vorgeführt.[28] Bei Beanstandungen erhielt der Beschuldigte die Gelegenheit sich zu verteidigen oder Besserung zu versprechen. War er in seiner Rechtfertigung nicht überzeugend genug, konnte er mit einer Strafe belegt werden, die je nach Grad des Vergehens von einer einfachen Bußübung über verordnete Pilgerreisen nach Jerusalem oder Santiago de Compostella bis zum Ausschluss gehen konnte.[29] Das seltene Verfahren des Ausschlusses wurde z. B. 1468 bei Johann von Burgund, Graf von Nevers, exerziert: Als während des Münzopfers beim ersten großen Gottesdienst der abwesende Johann von Burgund an der Reihe war, verkündigte der Ordensherold mit lauter Stimme: *L'on ne appelle point monseigneur le conte de Nevers pour aler a l'offrande, car il n'est plus de l'ordre.*[30] Anschließend trat der Herold zum Sitz des Grafen, nahm dessen Wappen herunter und zerschmetterte es auf dem Boden. Anstelle des Wappens wurde eine schwarze beschriebene Tafel aufgehängt, deren Text laut verkündet wurde. Er besagte, dass der Graf sich trotz Aufforderung geweigert habe, am gegenwärtigen Ordensfest persönlich seine Ehre gegen die erhobenen Vorwürfe der Zauberei und der Häresie zu verteidigen, statt dessen habe er seine Ordenskette gesandt und gehöre deshalb nicht länger dem Orden an. Dieser für die Öffentlichkeit dramatisch inszenierte Ausschluss eines

---

heit und Ehebruch, bis zu Kriegstreiberei und Feigheit im Schlachtfeld, aber auch von Vater- und Brudermord, Zauberei und Häresie ist die Rede. Hier erhält man heute einen guten Eindruck von den am Ende des 15. Jahrhunderts bestehenden Vorstellungen einer vorbildlichen ritterlichen Lebensweise.

27 Dazu auch Sterchi 38f.

28 1468 fand man bei Ludwig van Brügge, der in den burgundischen Niederlanden eine hohe Stellung inne hatte, nichts zu beanstanden, und das, wie das Protokollbuch vermerkte, obwohl Ludwig in einer Gegend lebte, in der Korruption zur Tagesordnung gehörte; vgl. Dünnebeil, Protokollbuch 2, 99 § 80.

29 1451 wurde z. B. Philippe de Ternant eine Wallfahrt nach Santiago de Compostella auferlegt, nach dem er trotz dem Friedensgebot Herzog Philipps von Burgund englische Kaufleute gefangen genommen hatte. Gleichzeitig wurde ihm auch noch Veruntreuung von Geldern und eine ungeordnete Lebensweise vorgeworfen; vgl. Dünnebeil, Protokollbuch 1, 108ff. § XVI/14–16.

30 Dünnebeil, Protokollbuch 2, 41ff. § 10–13; zum weiteren Ausschlussverfahren 20f., 76, 83, 134f. § 42–43, 51 und 161–166; dazu auch dies., Dynamik 163; Sterchi, Orden 64ff.

Mitglieds, mit lauten Heroldrufen, Zerschlagen des Wappens und Anbringung einer schwarzen Tafel, die für alle Zeiten die Gründe des Ausschlusses verkünden sollte, wurde in zahlreichen zeitgenössischen Chroniken ausführlich beschrieben, meistens mit Zitierung des Textes der schwarzen Tafel.[31] Erst die ordensinternen Quellen zeigen, dass die öffentlich verlauteten Gründe des Ausschlusses – Zauberei und Häresie – nur vorgeschobene Gründe waren. In Wirklichkeit hatte Johann von Burgund aufgrund persönlicher und politischer Differenzen gegenüber dem Ordenssouverän Herzog Karl dem Kühnen von sich aus seinen Austritt erklärt. Die Mitglieder des Ordens vom Goldenen Vlies wollten diesen freiwilligen, brieflich formulierten Austritt so nicht hinnehmen und machten daraus einen öffentlichkeitswirksamen Ausschluss. Mit zeremonieller Schelte, bei der statt der tatsächlichen politischen Differenzen sittlich-religiöse Motive vorgeschoben wurden, und mit Wappenschändung sollte der gute Ruf des Ausgestoßenen zerstört werden.[32] Ziel dabei war, die Stimmung und Sympathien der Öffentlichkeit gegen den Querulanten, aber für den Orden zu beeinflussen, um so im Bild der Allgemeinheit die ins Wanken geratene Einigkeit und Eintracht des Ordens wiederherzustellen. Die Rufschädigung wurde jedoch nur wirksam, wenn dem Gescholtenen sein Ansehen am burgundischen Hof wichtig war. Bei dem 1481 ausgeschlossenen Philipp von Crèvecoeur zeigte sich diese Maßnahme wirkungslos, denn er wurde in seiner neuen Heimat, dem französischen Hof, aufgrund seines Ausschlusses aus dem Orden vom Goldenen Vlies als Held gefeiert.[33]

Auch hier bei der Evaluierung der Mitglieder und der damit verbundenen Sozialkontrolle setzte der Orden vom Goldenen Vlies bewusst den Wechsel von Raum ein: Im abgeschlossenen Raum unter Ausschluss der Öffentlichkeit wurde der Lebenswandel der Mitglieder geprüft und falls nötig beanstandet. Da diese Rügen jedoch nur im internen Kreis ausgesprochen wurden, blieb der Ruf des gescholtenen Mitglieds und damit auch des gesamten Ordens nach außen hin unbeschadet. Nur wenn das interne Machtinstrument erfolglos blieb und man als letzte Strafe den Ausschluss wählte, verließ der Orden den geschlossenen Raum und versuchte mit einem öffentlichen Ausschluss und mit Rufschändung des nichtkonformen Mitglieds die Eintracht des Ordens wieder herzustellen.

---

31 So z. B. bei Jean de Wavrin, Recueil des chroniques et anchiennes istoires de la Grant Bretaigne, à present nommée Engleterre, hg. von William und Eduard Hardy (Rerum Britannicarum medii aevi scriptores 39/5) London 1891, 563; Victor Fris (Hg.), Dagboek van Gent van 1447 tot 1470 2. Gent 1904, 211.

32 Zu den Mechanismen und Wirkungsweisen öffentlicher Schmähungen am Beispiel von Schmähbriefen und Schandbildern z. B. Michael Lentz, Rechtsstreit, Kommunikation und Öffentlichkeit im späten Mittelalter. Das Beispiel der Schmähbriefe und Schandbilder. In: Karel Hruza (Hg.), Propaganda, Kommunikation und Öffentlichkeit (11.–16. Jahrhundert) (Forschungen zur Geschichte des Mittelalters 6) Wien 2002, 189–209.

33 Mit Philipp von Crèvecoeur wurde noch eine Reihe anderer Mitglieder aus dem Orden ausgeschlossen mit der Begründung, sie seien nach dem Tode Herzog Karls des Kühnen nach Frankreich übergelaufen; dazu ausführlicher Sterchi, Orden 67ff. Er betrachtet (81f.) die Grenzen der Macht bei Personen, die nicht länger an ihrem guten Ansehen in Burgund interessiert sind.

3. Die Präsentation des einzelnen Mitglieds

Bei den Auftritten im öffentlichen Raum war der Orden vom Goldenen Vlies stets bemüht, das Bild des geschlossenen Ganzen zu präsentieren. Damit einher ging aber auch die Vorführung der einzelnen Mitglieder, durch deren guten Ruf sich erst der exklusive Charakter des Ordens entwickelte. Aber auch außerhalb der Ordensfeste waren die Mitglieder gut erkennbar, denn sie waren verpflichtet, ständig ihre goldene Ordenskette zu tragen.[34] In einer Zeit, in der durch Kleider- und Luxusordnungen die standesgemäße Kleidung stark reglementiert war, verstand es die Allgemeinheit den sozialen Status einer Person anhand seiner Kleidung einzuordnen, anzunehmen ist auch, dass die Kenntnis der Abzeichen der großen, wichtigen Ritterorden zur Allgemeinbildung gehörte.[35] Das Gesellschaftszeichen wurde so zum Distinktionsmerkmal der permanenten Repräsentation des Ordens, diente aber auch als Mittel zur Veräußerlichung des Sozialprestiges des Trägers.

Um den Bekanntheitsgrad der Mitglieder noch zu verstärken bzw. um den hervorragenden Rang der Mitglieder zu unterstreichen, beschloss Herzog Karl der Kühne im Jahr 1473, dass bei wichtigen, repräsentativen Ereignissen die Vliesritter eine besondere Position innerhalb der burgundischen Hofgesellschaft erhalten sollten. Bei öffentlichen Auftritten, wie z. B. einem feierlichen Einritt in eine Stadt, sollten sie sich direkt nach der herzoglichen Familie und den herzoglichen Cousins einreihen und bei öffentlichen Audienzen sowie bei Sitzungen des Großen Rates wurde für die Vliesritter in vorderer Reihe eine separate Bank aufgestellt.[36] So exponiert bei repräsentativen Anlässen und allein schon durch die schwere Goldkette wurden die Mitglieder des Ordens vom Goldenen Vlies von ihrer Umgebung wahrgenommen; dies spiegelt sich auch in

---

34 Tragepflicht und Aussehen der Ordenskette wurde in § 3 der Statuten geregelt; siehe Dünnebeil, Protokollbuch 1, 197f. Vgl. zur Ordenskette auch Boulton, Knights 366ff.; Sterchi, Orden 15ff. – Im Gegensatz zur Ordenskette wurden Mäntel und Kappen, die die Mitglieder während des Festes trugen, nicht zur permanenten Repräsentation verwandt, sie mussten am Ende des Ordensfestes abgegeben werden und wurden bis zum nächsten Fest vom Schatzmeister des Ordens aufbewahrt; vgl. § 35 der Statuten bei Dünnebeil, Protokollbuch 1, 209f.

35 Zur „Lesbarkeit des Kleidungscodes in der Vormoderne" vgl. z. B. Neithard Bulst, Kleidung als sozialer Konfliktstoff. Probleme kleidergesetzlicher Normierung im sozialen Gefüge. In: Saeculum 44 (1993) 32–46; Gerhard Jaritz, Kleidung und Prestige-Konkurrenz. Unterschiedliche Identitäten in der städtischen Gesellschaft unter Normierungszwängen. In: ebd. 8–31. Vgl. dazu auch Dünnebeil, Dynamik 165ff.

36 So die herzogliche Ordonnanz vom 13. Mai 1473; vgl. Dünnebeil, Protokollbuch 3 § 231 (fol. 44v–45v). Aber auch schon bei den Hochzeitsfeierlichkeiten Herzog Karls im Jahre 1468 wurden die Vliesritter an exponierten Stellen hervorgehoben; vgl. Werner Paravicini, Die zwölf »Magnificences« Karls des Kühnen. In: Althoff, Formen 319–395, hier 331ff. (mit umfangreichen Literatur- und Quellenangaben).

zahlreichen zeitgenössischen Bildquellen wieder, die Ereignisse und Alltagsszenen am burgundischen Hof darstellen.[37]

Auch wenn Gesellschaftszeichen und die gemeinsamen Auftritte im öffentlichen Raum die in den Statuten des Ordens vom Goldenen Vlies propagierte, durch brüderliche Liebe getragene Gleichheit der Mitglieder unterstreichen sollten, gab es dennoch unter den Mitgliedern eine festgelegte Hierarchie, bei der an erster Stelle der Souverän stand.[38] Die anderen Mitglieder wurden in zwei Reihen nach dem Alter ihrer Zugehörigkeit eingereiht. Nahm der Orden in einem Jahr mehrere Mitglieder auf, so wurde erst das Alter der Ritterschaft und dann das tatsächliche Lebensalter berücksichtigt. Diese Rangfolge der Vliesritter spielte dann auch im Zeremoniell des Ordens eine wichtige Rolle, so beeinflusste sie z. B. die Reihenfolge der Aufrufungen während der Gottesdienste oder der Evaluierung. Die Rangfolge zeigte sich aber vor allem in der Sitzordnung während der Gottesdienste, der Mahlzeiten und der eigentlichen Ordensversammlung. Hier erhielt der Ordenssouverän einen erhöhten Platz, während die übrigen Mitglieder sich zu seiner rechten und linken Seite einreihten, die Rangniedrigsten am weitesten von ihm entfernt.[39] Mit der Sitzordnung wurde so die Rangordnung in den Raum projiziert, damit sie für jedermann sichtbar wurde. Je näher das einzelne Mitglied dem Souverän saß, desto höher war sein Ansehen, denn die Nähe zum Herrscher symbolisierte hohes Sozialprestige und politischen Einfluss.[40]

---

37 Siehe dazu die vielen Abbildungen bei Cockshaw und van den Bergen-Pantens, Toison d'or; vgl. dazu auch Sterchi, Orden 16.

38 Die Rangfolge der Mitglieder regelt § 17 der Statuten; gedruckt bei Dünnebeil, Protokollbuch 1, 204; vgl. dazu auch Sterchi, Orden 19ff.; Dünnebeil, Protokollbuch 2, 15ff. – Otto G. Oexle, Soziale Gruppen in der Ständegesellschaft: Lebensformen des Mittelalters und ihre historische Wirkungen. In: Otto G. Oexle und Andrea von Hülsen-Esch (Hg.), Repräsentation der Gruppen. Texte – Bilder – Objekte (Veröffentlichungen des Max-Planck-Instituts für Geschichte, 141) Göttingen 1998, 9–44, hier 31f., spricht von der „Harmonie in der Ungleichheit" und weist darauf hin, dass Rangordnungen gruppenbildendes Verhalten stärkten.

39 Diese Sitzordnung ist auf zahlreichen zeitgenössischen Abbildungen über den Orden vom Goldenen Vlies zu sehen, vielfach auf der ersten Seite der Statutenbücher, die jedes Mitglied bei seiner Aufnahme in den Orden erhielt. Die hier beigefügte Abbildung stammt von einem Foto aus dem Bildarchiv der ÖNB Wien (E 298-C[B]*F), das mir freundlicherweise die Veröffentlichung genehmigt hat. Vgl. dazu Dünnebeil, Protokollbuch 2, 17 und 19. Andere, vergleichbare Darstellungen sind abgebildet bei Cockshaw und van den Bergen-Pantens, Toison d'or 12, 42, 45, 49, 51, passim.

40 Karl-Heinz Spieß, Rangdenken und Rangstreit im Mittelalter. In: Paravicini, Zeremoniell 39–61, hier 44f.; vgl. auch Reinhard Elze, Rechts und Links. Bemerkungen zu einem banalen Problem. In: Martin Kintzinger, Wolfgang Stürmer und Johannes Zahlten (Hg.), Das andere Wahrnehmen. Beiträge zur europäischen Geschichte. Köln-Weimar-Wien 1991, 75–82; Andreas Ranft, Feste des deutschen Adels am Ausgang des Mittelalters, Form und Funktion. In: Simonetta Cavaciocchi, (Hg.), Il tempo libero, economia e società (loisirs, leisure, tiempo libre, Freizeit) secc. XIII – XVIII (Istituto Internazionale di Storia Economica F. Datini Prato 2/26) Florenz 1995, 245–256, hier 248f.; Wenzel, Hören und Sehen 132ff. Spieß, Kommunikationsformen 271, weist zu recht darauf hin, dass die Positionierung einzelner Personen oder Gruppen in einem Raum eine Form der nonverbalen Kommunikation war, deren Aussagekraft die mittelalterlichen Menschen weit besser ablesen konnten, als wir uns das heute vorstellen können.

Abb. 1: Ordensversammlung vom Goldenen Vlies
(Bildarchiv der Österr. Nationalbibliothek)

Wenn sich die Rangfolge der Vlies-Ritter normalerweise nicht nach der familiären Herkunft sondern nach der Anciennität der Mitgliedschaft richtete, so wurde bei der Aufnahme des Kaisers, von Königen und Herzögen eine Ausnahme gemacht, sie sollten ihrem hohen Status gemäß möglichst nahe beim Ordenssouverän ihren Platz erhalten. Interessant ist dabei zu beobachten, dass Herzöge aus Frankreich, wie Herzog Karl von Orléans oder Herzog Johann von Alençon diese bevorzugte Stellung erhielten, während Herzöge aus dem Reich, wie z. B. Herzog Johann von Kleve oder Herzog Adolf von

Geldern und Jülich, zwischen den anderen Mitgliedern platziert wurden.[41] Diese Ausnahmeregelung für Kaiser, Könige und Herzöge aus Frankreich in der Rangordnung des Ordens ist ein guter Spiegel für die doppelte Intention des Ordens:[42] Hauptsächlich diente der Orden innenpolitischen Zielen, denn mit der Aufnahme in den Orden sollten verdiente Personen aus dem burgundischen Hofstaat für ihre Treue belohnt und enger an das burgundische Haus gebunden werden. Daneben gab es aber auch eine zweite, eine außenpolitische Intention, denn mit der Aufnahme von Königen oder Herzögen wurde der Orden zum Mittel der Allianz, mit dem die burgundischen Herzöge versuchten, ihre Verbündeten – unter Herzog Karl dem Kühnen hauptsächlich im Kampf gegen den französischen König – an sich zu binden. Und so ist es nicht verwunderlich, dass kurz vor der Hochzeit Herzog Karls des Kühnen mit der Schwester des Königs von England dieser in den Orden vom Goldenen Vlies gewählt wurde und Herzog Karl kurz danach in den englischen Hosenbandorden.[43]

Die Rangfolge der Mitglieder des Ordens vom Goldenen Vlies wurde auch bei den Umzügen dargestellt: Der Orden gliederte sich nach aufsteigender Hierarchie, indem zuerst die Ordensoffiziere, dann die Mitglieder gemäß ihrer aufsteigenden Anciennität und zuletzt der Ordenssouverän gingen. Dem Orden voran gestellt wurde der männliche Teil des burgundischen Hofstaates, aus dem sich die meisten Mitglieder des Ordens rekrutierten. Die Planer des Umzugs konnten davon ausgehen, dass ihre Botschaft vom Zuschauer verstanden wurde, denn vergleichbare Abbildungen von Gesellschaftsstrukturen wurden mehrmals im Jahr während der großen Prozessionen und seltener bei Einritten von Landesfürsten oder eines hohen Gastes präsentiert.[44]

Sitzordnung wie auch Umzug spiegeln somit die Sozialhierarchie des Ordens wieder, wobei das einzelne Mitglied durch seine physische Positionierung im Raum seinen Rang selbst erlebte.[45] So ist es wenig erstaunlich, dass in den Protokollbüchern des Ordens immer wieder Eintragungen zu finden sind, die zeigen, dass die Mitglieder eifersüchtig auf ihren eigenen, ihnen zustehenden Rang innerhalb der Gesellschaft achteten. So beschwerte sich 1473 der Großbastard Anton von Burgund, der in der rechten Reihe eingeordnet war, dass in der linken Reihe jüngere Mitglieder einen höheren Rang als er

41 Vgl. dazu die Aufstellung der Sitzordnung für das Fest im Jahre 1468 bei Dünnebeil, Protokollbuch 2, 16.

42 Dazu auch Sterchi, Orden 23.

43 Dünnebeil, Protokollbuch 2, 25f. (mit Hinweis auf die entsprechenden Passagen im Editionsteil). Zur Aufnahme Herzog Karls in den Hosenbandorden vgl. auch Paravicini, Magnificences 364ff.

44 Dünnebeil, Selbstdarstellung. Zu Prozessionen siehe vor allem Andrea Löther, Prozessionen in der spätmittelalterlichen Stadt. Politische Partizipation, obrigkeitliche Inszenierung, städtische Einheit (Norm und Struktur 12) Köln-Weimar-Wien 1999; zu den Herrschereinritten Gerrit J. Schenk, Zeremoniell und Politik. Herrschereinzüge im spätmittelalterlichen Reich (Forschungen zur Kaiser- und Papstgeschichte des Mittelalters. Beihefte zu J. F. Böhmer, Regesta Imperii 21) Köln-Weimar-Wien 2003.

45 Nach Wenzel, Herrschaftshandeln 250, verlangte die aristokratische Ehre „die sinnliche Erfahrbarkeit von sozialem Rang, von tatsächlicher oder auch angemaßter Bedeutung, die sich in öffentlichen Darstellung unmittelbar als wahr erweisen muß."

einnahmen. Er erhielt zur Antwort, dass der schnellere Aufstieg in der linken Reihe durch eine größere Zahl verstorbener Mitglieder bedingt sei.[46] Doch dass es um den „richtigen Platz innerhalb einer Sitzordnung" immer wieder Auseinandersetzungen gab, ist spätestens seit Johannes Helmraths Arbeiten über die Sitzordnungen beim Konstanzer und Basler Konzil hinreichend bekannt.[47]

Beim Orden vom Goldenen Vlies wurde selbst der Aufstieg des einzelnen Mitglieds innerhalb der Rangfolge zelebriert: Zu Beginn des Ordensfestes wurden in der Kirche die Plätze der seit dem letzten Fest verstorbenen Mitglieder freigehalten und ihre Wappen mit schwarzem Flor dekoriert. Erst beim letzten großen Gottesdienst, der dem Totengedenken gewidmet war, wurden sie symbolisch aus dem Kreis der Mitglieder entfernt:[48] In der Mitte des Chors stand ein Kandelaber, auf dem brennende Kerzen mit Wappen der jeweiligen Mitglieder, auch für die seit dem letzten Fest Verstorbenen, entsprechend der Rangordnung aufgestellt waren. Während des Gottesdienstes rief der Ordensherold die Mitglieder nacheinander mit absteigendem Rang auf und überreichte dem Aufgerufenen dessen brennende Kerze. Dieser musste damit zu einer Opferhandlung zum Altar gehen und bei der Rückkehr zu seinem Sitzplatz die Kerze wieder dem Herold übergeben, der sie dann zurück auf den Kandelaber stellte. Bei den verstorbenen Mitgliedern ging der Ordensherold selbst mit der Kerze zum Altar, löschte dort die Flamme aus und stellte sie auf den Altar.[49] Die dadurch entstandene Lücke unter den brennenden Kerzen auf dem Kandelaber wurde durch die nachfolgenden Kerzen geschlossen. Nach Abschluss dieser rituellen Handlung waren die rangniedrigsten Plätze auf dem Kandelaber frei und symbolisierten somit den durch den Tod entstandenen leeren Raum (in der Mitgliederreihe), der am folgenden Tag durch Neuwahlen wieder aufgefüllt wurde. Das Mitglied selbst erlebte damit doppelt seinen Aufstieg innerhalb des Ordens: Es erfuhr ihn physisch, indem es während des beschriebenen Zeremoniells in der Sitzreihe dem Souverän näher rückte. Gleichzeitig konnte es seinen Aufstieg auch auf dem Kandelaber sehen, auf dem es durch eine mit seinem Wappen versehene Kerze vertreten war. Durch die Durchführung dieses Rituals in der Kirche bei Anwesenheit von Zuschauern machte der Orden des weiteren innere Veränderungen nach außen hin

---

46 Dünnebeil, Protokollbuch 3 § 16 (fol. 5v–6r); andere Beispiele finden sich z. B. ebd. 1, 63f. § V/5 und 2, 70 § 37.

47 Johannes Helmrath, Rangstreite auf Generalkonzilien des 15. Jahrhunderts als Verfahren. In: Barbara Stollberg-Rilinger (Hg.), Vormoderne politische Verfahren (Zeitschrift für Historische Forschung. Beiheft 25) Berlin 2001, 139–173; vgl. dazu auch Spieß, Rangdenken.

48 Die Statuten des Ordens sahen lediglich vor, dass die Mitglieder anlässlich der Totenmesse eine Kerze stiften sollten, vgl. Dünnebeil, Protokollbuch 1, 215 § 52. Das dazu gehörige Ritual beschrieb zuerst Morand, Chronique de Jean le Fèvre 207f. Auch die Protokollbücher von 1468 und 1473 äußern sich ausführlich zu diesem Ritual, vgl. Dünnebeil, Protokollbuch 2, 87f. § 61 und 3 § 50–58 (fol. 10r–11v); dazu auch Melville, Rituelle Ostentation 253f.; Schönrich, Ritter, Regeln, Rituale 505f.

49 Melville, Rituelle Ostentation 253, spricht in diesem Zusammenhang vom Herold als einen „Repräsentanten institutioneller Fortdauer". Bei fehlenden Mitgliedern übernahmen diese Handlung ihre Stellvertreter, die vom abwesenden Mitglied oder vom Orden ernannt wurden.

sichtbar. Nach Gert Melville zeigt sich bei diesem Ritual auch „der Leitgedanke der institutionellen Immortalität. [...] Der Tote galt gleichsam noch als gegenwärtig, bis sein Nachfolger gewählt war und das einst von ihm getragene Ordenszeichen übernommen hat".[50]

Eine andere Art, die Mitglieder und somit den Orden vom Goldenen Vlies als Ganzes darzustellen, waren die Wappentafeln, die für die Gottesdienste in der Kirche oberhalb der Sitzplätze der Mitglieder angebracht wurden.[51] Es handelt sich dabei um Holztafeln mit Wappen und Namen der am jeweiligen Fest involvierten Mitglieder. Vordergründig sollten die Wappentafeln den Teilnehmern zeigen, wo sie in der Kirche ihren Platz einnehmen sollten, visualisierten gleichzeitig durch ihre Reihung aber auch die Rangfolge der Mitglieder.[52] Außerhalb der Gottesdienste konnten dann die Kirchenbesucher und die Öffentlichkeit die Wappentafeln bewundern und somit ein weiteres Mal eine Bestandsaufnahme über die Zusammensetzung des Ordens machen.

Die Wappentafeln verblieben nach Beendigung der Ordensfeste in der Kirche und die gastgebenden Städte erhielten so eine bleibende Erinnerung an dieses Ereignis,[53] dessen Glanz sicherlich auch dem städtischen Image zugute kam. In der Sainte-Chapelle in der herzoglichen Residenz in Dijon, dem eigentlichen geistigen Sitz des Ordens vom Goldenen Vlies, wurden ebenfalls die Wappen der Mitglieder aufgehängt; dort hingen die Wappen der gegenwärtigen Mitglieder im Schiff und die der Verstorbenen im Chor der Kirche.[54]

---

50 Melville, Rituelle Ostentation 251; zur Gegenwart der Toten vgl. z. B. Otto G. Oexle, Die Gegenwart der Toten. In: Herman Braet und Werner Verbeke (Hg.), Death in the Middle Ages (Mediaevali Lovaniesia, Series I, Studia IX) Löwen 1983, 19–77; ders., Die Gegenwart der Lebenden und der Toten. Gedanken über Memoria. In: Karl Schmid (Hg.), Gedächtnis, das Gemeinschaft stiftet. München-Zürich 1985, 74–107.

51 Das Aufhängen der Wappentafeln, für das der Ordensschatzmeister zuständig war, regeln § 23, 36 und 87 der Statuten; gedruckt bei Dünnebeil, Protokollbuch 1, 206f., 210 und 225f. Zur Repräsentation durch Wappen vgl. den richtungweisenden Aufsatz von Werner Paravicini, Gruppe und Person. Repräsentation durch Wappen im späteren Mittelalter. In: Oexle und Hülsen-Esch, Repräsentation der Gruppen 327–389.

52 An verschiedenen Stellen in den Protokollbüchern wurde dann auch nicht aufgezählt, welche Mitglieder an dem jeweiligen Ordensfest teilnahmen oder nicht, sondern wie die Reihung der Wappen in der Kirche ausgesehen hatte; so z. B. beim Ordensfest 1445 in Gent; vgl. Dünnebeil, Protokollbuch 1, 91f. § 3–6. – Zahlreiche Wappentafeln sind abgebildet bei Christiane van den Bergen-Pantens, Chapitres de la Toison d'or au XVe siècle. Quelques ensembles héraldiques conservés en Belgique. In: Genealogica et Heraldica 14 (1980) 287–298.

53 Damit diese Erinnerung an die Ordensfeste nicht getrübt wurde, bemühte sich der Orden in Städten, die er mehrfach mit einem Ordensfest beehrte, unterschiedliche Kirchen zu wählen; vgl. dazu z. B. Sterchi, Orden 13f. – Zu den heute zum Teil noch erhaltenen Wappentafeln vgl. die Aufstellung von Anne S. Korteweg, La location des sièges des chevaliers dans les stalles des églises de 1431 à 1491. In: Cockshaw und van den Bergen-Pantens, Toison d'or 209–220; dazu auch J. G. Frederiks, De wapenborden der vliesridders in de Groote Kerk te 's-Gravenhage. In: Die Haghe. Bijdragen en mededelingen (1894) 141–162; Françis Salet, La fête de la Toison d'or de 1468. In: Annales de la Société royale d'archéologie de Bruxelles 51 (1966) 5–29.

54 Zu den Wappentafeln in Dijon vgl. z. B. Pierre Gras, Les armoiries des chevaliers de la Toison d'or à la Sainte-Chapelle de Dijon. In: Mémoires de la Commission des antiquités de la Côte d'Or

Wie das Ausschlussverfahren Johanns von Burgund zeigte, wurden auch für Ausgeschlossene Wappentafeln hergestellt, bei denen auf schwarzem Grund der Anlass des Ausschlusses genannt wurde. Damit der Akt nicht in Vergessenheit geriet, bestimmte der Orden, dass die Schandtafel in der Kirche an Ort und Stelle verblieb und eine andere in der Sainte-Chapelle in Dijon aufgehängt wurde, aber abseits von den übrigen Wappentafeln.[55] Die Wappentafeln des Ausgeschlossenen sollten des weiteren in den Kirchen früherer Feste entfernt werden. Die Absicht dahinter war, die ‚gute' Erinnerung an den Querulanten zu tilgen und nur Negatives von ihm zu erhalten, um bis in alle Zeiten dessen Vergehen zu dokumentieren.

Während die Wappentafeln in den gastgebenden Städten eine Momentaufnahme des Ordens von einem bestimmten Jahr oder Anlass widerspiegelten, sollte in Dijon ein visuelles Archiv des Gesamtordens aufgebaut werden, bei dem ‚auf einen Blick' die aktuellen und früheren Mitglieder erfasst werden konnten. Die Wappentafeln wurden so nach ‚innen' ein wichtiges Medium der permanenten Memoria, nach ‚außen' markierten sie die Präsenz des Ordens und identifizierten sichtbar über das gesamte burgundische Herrschaftsgebiet verstreut Individuen und Familien als Mitglieder des Ordens.

4. Zusammenfassung

In der bisherigen Forschung wurden festliche Elemente einer Vereinigung wie die gemeinsamen Feste mit großen Mahlzeiten und Mitgliederversammlungen als konstitutive Elemente einer „vereinbarten Gruppe" angesehen.[56] Demnach wirkten diese Elemente nach ‚innen' oder nur auf die eigene Vereinigung und sollten den Mitgliedern ein Zusammengehörigkeitsgefühl vermitteln. Andere wichtige Elemente zum „Erleben der Gruppenzugehörigkeit" waren die regelmäßige Verlesung der Statuten, gemeinsame Eidesleistungen und die Totenmemoria. Das beim Orden vom Goldenen Vlies mehrfache Repetieren der Namen der Mitglieder während eines Ordensfestes gehört auch zu diesen Elementen: Denn die Aufrufung sowohl der lebenden als auch der verstorbenen Mitglieder sollte die Anwesenden an die gemeinsame Geschichte der Vereinigung erinnern und wirkte so gemeinschaftsstiftend.

Die augenscheinlichen, nach außen hin sichtbaren Elemente des Ordensfestes trugen ebenfalls dazu bei, das ‚Wir-Gefühl' bei öffentlichen Auftritten zu verstärken, z. B. wenn bei den Prozessionen durch das gemeinsame Gehen durch die stehenden Zuschauer, sich die relativ kleine Gruppe von der großen Masse abhob und so das ‚Innen' (Mitglieder) und ‚Außen' (Nichtmitglieder) sichtbar gemacht wurde. Dem Publikum,

---

23 (1947/53) 241–251; Christian de Mérindol, Les tableaux armoriés de la Sainte-Chapelle de Dijon. In: Cockshaw und van den Bergen-Pantens, Toison d'or 221f.

55 Vgl. die Bestimmungen bei Dünnebeil, Protokollbuch 2, 134f. § 161–165.

56 Vgl. Oexle, Soziale Gruppen 22ff. (Definition dieser Gruppenform, die im Gegensatz zu den Gruppen ‚Familie' und ‚Haus' steht) und 30ff. (zu den Elementen der Gruppenbindung).

das nur passiv teilnehmen durfte, wurde gleichzeitig aber auch dessen Ausgeschlossenheit vor Augen geführt.[57]

Um die Gesellschaft interessant zu machen, wurde durch aufwändige und farbenfrohe Auftritte die Schaulust der Öffentlichkeit gereizt und durch das Wechselspiel von ‚Innen' und ‚Außen', von ‚Öffentlich' und ‚Heimlich' die Sensationslust am Köcheln gehalten. Denn die angestrebte Exklusivität konnte nur gehalten werden, wenn die Vereinigung von der Öffentlichkeit zur Kenntnis genommen und anerkannt wurde. Die augenscheinlichen Festelemente wurden dabei mit alternativen Wahrnehmungsmustern belegt, indem z. B. bei den Wappentafeln, die primär als Platzhalter und der Totenmemoria dienten, virtuell die Zusammensetzung und Rangstruktur des Ordens zur Schau gestellt wurde.

Der Bekanntheitsgrad und Exklusivitätscharakter des Ordens korrelierte mit dem Bekanntheitsgrad der Mitglieder, denn man wusste, dass nur die ritterlichsten und tugendhaftesten Adligen in den Orden aufgenommen wurden. Mit der Aufnahme in den Orden wurde das schon große Ansehen und Prestige des Einzelnen noch weiter vergrößert und mit den öffentlichen Auftritten zur Schau gestellt, womit sich gleichzeitig dessen Bekanntheitsgrad erhöhte, ebenso wie auch der des gesamten Ordens. Aber nur wenn die Exemplarität der Mitglieder gewährleistet blieb, konnte der Orden sein hohes Ansehen behalten, deshalb legte er großen Wert auf eine interne Sozialkontrolle, um nach ‚außen' hin immer als fehlerlose Einheit zu erscheinen. Nur wenn ein Mitglied die ‚innen' ausgetragene Kontrolle missachtete, wurde ‚außen' mit effektvollem Zeremoniell der Ausschluss vollzogen und der gute Ruf des Querulanten zerstört. Damit wollte man dann die ins Wanken geratene Einheit wieder herstellen.

Aber auch das burgundische Herzoghaus profitierte sehr von seinem Orden, denn im Spätmittelalter wurde Macht mit Pracht sichtbar und greifbar gemacht.[58] Unter dieser Voraussetzung ist verständlich, dass die Herzöge von Burgund, die im Spannungsfeld zwischen Frankreich und dem römisch-deutschen Reich ihren Platz suchten, einen Orden gründeten, in dem unter ihrem Vorsitz sich die ritterlichsten aller Ritter versammelten und diesen Orden für repräsentative Zwecke instrumentalisierten. Dies geschah nicht nur, indem sie verdiente Mitglieder ihres Hofes mit einer auffälligen Goldkette dekorierten und dadurch eine Elite im höfischen Alltag sichtbar machten, sondern auch, indem sie mit den Ordensfesten außerhalb des Alltages einen atemberaubenden Luxus demonstrierten, der von außen weit über den burgundischen Hof und die Grenzen der gastgebenden Stadt hinaus wahrgenommen, vom Glanz des Herzogshauses und seiner verdienten Ritter kündete.[59]

57 Vgl. dazu auch Wenzel, Herrschaftshandeln 249; Spieß, Kommunikationsformen 272f.

58 Vgl. dazu Werner Paravicini, Schlichtheit und Pracht: Über König Ludwig XI. von Frankreich und Herzog Karl dem Kühnen von Burgund. In: Cordula Nolte, Karl-Heinz Spieß und Ralf-Gunnar Werlich (Hg.), Principes. Dynastien und Höfe im späten Mittelalter (Residenzenforschung 14) Stuttgart 2002, 63–86.

59 Aus dieser Sicht ist auch verständlich, dass der burgundische Historiograph Jean Molinet bei der Aufzählung der zwölf wichtigsten Taten (*Magnificenes*) Herzog Karls des Kühnen die beiden, un-

Die verschiedenen vorgestellten Aspekte sollten zeigen, wie sich die Feste des Ordens vom Goldenen Vlies auf verschiedenen Ebenen und Dimensionen abspielten. Nach ‚innen', auf die Mitglieder, sollten die einzelnen Festelemente das Zusammengehörigkeitsgefühl der Gruppe verstärken, gleichzeitig wurde die Außenwelt auf diese elitäre Vereinigung aufmerksam gemacht. Das Fest wurde zum Medium der öffentlichen Repräsentation der Mitglieder, des Ordens und nicht zuletzt des burgundischen Herrscherhauses. Was hier am Beispiel des Ordens vom Goldenen Vlies vorgeführt wurde, kann ebenfalls – wenn auch nicht mit einer so dichten Quellenüberlieferung – bei anderen spätmittelalterlichen Vereinigungen des Adels und der städtischen Oberschichten beobachtet werden, denn auch dort bediente man sich vergleichbarer Mittel, um im Wechsel von realen und ‚virtuellen' Räumen den Bogen von Visualität zur Invisibilität zu spannen, um die eigene Exklusivität den Nichtmitgliedern wirkungsvoll vorzuführen.

ter dessen Vorsitz abgehaltenen Ordensfeste (1468 in Brügge und 1473 in Valenciennes) in zwei Punkten würdigte; vgl. dazu ausführlich Paravicini, Magnificences. Das Fest als Form der Herrschaftslegitimation sieht auch Ranft, Feste 254f.

Hanns Peter Neuheuser

Mundum consecrare. Die Kirchweihliturgie als Spiegel der mittelalterlichen Raumwahrnehmung und Weltaneignung

Die Kirche hat ihrer Berufung und ihrem Selbstverständnis gemäß die Heilszuwendung Gottes zur Welt in all ihren Dimensionen instrumental auszugestalten und in Feierform zu akzentuieren.[1] Selbst Bestandteil der Schöpfung findet die Kirche in ihrer Liturgie daher auf feiernde Weise zum Kreis des Geschöpflichen und bezieht es zeichenhaft in die Heilsgeschichte ein. In ihren Benediktionen[2] anerkennt die Kirche die Welt des Materialen und gewinnt den Gegenständen eine zusätzliche, wegweisende Bedeutung hinzu, indem sie ihre Heilsbedeutsamkeit und Hinordnung auf den Menschen auszeichnet resp. glücklichen Umgang mit ihnen und Abwehr von Gefahren erbittet. Dies gilt auch für die beiden Grunddimensionen von Zeit und Raum, denn ebenso wie die Zeit nicht nur eine existenzielle Erfahrung des religiösen Menschen ist[3] und nicht nur zur technischen Hauptkonstante im konkreten Gottesdienst wird,[4] sondern in der Tagzeitenliturgie auch eine spezielle Heiligung erfährt, so betrachtet die Kirche auch den Raum, in-

---

1 Diese Ausführungen beruhen auf einem Beitrag für das 2003 in Krems an der Donau durchgeführte Symposion „Virtuelle Räume. Raumwahrnehmung und Raumvorstellung im Mittelalter".

2 Zur theologischen und historischen Einschätzung der Benediktionen vgl. Reiner Kaczynski, Die Benediktionen. In: Bruno Kleinheyer u. a. (Hg.), Sakramentliche Feiern 2 (Gottesdienst der Kirche. Handbuch der Liturgiewissenschaft 8) Regensburg 1984, 237–274; vgl. auch Adolph Franz, Die kirchlichen Benediktionen im Mittelalter, 2 Bde. Freiburg 1909 (Nachdr. 1960); John Hennig, Benedictio. Begriff und Gebrauch im jüdischen und christlichen Frömmigkeitsleben. In: Heiliger Dienst 20 (1966) 157–166; vgl. auch die aktuelle theologische Diskussion zum Thema der Benediktionen bei Dorothea Greiner, Segen und Segnen. Eine systematisch-theologische Grundlegung. 2. Aufl. Stuttgart-Berlin-Köln 1999; Magdalene L. Frettlöh, Theologie des Segens. Biblische und dogmatische Wahrnehmungen. 4. Aufl. Gütersloh 2002; Udo Hahn, Segen (Grundbegriffe Christentum) Gütersloh 2002; Ulrich Heckel, Der Segen im Neuen Testament. Begriff, Formeln, Gesten (Wissenschaftliche Untersuchungen zum Neuen Testament 150) Tübingen 2002.

3 Vgl. Hansjörg Auf der Maur, Feiern im Rhythmus der Zeit 1 (Gottesdienst der Kirche. Handbuch der Liturgiewissenschaft 5) Regensburg 1983, insb. 11–25.

4 Vgl. Hans Bernhard Meyer, Zeit und Gottesdienst. Anthropologische Bemerkungen zur liturgischen Zeit. In: Liturgisches Jahrbuch 31 (1981) 193–213.

dem sie ihn gleichermaßen organisatorisch nutzt und in der Kirchweihliturgie auch selbst konsekriert.[5]

In der Kirchenweihe sondert die Kirche nach traditioneller Auffassung einen Raum aus dem Profangebrauch ab, so wie schon der griechische Tempelbegriff *temenos* das ‚Herausgeschnittene' bedeutet und damit die Reservation für die Zwecke des Gottesdienstes der Gemeinde anzeigt: Innerhalb seiner Grenzen wird der materielle Raum durch die Weihe ‚als' geistiger Gottesdienstraum in besonderer Weise konstituiert. Mittels des Weiheaktes bekräftigt die zuständige Autorität verbindlich, dass der Hülle der gleichen physikalischen Raumentität andere Seinsweisen raumartiger Gegebenheiten einwohnen: etwa die ‚Nähe' des lebendigen Gottes, die ‚Nachbarschaft' der gemeindlichen Versammlung – bis hin zu den instrumentalen Zweckbestimmungen des Raumes als Schutzhülle der Vollzüge oder als Resonanzraum gesprochener oder gesungener Äußerungen, aber auch im Blick auf die Zeichenhaltigkeit und Zeichenhaftigkeit des Raumes. Der faktischen Ingebrauchnahme eines nicht geweihten Raumes durch eine andere liturgische Handlung haftet demgemäß stets der Charakter des Improvisierten oder gar Außerordentlichen an, das aus aktuellem Anlass das Defizit einer solchen Verkürzung oder Vereinfachung in Kauf nimmt. Denn die beiden Grunddimensionen geschöpflichen und menschlichen Daseins, Raum und Zeit, erlangen durch die liturgischen Vollzüge einer Weihe nicht nur Reservation, sondern auch Segnung und Heiligung. Durch ihre Zweckbestimmung in der Heilsgeschichte werden Raum und Zeit somit als auf den Menschen bezogen betrachtet, und als Heilsinstrumente dürfen die so charakterisierten und qualifizierten Grunddimensionen daher als ‚heilig' apostrophiert werden, wie es auch der Sprachgebrauch aussagt: Man sehe etwa die zahlreichen Anspielungen in der lateinischen und deutschen Sprache zu den Wortfeldern ‚Heiligtum', ‚sacrarium/sacristia/Sakristei', ‚wîhhûs' [ahd.].[6] Die Architektur und die Baukunst nehmen bei Sakralbauten diese Charakterisierung gleichsam voraus und schaffen im Bauwerk einen Idealraum, d. h. den ‚heiligen Raum' als den in der und für die Liturgie geweihten Raum.[7]

In der Kirchweihliturgie vermuten wir daher nicht ohne Grund textliche und gestische Aussagen, die in prägnanter Weise eine spezifische Raumwahrnehmung erkennen lassen und eine zielgerichtete Raumdeutung vornehmen. Dies erfolgt freilich unter den Bedingungen einer Feierform, denn Gehalt und Gestalt der Liturgie ertragen keine dis-

---

5 Zu den Grundvoraussetzungen der Liturgie vgl. Hermann Reifenberg, Fundamentalliturgie. Grundelemente des christlichen Gottesdienstes, 2 Bde. Klosterneuburg 1978, insb. 2, 312–368.

6 Vgl. Achim Masser, Die Bezeichnungen für das christliche Gotteshaus in der deutschen Sprache des Mittelalters (Philologische Studien und Quellen 33) Berlin 1966 und Hansjosef Goertz, Deutsche Begriffe der Liturgie im Zeitalter der Reformation. Untersuchungen zum religiösen Wortschatz zwischen 1450 und 1530 (Philologische Studien und Quellen 88) Berlin 1977, jeweils zu den Wortfeldern.

7 Vgl. auch den interdisziplinären Aufsatzsammelband: Franz Kohlschein und Peter Wünsche (Hg.), Heiliger Raum. Architektur, Kunst und Liturgie in mittelalterlichen Kathedralen und Stiftskirchen (Liturgiewissenschaftliche Quellen und Forschungen 82) Münster 1998.

kursiven Erörterungen oder gar technische und künstlerische Einweisungen. Der Wechselbezug von Raum und einem genuin liturgischen Anliegen bleibt gleichwohl erhalten und ist offenkundig, auch wenn die moderne Liturgiewissenschaft die Bedeutung des Raums für den liturgischen Vollzug in Vergangenheit und Gegenwart wohl erst in Ansätzen erkannt hat: Man möchte meinen, dass – bedingt durch den Paradigmenwechsel der Liturgiereform im Zuge des Zweiten Vatikanischen Konzils – auch die aktuellen Anstrengungen zur Lösung von Problemen liturgischer Bezüge von einer Reflexion der gegenwärtigen Raumwahrnehmung profitieren könnten, vielleicht auch unter Einbeziehung der jüngsten Reform der Kirchweihliturgie, vielleicht auch unter Einbeziehung der aktuellen Diskussion über einen ‚Überschuss' ungenutzter Kirchen im Lande.[8]

Die Intentionen und Wirkweisen der Kirchweihliturgie ermöglichen hingegen in rückwärts gewandter Perspektive, umgekehrt ein Bild von der mittelalterlichen Raumwahrnehmung und Raumdeutung zu verfertigen. Wenn der ‚Umgang' der Menschen mit dem Raum innerhalb der Liturgie eine bedeutsame Konstante genannt werden kann, so ist auch die durch die Weihe vollzogene Auszeichnung des Raums wiederum für den Menschen, seine Handlungsweise und Zeichenwelt signifikant und für unsere Auffassung vom Mittelalter von Gewicht. Auch wenn es nicht primäre Absicht der Liturgie war, jenes Bild der Zeitgenossen vom Raum zu dokumentieren, so wird dieses doch stillschweigend in jeder Nachricht über die mittelalterliche Kirchweihliturgie vorausgesetzt und festgehalten, so dass die nachfolgende Analyse der Riten und Texte allererst möglich wurde. In einem ersten Schritt (1.) soll daher der Bogen von der Architekturallegorie zum Raumbezug in der hochmittelalterlichen Liturgieallegorie aufgezeigt werden. Diese Überlegungen werfen sodann (2.), nach einem kurzen Rückblick zu den geschichtlichen Anfängen der Kirchweihliturgie, die Frage nach den verschiedenen Quellengruppen auf, die bei einer Analyse des Ritus und der Rekonstruktion der Raumwahrnehmung durch die Kirchweihliturgie zugrunde zu legen wären. Ferner sollen (3.) in einem Überblick die Elemente der mittelalterlichen Kirchweihliturgie aufgelistet und anhand dieser Zeichenhandlung demonstriert werden, wie die dynamischen Vollzüge einen Beitrag zur Raumwahrnehmung und Raumdeutung leisten. Ergänzt werden (4.) diese Ausführungen durch die Vorstellung liturgischer Texte, welche die Handlungen

8 Vgl. Albert Gerhards, Der Kirchenraum als „Liturge". Anregungen zu einem anderen Dialog von Kunst und Kirche. In: Heiliger Raum 225–242; vgl. auch Otto Nussbaum, Kirchenbau im Dienste der Liturgie. In: Liturgisches Jahrbuch 19 (1969) 1–26; Andreas Heinz, Haus der Gemeinde – Gottes Haus. Das Kirchengebäude im Licht des erneuerten Kirchweihritus. In: Josef Schreiner (Hg.), Freude am Gottesdienst. Aspekte ursprünglicher Liturgie. Stuttgart 1983, 277–287; Paul Post, Ruimtewerking. Enkele notities over heilige plaatsen tussen sacraliteit en functionaliteit. In: Speling 40 (1988) 45–59; Paul Post, Raum und Ritus. Perspektive für die Analyse des liturgischen Raums. In: Jaarboek voor liturgieonderzoek 5 (1989) 301–331; Gerard Lukken, Die architektonischen Dimensionen des Rituals. In: Louis van Tongeren und Charles Caspers (Hg.), Per visibilia ad invisibilia. Anthropological, theological and semiotic studies on the liturgy and the sacraments. Kampen 1994, 360–374. Zur denkmalpflegerischen Sicht vgl. die Beiträge im Sammelband: Nichts für die Ewigkeit? Kirchengebäude zwischen Wertschätzung und Altlast, hg. vom Deutschen Nationalkomitee für Denkmalschutz (Schriftenreihe des Nationalkomitees 63) Bonn 2001.

interpretieren und eine spezielle Bedeutungsebene erschließen. In der (5.) abschließenden Charakterisierung des in der Liturgie wahrgenommenen Raumes wird die Steigerung von der Raumdeutung zur Raum- und Weltaneignung aufgezeigt, welche die Kirchweihliturgie letztlich zur Realisierung der Heilsökonomie intendiert.

1. Von der Architekturallegorie zum Raumbezug in der Liturgieallegorie

Die Dichotomie des christlichen Kirchenbegriffs – also das gleichzeitige Verständnis der *ecclesia* als Gebäude einerseits und als hierarchisch verfasste Glaubensgemeinschaft andererseits – belegt bereits die Vermutung, dass dem prominenten Bauwerk stets auch eine nichttriviale Raumwahrnehmung zukam. Das Gebäude entwickelte wiederum selbst seit der Spätantike, etwa in Folge des Toleranzedikts von 313, eine ambiguide Zweckbestimmung, je nachdem, ob es Anklänge an eine ‚Wohnstatt Gottes' in der Art eines Tempels suchte oder als Versammlungsstätte der Gemeinde in der Nachfolge der Synagoge aufgefasst wurde.[9] Aufgrund der ekklesiologischen und liturgischen Konnotationen bedeutet daher die Auffassung vom Jerusalemer Tempel noch für die aktuelle Theologie ein wichtiger Schlüssel für das Verständnis des Alten und des Neuen Testamentes.[10]

Dem römisch-paganen Sakralgebrauch jedenfalls liegt das Verständnis zugrunde, dass der gebaute Raum zunächst eines kultischen Aktes bedurfte, um ihn in einen Sakralraum zu verwandeln. Dies sollte sich vollziehen in einer materiellen Schenkung von Grundstück, Bauwerk und Einrichtung an die Gottheit und in einer Ausgrenzung aus dem profanen Gebrauch. Die Termini technici *dedicatio* und *consecratio*, welche diesen Heiligungsakt seit römischer Zeit bezeichnen,[11] verschmolzen später bis zum synonymen Gebrauch.

In gewisser Weise unterschied sich diese Handhabung von der jüdischen Tradition, welche in ihren Schriften zwar an unzähligen Stellen den Tempel anspricht, aber damit nur ein einziges historisches Bauwerk meint, das ein für alle Mal geweiht war und nach seiner Zerstörung nicht mehr errichtet werden sollte. Zu sehr wirkte das Bundeszelt

---

9 Vgl. hierzu allgemein Harold W. Turner, From temple to meeting house. The phenomenology and theology of places of worship (Religion and society 16) Den Haag 1979.

10 Vgl. aus exegetischer Sicht noch zuletzt den Sammelband: Othmar Keel und Erich Zenger (Hg.), Gottesstadt und Gottesgarten. Zu Geschichte und Theologie des Jerusalemer Tempels (Quaestiones disputatae 191) Freiburg im Breisgau 2002.

11 Vgl. Leo Koep, Dedicatio. In: Reallexikon für Antike und Christentum 13. Stuttgart 1957, Sp. 643–649. – Vgl. Leo Koep, Consecratio. In: ebd. Sp. 269–294. – Vgl. zum Hintergrund auch Ludwig Voelkl, Die Kirchenstiftungen des Kaisers Konstantin im Licht des römischen Sakralrechts (Arbeitsgemeinschaft für Forschung des Landes Nordrhein-Westfalen. Geisteswissenschaften 117) Köln 1964. – Vgl. auch Pierre Batiffol, De la dédicace des églises. Dédicace païenne et dédicace chrétienne. In: Revue des sciences philosophiques et théologiques 1 (1939) 58–70.

resp. insbesondere der fest gebaute Tempel als Identifikationsmal des jüdischen Volkes, auch seine kostbare Baugestalt, deren Beschreibung in der Heiligen Schrift erfolgte (vgl. besonders Ex 35–40), führte zum wichtigsten Architekturzeugnis Israels und galt als unwiederholbar. Dies gilt auch für die oft erinnerte, enorme Arbeitsleistung der Vätergeneration (vgl. Joh 2,20). Die Raumwahrnehmung des Tempels wird in der Bibel gern als überzeitliche Einschätzung dargestellt, der Ritus der Tempelweihe galt als unikales historisches Ereignis. Der Verzicht auf die Erneuerung oder gar Duplizierung des Tempels bestimmt auch heute das kultische Selbstverständnis des Judentums, das sich in der Wahrnehmung seiner Sakralräume und in der personalen Auskleidung seiner Amtsträger äußert.

Bereits vor der Zerstörung des Jerusalemer Tempels hatten die Christen eine neue und eigenständige Kultauffassung gewonnen. Im Hinblick auf die Baugestalt des Tempels war ihnen das Herrenwort entscheidend, als Jesus die materiellen Qualitäten des Baus vorgehalten werden und er diese nicht würdigt, sondern den baldigen Zerfall voraussagt (Mt 24,1–2; Mk 13,1–2; Lk 21,5–6; vgl. Joh 2,19–20). Zwar handelte es sich – wie sich der Evangelist Johannes bemüht hinzuzufügen (Joh 2,21–22) – bei dieser Aussage um eine Andeutung seines Todes, doch haben die Zeitgenossen diese bildhafte Rede Jesu ausschließlich auf das Bauwerk bezogen; noch in seinem Prozess vor dem Hohen Rat wird ihm diese vergebliche Tempelprophetie als Kultkritik und Väterschmähung vorgehalten (Mk 14,58; vgl. Mt 27,40).

Mit der Deutung, Jesus habe mit dem Zerfall des Jerusalemer Tempelbaus den *Tempel seines Leibes* (Joh 2,21) gemeint, liegt gleichsam eine anthropomorphe Architekturallegorie vor, welche nachösterlich ergänzt werden kann durch das Jesus-Wort an Petrus: *Du bist Petrus [der Fels], und auf diesen Felsen werde ich meine Kirche bauen* (Mt 16,18), wodurch selbstredend die metaphorische Fundierung und Fundamentierung einer Gemeinschaft, eines neuen Volkes Gottes, gemeint war. Diese Redeweise greift Paulus auf, wenn er in dieser Konsequenz zu seiner Gemeinde sagt: *Ihr seid auf das Fundament der Apostel und Propheten gebaut, der Schlussstein ist Christus Jesus selbst. Durch ihn wird der ganze Bau zusammengehalten und wächst zu einem heiligen Tempel im Herrn* (Eph 2,20–21). Auch an anderer Stelle verknüpft Paulus Generationenfrage und Gemeindegründung mit Hilfe der Architekturallegorie: *Ich habe wie ein guter Baumeister den Grund gelegt, ein anderer baut darauf weiter [...]. Denn einen anderen Grund kann niemand legen als den, der gelegt ist: Jesus Christus* (1 Kor 3,10–11). Mittels der Bauallegorie fordert Paulus geradezu zum Gemeindeaufbau in Analogie zur Bauerrichtung auf: *Lasst euch als lebendige Steine zu einem geistigen Haus aufbauen* und versichert seine Gemeinde mit Christus als dem stabilisierenden Eckstein (1 Petr 2,4–6). Das ekklesiologische Modell des Paulus basiert also zumindest sprachlich ganz auf der metaphorischen Redeweise von einem Gebäude[12], und der Gemeinde-

12 Vgl. Josef Pfammatter, Die Kirche als Bau. Eine exegetisch-theologische Studie zur Ekklesiologie der Paulusbriefe (Analecta Gregoriana 110) Rom 1960.

bildungsprozess wird als ‚bauen' verstanden.[13] Die Glaubenden deduzieren somit ihre Vorstellung von Gott als (a) Schöpfer des Lebensraumes[14] und einer – so auch in der Kunst präsentierten – abstrakten Raumdimension[15] auf einen (b) konkreten Weltbaumeister[16]. Von hier aus ergibt sich die Deduzierung von Gott als (c) Architekten des Tempelgebäudes schließlich auf den (d) Urheber des Gemeinschaftsgefüges der kirchlichen Gemeinschaft. Für Bau und Gemeinschaft konnte dann gelten: *Wenn nicht der Herr das Haus baut, müht sich jeder umsonst, der daran baut* (Ps 127,1). Dieses Denken betrifft jedoch nicht nur die Bemühungen um die irdische Existenz der Kirche, vielmehr entwickelte auch die Apokalypse ihr eschatologisches Bild von der himmlischen Stadt Jerusalem (Offb 21–22,1–5), welche ebenfalls als Bauwerk und Raum göttlicher Urheberschaft vor das geistige Auge tritt (vgl. Hebr 11,10).

Aus all dem erhellt, dass die Christen die jüdische Auffassung vom steinernen Tempel als alleiniger Wohnung Gottes aufgegeben hatten. Entsprechend der genannten negativen Einschätzung des Bauwerks durch Jesus vermochten sie die Begeisterung für den materiellen Tempel nicht zu teilen und verstanden sich selbst als *Tempel Gottes* (1 Kor 3,7).

Diese biblische Bildersprache bot bis in das hohe Mittelalter die Grundlage für die Ausbildung einer Architekturallegorie, welche immer wieder vom Bezug zwischen materieller und immaterieller Kirche ausging und damit auch die intellektuelle Grundlage für die kirchlichen Bauherren darstellte.[17] Sie borgte sich stets erneut Anleihen aus dem handwerklichen Bereich, um in Traktaten und Kirchweihpredigten geistig-spirituelle Sachverhalte zu veranschaulichen, so etwa bei Ivo von Chartres, wenn er in Folge von 1 Kön 5,32; 7,9–11 das notwendige Behauen der Steine mit der katechetischen Vorbereitung der Gemeindemitglieder vergleicht[18], etc.

Die dichotome Ausgestaltung des Kirchenbegriffs hat im Mittelalter zahlreiche Denkfiguren hervorgebracht, welche ekklesiologisch vom Gebäude auf die Glaubens-

---

13 Vgl. Theodor Schneider, Bauen. In: Reallexikon für Antike und Christentum 1. Stuttgart 1950, Sp. 1265–1278.

14 Vgl. David Toshio Tsumura, The earth and the waters in Genesis 1 and 2. A linguistic investigation (Journal for the Study of the Old Testament. Supplement series 83) Sheffield 1989.

15 Zur Bildwerdung dieser Vorstellung vgl. Johannes Zahlten, Die Erschaffung von Raum und Zeit in Darstellungen vom Schöpfungsbericht von Genesis 1. In: Jan A. Aertsen und Andreas Speer (Hg.), Raum und Raumvorstellungen im Mittelalter (Miscellanea mediaevalia 25) Berlin-New York 1998, 615–627.

16 Vgl. Joachim Gaus, Weltbaumeister und Architekt. Zur Ikonographie des mittelalterlichen Baumeisterbildes und seiner Wirkungsgeschichte. In: Günther Binding (Hg.), Beiträge zur Bauführung und Baufinanzierung im Mittelalter (Veröffentlichungen der Abteilung Architektur des Kunsthistorischen Instituts der Universität zu Köln 6) Köln 1974, 38–67.

17 Vgl. die Materialsammlung bei Günther Binding, Der früh- und hochmittelalterliche Bauherr als sapiens architectus. 2. Aufl. Darmstadt 1998.

18 Ivo von Chartres, Sermo IV (Jacques-Paul Migne, Patrologiae cursus completus etc. Paris 1878ff., 162, 528BD; im weiteren zitiert Migne PL). – Vgl. Hanns Peter Neuheuser, Domus dedicanda, anima sanctificanda est. Rezeption des Ivo von Chartres und Neuprägung der hochmittelalterlichen Kirchweihtheologie durch Hugo von St. Viktor. In: Ecclesia orans 18 (2001) 373–396 und 19 (2002) 7–44, hier 380–381 und 31.

gemeinschaft und umgekehrt schließen – damit aber immer auch Zeugnis von der zeitgenössischen Raumwahrnehmung ablegen. Eine der bekanntesten Allegorien bildet hierbei das Bild von der Arche[19] als eines rettenden Raumes, der die Menschen birgt. Die Arche dient hierbei nicht lediglich als künstlerisches Zeichen für das Kirchenschiff,[20] sondern zudem als Vorlage für den konkreten, architektonischen Kirchenbau. Man denkt hierbei auch an die Modelle von anthropomorphen Gebäuden,[21] ferner an die von Durandus von Mende aufgenommene Formel von der *ecclesia significat ecclesiam*[22] bis hin zu den Vergleichen der Kirche mit dem nach der Welt geformten Bundeszelt des Honorius[23].

Die unterschiedlichen theologischen Ansätze in den Kirchweihtheologien Ivos von Chartres und Hugos von St. Viktor[24] vermitteln uns auch den Fortschritt in einer Auffassung von Raumwahrnehmung in Bezug auf diesen Ritus: Während Ivo noch im Kontext von Katechese und Liturgie die Situation umschreibt, wie Gemeindemitglieder wie Steine zubereitet, abgeschliffen und in die Mauer des Gesamtbaus eingefügt werden,[25] beschreibt Hugo bereits die Kirche als Sakralraum. Zunächst ergänzt Hugo die traditionelle Architekturallegorie dezidiert um Aspekte der Liturgieallegorie, hält zuletzt aber die Kirchweihe pragmatisch für unverzichtbar, weil hierdurch ein Gebäude geheiligt werden soll, das den künftigen Sakramentenfeiern ‚Raum verschafft'. Ihm geht es nicht um die bloße Errichtung eines Gebäudes, das den Gemeindeaufbau lediglich zeichenhaft versinnbildlicht, sondern um die Benennung eines realen Entfaltungsraumes. Dieser Sakralraum ist für die Liturgie unabdingbar zum Durchschreiten der Flächen, zum Anfüllen des Raumes mit Weihwasser und Weihrauch, zum Vollzug von Gesten und Gebärden, zum Widerhall von Gebeten, Lesungen und Gesängen. Von hier aus hat Hugo – in Weiterentwicklung von Ivos Ekklesiologiemodell – seine Kirchweihtheologie sakramental verstanden und begründet. Die auch von Hugo im Bild der Arche noch vertretene Architekturallegorie[26] mündet ein in die Liturgieallegorie und in seine große Sakramententheologie.

---

19 Aus der Fülle der Literatur vgl. Hugo Rahner, Symbole der Kirche. Die Ekklesiologie der Väter. Salzburg 1964, 504–547.

20 Vgl. etwa Ludwig Budde, Die rettende Arche Noes. In: Rivista di archeologia cristiana 32 (1956) 41–58. – Peter Franke, Bemerkungen zur frühchristlichen Noe-Ikonographie. In: Rivista di archeologia cristiana 49 (1973) 171–182.

21 Vgl. Bruno Reudenbach, In mensuram humani corporis. In: Christel Meier und Uwe Ruberg (Hg.), Text und Bild. Wiesbaden 1980, 651–688.

22 Durandus von Mende, Rationale 1,1,9, hg. von Anselme Davril und Timothy M. Thibodeau (Corpus Christianorum. Continuatio mediaevalis 140) 15.

23 Honorius Augustodunensis, Gemma animae I,124–127 (Migne PL 172, 584C–586D).

24 Vgl. Hanns Peter Neuheuser, Ritus und Theologie der Kirchweihe bei Hugo von St. Viktor (im Druck).

25 Ivo von Chartres, Sermo IV.

26 Hugo von St. Viktor, De arca Noe [morali] 1,2–3; 3; 4,9, hg. von Patrice Siccard (Corpus Christianorum. Continuatio mediaevalis 176) 6–17, 55–85, 111–117; Libellus de formatione arche [De arca Noe mystica] 2; 3; 4; 7 [3; 4; 8; 11], hg. von Patrice Siccard (Corpus Christianorum. Continuatio mediaevalis 176) 127–138, 146–148, 151–152; De vanitate mundi 1; 2 (Migne PL 176, 703–

Es bedürfte einer eigenen Untersuchung, um die Implikationen der Architekturallegorie im Zusammenspiel mit der Raumwahrnehmung zu verdeutlichen. In unserem Zusammenhang sollen diese Bezüge nur dazu dienen, zu zeigen, wie sich die urchristliche Kultauffassung zur mittelalterlichen Kirchweihliturgie und ihrer Raumdeutung verhält. Diese Liturgie beruht also auf traditionellem Gedankengut und einer biblisch fundierten und theologisch ausgedeuteten Bildersprache. Sie setzt diese Bilder in dynamischen Vollzügen, in gestischen Zeichenhandlungen, in der Verwendung materieller Elemente und in geistig-geistlichen Gehalten von Gebeten und Gesängen um und nimmt insoweit eine intensive Raumwahrnehmung und Raumdeutung vor.

Die Architekturbetrachtungen des Abtes Suger von Saint-Denis[27] sind in diesem Zusammenhang stets gern herangezogen worden, weil dieser in seinen Schriften nicht nur Zeugnis von seiner eigenen Raumwahrnehmung als Bauherr ablegt, sondern sie zudem verknüpft mit der Schilderung der Kirchweihliturgie. Diese Riten, bei Suger im speziellen Spannungsverhältnis zur Raumdeutung, erscheinen freilich nur in marginaler und auswahlhaft dargebotener Weise, so dass eine zurückhaltende Interpretation geboten sei; jedenfalls kann aber den Interpretationen Erwin Panofskys[28] im Hinblick auf die kunstbezogenen Weiterungen, auf den „artistic change" in Saint-Denis[29] oder gar auf die „Geburt der Gotik"[30] in dieser Kirche heute nicht mehr gefolgt werden.[31] Mag aus der Sicht Sugers als Verantwortlichem für die fränkische Königsabtei[32] oder aus der Perspektive anderer Politiker und Staatshistoriker diesem oder anderer Kirchweihakte unter Beteiligung prominenter Fürsten und Bischöfe zusätzlich eine profane, staatsze-

720). – Zur raumbezogenen Hermeneutik Hugos und zur Hugo-Rezeption bei Suger vgl. Hanns Peter Neuheuser, Ne lapidum materia apparentium locus vilesceret. Die Raumvorstellung des Abtes Suger in seiner Kirchweihbeschreibung von Saint-Denis. In: Jan A. Aertsen und Andreas Speer (Hg.), Raum und Raumvorstellungen im Mittelalter 641–664, insb. 656–657 und 658 sowie 661.

27 Suger von Saint-Denis, De consecratione, hg. von Françoise Gasparri. Paris 1996, 1–53; vgl. auch Abt Suger von Saint-Denis. Ausgewählte Schriften, hg. von Andreas Speer und Günther Binding. Darmstadt 2000, 200–251.

28 Vgl. Erwin Panofsky, Introduction. In: Erwin Panofsky (Hg.), Abbot Suger on the abbey church of St.-Denis and its art treasures. 2. Aufl. Princeton 1979, 1–37; deutsche Übersetzung: Abt Suger von St.-Denis. In: Erwin Panofsky, Sinn und Deutung in der bildenden Kunst. Köln 1975, 125–166.

29 Vgl. Conrad Rudolph, Artistic change at St-Denis. Abbot Suger's program and the early twelfth-century controversy over art (Princeton essays on the arts) Princeton 1990.

30 Vgl. Martin Büchsel, Die Geburt der Gotik. Abt Sugers Konzept für die Abteikirche Saint-Denis (Quellen zur Kunst 5) Freiburg 1997.

31 Vgl. Hanns Peter Neuheuser, Die Kirchweihbeschreibungen von Saint-Denis und ihre Aussagefähigkeit für das Schönheitsempfinden des Abtes Suger. In: Günther Binding und Andreas Speer (Hg.), Mittelalterliches Kunsterleben nach Quellen des 11. bis 13. Jahrhunderts. Stuttgart-Bad Cannstadt 1993, 116–183.

32 Vgl. allgemein Jan van der Meulen und Andreas Speer, Die Fränkische Königsabtei Saint-Denis. Ostanlage und Kultgeschichte. Darmstadt 1988. – Vgl. auch den Sammelband: Paula Lieber Gerson (Hg.), Abbot Suger and Saint-Denis. A symposium. New York 1986–1987.

remonielle Bedeutung zugekommen sein,[33] so setzt die liturgische und damit eigentliche Intention des Vollzugs andere Maßstäbe.

Ohne Zweifel belegen also Aussagen zur Architekturallegorie und Aussagen zu einer auf den Raum bezogenen Liturgieallegorie die mittelalterliche Raumwahrnehmung. Wir sahen, dass sich aus dem Verhältnis von Bauwerk und vollzogener Liturgie – erst recht im Umfeld der Kirchweihliturgie – Anhaltspunkte zur Deutung von Sakralbauten ergeben. Dennoch stellt die allegorische Ebene noch nicht die letzte authentische Aussage dar; diese kann erst mit dem Rechtsakt der nicht nur spirituell gedeuteten, sondern wirksam Realität schaffenden und gestaltenden Liturgie selbst erreicht werden. Die Liturgie erweist sich hier als nicht lediglich Zeichen gebend oder Virtualität erzeugend, sondern durch die Konstituierung von Realität im Vollsinne als Symbol wirkend.

Der Maßstab der Liturgie für die Einordnung des Kirchweiheaktes war seit ihren Anfängen die Wandlung, welche das Produkt der Architekten und der Bauleute allererst zu einem Sakralraum, also dem oben schon genannten Instrument der Heilsökonomie, macht. Diese Kernhandlung galt dem hohen Mittelalter als Sakrament und war im Grunde unabhängig von weiteren hermeneutischen Ausdeutungen. Insoweit ist es zur Erhellung der Raumwahrnehmung nicht allein wichtig, jene oft subjektiv-assoziativen Anschauungen zur Kenntnis zu nehmen, sondern die tatsächlich gefeierte Liturgiegestalt in den Blick zu nehmen resp. aus den Quellen zu rekonstruieren. Von hier aus eröffnen sich zahlreiche Frageperspektiven, etwa auch, wie die urchristliche Kultauffassung und ihre Raumdeutung aufgrund der mittelalterlichen Reflexion in der Kirchweihliturgie überformt worden ist. Dies ergibt sich dann aus einem gänzlich anderen, nämlich aus dem liturgischen Quellenzusammenhang, welcher sich neben der Traktatliteratur entwickelt hat.

2. Quellen unserer Rekonstruktion der Raumwahrnehmung durch die Kirchweihliturgie

Die Frühgeschichte der Kirchweihliturgie[34] übermittelt uns zunächst nur Kurznachrichten über das Geschehene, später erst Details über die Abläufe.[35] Zudem unterscheiden die Quellen nicht immer zwischen Darlegungen über die Heiligkeit von Kirchen und

33 Vgl. Karl Josef Benz, Untersuchungen zur politischen Bedeutung der Kirchweihe unter Teilnahme der deutschen Herrscher im hohen Mittelalter (Regensburger historische Forschungen 4) Kallmünz 1975.

34 Vgl. einführend Dionys Stiefenhofer, Die Geschichte der Kirchweihe vom 1.–7. Jahrhundert. München 1909, insb. 1–85. – Suitbert Benz, Zur Geschichte der römischen Kirchweihe nach den Texten des 6.–7. Jahrhunderts. In: Hilarius Emonds (Hg.), Enkainia. Gesammelte Arbeiten zum 800jährigen Weihegedächtnis der Abteikirche Maria Laach. Düsseldorf 1956, 62–109.

35 Vgl. Joseph Braun, Der christliche Altar in seiner geschichtlichen Entwicklung 1. München 1924, Abschnitt 5: Die Altarweihe, 663–720.

Altären einerseits und über die Ingebrauchnahme sowie einen ausgestaltet vorauszusetzenden Weiheakt andererseits. Derartige frühe Nachrichten entnehmen wir etwa der berühmten Predigt des Eusebius über die 314 erfolgte Einweihung der neuen Basilika von Tyrus[36] oder der 393 belegten Ansprache des Ambrosius bei der Einweihung der Basilika zu Florenz.[37] Das Gleiche gilt umgekehrt für Berichte über ‚Schändungen' und Entweihungen von Sakralbauten während mannigfaltiger Verfolgungen; auch derartige Zeugnisse setzen natürlich einen qualifizierbaren Status der Sakralisierung – und damit eine spezifische Raumwahrnehmung – voraus, ohne instrumentell zu differenzieren.[38] In diesen Zusammenhang spielt auch hinein, dass in der christlichen Frühzeit der paulinische Gemeindeaufbau und der Bau eines neuen Kirchengebäudes nicht identisch verlief, weil eben bestehende Bauten – etwa die römischen Marktbasiliken[39] – umgenutzt werden mussten. Papst Gregor I. empfahl in seinem 601 verfassten Brief an den fränkischen Abt Mellitus, auch jene ggf. gut erhaltenen nichtchristlichen Tempel in christliche Gotteshäuser umzuwidmen, also Wasser zu weihen und den Raum zu konsekrieren.[40] Im 6. Jahrhundert scheint die Konsekration von Gebäuden und Altären festere Formen anzunehmen, zumal bereits 506 in der Synode von Agde erstmals der verbreitete Ritus einer Altarsalbung berichtet wird.[41] Inwiefern freilich den frühen, aber isolierten Nachrichten Aussagen über eine reflektierte Raumwahrnehmung entnommen werden können, müsste einer speziellen Untersuchung vorbehalten bleiben.

Erst in karolingischer Zeit vermehren sich zuverlässige und zusammenhängende Zeugnisse über rituelle Abläufe, welche aus den Rubriken rekonstruiert werden können. Dies erfolgt offensichtlich unter dem rechtlichen Druck einer verbindlichen Festlegung der Weiheberechtigung und des Rechts der Reliquienübertragung. Ein solcher Begründungszwang – sei er juristischen oder dogmatischen Ursprungs – bewirkt häufig die Offenlegung innerer Zusammenhänge, die vielleicht auch die geistigen Einschätzungen der Räumlichkeiten vermitteln oder zumindest zu rekonstruieren helfen; in dieser Hinsicht wäre also noch Quellenarbeit zu leisten.

Im Hinblick darauf, wie sich die heutige Forschung die je zeitgenössische Wahrnehmung des Raumes und der Kirchweihliturgie vorzustellen hat, sind wir auf sehr unterschiedliche Quellengruppen und Textsorten angewiesen,

---

36 Eusebius von Kaisareia, Historia ecclesiastica X,3,1–2, hg. von Eduard Schwartz und Theodor Mommsen (Griechische christliche Schriftsteller der ersten Jahrhunderte 9.2 [N. F. 6.2]) Berlin 1998–1999, 860.

37 Ambrosius, Exhortatio virginitatis (Migne PL 16, 335–364, hier 364).

38 Vgl. John T. Gulczynski, The desecration and violation of churches. An historical synopsis and commentary (Canon law studies 159) Diss. Washington 1942.

39 Vgl. hierzu Günter Fuchs, Die Funktion der frühen römischen Marktbasilika. In: Bonner Jahrbücher 161 (1961) 39–46.

40 Gregor I., Registrum XI, 56, bearb. von Paul Ewald und Ludo M. Hartmann (Monumenta Germaniae historica, epistolae 2) Berlin 1899, 331.

41 Konzil von Agde, canon 14, hg. von Charles Munier (Corpus Christianorum. Ser. Latina 148) Turnhout 1963, 200; vgl. D. 1 c. 32 de cons.

- auf Urkunden, die nüchtern den rechtlichen Vorgang festgehalten haben,
- auf Traktate, welche den theologischen Gehalt der Riten und ihrer Bedeutung systematisch darlegen,
- auf Kirchweihpredigten, welche in didaktischer Form das Geschehen einem breiten Zuhörerkreis vermitteln,
- auf liturgische Bücher, welche aufgrund ihrer typologischen Zuständigkeit[42] die liturgischen Vollzüge regeln,
- auf historische, chronikalische Quellen, welche das äußere Geschehen oder berichtenswerte Teile davon schildern (z. B. der Bericht des Abtes Suger von Saint-Denis),
- auf künstlerische Kirchweihdarstellungen, welche Einzelszenen der Vollzüge bildhaft umsetzen und in der Regel als Miniaturen den Begleittext illustrieren.

Allen Quellengruppen ist gemeinsam, dass sie natürlich aus einem speziellen Blickwinkel gefertigt worden sind und aus juristischen, theologisch-dogmatischen, homiletischen, liturgischen, historischen oder künstlerischen Perspektiven berichten. Eine heutige Analyse muss diese Einschränkung und die einschlägigen Defizite berücksichtigen, wenn man darangeht, ein möglichst vollständiges Bild der Vollzüge zu rekonstruieren oder spezielle Fragen, wie etwa die hierin zum Ausdruck kommende Raumwahrnehmung, zu klären.

Selbstverständlich muss man sich nun jede der vorgenannten Quellengruppen selbst wiederum als höchst heterogenes Gebilde vorstellen. Dies gilt für die unterschiedlichen Urkundentypen, die man in Gestalt von z. B. Grundsteinlegungsurkunden, Kirchweiheurkunden, Altarweiheurkunden, Authentiken für Reliquien, Begleitakten über Altarstiftungen, Eintragungen in Protokolle[43] etc. vorfinden wird, dies gilt für die liturgischen Bücher, welche als Libri ordinarii, Pontifikale, Messformulare, Bücher für die Gesangsstücke oder Perikopenbücher existieren – dies gilt schließlich für die bildhaften Quellen. Von Letzteren verspricht man sich gern die beste Anschaulichkeit, doch erkennt man auch hier sehr verschiedene Bildgehalte und Intentionen ihrer Darstellung: So zeigen Miniaturmalereien zum Kirchweihanlass

- wie Christus selbst eine Kirche weiht,
- den neu geweihten Kirchbau als Abbild der personifizierten Ecclesia,
- den Kirchenpatron, welcher anstelle eines Bischofs die Weihe vollzieht,
- die Kirchweihe als öffentliches Ereignis, etwa in Anwesenheit des Herrschers,
- die Darstellung des episkopalen Ritus, etwa als Bilderzyklus,
- die Darstellung eines einzelnen liturgischen Elements, z. B. die Reliquientranslation.

---

42 Vgl. Hanns Peter Neuheuser, Typologie und Terminologie liturgischer Bücher. In: Bibliothek. Forschung und Praxis 16 (1992) 45–65.

43 Vgl. z. B. Jakob Torsy, Die Weihehandlungen der Kölner Weihbischöfe 1661–1840 nach den weihbischöflichen Protokollen (Studien zur Kölner Kirchengeschichte 10) Düsseldorf 1969.

Diese äußerst provisorische Bildtypologie wurde im hohen Mittelalter grundgelegt und bis in die Barockzeit ausgeformt.[44]

Abgesehen von den anders zu bewertenden allegorischen Darstellungen beschreiben die liturgischen Bücher und die künstlerischen Umsetzungen Vollzüge in einer tendenziell idealisierten Gestalt, die dogmatischen und chronikalischen Quellen in einer auswählenden und größeren Zusammenhängen unterwerfenden Art, die juristischen Quellen in einer auf Konflikte, Konkurrenzen und Probleme fokussierten Weise, die homiletischen Quellen in einer auf das Verständnis rekurrierenden, didaktisch verkürzenden Art. Dennoch bleiben alle Quellen – zumal im Kontext unserer Frage der Raumwahrnehmung – durchaus aufschlussreich und aussagekräftig. Doch müssen wir stets kritisch fragen: Wurden die Riten in der Wirklichkeit tatsächlich in dieser Form und in der gezeigten Schwerpunktsetzung vollzogen? Warum wurde in einem chronikalischen Bericht dieses Detail zur ausführlicheren Darstellung ausgewählt, warum jenes weggelassen?[45] Welche zusätzlichen Erkenntnisse bringt eine Gegenüberstellung von Bild- und Textquellen?

Auch die Traktate bedürfen solcher Rückfragen und interpretatorischer Anstrengungen, so sehr sie vielfach eine Suggestion von innerer Schlüssigkeit und eines systematischen Ansatzes vermitteln. Anhand der Ausführungen Hugos von St. Viktor zur Kirchweihliturgie glaube ich gezeigt zu haben, dass seine Deutungen der Riten vor dem Hintergrund der umrahmenden Texte – seiner Sakramentenlehre – zu verstehen sind. Das von ihm gewählte Instrumentarium der Liturgieallegorese muss, trotz der erheblichen und philologisch nachweisbaren Parallelen, schon von der Gattung her von jenem des Ivo von Chartres und seiner Architekturallegorese unterschieden werden. Zu ganz anderen Interpretationen von Hugos Kirchweihtheologie gelänge man, würde man den Kontext von Hugos Archenmodell hinzuziehen, das selbst wiederum Zeugnis von seiner Raumwahrnehmung ablegt.

3. Raumdeutung durch die Zeichenhandlung der Kirchweihliturgie

Die Zeichenhandlung der Kirchweihliturgie verdeutlicht in einzigartiger Weise, wie sich das mittelalterliche Bild vom Sakralraum zusammensetzt. Die ‚Komposition' der Einzelriten und ihrer Bezüge untereinander liefert Anschauungsmaterial über die Komplexität einer lange gültigen, reflektierten Raumdeutung. Zunächst sollen daher die liturgischen Elemente eines Kirchweihritus vorgestellt werden, wie er im Wesentlichen

44 Vgl. Hanns Peter Neuheuser, Die Pontifikaliendrucke der Barockzeit und die Intention ihrer Kirchweihdarstellungen (im Druck).

45 Zu den liturgiebezogenen Auslassungen in den Ausführungen des Suger von Saint-Denis vgl. etwa Neuheuser, Kirchweihbeschreibungen 130–139.

im Mittelalter vollzogen wurde und schließlich in das vom Tridentinischen Konzil inaugurierte Pontifikale[46] Einlass gefunden hat. Dabei sollen der besseren Übersicht halber Kleinelemente zu Ritengruppen zusammengezogen werden. Demnach ergeben sich folgende Einheiten:

- Entzünden von zwölf Kerzen an den Kirchenwänden
- Abholen der Reliquien, Prozession zur Kirche, Deponieren der Reliquien vor der Kirche
- dreimaliges Umschreiten der Kirche, Besprengung der Außenwände
- dreimaliges Anklopfen, Dialog mit dem eingeschlossenen Diakon
- Öffnen des Portals, *Bezeichnen der Schwelle mit Kreuzzeichen, Einzug einer kleinen Gruppe, Schließen des Portals, Verharren der Gemeinde mit Reliquien im Freien
- *Aschenstreuung in den Diagonalen, Alphabetschreibung mit Bischofsstab
- Mischen von Salz, Wasser, Asche, Wein (so genanntes Gregorianisches Wasser), Exorzismus
- Bezeichnen der Altarmensa mit Wasser
- siebenmaliges Umschreiten des Altars und dessen Besprengung
- dreimalige Besprengung der inneren Kirchenwände
- Besprengung des Bodens in Kreuzesform
- Ausgießen des Gregorianischen Wassers am Altarfuß, Rückbehalt eines Rests für den Mörtel
- Bezeichnen der inneren Portaltür mit Kreuzzeichen
- Ansprache des Bischofs, Versprechen des Stifters
- Einzug der Gemeinde mit Reliquien in die Kirche, Deponierung, Ausbreitung eines Tuchs zwischen Gemeinde und Altar
- Salbung des Reliquiengrabes, Beisetzen der Reliquien, Schließen der Mensa mit Deckplatte
- Inzens über den Altar
- Salbung der Mensa mit Katechumenenöl und mit Chrisam
- Bedecken des Altars
- Salbung der Kirchenwände an zwölf Stellen
- Inzens über den Altar
- *Verbrennen von Weihrauchkörnern auf der Mensa
- Segnung von Gefäßen und Kirchenschmuck
- Messfeier

Sterne (*) zeigen hinzugefügte Einheiten an.

46 Pontificale Romanum, Editio princeps von 1595/1596; vgl. den Nachdruck, hg. von Manlio Sodi, Achille Maria Triacca (Monumenta liturgica concilii Tridentini 1) Vatikanstadt 1997.

Selbst diese vereinfachte Darstellung zeigt die große Komplexität und hohe Bedeutungsaufladung des Kirchweihritus an. Dabei ist im konkreten Vollzug jede Einheit noch durch Teilhandlungen zusammengesetzt und wird – was bei der Auflistung verschwiegen wurde – durch Gebete und Gesänge begleitet, die eine eigene hermeneutische Ebene den Zeichenhandlungen hinzufügen und damit potenzielle Indikatoren einer Raumwahrnehmung darstellen. Im Rahmen unserer engeren Fragestellung soll nun jedoch nicht eine spezielle Kommentierung der einzelnen Ritengruppen oder gar Ritenelemente im Hinblick auf die intrinsischen Liturgiebezüge erfolgen, vielmehr haben wir die Kirchweihliturgie als Spiegel mittelalterlicher Raumwahrnehmung und Raumdeutung zu begreifen.

Es genügt bereits, wenn wir die genannten zeichenhaften Elemente, die Gebärden und Gesten, auf ihre Aussagefähigkeit zum Raum untersuchen: Zunächst erkennen wir in den Gebärden und Gesten ein zeichenhaftes ‚Begreifen' der Raumgrößen und Raumkörper, nämlich das lineare Hinzutreten zum Bauwerk und Innehalten vor der Tür als eine Art Konfrontation mit dem noch nicht geweihten Raum, das umschreitende Erkunden des freistehenden Baus und seiner Außengrenzen, der Dialog am Portal und die rituelle Erfahrung eines Außen-/Innenverhältnisses und damit zweier Räume, das Öffnen des Innenraumes als einladende Geste, das Überschreiten der Schwelle durch einen Kreis von Amtsträgern und die faktische Inbesitznahme des Gebäudes zugleich mit der Aufgabe des bisherigen Aufenthaltsortes im Freien, die Aneignung des Gesamtbauwerks, die Erkundung der Bodenfläche und seiner physischen Ausdehnung durch die diagonale Alphabetschreibung, die Konstituierung eines Teilraumes durch die rituelle Einrichtung eines Altarzentrums mittels siebenmaligen Umschreitens, das Durchschreiten der Raumachse durch den Bischof und die Aspergierung der Raumteile und der Wände, die Abgrenzung des Weiheraumes durch das ausgebreitete Tuch, die Inzensspendung als Auffüllung des Innenraumes, die Wahrnehmung der Raumgrenzen durch die an den Wänden verteilten Leuchter und Salbstellen. An räumlichen Gegebenheiten werden somit erfahren: die Außenansicht (Konfrontation), die Außengrenzen, das Verhältnis von Innenraum und Außenraum, die Öffnung des Raums, die Schwelle, die Inbesitznahme des Gesamtbauwerks, die Bodenfläche, die Diagonalen, ein Teilraum, die Raumachse, die dritte Dimension des Innenraumes als Hohlkörper, die Wände als innere Raumgrenzen.

Die genannten umfassenden Raumwahrnehmungen werden zeichenhaft unterstrichen durch die Verwendung und Herantragung von materiellen Elementen, so das Entzünden der Kerzen und Verbrennen der Weihrauchkörner als Flamme, die raumförmige Darbringung des Weihrauchs, die Verwendung des Gregorianischen Wassers mit Asche, Salz und Wein, die Spendung des Weihwassers als tropfenförmige Verbreitung und als fließendes Wasser, das Anrühren des Mörtels, die Salbungen mit Katechumenenöl und Chrisam sowie die Feier der Messliturgie mit den eucharistischen Gaben von Brot und Wein.

Die ständig gesprochenen Gebete und vorgetragenen Gesänge bilden eine fortwährende Interpretation der Zeichenhandlung im Hinblick auf den zu weihenden Raum. Bereits im Alphabetritus der Kirchweihliturgie werden Schriftzeichen in den Raum eingetragen, um die verschriftlichte Herrschaft des Logos über diesen konkreten Raum und über die Welt selbst zu verbildlichen. Die Zahlensymbolik der zwölf Leuchter und zwölf Salbungsstellen, des siebenfachen Umschreitens des Altartisches, das dreifache Umschreiten der Kirche und das dreifache Anklopfen an die Außenpforte vertreten die Sprachwelt von iterierten Handlungen. Wie im Bereich der sakramentlichen Feiern immer, so fügt auch in der Kirchweihliturgie die Kirche ihren gestischen Äußerungen das Wort hinzu, gestaltet sie zu umfassenden performativen Akten und deutet damit ihre Handlungen, so dass auch diese Texte – an dieser Stelle wenigstens in aller Kürze – einer Analyse Wert sind.

4. Raumdeutung durch liturgische Texte der Kirchweihliturgie

Die Auswertung der bei der Kirchweihliturgie vorgetragenen Lesungen, Gebete und Gesänge stellt derzeit noch ein liturgiewissenschaftliches Desiderat dar, das auch im Rahmen der vorliegenden Darlegungen nicht eingelöst werden kann. Schon ein kurzer Einblick in die Texte zeigt aber, dass der Auswahl und ihrer Zuordnung zu den Handlungen durchaus eine Raumdeutung zugrunde lag, insofern nämlich der Raum mit einem speziellen Gottesbild korrespondiert. Dies könnte gewiss an jedem Ritenelement und an jedem Einzeltext nachgewiesen werden, doch sollen sich die Ausführungen hier auf ein Beispiel beschränken, das die rituelle Überwindung der Raumgrenzen zum Inhalt hat.

Anhand des Türritus soll exemplarisch gezeigt werden, auf welche Weise die Texte den Kirchweihhandlungen eine neue Dimension hinzufügen und sie hermeneutisch auskleiden. So erinnert das Zeremoniell des Anklopfens an das Kirchenportal durch den Bischof den Kundigen zunächst an die Symbolik der Pforte, deren Öffnung nicht nur Einlass in das Kircheninnere gewährt, sondern auch im allgemein spirituellen Sinne ‚neue Räume erschließt'. Erst durch den begleitenden Gesang des *Attollite portas* erhalten jene Bezüge jedoch ihre Eindeutigkeit in einer spezielleren Zeichenhaftigkeit: Traditionell wurden nämlich Kirchenportale mit der Paradiesespforte nach der biblischen Diktion (Gen 28,17; Jes 39,10; Ps 24,7–9; 117/118,20) sowie nach dem Nikodemus-Evangelium[47] aus dem 5. Jahrhundert gleichgesetzt.[48] Die Memoria des aus Ps 24 ent-

47 Nikodemus-Evangelium 25 (Neutestamentliche Apokryphen in deutscher Übersetzung 1, hg. von Edgar Hennecke und Wilhelm Schneemelcher. 6. Aufl. Tübingen 1990, 417).

48 Zu den einschlägigen alttestamentlichen Szenen auf den bildnerisch gestalteten Türen des Mittelalters in Ost und West vgl. Margaret English Frazer, Church doors and the gates of paradise. Byzantine bronze doors in Italy. In: Dumbarton Oaks papers 27 (1973) 145–162, und Ursula Mende, Die Bronzetüren des Mittelalters 800–1200. München 1994, etwa 16–17. – Vgl. auch Lennart

nommenen Textes führt uns zurück in die Geschichte von der Vertreibung der Ureltern aus dem Paradies und damit ihrer Ausweisung durch eine ‚Pforte‘ in den ‚Raum‘ der Erlösungsbedürftigkeit. Diese ‚Pforte‘ musste demgemäß mit der Höllenpforte verglichen werden, nachdem das Testament des Adam aus dem 5.–6. Jahrhundert davon sprechen konnte, dass es sich um die gleiche Pforte handle.[49] In umgekehrter Richtung durchschritten, könnte man sich hinter dieser Metapher die Pforte zum Paradies vorstellen; bereits der Patriarch Jakob bekannte jene Pforte als zum ‚Haus Gottes‘ gehörend: *Hier ist nichts anderes als das Haus Gottes und das Tor des Himmels* (Gen 28,17). Im Grunde wird hier eine Schwelle zwischen Zustandssituationen bezeichnet, die als Grenze zwischen Räumen Bildgestalt annimmt. Auch die kunstgeschichtliche Forschung sah in den mittelalterlichen Kirchenportalen und ihrem teilweise bedeutenden Schmuck stets einen Hinweis auf die Paradiesespforte,[50] zumal weitere Bildgehalte das Umfeld erhellen (z. B. das Anklopfen der Törichten Jungfrauen an die verschlossene Tür des Christus-Bräutigams). In der Kirchweihliturgie wird die Kirchenpforte in dieser Doppelfunktion als Durchgang zu zwei Zuständen resp. Räumen erkannt.[51] Das *Attollite portas* erweist das Tor als die zu überwindende Schranke,[52] den in den noch ungeweihten Raum eingeschlossenen Diakon als den zu erlösenden Menschen, dem das Paradies, vertreten durch den zu weihenden Kirchenraum, eröffnet wird. Der Gesang aus Ps 24 trägt also die Forderung vor, das Tor (für den Bischof) zu öffnen: *Ihr Tore, hebt euch nach oben [...], denn es kommt der König der Herrlichkeit.* Im Dialog fragt der Diakon im Kircheninneren nach der Identität dieses Königs und der Bischof antwortet: *Der Herr, stark und gewaltig* (V. 8). Hierauf erfolgt die Öffnung. Die Zeremonie endet daher sinnträchtig, indem der bischöfliche Konsekrator mit seinem Stab die Türschwelle mit dem Kreuzzeichen versieht und in das Gebäude einzieht. Der Bischof wird in der einschlägigen Liturgieallegorese häufig mit Christus gleichgesetzt, so dass der Einzug in der Tat an die vom Nikodemus-Evangelium berichtete und seit dem 5. Jahrhundert in die Glaubensbekenntnisse und in sonstige dogmatische Texte aufgenommene Glaubenswahrheit vom ‚Abstieg Christi in das Reich der Toten‘ erinnert.[53] In der Miniatur

---

Karlsson, Kyrkans dörr, paradisets port. In: Marian Ullén (Hg.), Genesis profeta. Nordiska studier i gammaltestamentlig ikonografi (Acta universitatis Stockholmiensis 33) Stockholm 1980, 51–57.

49 Testament Adams 3,14 (Altjüdisches Schrifttum außerhalb der Bibel, übersetzt und erläutert von Paul Rießler. Freiburg-Heidelberg 1928 [1979] 1087f.).

50 Vgl. zuletzt beispielhaft: Hans-Rudolf Meier und Dorothea Schwinn Schürmann (Hg.), Schwelle zum Paradies. Die Galluspforte des Basler Münsters. Basel 2002.

51 Vgl. Arvid S. Kapelrud, The gates of hell and the guardian angels of paradise. In: Journal of the american oriental society 70 (1950) 151–156. – Joël Marcus, The gates of hades and the keys of the kingdom (Mt 16,18–19). In: Catholic biblical quarterly 50 (1988) 443–455.

52 Vgl. Sakoho G. Tsuji, Destruction des portes de l'enfer et ouverture des portes du paradis, À propos des illustrations du psaume 23,7–10 et du psaume 117,19–20. In: Cahiers archéologiques 31 (1983) 5–33.

53 Ivo von Chartres, Sermo IV (Migne PL 162, 530B); Hugo von St. Viktor, De sacramentis II,5,3 (Migne PL 176, 441A). – Zum Überblick über die Textüberlieferung des Glaubenssatzes vgl. Heinrich Denzinger, Kompendium der Glaubensbekenntnisse und kirchlichen Lehrentscheidungen, hg. von Peter Hünermann. 37. Aufl. Freiburg u. a. 1991, zu den Glaubensbekenntnissen vgl.

eines hochmittelalterlichen Evangeliars für Kloster Corvey wird veranschaulicht, wie Christus die Türflügel aus dem Tor zur Hölle entfernt hat, um sich Einlass zu verschaffen.[54] Wie also Christus den ‚Toten' Heil brachte, so verheißt der Bischof den der Erlösung Bedürftigen das Heil durch die Gegenwart Christi auf sakramentale Weise. In der Kirchweihliturgie ersetzt gleichsam die Salbung des Altars, welcher in der Liturgieallegorese ebenfalls mit Christus gleichgesetzt wird, diese Gegenwart, und der geweihte Raum deutet damit den Zustand der Erlösung an. Ähnlich war wohl noch im hohen Mittelalter das rituelle Verharren der ausgeschlossenen Sünder vor der Kirchentür bei der Liturgie der Büßerversöhnung als Zeichen der Buße verstanden worden.[55]

Das Kirchengebäude erscheint in den Texten der Kirchweihliturgie, näherhin im *Attollite portas*[56], als irdisches Abbild des Paradieses[57] im Sinne eines erreichten Heils und vielleicht in der Präfiguration der Himmelsstadt Jerusalem[58] als Vorbild des erreichbaren Heils, das durch die Liturgie vermittelbar ist.[59] Die Wirkkraft bildet hierbei Christus in seiner Gegenwart, durch die Kirche handelnd in den sakramentalen Zeichen. Als vordergründiger Gegenstand der Weihen erscheint der Raum, als eigentlicher Adressat wird der Mensch, dem die Heilszusage gilt, sichtbar.

Die letztgenannte Bemerkung zeigt, dass der Gesang des *Attollite portas* seinen metaphorischen Ausgang zwar bei der materiellen Kirchenpforte nimmt, jedoch die hermeneutische Ebene des Erlösungsgeschehens trifft und den Weg von Heilszusage und

---

Nr. 16, 27, 28, 29, 30 und 76, vgl. auch Nr. 369 und 587, zu den hochmittelalterlichen Dokumenten des Lehramtes vgl. etwa Nr. 1140, 1215 und 1274.

54 Evangeliar, 3. Drittel 12. Jh., Aschaffenburg, Schlossbibliothek, Ms. 21, fol. 59v; vgl. Die Zeit der Staufer (Ausstellungskatalog Stuttgart). Stuttgart 1977, Kat.-Nr. 757.

55 Vgl. Ekkart Sauser, Die Adamspforte und ihre Bedeutung in der alten Bußliturgie. In: Bibel und Liturgie 23 (1955–1956) 188–192. – Vgl. Reinhard Meßner, Feiern der Umkehr und Versöhnung. In: Bruno Kleinheyer u. a. (Hg.), Sakramentliche Feiern 1.2 (Gottesdienst der Kirche. Handbuch der Liturgiewissenschaft 7.2) Regensburg 1992, 9–240, hier 122–134.

56 Zu den hier nicht behandelten Bezügen und sonstigen Hintergründen dieses Gesangs vgl. A. Rose, Attollite portas, principes, vestras. Aperçus sur la lecture chrétienne du ps. 24 (23) B. In: Giulio Bevilacqua u. a. (Hg.), Miscellanea liturgica in onore Giacomo Lercaro 1. Rom u. a. 1966, 453–478.

57 Vgl. bereits Ephraem der Syrer, Hymnus 6,7–22 (Des hl. Ephraem des Syrers Hymnen de paradiso, hg. von Edmund Beck. Löwen 1957); Bruno von Segni, Sententiae I de figuris ecclesiae 1: De paradiso (Migne PL 165, 876–879); vgl. Reinhold R. Grimm, Paradisus coelestis, paradisus terrestris. Zur Auslegungsgeschichte des Paradieses im Abendland bis um 1200 (Medium aevum. Philologische Studien 33) München 1977 (theol. Diss. Tübingen 1971).

58 Aus der abundanten Fülle von Literatur zu diesem Thema vgl. nur Alfred Stange, Das frühchristliche Kirchengebäude als Bild des Himmels. Köln 1950; Alfred Weckwerth, Das altchristliche und das frühmittelalterliche Kirchengebäude, ein Bild des Gottesreiches. In: Zeitschrift für Kunstgeschichte 69 (1958) 26–78; Günter Bandmann, Die vorgotische Kirche als Himmelsstadt. In: Frühmittelalterliche Studien 6 (1972) 67–93, hier 71–76; Bianca Kühnel, From the earthly to the heavenly Jerusalem. Representations of the Holy City in christian art of the first millennium (Römische Quartalschrift für christliche Altertumskunde und Kirchengeschichte. Supplementheft 42) Rom-Freiburg-Wien 1987.

59 Vgl. Laurence Hull Stookey, The gothic cathedral as the heavenly Jerusalem. Liturgical and theological sources. In: Gesta 8 (1969) 35–41.

Erfüllung nachzeichnet. Wie gesagt, bewirkt eine solche Darstellung also einerseits eine Raumdeutung, andererseits beruht diese auf dem Gottesbild. Gott wird im *Attollite portas* als starker und gewaltiger Herr, als König und Herrscher bezeichnet. Dieser Eindruck des übermächtigen Gottesbildes, das mit der Raumwahrnehmung korreliert, bestätigt sich auch bei einer weiteren Durchsicht der anderen Gesangsstücke, welche in der Kirchweihliturgie zum Vortrag gelangen.

Die Handlungen der Kirchweihliturgie, insbesondere die Prozessionen, die länger dauernden Aspergierungen, Inzensierungen etc., machen die Begleitung durch Gesänge erforderlich – und diese wiederum tragen zu einer weiteren Interpretation des Geschehens bei. In den Antiphonen und Psalmtexten herrscht dann ein Gottesbild vor, das für die Raumwahrnehmung nicht ohne Wirkung bleiben kann, d. h. welches sowohl in architektonisch-baulicher Weise bereits die Errichtung des Gebäudes als auch die nachträgliche rituelle Deutung bestimmte. Die Gesänge zur Aspergierung beruhen etwa auf Ps 51 und betonen den Reinigungs- und Entsühnungscharakter. Dem entsprechen die umfangreichen Gebete mit Exorzismen. Bei der Altarweihe wird an die Altäre des Mose und des Jakob erinnert, ferner an die heiligen Stätten des Alten Bundes, an die Jakobsleiter, das Bundeszelt sowie an den Tempel zu Jerusalem. Insbesondere verbindet sich das Jakobsheiligtum mit zahlreichen alttestamentlichen Konnotationen im Spannungsverhältnis von Gottesbild und Tempel.[60] Auch die kreuzförmige Alphabetschreibung wurde im hohen Mittelalter mit dem *cancellatis manibus* ausgeführten Jakobssegen (Gen 48,14–21) in Verbindung gebracht[61] und in eine alttestamentliche Kreuzestheologie überführt.[62] Der Reliquientranslation wiederum liegt in den Begleitgesängen das Bild von den Gerechten des Alten Testamentes zugrunde. Die Weihemesse im Anschluss an die Konsekrationshandlungen wird traditionell eröffnet mit dem Introitusvers nach Gen 28,17: *Wie Ehrfurcht gebietend ist doch dieser Ort.* Die moderne Übersetzung hat das bekannte *terribilis est locus iste* zwar durch „Ehrfurcht gebietend" abgeschwächt, freilich bezeugt die einleitende Wendung der Aussage immer noch die den Patriarchen bedrückende Emotion: *Furcht überkam ihn [...]* (Gen 28,17). Und so weiter. Es dominiert so-

60 Zur Geschichte um Jakobs Heiligtum vgl. nur die neueren Darstellungen bei Ralph Bennett Henson, The central sanctuary in ancient Israel. Diss. New Orleans 1984; Augusto Segre, La scala di Giacobbe (Collana di cultura ebraica 23) Rom 1985; Allen P. Ross, Jacob's vision. The founding of Bethel. In: Biblioteca sacra 142 (Dallas 1985) 224–237; Giovanni Maria Vian, Interpretazione giudaiche e cristiane antiche del sogno di Giacobbe. In: Augustinianum 29 (1989) 307–332; Johannes Marböck, Heilige Orte im Jakobszyklus. Einige Beobachtungen und Aspekte. In: Manfred Görg u. a. (Hg.), Die Väter Israels. Beiträge zur Theologie der Patriarchenüberlieferungen im Alten Testament. Festschrift für Josef Scharbert. Stuttgart 1989, 211–224; vgl. auch Stookey, The gothic cathedral 35 und 37.

61 Ivo von Chartres, Sermo IV (Migne PL 162, 527B–535C, hier 531C), Hugo von St. Viktor, De sacramentis II,5,3 (Migne PL 176, 439A–442C, hier 441C) aufgrund der in PR XII 20 niedergelegten Riten; vgl. Neuheuser, Rezeption 23 und 34.

62 Vgl. Gregory T. Armstrong, The cross in the Old Testament according to Athanasius, Cyrill of Jerusalem and the Capadocian Fathers. In: Carl Andresen und Günter Klein (Hg.), Theologia crucis – signum crucis. Festschrift für Erich Dinkler. Tübingen 1979, 17–38.

mit das Kirchenbild vom Tempel, vom Wohnen Gottes auf seinem heiligen Berg. Entsprechend wird im Verständnis der Texte durch die Weihe ein Raum der Reinheit und der Erhabenheit geschaffen, welcher eher erschaudern lässt. Auch die anderen Gesangstexte würden bei der noch ausstehenden Analyse die alttestamentliche Dominanz erweisen – und damit eben eine ganz spezifische, mit dem jüdischen Gottesbild verbundene Raumwahrnehmung und Raumdeutung. Die Raumwahrnehmung des Alten Testamentes bezüglich des Tempels schwankte bekanntlich zwischen *tremendum* und *fascinosum*, so dass selbst ‚beschaulichere' Texte wie Ps 84 (*Wie liebenswert ist deine Wohnung*), welcher innerhalb der mittelalterlichen Kirchweihliturgie zur Altarsalbung vorgetragen wurde, nur einen Ausdruck der Ehrfurcht darstellt.

Neutestamentliche Bezüge sind in den mittelalterlichen Kirchweihtexten vergleichsweise selten anzutreffen. So erinnert eine Kirchweihantiphon an die Begegnung Jesu mit Zachäus (Lk 19,5: *Ich muss heute in deinem Haus zu Gast sein*), wobei es jedoch nicht zu jener, der modernen Exegese möglichen Entfaltung des darin liegenden öffentlichen Ärgernisses kommt, dass das Haus eines verachteten Zöllners allein durch Christi Gegenwart zum Tempel werden kann: *Heute ist diesem Haus das Heil geschenkt worden* (Lk 19,9). Diesem, im Übrigen auch als Evangelienlesung bei der Weihemesse dienenden Lukastext obliegt es mithin, das im alttestamentlichen Tempel ‚wohnende' Heil auf das Haus mit der Gegenwart Christi zu übertragen. Der Aspekt des Gaststatus – sowohl Christi als auch der Gemeinde der Glaubenden –, welcher eine ‚virtuelle Sakralität' potenzieller Sakralräume postuliert, bleibt hier unerörtert, gleichwohl aber angelegt.

5. Von der Raumdeutung zur Raum- und Weltaneignung

Die Charakterisierung des in der mittelalterlichen Kirchweihliturgie geheiligten Raumes kommt – wie bereits angedeutet – programmatisch in der Kirchweihemesse zum Ausdruck, und zwar im Introitus, welcher oft wie eine Impuls gebende Überschrift[63] über dem Messformular steht: *Terribilis est locus iste* (Gen 28,17). Diese Bibelstelle bezeugt nichts anderes als die zweifache Zweckbestimmung der Sakralbauten: *Hic domus Dei est et porta coeli*, also Wohnung Gottes zu sein und zugleich Aufenthaltsort der Glaubenden, welche von hier zum ewigen Leben finden – anschaulich ausgedrückt im Bild von der Pforte des Himmels oder der Himmelsleiter Jakobs.

In der Konkretisierung der aktuell zu weihenden Kirche eignet sich das Mittelalter die Sakralbauten an, wie es – wie oben vorgestellt – Hugo von St. Viktor bei seinem (imaginären) Rundgang durch ein Gotteshaus tat: Die Raumdeutung nimmt ihren Ausgangspunkt an architektonischen und gleichsam geometrischen Einzelheiten, an der

63 Vgl. Karlheinrich Hodes, Der Introitus als liturgisch-kirchenmusikalischer Impuls. In: Hanns Peter Neuheuser (Hg.), Wort und Buch in der Liturgie. Interdisziplinäre Beiträge zur Wirkmächtigkeit des Wortes und Zeichenhaftigkeit des Buches. St. Ottilien 1995, 435–444.

Achse, am Rund des Chorabschlusses, am Chorumgang, an den Säulen des Binnenchors, am Zentrum des Altars, etc. Von Suger von Saint-Denis wissen wir, dass die Zeitgenossen hierin eine *pulchritudo* erblickten – eine ‚Wirkung', welche den äußeren Rahmen, aber auch die ästhetische Manifestation der *ars liturgiae* bildete.[64] Derartige Deutungen mit aneignenden Intentionen verlaufen höchst komplex: Sie betreffen die vom Raum ausgehenden Wirkungen ebenso wie die von der Liturgie in den Raum eingetragenen Wirkungen.

Die Aussagen mittelalterlicher Zeitgenossen vermitteln uns in den Akten der Kirchweihliturgie die Außenwahrnehmung des Sakralraums

- als architektonisches Gebilde (pragmatische Raumdeutung)
- als Raum für öffentliches Zeremoniell (politische Raumdeutung)
- als Raum für die Gemeinde (ekklesiologische Raumdeutung)
- als Raum einer zeichenhaften Darstellung (ästhetische Raumdeutung)
- als Raum zukünftiger Liturgiefeiern (liturgische Raumdeutung)
- als Haus Gottes (dogmatische Raumdeutung).

In der Kirchweihliturgie eignet sich die Kirche in besonderer, nämlich feiernder Weise den Raum an durch Annäherung, Herumgehen, Öffnen, Durchschreiten, Verweilen, Abgrenzen und speziell liturgisch durch Aspergieren, Inzensieren, Beschriften, Salben, Ausstatten mit den liturgischen *instrumenta*, schließlich durch die Feier der Eucharistie.

Wenn es im Evangelium der Kirchweihmesse heißt: *Heute ist diesem Haus Heil geschenkt worden* (Lk 19,9), dann erkennen wir darin die qualitative, heilsbezogene Raumaneignung, wie auch Jesus das Haus des Zachäus akquirierte. Erst die Liturgie bereitet das Bauwerk der Architekten und Bauleute als Sakralbau vor, welcher wiederum die Voraussetzung bildet für das Gebet der Glaubenden und die Heiligung der Gemeinde. Logisch folgt die Raumaneignung auf die Raumwahrnehmung und verschmilzt mit der Raumdeutung. Christi Gegenwart ist es selbst, die dem Haus ‚Heil widerfahren' lässt und eine nicht mehr einholbare Sakralität einbringt.

Die mittelalterliche Kirchweihliturgie ist damit zugleich – in einem durchaus modernen Sinne der inkarnatorischen Theologie – Spiegel der Heil vermittelnden Weltaneignung.[65] In der Fleischwerdung des göttlichen Wortes liegt im Grunde die Anerkennung des Weltlichen und damit des Materiell-Räumlichen als Heil erlangende Schöpfungsdimension. Das Johannesevangelium drückt die Weltaneignung durch Christus in den Worten aus: *Er kam in sein Eigentum, aber die Seinen nahmen ihn nicht auf. Allen aber, die ihn aufnahmen, gab er Macht, Kinder Gottes zu werden* (Joh 1,11–12). Noch deutlicher sagt dies das Römische Martyrologium, wenn es in der liturgisch gefeierten Weihnachtsnacht – bei der Memoria des historischen Geschehens von Betlehem – die

64 Vgl. Neuheuser, Raumvorstellung.

65 Vgl. auch Richard Schaeffler, Der Kultus als Weltauslegung. In: Balthasar Fischer u. a. (Hg.), Kult in der säkularisierten Welt. Regensburg 1974, 9–62. – Reinhard Sprenger, Weltanschauung des Mittelalters im Spiegel der Kunst. In: Rainer Beck u. a. (Hg.), Die Kunst und die Kirchen. Der Streit um die Bilder heute. München 1984, 50–57.

intentionale ‚Konsekration der Welt' durch den inkarnierten Christus beschreibt: *mundum volens adventu suo piissimo consecrare.*[66]

Die mittelalterliche Kirchweihliturgie realisiert diese Intention stellvertretend in jedem zu weihenden Kirchengebäude: Bereits das erste Betreten der zu weihenden Kirche durch den Bischof wird mit dem Eintritt Christi in die Welt gleichgesetzt: *Christus mundum ingrediens.*[67] Die zeichenhafte Gleichbedeutung des zu konsekrierenden Gebäudes mit dem ‚Weltgebäude' drückt sich aber auch in mindestens drei weiteren Einzelelementen der Weiheliturgie aus. Besonders erwähnt sei zunächst das mehrfache axiale Durchschreiten des Raumes, mit welchem Hugo von St. Viktor die Kirchenarche als eine ‚zweite Welt' mit steter Gegenwart vorstellt.[68] Hierin durchdringen einander die Grunddimensionen, indem der Raum rhythmisierende Elemente erhält sowie sich die Zeit im Raum entwickelt und zugleich aufhebt. Des Weiteren wurde die diagonale Alphabetschreibung auf dem Kirchenboden resp. im Aschenbett stets als eine Art von Landvermessung betrachtet,[69] d. h. als eine über das Gebäude hinausgehende, bezwingende Besitzerklärung der Welt und durch den Eintrag der Schrift als eine Verbindung der Kreatur mit dem christlichen Logos mit umfassender Heilsintention für alle Völker.[70] Schließlich sei an die Markierung der die vier Weltenden vertretenden Kirchenwände erinnert, wobei sowohl die zwölf Leuchter als auch die zwölf Salbstellen der Kirchweihliturgie den apostolischen Verkündigungsauftrag bedeuten, die Frohe Botschaft in die ‚ganze Welt' zu bringen.[71] Erst in dieser Sinnrichtung kommt die durch die Weihe intendierte Sakralisierung des Raumes als zeichenhafter Ausgangspunkt des Heils für die Welt vollständig zum Ausdruck. Im Gegensatz zum alttestamentlichen Tempel konstituiert die Kirchweihe also nicht eine statische Sakralität durch das ‚Wohnen Gottes', sondern eine dynamische Sakralität durch die mittels der Weihe ermöglichte liturgische Feier der iterierten wirkmächtigen Vergegenwärtigung Gottes. Die Kirchweihliturgie ist damit zugleich und über die Raumdeutung eines irdischen Gebäudes hinausgehend Spiegel der Heil vermittelnden Weltaneignung und Zeichenhandlung der Raum- und Weltkonsekration durch Christus.

66 Martyrologium Romanum. Vatikanstadt 2001, 648.

67 Ivo von Chartres, Sermo IV (Migne PL 162, 530B); Hugo von St. Viktor, De sacramentis II,5,3 (Migne PL 176, 441B).

68 Hugo von St. Viktor, De arca Noe [morali] 4, 9, hg. von Patrice Siccard (Corpus christianorum, continuatio medievalis 176) 115–117 und 113: *ordo temporis*.

69 Vgl. Giovanni Battista de Rossi, Vaso fittile con simboli ed epigrafe abecedaria trovato in cartagine presso un battistero. In: Bulletino di archeologia cristiana 3. F. 6 (1881) 125–146, hier 140–145; vgl. auch Herbert Thurston, The alphabet and the consecration of churches. In: The month 115 (1910) 621–631.

70 Hugo von St. Viktor, De sacramentis II,5,3 (Migne PL 176, 441BC).

71 Hugo von St. Viktor, De sacramentis II,5,3 (Migne PL 176, 441A und 442C). – Vgl. zum Ritus auch Edward Samuel Dewick, Consecration crosses and the ritual connected with them. In: The archaeological journal 65 (1908) 1–34.

Antje Fehrmann

Quasi castrum pulcherimum: Englische spätmittelalterliche Festarchitektur im Spiegel ihrer zeitgenössischen Inszenierung und Beschreibung

Als Kulisse für Shakespeares Schauspiel *Heinrich V.* wurde 1859 am Londoner Princess's Theatre eine hölzerne Burg errichtet, um den Einzug des siegreichen Königs nach London im Jahr 1415 zwischen dem 4. und 5. Akt zu illustrieren (Abb. 1).[1] Diese Bühnenarchitektur ging nicht auf eine Vorgabe Shakespeares zurück, sondern sie war unmittelbar beeinflusst von der Mediävistik des 19. Jahrhunderts: Erstmals hatte Nicholas Harris Nicolas 1827 in seiner Geschichte der Schlacht von Azincourt den Text eines anonymen zeitgenössischen Chronisten abgedruckt, der eine solche Burg aus Holz und Leinwand für den Einzug Heinrichs V. außergewöhnlich ausführlich beschrieb.[2] Shakespeare selbst hat diesen Bericht nicht benutzt, obwohl er für seine Werke bekanntermaßen auf Geschichtsschreiber des 15. und 16. Jahrhunderts zurückgriff.

Das Interesse der Bühnenbildner des 19. Jahrhunderts an dem Kulissenbau von 1415 zeigt das Potenzial, das diesem mittelalterlichen Bericht innewohnt. Unter allen bekannten Dokumenten zu englischer Festarchitektur vor der Mitte des 15. Jahrhunderts wird hier nicht nur die detaillierteste Darstellung, sondern auch die nach heutigen Maßstäben modernste und reflektierteste Beschreibung einer solchen Architektur geliefert. Damit ist der Bogen zum Tagungsthema geschlagen: Um die ‚Raumwahrnehmung und -beschreibung' englischer spätmittelalterlicher Chronisten zu analysieren, soll im folgenden die Beschreibung realer Festarchitektur und die Terminologie zeitgenössischer Chronisten erörtert werden. Der mittelalterliche Bericht steht dabei in einer Tradition von älteren Chroniken, die Festarchitekturen anlässlich königlicher Einzüge zum ersten Mal für das Ende des 13. Jahrhunderts erwähnen. Der Begriff des ‚virtuellen Raums',

Ich danke Birgitta Coers, Marburg, und Holger Straßheim, Berlin, für kritische und konstruktive Anmerkungen zum vorliegenden Text.

1 Aquarell von F. Lloyds nach dem Bühnenplan von William Telbin: T. W. Craik, King Henry V (The Arden Shakespeare) London 1995, 84f., Abb. 4.

2 Nicholas H. Nicolas, History of the Battle of Agincourt and of the Expedition of Henry the Fifth into France, in 1415. London 1827, im Folgenden wird aus der 2. Aufl. 1832 zitiert.

der sich einer eindeutigen Definition entzieht, wird hier auf die Wahrnehmung und Beschreibung architektonischer und damit dreidimensionaler Räume angewendet.[3]

Festarchitekturen sind ephemere Bauten, die formal Großarchitekturen nachgebildet sind. Nachgeahmt und verkleinert werden im Fall der königlichen Einzüge die Bautypen Burg, Turm oder Tor. Dabei werden zeichenhaft erkennbare Bauteile wie Zinnen oder Türme aneinandergefügt, die in ihrer Gesamtheit jedoch ein eigenständiges Gebäude ergeben. Zu fragen ist, ob die Beschreibung Schritt hält mit der Modernität der Festarchitektur wie der theatralischen Darstellung oder Inszenierung oder ob damit eine veränderte Funktion der Chroniken und damit der Intention der Autoren einhergeht. Das Neue im Umgang der Chronisten mit Bauten und ihrer Simulation liegt in der Reflektion von Realität und Nachahmung. Sie ist gleichermaßen, so die abschließende These, Ausdruck einer veränderten Wahrnehmung von Architektur auf der Schwelle vom 14. zum 15. Jahrhundert, worin sich bereits Auffassungen des englischen Frühhumanismus zu spiegeln scheinen.

Abb. 1: Aquarell von F. Lloyds nach dem Bühnenplan von William Telbin zur Aufführung von Shakespeares Henry V im Jahr 1859 am Londoner Princess's Theatre: Einzug König Heinrichs V. nach London, „The Shower of Gold" (Victoria & Albert Museum, London, Picture Library)

3 Vgl. Historisches Wörterbuch der Philosophie 11 (2001) Sp. 1062–1067 ‚Virtualität' (S. K. Knebel und R. Grötker).

Die Prozesshaftigkeit des Einzugs, die Ephemerität der Bühnenarchitektur wie ihre theatralische Nutzung lassen sich mit dem vielschichtigen Terminus der Inszenierung genauer fassen. Er ist in den letzten Jahren häufig dort verwendet worden, wo es im weiteren Sinn um visuelle Propaganda ging. Im engeren und hier gemeinten Sinn umschreibt er Vorgänge in einem quasi theatralischen Bühnen- oder Handlungsraum, die planmäßig auf ein Publikum ausgerichtet sind.[4] Diese Vorgänge werden, wie Erika Fischer-Lichte präzisiert hat, durch die „Verwendung von unterschiedlichen Materialien – Räumen, Körpern, Objekten, Licht, Tönen" gestaltet, „in denen etwas Nicht-Sinnliches, etwas Imaginäres sinnlich in Erscheinung tritt".[5]

Wie mittelalterliche Autoren Architektur und Kunst wahrnehmen und beschreiben, wie sie historische Ereignisse verarbeiten und umwandeln, ist seit längerem in der Kunstgeschichte und Literaturwissenschaft, gerade in jüngster Zeit auch in den Geschichtswissenschaften reflektiert worden.[6] Abbildungen von Festarchitekturen sind jedoch erst aus späterer Zeit erhalten. Obwohl die Forschungsliteratur zu den jüngeren Festeinzügen reichhaltig ist, mag dies der Grund sein, aus dem die Beschreibung und Wahrnehmung der Räume der mittelalterlichen englischen Festarchitekturen bisher kaum diskutiert wurde.[7]

---

4 Martin Seel, Inszenieren als Erscheinenlassen. In: Josef Früchtl und Jörg Zimmermann (Hg.), Ästhetik der Inszenierung. Frankfurt am Main 2001, 48–62, 49. Zur bildlichen Darstellung und damit der Inszenierung der Inszenierung Wolfgang Kemp, Die Notwendigkeit der Inszenierung, Vortrag auf dem 24. Deutschen Kunsthistorikertag. München 1997.

5 Erika Fischer-Lichte, Performance, Inszenierung, Ritual. Zur Klärung kulturwissenschaftlicher Schlüsselbegriffe. In: Jürgen Martschukat und Steffen Patzold (Hg.), Geschichtswissenschaft und „Performative Turn". Ritual, Inszenierung und Performanz vom Mittelalter bis zur Neuzeit. Köln 2003, 33–54, 43.

6 Vgl. Anm. 62. Für die Kunstgeschichte siehe z. B. Arwed Arnulf, Mittelalterliche Beschreibungen der Grabeskirche in Jerusalem (Colloquia academica Mainz) Stuttgart 1998; Günther Binding und Andreas Speer (Hg.), Mittelalterliches Kunsterleben nach Quellen des 11.–13. Jahrhunderts. Stuttgart-Bad Cannstadt 1993, darin vor allem Björn R. Tammen, Gervasius von Canterbury und sein ‚Tractatus de Combustione et Reparatione Cantuariensis Ecclesiae', ebd. 264–309; Hanns P. Neuheuser, ‚Ne lapidum materia apparentium locus vilesceret', Die Raumvorstellung des Abtes Suger in seiner Kirchweihbeschreibung von Saint-Denis. In: Jan A. Aertsen und Andreas Speer (Hg.), Raum und Raumvorstellungen im Mittelalter (Miscellanea Mediaevalia 25) Berlin 1998, 641–664. – Für die Geschichtswissenschaften sei stellvertretend auf die Vorträge von Hans-Werner Goetz, ‚Wahrnehmung' als Erkenntnisobjekt der Geschichtswissenschaft und Johannes Fried, Das Mittelalter im Zerrspiegel des Gedächtnisses, auf der Tagung ‚Arbeit in der Wahrnehmung des Mittelalters', Rauischholzhausen bei Marburg 2002 (Tagungsband erscheint voraussichtlich 2004) verwiesen.

7 Von kunsthistorischer Seite vor allem Philine Helas, Lebende Bilder in der italienischen Festkultur des 15. Jahrhunderts. Berlin 1999. Zum mittelalterlichen Einzug grundlegend Alois Niederstätter, Königseintritt und -gastung in der spätmittelalterlichen Reichsstadt. In: Detlev Altenburg, Jörg Jarnut und Hans-Hugo Steinhoff (Hg.), Feste und Feiern im Mittelalter. Sigmaringen 1991, 491–500; Klaus Tenfelde, Adventus. Zur historischen Ikonologie des Festzugs. In: Historische Zeitschrift 235 (1982) 45–84. – Zu englischen Einzügen vor allem Anne Lancashire, London Civic Theatre. City Drama and Pageantry from Roman Times to 1558. Cambridge 2002; Gordon Kipling, Enter the King. Theatre, Liturgy, and Ritual in the Medieval Civic Triumph. Oxford 1998; Robert Withington, English Pageantry, an Historical Outline 1. Cambridge 1918. – Eine

Eine englische Königskrönung wurde üblicherweise durch einen festlichen Einzug am Vortag der Krönungszeremonie eingeleitet, anders als die französischen Feste, die erst dem gekrönten König oder der gekrönten Königin galten. Von solchen Festeinzügen zu unterscheiden sind die triumphalen Empfänge, die bei anderen herausragenden Ereignissen während einer königlichen Amtszeit bereitet wurden – so überliefert für die Jahre 1357, 1392 und 1415. Alle diese Festlichkeiten fanden in London statt, sie wurden von der Stadt und ihren Zünften organisiert und bezahlt. Der Einzug begann üblicherweise im Süden der Stadt, wo der Bürgermeister Londons den König und sein Gefolge begrüßte. Danach geleitete er sie über die London Bridge, die damals den einzigen flussseitigen Zugang zur Hauptstadt bildete, und den Brunnen in Cornhill weiter über Cheapside zur Kathedrale St. Paul's und von dort nach Westminster (Abb. 2 und 3).[8] Dort befanden sich der Regierungssitz mit dem Palast und den Gerichtshöfen, das Parlament sowie die Abteikirche, die zugleich Krönungskirche und königliche Grablege war. Während die französischen Könige seit spätestens 1380 durch *tableaux vivants* mit ausschließlich religiöser Symbolik gefeiert wurden, betonten die englischen Festaufzüge vorrangig politisch-religiöse Inhalte.[9]

Die früheste Londoner Festarchitektur wird, worauf Anne Lancashire jüngst hingewiesen hat, bereits 1299 anlässlich des Krönungseinzugs Margarethas von Frankreich geschildert. Damals war der große Brunnen in Cheapside mit *bretasches*, vermutlich hölzernen Türmen, überbaut, aus deren acht Leitungen Wein floss.[10] Als nächster durch Festarchitektur begleiteter Einzug wird erst der Triumphzug des Kronprinzen Eduard (genannt der Schwarze Prinz) nach seinem Sieg über Frankreich 1357 genannt, wobei unter den Gefangenen auch König Johann II. der Gute und dessen Sohn Philipp der Kühne mitgeführt wurden. Von einer Konstruktion am Brunnen in Cheapside, die ein zeitgenössischer anonymer, wohl monastischer Chronist als *catasta*, vermutlich in der

---

Analyse der Festarchitekturbeschreibungen des Einzugs von 1415 wurde bisher nicht unternommen.

8 So zumindest die Route beim Einzug Heinrichs V. im Jahr 1415. Lancashire, Theatre 46ff., 131ff., 185ff. (eine Liste der Einzüge nach London seit dem Jahr 1400). Zu Londoner Bauten Mary D. Lobel (Hg.), The British Atlas of Historic Towns 3: The City of London, from Prehistoric Times to c.1520. Oxford 1989, 69ff. *Cheap Cross (or Great Cross in Cheapside)*; *Cheppes syed*; *Great Conduit, The (E. end of Cheapside)*.

9 Nach Kipling scheint England, genauer London, eine Vorreiterrolle in der festlichen Ehrung des zu Krönenden einzunehmen; die Festarchitekturen für Margaretha und Eduard waren ihm jedoch nicht bekannt: Gordon Kipling, Richard II's „Sumptuous Pageants" and the Idea of the Civic Triumph. In: David M. Bergeron (Hg.), Pageantry in the Shakespearean Theater. Athens (USA) 1985, 83–103, 83f. Zur französischen Festarchitektur Lawrence Bryant, The Medieval Entry Ceremony at Paris. In: János M. Bak (Hg.), Coronations. Medieval and Early Modern Monarchic Ritual. Berkeley 1990, 88–111; ders., The King and the City in the Parisian Royal Entry Ceremony. Politics, Ritual and Art in the Renaissance. Genf 1986; zum Vergleich europäischer Festarchitektur Helas, Lebende Bilder 60f., mit weiteren Literaturangaben.

10 Lancashire, Theatre 44, 230 Anm. 56f., mit dem Hinweis auf die zweite Bedeutung als hölzerne Plattformen. Vgl. auch Middle English Dictionary B (1956–58) 154 *bretage*; Dictionnaire de l'ancienne langue française 1 (1982) 729f. *bretesche*.

Bedeutung des Gerüsts, bezeichnet, und die von den Zünften der Goldschmiede und Sattler errichtet worden war, streuten zwei Mädchen goldene und silberne Blätter auf die Ankommenden.[11] Ein zweiter anonymer Autor, der seine als *Anonimalle Chronicle* bekannte Kompilation nach Auffassung von Antonia Gransden vermutlich auf Augenzeugenberichte stützte, bedient sich jedoch nicht einer räumlichen, architekturbezogenen Terminologie, sondern erwähnt nur den geschmückten Brunnen.[12] Gleichwohl bleiben diese Erwähnungen vage, und so ist der erste ausführlichere Bericht über eine derartige Festarchitektur erst anlässlich des Einzugs Richards II. zu seiner Krönung 1377 am selben Brunnen in Cheapside überliefert.[13] Während der Chronist Thomas Walsingham, Mönch der Abtei von St. Albans, von deren Gestalt als Burg mit vier Türmen berichtet, die hier also zum ersten Mal explizit als *castrum* benannt wird,[14] bezeichnet der Autor der *Anonimalle Chronicle* die Architektur nicht als Burg, sondern als *Turm mit vier Türmchen*, in dessen Mitte ein *kleiner Glockenturm* errichtet war.[15]

---

11 *Et in medio de Chepe, Londoniis, circa aurifabros per eos ordinatae fuerunt duae juvenculae pulcherimae in quadam catasta cum certis cordis artificiose posita ex parte aurifabrorum usque ad partem selariorum, dictaeque juvenculae sparserunt folia aurea et argentea super capita ibidem equitantium in conspectu dictorum regis Franciae et principis Walliae et aliorum equitantium tunc ibidem. Propter quod factum mirabile plurimi applaudebant.* James Tait (Hg.), Chronica Johannis de Reading et Anonymi Cantuariensis 1346–1367 (Historical Series 20) Manchester 1914, 205. – Zum Einzug und der Festarchitektur Lancashire, Theatre 44f., 230f. Anm. 56, 62f. Zur Wortbedeutung *catasta* als Baugerüst in einem Dokument von 1490: Louis F. Salzman, Building in England down to 1540. Oxford 1952, 318.

12 Der Autor der Anonimalle Chronicle berichtet: *[...] et quaunt ils furent en Chepe si vierent le condist lestreit bien apparaille des diverses enournamentz et deux pucels tresbelles et avenauns [...] seaunt ou esteaunt sur cordes de say sotilement et mervaillousement, sufflantz ore et argent a graunt pleintee, qe tiel affair et solempnitee ne fuist unqes vue ne oie [...].* V. H. Galbraith (Hg.), The Anonimalle Chronicle 1333 to 1381 (Historical Series 45) Manchester 1927, 41. Die Chronik, deren einzige überlieferte Handschrift sich in St. Mary's Abbey, York, befand, reicht jedoch bis 1381. Zu dieser und der vorhergehenden Chronik Antonia Gransden, Historical Writing in England 2. London 1982, 101, 109ff.

13 Richard H. Osberg, The Goldsmiths' „Chastell" of 1377. In: Theatre Survey 27 (1986) 1–15, mit weiteren Literaturangaben.

14 *Factum etiam fuerat quoddam castrum habens turres quatuor [...]; de quo etiam per duas partes vinum defluxit abundanter. In turribus autem ejus quatuor virgines speciosissimae collocatae fuerant, staturae et aetatis regiae [...] in qualibet turri una; quae adventati Regi procul aurea folia in ejus faciem efflaverunt, et propius accedenti, florenos aureos, sed sophisticos, super eum et ejus dextrarium projecterunt. Cum autem ante castellum venisset, ciphos aureos acceperunt, et implentes eos vino ad fistulas dicti castelli, Regi atque Dominis obtulerunt. In summitate castelli, quae ad modum tali inter quatuor turres elevata fuerat, positus erat angelus aureus, tenens auream coronam in manibus, qui tali ingenio factus fuerat, ut adventanti Regi coronam porrigeret inclinando.* Edward M. Thompson (Hg.), Chronicon Angliae ab anno domini 1328 usque ad annum 1388 (Rerum Britannicarum medii aevi Scriptores 64) London 1874, 330f. Zur Datierung der Chronik: Gransden, Historical Writing 124f., 152f.

15 *[...] et en my lieu de Chepe une toure de canvays depaynte fuist, sutilment fait par suppowelle de merisme, en quel tour furount faitz quater torettes, [...] et enmy la dite toure fuist fait une petit clocher et amount le clocher fuist esteaunt une aungelle portaunt une corone dore et moustraunt al dit prince pur luy comforter.* Galbraith, Anonimalle Chronicle 108 (vgl. Anm. 12). Zur Burg auch Osberg, Chastell 6; Glynne Wickham, Early English Stages 1300 to 1660 1. London 1959–

Das entspricht dem spätmittelalterlichen Sprachgebrauch, in dem die Termini Burg, Turm und Torburg synonym benutzt werden können. Walsingham erwähnt weder die Größe des Baus noch gibt er einen Hinweis auf seine Ephemerität, der Anonymus dagegen beschreibt die Konstruktion der Burg aus bemalter Leinwand über einem raffinierten hölzernen Gerüst (*suppowelle de merisme*). Auf jedem Türmchen habe, so Walsingham weiter, eine weiß gekleidete Jungfrau gestanden, die in Größe und Alter dem zehnjährigen König entsprach. Als Richard näher kam, streuten die Mädchen zunächst goldene Lorbeerblätter, warfen dann Goldmünzen und reichten ihm und seinem Gefolge goldene Becher mit dem Wein, der aus Röhren an der Burg floss. An der Spitze der Burg sei ein goldener Engel angebracht gewesen, der eine Krone hielt, *so kunstfertig gemacht, dass es aussah, als würde er dem ankommenden König die Krone reichen.*[16] Während die jungen Mädchen von ausgewählten Londonerinnen dargestellt wurden, ist ungewiss, ob der Engel ebenfalls ein Schauspieler oder, wie Walsinghams Bericht suggeriert, eine Statue war.[17] Die mehr als dreistündige Dauer des Einzugs wird wohl nur deswegen genau spezifiziert, um die Menge an Wein anzuzeigen, die aus den Brunnenrohren floss.

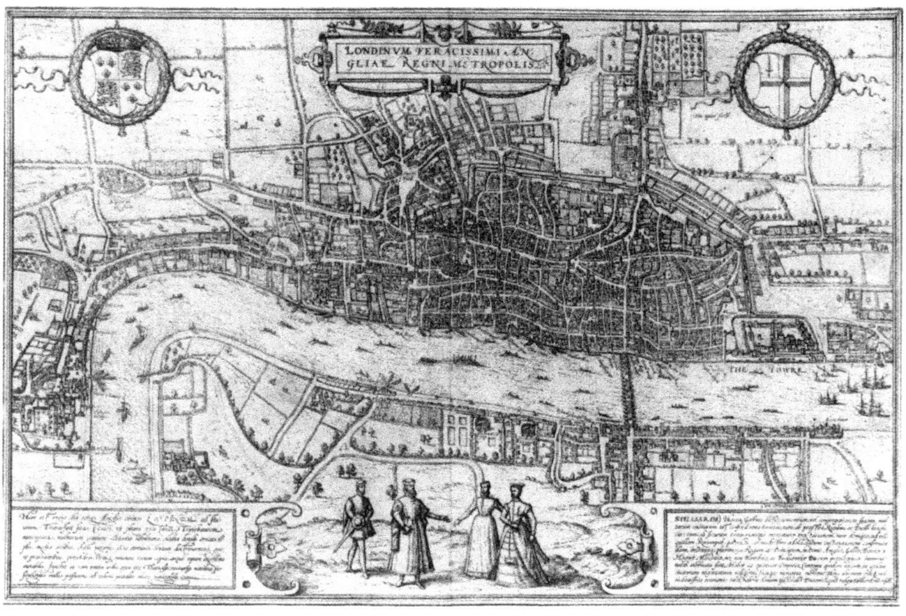

Abb. 2: London, Stadtplan. Stich aus Braun und Hogenberg, Städtebuch I, französische Ausgabe von 1574 (Bildarchiv Foto Marburg)

1981, 54–59. – Alle hier angeführten deutschen Übersetzungen stammen, wenn nicht anders angegeben, von der Verfasserin.

16 Vgl. Anm. 14. Nach dem Autor der *Anonimalle Chronicle* befand sich der Engel auf dem Glockenturm, vgl. Osberg, Chastell 3, 13, Anm. 10.

17 Zur Diskussion Lancashire, Theatre 45, 231f., Anm. 64.

Zum Einzug Annas von Böhmen, der ersten Gattin Richards II., sind anlässlich ihrer Krönung 1382 nur die Rechnungen der Goldschmiedezunft überliefert, die das von ihnen finanzierte Gerüst als *somercastell* bezeichnen, eine Art Belagerungsturm.[18] Richard H. Osberg hat dem Rechnungsschreiber unterstellt, er verwende den Begriff bewusst, um damit die konstruktive Ähnlichkeit zwischen Belagerungs- und Festarchitektur anzudeuten. Wie die Berichte späterer Festarchitekturen zeigen, gab es für diese Gerüste jedoch noch keine fest umrissene Terminologie.

Noch detaillierter als die Beschreibungen der Einzüge Richards II. und Annas von Böhmen sind die Berichte über die Ehrung Richards II. bei einem weiteren Einzug nach London im Jahr 1392. Anlass war die Versöhnung des Königs mit der Stadt London. Nachdem Richard sich mit der Stadt zerstritten hatte, weil diese ihm Geld schuldete, und er seine Regierungsgeschäfte von York auszuführen gedroht hatte, lenkten die Stadtoberen Londons ein: Als Ausdruck der *Concordia* bereiteten sie dem Königspaar einen beispiellosen Empfang.[19] Zum ersten Mal werden hier verschiedene, mindestens vier, Festbühnen benannt, die separat, jeweils auf den königlichen Betrachter ausgerichtet, bespielt wurden und nur durch das Ritual des Einzugs verklammert waren.

Am großen Brunnen in Cheapside war wieder eine Burg aufgestellt worden, die den König, wie der Karmelitermönch Richard Maydiston in seinem zwei Jahre darauf entstandenen Gedicht anlässlich der Versöhnung schildert, außerordentlich überraschte und zum Anhalten veranlasste.[20] Der Chronist beschreibt die Technik der Burg, die an Seilen hing und auf der ein als Engel verkleideter Junge und ein gekröntes Mädchen standen. Er betont, das Königspaar habe viel Zeit damit verbracht zu diskutieren, was dieser hohe Turm oder die Jugendlichen bedeuten sollten; Junge und Mädchen seien daraufhin mit unsichtbarer technischer Hilfe (*ohne Leitern oder Treppen*) von Wolken umgeben an Seilen herabgeschwebt und hätten in der Luft gehangen. Nur im Zusammenhang mit der Verkleidung der Darsteller und der Seiltechnik erwähnt Maydiston den illusionären Charakter des Schauspiels. Die Kulissenhaftigkeit der Architektur, die Maße der verkleinerten Burg oder gar deren Material erwähnt er nicht.

---

18 Osberg, Chastell. Withington, Pageantry 129. Oxford English Dictionary Online (2. Aufl. 1989) *summer castle*. Zur Wiederverwendung von Festarchitektur ist nichts überliefert; hölzerne Katafalke sind jedoch für königliche Begräbnisse wieder verwendet worden.

19 Dazu Caroline M. Barron, The Quarrel of Richard II with London 1392–7. In: Francis R. H. Du Boulay und Caroline M. Barron (Hg.), The Reign of Richard II. London 1971, 173–201.

20 *Itur abhinc mediam dum rex venit usque plateam, / Cernit ibi castrum, stat, stupet hic nimium. / Pendula per funes est fabrica totaque turris, / Aetheris et medium vendicat illa locum / Stant et in hac turri juvenis formosaque virgo, / Hic velut angelus est, haec coronata fuit. / Cerneret has facies quisquis, puto, non dubitaret / Nil fore sub coelo quod sibi plus placeat. / Rex reginaque tunc astant bene discutientes / Quid velit haec turris alta, vel hi juvenes. / Descendunt ab ea juvenis simul ipsaque virgo, / Nulla fuit scala, nec patuere gradus. / Nuibus inclusi veniunt, et in aethere pendunt, / Quo tamen ingenio nescio, crede mihi.* Thomas Wright (Hg.), Political Poems and Songs Relating to English History (Rerum Britannicarum medii aevi Scriptores 14, 1) London 1852, 290–293; abgedruckt mit englischer Übersetzung bei Wickham, Stages 1, 64–72; vgl. auch Osberg, Chastell 10ff.; Kipling, Enter the King 12f.

Dagegen erinnerte der Chronist an die bekannten Analogien zwischen der festlich geschmückten Stadt London, deren Häuser wie schon bei früheren Einzügen mit Textilien verhängt waren, und dem Neuen Himmlischen Jerusalem: Die Stadt wurde als königliche Braut inszeniert.[21] Der Aufwand hat sich für London gelohnt, der Konflikt wurde beigelegt. Der für geistliche wie weltliche Schauspiele empfängliche Richard akzeptierte die Zahlung einer hohen Summe und gewährte den Londonern ihre Selbstständigkeit anfangs auf Widerruf, später jedoch auf Dauer.

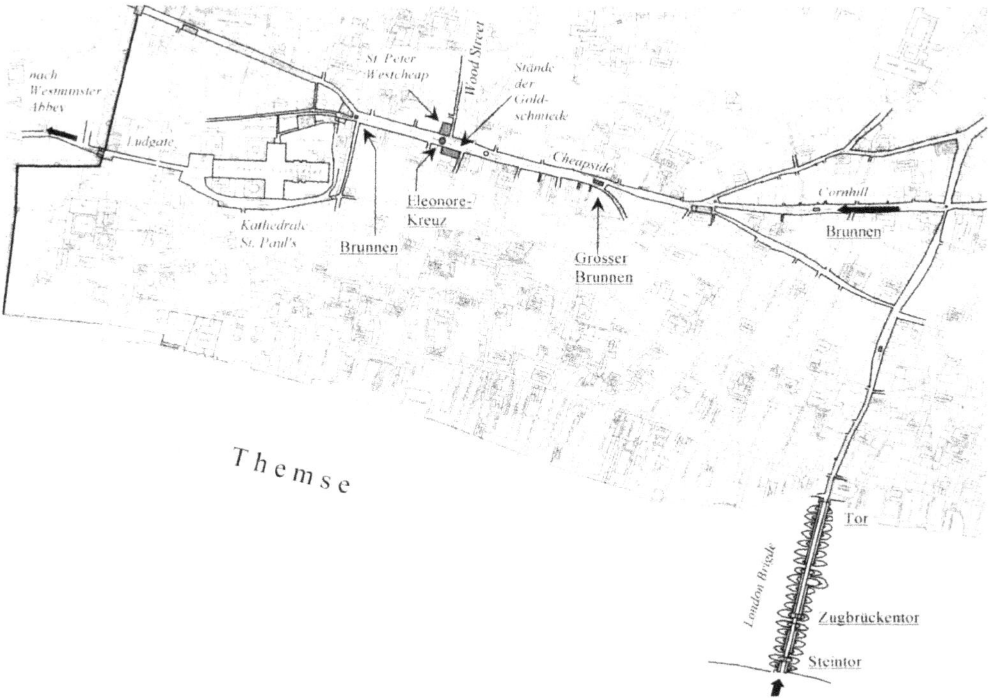

Abb. 3: Stationen der Festarchitektur beim Einzug Heinrichs V. nach London im Jahr 1415 (Rekonstruktion: Antje Fehrmann)

Für die Krönungen Heinrichs IV. 1399 und Heinrichs V. 1413 sind nur spärliche Berichte über Festarchitekturen überliefert.[22] Von Froissart erfahren wir, dass für Heinrich IV. sieben Brunnen mit Weiß- und Rotwein sprudelten; man kann nur vermuten, dass diese durch Kulissen umbaut waren.[23] In der Londoner Chronik wird berichtet, Heinrich V. sei von einem großen Aufzug (*a gret rydynge of men of London*) empfangen

21 Die Anleihen aus der Advents- und Osterliturgie sind von Gordon Kipling, Enter the King, ausführlich analysiert worden. Der Vergleich mit Jerusalem wurde schon bei den Einzügen des 13. Jahrhunderts gezogen und naturgemäß auch von anderen Städten beansprucht.

22 Lancashire, Theatre 186.

23 Withington, Pageantry 132.

worden, und auch in einer Biographie Heinrichs V. ist nur von einer festlichen Prozession die Rede.[24] Aus den Rechnungen der London Bridge geht hervor, dass dort ein Riese stand, für dessen Errichtung Leinwand gefärbt und bemalt worden war.[25]

Einen ersten Höhepunkt erfährt die Beschreibung von Festarchitektur anlässlich des bereits erwähnten Einzugs Heinrichs V. nach seinem Sieg bei Azincourt 1415, dem sich gleich zwei außergewöhnlich ausführliche Berichte widmen. Beide Texte sind ein bis zwei Jahre nach dem Geschehen entstanden. Der eine entstammt einer weiteren Biographie Heinrichs V. (*Gesta Henrici Quinti*), die vermutlich einer seiner Kapläne zwischen November 1416 und Juli 1417 verfasste. Der Bericht ist so detailliert, dass ihm nach Meinung von Chris Given Wilson ein schriftlich fixiertes Festprogramm zugrunde liegen muss, über dessen Existenz jedoch nichts bekannt ist.[26] Auf diese Biographie berufen sich die zu Anfang erwähnten Kulissenbauer des 19. Jahrhunderts. Der zweite Text ist der Chronik Englands des namentlich bekannten Historiographen Adam von Usk entnommen, eines umtriebigen, aber mäßig erfolgreichen Waliser Rechtsgelehrten, der von den Lancastern abhängig war. Dieser Teil seiner Chronik, die bis 1421 reicht, wird um 1415–16, also ebenfalls bald nach den Festlichkeiten, angesetzt.[27] Usk könnte die *Gesta* oder eine Quelle als Vorlage benutzt haben, die auch dem Gesta-Autor vorlag, seine Beschreibung der Burg unterscheidet sich allerdings deutlich von jener in der Heinrichs-Biographie.[28]

Diesmal empfing die Stadt den König nicht als Bittstellerin, sondern sie feierte seinen glänzenden Sieg über die Franzosen in ungekannter Pracht. Am 23. November 1415 zog Heinrich über Blackheath, wo ihn 20 000 Reiter erwartet haben sollen, nach London ein. Diese Zahl, die der Anonymus angibt, scheint erheblich übertrieben, da London nach dem Steueraufkommen geschätzt wohl nur etwa 35 000 Einwohner hatte.[29] Der Vergleich Londons mit der göttlichen Stadt Jerusalem wird auch hier zum Topos städtischer Selbstdarstellung. Der König gerierte sich bezeichnenderweise, wie der Anonymus hervorhebt, nicht als Sieger, sondern er übte sich in brillant einstudierter Bescheidenheit, vergleichbar dem Einzug Christi in Jerusalem, um den Sieg als göttliches Zeichen und seine Regierung als gottgewollt darzustellen.[30] So seien auch nur wenige Getreue seines Haushalts und, unter Bewachung, die gefangenen Adeligen durch London mit geritten. Der Chronist betont, dass die Festarchitektur der Ehre Gottes und

24 A Chronicle of London from 1089 to 1483, written in the 15th century. London 1827, 95; Thomas Hearne, Vita et Gesta Henrici Quinti. Oxford 1727, 18, nicht zu verwechseln mit den *Gesta* aus Anm. 26.

25 Lancashire, Theatre 186, 196f. Vgl. unten zum Einzug Heinrichs V.

26 Frank Taylor und John S. Roskell (Hg.), Gesta Henrici Quinti. London 1975, xxii–xxiv, xxxvii, 100–113 (lateinische Edition mit englischer Übersetzung); im folgenden zitiert als Gesta. Den Hinweis auf das Fest-Programm lässt Chris Given Wilson unbegründet, ders., The Chronicle of Adam Usk, 1377–1421. Oxford 1997, lix.

27 Ediert und ins Englische übersetzt von Given Wilson, The Chronicle of Adam Usk xlviii, 259ff.

28 Hier vermutet Given Wilson ebensolches Fest-Programm, ebd. lix.

29 Gesta 110f. Zur Einwohnerzahl Caroline Barron, The Later Middle Ages. In: Lobel, Historical Atlas 55f.

30 Gesta 112f.

nicht der Menschen dienen sollte. Ihr primärer Zweck war jedoch die Inszenierung der königlichen Frömmigkeit und des Herrscherlobs, was durch die ausführliche Beschreibung des Einzugs bestätigt wird.

Der Gesta-Autor schildert sieben Stationen mit unterschiedlichen Festarchitekturen, die die Londoner dem König errichtet hätten (Abb. 3); im folgenden wird daher hauptsächlich aus diesem Text zitiert. Usk hingegen beschränkt sich auf die knappe Darstellung vor allem der Burgkulisse. Zum ersten Mal wird hier von beiden Chronisten die Festarchitektur zugleich als Gebäude und als Kulisse beschrieben, und zwar so genau, dass sie beinahe 450 Jahre später für die Londoner Shakespeare-Inszenierung nachgebaut werden konnte.

Zunächst sei Heinrich, wie sein Biograph vermerkt, durch das steinerne Tor am südlichen Ende der London Bridge geleitet worden, *quasi ad introitum potencias civitatis*. Es war mit der Inschrift *Civitas Regis Iusticie* versehen[31] und wurde von den Statuen eines Riesenpaares bekrönt, die gleichermaßen als *statua* und als *effigies* bezeichnet werden.[32] Durch die Inschrift wird die Stadtgrenze zwar mit der Grenze der städtischen Gewalt gleichgesetzt, die Oberhoheit des Königs jedoch anerkannt; die symbolische Gleichsetzung zwischen weltlicher und göttlicher Herrschaft ist in der Formulierung der Inschrift enthalten. Am Zugbrücken-Tor in der Mitte der London Bridge, so der Gesta-Autor weiter, sei links und rechts je eine aus Holz und Leinwand gefertigte *schlanke Säule in Form eines Turmes* errichtet worden, auf der je eine Plastik eines königlichen Wappentiers, Antilope und Löwe, mit königlichem Schild, Szepter und Banner befestigt war.[33] In der architektonischen Begrifflichkeit ist der Autor offensichtlich unsicher, da eine solche Konstruktion auch zu seiner Zeit sonst kaum als *columna* bezeichnet wurde.[34] Am Nordende der Brücke war aus dem gleichen Material ein hölzerner Torturm errichtet worden, den der Anonymus ebenfalls als *Turm* anspricht. Dieser Turm wurde von einer lorbeerbekränzten Statue des heiligen Georg als Triumphator bekrönt, des Heiligen des englischen Königshauses, der auf einem Spruchband Ruhm und Ehre allein Gott zuwies.[35] Durch das inschriftlich angebrachte Bibelzitat *Fluminis*

---

31 *[...] et habuit a fronte hanc elegantem et convenientem scripturam impressam parieti: Civitas Regis Iusticie*. Gesta 102.

32 *[...] statua mire magnitudinis gigantea [...]. In cuius dextro latere stetit effigies [...] muliebris, [...] quasi vir et uxor qui in apparatibus culcioribus domini sui faciem desideratam viderent et reciperent plena laude*. Ebd.

33 *Et progresso ulterius usque pontem tantillum inventa est ex utroque latere ante eum una columpna procera ad modum turriculi, non minus subtilis quam elegantis structure opere lignario, que cooperiebatur panno lineo depicto colore albo marmoreo et viridi iasperino quasi ex quadratis et sectis lapidibus opere lathomorum. Summitas vero columpne in dextro latere effigiem antilupi erectam habuit [...] Cacumen vero alterius columpne leonis ymaginem etiam erectam extulit [...]*. Gesta 104.

34 Zur scharfen Trennung der Begriffe Säule und Pilaster bei Gervasius von Canterbury Tammen, Gervasius 283ff.

35 *[...] in cuius medio sub uno tabernaculo splendido stetit ymago formosissima sancti Georgii armata [...]*. Gesta 104f.

impetus letificat civitatem dei wird London als neues Jerusalem gefeiert. Während sich die Riesen auf die irdische und weltliche Macht und Kraft beziehen, wird der Übergang vom Irdischen zum Himmlischen hier durch Engelschöre markiert, die von unzähligen Jungen dargestellt wurden. Die beiden Säulen wie auch das Torhaus waren mit Leinwand verkleidet, deren Bemalung weißen Marmor und grünen Jaspis imitierte, *als ob sie von Steinmetzen aus quadratischen und geschnittenen Steinen gemacht worden wären.* Die nächste Station war der Turm des Brunnens in Cornhill. Er war mit einem Stoffzelt bedeckt; auf seinen Zinnen standen als Propheten verkleidete Männer, die angesichts des Königs Vögel als Dankopfer freiließen. Man erreichte nun den Turm des großen Brunnens am Eingang zum breiten Straßenzug Cheapside, für den seit 1299 die oben genannten festlichen Verkleidungen überliefert sind. Auch dieser Turm war laut Chronik *in modum edificii* mit Stoff ummantelt, in den die Stadtwappen eingenäht waren.[36] Vom Turm aus reichten zwölf Greise, die auf den Stirnen die Namen der Apostel trugen, sowie zwölf als Könige und Märtyrer figurierende Männer dem König Oblaten und Wein.

Der nächste Halt und Höhepunkt des Festzugs fand am Eleonore-Kreuz in Cheapside statt, wo die ephemere Burg errichtet war, die der Chronist als *quasi castrum* bezeichnet.[37] Adam Usk beschreibt die Burg nicht als Gerüst, als Bauwerk oder gar als Burg, sondern in ihrem strukturellen Aufbau als *triplicatum gradatumque ascensum cum mira arte acierum*, als *dreifachen und gestuften Aufgang.*[38] Ob es sich bei dem erklärenden Passus des Aufgangs um *wunderbar ausgearbeitete Leitern* handelt, wie Chris Given Wilson übersetzt hat, ist fragwürdig; diese ungewöhnliche Bedeutung von *acies* ist im *Dictionary of Medieval Latin* nur durch eine weitere, jedoch eindeutige Quelle belegt.[39]

---

36 *Inde progressum est ad turrim aqueductus in introitu strate de Cheep, que celamento viridi intersertis et intextis scutulis armorum urbis in florida multitudine super postes vestitos eodem colore in modum edificii desuper tendebatur.* Gesta 106.

37 *Progresso quidem ulterius ad crucem de Cheep, crux non apparuit sed quasi castrum pulcherimum circa eam, quod opere lignario, non minus ingeniose quam ornatissime constructum, ornabant turres formose columpneque et propugnacula in multitudine culciori, habens ex utraque parte archus testudinatos bone altitudinis ad lanceam et dimidiam pene, quorum utriusque una extremitas satis artificiose requievit in castro et alia, protensa ultra stratam, emergebat se in vicina edificia quasi connasceretur ex eis, sub quibus in satis amplo spacio ad latitudinem unius longitudinis lancee populus velut per duas ianuas equitabat. Et erat scriptum in frontibus ianuarum ex utraque parte: ‚Gloriosa dicta sunt de te, civitas Dei'. Celatura vero eius in operimento lineo et pictura quasi colorum albi marmorei, viridisque et coccinei iasperini, ac si totum opus factum fuisset arte cementaria ex quadratis et perpolitis lapidibus preciosis. Ornabant summitatem castri et turrim celsiorem arma sancti Georgi, et ex una parte arma Regis et ex alia imperatoris in hastis prominencia, et turriculas inferiores arma linee regalis et procerum regni maiorum.* Gesta 108f. Zum Eleonore-Kreuz, das 1441 stark erneuert und wie die daneben gelegene Kirche St. Peter später zerstört wurde, Jonathan Alexander und Paul Binski (Hg.), Age of Chivalry. London 1987, 360–364 Nr. 368ff.

38 Ich danke Monika Rener und Dirk Piekarski, Marburg, für die freundliche Unterstützung bei der deutschen Übersetzung dieser Stelle.

39 *Ad crucem in medio Chepe, de una parte in aliam, ecclesiam sancti Petri attingentem, triplicatum gradatumque ascensum cum mira arte acierum, cumque turribus et propugnaculis, regnique et ei-*

Der, so Usk, mit Türmen, Zinnen und Wappenschilden besetzte Bau habe die Straße überspannt und auf deren Nordseite bis an die Kirche *St. Peter in Cheap* gereicht (vgl. Abb. 3). Wie schon bei den Rechnungen und Chroniken, in denen die Gerüste von 1299, 1357, 1377 und 1382 als *bretasches*, *catasta*, *suppowelle de merisme* oder *somercastell* bezeichnet wurden, scheint sich auch hier noch keine feststehende Terminologie für die Bezeichnung der Kulisse ausgebildet zu haben. Auch daraus lässt sich ableiten, dass solche Bauten offensichtlich noch nicht zum gängigen Repertoire städtischer und königlicher Repräsentation gehörten.

Auf jeder Seite sei die Burg, wie der Anonymus spezifiziert, durch eineinhalb Lanzen hohe *Bögen* mit den nebenstehenden Häusern verbunden gewesen, deren eine Seite sich *an der Burg* stützte,[40] *unter diesen [Bögen], die eine Lanzenlänge breit waren, ritt das Volk hindurch wie unter zwei Toren, mit ausreichendem Raum.* Über diesen Toren wurde inschriftlich wiederum auf die göttliche Stadt aus Psalm 86 verwiesen: *Gloriosa dicta sunt de te civitas Dei. Aus der Mitte der Burg ragte,* so der Autor der *Gesta* weiter, *ein schönes Tor in Richtung des Königs*, diese *porta pulcherima* kann man sich vielleicht als eine Art aus der Burg vorspringendes Torhaus vorstellen.[41] Sie sei *nicht weniger kunstvoll gebaut* gewesen, und aus ihr sei wiederum *eine hölzerne Brücke mit ungefähr fünfzehn Stufen* hervorgekommen, die eine *gute Breite* hatte und etwa einen Meter hoch war (hier wird das Maß nicht an Lanzen, sondern am Menschen festgemacht: *in Gürtelhöhe*). Über diese Brücke sei aus der Burg ein Chor von Mädchen in jungfräulich weißer Tracht heran geschritten, um den König zu treffen.[42]

Beide Chronisten sind sich einig, dass die Außenhaut der Burg und des daraus hervorspringenden Tores aus Leinentuch bestanden habe, dessen Bemalung Wände aus quadratischen polierten Steinen (Marmor, roter und grüner Jaspis sowie Elfenbein) vortäuschen sollte. Wie für die Türme auf der London Bridge wird die biblische Material-

---

us principum armis undique affixum, mira carpentariorum et pictorum arte tabulis confectum, ac grosso lineo variis porphiricis, marmoriis et eburniis petrarum coloribus ad murorum, in quibus ita scribebatur, ‚Gloriosa dicta sunt de te, civitas Dei', apparenciam velatum; angelorum, cantorum et organorum modulis plenum mirifice statuitur. Ex cuius portis ferreis duos basinos aureos auroque plenos, regi oblatos, sex magnifici deferentes exeunt cives. Given Wilson, The Chronicle of Adam Usk 260f. (hier habe ich u in v umgewandelt). Given Wilson übersetzt die Kulisse als *three-storeyed building mounted by a remarkable series of ladders*. Vielmehr scheint der Autor die kunstvollen *Spitzen*, also die scharfkantigen Bauteile wie Zinnen, zu bestaunen. Vgl. Mittellateinisches Wörterbuch 1 (1967) Sp. 117f.; Dictionary of Medieval Latin from British Sources 1 (1975) 19. – Zum Einzug Heinrichs V.: Anne Curry, The Battle of Agincourt. Sources and interpretations. Woodbridge 2000, 265–298 mit weiterer Literatur; Kipling, Enter the King 201–209.

40 Vgl. Anm. 37. Taylor und Roskell übersetzen: *vaulted arches, one end of each of which had [...] been made to rest on the castle itself.* Gesta 109; vgl. auch Nicolas, Battle of Agincourt 296f.

41 Taylor und Roskell übersetzen entsprechend *gatehouse*.

42 *Ex medio vero castri versus Regem eminebat porta pulcherima et non minus ingeniose constructa, de qua protensus est pons ligneus quasi quindecim stadiorum, bone latitudinis et altitudinis a terra ad cingulum hominis, pro aspectu celata et compta tapeciis in postilibus et clausuris ex utroque latere, satis ornate et secure pro vitandis incursionibus hominum.* Gesta 108f.

ikonographie der heiligen Stadt imitiert.[43] Das Tor war außerdem vor Einblick geschützt und auf jeder Seite elegant ausgestattet mit Behängen auf den Pfosten sowie Schranken, wohl Gittern, die den Eintritt versperrten.[44] Von den Türmen, Zinnen, Bögen und Säulen – Bauteile, die der Anonymus einzeln aufzählt – warfen unzählige Knaben, die *gleichsam eine Vielzahl von Erzengeln und Engeln* darstellten, Goldmünzen und Lorbeer auf den König und sangen Hymnen.[45]

Wesentlich passiver verhielten sich dagegen die Darsteller der siebten und letzten Festarchitektur des Einzugs, eines mit vielen Nischen versehenen Turms, der am Brunnen zwischen Cheapside und der Kathedrale St. Paul's errichtet worden war. In jeder der Nischen hätten lorbeerbekrönte Mädchen *wie Standbilder* verharrt (*ad modum ymaginis*), die bei der Ankunft des Königs mit kaum sichtbarer Bewegung Goldblätter auf dessen Kopf pusteten.[46] Eine Christus- oder Gottesdarstellung markierte offenbar den Höhepunkt und Abschluss der Festlichkeiten: Unter einem himmelblauen Baldachin, auf dem die Figur eines goldenen Erzengels (*ymago archangeli*) stand, sei eine thronende Statue (*effigies magestatis*) in Form einer Sonne angebracht gewesen, von der Strahlen ausgingen.[47] Gerade hier fällt auf, dass der anonyme Chronist – wie auch die meisten seiner Vorgänger – bei der Beschreibung des Festeinzugs die Deutung der Schauspiele und Architekturen verweigert, obwohl er die thronende Statue als Majestas Domini identifizieren musste. Auf diese Statue wird unten noch einmal kurz zurückzukommen sein. Von diesem letzten Festbau wurde der König wie gewöhnlich erst in die Paulskathedrale und dann nach Westminster Abbey geleitet; schließlich erreichte er seinen Palast in Westminster.[48]

Beide Autoren zeigen sich sensibilisiert für den Illusionismus der Burgarchitektur und damit die technische Meisterleistung: Usk betont die erstaunliche Kunstfertigkeit, mit der Schreiner und Maler das Gerüst konstruiert hätten. Auch der anonyme Chronist der *Gesta* ist sich der Kulissenhaftigkeit der Burg bewusst, wenn er sie als *quasi castrum pulcherimum* charakterisiert; außer auf die einzelnen Bauteile geht er auf die Konstruktion und die Dimensionen der Burg ein. Hier scheint sich *quasi* wie auch *ad modum* auf die Kulisse als scheinbare Realität und Simulation zu beziehen; als Bewertungsmaßstab ist demnach die bewohnbare steinerne Burg anzusetzen. Für den Chronis-

43 Kipling, Enter the King 36f. Vgl. auch Christel Meier, Zur Quellenfrage des ‚Himmlischen Jerusalem'. In: Zeitschrift für deutsches Altertum und Deutsche Literatur 104 (1975) 204–243.

44 Ähnlich die Behänge an englischen Bühnenwagen in York um 1433: William Tydeman, The Theatre in the Middle Ages. Western European Stage Conditions c. 800–1576. Cambridge 1978, 104f.

45 *Ab altitudine vero castri usque deorsum, in turribus, propugnaculis, arcubus et columpnis, erant pueri innumerosi, quasi archangelica et angelica multitudo [...].* Gesta 110f.

46 *Et vento ultra ad turrim aqueductus [...], circumducebant turrim illam circa medium multa artificiosa tabernacula, et in quolibet tabernaculo una elegantissima puella virgo ad modum ymaginis [...] cum calicibus ex auro in manibus, efflarunt ex eis flatu levissimo vix perceptibili auri folia rotunda in caput Regis cum progrederetur per eas.* Ebd.

47 *Cuius summitatem decorabat ymago archangeli [...] Et de sub canopeo in trono quodam effigies magestatis in corpore solari, et emissis fulgentibus radiis ultra omnia rutilabat.* Ebd.

48 Gesta 112f.

ten erscheint die variantenreiche Kombination burgtypischer Elemente (Türme, Säulen und Zinnen) *nicht weniger einfallsreich als dekorativ* (*non minus ingeniose quam ornatissime constructum).*[49] Bereits Walsingham hatte anlässlich des Krönungszugs Richards II. 1377 den *ingenium* gerühmt, mit dem die Festburg konstruiert gewesen sei.[50] Diese Erfindungskraft kommt hauptsächlich in der Simulationsfähigkeit der Burgkulisse und ihrer reichen Materialinkrustation zum Ausdruck. Auch Schönheit wird von den mittelalterlichen Schreibern nicht als Wert sui generis verstanden, sondern der Fiktion einer Burg wie dem teuren Material, also dem neuen, modernen Kulissenbau als Ganzem zugesprochen.[51] Dekorationsreichtum wird hier, wenn auch nicht explizit, mit Einfallsreichtum gleichgesetzt und als technische Meisterleistung eingestuft. Der Burgkulisse wird damit ein Eigenwert jenseits der Simulation zugestanden, für den der Bautypus Burg nur noch repräsentatives Vorbild war. Nicht nur die Zitate aus der Burgarchitektur, sondern auch die überbordende Ornamentik sind jedoch an der Bauaufgabe zu messen. Im Verständnis der Zeitgenossen war die reiche Dekoration offenbar eher einer Burg als einem College angemessen: Als sich beispielsweise Heinrich VI. 1447 in den Bau von Eton College einschaltete, bestimmte er, dass der *Überfluss der Bauformen* vermieden werden sollte.[52]

Überraschend an den Berichten der Chronisten ist die präzise Wahrnehmung der zeichenhaft verkleinerten Festarchitekturen. Der anonyme Chronist wählt dafür den Modus des Vergleichs, wenn er die Festarchitekturen *in der Art eines Gebäudes* und *quasi-Burg* einführt und ihre komplizierten Raumüberblendungen beschreibt. Die Betrachterperspektive wird dabei genauso spezifiziert wie die räumliche Ausdehnung der Burg und ihre geschickte Verbindung mit den Häusern des umgebenden Stadtraums. Die Chronisten geben außerdem erstmals Maße an, die sich am Umraum dieser Bauten und an der realen Vorstellungswelt der Leser orientierten: Die Burg war hoch genug, um das Eleonore-Kreuz zu verdecken und Raum für zwei Chöre zu bieten, ihre seitlichen Torbögen (vermutlich deren Scheitel) waren eineinhalb Lanzen (ungefähr 4 m) hoch, das Tor war vorgeblendet und die daraus hervortretende Brücke erhob sich in Gürtelhöhe über dem Boden. Die Chronisten operieren mit verschiedenen Modi von Raumwahrnehmung, wenn sie zwischen Ansichtigkeit und Zugänglichkeit des Raumes zu differenzieren wissen, sie unterscheiden Sichtachsen von Bewegungsachsen. Beide Autoren sind sich der raumkonstituierenden Funktion der Leinwände bewusst; eine höchst moderne Auffassung, die ein Bauwerk nicht als Ensemble von Räumen, sondern als Gefüge von Abschirmungen, also Wänden oder Abschrankungen versteht.[53] Im Gegensatz dazu scheinen die oben zitierten

49 Vgl. Anm. 37; zum Einfallsreichtum des Torhauses der Festburg vgl. Anm. 42.

50 Vgl. Anm. 14. Zum *ingenium* in der italienischen Festarchitektur Helas, Lebende Bilder 181.

51 Salzman, Building vif.

52 *And I wol that the edificacion of my same College procede in large fourme clene and substancial, settyng a parte superfluite of too gret curious werkes of entraille and besy moulding.* Salzman, Building 522.

53 Christoph Feldtkeller, Der architektonische Raum, eine Fiktion. Annäherung an eine funktionale Betrachtung. Braunschweig 1989, 92.

älteren Chronisten, auch wenn sie sich der Kulissenhaftigkeit bewusst waren, englische Festarchitekturen eher als zweidimensionalen Hintergrund wahrzunehmen.

Weiterhin spezifizieren die Chronisten die Personengruppen, einerseits die Laiendarsteller, die aus den Einwohnern Londons ausgewählt wurden, und andererseits die Zuschauer. Der König und sein Gefolge lösten durch ihre Ankunft das jeweilige, fest an einen Ort gebundene Bühnenspiel aus, in das sie als Akteure einbezogen wurden. Der anonyme Chronist ist sich nicht nur der Kulissenhaftigkeit und Kunstfertigkeit der Festarchitektur bewusst, sondern er erkennt auch die verschiedenen Modi der schauspielerischen Darstellung. Glynne Wickham wies darauf hin, dass schauspielerische Imitation und Simulation der darzustellenden Personen bereits in der *Visitatio Sepulchri* der Regularis Concordia, einer in Winchester um 975 begründeten Reform der Benediktinerregel, als solche charakterisiert wurden.[54] Das aktive Spiel und der Gesang werden in den *Gesta Henrici Quinti* jedoch der Imitation fast unbeweglicher Standbilder *ad modum ymaginis* und damit der Täuschung der Betrachter gegenübergestellt. Im englischen Spätmittelalter wurden die Wörter *statua, imago, effigies* (oder englisch *image*) häufig in der Bedeutung ‚Statue' angewendet, außerdem für Liegefiguren im Grabmalskontext oder Funeraleffigien benutzt (*imago* oder *effigies*).[55] Der Gesta-Autor verwendet alle drei Begriffe synonym zur Charakterisierung der Statuen auf der London Bridge (Riesen, königliche Wappentiere und Georg).[56] Demnach sind vermutlich weder die thronende Statue der letzten Szene noch der Erzengel von Menschen dargestellt worden.

Die Stadt London organisierte, wie bemerkt, die Festlichkeiten, und die Zünfte errichteten und bezahlten die Festarchitekturen, wobei die Goldschmiede, die ihre Verkaufsstände am Kreuz in Cheapside hatten, traditionell für die Errichtung der Burg verantwortlich waren (vgl. Abb. 3).[57] Da die Londoner die überraschende Nachricht vom Sieg des Königs erst zum Zeitpunkt seiner Ankunft in Calais am 29. Oktober erfuhren, hatten sie nur dreieinhalb Wochen Zeit für die Vorbereitung.[58] Wie der Anonymus notiert, um den einzigartigen Prunk und die Ehrung dieses außergewöhnlichen Königs hervorzuheben, waren die meisten Einwohner Londons, darunter auch die Adeligen, mindestens als Zuschauer in die Feiern eingebunden: Sie hätten die Prozessionswege entweder stehend oder *per plateas*, also von Schauplatz zu Schauplatz laufend in so großer Zahl gesäumt, dass die Reiter kaum durchgekommen seien, andere hätten aus den

54 Thomas Symons (Hg.), Regularis Concordia. London 1953, 49f.; Wickham, Stages 3, 26f., 35, 157.

55 Z. B. in den Nennungen der Funeraleffigien und Liegefiguren Richards II., Heinrichs V. und Eduards IV. Zur Verwendung der Begriffe im Mittelalter Kurt Bauch, Imago. In: Gottfried Boehm (Hg.), Was ist ein Bild? München 1994, 275–299. Es ist jedoch nicht sicher, dass nicht auch das Tafelbild, das Richard II. porträtiert, als *image* bezeichnet worden ist.

56 Siehe Anm. 32f., 35, 47. Vgl. auch das englisch-lateinische Wörterbuch aus Winchester, datiert um 1440: L. A. Mayhew (Hg.), The Promptorium Parvulorum (Early English Text Society. Extra Series 102) London 1908, Sp. 238.

57 Osberg, Chastell 14, Anm. 12; Lobel, Historical Atlas 75.

58 Gesta 101 Anm. 4; Christopher Allmand, Henry V. New Haven 1997, 97.

Fenstern und Öffnungen geschaut, *wenn diese auch noch so klein waren.*[59] Die oberen Räume und Fenster der Londoner Häuser wurden dabei auf beiden Seiten der Straße von den adeligen Damen und Herren eingenommen. Die Zuschauer konnten die Festarchitekturen anscheinend auch durchqueren: Sie ritten durch die beiden Bögen an der Burg.

Eine diesen Festberichten vergleichbar detaillierte Schilderung einer Bühnenarchitektur liefert ein Chronist, vermutlich der russische Bischof Abraham von Suzdal, für die Himmelfahrtsdarstellungen auf dem Lettner der Florentiner Kirche S. Maria del Carmine im Jahr 1439. Obwohl er sich mehr für die aufwendige Bühnentechnik interessiert, die wohl Filippo Brunelleschi entwickelt hatte, hebt er auf der linken Seite des Lettners ein *wundervoll verziertes steinernes Schloss mit Türmen und Wällen, welches die heilige Stadt Jerusalem darstellt*, hervor.[60] Um jedoch das Gerüst aus bemaltem Holz und einem Bühnenboden zu erahnen, das wohl bereits kurz nach der Kirchweihe 1422 errichtet worden ist, ist man auf einen Hinweis von 1427 (wo aber nur die Reparatur zweier Türme und der *palchetto* erwähnt wird) sowie auf ein Inventar von 1467 angewiesen.[61]

Nicht nur die Wahrnehmung von realer Architektur, sondern auch die narrative Einbindung fiktiver Bauten scheint sich gegen Ende des 14. Jahrhunderts grundlegend zu verändern. Wilhelm Busse weist anhand der Burgenbeschreibung im englischen Ritterroman *Sir Gawain and the Green Knight* aus dem letzten Viertel des 14. Jahrhunderts auf eine neue, naturalistische Auffassung von Raum hin. Bis in die Mitte des 14. Jahrhunderts sind Architektur oder Ausstattung nur als zeichenhaft erfahrbare Handlungsorte angegeben, deren topographischer Zusammenhang entweder unspezifisch bleibt oder sich sogar je nach Notwendigkeit verändern kann. Burgen waren wie andere Architekturen offensichtlich als solche literarisch nicht „darstellungswürdig", sondern nur kulissenhaft unzusammenhängend als Hintergründe der Handlung interessant.[62] Anders

---

59 Gesta 112f. Zur Bedeutung *platea* als Bühne Alan H. Nelson, Some Configurations of Staging in Medieval English Drama. In: Jerome Taylor und Alan H. Nelson (Hg.), Medieval English Drama. Chicago 1972, 116–147; William Tydeman, English Medieval Theatre 1400–1500. London 1986, 78–103, 79.

60 Zitiert nach Alexander Wesselofsky, Italienische Mysterien in einem russischen Reisebericht des XV. Jahrhunderts. In: Russische Revue 10 (1877) 425–441, 436.

61 Nerida Newbigin, Feste d'oltrarno. Plays in Churches in Fifteenth-Century Florence. Florenz 1996. Bd. 1, 60ff., 72, 83, 85, 88; Bd. 2, 298. Bereits 1422 wurde auf dem neu errichteten Lettner eine Himmelfahrt aufgeführt, von einer Burg wird jedoch damals noch nicht berichtet: Helas, Lebende Bilder 19ff., 279, Abb. 3, mit weiterer Literatur.

62 Wilhelm G. Busse, Arthurs Camelot in England: Ein architektonisches Nichts (mit Abb.). In: ders. (Hg.), Burg und Schloß als Lebensorte in Mittelalter und Renaissance. Düsseldorf 1995, 187–214. Vgl. auch Rainer Holtei, Sieben Tage zu Gast auf Bertilaks Burg. In: ebd. 215–233. Zum Sehen und Beschreiben des Gawain-Autors Sarah Stanbury, Seeing the Gawain-Poet, Description and the Art of Perception. Philadelphia 1991. Zur Burgenbeschreibung im deutschen Sprachgebiet Jürgen Schulz-Grobert, Von Quâdrestein geworhte ... Bautechnische ‚Detailrealismen' in Architekturphantasien der höfischen Epik? In: Zeitschrift für deutsches Altertum und deutsche Literatur 129 (2000) 275–295; Cord Meckseper, Architektur und Lebensformen. Burgen und Städte als Orte von Festlichkeit und literarischem Leben. In: Eckart C. Lutz (Hg.), Mittelalterliche Literatur im Lebenszusammenhang (Scrinium Friburgense 8) Freiburg 1997, 15–43.

beim Gawain-Autor: Er beschreibt nicht bloß Landschaften, sondern auch die Burg des Grünen Ritters Bertilak derart genau, dass sie vor dem inneren Auge des Lesers entstehen können. Die Burg umgibt ein doppelter Wassergraben, von dem aus der Ritter Gawain sie erblickt; die Perspektive des Ritters, der sich der Burg nähert und sie betritt, wird durch den Autor auch dem Leser zugeteilt.[63] Der Autor lokalisiert die Innenräume im Burggrundriss und hält sich konsequent an einmal beschriebene Raumabfolgen, Bauteile und Ausstattungen, wodurch der Raum selbst wie auch der Akteur in seiner Umgebung erfahrbar wird. Manfred Markus verglich diese dem menschlichen Blick folgende Wiedergabe von Raum und Handlung im Gawain-Roman mit den Techniken des Heranzoomens und der Kamerafahrt der „modernen Kameraführung".[64]

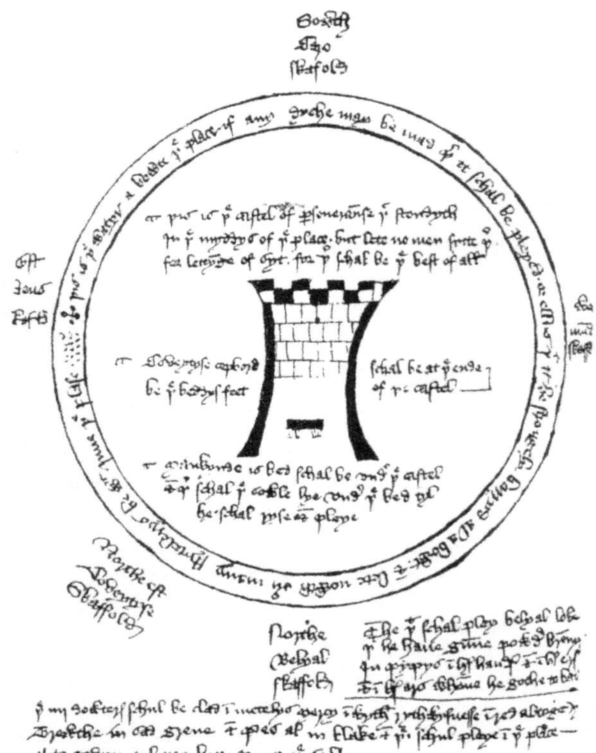

Abb. 4: Bühnenplan, The Castle of Perseverance. Washington D. C., Folger Shakespeare Library, Ms. V.a. 354 (the Macro Manuscript), fol. 191v. (nach: Loomis, Allegorical Siege)

63 Zeile 785–810. Holtei, Bertilaks Burg 222; Manfred Markus, Sir Gawain and the Green Knight/Sir Gawain und der Grüne Ritter. 3. Aufl. Stuttgart 1998, 56f.; siehe auch W. R. Barron, Sir Gawain and the Green Knight. Verbesserte Aufl. Manchester 1998, 72ff.

64 Markus, Gawain 186.

Dass die veränderte Beschreibung von Raum ihre Ursache oder Wirkung auch im sich entwickelnden Kulissenbau und der theatralischen Inszenierung von Raum, Architektur und Handlung hat, wird durch die Analyse der Texte zu spätmittelalterlichen Festbauten bestätigt. Ob die Festbauten auch ein ähnlich aufwendiges Äquivalent in mittelalterlichen Theaterkulissen besaßen, ist nicht bekannt. Bereits Robert Withington meinte mit dem allegorischen Drama der von den Lastern besetzten Minneburg beweisen zu können, dass mittelalterliche Theaterbauten die Festburgen beeinflusst haben könnten.[65] Dargestellt ist das Motiv der Minneburg seit dem 13. Jahrhundert in Handschriften, auf Elfenbeinen und Minnekästchen. Die älteste bekannte Aufführung des Stücks ist für das Jahr 1214 in Treviso belegt: Hierfür sei ein *castrum* angefertigt worden, das an allen Seiten von kostbaren Stoffen umgeben war.[66] Weder die Beschreibung der Aufführung noch die ikonographische Überlieferung der Minneburg lassen freilich nähere Schlüsse auf die theatralische Darstellung dieser Szene zu.[67] Genauso wenig sind wir über die englischen Bühnen und Festwagen der Zeit informiert.[68] In den frühen geistlichen Spielen scheint außerdem die ‚Raum-Suggestion' ausgereicht zu haben, oder Bauwerke und Landschaften wurden allenfalls mittels schlichter Requisiten angedeutet.[69] Das älteste Zeugnis aus England – eine als Bühnenplan diskutierte schemenhafte Zeichnung für das mehrere Jahre zuvor uraufgeführte Drama *The Castle of Perseverance* – wird um 1440 datiert. Dass es sich auch um einen Idealplan des Dramas im Sinne der Mappae Mundi handeln könnte, wurde häufig übersehen (Abb. 4).[70] Die Zeichnung zeigt einen doppelten Kreis, in dessen Mitte ein Wehrturm im Aufriss erscheint. Im unteren Teil des Turms steht ein Bett, während der obere Teil durch Steinquaderung und Zinnen als Burg charakterisiert ist. Aus dem Drama geht hervor, dass der Bau eine gewisse Höhe haben sollte. Außerhalb des Rings, der als *Graben* betitelt ist, sind inschriftlich die Positionen von fünf allegorischen Personifikationen auf je einem *Gerüst*

65 Withington, Pageantry 128, dem jedoch die Festarchitekturen vor 1377 nicht bekannt waren.

66 Antonio Bonardi (Hg.), Rolandi Patavini. Cronica (Rerum Italicarum Scriptores 8, 1) Città di Castello 1905, 24f.

67 Zur Ikonographie Roger Sherman Loomis, The Allegorical Siege in the Art of the Middle Ages. In: American Journal of Archaeology 23 (1919) 255–269. Zur Rezeption der Minneburg für spätere Festarchitektur vgl. auch Ulrich Schütte, Das Schloß als Wehranlage. Darmstadt 1994, 259, 338ff., Anm. 27f.

68 Eine Rekonstruktion der Bühnen mittels Rückprojektion späterer Aufführungshinweise, wie es einige Theaterwissenschaftler unternommen haben, ist historisch problematisch. Zu englischen Bühnen vgl. Anm. 59, 70; sowie Tydeman, Theatre in the Middle Ages 86–165; Ian Lancashire, Dramatic Texts and Records of Britain. A Chronological Topography to 1558. Toronto 1984.

69 Rainer H. Schmid, Raum, Zeit und Publikum des geistlichen Spiels. München 1975, 38ff.

70 Das Drama wurde wohl im ersten Viertel des 15. Jahrhunderts uraufgeführt: William Tydeman (Hg.), Medieval European Stage 500–1500. Cambridge 2001, 227f.; ders., English Medieval Theatre 78–103 mit weiterer Literatur. Kritisch zu den Rekonstruktionsversuchen eines realen Theaterbaus, jedoch immer noch von einem Bühnenplan ausgehend vor allem Natalie Crohn Schmitt, Was There a Medieval Theatre in the Round? A Re-examination of the Evidence. In: Taylor und Nelson, Drama 293–315 (Wiederabdruck aus Theatre Notebook 23/24). Zur Vorstellung eines Idealplans: Pamela M. King, Spatial Semantics and the Medieval Theatre. In: Themes in Drama 1 (1987) 45–58, bes. 49.

(*scaffold*), eingetragen. Natalie Crohn Schmitt wies darauf hin, dass dies die Sitze (*sedes*) der Personifikationen sind, die im Drama als *Türme* bezeichnet werden.[71] Wenn auch die Bühne nach der Zeichnung und dem ihr eingeschriebenen Text nicht eindeutig rekonstruiert werden kann, sind auch hier Zugänglichkeit und Blickrichtung unterschieden. Dies suggeriert eine in der Forschung gleichwohl höchst umstrittene Anweisung in der Zeichnung: Um die *Sicht* auf die Burg in der *Mitte des Platzes* freizuhalten, solle *niemand dort sitzen* (*This is the Castle of Perseverance that standyth in the myddys of the place but lete no men sytte ther for lettynge of syt for that schal be the best of all*). Nach dem gegenwärtigen Stand der Überlieferung könnte die Analyse der Fest-Burgkulisse von 1415 demnach auch für die Rekonstruktion dieser Theaterbühne Aufschluss geben, was meines Wissens in die bisherigen Überlegungen der Forschung keinen Eingang fand.

Abb. 5: London, Westminster Abbey, Kapelle Heinrichs V.
Ansicht von Nordwesten, im Vordergrund der Eduardsschrein
(Bildarchiv Foto Marburg)

Wenn die Chronisten die Festarchitektur hier als Quasi-Burg bezeichnen, beziehen sie sich auf einen Bautypus, der in der realen Architektur existierte: Stadt- oder Burgtore, in deren Nischen – steinerne – Skulpturen standen und die seit der zweiten Hälfte des 14. Jahrhunderts oftmals in der Form einer Torburg errichtet wurden. Mit dem

71 Schmitt, Theatre 294, 302.

Formenrepertoire der Bauaufgabe Burg spielt auch die Grabkapelle Heinrichs V. (gest. 1422), die zu Beginn der 1440er Jahre in Westminster Abbey errichtet wurde (Abb. 5, 6).[72] Erste Pläne für die Kapelle hatte Heinrich in seinem Testament vor seinem Frankreich-Feldzug und dem siegreichen Einzug nach London 1415 gemacht, dessen *quasi-castrum* die oben genannten Chronisten so wortreich beschrieben. Für eine Aneignung dieses Bautypus' für eine Grabkapelle gibt es meines Wissens weder in England noch anderswo Vorbilder: Zum ersten Mal überhaupt wurde die verkleinerte Form eines Profanbaus zur Kapelle umfunktioniert und in den Sakralraum integriert. Nicht nur der Zeitpunkt, sondern auch die, wenngleich nüchterne, Beschreibung der eigenen Grabstätte ist in der Geschichte der englischen Königsgrabmäler ungewöhnlich.[73]

Abb. 6: London, Westminster Abbey, Kapelle Heinrichs V.
Ansicht von Süden aus dem Chorumgang
(Bildarchiv Foto Marburg)

72 Bis zur Brüstung misst die Kapelle etwa 7 m, die Scheitelhöhe des nördlichen und südlichen Bogens über dem Chorumgang misst etwa 4,70 m. Die Verfasserin bereitet zu den englischen spätmittelalterlichen Königsgrabmälern, insbesondere der Kapelle Heinrichs V., eine Dissertation vor.

73 Eine Ausnahme ist das Grabmal König Richards II., das zu seinen Lebzeiten errichtet wurde. Zur Kapelle Heinrichs V.: William St. John Hope, The Funeral, Monument, and Chantry Chapel of King Henry the Fifth. In: Archaeologia 65 (1914) 129–186.

Heinrich legte testamentarisch den Ort des Grabmals im Osten des Binnenchors der Abteikirche von Westminster fest, wo viele seiner Vorgänger bestattet waren, und bestimmte die architektonische Gestalt des Baus wie dessen Zugänglichkeit.[74] Über seinem Grab sollte eine Kapelle mit zwei Treppen für den Auf- und Abstieg errichtet werden.[75] Die Kapelle wurde gemäß Heinrichs Anweisungen nach seinem Tod im Chorscheiteljoch errichtet. Sie spannt sich über den Chorumgang der Abteikirche. Wie die ephemere Burg oder Torburg gibt die Kapelle Prozessionswege vor. Auch die Rezeption seines Totengedächtnisses war testamentarisch festgehalten: Der Altar sollte so angelegt sein, dass das Volk die Priester dort zelebrieren sehen konnte.[76] Diese für einen englischen Stifter des späten Mittelalters bemerkenswerte und ungewöhnliche Anweisung zielt auf die Inszenierung seiner eigenen Memoria. Sie ist sicherlich auch der liturgischen Notwendigkeit geschuldet, dass bei der Wandlung der Hostie zu dieser aufgeschaut werden musste. Das verstärkte Interesse an Sichtachsen, Zugänglichkeit und Rezeption von Aktion ist demnach nicht nur an den veränderten Beschreibungen von Festarchitektur, fiktiver Architektur oder am so genannten Bühnenplan abzulesen, sondern ebenso an der Architekturbeschreibung in Heinrichs Testament wie auch an der später ausgeführten Kapelle zu beobachten. Dass die Kapelle als *erhöhter Ort* bezeichnet wird, deutet wieder darauf hin, dass die Begrifflichkeiten für architektonische Formen noch nicht klar definiert waren. Die Blicke der Zuschauer wurden hier ebenso auf die Inszenierung der Liturgie gelenkt wie bei den Kulissenbauten auf die allegorische Darstellung. Innerhalb einer gestaffelten Raumfolge vom Langhaus über den Lettner und den Binnenchor sollte die Kapelle als visueller Höhepunkt allen Besuchern der Abteikirche vor Augen stehen.

Seit der zweiten Hälfte des 14. Jahrhunderts, insbesondere aber in der ersten Hälfte des 15. Jahrhunderts, erfreute sich die Simulation des Bautypus Burg zunehmender Beliebtheit. Die bewohnbaren (Wehr-)Architekturen, die man weiterhin errichtete, wurden zum Vorbild für Nachbildungen, die je nach Kontext in verschiedenen Dimensionen ausgeführt wurden. Auffällig ist, dass gleichartige Mikroarchitekturen in unterschiedlichen Funktionsräumen – Hof, Stadt und Kirche – erbaut wurden, dabei aber ähnlichen Maßgaben der Inszenierung von Zeremoniell oder Liturgie folgen konnten. Zur Identifizierung der ephemeren Burg genügten offenbar zeichenhafte Türme, Zinnen oder gro-

74 *Item legamus corpus nostrum ad sepeliendum in ecclesia beati Petri Westmonasterii inter sepulturas regum in loco in quo modo continentur reliquie sanctorum; ubi volumus circa corpus nostrum fabricari locum excelsum per ascensum graduum in uno latere tumbe nostre, et per descensum graduum ex alio [...]. Et volumus dictum altare tumbe nostre contiguum tali modo fabricari quod poterunt sacerdotes inibi celebrantes videri a populo ut, et eius devotio in Dei laudem ferventius accendatur, et Deus in creaturis suis sepius glorificetur.* P. und F. Strong, The Last Wills and Codicils of Henry V. In: English Historical Review 96 (1981) 72–102, 89f.

75 Bereits Ende des 12. Jahrhunderts hatte der Mönch Gervasius von Canterbury in seiner Architekturbeschreibung der Kathedrale die Treppenführung innerhalb der Kirche, also den Zugang zu bestimmten Räumen, hervorgehoben: Tammen, Gervasius 268 Anm. 16; 276.

76 Vgl. Anm. 74.

ße Bögen. Sie konnte offensichtlich in jeder beliebigen Größe und zumindest dem äußeren Schein nach in jedem beliebigen Material errichtet werden. Die miniaturisierten Burgen zielten darauf, die Zuschauer zu überraschen und standen für Kunstfertigkeit und Prunk, Qualitäten, die wiederum auf die großen Burgen projiziert wurden. Die Burg, die der Gawain-Autor zum Schauplatz erhebt, kann sich seiner Aussage nach wegen ihrer kunstvollen Anlage von Wehrtürmchen sogar mit einer Tischdekoration aus Papier messen.[77] Beim Einzug Kaiser Sigismunds nach London 1416 wurden zwar keine Festarchitekturen errichtet, das Bankett beim Ordensfest des Hosenbandordens wurde jedoch durch eine so genannte *Soteltie*, eine kuchenähnliche Zuckerspeise, in Form einer Burg geschmückt. Für Architekturen kleinen Maßstabs, die auch als Großbauten denkbar wären, wurde in der Kunstgeschichte der Begriff der ‚Mikroarchitektur' vorgeschlagen.[78] Hans-Jochen Kunst bemerkte in einer Rezension zu gotischen Planrissen, dass sich gerade in der Kleinform das handwerkliche Selbstverständnis widerspiegele: „Da seit Mitte des 15. Jahrhunderts etwa kaum neue Grund- und Aufrißlösungen entwickelt werden, jedoch die Physiognomie eines spätgotischen Kirchenraumes weitgehend von der verwirrenden Vielfalt von Formen der Kleinarchitektur bestimmt wird, wird deutlich, daß an Stelle konstruktiver Klarheit dekorative Regellosigkeit getreten ist, die aber [...] Kenntnis und Beherrschung geometrischer und mathematischer Regeln, hochentwickelte Zeichentechnik und Produktionsmittel voraussetzt".[79]

Während die Festburgen in den Texten nur als Kulissen zur Glorifizierung des Herrschers beschrieben werden, lassen sich aus ihrer Form weitere Funktionen ableiten. Burgen wie Torburgen vermitteln die Vorstellung der Fortifikation, des kontrollierten Zugangs und des Sitzes einer Person hohen Ranges beziehungsweise der Staatsgewalt.[80] Die repräsentative Funktion der Burg ist auf die Festarchitektur wie auch auf die Grabkapelle übertragen worden, wobei der zu ehrende oder zu memorierende Herrscher durch Wappen oder Reliefs bezeichnet wird. Zugleich wurden die Festarchitekturen offenkundig auch für die Legitimationbestrebungen der Lancaster instrumentalisiert, da Heinrich IV., Vater Heinrichs V., den Thron von seinem Cousin Richard II. Plantagenet usurpiert hatte.[81] Aus der Mitte der Burgkulisse, die 1432 nach der französischen Krönung Heinrichs VI. in London errichtet wurde, wuchs in der Tradition französischer Festarchitektur sogar ein Baum mit zwei Genealogien, der die Abstammung Heinrichs von englischen wie auch

77 *That pared out of papure purely hit semed.* Markus, Sir Gawain 56, Zeile 801.

78 In den letzten Jahren sind verstärkt steinerne Mikro-Architekturen in das Blickfeld der Forschung gelangt, stellvertretend sei hingewiesen auf Peter Kurmann, Gigantomanie und Miniatur. In: Kölner Domblatt 61 (1996) 123–146; Achim Timmermann, Two Parlerian Sacrament Houses and their Microarchitectural Context. In: Umeni 47 (1999) 400–412.

79 Zu Hans Koepf, Die gotischen Planrisse der Wiener Sammlungen (1969). In: Zeitschrift für Ästhetik und Allgemeine Kunstwissenschaft 24/2 (1979) 254f.

80 Uwe Albrecht, Von der Burg zum Schloß. Französische Schloßbaukunst im Spätmittelalter. Worms 1986, 23f.

81 Zur Biographie vor allem Allmand, Henry.

französischen Königen illustrierte, deren Erbe er für sich forderte.[82] Ein weiterer Baum stellte der königlichen Genealogie den Stammbaum Christi gegenüber.

Burg, Festarchitektur und Grabkapelle scheinen wie die zu Lebzeiten verfassten Biographien Heinrichs V. Teil einer höchst geschickten und für England vollkommen neuartigen Inszenierung und Selbstdarstellung des Königs zu sein, die wie ein Schauspiel auf sakraler und hauptsächlich auf weltlicher Ebene stattfindet.[83] So ist von Heinrich V. überliefert, dass er sich 1421 selbst in die Vorbereitungen zum Festeinzug seiner zu krönenden Gattin Katharina eingemischt und diesen offenbar angeordnet habe – soweit bekannt eine bis dahin einmalige Initiative.[84] Ob die Intention des Herrscherlobs, die vor allem dem Verfasser der *Gesta* zu unterstellen ist, auf die visuelle Wahrnehmung, die Sprache oder den Wahrheitsgehalt der Berichte über Festarchitektur abgefärbt hat, wissen wir nicht. Die Beschreibung des Festeinzugs ist daher ebenso wie die festliche Inszenierung Londons als Ehrung Heinrichs V. und seiner siegreichen Politik zu verstehen. Der Biograph der *Gesta* hält offen, wen der Thronende im Strahlenkranz auf der letzten Festbühne darstellen sollte: Offensichtlich war diese Figur nicht nur als Gottesabbild, sondern auch als Darstellung des Königs selbst zu verstehen. Bereits für den Einzug Richards II. schildert Maydiston auf der vorletzten Festbühne einen Gott mit Sonnenstrahlen.[85] Am französischen Hof war eine vergleichbare Darstellung Karls V. als Sonne geläufig.[86] Die erste explizite schauspielerische Darstellung eines einziehenden Königs ist erst Heinrich VI. anlässlich seines Einzugs nach Paris im Jahr 1431 gewidmet.[87]

Die Chronisten des Einzugs von 1415 interessieren sich offenbar vor allem für die von Menschenhand entworfene Inszenierung und für die Nachahmung bestimmter Vorstellungen einer realen und weniger einer durch Gott geprägten, allegorisch zu deutenden Welt. Die Gottesfigur und der Erzengel werden nur wegen ihres Darstellungswerts, aber nicht in ihrer transzendentalen Bedeutung gewürdigt. Gleiches gilt auch für die Burgkulisse, deren gerühmter Eigenwert sich auf die technische Raffinesse der Simula-

---

82 Henry N. MacCracken, King Henry's Triumphal Entry into London, Lydgate's Poem, and Carpenter's Letter. In: Herrig's Archiv 126 (1911) 75–102, zur Burg 92f. Zur Festarchitektur Withington, Pageantry 141–146; zur Überlieferung Kipling, Enter the King 142ff.; Lancashire, Theatre 188.

83 Zu Biographien englischer Könige Gransden, Historical Writing, 195ff. Vgl. zur politischen Propaganda in den Festeinzügen Heinrichs VI. Ralph A. Griffith, The Reign of King Henry VI. Stroud 1998, 217–228; Lawrence M. Bryant, Configurations of the Community in Late Medieval Spectacles. Paris and London during the dual monarchy. In: Barbara A. Hanawalt und Kathryn L. Reyerson (Hg.), City and Spectacle in Medieval Europe. Minneapolis 1994, 3–33; John W. MacKenna, Henry VI of England and the Dual Monarchy. Aspects of Royal Political Propaganda, 1422–1432. In: Journal of the Warburg and Courtauld Institutes 28 (1965) 145–162.

84 Allmand, Henry 156 mit Anm. 26f. Mindestens auf der London Bridge gab es Festarchitektur: Lancashire, Theatre 187, 196f. mit dem Verweis auf die Rechnungen des *London Bridge House*.

85 Kipling, Enter the King 12f.

86 Michael Camille, The King's New Bodies. An Illustrated Mirror for Princes in the Morgan Library. In: Thomas W. Gaethgens (Hg.), Künstlerischer Austausch. Akten des 28. Internationalen Kongresses für Kunstgeschichte 2. Berlin 1993, 393–405, 404, Abb. 6.

87 Bryant, Entry Ceremony 99.

tion gründete. Das Interesse der Chronisten wie der Regisseure des Einzugs an dieser Simulationsfähigkeit der Kulissen wie am Modus von Darstellung und Nachahmung ist überdies Indikator für die entwickelten Sehgewohnheiten eines Betrachters, der sich der Täuschung bewusst war.

Architekturwahrnehmung, Blickrichtungen und Raumgrenzen werden von den Chronisten explizit thematisiert. Simulation, Fiktion und Mimesis sind offenbar die Kriterien veränderter Beschreibung und Wahrnehmung von Raum und Darstellung. Anlässlich des Einzugs von 1415 werden die Kulissen, die Akteure wie die Zuschauer erstmals auch im städtischen Raum genauer lokalisiert. Der Illusionismus der Burg wird dabei ähnlich präzise beschrieben wie ihre vielschichtige dramatische Einbindung mit Hilfe des Königs wie der Einwohner Londons: die Begriffe des ‚als ob', ‚wie' oder ‚quasi' machen die Unterscheidung zwischen Kulisse und Architektur, zwischen Darsteller und Darzustellendem erst möglich. So sind die wechselnden Perspektiven auf ein und dasselbe Objekt, die veränderte Raumwahrnehmung und -beschreibung Symptome für einen grundsätzlichen Umbruch in der Raumauffassung des englischen Frühhumanismus. Dieses veränderte Raumverhältnis, das Hans Blumenberg in anderem Zusammenhang als Symptom für den Übergang vom augustinischen Zeitbezug in die Neuzeit bezeichnet hat, geht einher mit der Entwicklung mathematisch fundierter Analysen von Raumgrößen in der Geographie und Architektur und mit der neuartigen ‚Darstellung' von Tiefenräumen in der Malerei und Skulptur.[88] Während in Italien die Konstruktion der Florentiner Domkuppel und die Erfindung der Perspektive bekanntermaßen den Beginn der Renaissance markiert, werden solche Modi der Raumdarstellung in der englischen Kunst jedoch erst langsam rezipiert.[89]

88 Hans Blumenberg, Der Prozeß der theoretischen Neugierde. Erweiterte und überarbeitete Neuausgabe Frankfurt am Main 1973, 142ff.

89 Entsprechend für Italien: Charlotte Haver, Landschaft und Raum im Quattrocento. In: Aertsen und Speer, Raumvorstellungen 739–762. Vgl. auch Wolfgang Kemp, Die Räume der Maler. Bilderzählung seit Giotto. München 1996.

Christina Lutter

Klausur zwischen realen Begrenzungen und spirituellen Entwürfen. Handlungsspielräume und Identifikationsmodelle der Admonter Nonnen im 12. Jahrhundert

In den religiösen Erneuerungsbewegungen und monastischen Reformen des 12. Jahrhunderts spielte der Gedanke einer Rückkehr zur *vita apostolica* in der Nachfolge Christi, die jeden weltlichen Standesunterschied zugunsten der Gleichheit aller Menschen vor Gott, also unabhängig von Herkunft, Geschlecht, Reichtum oder Armut, aufheben sollte, eine wichtige Rolle.[1] Sie eröffneten damit Handlungsspielräume für Personen und Gruppen, die davor und später weniger Möglichkeiten der aktiven und sichtbaren Partizipation am monastischen Leben hatten. Die Versuche der Umsetzung solcher ideeller Entwürfe in die Praxis kommen in den zahlreichen Überlegungen zu Neuregelungen des gemeinschaftlichen Lebens ebenso zum Ausdruck wie in den zeitgenössischen Auseinandersetzungen zwischen Vertretern traditioneller Ordnungsvorstellungen und solchen neuer Konzepte.[2]

---

1 Vgl. Ac 10, 34 und Rom 2, 11: dort heißt es jeweils, dass vor Gott nicht das Ansehen der Person zähle; 1 Cor 1, 25–28: *[...] et ignobilia mundi et contemptabilia elegit Deus et quae non sunt ut ea quae sunt destrueret* (1, 28); Gal 3, 28: *non est Iudaeus neque Graecus non est servus neque liber non est masculus neque femina omnes enim vos unum estis in Christo Iesu*; Eph 6, 8: *scientes quoniam unusquisque quodcumque fecerit bonum hoc percipiet a Domino sive servus sive liber.*

2 Aus der umfangreichen Literatur zu den Reformbewegungen des 12. Jahrhunderts vgl. exemplarisch Robert L. Benson und Giles Constable (Hg.), Renaissance and Renewal in the Twelfth Century. Oxford 1982; Giles Constable, The Reformation of the Twelfth Century. Cambridge 1996; Stefan Weinfurter und Hubertus Seibert (Hg.), Reformidee und Reformpolitik im spätsalisch-frühstaufischen Reich. Vorträge der Tagung der Gesellschaft für Mittelrheinische Kirchengeschichte, 11.–13. September 1991, Trier (Quellen und Abhandlungen zur Mittelrheinischen Kirchengeschichte 68) Mainz 1992; Ulrich Faust und Franz Quarthal (Hg.), Die Reformverbände und Kongregationen der Benediktiner im deutschen Sprachraum (Germania Benedictina 1) St. Ottilien 2001. Für eine Diskussion der „sozialen Frage“ vgl. etwa Franz J. Felten, Zum Problem der sozialen Zusammensetzung von Benediktinerklöstern und Konventen der neuen religiösen Bewegung. In: Alfred Haverkamp (Hg.) unter Mitarbeit von Alexander Reverchon, Hildegard von Bingen in ihrem historischen Umfeld. Internationaler Kongreß zum 900jährigen Jubiläum, 13.–19. September 1998, Bingen am Rhein. Mainz 2000, 189–235.

Die Idee der *vita apostolica* warf nicht zuletzt die Frage nach Möglichkeiten und Formen des Zusammenlebens von Frauen und Männern und nach der spirituellen Unterweisung, der *cura monialium*, der neuen weiblichen Gemeinschaftsmitglieder auf. Damit bedingten *vita apostolica* und *cura monialium* aber notwendigerweise eine gesteigerte Bedrohung für die monastische Tugend der Jungfräulichkeit. Es ist daher nicht verwunderlich, dass das Reden über Zusammenleben oder Abschließung der Geschlechter und die Frage nach den dafür adäquaten Räumen an Umfang und Bedeutung zunahm.[3] Allerdings ist die Sorge um die physische Keuschheit nur ein – wenn auch ein wesentlicher – Aspekt von Jungfräulichkeit im Rahmen der grundsätzlichen Auseinandersetzungen um das ‚richtige' geistig-geistliche Leben. Zwar war man sich im 12. Jahrhundert prinzipiell über die Notwendigkeit der Trennung von Männern und Frauen im Kloster einig, bei ihrer konkreten Gestaltung gab es aber erhebliche Auffassungsunterschiede.[4] Bei den Überlegungen zur Bedeutung des Rückzuges aus der Welt und eines Lebens in klösterlicher Abgeschiedenheit wurde daher der ‚Klausur' im Allgemeinen und ihrer Anwendung auf die Regulierung von Geschlechterverhältnissen im Besonderen unterschiedliche Bedeutung beigemessen.

Geschlechterdifferenzen sind in der Praxis bereits vor dem 12. Jahrhundert eindeutig feststellbar:[5] Während Frauenkonventen meist strenge Klausur vorgeschrieben war, thematisieren die Quellen diese Frage für Männerklöster grundsätzlich wenig, und zwar auch dort, wo es ansonsten durchaus strenge Regeln hinsichtlich der monastischen Askese gab. Das Bemerkenswerte an den Auseinandersetzungen seit dem 12. Jahrhundert ist, dass hier die Frage von Gleichheit und Differenz der Geschlechter systematisch erörtert wird.[6] In den von Männern wie Frauen verfassten Texten wird zwar die spirituel-

3 Zur Bedeutung der *cura monialium* vgl. besonders die Beiträge in Constant J. Mews (Hg.), Listen, Daughter. The Speculum Virginum and the Formation of Religious Women in the Middle Ages. New York 2001, sowie Julie Hotchin, Abbot as Guardian and Cultivator of Virtues: Two Perspectives on the *cura monialum* in Practice. In: Valerie Spear, Linda Rasmussen und Dianne Tillotson (Hg.), Our Medieval Heritage. Essays in Honour of John Tillotson. Whitechurch 2002, 50–64.

4 Diese verstärkte konzeptionelle Auseinandersetzung von Autoren und Autorinnen des 12. Jahrhunderts mit der ‚Klausur' als wesentlichem Bestandteil eines regelgetreuen monastischen Lebens ist Gegenstand der Habilitationsschrift von Gisela Muschiol, Klausurkonzepte. Mönche und Nonnen im 12. Jahrhundert. Habilitationsschrift Münster 2001, erscheint voraussichtlich 2004.

5 Methodisch ausführlich und mit umfassenden Literaturangaben ebd., Kapitel 2.1. „Was heißt Klausur", sowie den historischen Überblick ebd., Kapitel 2.3. „Die Entwicklung der Klausurvorstellungen". Siehe auch Jean Leclercq, La clôture. Points de repère historiques. In: Collectanea Cisterciensia 43 (1981) 366–377, hier 366f.

6 Muschiol, Klausurkonzepte (wie Anm. 4) diskutiert diese Fragen anhand des Briefwechsels zwischen Héloise und Abaelard über eine Regel für die Nonnen des Paraklet, der *Explanatio Regulae S. Benedicti* der Hildegard von Bingen und des *Argumentum super quatuor questionibus* des Idung von Prüfening. Grundsätzlich zur Bedeutung von ‚Geschlecht' bzw. ‚Gender' als soziale und analytische Kategorie Joan Wallach Scott, Gender: Eine nützliche Kategorie der historischen Analyse. In: Nancy Kaiser (Hg.), Selbst Bewusst. Frauen in den USA. Leipzig 1994, 27–75 (engl. 1986). Ähnlich bereits zehn Jahre früher Natalie Zemon Davis, Gesellschaft und Geschlechter. Vorschläge für eine neue Frauengeschichte. In: dies. (Hg.), Frauen und Gesellschaft am Beginn der Neuzeit. Frankfurt am Main 1989, 117–132 (engl. 1976). Vgl. außerdem Andrea Griesebner und Christina

le Gleichheit von geistlichen Personen einhellig betont. Auseinandersetzungen mit zentralen Fragen wie Jungfräulichkeit, Keuschheit und ihrer Gefährdung werden aber tendenziell stärker mit dem Topos der ‚weiblichen Schwäche' verknüpft, der seinerseits allmählich auch zur Begründung einer spirituellen Unterlegenheit von Nonnen herangezogen wird. Die Klausurkonzepte des 12. Jahrhunderts entwerfen jedoch widersprüchliche Modelle, die gleichsam das Spektrum an Möglichkeiten von zeitgenössischen Gleichheits- und Differenzvorstellungen illustrieren. Diese ‚Offenheit' erlaubt es methodisch, die Gleichzeitigkeit möglicher Modelle in den Blick zu nehmen und nach den Bedingungen und Prozessen ihrer Entstehung zu fragen, nach den Auswirkungen auf und Wechselwirkungen mit den Lebenswirklichkeiten der betroffenen Menschen.

Hier soll der Frage nachgegangen werden, welche Rolle Vorstellungen von ‚Klausur' in der spirituellen Praxis spielten, inwiefern ideelle Ansprüche Auswirkungen auf die reformorientierte Lebenswirklichkeit hatten. Oder anders gesagt, welche Verbindungen reale und imaginäre Räume an konkreten Orten eingingen. Konzepte sollen anhand von sozialen und kulturellen Praktiken auf ihre Wechselwirkungen mit und ihre Wirkmächtigkeit für Geschlechter- und Machtverhältnisse befragt werden, also auf ihre Rolle bei der Ausdifferenzierung von ‚Geschlechterräumen'.

Dafür bietet das Benediktinerkloster Admont eine ausgezeichnete handschriftliche Überlieferungssituation. Es wurde im 11. Jahrhundert von Salzburg aus gegründet und im 12. Jahrhundert zu einem der wichtigsten Zentren der Hirsauer Reformbewegung im süddeutschen Raum mit einer florierenden Handschriftenproduktion, an der die Nonnen mit hoher Wahrscheinlichkeit maßgeblich beteiligt waren.[7] Der Frauenkonvent des

---

Lutter, Geschlecht und Kultur. Ein Definitionsversuch zweier umstrittener Kategorien. In: dies. (Hg.), Geschlecht und Kultur (Beiträge zur Historischen Sozialkunde, Sondernummer 2000) Wien 2000, 58–64; dies. (Hg.), Die Macht der Kategorien. Perspektiven historischer Geschlechterforschung (Wiener Schriften zur Geschichte der Neuzeit 4) Wien 2002; sowie für den hier angesprochenen historischen Kontext meine Habilitationsschrift: Christina Lutter, Geschlecht & Wissen, Norm & Praxis, Lesen & Schreiben. Monastische Reformgemeinschaften im 12. Jahrhundert. Wien, Oktober 2003.

7 Die umfassendste Darstellung der Geschichte des Benediktinerklosters Admont bietet immer noch das vierbändige Werk des Abtes und Archivars Jakob Wichner, Geschichte des Benediktiner-Stiftes Admont vom Jahre 466 bis auf die neueste Zeit. Festgabe zur Feier der Erinnerung an den vierzehnhundertjährigen Geburtstag des hl. Benedikt. Graz 1874–1880. Für den Frauenkonvent ders., Das ehemalige Nonnenkloster O.S.B. zu Admont. In: Wissenschaftliche Studien und Mittheilungen aus dem Benedictiner-Orden mit besonderer Berücksichtigung der Ordensgeschichte und Statistik 2 (1881) 75–319. Einen aktuellen Überblick bietet Hannes P. Naschenweng, Art.: Admont. In: Ulrich Faust und Waltraud Krassnig (Bearb.). Die benediktinischen Mönchs- und Nonnenklöster in Österreich und Südtirol (Germania Benedictina 3, 1) St. Ottilien 2000, 71–188. Vgl. außerdem Rudolf List, Stift Admont 1074–1974. Festschrift zur Neunhundertjahrfeier. Ried im Innkreis 1974. Für den politischen Hintergrund vgl. Heinz Dopsch, Karl Brunner und Maximilian Weltin, Die Länder und das Reich. Der Ostalpenraum im Hochmittelalter 1122–1178 (Österreichische Geschichte 3) Wien 1999. Im Zusammenhang mit den Reformbewegungen bes. Klaus Arnold, Admont und die monastische Reform des 12. Jahrhunderts. In: Zeitschrift der Savigny-Stiftung für Rechtsgeschichte (1972) 350–369; Helmut J. Mezler-Andelberg, Admont und die Klosterreform zu Beginn des zwölften Jahrhunderts. In: Zeitschrift des Historischen Vereins für

Admonter Doppelklosters entstand um 1120.[8] Wie bei anderen ‚Doppelklöstern' der Reformbewegung Hirsauer Einflusses wurde das Frauenkloster von einer *magistra* geleitet, die jedoch dem Abt unterstellt war. Die Funktion der *magistra* ist für Admont mehrfach belegt. Zum einen wird sie in unterschiedlichen Zusammenhängen in einem Bericht über die Frauengemeinschaft erwähnt, den der damalige geistliche Betreuer der Nonnen Irimbert im Jahr 1152 verfasst hat. Dazu kommen Nennungen in den Admonter Nekrologen sowie in historiographischen Quellen.[9] Die gute urkundliche Überlieferung belegt außerdem Funktionen von Admonter Damen als Äbtissinnen in neu gegründeten Klöstern.[10] Das hohe Bildungsniveau der *sanctimoniales litteratae* ist durch Briefwechsel und Nekrologeinträge, in denen sie als Schreiberinnen genannt werden, und vor allem durch die große Anzahl an Handschriften, die im und für das Nonnenkloster hergestellt wurden, dokumentiert.[11]

Steiermark 47 (1956) 28–42; Stefan Weinfurter, Salzburger Bistumsreform und Bischofspolitik im 12. Jahrhundert. Der Erzbischof Konrad I. von Salzburg (1106–1147) und die Regularkanoniker (Kölner historische Abhandlungen 24) Köln 1975. Zu Skriptorium und Handschriftenproduktion siehe Anm. 22.

8 Vgl. etwa die Vita Gebehardi et successorum eius, hg. von Wilhelm Wattenbach. In: MGH SS 11, 1858 (Neudr. 1925) 33–49, hier c. 14, 42: *Cuius* [Chuonradi] *misericordia predictus abbas noster domnus Wolvoldus in omnibus suffultus et quasi muro a dextris et sinistris undique vallatus, copiosam messem fidelium tam virorum quam mulierum colligere coepit, quia congregatis monachis ac fratribus plurimis, eius obtentu sororibus quoque quas primus adunavit unde cumque advenientibus monasterium instituit apud nos.* Dazu Wichner, Nonnenkloster (wie Anm. 7) 76 mit weiteren Quellenangaben. Für eine Kritik und Diskussion des problematischen Begriffs „Doppelkloster", der einen wesentlich höheren Grad an Organisation suggeriert als die religiösen Gemeinschaften aufweisen, die damit bezeichnet werden, besonders Stephanie Haarländer, Symbiotische Konvente und weibliche Religiosen. Konzeption und Realität einer umstrittenen Lebensform im Hoch- und Spätmittelalter (ungedruckte Habilitationsschrift) Mainz 2003; aktuelle Fallstudien von ders., „Schlangen unter den Fischen". Männliche und weibliche Religiosen in Doppelklöstern des hohen Mittelalters. In: Sigrid Schmitt (Hg.), Frauen und Kirche (Mainzer Vorträge 6) Stuttgart 2002, 55–69, und Joachim Kemper, Das benediktinische Doppelkloster Schönau und die Visionen Elisabeths von Schönau. In: Archiv für mittelrheinische Kirchengeschichte 54 (2002) 55–102. Vgl. außerdem die Beiträge in Kaspar Elm und Michel Parisse (Hg.), Doppelklöster und andere Formen der Symbiose männlicher und weiblicher Religiosen im Mittelalter (Ordensstudien 8 = Berliner historische Studien 18) Berlin 1992.

9 Etwa zum 11. Dezember: *Chunigunt* mit dem Zusatz *mag[a]. m. n. c*, und *Iudita* mit dem Zusatz *m. n. c. mag[a] sor[um]* im Necrologium Admuntense, hg. von Siegfried Herzberg-Fränkel. In: MGH Necrologia Germaniae 2, 1904 (Neudr. München 1983) 287–309, hier 308. Zum Bericht Irimberts vgl. Anm. 12.

10 Vgl. etwa Vita Gebehardi et successorum eius (wie Anm. 8), besonders c. 18, 43 und c. 22, 45; Zusammenfassung der Belege bei Wichner, Nonnenkloster (wie Anm. 7) 288–290, und Lutter, Geschlecht & Wissen (wie Anm. 6) 78–80.

11 Admont, Stiftsarchiv, P1, P2, P4. Gedruckt in Wichner, Geschichte (wie Anm. 7) 2, 321, n. 163: 2. November 1244, St. Veit im Pongau: *[...] quod ad relevendam penuriam quam sorores litterate aput Admunde in vestibus paciuntur*; 324, n. 167: 2. November 1245, Kraubath: *[...] contulerat litteratis sanctimonialibus*; und 337f, n. 188: 21. Juni 1257, Admont: *[...] moniales litteratas in Admunde.* Für eine Diskussion des Begriffs vgl. die aktuelle Studie von Katrinette Bodarwé, *Sanctimoniales litteratae.* Schriftlichkeit und Bildung in den ottonischen Frauenkommunitäten Gandersheim, Essen und Quedlinburg. Ungedr. Diss. Köln 2001. Siehe weiters Necrologium Admun-

Einblick in die Praxis des klausurierten Lebens der Admonter Damen bietet der Bericht des geistlichen Betreuers der Admonterinnen und späteren Abtes Irimbert über den Brand des Klosters im Jahr 1152. Diese Quelle ist nicht zuletzt aufgrund ihres Entstehungszusammenhanges interessant. Sie findet sich in einer der Predigthandschriften, welche die Kommentare Irimberts zu den alttestamentarischen Büchern der Könige enthält. Während seiner Ausführungen zum 4. Buch wurde Irimbert nach eigenen Angaben durch das Ereignis der nächtlichen Brandkatastrophe überrascht, was ihn dazu veranlasst habe, die Geschehnisse unmittelbar darauf niederzuschreiben und in seinen Kommentartext zu integrieren:[12] Er habe sich in der Nacht vom 10. auf den 11. März des Jahres 1152 zum Stundengebet in der Marienkapelle aufgehalten, als er durch lautes Geschrei aus der Richtung des Spitals in seiner Andacht gestört wurde. Einer der Knechte war beim Feuermachen unachtsam gewesen, der starke Wind hatte das Haus in Flammen gesetzt und das Feuer breitete sich mit unglaublicher Geschwindigkeit aus.

Irimbert – sein Bericht wechselt ins Präsens – eilt zur Kirche, wo die Mönche und Laienbrüder beim Singen der Laudes im Chor sind. Die ersten von ihnen laufen bereits ins Freie, um zu sehen, was es gäbe. In der Zwischenzeit haben die Flammen allerdings schon vom Spital auf die Marienkapelle übergegriffen, und das Feuer breitet sich mit unglaublicher Geschwindigkeit weiter aus. Jetzt unterbrechen die Mönche ihr Gebet, und auch die Nonnen erhalten von Irimbert ein Zeichen und werfen sich daraufhin unter Tränen zu Boden, um Buße zu tun.[13]

Der Prior, der die Schlüssel zum abgeschlossenen Bereich der Frauen hat, ist jedoch in der Dunkelheit und im allgemeinen Durcheinander nirgends zu finden, worauf Abt Gottfried schließlich die Riegel der Pforte aufbrechen lässt und den Nonnen die Erlaubnis erteilt, das Kloster zu verlassen, sollte die Gefahr des Brandes nicht abzuwenden sein. Die Schwestern weinen und fragen, wohin sie denn gehen sollen. Doch da er-

---

tense (wie Anm. 9) 297 zum 22. Mai: *Adlheit m.n.c. armaria*; vgl. außerdem ebd. zum 4. Juni: *Mahthilt m.n.c. scriba* sowie ebd. 300, zum 1. August: *Dietmundis cv*[a] *n.c. scriptrix*. Zu den Briefwechseln Anm. 48.

12 Cod. Admont. 16, pp 618A–620, hg. von Bernhard Pez, Ven. Irimberti abbatis Admontensis de incendio monasterii sui, ac de vita et moribus virginum sanctimonialium parthenonis Admuntensis Ord. S. Ben. Narratio, Bibliotheca ascetica antiquo-nova VIII, 1725, 455–464. Neuedition in Lutter, Geschlecht & Wissen (wie Anm. 6) 318–324. Die Zitate (abgekürzt: Irimbert, Bericht) folgen meiner eigenen Edition, die Nummerierung der Absätze korrespondiert mit der Edition von Pez. Zum Ort der Einfügung nach 4 Reg 14, 7 vgl. Irimbert, Bericht II: *Feria namque secunda medie quadragesime expositionem meam sero hic dimiseram.* Die Zählung der Königsbücher ist jene der Vulgata, die insgesamt vier Bücher von der Entstehung des biblischen Königtums an nennt. Die ersten beiden Bücher, 1 und 2 Könige, werden in der heutigen Einheitsübersetzung nach dem hebräischen Text als Samuelbücher – 1 und 2 Samuel – geführt: 1 und 2 Könige der Vulgata (d. h. sowohl der Predigten Irimberts als auch der Edition durch Pez) sind mit 1 und 2 Samuel wiederzugeben, während 3 und 4 Könige der Vulgata heute 1 und 2 Könige entsprechen.

13 Irimbert, Bericht V: *Luctus omnium oritur et matutini fratrum interrumpuntur. Sorores accepto a me signo in secundi nocturni initio deponunt matutinos et in supplicationem letaniae cum incomparabili lachrimarum effusione se prosternunt.* Das genaue Datum ebd. XX: *Factum est autem istud incendium lugubre Admuntensis monasterii V. Idus marcii, qua nocte sequenti instabat festum beati Gregorii.*

barmt sich der himmlische Vater „so vieler hochgeborener Frauen, die sich aus Liebe zu Christus einschließen haben lassen“, der Wind dreht sich, und das Frauenkloster bleibt von den Flammen verschont.[14]

Irimbert nimmt nun – wieder scheinbar spontan – die Gelegenheit wahr, detaillierte Angaben über die konkreten Modalitäten der Klausur der Admonter Sanktimonialen zu machen: Es gibt eine einzige Pforte zum Frauenkloster, die durch insgesamt drei Schlösser versperrt ist. Zwei der Schlüssel werden in Gewahrsam zweier älterer Mönche gehalten, den dritten besitzt die *magistra*. Die Tür darf nur geöffnet werden, wenn eine Schwester in das Kloster eintritt bzw. eine verstorbene Nonne begraben wird. Mönche und Laienbrüder haben keinen Zutritt, und auch Abt und Prior dürfen die Klausur nur anlässlich der Spende der letzten Sakramente betreten. Und selbst diese Kontakte dürfen ausschließlich in Anwesenheit von zwei bis drei Zeugen stattfinden.[15]

Darüber hinaus sind die Nonnen niemals allein, sondern immer in Gemeinschaft mit ihren Mitschwestern, ob im Konvent oder in der Kirche, im Speise- oder im Schlafsaal. Mit Außenstehenden – und dazu gehören auch Abt, Prior und Mitbrüder – können sie nur durch ein vergittertes Fenster im Kapitelsaal sprechen, durch das sie auch die Kommunion empfangen, beichten und geistliche Ermahnungen hören. Alle Gespräche mit Ausnahme der geheimen Beichte müssen im Beisein von zwei bis drei älteren und erfahrenen Schwestern geführt werden, außerdem muss dafür immer die Erlaubnis der *magistra* eingeholt werden.[16]

Weiters erfahren wir, dass die Schwestern täglich unter Vorsitz der *magistra* oder ihrer Stellvertreterin ihr Kapitel abhalten. Sie seien äußerst gebildet und hätten eine bewundernswerte Kenntnis der Heiligen Schrift, sodass einige von ihnen befähigt sind, bei Abwesenheit des Abtes an Festtagen die Aufgabe des Predigens zu übernehmen.[17]

---

14 Irimbert, Bericht VII: *Quem cum domna Agnes, filia comitis Ottonis, fratris episcopi Ratisponensis lachrimabiliter inquireret, quorsum ire deberent, lachrimabiliter et ipse respondit, quocumque vos miseratio Summi Patris duxerit* (vgl. Joh 6, 69); sowie VIII: *Iam tempus miserendi venerat, quia Celestis Pater in ira misericordiae memor esse debuerat, ne de habitatione sui monasterii tot sorores claris ortas natalibus nocturno tempore contingeret eici, quae se pro amore Filii Dei custodiae mancipaverant carcerali, cuius custodiae districtionem non debeo silentio praeterire.*

15 Irimbert, Bericht XI–XIII.

16 Irimbert, Bericht XII: *[...] Nulli mortalium nisi ad fenestram conventus sui locuntur, ubi earum capitulo a solo abbate vel priore, raro tamen, praesidetur. Ibi exhortationis verbum ad eas dirigitur, ibi omni sabbato alternatim de uno choro soli abbati vel priori confitentur sicque ad communionem sequentis dominicae omni studio ac diligentia praeparantur. Nulli licet earum ulli mortalium sive abbati sive amico vel propinquo solam loqui cum solo, nisi sub duarum aut trium sororum testimonio excepto solo confessionis secreto*, sowie XVI: *Nulla ad fenestram accedit loquendi gratia nisi a magistra accepta licentia, nisi abbatem adesse videant, cui soli ut filiae patri loqui audeant. Sunt inter eas certae personae designatae maturiori aetate, quae ad fenestram loquentium assint audientiae in quorumlibet advenientium sive spiritalium sive secularium amicorum salutatione.*

17 Irimbert, Bericht XIV: *Capitulum suum inter se cottidie habent magistra vel eius vicaria praesidente. Et in festis diebus, cum abbas ad eas non poterit venire, sunt inter eas personae ad verbum exhortationis faciendum dispositae. Valde quippe sunt litteratae et in scientia sacrae scripturae mirabiliter exercitate.*

Diese Bildung belegen vor allem auch jene Admonter Prachthandschriften – weitere Kommentare Irimberts zum alten Testament –, an deren Herstellung die klausurierten Nonnen selbst beteiligt waren. Im Prolog zu seinem Kommentar zum zweiten Buch der Könige berichtet der Seelsorger, dass einige der Sanktimonialen seine Predigten bereits einige Jahre zuvor ohne sein Wissen auf Pergament mitgeschrieben hätten, was ihm nunmehr – nach dem durch den Brand des Klosters bedingten Zeitverlust – außerordentlich bei der Weiterarbeit geholfen habe. Jedenfalls seien ihre Mitschriften ohne wesentliche Änderungen in seine Arbeit eingefügt und gekennzeichnet worden.[18]

Diese Beschreibung korrespondiert mit Irimberts Bericht über die Kommunikation zwischen den Nonnen und ihrem pastoralen Betreuer sowie auswärtigen Freunden und Verwandten durch das vergitterte Fenster. Irimbert hätte demnach durch das Fenster gepredigt, die Schwestern seine Worte notiert. Die in Handschriften und Nekrologen mehrfach bezeugten Nennungen von Admonter Nonnen als Schreiberinnen unterstützen die Annahme der Herstellung von Texten und Kodices innerhalb des abgeschlossenen Raumes des Frauenkonvents, so wie die Quellen zu seiner ökonomischen Versorgung plausibel machen, dass das dafür notwendige Material in der Klausur vorhanden war.[19]

Später scheint aus dem zunächst ‚inoffiziellen' Mitschreiben ein ‚offizielles' gemeinsames Projekt geworden zu sein: Zwei Nonnen wurden schließlich laut Irimbert von jeder anderen Beschäftigung freigestellt, um regelmäßig seine Predigten auf Wachstafeln mit- und diese Mitschriften anschließend wohl wie bereits zuvor auf Pergament rein zu schreiben, wobei es ihr pastoraler Betreuer nicht versäumt, nachdrücklich auf ihren inhaltlichen Anteil an seinem Werk hinzuweisen.[20] Die Namen dieser

---

18 Irimbert, Prologus in Librum Regum II, Cod. Admont. 16, p. 165–168, hier 167f.: *Incendium enim monasterii Admuntensis in media Quadragesima heu invenerat, quod me ab expositionis meae cursu aliquantulum retardaverat. Quoniam autem sorores Admuntenses capitula quedam ex eodem libro regum ante annos aliquot a me audierant, que me nesciente ipse in membranis exceperant, per quod etiam studium meum valde provocaverant, iudicavi non equum esse devotionis earum scripta abicere sed potius, ut ab ipsis excepta fuerant, huic opusculo meo interserere eaque lectori vel curioso vel devoto his indiciis designare.* Ediert bei Johann Wilhelm Braun, Irimbert von Admont. In: Frühmittelalterliche Studien 7 (1973) 266–323, hier 319; dazu inhaltlich die Untersuchungen von Alison Beach, Claustration and Collaboration between the Sexes in the Twelfth-Century Scriptorium. In: Sharon Farmer und Barbara H. Rosenwein (Hg.), Monks & Nuns, Saints & Outcasts. Religion in Medieval Society. Essays in Honor of Lester K. Little. Ithaca-London 2001, 57–75 und dies., Women as Scribes: Book Production and Monastic Reform in 12th-Century Bavaria. Cambridge 2004.

19 Irimbert selbst spricht in demselben Prolog wenige Zeilen vorher von der ausgezeichneten Materialvorsorge für sein Kommentar-Unternehmen: Cod. Admont. 16, p. 167: *[...] omne hoc opusculum in spacio sex mensium acceleravi, ipso meo preceptore, domino Admuntensi abbate, notarios et membranas michi affatim prebente.* Vgl. zur ökonomischen Versorgung des Frauenkonvents auch die urkundlichen Quellen bei Wichner, Nonnenkloster (wie Anm. 7) v. a. 304f. und 308–311.

20 Irimbert, Prologus in Librum Regum II, Cod. Admont. 16, p. 525f., hier 526: *Tanta autem in huius operis difficultate earundem sororum utrimque recreatus sum liberalitate, ut duas mihi sorores ab omni occupatione liberas deputarent, que continue ac diligenter transscriberent, que a me dicta in tabulis excipi potuissent. Proinde si quid in hoc opusculo fuerit, quod alicui fidelium placere poterit, orationibus ex meritis sororum asscribendum noverit. [...] Dicit enim beatus Augustinus,*

beiden Schwestern sind zwar nicht überliefert, allerdings könnte es sich um dieselben – Regilind und Irmingart – handeln, die in der Endfassung von Irimberts Kommentaren zu den Büchern Ruth und Richter 19–21 namentlich genannt und deren Handschriften identisch mit den beiden Haupthänden in den früheren Redaktionen dieses Kodex sind.[21]

Diese Befunde machen es gemeinsam mit dem Umfang des Admonter Handschriftenbestandes[22] jedenfalls durchaus vorstellbar, dass die Herstellung von Texten und Büchern in diesem Kloster auch über die genannten Bibelkommentare hinaus ein gemeinschaftliches Unterfangen war, an dem die Nonnen trotz ihrer Klausurierung ebenso beteiligt waren wie die Mitglieder des Männerkonvents. Man suchte und fand offenbar Möglichkeiten, die ideellen Anforderungen an eine strenge asketische Lebensweise und die entsprechenden formalen Bestimmungen mit jenen der *vita apostolica* zu verbinden und innerhalb dieser Rahmenbedingungen Spielräume für die notwendige und offensichtlich von allen Beteiligten erwünschte Kommunikation zu finden.

Irimberts scheinbar spontaner und ‚unschuldiger' Bericht über den Brand bringt genau diese Ambivalenz zum Ausdruck. Die Reformideale der Rückkehr zur *vita apostolica* und die dadurch bedingte Bedeutung der *cura monialium* bergen eine tiefgreifende Widersprüchlichkeit. Sie setzen das gemeinschaftliche Zusammenleben von Männern

---

doctor ille eximius et expositorum maximus: Utile est plures libros a pluribus fieri diverso stilo non diversa fide etiam de questionibus eisdem, ut ad plurimas res ipsa perveniat, ad alios sic, ad alios autem sic (Augustinus, De trinitate, hg. von W. J. Mountain und F. Glorie, 2 Bde., Corpus Christianorum, Series Latina 50 u. 50A, 1968, 1,5, 823). Vgl. Braun, Irimbert (wie Anm. 18) 320.

21 Cod. Admont. 651 und 682 enthalten Konzeptversionen, Cod. Admont. 16 (Bücher der Könige) und 17 (Bücher Josua, Judith, Ruth, Richter) die Prachtausfertigungen der Handschriften. Vgl. Cod. Admont. 17, pag. 393: *Explanatio huius hystorie descripta a sorore Regilinde*; ebd., pag. 420: *Explanatio huius hystorie descripta a sorore Irmingarde*. Dazu Beach, Claustration and Collaboration (wie Anm. 18) 63–67.

22 Grundlegend Wilhelm Wattenbach, Das Schriftwesen im Mittelalter. Leipzig 1896 (Neudr. Graz 1958). Für Admont siehe Winfried Stelzer, Gelehrtes Recht in Österreich. Von den Anfängen bis zum frühen 14. Jahrhundert (Mitteilungen des Instituts für Österreichische Geschichtsforschung, Erg. Bd. 26) Wien 1982, v. a. das Kapitel über Admont 21–44, sowie auch Gerhard Gonsa, Einige paläographische Beiträge zur Erforschung der Admonter Schreibschule des 12. Jahrhunderts. Staatsprüfungsarbeit am Institut für Österreichische Geschichtsforschung. Wien 1989. Zum Skriptorium siehe Adalbert Krause, Die mittelalterliche Schreib- und Zeichnerschule im Benediktinerstift Admont. In: VI. Internationaler Kongreß der Bibliophilen in Wien, 29. September bis 5. Oktober 1969. Wien 1971, 37–48; Zusammenstellung der illuminierten Handschriften bei Paul Buberl, Die illuminierten Handschriften in Steiermark 1: Die Stiftsbibliotheken zu Admont und Vorau. Leipzig 1911, 1–160, sowie Stefanie Seeberg, Die Illustrationen im Admonter Nonnenbrevier von 1180: Marienkrönung und Nonnenfrömmigkeit. Die Rolle der Brevierillustration in der Entwicklung von Bildthemen im 12. Jahrhundert (Imagines medii aevi 8) Wiesbaden 2002. Bedauerlicherweise ist kein zeitgenössischer Handschriftenkatalog aus dem 12. Jahrhundert erhalten – der älteste Katalog stammt von Peter Arbon aus dem 14. Jahrhundert (1376 bzw. 2. Fassung 1380). Edition bei Gerlinde Möser-Mersky, Mittelalterliche Bibliothekskataloge Österreichs 3: Steiermark. Graz 1961; vgl. auch Seeberg, Illustrationen 23 mit Anm. 134. Die wichtigste Orientierung bietet nach wie vor Jakob Wichner, Handschriftenkatalog Admont: Stiftsbibliothek Admont 1887/88 (Neudr.: Ann Arbor, Mich. University Microfilms International, 1974).

und Frauen voraus, mehr noch: sie fordern es sogar ein, wodurch jedoch dessen Gefahren für die Bewahrung ihrer Jungfräulichkeit erst virulent werden. Schreibt Irimbert etwa über die Vorteile des Lebens der Admonter Nonnen in Klausur, kommt die konzeptionelle Ambivalenz von Schutz und Gefangenschaft bereits in seiner Terminologie zum Ausdruck – *carcerali custodia* oder *custodia muniri* lauten die Begriffe, mit denen der Raum ‚Klausur' beschrieben wird.[23] Und wenige Zeilen später heißt es anlässlich des Wissensdurstes der Schwestern: Wenn sie schon das Kloster nach ihrem Eintritt bis zu ihrem Tod niemals mehr verließen und so geschützt niemals mit den Eitelkeiten der Welt in Berührung kämen und allen weltlichen Freuden entsagten, warum sollte ihnen dann auch das Wissen der himmlischen Geheimnisse vorenthalten werden?[24]

Dieser konzeptionell bereits angelegten Ambivalenz entsprechend gibt es auch in Irimberts Darstellung des täglichen Lebens im Frauenkloster eine Reihe von Widersprüchen, wenn er sie auch elegant zu glätten versucht. Der Text Irimberts verfolgt die Strategie, im Sinn der Reformrhetorik die *Admuntina religio* und ihre als besonders streng beschriebene Lebensweise vorbildlich und nachahmenswert darzustellen.[25] Die regelkonformen äußeren Bedingungen des Lebens in Admont und die damit verbundene herausragende monastische Disziplin werden nach und nach in den Bericht über die Brandkatastrophe eingeflochten.

Das beginnt bei der mehrfachen Erwähnung der Einhaltung der benediktinischen Schweigegebote, besonders in der Nacht. Unter anderem berichtet Irimbert von einem Zeichen, das er den Sanktimonialen anlässlich der Gefahr gab. Während diese Erwähnung zunächst an die Sprechzeichen denken lässt, mit denen man sich während der Stunden des gebotenen Schweigens verständigte und die etwa in den *Constitutiones Hirsaugienses* detailliert aufgezählt sind, haben die Nonnen in diesem Fall wohl eher

---

23 Irimbert, Bericht VIII (wie Anm. 14) und XIV. Ähnlich etwa die Aufforderung Gerhohs von Reichersberg in einem Schreiben an eine ungenannte Schwester, die offenbar nicht in gemeinschaftlicher Klausur lebte: Gerhoh von Reichersberg, Epistulae, PL 193, 1967, 489–618: Ep. 4, 493: *Novi etiam ego aliquas Dei sponsas non inclusas, inter quas tu mihi es praecipua, et praecipue dilecta, in quibus mihi placet castitas et morum probitas atque honesta conversatio sub nullo aut infirmo seu vili magisterio. Laudo eas, attamen in hoc non laudo, quod neque claustrali, neque, ut ipsae aiunt, carcerali muniuntur clausura. Est enim et carcer beatus, in quo se Christus gaudet visitatum, dicens: In carcere eram, et venistis ad me* (Mt 25, 36). Dazu Damien van den Eynde, L'œuvre littéraire de Gérhoh de Reichersberg (Spicilegium pontificii Athenaei Antoniani 11) Rom 1957, n. 31, 200f., sowie Lutter, Geschlecht & Wissen (wie Anm. 6) 153–155. Vgl. auch Anm. 28.

24 Irimbert, Bericht XIV: … . *Valde quippe sunt litteratae et in scientia sacrae scripturae mirabiliter exercitate. Cum enim post primum introitum numquam de monasterio egrediantur, nisi vel mortuae efferantur vel vivae forsitan in aliud monasterium transponantur, ubi simili custodia muniantur. Cumque nichil unquam de mundi vanitatibus videant, raro aliquid de secularibus audiant, cur non scientiam celestium mysteriorum habeant, quae ab omni communione mundanorum gaudiorum ieiunant?*

25 *Admuntina religio, que tunc celebris habebatur*, heißt es in der Urkunde, mit der das bayerische Kloster Attl Admont unterstellt wurde: Salzburger Urkundenbuch, hg. von Willibald Hauthaler 1: Traditionscodices. Salzburg 1910, 1, 338f., n. 236. Vgl. auch die ältere Edition im Urkundenbuch des Herzogthums Steiermark, hg. von Josef Zahn. Graz 1876, 1, 247–249, n. 242, wo die Formulierung *Admuntensium religio* lautet.

einen Zuruf von ihrem geistlichen Betreuer bekommen.[26] Nach seiner Darstellung dürften sie sich wie die Mönche und Laienbrüder zum nächtlichen Gebet in der Kirche aufgehalten haben. Den liturgischen Abläufen, den Klausurbestimmungen und auch den üblichen baulichen Maßnahmen folgend müssten die Nonnen ihr Gebet auf der Empore verrichtet haben, da kein Sichtkontakt zwischen den geistlichen Frauen und Männern erlaubt war. Sie konnten Irimbert daher, als er in die Kirche lief, um seine Mitbrüder und -schwestern zu warnen, vermutlich nicht sehen, wohl aber hören und auf seine Nachricht reagieren. Oder aber sie verrichteten das Chorgebet entgegen den Vorschriften gemeinsam mit den Mönchen – ein Bild, das der Bericht Irimberts durchaus evoziert, gerade weil er seine Möglichkeit nachträglich so heftig dementiert.

Ähnliche Ungereimtheiten gibt es bei der regulären Kommunikation mit externen Besuchern, die Irimberts Bericht zufolge durchaus üblich war und regelmäßig erfolgte, wie dies auch zahlreiche Erwähnungen aus den Briefwechseln der Admonter Nonnen bestätigen.[27] Ihre Häufigkeit ebenso wie Hinweise auf die exegetischen Lehrgespräche, die etwa Gerhoh von Reichersberg in einem seiner Briefe an die Admonterinnen erwähnt, machen es schwer vorstellbar, dass derartige Kontakte, die vermutlich zwischen mehr als zwei Personen stattgefunden haben, in der Praxis ausschließlich durch das topisch stilisierte vergitterte Fenster erfolgten.[28] Dasselbe gilt für die Predigten Irimberts selbst und das gemeinschaftliche Vorgehen der Nonnen bei ihrer Niederschrift.

Der Seelsorger sah sich also offenbar genötigt, das regelgetreue Leben in Admont besonders zu betonen – gerade in Zeiten, als die gemeinsame *vita apostolica* und die

---

26 Irimbert, Bericht III: ... *Cum ecce clamorem servi cuiusdam audientes obstupescimus, quia in Admuntensi loco nocturno tempore aliquem perturbationis strepitum audire non consuevimus*; sowie ebd. V: *Sorores accepto a me signo in secundi nocturni initio deponunt matutinos et in supplicationem letaniae cum incomparabili lachrimarum effusione se prosternunt.* Dazu Regula S. Benedicti, hg. von Rudolf Hanslik, Corpus scriptorum ecclesiasticorum Latinorum 75, 1862 (Neudr. 1977), 6 und v. a. 42. Zu den Sprechzeichen vgl. Constitutiones Hirsaugienses, PL 150, 1970, 923–1146, c. 6–25. Dazu Gisela Muschiol, Liturgie und Klausur. Zu den liturgischen Voraussetzungen von Nonnenchören. In: Irene Crusius (Hg.), Studien zum Kanonissenstift (Veröffentlichungen des Max-Planck-Instituts für Geschichte Göttingen 167. Studien zur Germania Sacra) Göttingen 2001, 129–148, und dies., Klausurkonzepte (wie Anm. 4), Kap. 6.1.3. „Ein Netz von Klausuren“. Zu den baulichen Gegebenheiten in Admont vgl. Martin Mannewitz, Stift Admont. Untersuchungen zur Entwicklungsgeschichte, Ausstattung und Ikonographie der Klosteranlage. München 1989.

27 Dazu Anm. 48 und 50.

28 Gerhoh entschuldigt sich in seinem den *Charissimis in Christo sororibus Admontensibus* gewidmeten Schreiben für die Unterbrechung seiner mündlichen Auslegungen, die er nun schriftlich ergänzen wolle: Gerhoh von Reichersberg, Epistulae, PL 193, 1967, 489–618, Ep. 26, 607–611, hier 607: *Iucundissimis vestris inquisitionibus non potui ad plenum satisfacere coarctatus eundi festinatione. Quam tamen festinationem forsitan Deus punivit, qui iter meum aliquantulum impedivit, et volentem a vobis festinare prope vos aliquandiu tenuit. Si ergo propter vos vapulavi, quia forsitan plurimum a vobis festinando peccavi, spero mihi Deum per vos posse placari, si pro me orabitis: quod idipsum rogo ut faciatis, atque hoc scriptum in recompensationem suscipiatis pro eo, quod minus dixi, quam congrueret sanctissimis inquisitionibus vestris.* Zu seinen pastoralen Beziehungen zu den Admonter Sanktimonialen vgl. Lutter, Geschlecht & Wissen (wie Anm. 6) 150–174.

damit verbundenen Aufgaben der *cura monialium* einen hohen spirituellen Stellenwert hatten und die Erfordernisse des monastischen Alltags, z. B. bei der Herstellung von Texten und Büchern ein solches Zusammenwirken auch praktisch notwendig machten. Der Kommentar des geistlichen Betreuers der Admonter Damen kann dementsprechend als Verteidigung gegenüber möglichen oder tatsächlichen Kritikern gelesen werden, wie er auch der Selbstvergewisserung der Mitglieder innerhalb des Klosters gedient haben mag – und dies an prominenter Stelle in einer viel benutzten Handschrift.[29]

Dass ‚Klausur' aber als Lebensraum angenommen werden konnte, hängt nicht zuletzt mit ihrer Funktion als Bestandteil jenes Lebensmodelles zusammen, das den besten Weg ins Jenseits bot. Diese Vorstellung äußert sich nicht zuletzt in den Zusammenhängen zwischen Bildern von ‚Klausur', ‚Kloster' und ‚Paradies': Der verschlossene Garten, *hortus conclusus* als Sinnbild des jungfräulichen Lebens wird gleichzeitig als Garten der Lustbarkeiten, *hortus deliciarum*, und himmlisches Paradies dargestellt, wo sich die gläubigen Seelen an den Lustbarkeiten erfreuen.[30] Auch der monastische Raum wird als Vorbereitung auf den ewigen *hortus deliciarum* mit diesem Bild beschrieben, ebenso wie etwa das gleichnamige Kompendium der Äbtissin Herrad von Hohenburg, die ihren Sanktimonialen Wissenswertes als spirituelle Nahrung zusammengestellt hat.[31]

Ein derartig komplexes Ineinanderfließen von sinnlichen, geistigen und geistlichen Komponenten charakterisiert schließlich auch die Verbindung zwischen der Garten-

---

29 Dafür spricht auch der offen apologetische Duktus im letzten Abschnitt seines Berichtes: Irimbert, Bericht XXII: *Diversi forsitan diversa locuntur et cum inscrutabilia esse Dei iudicia apostolus protestetur ipsi divinorum iudiciorum scrutatores esse moliuntur. Proinde negligentiam vel superbiam tantae desolationis forsitan non verentur asserere causam et super divinae castigationis plagam suarum linguarum addunt percussuram. Ceterum si quis spiritalis propositi conscius et amator ante incendii excidium illius monasterii statum vidisset, quantus in divino servicio fervor diec noctuque flagraret, quanta inter se invicem continentia et humilitate decertarent hoc profecto de eis iudicium dare non dubitaret, quod adversum se Leviathan suscitassent et instar beati Iob temptatoris manibus non ad condempnationem, sed ad probationem traditi fuissent. Quod alii sentiant, nescio. Ego unum scio, quia qui prius continentiae operam dabant et humilitati, cincti flagello Dei magis magisque in continentiae et humilitatis decore sunt compositi, quoniam iuxta apostoli testimonium diligentibus Deum omnia cooperantur in bonum. Sed iam tempus est, ut ad expositionis nostrae ordinem redeamus.*

30 Vgl. Isidor, Etymologiae sive Origines libri XX, hg. von W. M. Lindsay. Oxford 1911 (Neudr. 1962) sowie PL 82, 1850, 73–728, hier XIV, 3,2: *Paradisus est locus in orientis partibus constitutus, cuius vocabulum ex Graeco in Latinum vertitur hortus: porro hebraice Eden dicitur, quod in nostra lingua deliciae interpretatur. Quod utrumque iunctum facit hortum deliciarum.* Zeitgenössisch etwa Konrad von Hirsau, Dialogus de mundi contemptu, hg. von Robert Bultot. Louvain-Lille 1966, 13f.: *Dixerim igitur vitam monasticam ortum deliciarum, ubi floribundis deliciis sancte mentes inbibunt.*

31 Herrad von Hohenburg, Hortus deliciarum, 2 Bde. hg. von Rosalie Green, Michael Evans, Christine Bischoff und Michael Curschmann (unter Mitarbeit von T. Julian Brown und Kenneth Levy). London 1979. Für den hier angesprochenen Zusammenhang vgl. Christina Lutter, Text und Geschlecht. Lesende und schreibende Frauen im 12. Jahrhundert. In: Karl Brunner (Hg.), Text als Realie. Internationaler Kongress in Krems an der Donau, 3.–6. Oktober 2000 (Veröffentlichungen des Instituts für Realienkunde des Mittelalters und der frühen Neuzeit 18) Wien 2003, 63–80.

Metaphorik (*hortus conclusus*) und der Symbolik von Jungfräulichkeit (*virginitas*) und Fruchtbarkeit (*viriditas*).[32] Die Geschlossenheit der monastischen Lebensform wird durch die Jungfrau Maria, Mutter Gottes und Braut Christi symbolisiert. Der Garten wird etwa bei Rupert von Deutz von Maria als Personifikation der Jungfräulichkeit verkörpert und ist damit gleichzeitig ein Synonym für Verschlossenheit (*hortus conclusus*) und für Fruchtbarkeit. In der Liebe (*caritas*) werden Keuschheit (*castitas*) und Demut (*humilitas*) fruchtbar. Diese Bilder gehören zu den einflussreichsten in der Hohelied-Rezeption des 12. Jahrhunderts und bieten vielschichtige Identifikationsmodelle für Sanktimonialen als Bräute Christi.[33]

So wird im Prolog einer Admonter Lebensbeschreibung vielleicht der ersten *magistra* des Frauenkonvents, verfasst wohl um 1140 von „einer gewissen gelehrten Gertrud", die Autorin als Dienerin des Herrn, als erwählte Jungfrau und als Gelehrte bezeichnet, ihr Werk als *splendida littera*, ausgezeichnet durch ihren jungfräulichen Stil.[34]

---

32 Vgl. Eva Cescutti, „Ein verschlossener Garten, ein versiegelter Brunnen". Begehren, Körper, Text – und das Lebensmodell Kloster: Hoheliedexegese im 12. Jahrhundert. In: Andreas Kraß und Alexandra Tischel (Hg.), Bündnis und Begehren. Ein Symposium über die Liebe. Berlin 2002, 87–102, hier 97f.; Karl Brunner, Das Paradies ist ein Baumgarten. In: Gerhard Jaritz (Hg.), Kontraste im Alltag des Mittelalters. Internationaler Kongress, Krems an der Donau, 29.9.–2.10.1998 (Forschungen des Instituts für Realienkunde des Mittelalters und der frühen Neuzeit. Diskussionen und Materialien 5) Wien 2000, 25–33, besonders 30–33 mit zahlreichen Beispielen: Außerdem Elisabeth Vavra (Hg.), Die Suche nach dem verlorenen Paradies. Europäische Kultur im Spiegel ihrer Klöster (Katalog zur Niederösterreichischen Landesausstellung 2000) St. Pölten 2000.

33 Honorius Augustodunensis (1. Hälfte 12. Jhdt.), Expositio in Cantica Canticorum, PL 172, 1895 (Neudr. 1970), 347–496; Rupert von Deutz (1075/80–1129/30), Commentaria in Canticum Canticorum, hg. von Hrabanus Haacke, Corpus Christianorum, Continuatio Mediaevalis 26. Turnhout 1974; sowie PL 168, 1893, 837–962; Bernhard von Clairvaux (1090–1153), Sermones super Cantica Canticorum 1–35, hg. von Jean Leclercq, H. Talbot und H. M. Rochais, Sancti Bernardi Opera I. Rom 1957; zu Rupert vgl. John Van Engen, Rupert of Deutz. Berkeley 1983; zu Honorius vgl. Valerie Flint, Honorius Augustodunensis (Authors of the Middle Ages 2) Aldershot 1995; Marie-Odile Garrigues, L'œuvre d'Honorius Augustodunensis, Inventaire critique. In: Abhandlungen der Braunschweigischen wissenschaftlichen Gesellschaft 38 (1986) 7–136; aus der umfangreichen Literatur zu Bernhard vgl. etwa Peter Dinzelbacher, Bernhard von Clairvaux: Leben und Werk des berühmten Zisterziensers. Darmstadt 1998; vergleichende Perspektiven bei Regine Hummel, Mystische Modelle im 12. Jahrhundert: „St. Trudperter Hoheslied", Bernhard von Clairvaux, Wilhelm von St. Thierry (Göppinger Arbeiten zur Germanistik 522) Göppingen 1989; Michael Curschmann, Imagined Exegesis: Text and Picture in the Exegetical Works of Rupert of Deutz, Honorius Augustodunensis, and Gerhoh of Reichersberg. In: Traditio 44 (1988) 145–169 und aktuell Cescutti, Begehren, Körper, Text (wie Anm. 32) mit weiterführenden Literaturangaben.

34 Vita magistrae, Cod. Admont. 25, fol. 235r-v, Prolog: *Fulgida vita Dei famule seu forma trophei / Quo mundum vicit, hec splendida littera dicit / Et bene virgineus stilus explanat pia gesta / Virginis electe, dignis ut sint manifesta / Virgo virgineum per amorem scripsit amorem / Quo dilexit Eum, qui solus confert amorem. Quod placeat pro se, laudando quisque loquatur / Hoc dicam pro me, merces non iure negatur / Gerdrudi describenti vitam venerandam / Eterno placitam Regi nobis imitandam / Docta quidem Gerdruot, tu debes scire minen muot. / Hec que dixisti fervens in nomine Christi / Sunt satis ornata, vera cum laude notata / Scriptorem servans, o Rex terreque polique / Lectores salva, qui iusta tueris ubique.* Edition: *Vita ut videtur cuiusdam magistrae monialium Admuntensium in Styria.* Saeculo XII. In: Analecta Bollandiana 12 (1893) 359–366. Neuedition in Lutter, Geschlecht & Wissen (wie Anm. 6) 325–331, zur Datierung ebd. 121, sowie die

Das Verhalten der Protagonistin wiederum entspricht in jeder Hinsicht den zeitgenössischen Tugendkatalogen: Sie betet und fastet, schläft wenig, isst nur das Notwendigste und zeichnet sich auch sonst durch äußerste Disziplin aus. Sie hält sich in allem an die Benediktinerregel und die *exempla maiorum*. In ihrem Herzen wohnen Demut, Frömmigkeit, Friede und Barmherzigkeit.[35]

Die Vita dient als Rollenmodell für ein tugendhaftes und gelehrtes monastisches Leben. Durch seine typische Struktur bietet dieses Modell eine Reihe von Identifikationsmöglichkeiten und verweist auf seinen Rezipientinnenkreis: Wie viele der Admonter Damen stammte die *magistra* vermutlich aus der neuen Ministerialität im süddeutschen Raum. Die Lebensbeschreibung berichtet von ihrer Ausbildung im Erzbistum Salzburg, wo sie einige Jahre ihrer Jugend verbrachte.[36] Sie enthält neben wertvollen Hinweisen auf die Entstehungsgeschichte des Admonter Frauenkonventes solche auf die Bildung und die Schreib-, Lese- und Unterrichtstätigkeiten der Admonter Damen, die mit den Angaben in Irimberts Bericht korrespondieren: Das Wissen der *magistra* galt nicht nur in *divinis cultibus,* sondern auch in *studiis liberalibus* als unübertroffen.[37] In der Nacht verfasste sie *litterae* und diktierte sie einer Schreiberin, sie schrieb Verse und Prosa für die Novizinnen auf Wachstäfelchen und missachtete dabei niemals die Schweigepflicht oder sprach ein deutsches Wort![38]

Hinweise auf die Bedeutung der Vita als Identifikationsmodell für die Leserinnen gibt auch ihre Überlieferung: Sie findet sich im Admonter Exemplar des *Magnum Legendarium* aus der 2. Hälfte des 12. Jahrhunderts, wohl einige Jahrzehnte später auf Rasur nachgetragen (fol. 235r-v), und folgt auf die frühchristliche Vita der Königstochter und Klostergründerin Gertrud von Nivelles (gest. 17. März 659, fol. 230v–234r) und

---

Einleitung zur Edition in den Analecta Bollandiana und Friedrich Ohly, Ein Admonter Liebesgruß. In: Zeitschrift für deutsches Altertum 87 (1956/57) 13–23, hier 23f. Die Zitate (abgekürzt: Vita magistrae) folgen meiner eigenen Edition, die Nummerierung der Absätze korrespondiert mit der Edition in den Analecta Bollandiana. Weder Prolog noch Text der *vita* bezeichnen die beschriebene Person als *magistra*. Dennoch sind die Herausgeber der Analecta Bollandiana in der vorsichtigen Wahl ihres Titels *Vita, ut videtur, cuiusdam magistrae monialium Admuntensium* zu unterstützen: Die topisch stilisierten Eigenschaften und Tätigkeiten, das gottgefällige Leben sowie die Autorität, die ihr die Erzählerin Dank ihres Alters, ihrer Würde und ihres Wissens offensichtlich zubilligte, korrespondieren mit den Nennungen von *magistrae* in anderen Admonter und weiteren Hirsauer Quellen (dazu Anm. 9).

35 Vita magistrae 1 und 2.

36 Vita magistrae 2: *[...] non immemor originis, nam ex illustrissimis Salzpurgensis ecclesie ministris oriunda exstitit, ibique in superiori castro eiusdem urbis educata aliquos annos iuventutis sue exegit.*

37 Vita magistrae 2: *[...] Et quia in divinis cultibus, studiis quoque liberalibus nulli secunda habebatur, aliquotiens ad alia loca edificationis exemplo transmittebatur, quo sancte et iuste vivendo ab omnibus amaretur, fugit e vestigio, cupiens apud nos in medio petrarum.*

38 Vita magistrae 4: *Aliquando enim in tempestate nocte litteras composuit et scribenti praedixit, silentii tamen observantiam retinens numquam aliqua theutonica verba protulit. Preterea licet post completorium secundum regulam perpetuum haberet silentium, tamen cum rogaretur a parvulis, ut versus et prosas praediceret illis, sicut erat plena karitate et dilecione, accepit tabulas et scripsit eis reddendos in crastino versus et prosas.*

die gleich in zwei Fassungen überlieferte damals populäre Conversio der ägyptischen Prostituierten Thais (fol. 234r–v; fol. 234v–235r).[39] Diese Überlieferungssituation verstärkt den Eindruck des Lehr- und Vorbildcharakters hagiographischer Texte durch die Aufnahme lokaler Traditionen und einer für das Kloster wichtigen Persönlichkeit.[40] Alle drei Figuren eignen sich als Vorbilder für die Admonter Sanktimonialen: Die Sünderin Thais gibt ihren Lebenswandel auf und entscheidet sich über die ursprünglich erteilte Buße hinaus für ein lebenslanges Verweilen im Kloster. Auch die frühmittelalterliche Königstochter Gertrud und die sozial hoch stehende Admonter *magistra* wenden sich von der Welt ab und suchen Zuflucht im abgeschlossenen Raum des Klosters.

Jeder der Texte präsentiert seinen Leserinnen Vorbilder und Muster einer geistig-spirituellen Lebensweise, wobei allerdings jeweils unterschiedliche Aspekte im Vordergrund stehen. Steht im Fall der heiligen Gertrud ihre Modellfunktion als adelige Jungfrau im Mittelpunkt, spielen bei der Geschichte der Thais Sünde und die Möglichkeit zur Umkehr die wichtigste Rolle. Im Prolog der *Vita magistrae* wird das Schreiben der gelehrten Autorin als Ausdruck ihrer Liebesbeziehung zum himmlischen Bräutigam dargestellt,[41] während im Haupttext die spirituelle Gelehrsamkeit der Protagonistin zentraler Bestandteil eines gottgefälligen Lebens ist. In allen Fällen aber können diese unterschiedlich gewichteten Aspekte als Bestandteile des Selbstverständnisses der Sanktimonialen als Bräute Christi gedeutet werden, und werden als Werkzeuge und Ausdrucksformen ihrer Liebe zum himmlischen Bräutigam wirksam.

Das höchste Ziel der gläubigen Seelen als Bräute Christi besteht in der vollständigen Vereinigung mit dem himmlischen Bräutigam. Dies kommt in der Vorstellung der *unio mystica* zum Ausdruck, wie sie besonders durch Bernhard von Clairvaux geprägt wurde.[42] Ähnliche Bedeutung wird diesen Fragen auch in den Admonter Marien-Predigten Abt Gottfrieds oder seines Bruders Irimbert zugeschrieben, die außerdem eine inhaltliche Nähe zum volkssprachlichen St. Trudperter Hohelied aufweisen, das vermutlich im

39 Gertrudis abb. Nivialensis, gest. 659 – Mart. 17. In: Biblioteca Hagiographica Latina (BHL) I. Bruxellis 1898/99, 521–523, n. 3490–3504; Thais paenitens in Aegypto, saec. IV.– ct. 8. In: BHL II. Bruxellis 1900/01, 1116f., n. 8012–8019; n. 8012: PL 73 (1879, Vitae patrum 1) 661–662, und Acta Sanctorum Octobris IV. Bruxellis 1780, 225–228. Vita metrica adscripta Marbodo: PL 171, 1629–1634. Dazu ausführlich Lutter, Geschlecht & Wissen (wie Anm. 6) 121–127.

40 Vgl. Charlotte Ziegler, Zisterzienserstift Zwettl. Katalog der Handschriften des Mittelalters I–IV, Wien; München 1992–1997, XII. Grundsätzlich zu den Funktionen hagiographischer Texte unter besonderer Berücksichtigung der Kategorie Geschlecht vgl. Janet J. Nelson, Gender and Genre in Women Historians of the Early Middle Ages. In: dies., The Frankish World 750–900. London 1996, 183–197; Catherine M. Mooney (Hg.), Gendered Voices: Medieval Saints and Their Interpreters. Philadelphia 1999; Jocelyn Wogan-Browne, Saints' Lives and Women's Literary Culture, 1150–1300. Virginity and its Authorizations. Oxford 2001.

41 Vita magistrae, Prolog: *[...] Virgo virgineum per amorem scripsit amorem / Quo dilexit Eum, qui solus confert amorem.*

42 Cescutti, Begehren, Körper, Text (wie Anm. 32) 98–102 zu Bernhard von Clairvaux; weiterführend Kurt Ruh, Geschichte der abendländischen Mystik 2: Frauenmystik und franziskanische Mystik. München 1993.

Umkreis Admonts entstanden ist.[43] Ein wesentlicher Aspekt dieser Predigten besteht in der Hinführung zu einem Gottes- und Schriftverständnis, das durch den Dialog zwischen Seelsorgern und ihrem Publikum hergestellt werden soll. Dabei wird bei Gottfried bzw. Irimbert die Braut-Metaphorik des Hohen Liedes auch für die Beziehung zwischen Predigenden und Zuhörenden herangezogen. Erstere spielen eine vermittelnde Rolle. Sie sollen die Seele durch ihre Lehre zur Gottesliebe führen. Sie haben damit die Funktion eines Tores zur *civitas*, indem sie den Bräutigam (Christus) durch Unterweisung zur Braut (Seele) führen [sic]![44]

In der monastischen Gemeinschaft als *hortus conclusus* – als exklusiver Raum – galten die Bräute Christi aufgrund ihres *ordo* zum höheren geistigen und geistlichen Verständnis befähigt und damit gleichzeitig privilegiert. Diese Texte richteten sich also an ein spezifisches Publikum, das sich von anderen in mehrfacher Hinsicht unterscheidet: Neben der funktionalen Einteilung der Menschen in Mönche, Kleriker und Laien seit Augustinus waren die moralischen *ordines* Jungfrauen, Witwen und Verheiratete eines der grundlegenden gesellschaftlichen Ordnungsschemata. Es beruhte auf dem Prinzip

43 Gottfried (oder Irimbert) von Admont, Homiliae dominicales und Homiliae in festa totius anni, PL 174, 1979, 21–632; 633–1060 (Cod. Admont. 58, 62, 63 and 73); Zur Diskussion um die AutorInnenschaft der Predigten vgl. Bernhard Pez, Ven. Godefridi homiliae. 2 Bde, 1724; Ulrich Faust, Gottfried von Admont. Ein monastischer Autor des 12. Jahrhunderts. In: Studien und Mitteilungen des Benediktinerordens 75 (1965) 277–291, hier 282, Braun, Irimbert (wie Anm. 18) 118–123; Stephan Borgehammar, Who Wrote the Admont Sermon Corpus – Gottfried the Abbot, his Brother Irimbert or the Nuns? In: Jacqueline Hamesse (Hg.), De l'homélie au sermon. Histoire de la predication médiévale. Louvain-La-Neuve 1993, 47–51. Zur Bedeutung der Predigten siehe Fritz P. Knapp, Die Literatur des Früh- und Hochmittelalters in den Bistümern Passau, Salzburg, Brixen und Trient von den Anfängen bis zum Jahr 1273 (Geschichte der Literatur in Österreich 1) Graz 1994, 76–79. Vgl. Ingrid Roitner, „Mater Misericordiae“. Das Marienbild des Hochmittelalters, dargestellt anhand der Marienpredigten Gottfrieds von Admont (1138–1165) vor dem Hintergrund der religiösen Laien- und Frauenbewegung. Ungedr. Diss. Wien 2002. Vgl. das St. Trudperter Hohelied, Eine Lehre der liebenden Gotteserkenntnis, hg. und übersetzt von Friedrich Ohly unter Mitarbeit von Nicola Kleine (Bibliothek des Mittelalters 2) Frankfurt am Main 1998, 9–313, 6, 1–5: *Wir haben vernomen von deme heiligen geist, wie er kôsete durch den wîsen Salomônem, daz er wunschte einis starken wîbes. dar nâch begunde er singen cantica canticorum. nû sehen waz daz sanc sî.* Dazu Ohly, Kommentar zur Edition 500ff.; Urban Küsters, Der verschlossene Garten. Volkssprachliche Hoheliedauslegung und monastische Lebensform im 12. Jahrhundert. Düsseldorf 1985, 29f., Karl Brunner, *Quae est ista, quae ascendit per desertum.* Aspekte des Selbstverständnisses geistlicher Frauen im 12. Jahrhundert. In: Mitteilungen des Instituts für Österreichische Geschichtsforschung 107 (1999) 271–310, hier bes. 271–273; Cescutti, Begehren, Körper, Text (wie Anm. 32). Zur Überlieferung, Datierung und nach wie vor nicht geklärten Lokalisierung vgl. Hans-Jörg Spitz, Zur Lokalisierung des St. Trudperter Hoheliedes im Frauenkloster Admont. In: Zeitschrift für deutsches Altertum und deutsche Literatur 121 (1992) 174–177, sowie die Rezension der Edition Ohlys von Urban Küsters. In: Zeitschrift für deutsches Altertum und deutsche Literatur 129/4 (2000) 453–459.

44 Homiliae dominicales 84 (wie Anm. 43), 585f.: *Dum enim praedicatores sancti, fidelem animam praedicatione sua et doctrina ad amorem Dei erudiunt et accedunt, ipsi quidem porta civitatis fiunt, quia sponsum ad sponsam, Deum videlicet ad beatam animam introducunt* (meine Hervorhebungen). Weitere Bespiele bei Faust, Gottfried (wie Anm. 43) 290f.; Küsters, Der verschlossene Garten (wie Anm. 43) 22f.

der Enthaltsamkeit bzw. Keuschheit als Maßstab, an dem man im Diesseits, vor allem aber im Jenseits beurteilt und ‚sortiert' wurde. Je höher die ‚Askeseleistung', um so höher der zu erwartende Lohn im ewigen Leben. Dementsprechend nahmen die Jungfrauen und ‚Bräute Christi' den höchsten Rang in dieser ‚Ordnung der Enthaltsamkeit' ein.[45] Ihre Heilserwartung galt als am größten, ihr Weg zu Gott als direkter als jener der Witwen und Verheirateten. Als geistliche Personen waren sie spirituell weiter auf dem Weg zu Gott fortgeschritten. Dabei spielt ihre Bildung, ihr Verständnis der Schrift, eine wichtige Rolle. Dieser Status war an sich nicht notwendigerweise geschlechtsspezifisch konnotiert. Die individuelle *fidelis anima* wurde unabhängig vom physischen Geschlecht, unabhängig davon, ob Mönch oder Nonne, als Braut zur Vermählung mit Christus als Bräutigam geführt.[46] Mag der Bericht Irimberts über die Klausur der Admonter Damen eindeutig geschlechtspezifisch konnotiert sein, ihre geistlichen und geistigen Fähigkeiten scheinen es nicht gewesen zu sein.

Wir haben es vielmehr mit einer Gruppe von Männern und Frauen zu tun, die man in mehrfacher Hinsicht als ‚soziale Elite' bezeichnen kann. Auch davon erzählt die Geschichte der Admonter *magistra*, indem sie eine Reihe von Hinweisen auf die Beziehungen zwischen Kloster und Welt gibt. So wird ihre Ausbildung vor dem Klostereintritt erwähnt, ebenso wie wir in Hinblick auf ihre geistliche Autorität erfahren, dass sie nicht nur Personen niedrigen Ranges, sondern auch Bischöfe und Erzbischöfe zurechtwies und zur Vernunft brachte.[47] Sie scheint kein Einzelfall gewesen zu sein: Neben den bekannten Briefen Papst Innozenz' II. und Gerhohs von Reichersberg an die Ad-

45 Z. B. Ambrosius von Mailand, Epistulae, hg. von Otto Faller und Michaela Zelzer (3 vol., 1 Ind.), Corpus Christianorum, Series Latina, 82/1–3, 1968 (Neudr. 1996), hier: Ep. Extra Coll 15,2, CSEL 83/3, 303: *[...] nullum castitatis ordinem reservare*; Hieronymus, Adversus Jovianum PL 23, 1883, 211–383: 1,41, 282: *et docebo virginitatem semper tenuisse pudiciae principatum.* Dazu grundlegend Peter Brown, Die Keuschheit der Engel. Sexuelle Entsagung, Askese und Körperlichkeit im frühen Christentum. München 1994; Vgl. weiters Averil Cameron, Ascetic Closure and the End of Antiquity. In: Vincent L. Wimbush und Richard Valantasis (Hg.), Asceticism. New York-Oxford 1995, 147–161; Bernhard Jussen, Der Name der Witwe. Erkundungen zur Semantik der mittelalterlichen Bußkultur (Veröffentlichungen des Max-Planck-Instituts für Geschichte 158) Göttingen 2000, besonders 46–54, 63–66.

46 Vgl. z. B. Honorius Augustodunensis, Cantica Canticorum 348: *Cantica Canticorum logicae contulit, in quibus rationalem animam per dilectionem Deo coniugi voluit.* Explizit zu den Jungfrauen beiderlei Geschlechts etwa Vita sanctae Geretrudis, hg. von Bruno Krusch, MGH SS rer. Merov. 2, 1888 (Neudr. 1994), 447–474, Prol., 453: *[...] si de vita vel de conversatione sanctorum sanctarumque Christi virginum ad edificationem vel profectum proximorum veraciter aliqua, licet pauca, scribendo aut praedicando studeo commovere, quatenus sanctorum sanctarumque virginum praecedentium exempla cordis nostri tenebras flamme caritatis et ardore sanctae conpunctionis valeant inluminare.*

47 Vita magistrae 2: *[...] non solum sui compares et similes vel se inferiores de malo opere dampnabat et reprehendebat, verum etiam episcopos, archyepiscopos, potentes quoque invehere et de reddenda ratione constanter ammonere non devitabat.*

monterinnen gibt es aus der Mitte des 12. Jahrhunderts Pergamentfragmente eines Formelbuches mit neunzehn Briefen der Admonter Nonnen.[48]

Nahezu alle Schreiben verweisen auf die Kontakte der Admonter Damen zur Welt außerhalb der Klostermauern. Der größere Teil von ihnen befasst sich mit der ökonomischen und spirituellen Sorge um den Konvent und seine Mitglieder und dokumentiert Interventionen für Verwandte und andere ihnen nahe stehende Personen bei hochgestellten Persönlichkeiten. Einmal setzen sich zwei Admonter Sanktimonialen bei einem nicht namentlich genannten Propst für mehrere Mitbrüder ein, die in einem nicht näher beschriebenen Konflikt schuldlos – so die Nonnen – vor dem Salzburger Erzbischof angeklagt waren.[49] Umgekehrt baten auch die Sanktimonialen ihre Verwandten und Vertrauten um Unterstützung in Angelegenheiten, die sie innerhalb des Klosters allein nicht regeln konnten. Bemerkenswert sind weiters Briefe, in denen Nonnen ihre männlichen Verwandten mit sehr deutlichen Worten auf ihre Pflichten oder Versprechungen gegenüber dem Konvent hinwiesen – Ermahnungen, die sich durchaus auch an Personen des höchsten geistlichen und weltlichen Adels richten konnten.[50] Die Gegengabe für die erbetenen oder geforderten Hilfeleistungen bestand im Gebet der Nonnen für ihre geistlichen wie weltlichen Partner, ein Faktor, dem in der auf ein jenseitiges Leben ausgerichteten spirituellen Ökonomie einer hochmittelalterlichen Gesellschaft ein ganz wesentlicher Stellenwert zukam.[51]

Klagen über Trennung von Freunden und Verwandten, Vertrauten und Förderern und die Sehnsucht nach ihnen sind ein konstantes Motiv, das sich in vielen Briefen von

48 Wichner, Nonnenkloster (wie Anm. 7) 305, Beilage III, Schreiben vom 1. April 1139, Lateran (nach Cod. Admont. 567); vgl. auch Wichner, Geschichte 1, 249, und Urkundenbuch des Herzogthums Steiermark (wie Anm. 25) 1, n. 176. Der Brief ist ein wichtiger Beleg für die Bedeutung des Admonter Frauenkonventes: *Innocentius episcopus servus servorum Dei. Dilectis in Christo filiabus sanctimonialibus Admuntensis monasterii [...] . [...] Deo magnas gratias agimus, qui in fragili sexu tantam virtutis constantiam dedit et sic vos in suo amore consolidavit et, ut ita dicamus, viriles in suo sancto officio effecit. [...] Sponso itaque immortali spiritus sancti cura desponsate, contemptis omnibus ad amplexum et aspectum eius sine intermissione suspirate [...].* Die „Nonnenbriefe" befinden sich Admont, Stiftarchiv, Ii/1; dazu Wichner, Nonnenkloster (wie Anm. 7) 318f., Beilage XVIII; sowie v. a. die vorzügliche Edition und Analyse von Alison Beach, Voices from a Distant Land: Fragments of a Twelfth Century Nun's Letter Collection. In: Speculum 77 (2002) 34–54.

49 Brief n. 18, vollständig wiedergegeben bei Beach, Voices (wie Anm. 48) 53f.: *Dilecto domino et patri N. proposito humiles christi ancille N. et N. sorores Admontenses incluse obedientie et orationis obsequium* in domino forti in perpetuum (Is 26, 4). *Dignatio gratie vestre et dilectionis qua nos pre ceteris sororibus specialiter dignum duxistis fovere ... quosdam e monachis nostris apud dominum archiepiscopum esse accusatos ac gratia illius penitus privatos.*

50 Z. B. Brief n. 2, in Beach, Voices (wie Anm. 48) 52. ... *plus pro te doleo quam pro me quia gratiam et dilectionem totius congregationis amisisti, quibus abeundo promisisti te quantotius esse reversurum et cum ipsis permansurum.* Dort auch eine Zusammenstellung der Adressaten.

51 Für eine geschlechtergeschichtliche Perspektive besonders Patrick J. Geary, Phantoms of Remembrance. Memory and Oblivion at the End of the First Millenium. Princeton 1994; Elisabeth van Houts, Memory and Gender in Medieval Europe 900–1200. London 1999; dies. (Hg.), Medieval Memories. Men, Women and the Past 700–1300. Harlow-London-New York 2001.

Frauen aus dem abgeschlossenen Raum des Klosters findet.[52] Einzigartig in seiner emotionalen Dichte und gleichzeitig Aussagekraft für die persönlichen und spirituellen Konflikte, denen Frauen wohl nicht selten ausgesetzt waren, wenn sie sich für ein Leben als ‚Braut Christi' im *hortus conclusus* entschieden, ist aber der Brief einer Nonne an den Salzburger Erzbischof: Sie klagt, durch ihren Eintritt ins Kloster auf seinen Rat hin nicht nur all ihre Freunde und Verwandten, sondern auch ihr neugeborenes Kind verlassen haben zu müssen.[53] In ungemein deutlichen Worten, die gleichzeitig ein fundiertes geistliches Wissen und seinen gekonnten Einsatz belegen, schildert diese Frau unter Verwendung theologischer Vergleiche und biblischer Metaphorik, wie ihr der Gedanke an die Tochter keine Ruhe lässt, und bittet den Erzbischof um eine Möglichkeit, das Kind zu sich zu holen.[54]

Die vermutlich topische Formulierung, es möge zumindest Almosen aus ihren Händen durch das Fenster bekommen dürfen, erinnert an die von Irimbert geschilderten Klausurbestimmungen. Am Ende des Schreibens spricht die verzweifelte Nonne geradezu eine Drohung aus, wenn sie den Erzbischof – wieder mit Verweis auf einen Psalm – auf seine spirituelle Verantwortung hinweist, für den Fall, dass sie den Verlust nicht länger ertragen und aus der Klausur ausbrechen würde.[55] Ein solches Selbstverständnis, die Kompetenz, es in Worten und schriftlich zum Ausdruck zu bringen, ebenso wie die Anzahl der dokumentierten Kontakte und Interventionen verweisen einmal mehr auf die aktive Rolle der Admonter Damen in sozialen Gruppen als Mitglieder hochrangiger Familien und ihren spirituellen Einfluss als geistliche und weltliche Fürsprecherinnen.

Deutlich wird in all diesen Dokumenten die Ambivalenz von Norm und Praxis. Zwar gibt es zahlreiche Hinweise auf die Ideale des Lebens in Klausur, ebenso evident sind aber die häufigen Kontakte der Nonnen zu Personen außerhalb des Klosters und damit ihre virtuelle Mobilität und Sichtbarkeit im Unterschied zur konzeptionellen Immobilität durch das benediktinische Gebot der *stabilitas loci* und ihrer physischen Unsichtbarkeit durch die Klausurierung. Hier fungiert Schriftlichkeit in Form von Briefkontak-

---

52 Dazu etwa Gabriela Signori, „Eine Freundschaft, die aufhören kann, war niemals wahre Freundschaft". Hieronymus und die römische Asketin Marcella. In: dies. (Hg.), Meine in Gott geliebte Freundin. Freundschaftsdokumente aus klösterlichen und humanistischen Schreibstuben (Religion in der Geschichte. Kirche, Kultur und Gesellschaft 4) Bielefeld 1995, 16–28.

53 Der Brief n. 14 ist vollständig wiedergegeben bei Beach, Voices (wie Anm. 48) 52f. und ausführlich interpretiert ebd. 45–50: … *Agnosce dei famule me exulem et exiguam inter oves paschue tue qua relictis notis omnibus et cognatis pro amore patriae celestis* sub umbram alarum vestrarum (Ps 16,8) *confugi, cupiens deo servire in vita spiritali.*

54 Ebd.: *Memor sum domine nec immemor esse possum orphanule mee quam in visceribus meis portavi propriis uberibus laccavi et mecum exulari feci ac in simplicitate cordis mei inconsulte et improvide apud alienos reliqui. … Dolorem ergo maternum diutius ferre non valens. Ob spemet gratiam paterne miserationis vestre mittam et adducam eam ad me ut saltem per fenestram de manibus meis accipiat elemosiam.*

55 Brief n. 14 (wie Anm. 53): … *Obsecro domine ut miseratio tua me consolari non differat ne forte quod deus vetat prae nimio dolore me de claustris erumpere contingat querendo unicam meam, ut exula fame peream, et requirat nos de manibus vestris* pater orphanorum et iudex viduarum (Ps 67,6). Zur Erwähnung des vergitterten Fensters bei Irimbert vgl. Anm. 16.

ten, zu einem wesentlichen Teil als Alternative zur persönlichen Kommunikation, und die Nonnen verwenden ihre formale Bildung in Verbindung mit ihrem sozialen Wissen zur Pflege ihrer sozialen Beziehungen und nicht zuletzt für politische Kontakte. Klausur ist also zum einen ein ‚realer Raum', für den die Prinzipien von Geschlossenheit und Abgrenzung konstitutiv sind. Dabei ist der materielle Aspekt vom sozialen nicht zu trennen, dem der Gemeinschaft im Kloster (*communitas*). Dieser imaginäre Gemeinschaftsraum überschneidet sich aber seinerseits mit anderen sozialen Räumen, die über den jeweiligen geographisch und materiell konstituierten Raum hinausreichen: adelige Netzwerke und Klosterfiliationen, und nicht zuletzt die Gemeinschaft der Lebenden und der Toten, wie sie in Gebetsverbrüderungen sichtbar wird.

In Hinblick auf die Kategorie Geschlecht wird deutlich, dass ihre Bedeutungen immer im Zusammenwirken mit anderen zeit- und kontextspezifisch relevanten Kategorien von Zugehörigkeit – sozialer Herkunft, geistlichem *ordo*, Alter und Generation sowie spirituell orientierten Formen von Wissen und Schriftkundigkeit – ausverhandelt wurden. Wesentlich scheint zu fragen, wo die einzelnen Individuen ‚geschlechtsneutral' und wo sie geschlechtsspezifisch dargestellt wurden, d.h. als ‚Frauen' oder ‚Männer' markiert und als solche zugeordnet, vereinheitlicht und bewertet, in welchen Zusammenhängen Gleichheit und Ungleichheit eine Rolle spielte und wie darin Machtverhältnisse zum Ausdruck kommen und begründet wurden. Genau hier wird das Spannungsverhältnis zwischen Konzepten und Normen und der davon oft nochmals abweichenden kontextspezifischen Praxis deutlich. Dies gilt hier besonders für den Stellenwert von Schriftlichkeit und Schriftkundigkeit unter Klausurbedingungen, die Abgeschlossenheit und Schweigen als ihre wichtigsten formalen Bestandteile kennen.

Die ideellen Vorgaben der *vita apostolica* und *cura monialium* erforderten zusammen mit der extensiven Reformtätigkeit des Klosters Admont und der dafür notwendigen intensiven Schreibtätigkeit offensichtlich alle vorhandenen Kräfte und Kompetenzen. Jenseits mancher funktionaler und damit auch geschlechtsspezifischer Zuschreibungen konnten damit zumindest temporär Handlungsspielräume geöffnet werden, die in den zeitgenössischen Konzepten nicht vorgesehen waren, wenn sie ihnen auch nicht explizit entgegenstanden. Diese Handlungsräume fanden ihrerseits in den spirituellen Vorstellungen des *hortus conclusus* als *hortus deliciarum* ihre ideelle Entsprechung, welche die Gefangenschaft der Klausur mit den Bedeutungen des virtuellen Raumes eines *beatus carcer* füllen konnten.

Karina Kellermann

Der Blick aus dem Fenster. Visuelle *Âventiuren* in den Außenraum*

Die Lady von Shalott lebt auf einer Insel im Angesicht von Camelot. Auf ihr lastet ein Fluch: Sie darf Camelot nicht sehen. So sitzt sie den ganzen Tag in ihrer Burg am Fenster und webt und singt. Die Außenwelt aber nimmt sie nur indirekt wahr: als Abbild, welches ihr ein Spiegel zurückwirft. So gehen die Jahre dahin, bis eines Tages Lancelot auf der Straße nach Camelot reitet:

> *[...]*
> *From the bank and from the river*
> *He flashed into the crystal mirror,*
> *"Tirra lirra," by the river*
> *Sang Sir Lancelot.*
>
> *She left the web, she left the loom,*
> *She made three paces through the room,*
> *She saw the water-lily bloom,*
> *She saw the helmet and the plume,*
> *She looked down to Camelot.*
> *Out flew the web and floated wide;*
> *The mirror cracked from side to side;*
> *"The curse is come upon me," cried*
> *The Lady of Shalott.*

Der Fluch tritt ein, und der Blick auf Camelot bringt der Lady von Shalott den Tod. Was der englische Dichter Alfred Lord Tennyson 1832 aus der Jungfrau von Challot

---

* Die freundlichen Anregungen aus der lebhaften Vortragsdiskussion habe ich für die schriftliche Fassung meines Beitrags dankend aufgenommen.

gemacht hat, die im mittelalterlichen *Lancelot*-Roman an ihrer unglücklichen Liebe zu Lancelot stirbt, ist typisch viktorianische Lyrik. Verhängnisvolle oder letale Konsequenzen hat der weibliche Blick aus dem Fenster in der mittelalterlichen höfischen Epik nicht, aber er birgt Wagnisse und Gefahren.

Von einem Fenster des königlichen Palastes aus erblickt Lavinia Eneas und entbrennt augenblicklich in Liebe (*Eneasroman* 10016ff.).[1] Von der Zinne ihrer Burg aus sieht die Gräfin von Narison glücklich zu, wie Iwein ihren Widersacher im Kampf besiegt (*Iwein* 3723ff.).[2] Unter den Blicken zahlreicher Damen, die ihn von der Burg aus aufmerksam betrachten, zieht Gahmuret in Zazamanc ein (*Parzival* 16, 22ff.).[3] Königin Belakane und ihre Damen beziehen in den Burgfenstern Position, um den Kampf Gahmurets gegen die feindlichen Belagerer zu verfolgen (*Parzival* 37, 10ff.). Als Parzival vor Pelrapeire steht, begutachtet ihn eine namenlose junge Dame von oben aus dem Burgfenster herab, bevor sie veranlasst, dass er in die Burg eingelassen wird (*Parzival* 182, 15ff.). Die Ankunft Gawans vor Bearosche wird von einer großen Schar höfischer Damen beobachtet und ausgiebig kommentiert (*Parzival* 352, 7ff.). Ginover entdeckt durch einen Blick aus dem Fenster ihres Schlafzimmers den unbekannten Turniersieger des Vortages und identifiziert ihn als den lange vermissten Tandareis (*Tandareis* 13651ff.).[4] Gyburc blickt von der Burgzinne auf einen heidnisch gewappneten Ritter, dem sie den Einlass zunächst verweigert, weil der erste Augenschein ihr die Erkenntnis, dass es sich um ihren Mann Willehalm handelt, verunmöglicht (*Willehalm* 89, 9ff.).[5] Einen komplexeren Fall haben wir vor uns, wenn Brünhilt und ihre Damen aus den Burgfenstern auf das Brautwerbungsschiff der Burgunder schauen und die Helden gleichzeitig von unten zu den Frauen aufblicken. Während Gunther mit seinen Augen Brünhilt erwählt, hat Brünhilt ihrerseits nur Augen für Siegfried, obwohl sie sieht, wie Siegfried Gunther den Zügel- und Bügeldienst leistet. Die Wahrheit aber, dass kein anderer als Siegfried Brünhilt im Kampf bezwingt, bleibt unsichtbar. In diesem Schau-

1 Heinrich von Veldeke, Eneasroman. Mittelhochdeutsch/Neuhochdeutsch, nach dem Text von Ludwig Ettmüller ins Neuhochdeutsche übersetzt, mit einem Stellenkommentar und einem Nachwort von Dieter Kartschoke. Stuttgart 1986.

2 Hartmann von Aue, Iwein. 4., überarbeitete Aufl. Text der 7. Ausgabe von G. F. Benecke, K. Lachmann und L. Wolff. Übersetzung und Nachwort von Thomas Cramer. Berlin-New York 2001.

3 Wolfram von Eschenbach, Parzival. Studienausgabe. Mittelhochdeutscher Text nach der 6. Ausgabe von Karl Lachmann. Übersetzung von Peter Knecht. Einführung zum Text von Bernd Schirok. Berlin-New York 1998.

4 Tandareis und Flordibel. Ein höfischer Roman von dem Pleiaere, hg. von Ferdinand Khull. Graz 1885.

5 Wolfram von Eschenbach, Willehalm. Nach der Handschrift 857 der Stiftsbibliothek St. Gallen. Mittelhochdeutscher Text, Übersetzung, Kommentar, hg. von Joachim Heinzle. Mit den Miniaturen aus der Wolfenbütteler Handschrift und einem Aufsatz von Peter und Dorothea Diemer. Frankfurt am Main 1991.

raum ist der dramatische Knoten geschürzt, der im Epos seine Fatalität entfaltet (*Nibelungenlied*, 7. Aventiure).[6]

1. Die drei Räume der epischen Welt

Dies sind nur einige wenige der epischen Szenen, in denen der weibliche Blick aus dem Kemenaten- oder Burgfenster, von der Zinne oder vom Turm narrativ ausgestaltet wird. Bevor ich nun ein so ätherisches und flüchtiges Phänomen wie den Blick in den Blick nehme, mustere ich zunächst die Sendestationen des Blickes, d. h. die entsprechenden Räume der Burg. Der Blick nimmt seinen Ausgang immer von der Burg oder – spezifischer – von *palas*, *sal* oder *kemenâte*. Die *kemenâte* ist der Raum, dem die Dichter neben dem Wohngebäude (mhd. *palas*) oder dem Festsaal (mhd. *sal*)[7] die höchste Aufmerksamkeit geschenkt haben.[8] Die höfische Dichtung des 12. und 13. Jahrhunderts kennt – so Peter Strohschneider mit Referenz auf Joachim Bumke – dreierlei Bedeutungen des Terminus ‚Kemenate': „1. ein gebauter Raum, worin das etymologische Wissen steckt, daß ‚Kemenate' von ‚camera caminata' kommt; 2. sodann die ‚herrschaftliche[n] Wohnräume[]' auf einer Burg; und 3. schließlich kann ‚Kemenate' auch abgelöst von einem besonderen architektonischen Raum metonymisch für die soziale Gruppe der Frauen bei Hofe gebraucht werden".[9] Weist dieses Bedeutungsspektrum zunächst ein recht breites semantisches Feld aus, lässt sich ein gemeinsamer Nenner doch bald erkennen: Der Ausdruck ‚Kemenate' bezeichnet Orte und Situationen, die durch Geheimnisse definiert sind.[10] Dass eine soziale Situation der Abgeschiedenheit auch ohne Mauern erreicht werden kann und dann ebenfalls den Begriff ‚Kemenate' trägt, lässt sich aufs Schönste mit einem Textzitat aus dem *Rolandslied*[11] belegen: Die konspirative Versammlung der heidnischen Fürsten mit dem Verräter Genelun findet im Freien unter einer Pinie statt und trägt die Raumbezeichnung *kemenâte* (*Rolandslied* 2195 und

6 Das Nibelungenlied. Mittelhochdeutsch/Neuhochdeutsch. Nach dem Text von Karl Bartsch und Helmut de Boor ins Neuhochdeutsche übersetzt und kommentiert von Siegfried Grosse. Stuttgart 1997.

7 Vgl. Joachim Bumke, Höfische Kultur. Literatur und Gesellschaft im hohen Mittelalter. 2 Bde. München 1986, 152: „Der gesellschaftliche Mittelpunkt der Burg war der große Festsaal, der sich meistens im ersten Stockwerk des Palas befand und von außen an den prächtigen Fensterarkaden zu erkennen war."

8 Vgl. Barbara Haupt, Die Kemenate der hochmittelalterlichen Burg im Spiegel der zeitgenössischen (volkssprachigen) Literatur. In: Wilhelm G. Busse (Hg.), Burg und Schloß als Lebensorte in Mittelalter und Renaissance. Düsseldorf 1995, 129–145, hier 130.

9 Peter Strohschneider, Kemenate. Geheimnisse höfischer Frauenräume bei Ulrich von dem Türlin und Konrad von Würzburg. In: Jan Hirschbiegel und Werner Paravicini (Hg.), Das Frauenzimmer. Die Frau bei Hofe in Spätmittelalter und früher Neuzeit. 6. Symposium der Residenzen-Kommission der Akademie der Wissenschaften in Göttingen. Stuttgart 2000, 29–45, Zitat 29f.

10 Vgl. ebd. 32.

11 Das Rolandslied des Pfaffen Konrad. Mittelhochdeutsch/Neuhochdeutsch, hg., übersetzt und kommentiert von Dieter Kartschoke. Stuttgart 1993. Vgl. Strohschneider, Kemenate 32, Anm. 22.

2411–14). Abgeschiedenheit und Heimlichkeit konstituieren den Raum der Kemenate, der damit zum Gegenraum der Öffentlichkeit und der Repräsentation wird. Wenn Erec mit Enite immer wieder die Hofgesellschaft flieht und sich in die Kemenate zurückzieht, um seine Frau zu lieben, dann sucht er bewusst die Abgeschiedenheit und Heimlichkeit und entzieht sich seinen Repräsentationspflichten – genau das wird ja zum Stein des Anstoßes. Es greift meines Erachtens zu kurz, wenn die Kemenate zum Ort der Repräsentation von Herrschaft und Bildung erklärt wird, der sich nicht vom großen Festsaal unterscheide.[12] Die herangezogenen Beispiele – die Prachtkemenate der Gräfin von Beaumont mit dem Prunkbett im *Mauricius von Craûn*, die bewegliche Kemenate der Candacis im *Alexanderroman* und die Kemenate der Königstochter von Constantinopel im *König Rother* – sind als Räume der Liebe zunächst Räume der Heimlichkeit und treten zudem in die Funktion ein, öffentliches Handeln oder sogar Herrschaftshandeln vorzubereiten.[13] Aber auch als solche sind es nichtöffentliche Räume, sonst wäre es gar nicht notwendig, die Kemenate außer für die Liebe auch für die Politik zu öffnen, dann könnte das politische Handeln umstandslos in jedem beliebigen Raum der Burg stattfinden. „Der Bereich öffentlich-politischen Handelns und der Bereich intimer persönlicher Begegnung sind – obwohl räumlich getrennt – funktional aufeinander bezogen".[14] Dieser Aussage von Barbara Haupt stimme ich vorbehaltlos zu. Das Entscheidende ist, dass die Räume der Kemenate und die Räume der Hoföffentlichkeit konstituiert sind durch differente Modi der Kommunikation,[15] denn in einer auf Interaktion unter Anwesenden abgestellten Gesellschaft konkretisiert sich beinahe jede Kommunikationsordnung in einer sichtbaren räumlichen Ordnung. „In der höfischen Literatur bezeichnet ‚Kemenate' also vor allem anderen eine Grenze im Innern höfischer Kommunikation, sei sie nun architektonisch hochgezogen oder durch Kommunikationsformen, Gebärden, Gesten und Requisiten etabliert".[16] Wenn Grenzen der Kommunikation mit Raumgrenzen und diese mit Geschlechtergrenzen zusammenfallen, dann haben wir die Kemenate als Frauenraum. Claudia Brinker-von der Heyde ist den Raumzuordnungen in der mittelalterlichen Epik nachgegangen und nach einer Sichtung der Belege

12 Haupt, Die Kemenate 135.

13 Hier ließe sich auch an die Kemenatenszene im *Parzival* (192, 9–196, 8) denken. In Pelrapeire sucht Condwiramurs den allein in einer Kemenate schlafenden Parzival auf, um ihn als Kämpfer für sich und ihr Land zu gewinnen. Minne und Politik treffen sich hier am heimlichen Ort, eine Konstellation, die öffentlich nicht möglich wäre.

14 Haupt, Die Kemenate 135.

15 Horst Wenzel, Das höfische Geheimnis: Herrschaft, Liebe, Texte. In: Aleida und Jan Assmann in Verbindung mit Alois Hahn und Hans-Jürgen Lüsebrink (Hg.), Schleier und Schwelle (Archäologie der literarischen Kommunikation 5, 1: Geheimnis und Öffentlichkeit) München 1997, 53–69 weist darauf hin, dass Innen und Außen, Öffentlichkeit und Geheimnis nicht nur Gegensätze sind, sondern in der Herrschaftsorganisation durchaus gekoppelt werden können. Er untersucht geheime Räume und Codes der Liebe in der höfischen Literatur, weil diese „den Liebesdiskurs als integralen Bestandteil des politischen Diskurses" (57) darstellen. Auch ihm kommt es dabei auf die Differenzen in den Organisations- und Kommunikationsformen des öffentlichen und nichtöffentlichen Handelns an (55–57).

16 Strohschneider, Kemenate 32.

zu folgenden Resultaten gekommen: Burg oder Kemenate erweisen sich als geschlossene Räume, in denen die Dame auf den Ritter wartet, nach ihm Ausschau hält, um nach dessen erneutem Auszug wieder in die *heimlichkeit* des geschlossenen Raumes zurückzugehen – zu regredieren, möchte ich zuspitzen. Die Identifikation von Frau und Burg auf der einen Seite sowie dem Mann und Aggressor, der die Burg im Sturm nimmt, auf der anderen Seite, wie sie die Minnemetaphorik kennt, ist die rhetorisch-literarische Konsequenz dieser geschlechtsspezifischen Raumzuordnung.[17]

Wie die Raumordung, die Frauen in eigene, häufig abgelegene, Räume abdrängt, verfährt auch die Kommunikationsordnung restriktiv.[18] Von einer quantitativen Begrenzung des Sprechens – *Ein vrowe sol ouch niht sprechen vil – Eine Dame soll auch nicht viel sprechen* (*Der Wälsche Gast* 467) – sowie der qualitativen Reglementierung, dem Abweis mutwilligen Scherzens – *ein vrouwe sol niht vrevelîch / schimphen, daz stât vröuwelîch – eine Dame soll nicht mutwillig scherzen, so gehört es sich für eine Dame* (*Der Wälsche Gast* 397f.) –, geht die höfische Sprachlehre für junge Damen bei Thomasin von Zerclaere[19] weiter zum Prosodischen – *Ein juncvrouwe sol senfticlîch / und niht lût sprechen sicherlîch – Eine junge Dame soll sanft und bestimmt nicht laut sprechen* (*Der Wälsche Gast* 405f.) –, um bei der Einheit von Taten, verbaler und nonverbaler Sprache zu enden – *wan schoene gebaerde und rede guot / die kroenent daz ein vrouwe tuot – Denn schöne Gebärden und gute Reden krönen die Handlungsweise einer Dame* (*Der Wälsche Gast* 203f.). Der Blick auf die dort ebenfalls formulierten Lehren für junge adlige Männer beweist, dass Thomasin das Prosodische geschlechtsspezifisch behandelt. Diese Reglementierung, die den Frauen die stimmliche Eroberung des akustischen Raumes verwehrt, zeigt den engen Zusammenhang von Kommunikations- und Raumordnung. Auch die Einlassungen des Didaktikers über die Körpersprache geraten im Rahmen der weiblichen Erziehungslehre restriktiver als im männlichen Pendant: *ein vrouwe sol ze deheiner zît / treten weder vast noch wît. – Eine Dame soll niemals feste noch große Schritte machen* (*Der Wälsche Gast* 417f.) – *si sol ir ougen und ir houbet / stille haben – Sie soll ihre Augen und den Kopf still halten* (*Der Wälsche Gast* 439f.). Die erzählende Literatur nimmt diese Regeln auf und setzt sie narrativ ein. Die geschlechterdifferente Erziehung an Körper und Sprache wird gleichermaßen eindrucksvoll und unterhaltsam sichtbar in Konrads von Würzburg *Trojanerkrieg*, wenn der junge Heißsporn Achill von seiner Mutter auf die Rolle eines Mädchens vor-

---

17 Claudia Brinker-von der Heyde, Ortswechsel. Norm und Verkehrung bei Raumzuordnungen in mittelalterlicher Epik. In: Margarete Hubrath (Hg.), Geschlechter-Räume. Konstruktionen von ‚gender' in Geschichte, Literatur und Alltag. Köln-Weimar-Wien 2001, 23–36.

18 Vgl. hierzu grundsätzlich Horst Wenzel, Hören und Sehen. Schrift und Bild. Kultur und Gedächtnis im Mittelalter. München 1995, bes. das Kapitel IV. 2: Die Klanggestalt des Raumes. Zur Harmonisierung der Stimmen und zur Disziplin der Zunge 142–158.

19 Der Wälsche Gast des Thomasin von Zirclaria, hg. von Heinrich Rückert. Mit einer Einleitung und einem Register von Friedrich Neumann. Quedlinburg-Leipzig 1852 (Neudr. Berlin 1965).

bereitet wird.[20] Denn der Kleiderwechsel allein reicht nicht aus: *mit lîbe und mit gewande / gebâre als ein wol zühtic maget – Benimm Dich in Körperhaltung und Kleidung wie ein gut erzogenes Mädchen* (*Trojanerkrieg* 15040f.). Weibliches Gebaren, so lehrt es Tetis, offenbart sich unter anderem in gemessenem Gang mit kleinen, leisen Schritten, durch ruhige Kopf- und kontrollierte Handhaltung sowie im Verzicht auf Lachen und Lächeln, auf eine laute Stimme und schnelle Wortkaskaden. Ausdrücklich mahnt sie ihren Sohn: *daz dû vor wilden blicken / behüetest wol dîn ougen – daß Du Deine Augen vor wilden Blicken bewahrst* (*Trojanerkrieg* 15010f.).

Dem Blick also lassen die höfischen Dichter wie auch die Didaktiker besondere Beachtung angedeihen. So verbietet Thomasin von Zerclaere der höfischen Dame den intensiven Blick auf einen ihr unbekannten Mann: *ein vrouwe sol niht vast an sehen / einn vrömeden man, daz stât wol – Eine Dame soll einen fremden Mann nicht intensiv ansehen, das ziemt sich* (*Der Wälsche Gast* 400f.). Männern hingegen ist der wilde Blick erlaubt als Attribut seiner Raum erobernden Männlichkeit oder sogar als Ausweis des Heldenhaften. In den Erziehungslehren hören wir mehr von der Disziplinierung des weiblichen Blickes: *schiuz wilder blicke niht ze vil – Lass die Blicke nicht zu unkontrolliert schießen* (*Winsbeckin* 5, 9); so lautet ein oft zitiertes Diktum einer Mutter an ihre Tochter aus dem Lehrgedicht *Winsbeckin*.[21] Und die Tochter antwortet als gelehrige Schülerin, indem sie das zu Vermeidende in die Regel fasst: *swelche wîp diu ougen ûf, ze tal, / und über treit als einen bal, / dar under ouch gelachet vil: / diu prîset niht der zühte ir sal – Welche Frau die Augen hinauf, hinunter und hinüber wirft wie einen Ball, dabei noch viel lacht, die ist keine Zierde der Erziehung* (*Winsbeckin* 8, 4–7). Das Verbot des Umsichsehens ist bei Thomasin folgendermaßen formuliert: *ein vrouwe sol niht hinder sich / dicke sehen, dunket mich. / si sol gên vür sich geriht / und sol vil umbe sehen niht – Eine Dame soll sich nicht oft umblicken, scheint mir. Sie soll beim Gehen vor sich schauen und sich nicht viel umsehen* (*Der Wälsche Gast* 459–462).[22] Ein solches Blickverbot beinhaltet eine umfassende visuelle Restriktion, denn es schränkt auch die Fähigkeit zur Umsicht ein; und das hat soziale Konsequenzen.

Als Antipoden zur Kemenate könnte man den *sal* oder den *palas,* eben den Ort der Öffentlichkeit und gemischtgeschlechtlichen Hofgesellschaft ansprechen. Ich möchte aber auf einer gedachten Achse der Räume ans äußerste Ende wandern und den Raum der Aventiure als antipodischen Ort zur Kemenate betrachten. Denn dieser ist gänzlich der Raum des Mannes, dafür lässt sich schon Hartmann als Kronzeuge anführen, der Kalogrenant auf die Frage des Wilden – *âventiure, waz ist daz?* (*Iwein* 527) – antwor-

20 Der Trojanische Krieg von Konrad von Würzburg. Nach den Vorarbeiten Karl Frommanns und Franz Roths zum ersten Mal hg. durch Adelbert von Keller. Stuttgart 1858 (Neudr. Amsterdam 1965) 14980–15068.

21 Winsbeckische Gedichte nebst Tirol und Fridebant, hg. von Albert Leitzmann. 3., neu berarbeitete Aufl. von Ingo Reiffenstein. Tübingen 1962.

22 Vgl. zu Auswahl und Kommentierung der Textstellen Horst Wenzel, Wilde Blicke. Zur unhöfischen Wahrnehmung von Körpern und Schriften. In: L'Homme. Zeitschrift für Feministische Geschichtswissenschaft 8 (1997) 257–271, hier 263–265.

ten lässt: *nû sich wie ich gewâfent bin: / ich heize ein riter und hân den sin / daz ich suochende rîte / einen man der mit mir strîte, / der gewâfent sî als ich. / daz prîset in, und sleht er mich: / gesige aber ich im an, / sô hât man mich vür einen man, / und wirde werder danne ich sî. – Sieh her, welche Rüstung ich trage. Man nennt mich Ritter, und ich habe die Absicht auszureiten auf die Suche nach einem Mann, der mit mir kämpfe und der Waffen trägt wie ich. Schlägt er mich, so bringt ihm das Ruhm ein, siege aber ich über ihn, so sieht man einen Helden in mir, und meine Würde wächst* (*Iwein* 529–537). Hier wird der „Begriff der *Âventiure* mit dem Hinweis auf den ritterlichen Zweikampf eng an die Identität des männlichen Adligen" gebunden.[23] Der Raum der Aventiure ist als ein Raum der Bewegung zunächst dem statischen Frauenort der Kemenate entgegengesetzt; er bezeichnet eine Welt, die die Ritter suchend durchstreifen. Aventiureraum und Kemenate stehen als Außenraum und Innenraum in Opposition zueinander. Der Aventiureraum aber steht nicht nur der Abgeschiedenheit der Kemenate diametral entgegen, sondern auch der Zivilisation des Hofes, denn er ist Raum der Wildnis und Raum der Gewalt. Seine primäre Kommunikationsform ist die des Kampfes, sei es gegen Drachen und andere wilde Wesen, sei es gegen ebenfalls Kampf suchende Ritter. Verbale Kommunikation tritt allenfalls als Vorspiel auf und ist dementsprechend laut, aggressiv und herausfordernd. In allen diesen Punkten markiert der Raum der Aventiure das Gegenteil zum Raum der Kemenate. Versucht man nun aber analog, den Gegensatz zur Heimlichkeit der Kemenate zu bilden, stellt sich heraus, dass von einer Öffentlichkeit des Aventiureraumes ebenso wenig zu reden ist wie von seiner Heimlichkeit. Mit einer einfachen Dichotomie Wildnis – Zivilisation ist nicht auszukommen. Ich schlage aus analytischen Gründen eine Dreiteilung vor: Kemenate – Hof – Aventiureraum. Der Raum der Aventiure ist ein Durchgangsraum, den die Ritter passieren, um sich zu beweisen und danach wieder an den Hof zurückzukehren. Erst am Hof herrschen wieder Öffentlichkeit und Repräsentation. Für die Taten der Ritter im Aventiureraum heißt das: Sie müssen erst an den Hof gebracht und dort publik gemacht werden. Das geschieht durch die Ritter, die sich als Sieger in ihren Rüstungen und mit ihren Blessuren zeigen oder durch die unterlegenen Ritter, die als Unterpfand der Sieger an den Hof geschickt werden. Beide tragen die Male des Kampfes auf ihrem Körper als Testimonien für ihre Botschaften in den öffentlichen Raum. Eine andere Möglichkeit der Publikation ist die der mündlichen Nachricht mittels Boten oder anderer Ritter, die von den Kämpfen in der Wildnis zu berichten wissen. Die Welt der Aventiure ist also erstens eine auditiv und visuell an den Hof vermittelte und steht zweitens in ihrer literarischen Funktion gleichberechtigt neben der Welt des Hofes. Die Dichter räumen ihr denselben

23 Martin Baisch, Hendrikje Haufe, Michael Mecklenburg, Matthias Meyer und Andrea Sieber, Vorwort. In: Aventiuren des Geschlechts. Modelle von Männlichkeit in der Literatur des 13. Jahrhunderts. Göttingen 2003, 7–23, Zitat 14. Nicht von ungefähr haben die Berliner NachwuchswissenschaftlerInnen, die Modelle von Männlichkeit in epischen Texten untersuchen, den Titel „Aventiuren des Geschlechts" für ihren Band gewählt, gehen sie doch aus von der Verschränkung von Männlichkeits- und Erzählmustern im Begriff der Aventiure (14–16).

narrativen Wert ein, Hof und Aventiure sind die konstitutiven Räume des höfischen Romans. Der Raum des Hofes bleibt in der erzählenden Literatur entweder unspezifiziert oder aber er wird als gemischtgeschlechtlicher Wohnraum (*palas*), als Fest- oder Versammlungsraum (*sal*) oder als intimer Wohnraum (*kemenâte*) gekennzeichnet. Aus diesen Innenräumen führen Wege hinaus in die Aventiurewelt, die von den Rittern immer dann beschritten werden, wenn sie am Hof eine Nachricht von einer zu lösenden Aufgabe, einer *Âventiure* eben, erhalten haben. Den Damen ist dieser Weg verwehrt; ihnen bleibt nur der Blick aus dem Fenster. Damit ist angedeutet, dass die Blickbewegungen in der Epik wie auch die Kommunikations- und Blickregeln der Didaktik nicht geschlechterunspezifisch sind. Der Blick aus dem Fenster ist im allgemeinen ein weiblicher, der Blick von außen in das Innere der Burg oder zumindest bis an die Grenze zum Innenraum, zum Fenster nämlich, ist im allgemeinen ein männlicher. Von dieser geschlechterspezifischen Verteilung der Räume und Blicke ist auszugehen.[24]

2. Der Blick als Medium des Raumwechsels

Im *Parzival*, wird Pelrapeire, die Burg der Königin Condwiramurs, belagert. Es herrscht ärgster Hunger, aber es halten sich noch wehrhafte Männer dort auf. Als Parzival ans Burgtor klopft, öffnen ihm weder Torwächter noch Ritter, obwohl sich kurz zuvor 60 Ritter vor dem vermeintlichen Angreifer Parzival in den Mauerring geflüchtet haben. Einzig eine junge Dame hört sein Rufen und schaut aus dem Fenster: *ûz einem venster sach diu magt / den helt halden unverzagt – Aus einem Fenster sah das Mädchen hinab auf den Helden, der furchtlos dort hielt* (*Parzival* 182, 17f.). Mit knappen Worten bescheidet sie ihn, dass mit Belagerern von Land- und Seeseite ihr Bedarf an Feinden schon mehr als gedeckt sei. Parzival aber antwortet: *frowe, hie habt ein man / der iu dienet, ob ich kan. / iwer gruoz sol sîn mîn solt – Meine Dame, hier hält ein Mann, der will Euch dienen, so gut ich es verstehe. Daß Ihr mich freundlich ansprecht, das soll meine Belohnung sein* (*Parzival* 182, 25–27). Sofort geht die Dame zur Königin und verschafft dem Ritter Einlass: *dô gienc diu magt mit sinne / für die küneginne – Das Mädchen war nicht dumm, sie ging zur Königin* (*Parzival* 182, 29f.). Damit ist ihr kurzer Auftritt schon beendet. Die Hofdame ist nicht aus Not – also aufgrund von ‚Personalmangel' – in die Funktion eines Torwächters eingerückt, sondern schaut erst nach einer Weile aus dem Fenster, sicher nicht vom Wehrgang, sondern aus den Wohnräu-

24 Ausnahmen gibt es natürlich, hier ein paar Beispiele: Gyburc und Willehalm beziehen gemeinsam an den Fenstern Position (*Willehalm* 234, 30ff. und 243, 17ff.), um den Aufmarsch der Heerscharen vor Orange zu beobachten. Ein weiterer berühmter Fall ist Hagens Fensterschau in der 3. Aventiure des Nibelungenlieds (*Nibelungenlied* 84–100), die dazu dient, den unbekannten Siegfried mit seiner illustren Vorgeschichte in die Handlung einzuführen. In diesen Szenen fokussiert der männliche Blick gezielt ein Objekt, über das er aus seinem Gedächtnis Informationen abruft, die der Herrschaftssicherung dienen.

men der Burg, der Kemenate. Ihr Blick überbrückt den Raum von der Kemenate zum Platz unmittelbar vor der Burgmauer und das Gesehene – ein gut gewappneter fremder Ritter – lässt sie politisch richtig, aber in diesem Falle falsch, folgern: ein Feind. Dennoch gibt sie durch ihre konditionale Formulierung und ihre Körpersprache – sie verweilt noch am Fenster – auch einer anderen Interpretation ihres ersten visuellen Eindrucks eine Chance, die durch verbale Kommunikation dann auch erfolgt: Auf die höfische Ansprache durch Parzival reagiert sie ebenfalls höfisch und verständig. Der Blick aus dem Fenster reicht von der Kemenate über die Burgmauer hinaus und bleibt dabei dem Höfischen verhaftet. Innerhalb des höfischen Sehens und Sprechens aber ist es die Frau, die durch das visuelle und verbale Verlassen der Kemenate und die Kontaktaufnahme mit dem Fremden der belagerten Stadt letztlich zu ihrem Befreier verhilft. Die Männer haben sich feige oder resignierend nicht blicken lassen.

Gawans Ankunft vor Bearosche wird von vielen Stadtbewohnern beobachtet, darunter die Fürstin und ihre beiden Töchter Obie und Obilot: *diu wirtîn selbe komen was / durch warten ûf den palas / mit ir schoenen tohtern zwein – Die Fürstin selber war auf den Palas gekommen, um Ausschau zu halten. Sie hatte ihre zwei schönen Töchter dabei* (*Parzival* 352, 7–9). Auch Bearosche ist eine belagerte Stadt und die Damen treten immer wieder auf die Zinnen, um die Belagerungssituation zu beobachten. Die adligen Damen sehen nicht nur Gawan und seinen Tross, sondern sie kommentieren auch seine Erscheinung. Während die ältere Tochter Gawan zum Kaufmann deklariert und deklassiert, sieht die kindliche Obilot in ihm ihren zukünftigen Minneritter und somit ihre Chance, die Schwelle zur Minnedame zu nehmen.[25] Der Blick von der Burgzinne eröffnet ihr den Weg ins Erwachsenenleben einer höfischen Dame und in dieser Funktion auch neue Räume. Noch etwas anderes verdient in der langen und von Wolfram mit vielen Details erzählten Szene vor Bearosche Beachtung: eine audiovisuelle Kommunikation besonderer Art. Schon als die Damen beobachten, wie Gawan sich der Stadt nähert, heißt es, dass auch er die Damen auf den Zinnen erblickt: *sîn ougen muosen schouwen / mange werde frouwen – Da konnten seine Augen so manche edle Dame erblicken* (*Parzival* 352, 5f.), und als sie sich über ihn unterhalten, hört er jedes Wort (*Parzival* 354, 1f.). Wenig später, als die Kampfhandlungen – noch ohne Gawan – beginnen, schauen die Damen wieder zu. Erneut verspottet Obie Gawan, und ihre kleine Schwester verteidigt ihn. Auch diesmal hört Gawan jedes Wort (*Parzival* 358, 1–20). Keinmal aber antwortet er. Damit sind die Geschlechterräume deutlich markiert: Frauen, noch dazu wenn sie vor Minneschmerz nicht ganz bei Sinnen sind wie Obie – *ez sî wîb oder man, / die crenket herzeminne / vil dicke an hôhem sinne – Ob Weib oder*

25 Dass Wolfram das Kind Obilot zur Repräsentantin eines positiven Minnemodells gemacht hat, ist in der *Parzival*-Forschung immer wieder betont worden, zuletzt von Christopher Young, Obie und Obilot. Zur Kultur und Natur der Kindheit in Wolframs *Parzival.* In: Alan Robertshaw und Gerhard Wolf (Hg.), Natur und Kultur in der deutschen Literatur des Mittelalters. Colloquium Exeter 1997. Tübingen 1999, 243–252. Das ist zweifellos richtig. Ich meine aber, dass Obilot nicht „von Anfang bis Ende ein Kind“ bleibt (250), sondern das Kindsein transgrediert, indem sie die Rolle einer Minnedame tadellos spielt und in gesellschaftliche Funktionen des Erwachsenenlebens eintritt.

Mann, auch wahrhaft noble Seelen beugt die Herzensliebe leicht (*Parzival* 365, 8–10) – sprechen viel und oft unbedacht, ohne zuzuhören. Männer jedoch hören und schweigen, bis sie dann zum rechten Zeitpunkt in Aktion treten. So führt es Gawan vorbildlich vor, denn seine Aktion ist der Kampf, in den er sich erst in der entscheidenden Phase als Obilots Minneritter stürzt. Diese Verpflichtung ringt ihm Obilot ab, wobei sie einen signifikanten Weg beschreitet: Sie kommt von der Burg herunter gelaufen, spielt zunächst mit ihrer Freundin auf einem Platz im Freien, um dann Gawan, der inzwischen in der Stadt Quartier bezogen hat, in dessen Kemenate aufzusuchen: *dô se in die kemenâten gienc, / Gâwân spranc ûf. dô er si enphienc / zuo der süezen er dô saz – Als sie in die Kemenate gegangen kam, sprang Gâwân auf, er umarmte sie, und dann setzte er sich hin mit der Süßen* (*Parzival* 368, 23–25). Die Minnedienstverhandlung findet im Raum der Heimlichkeit statt,[26] und Obilot kommt ans erwünschte Ziel, obwohl sie nach Gawans Aussage noch fünf Jahre zu jung ist, um Minnelohn zu verschenken. Als dann der Entscheidungskampf um Bearosche beginnt, sitzen die Damen wieder in bester Beobachterposition: *den frowen ez guot ze sehne was / her nider von dem palas – Die Damen nämlich hatten eine gute Aussicht dort hinunter vom Palas* (*Parzival* 387, 19f.). Am Ende des für Gawan und den Fürsten von Bearosche siegreichen Kampfes überstellt Gawan den gefangenen König Meljanz an Obilot. Damit hat sie die Versöhnung ihres Vaters mit seinem Lehnsherrn in der Hand; und diese bringt sie zielstrebig und formvollendet in ihrer neuen Rolle als Repräsentantin der Familie durch ein Ehegebot für Meljanz und Obie zustande (*Parzival* 396, 1–18). Zwei Funktionen des weiblichen Blicks von der Zinne sind an der Bearosche-Szene abzulesen: 1. Die adlige Frau partizipiert an den zeremoniellen wie militärischen Räumen des Mannes. Die Frauen haben den Überblick über den Einzug fremder, schöner und bestens gerüsteter Ritter in die Stadt, und sie haben die Aussicht auf die Kampfhandlungen. 2. Der Blick leitet einen ‚rite de passage‘ ein. Obilot überschreitet zunächst visuell eine Grenze, die sich als Schwelle zwischen Kindheit und Erwachsensein erweist, eine Schwelle, die sie in der Folge auch mit ihrer ganzen Person passiert: der Schwertleite beim Jüngling entsprechend, ist ihr erstmaliger Auftritt als Minnedame die Initiation in die adlige Gemeinschaft der Ritter und Damen.

An Gawans Verhalten lässt sich eine typisch männliche Schaulust ablesen, die in den höfischen Epen oft begegnet, nicht immer so kontrolliert wie hier beim Musterritter Gawan. Die Ritter nehmen gern die Chance wahr, die in den Fenstern oder auf den Zinnen weilenden Damen anzuschauen. Während für die Frauen der Blick nach draußen eine Transgression darstellt, ist für die Männer aufgrund ihrer Mobilität der Außenraum bekannt und kann von ihnen jederzeit körperlich besetzt werden. Für den Mann liegt der Reiz in der Umkehrung: im Blick in den Innenraum, in die Burg und auf die Frau. Beiden Geschlechtern gemeinsam ist die – zunächst visuell zu stillende – Lust auf das

26 Offenbar ist ihre Freundin, die Burggrafentochter, dabei, so dass die höfische Etikette gewahrt bleibt. Um eine *huote*- oder Erziehungsfunktion aber handelt es sich ganz offensichtlich nicht.

andere Geschlecht.[27] Die Reziprozität der Blicke konstituiert einen Schauraum, in dem die Geschlechterrollen genau verteilt sind. Das zeigt sich an Gawan vor Bearosche, aber auch – und zudem erotisch aufgeladen – beim Einzug Gahmurets in Kanvoleis (*Parzival* 61, 2–64, 10). Die Grenze des höfischen Anstands wird aber nicht selten überschritten, z. B. dann, wenn aus dem Schauen ein selbstvergessenes schamloses Gaffen wird oder wenn der Mann heimlich auf eine sich unbeobachtet wähnende Frau schaut. Berühmt und oft zitiert ist die voyeurhafte Schau des Ritters Heinrich auf die nackte Meierstochter durch ein Loch in der Wand (*Der arme Heinrich* 1228ff.).[28]

Bedeutsam für das Thema der Blickwege ist der erste Auftritt Gyburcs in Wolframs *Willehalm*. Gyburc wird auf den Wehrgang gerufen und schaut von dort oben auf den Einlass erbittenden Willehalm, den sie zunächst nicht erkennt (*Willehalm* 89, 9ff.). Diese Szene ist kein Blick aus einem Frauenraum, auch nicht aus einem Wohnraum, und sie ist zudem situiert in die Belagerung einer Burg, die keinen einzigen wehrhaften Mann mehr in ihren Mauern hat. Das ist eine Extremsituation, die im Verlauf der Handlung noch gesteigert wird, nämlich dann, wenn Gyburc und ihre Frauen zu den Waffen greifen, um Orange zu verteidigen.[29] Es zeigt sich, dass Gyburc im Blick von oben eine hohe visuelle Kompetenz beweist. Ihr Nichterkennen Willehalms ist ebenso wie das spätere Erkennen ihrem scharfen Blick und ihrer Umsicht zu verdanken: *si nam der zimierde war: / der koste sie bevilte; / si prüefte ouch bî dem schilte, / daz er ein heiden möhte sîn – Sie musterte den Waffenschmuck: zu kostbar schien er ihr; auch ließ sie der Schild vermuten, daß er ein Heide sei* (*Willehalm* 89, 10–13). Ihr Verstand und ihr wacher Blick gelten der Verteidigung der Burg, und deshalb sieht sie im vor den Mauern wartenden Ritter nicht den geliebten Mann, sondern den potentiellen Feind. Sie sieht heidnischen Waffenschmuck und einen heidnischen Schild, ein Pferd, das nicht Willehalm gehört, und zudem kommt dieser Ritter allein anstatt an der Spitze seines Heeres. Der erste Augenschein bedeutet ihr, dass es sich nicht um Willehalm handelt. Als sie dann sieht, wie Willehalm eine Schar gefangener Christen befreit, ist ihr diese Augenzeugenschaft erstes Indiz für seine Identität, aber noch nicht Beweis. Den will sie durch ein untrügliches optisches Individualzeichen erbracht wissen: die Narbe auf der Nase, das Gnorisma des Helden. Erst die Evidenz dieses Zeichens lässt sie ihre Übersichts- und Aufsichtsposition auf dem Wehrgang verlassen und das Burgtor öffnen: *‚Willelm ehkurneis, / willekomen, werder Franzeis!‘ / si bat die port ûf sliezen – ‚Wil-*

27 Burgen sind für Ritter offenbar schon deshalb Räume, die Begehrlichkeiten wecken, weil sie Frauen enthalten. Noch bevor Erec Kenntnis von der *Joie de la curt-Aventiure* hat, äußert er beim Blick auf die Burg Brandigan: *diz hûs ist sô wünneclich / und alsô schoene daz ich / ûzen dar an kiuse wol, / ist ez etewes innen vol / daz man sol gerne schouwen, / ez enist niht âne vrouwen – Die Burg ist so prachtvoll und schön, daß ich von außen sehe, daß sie innen von Sehenswertem ist: sie ist nicht ohne Damen* (Hartmann von Aue, Erec. Mittelhochdeutscher Text und Übertragung von Thomas Cramer. Frankfurt am Main 1997, 7918–23).

28 Hartmann von Aue, Der arme Heinrich. Mittelhochdeutsch/Neuhochdeutsch, übersetzt von Siegfried Grosse, hg. von Ursula Rautenberg. Stuttgart 1998.

29 Vgl. Wolfram von Eschenbach, Willehalm 222, 4ff.

helm au court nez, willkommen, edler Franzose!' Sie befahl, das Tor zu öffnen (*Willehalm* 92, 17–19). Diese Szene verdichteter Visualität zeigt eine höfische Dame, die den Frauenraum bereits physisch und intellektuell verlassen hat, aber nicht die Burg. Der Blick schlägt eine ephemere Brücke vom geschlossenen wehrhaften Raum hin zur Kampfwelt im freien Feld. Die optischen Reize, die von außen nach innen gelangen, werden apperzepiert und in einem männlich-heldischen Erfahrungsfeld geprüft – auch das zur richtigen Erkenntnis führende Gnorisma ist ein Zeichen der heroischen Welt. Insofern ist Gyburc eine Frau, die außer der Kemenate, in die sie kurz darauf mit Willehalm zurückkehrt, den Raum der Burg mit allen dort anfallenden Aufgaben ganz und gar ausfüllt.[30] Da dies aber keine Frau kann, entlehnt Wolfram dafür die Virago-Formel: *manlîch sprach daz wîp, / als ob si manlîchen lîp / und mannes herze trüege – Mannhaft redete die Frau, als ob sie einen Männerleib hätte und ein Männerherz* (*Willehalm* 95, 3–5).

Im *Eneasroman* sitzt Lavinia am Burgfenster hoch oben und schaut hinaus: *dô sach die junkfrowe her abe / von dem venster dâ si lach. – Da sah die junge Dame herab von dem Fenster aus, an dem sie saß* (*Eneasroman* 10020f.). Veldeke erzählt dies so, als sei der Vorgang des Im-Fenster-Sitzens und Ausschau-Haltens ein usueller und als verbinde sich damit bei Lavinia keine spezifische Intention. Er ruft damit das hundertfach in der Epik beschriebene Bild auf, dass die Damen in den Fensternischen sitzen, und das Geschehen im Burghof oder vor der Burg beobachten.[31] Da erblickt sie Eneas. Und nun wendet sie ihren Blick nicht etwa züchtig ab, sondern betrachtet ihn genau: *den hêren sie wol besach – Sie betrachtete den Herrn genau* (*Eneasroman* 10022). Mit der Schönheit des Ritters, von der sie bereits gehört hatte, visualisiert sich konkret eine zuvor diffuse auditive Wahrnehmung, die *fama*. Sie sieht von ihrer hohen Warte der Burg aus den Ritter *dâ nidene* (*Eneasroman* 10033), und nun geschieht es: *dô schôz si frouwe Vênûs / mit einer scharphen strâle – da schoss Frau Venus mit einem scharfen Pfeil auf sie* (*Eneasroman* 10036f.). Sie ist verwundet, getroffen von Amor – *Amôr hât mich geschozzen / mit dem goldînen gêre – Amor hat auf mich geschossen mit dem goldenen Pfeil* (*Eneasroman* 10110f.), infiziert mit der Liebeskrankheit. Lavinia, die vorher nichts von Minne wusste, ist sich schnell darüber im klaren, dass sie sich durch den Blick in den Trojaner verliebt hat: *wes luste mich daz ich in sach? – Warum verlangte mich danach, ihn zu sehen?* (*Eneasroman* 10173), wirft sie sich vor. Und sie unterscheidet diesen folgenschweren Blick von den Blicken, die sie schon zuvor auf schöne Männer geworfen hatte, ohne sich zu verlieben. Sie gewinnt die neue Erkenntnis, dass das Auge das Einfallstor für die Liebe ist, dass aber nicht jeder Blick zwangsläufig Lie-

30 Dieser Wechsel von höfischer Dame und liebevoller Ehefrau zu heroischer und klug taktierender Kämpferin verleiht der vorgestellten Szene im zweiten Buch seinen besonderen Reiz. Dasselbe gilt für die Parallelszene im fünften Buch. Auch hier steht Gyburc auf der Zinne, diesmal sogar gerüstet. Und wieder erkennt sie Willehalm nicht sofort und stellt zunächst ihre Kampfbereitschaft zur Schau. Dann aber identifiziert sie ihren Ehemann über seine Stimme und fällt vor Freude in Ohnmacht (*Willehalm* 227, 12–228, 28). Entsprechend ihrer Rolle als Burgherrin mit militärischen Aufgaben kommt es wenig später dann auch zu einer Fensterschau besonderer Art (vgl. Anm. 24).

31 Vgl. Bumke, Höfische Kultur 148f.

be auslöst. Da der einzige Kontakt Lavinias mit Eneas in ihrem Blick besteht, der ihn zwar erreicht, aber noch keine Reaktion hervorgerufen hat, fehlt der Aktion bisher die Reziprozität. Diesen Mangel aber erträgt sie nicht (*Eneasroman* 10396f.). Ihr ganzes Trachten ist nun darauf gerichtet, dass auch er sie wahrnehmen möge. Da beginnt Eneas, sich ahnungslos von der Burg zu entfernen, er droht, aus ihrem Gesichtsfeld zu entschwinden. Dies erfüllt Lavinia mit großer Trauer, aber sie gibt ihn noch nicht auf; sie verfolgt ihn visuell durch den Raum außerhalb der Burgmauern: *mit den ougen volgete sime mite / so si aller verrest mohte / [...] / den wech den her hine reit – Sie folgte ihm mit den Augen, so weit sie konnte [...], auf dem Weg, auf dem er fortritt* (*Eneasroman* 10438–42). Ihre Augen folgen dem Weg des Geliebten über das Feld bis zu seinem Ziel. Angestrengt und konzentriert verfolgt sie seine Bewegung durch den Außenraum: *ir ouge nie danne quam, / unz ir diu naht daz lieht benam – Sie konnte ihre Augen nicht abwenden, bis die Nacht ihr das Tageslicht nahm* (*Eneasroman* 10449f.).

Sobald der Ritter durch den Einbruch der Nacht ihrem Blick entschwunden ist, kehrt sie in den ihr zugewiesenen Raum zurück, aber sie ist nicht mehr dieselbe wie zuvor. Sie erfüllt zwar äußerlich die gewohnten alltäglichen Verrichtungen, die dem Innenraum angehören: Sie geht zu Tisch und danach zu Bett. Aber sie kann bei Tisch weder essen noch trinken noch den Gesprächen zuhören und im Bett nicht schlafen. Stattdessen hat sie nun eine Kampfsituation zu bestehen. Die Minne ist auf der Straße ihres Blickes in ihr Herz gelangt, und Lavinia hat sie dann, in sich verschlossen, in den Raum der Kemenate getragen. Dort ist sie nun allein dem Minnekampf ausgeliefert. Und dieser Kampf hat am Morgen seine Spuren hinterlassen in der Blässe auf ihrem Gesicht. In der Kemenate kreuzen sich also weibliche Verrichtungen und männliche Aktionen. Das setzt sich am nächsten Morgen fort, nun aber handelt sie zielgerichtet. Hatte der Raumwechsel Lavinia zunächst als Opfer der Minne in die Kemenate zurückgeführt, ergreift sie nun die Initiative: Sie schreibt einen Brief an Eneas. Dieser Brief ist in mehrfacher Hinsicht transgressiv: Lavinia schreibt ihn an einen Unbekannten und gesteht als erste ihre Liebe – das ist zunächst einmal ein grober Verstoß gegen die geforderte weibliche Zurückhaltung. Des weiteren: Sie lässt den Brief etwa denselben inoffiziellen Weg beschreiben, den ihr Blick genommen hat, d. h. sie lässt dem ersten ein zweites visuelles Zeichen folgen, ein Zeichen, das materiell ist und folglich nicht mehr ignoriert werden kann, es ist nicht flüchtig wie der Blick. Mit dem Brief sendet Lavinia ein Signal, das auch empfangen und – so hofft sie zuversichtlich – repliziert werden wird. Doch zuerst muss der Brief – und zwar lateinisch – geschrieben werden: *Dô was diu maget reine / in der kemenâten aleine. / ir angest diu was vile grôz. / die ture si innen beslôz – Das unschuldige Mädchen war allein in ihrem Zimmer. Ihre Angst war sehr groß. Sie schloß die Tür von innen ab* (*Eneasroman* 10785–88). Deutlicher kann man die Kemenate nicht zum Ort des Geheimnisses machen. In diesem Fall genügt der Schutz der Kemenate als Frauenraum nicht, denn sie muss sich gegen die Mutter sichern, welche sich Lavinias Liebe zu Eneas massiv entgegenstellt. Um den Brief zu befördern, bedient sie sich eines ungewöhnlichen Transportmittels, nämlich eines Pfeils.

Bewegt sich Lavinia mit dem Akt des Schreibens noch ganz und gar auf weiblichem Terrain, so dringt sie nun – eine Waffe gebrauchend – ins männliche Metier ein.[32] Die Diskrepanz von Frauenraum und Waffe ist dem Erzähler einen Kommentar wert: *si erwarb eine strâle, / ich ne weiz wâ sie si nam / diu junkfrouwe lussam – Sie besorgte sich einen Pfeil – ich weiß nicht, woher ihn das anmutige Edelfräulein nahm* (*Eneasroman* 10812–14).

Wieder tritt sie ans Fenster wie schon tags zuvor. Diesmal aber zielgerichtet: *lieblîche sie dâ hine sach, / dâ ir daz herze was – Liebevoll hielt sie in der Richtung Ausschau, in die ihr Herz drängte* (*Eneasroman* 10826f.). Ihr Blick folgt dem Weg des Herzens. Auf den Anblick des Eneas hin entriegelt sie die Kemenatentür und schaut in den Hof. Nachdem ihr Blick in der Ferne, außerhalb des Mauerrings, Eneas erspäht hat, sie also vom Allerintimsten zum Allerfernsten geschaut hat, überwindet sie jetzt die Schwelle der Zimmertür und schaut mit ihren Augen in einen Zwischenraum, der kein Frauenraum mehr ist, aber doch innerhalb der Einfriedung liegt: Es ist der Burghof. Dort erblickt sie einen männlichen Verwandten, der mit seinem Bogen Lavinias Kassiber an sein Ziel, nämlich zu Eneas, expedieren muss. Der Pfeil geht neben Eneas zu Boden, und dieser findet den verborgenen Brief. Heimlich liest er die Botschaft, freut sich, schaut auf zum Fräulein im Fenster und grüßt sie;[33] sie freut sich und grüßt zurück. Eneas reitet so nah ans Burgfenster, dass er Lavinias Augen und Mund erkennen kann, und: *dô schôz in Amôr sâ ze stunt/ mit dem goldînen gêre / eine wunden sêre – in diesem Augenblick schoß ihm Amor mit dem goldenen Pfeil eine schmerzende Wunde* (*Eneasroman* 10982–84). Wie vordem bei Lavinia ist der Blick Wegbereiter der Liebe. Allerdings hat Lavinia mit der Schrift des Briefes den Blick des Eneas gesteuert. Erst nach der Lektüre sucht er den Blick Lavinias und erwidert ihn.[34] Nicht der Pfeil trifft ihn, sondern die Schrift des Liebesbriefes. So kommt es zu einer metonymischen Verschiebung vom materiellen Pfeil zum Pfeil Amors.

Auf die Blickwechsel konzentriert sich auch die nächste Fern-Begegnung der beiden Liebenden. Lavinia, die am nächsten Morgen sofort wieder im Fenster Position bezieht, muss lange auf Eneas warten, der aus Liebeskummer verschlafen hat. Als er dann endlich kommt, grüßt er sie, sie schaut liebevoll zurück; wieder heißt es: *si sach here und*

---

32 Dabei ist nicht zu übersehen, dass Blick und Pfeil auch über das Minnemotiv miteinander verbunden sind: Beide transportieren Botschaften der Liebe. Vgl. hierzu aus mediengeschichtlicher Perspektive Henning Wuth, *was, strâle unde permint.* Mediengeschichtliches zum Eneasroman Heinrichs von Veldeke. In: Horst Wenzel (Hg.), Gespräche-Boten-Briefe. Körpergedächtnis und Schriftgedächtnis im Mittelalter. Berlin 1997, 63–76.

33 Vgl. ebd. 73: „Der Pfeil mit dem Brief lenkt Eneas' Blick auf das Fenster, und erst jetzt kommt es zur beiderseitigen Wahrnehmung und damit zur Einsicht in die *wârheit* ihrer Liebe."

34 Vgl. Mireille Schnyder, Imagination und Emotion. Emotionalisierung des sexuellen Begehrens über die Schrift. In: C. Stephen Jaeger und Ingrid Kasten (Hg.), Codierungen von Emotionen im Mittelalter/Emotions and Sensibilities in the Middle Ages. Berlin-New York 2003, 237–250, hier 245, Anm. 26: „Auch wenn es der Blick auf Lavinia ist, über den Amor schließlich Aeneas trifft (V. 291, 6–20), bestimmt Aeneas den Anfang seiner Liebeskrankheit doch sehr genau als Lektüre des Briefes."

her dar – Sie sah her und er sah hin (*Eneasroman* 11563). Der Blickwechsel bleibt nicht unbemerkt von Eneas' Getreuen, die spöttisch davor warnen, dass er von einer unbekannten Person, die offensichtlich in der Burg weile, ganz schnell hineingezogen werden könne. Damit ist die Wechselseitigkeit des Raumwechsels ausgesprochen. Wollte Lavinia anfangs ihrem Blick ins feindliche Umland am liebsten körperlich folgen, so ließe sich Eneas nun über den Blick am liebsten in die feindliche Burg ziehen.

Das nächste Mal schaut Lavinia offenbar von einer anderen, noch höheren, Stelle der Burg aus den Vorbereitungen zum Zweikampf zwischen Turnus und Eneas zu und bedauert, dass sie ihrem Kämpfer kein Minnepfand hat zukommen lassen (*Eneasroman* 12208ff.). An dieser Stelle antizipiert sie, dass sie beim Tod des Eneas sich selbst vom Turm stürzen wolle (*Eneasroman* 12282ff.). Sie würde also dem Blick hinab den Körper und das Leben folgen lassen. Als der Zweikampf dann auf seinen Höhepunkt zusteuert, ist es der Blick des schwer getroffenen Eneas auf Lavinia, die am Fenster steht, der ihn *grimmigen hôhen mût – wütende Zuversicht* (*Eneasroman* 12432) schöpfen lässt. Nun kann er den Kampf siegreich beenden, indem er Turnus den Kopf abschlägt.

Ich breche hier ab, um zu resümieren: Heinrich von Veldeke betont die räumliche Dimension des Blickes, die Räume, die der Blick durchmisst und die Schwellen, die überschritten werden. Der mehrfach visuell zurückgelegte Weg Lavinias von der Kemenate bis ins Feldlager der Feinde führt über eine Staffelung von Räumen – vom Intimsten über das Bekannte zum Fernsten, Feindlichen und Fremden. Dieses Durchmessen von Räumen ist narrativ gebunden an die Liebesgeschichte, genauer: die Entstehung und Entdeckung der Liebe zwischen Lavinia und Eneas. Deshalb ist die Hauptfunktion der Blicke eine erotisch-transgressive. Der Blickweg wird zum Liebesweg, wird zum Liebesbriefweg und schließlich zur Liebesstraße mit Gegenverkehr und hohem Tempo. Die räumliche Transgression verändert Lavinia durch und durch: Aus dem gehorsamen Mädchen wird die kühn Blickende, dann die in die Fremde Schweifende, später die Minnekranke und schließlich die Kämpferin mit Herz und Verstand, mit Schreibfeder und Pfeil. Am Ende ist sie die Minnedame, deren Anblick ihrem Ritter Kraft und Mut einflößt, so dass er den Sieg erringt.

3. Visuelle *Âventiuren* in halbwilde Räume

Für alle hier vorgestellten Szenen gilt, dass Frauen über den Blick aus dem Fenster ihre restriktiven Räume situativ verlassen. Sie lassen die Enge der Kemenate und die Mauern der Burg hinter sich und befreien sich damit immer auch aus den kommunikativen Fesseln, die restriktive Erziehung ihnen anlegen will. Doch solche Befreiung ist ein Wagnis; sie riskiert, konterkariert zu werden, wenn männliche Blicke sich ihrerseits nicht an Regeln halten, wenn sie die weiblichen Blicke ungebührlich replizieren. Um meine These zu erhärten, werfe ich einen letzten Blick auf das *Nibelungenlied* und seine 7. Aventiure.[35] Die Burgherrin Brünhilt steht mit ihren Damen an den Fenstern ihrer Burg, um ein Schiff mit unbekannten Ankömmlingen – es sind die vier aus Worms angereisten Brautwerber – in Augenschein zu nehmen. Der Dichter aber verfolgt zunächst die Blickachse in Gegenrichtung, vom Außenraum in den Innenraum; bevor er die Damen und ihre Wahrnehmungen beschreibt, lässt er die Männer zu den Frauen in den Fensternischen schauen. Es ist die Perspektive des Voyeurs, die König Gunther einnimmt, wenn er mit seinen Augen neugierig und heimlich die Reihe der in den Fenstern stehenden Frauen abschreitet. Siegfried unterstützt ihn darin und unterstreicht diese Position, die die Frauen zum Schauobjekt macht, denn er fordert ihn auf: *‚nu sult ihr tougen spehen / under den juncfrouwen, und sult mir danne jehen, / welhe ir nemen woldet, hetet irs gewalt.‘* – *‚Nun sucht einmal unter den jungen Frauen, aber so, daß man es nicht merkt, und sagt mir dann, welche Ihr nehmen würdet, wenn es in Eurer Macht stünde‘* (*Nibelungenlied* 391, 1–3). Gunther lässt sich das nicht zweimal sagen und beweist, dass er das beste Stück der Fensterauslage sehr wohl zu erkennen weiß; seine Augen wählen Brünhilt, die Schönste. Nun erst verlagert der Dichter die Erzählperspektive auf die Burg zu Brünhilt und ihren Damen. Die Königin weist ihre Mädchen an, von den Fenstern zurückzutreten, um genau das zu unterbinden, was bereits geschehen ist: *sin' solden dâ niht stân / den vremden an ze sehene – Sie sollten nicht herumstehen und von den Fremden angeschaut werden* (394, 2f.). Diese visuelle Restriktion ist einmal zu erklären aus der Aufsichtspflicht der Königin, die entsprechend der höfischen Didaxe die Blickkontrolle bei ihren jungen Damen umzusetzen bemüht ist. Mit dem Rückzugsbefehl unterbindet sie aber auch das Schweifende, den Blick in die Ferne, in sonst unzugängliche Außenräume, weil sie die Gefahr dieser Transgression erkennt. An dieser Stelle wird außerdem ein weiterer Grund genannt: Der Blick aus dem Fenster birgt die Gefahr der Umkehrung, denn durch den Blick in das Fenster werden die Frauen zu Schauobjekten für die Männer. Das aber ist – jedenfalls zu diesem Zeitpunkt – nicht gewollt. Da sich die Damen unmittelbar nach der Zurückholung in den Innenraum für die Gäste schmücken und anschließend wieder aus den Fenstern der Burg, offenbar vom *sal* aus,[36] die Ankunft der Helden und den fatalen Zügel- und Bügeldienst Siegfrieds für Gunther beobachten, ist zu vermuten, dass es sich hierbei um einen neuen Modus des Blickes handelt: statt des neugierigen, transgressiven, verbotenen Blickes aus dem verborgenen Innenraum nun die höfisch sanktionierte Schau eines Damenpublikums. Dieser visuelle Modus ist der offiziellen Zuschauerfunktion der Damen in re-

35 Die Komplexität der Raumdarstellung und die Zeichenhaftigkeit der Gebärden in der Isenstein-Szene ist besonders herausgestrichen worden von Horst Wenzel, Szene und Gebärde. Zur visuellen Imagination im Nibelungenlied. In: Zeitschrift für deutsche Philologie 111 (1992) 321–343.

36 Ich gehe davon aus, dass der in 404, 2 erwähnte Raumwechsel in den *sal* sofort nach dem Umkleiden geschehen ist, denn nun sind die Damen repräsentativ gekleidet und können sich sehen lassen. Schon 395, 3 wird berichtet, dass sie wieder an die Fenster treten – *an diu engen venster* –, um hinauszuschauen. Es scheint sich also, wie das nur hier eingefügte Attribut nahe legt, um andere Fenster als zuvor zu handeln. Genau aus diesen Fenstern sehen sie dann die für ihre und vor allem Brünhilts Augen bestimmte Auszeichnung Gunthers.

präsentativer Funktion vergleichbar. Dass die Damen von *palas* oder *sal* aus den Ritterspielen oder auch der Ankunft der Gäste zuschauen, wird in den Epen oft und gern erzählt, und in dieser Situation ist auch die Reziprozität der Blicke nicht nur zulässig, sondern geradezu konstitutiv für die höfische Kommunikation. Dass die Ritter sich hier vor den Damen auf der Burg Isenstein wie auf einer Bühne bewegen und regelrecht in Szene setzen, ist evident und von der Forschung oft betont worden: Siegfried inszeniert seinen Auftritt als Gunthers Lehnsmann, und Gunther sonnt sich in der visuellen Zuwendung der Damen: *daz sâhen durch diu venster diu waeltlîchen wîp. / des dûhte sich getiuret des künec Guntheres lîp – Das beobachteten die schönen Frauen von den Fenstern aus. Dadurch fühlte sich Gunther in seinem Wert gesteigert* (*Nibelungenlied* 396, 3f.). Die visuelle Inszenierung aber verfängt nicht bei der Person, für die sie gedacht ist: Brünhilt begrüßt Siegfried als ersten und zeichnet ihn damit aus. Erst die verbale Korrektur durch Siegfried, die von Brünhilt vereindeutigend wiederholt wird, lässt die Täuschung gelingen: *Si sprach: ‚ist er dîn herre unt bistu sîn man' – Sie sagte: ‚Er* (Gunther, K.K.) *ist also dein Herr, und du* (Siegfried, K.K.) *bist sein Mann'* (*Nibelungenlied* 423, 1). Brünhilts Blick aus dem Fenster hat ihr den Helden Siegfried als adäquaten Brautwerber gewiesen und damit die Wahrheit, eine Wahrheit, die mit den in betrügerischer Absicht vorgeführten Gesten kollidiert.

Auf jeden Fall aber kollidiert die Literatur mit der Didaxe. Während die Lehrdichtung, wie oben erwähnt, den Frauen vielfache kommunikative Beschränkungen auferlegt, eröffnet die höfische Literatur spezifische Fluchtwege aus manchen dieser Einengungen. Die literarischen Damen lassen den Blick weiter und ungezügelter schweifen als es das Reglement erlaubt, sie richten das Wort – mündlich oder schriftlich – an ihnen unbekannte Männer. Sie lassen sich mit ihren Wahrnehmungen und ihren Verstandeskräften auf das Fremde ein. Manchmal kehren die Damen nach einem Ausflug der Blicke in die Welt zeremonieller und kriegerischer Männlichkeit in ihren behüteten Raum zurück. Oft aber lassen die Dichter die höfische Dame mit diesen Raumwechseln eine existentielle Schwelle überschreiten wie die vom Kind zur Minnedame oder von der jungen Frau, der die Liebe nur ein Wort aber kein Begriff ist, zur leidenschaftlich Liebenden. Dann kommt die Frau als Andere zurück. Denn zurück kommt sie immer, der Raum, den sie sich visuell oder manchmal audiovisuell erschlossen hat, ist ein Durchgangsraum, in dem des Bleibens nicht ist. Insofern ist er dem Raum der Aventiure verwandt. Er ist aus der Sicht der Frau auch der Raum des Männlichen, also des Anderen, manchmal des Wilden. Auch darin gleicht er dem Raum der Aventiure, und wie dieser ist er eine Erfindung der Dichter. Und schließlich ist er ein Außenraum, in dem die Frau ebenso auf sich allein gestellt ist wie der Ritter auf seiner Aventiurefahrt. Ist der Blick aus dem Fenster der weibliche Modus der Aventiurefahrt?

Michael Grünbart

Der byzantinische Brief und der Raum*

Am Beginn der folgenden Anmerkungen soll eine Passage aus einem Brief des Theodoros Prodromos aus der Mitte des 12. Jahrhunderts stehen. Die Stelle wurde deswegen ausgewählt, da darin in kurzer Abfolge einige Motive vereint sind, die sich auf das Thema Raum beziehen: *Könnte ich Dir, brüderliche und liebe Seele, Theodoros, von Angesicht zu Angesicht gegenüberstehen oder auch sitzen und Dich über die Zustände bei Dir befragen und Dich andrerseits über meine (Neuigkeiten) unterrichten. Wenn wir aber gezwungen sind, die räumliche Distanz zu überbrücken, könnte ich doch die (uns) verbindende Körperlichkeit überwinden, im bloßen Geist leben, erleichtert durch die Flügel des Geistes sein – um mit dem Psalm zu sprechen – fliegen und bei Dir rasten. Da uns aber die Natur diese Hülle und das lehmige Standbild des Körpers zum Nachteil umgelegt hat, und es uns, den zu Fuß gehenden Lebewesen nicht möglich ist, uns über die Erde zu erheben und mit leichtem Flügel die Luft zu durchschneiden und zum Liebsten zu gelangen, so nehmen wir zwangsweise den zweitbesten Weg und vertrauen Tinte und Papier Gruß und Gespräch an. Für Freunde ist das das von Weisen erdachte Hilfsmittel gegen die Trennung, sodaß auch ich Dich schon zu sehen glaube, gleichsam auf einem papiernen Flügel zu Dir geflogen.*[1]

1. Räumliche Distanz – Vorraussetzung des Briefschreibens

Etwa 15.500 mittelgriechische Briefe kennen wir heute, wobei es sich nach dem 8. Jahrhundert, nach dem Verschwinden von brieflichen Papyrusdokumenten in griechischer

---

* Ich bedanke mich bei Herrn Prof. Reinhold Esterbauer, Graz, für die kritische Lektüre einer früheren Fassung dieses Beitrages.

1 Edition und Übersetzung bei Michael Grünbart, Zwei Briefe suchen ihren Empfänger: Wem schrieb Theodoros Prodromos (epp. 10 und 11 PG)? In: Jahrbuch der Österreichischen Byzantinistik 51 (2001) 209–223, 208 (ep. I 1–12). Falls nicht anders angegeben, handelt es sich um Übersetzungen des Verfassers.

Sprache, fast ausschließlich um Briefe handelt, die in Handschriften überliefert sind. Anders als bei den Papyrusbriefen sprechen wir dabei von literarischen Briefen, d. h. von Briefen, die Ausdruck einer gebildeten bis hochgebildeten Bevölkerungsschicht sind und bei denen man die Herausbildung eines eigenen Briefstils beobachten kann.[2] Diese Briefe sind in fast allen Fällen zwischen Korrespondenten ausgetauscht worden, und man hatte im Gegensatz zu den Papyrusbriefen ein Interesse daran, sie aufzubewahren. Durch das Aufschreiben, Weitergeben und ‚Veröffentlichen' sind sie zu literarischen Briefen/Briefliteratur geworden.

Die (auf den ersten Blick relativ hohe) Anzahl überlieferter Briefe verdeutlicht auch, wie wichtig diese Form der Kommunikation war, wobei man davon ausgehen muss, dass der überlieferte Bestand nur die Spitze des Eisberges sein kann. Die räumliche Trennung zweier Menschen, die sich etwas zu sagen haben, bewirkt seit jeher schriftliche Kommunikation und nach antiker Definition ist der Brief nichts anderes als ein Gespräch mit einem Abwesenden.[3]

Die Trennung voneinander konnte in byzantinischer Zeit unterschiedliche Ursachen haben. Zwei Gründe möchte ich in diesem Zusammenhang herausstreichen. Bis zum Beginn des 13. Jahrhunderts war das byzantinische Reich von beträchtlicher Größe und die kirchliche und zivile Verwaltung benötigte viel Personal, um einen geordneten Betrieb aufrechterhalten zu können. Viele der bekannten Briefschreiber waren in diesen Bereichen tätig und verließen zu diesem Zwecke, wenn auch ungern, die Hauptstadt, um in der Provinz ihren Dienst zu versehen. Das Verlassen der gewohnten Umgebung wurde als unangenehm empfunden, da man sein persönliches Netzwerk zurückließ. Auch die Vorteile des urbanen Lebens mit seinen mannigfaltigen Möglichkeiten, Nikephoros Uranos nennt literarische Darbietungen und vor allem Gespräche mit Freunden (siehe Anm. 38), waren in den meisten Fällen dahin.[4] Ein zweiter Grund, die Stadt am Goldenen Horn verlassen zu müssen, war die Verbannung, die in kirchenpolitischen Fragen begründet liegen oder durch Intrigen am Kaiserhof verursacht werden konnte.[5] Was den freiwillig und unfreiwillig Stadtflüchtigen blieb, war das Briefschreiben. Mit dem Brief hatte man ein Medium gefunden, das die Trennung linderte und das zumindest ein Zusammensein mit den entfernten Freunden im Geiste ermöglichte.

2 Siehe Michael Grünbart, Epistularum Byzantinarum Initia (Alpha-Omega, Reihe A, Lexika, Indizes, Konkordanzen zur Klassischen Philologie 224) Hildesheim-New York 2001.

3 Stellen bei Klaus Thraede, Grundzüge griechisch-römischer Brieftopik (Zetemata 48) München 1970, 162–179.

4 Doch bedeutete dies nicht, dass man nicht auch vor Ort ein Beziehungsnetz aufbauen konnte (siehe Foteini Kolovou [Hg.], Michaelis Choniatae epistulae [Corpus Fontium Historiae Byzantinae 41] Berlin-New York 2001 und dies., Μιχαὴλ Χωνιάτης. Συμβολὴ στὴ μελέτη τοῦ βίου καὶ τοῦ ἔργου του. Τὸ Corpus τῶν ἐπιστολῶν [Πονήματα 2] Athen 1999).

5 Z. B. Niketas Magistros (Leendert G. Westerink [Hg.], Nicétas Magistros, Lettres d'un exilé [928–946]. Paris 1973) oder im zwölften Jahrhundert Nikephoros Basilakes (Antonio Garzya [Hg.], Nicephori Basilacae orationes et epistolae. Leipzig 1984).

Körperlich ist man zwar getrennt, aber geistig miteinander verbunden. Freundschaft kann durch physische Trennung nur langsam zerstört werden, was schon Aristoteles in seiner Nikomachischen Ethik formulierte: *Die einen leben beisammen und freuen sich aneinander und verschaffen einander Gutes, die anderen schlafen oder sind räumlich getrennt und betätigen die Freundschaft nicht, bewahren aber die entsprechende Verfassung. Denn die räumliche Distanz hebt nicht die Freundschaft schlechthin auf, sondern nur ihre Betätigung. Dauert freilich die Trennung lange, so kann sie wohl auch die Freundschaft selbst vergessen machen* (Übersetzung von O. Gigon).[6]

Die aristotelische Vorstellung, dass Freundschaft durch räumliche Distanz nicht zerstört werden kann, findet man in dem Geschichtswerk der Anna Komnene, der *Alexias*, ausgeführt. Sie beschreibt in diesem Werk die Regierungszeit ihres Vaters Alexios I. Komnenos. Den Beginn des zweiten Normannenkrieges schildert sie folgendermaßen: Kaiser Alexios überwintert in Thessalonike, wo er seine Männer für Bohemunds Überfall auf Dyrrhachion vorbereitet. Im Frühjahr 1108 zieht er nach Devol. Alexios postiert auf den Höhenzügen ihm ergebene Männer mit Truppen, um jeden Verkehr zwischen Normannen und Byzantinern zu unterbinden und um zu verhindern, dass freundschaftliche Briefe der Normannen die byzantinische Armee erreichten.[7] Das bewusste Unterbinden freundschaftlicher Kontakte soll das Gegenteil, nämlich Feindschaft, bewirken, wie die Autorin unter Zitierung des antiken Philosophen anmerkt.[8]

Wieweit diese physische Abtrennung die offensichtlich freundschaftlichen Beziehungen störte, ist nicht bekannt. Um welche Freundschaften mag es sich gehandelt haben? In der byzantinischen Armee dienten zu dieser Zeit auch normannische Söldner, die bei etwaigen Kampfhandlungen ihren Landsmännern gegenüberstanden. Ein schriftlicher Nachrichtenaustausch zwischen ihnen wäre für die byzantinische Streitmacht nicht von Vorteil gewesen.

Abgesehen von den persönlichen Kontakten war auch in den Verwaltungsbehörden eine ständige Verbindung mit der Zentrale Konstantinopel notwendig, nur hat sich vom geschäftlichen Briefwechsel so gut wie nichts erhalten.[9] Lediglich die Verschlüsse von Sen-

6 Aristoteles, Nikomachische Ethik 1157b8: *οἱ μὲν γὰρ συζῶντες χαίρουσιν ἀλλήλοις καὶ πορίζουσι τἀγαθά, οἱ δὲ καθεύδοντες ἢ κεχωρισμένοι τοῖς τόποις οὐκ ἐνεργοῦσι μέν, οὕτω δ' ἔχουσιν ὥστ' ἐνεργεῖν φιλικῶς· οἱ γὰρ τόποι ου διαλύουσι τὴν φιλίαν ἁπλῶς, ἀλλὰ τὴν ἐνέργειαν. ἐαν δὲ χρόνιος ἡ ἀπουσία γίνηται, καί τῆς φιλίας δοκεῖ λήθην ποιεῖν.* Vgl. Gustav Karlsson, Idéologie et cérémonial dans l'epistolographie byzantine. Textes du Xe siècle analysés et commentés (Acta Universitatis Upsaliensis. Studia Graeca Upsaliensia 3) 2. Aufl. Uppsala 1962, 22.

7 Diether Roderich Reinsch und Athanasios Kambylis (Hg.), Annae Comnenae Alexias (Corpus Fontium Historiae Byzantinae 40) Berlin-New York 2001, XIII 4 §1. – Übersetzung: Anna Komnene. Alexias, übersetzt, eingeleitet und mit Anmerkungen versehen von Diether Roderich Reinsch. 2. Aufl. Berlin-New York 2001.

8 Siehe dazu Margaret Mullett, Friendship in Byzantium: Genre, Topos and Network. In: Julian Haseldine (Hg.), Friendship in Medieval Europe. London 1999, 166–184, 172.

9 Hinweise auf den regen Austausch zwischen Peripherie und Zentrum geben z. B. auch die Funde von Bleisiegeln, die etwa auf Archive/Büros hinweisen können; siehe z. B. Ivan Jordanov, Catalogue of Byzantine Seals in Bulgaria. Sofia 1999.

dungen in der Form von Bleisiegeln sind auf uns gekommen, die bei genügend großer Menge und bekanntem Fundort eine Rekonstruktion von Beziehungen zulassen können.[10]

Die Raumvorstellung ist im byzantinischen Brief omnipräsent. Der Brief ist nicht nur in Zeiten ohne elektronische Kommunikation das Mittel, um den Raum zu überwinden, sondern durch ihn wird gleichzeitig auch ein imaginärer Raum mit eigenen Gesetzen geschaffen. Gelegentlich wird der Raum/die Umwelt auch mittels Beschreibungen rezipiert. Dementsprechend sind die folgenden Gedanken gegliedert.

2. Der Brief im Raum

Beim Brief ist eine ständige Wechselwirkung zwischen Außen- und Innenwelt zu beobachten. Wie bereits gesagt, konnte man mittels Briefen weite Strecken überwinden und Kontakt zu Freunden aufrechterhalten, die Trennung war erst der Auslöser für ein schriftliches Gespräch.

Die Umwelt konnte auf einen Brief unmittelbar einwirken, wie das folgende Beispiel zeigt. Der Gelehrte Johannes Tzetzes (12. Jahrhundert) hatte einen Brief erhalten, der offensichtlich während seines Transportes vom Absender in Chrysopolis (Thrakien) nach Konstantinopel ins Wasser gefallen und dadurch beschädigt worden war:[11] *Der Brief zeigte aber in zugleich tragischer und realer Weise und nicht nur schriftlicher* (literarischer) *Weise das Ausmaß der Dir widerfahrenen Unannehmlichkeiten, da er nämlich durchnässt war, wie wenn er von einem Fluß fortgerissen worden wäre. Der Fluß, der weibliche, in der Tat thrakische und barbarische, der sich nicht durch die mit rhetorischem Honig durchmischte Komposition betören läßt, hat diesen* (Brief) *in seine Wasser getaucht und die Schrift schwer leserlich und unkenntlich gemacht.*[12]

Hinter der Schilderung des schlechten physischen Zustandes des Briefes versteckt sich auf einer zweiten Ebene der Orpheusmythos, was uns Johannes Tzetzes, der seine Briefe selbst kommentierte, erklärt.[13] Orpheus wurde von thrakischen Frauen zerrissen und sein Haupt trieb singend durch die Fluten des Strymon. Chrysopolis lag am Strymon; den Fluß nennt Tzetzes Thressa. Ein weiblicher Flussname ist eine äußerste Sel-

10 Jean-Claude Cheynet und Cécile Morisson, Lieux de trouvaille et circulation des sceaux. In: Studies in Byzantine Sigillography 2 (1990) 105–136.

11 Zum Ort siehe Peter Soustal, Makedonien (Südlicher Teil) (Tabula Imperii Byzantini 11) (in Vorbereitung).

12 Petrus A. M. Leone (Hg.), Ioannis Tzetzae epistulae. Leipzig 1974, ep. 102 (148,11–18): *καὶ ὁ χάρτης δὲ τραγικῶς ὁμοῦ καὶ πραγματικῶς, ἀλλ' οὐ μόνον γραμματικῶς τῶν σοὶ συμβάντων ἀνιαρῶν ἐδείκνυ τὸ μέγεθος, διάρρυτος γὰρ ὡς ποταμοφόρητος αὐτὸς γεγονώς καὶ γὰρ ὁ ποταμὸς ὁ θῆλυς ἡ Θρῇσσα τῷ ὄντι καὶ βάρβαρος καὶ μὴ θελγομένη συνθήκαις γραφῶν ρητορικῷ κεκραμέναις τῷ μέλιτι τοῦτον τοῖς ὕδασι κατεβάπτισε καὶ τὴν γραφὴν δυσανάγνωστόν τε καὶ ἄγνωστον ἀπειργάσατο [...].*

13 Petrus A. M. Leone (Hg.), Ioannis Tzetzae Historiae (Pubblicazioni dell' Istituto di Filologia Classica, I) Neapel 1968, Chil. XIII 473, 150ff.

tenheit in der Gräzität, womit Tzetzes die Analogie zu Orpheus verstärken möchte. Auch dem Brief widerfährt das orphische Schicksal, von den Thrakerinnen (bei Tzetzes mit dem Fluss gleichgesetzt) vernichtet zu werden. Der Brief des Absenders ist in den barbarischen Fluten also fast ausgelöscht worden, und seine rhetorische Schönheit hat gegen den Angriff nicht viel ausrichten können.

Doch bevor wir uns nun weiter in den Brief, zum Briefinhalt, begeben, möchte ich noch kurz außerhalb verweilen und darauf hinweisen, dass der Brief auch in byzantinischer Zeit etwas nach außen hin Abgeschlossenes war und zunächst nicht öffentlich zugänglich war. Dies zeigt sich nicht zuletzt darin, dass auch byzantinische Briefe verschlossen worden sind, indem sie mit Wachs, Blei oder Gold versiegelt, zugeklebt oder einfach zugebunden wurden.[14] Mit einem Siegel drückte der Absender einem Schreiben (bis in die Neuzeit) auch außen seinen persönlichen Stempel auf. Damit bekräftigte er die Privatheit, sicherte den Inhalt und unterschrieb zugleich mit seinem Zeichen.[15] Eine Verletzung dieser Grenze kam vor und wurde sofort bemerkt, wie Demetrios Kydones (14. Jahrhundert) nach dem Erhalt einer unverschlossenen Briefsendung schreibt: *Sie* (die Briefe) *werden uns mit großer Verspätung ausgehändigt, an keinem* (Brief) *ist zu erkennen, dass das Siegel Sicherheit gewährte [...].*[16] Der Hintergrund ist, dass unter Kaiser Johannes V. die Bürger bespitzelt wurden und auch ihre Post kontrolliert wurde.

Die Siegellegenden aus der byzantinischen Zeit bieten reiche prosopographische Informationen, da Siegelbesitzer neben ihrem Namen auch Beruf, Ehrentitel und manchmal auch ihre Herkunft angaben. Die Siegelflächen wurden oft mit Darstellungen von Heiligen versehen, doch gibt es auch eine Reihe von Legenden, die mitunter rhetorische Kleinkunstwerke darstellen. Legenden in der Art *Wessen Siegel ich bin, erkenne, wenn du den Brief/die Schrift siehst (οὗ σφραγίς εἰμι, γνῶθι τὴν γραφὴν βλέπων)*[17] dürften nicht nur bei den Zeitgenossen die Neugier, den Besitzer zu identifizieren, geweckt haben. Doch steckt mehr hinter dieser Inschrift. Mit diesem Siegel ist eine doppelte Absicherung beabsichtigt: Neben der primären Funktion – dem Verschließen –

14 Siehe jetzt auch Christos Stavrakos, Sicherung aus Blei: Überlegungen zu diesem Begriff anhand eines unpublizierten Siegels. In: 8. Internationales Symposion für byzantinische Sigillographie 1.–4. Oktober 2003. Resümees. Berlin 2003, 40.

15 Zur Kulturgeschichte des Verschließens und Versiegelns in Byzanz siehe das Heftchen von Gary Vikan und John Nesbitt (Hg.), Security in Byzantium: Locking, Sealing and Weighing (Dumbarton Oaks Byzantine Collection, Publications 2) Washington D.C. 1980; vgl. auch Hermann Maué, Verschlossene Briefe – Briefverschlußsiegel. In: Heinz-Dieter Heimann (Hg.), Kommunikationspraxis und Korrespondenzwesen im Mittelalter und in der Renaissance. Paderborn-München-Wien-Zürich 1998, 205–231.

16 Raymond-J. Loenertz (Hg.), Démétrius Cydonès. Correspondance I–II (Studi e Testi 186, 208) Città del Vaticano 1956–1960, Brief 305, 21: *καὶ τῷ μηδεμιᾷ* [corr. Tinnefeld] *τὴν ἀπὸ σφραγῖδος ἀσφάλειαν ἐνορᾶσθαι, καὶ προσέτι τῷ φθάνειν ἡμᾶς πρὸ τῶν ἐπιστολῶν τἀκεῖ παρ' ἄλλων ἀκούοντας.* Übersetzung nach Franz Tinnefeld (Übers.), Demetrios Kydones Briefe. Dritter Teil (112 Briefe, Register) (Bibliothek der griechischen Literatur 50) Stuttgart 1999 .

17 Claudia Sode, Byzantinische Bleisiegel in Berlin II (ΠΟΙΚΙΛΑ ΒΥΖΑΝΤΙΝΑ 14) Bonn 1997, Nr. 65.

verbirgt es den Absender durch das Verschweigen seines Namens.[18] Man erkennt den Absender bzw. den Briefinhalt nur, wenn man nach dem Öffnen des (verschlossenen) Briefes einen Blick auf das Dahinterliegende wirft. Was ist der genaue Grund für diese Formulierung? Will eine bekannte Persönlichkeit ihre Identität damit verbergen? Oder werden Siegelzangen mit derartigen Inschriften von mehreren Personen benützt? Oder fertigt jemand Siegelzangen mit solchen Inschriften in größerer Anzahl an, um sie an Interessenten zu verkaufen?

Rhetorisch raffiniert ist auch die folgende Inschrift: *Die geflügelten Worte legt Nikephoros Dermokaites in bleierne Fesseln* (*Λόγους πτερωτοὺς ἐν μολυβδίναις πέδαις Δερμοκαίτης ἐμπεδεῖ Νίκηφόρος*).[19] Der Siegelschneider spielt hier mit einem alten Motiv. Seit Homer sind die geflügelten Worte (*ἔπεα πτερόεντα*) im allgemeinen Sprachgebrauch, die Worte überwinden also geflügelt den Raum zwischen Absender und Empfänger.[20] Hinzu kommt die Vorstellung des bleiernen, schweren Briefverschlusses, der diese durch sein Gewicht am Davonfliegen hindert. Zugleich wird dem Unbefugten der Zugang verwehrt. Und der Absender steht persönlich dahinter.

3. Der Raum im Brief

Lösen wir nun das Siegel und entfalten wir einen Brief – der Vorgang des Siegellösens und des Entfaltens des Schreibens wird hin und wieder erwähnt, womit wir und auch der byzantinische Briefempfänger die materielle Welt verlassen, in die immaterielle Welt eindringen und zu lesen beginnen: *Als ich ihn* (d. h. den Brief) *in Händen hielt und seine Fesseln löste, da erblickte ich sogleich seine Länge, so wie die Durstigen, die, bevor sie trinken, die Größe des Bechers anstaunen.*[21]

Doch wer konnte derartige Briefe überhaupt lesen? Wie bereits erwähnt, handelt es sich bei den überlieferten Briefen um literarische Produkte. Wäre einem Neugierigen ein derartiges Schreiben in die Hände gefallen, so hätte er nicht nur mit der attizistischen Hochsprache, sondern auch mit den oft sehr gewählten Beispielen seine Mühe

---

18 Nicolas Oikonomides, The Anonymous Seal? In: Studies in Byzantine Sigillography 4 (1995) 71–79.

19 Aufbewahrt in der Siegelsammlung des Institut Français d'Etudes Byzantines in Paris unter der Inventarnummer 450. Herrn Dr. Jean-Claude Cheynet danke ich für die Erlaubnis, das Stück zu zitieren.

20 Dass Nachrichten beflügelt, also mittels Brieftauben, verschickt wurden, lässt sich für den Orient nachweisen; siehe Werner Faulstich, Medien und Öffentlichkeit im Mittelalter 800–1400 (Die Geschichte der Medien 2) Göttingen 1996, 261–267 (12. Der Bedeutungswandel des Schreibmediums Brief). Faulstich bildet einen Holzschnitt aus dem Jahre 1451 aus der *Reise des Jean de Mandeville nach dem Orient* ab (S. 253).

21 Symeon Magistros 89, 13 (Jean Darrouzès [Hg.], Épistoliers byzantins du Xe siècle [Archives de l'Orient chrétien 6] Paris 1960, 261–316); vgl. Martha Pollard Vinson (Hg.), The Correspondence of Leo, Metropolitan of Synada and Syncellus. Greek Text, Translation, and Commentary. Washington D.C. 1985, ep. 39, 5.

gehabt und ihm hätte – wie uns heute – oft die Kenntnis des Briefanlasses gefehlt. Umgangssprachliches wurde so weit als möglich vermieden; Ortsnamen, die in byzantinischen Ohren barbarisch klangen, wurden erklärt, doch kann man besonders im 12. Jahrhundert eine gewisse Koketterie beim Umgang mit diesen feststellen.[22]

Schutz gegen unliebsame Leser konnte man sich zusätzlich dadurch verschaffen, dass die eigentliche Botschaft nicht schriftlich, sondern mündlich dem Briefträger anvertraut wurde, der diese dann dem Empfänger mitteilte. Dies erklärt vielleicht, warum man oft Eigennamen in den Briefen vermisst und über Dritte zumeist in Anspielungen geschrieben wird. Der zeitgenössische Empfänger hatte den Vorteil, dass er beim Absender rückfragen konnte. Reale Personen werden mit mythologischen Namen versehen oder anstelle eines Namens kann man auch *ein gewisser (ὁ δεῖνα)* finden, wobei dies auch darauf hindeuten kann, dass Namen beim Eintragen in das Kopialbuch des Briefschreibers gestrichen wurden. Eine besondere Form der Vermeidung namentlicher Nennungen findet man bei Theodoros Studites. Der bilderfreundliche Abt (gestorben 826) versuchte seine Mitstreiter vor der Verfolgung durch die Ikonoklasten dadurch zu schützen, indem er anstelle ihrer Namen Buchstaben verwendete.[23]

Die Briefschreiber fühlen sich ausdrücklich den Regeln bzw. Gesetzen für Briefe (*νόμοι ἐπιστολῶν*), verpflichtet, deren drei wichtigste, schon von Gregor von Nazianz formulierte Grundsätze, das rechte Maß (*μέτρον*), die Klarheit im Ausdruck (*σαφήνεια*) und die Anmut (*χάρις*) der Darstellung sind. Diese allgemeinen Regeln für das Briefschreiben, die im gesamten byzantinischen Jahrtausend Gültigkeit hatten, sollen hier nicht weiter ausgeführt werden.[24] Man trifft aber auch auf Motive, die dem Genus Brief eigen sind. In großer Zahl nehmen sie auf den Raum Bezug und werden variiert. Einige davon möchte ich im Folgenden präsentieren.

Durch einen Brief ist man beim Empfänger persönlich anwesend, was mannigfaltig zum Ausdruck kommt. Die Verwendung des Paradoxons ‚abwesend' und ‚zugleich anwesend' (*ἀπών – παρών*) zieht sich wie ein roter Faden durch die gesamte Briefliteratur. Nicht nur im 1. Korintherbrief, *Was mich betrifft, so habe ich, dem Leibe nach zwar abwesend, dem Geiste nach aber anwesend, das Urteil bereits gefällt über den, der dies getan, so als wäre ich persönlich anwesend* (1 Cor 5, 3), auch bei Demetrios, der im 2. Jahrhundert nach Christus ein Werk über den Stil verfasste, *jeder zeigt ein*

---

22 Z. B. Theodoros Prodromos in einem Brief, wo er offensichtlich mit dem thrakischen Ortsnamen *Χοιρόβακχοι* spielt (siehe Grünbart, Zwei Briefe [Fn. 3] 211 [II 16]). Ein zweites Beispiel findet man bei Johannes Tzetzes, der mit dem Bischof von Klokotinitza offensichtlich den von Philippupolis meint (ep. 34,13 Leone); vgl. Athanasios Kambylis, Textkritische Bemerkungen zu den Briefen des Johannes Tzetzes. In: Jahrbuch der Österreichischen Byzantinistik 20 (1971) 133–148, 138.

23 Siehe dazu Paris Gunarides, Ὁ κώδικας συννενόηση του Θεοδώρου Στουδίτη. In: N. G. Moschonas (Hg.), Ἡ ἐπικοινωνία στο Βυζάντιο. Athen 1993, 291–302.

24 Paul Gallay (Hg.), Gregor von Nazianz, Briefe (Die griechischen christlichen Schriftsteller der ersten Jahrhunderte) Berlin 1969, ep. 51; siehe dazu zuletzt Margaret Mullett, Theophylact of Ochrid. Reading the Letters of a Byzantine Archbishop (Birmingham Byzantine and Ottoman Monographs 2) Aldershot 1997, 133–161.

Bild seiner Seele in seinen Briefen,[25] wird dieses Motiv entwickelt. Eine Passage aus einem Brief des 10. Jahrhunderts – ein Beispiel unter vielen – soll die Wichtigkeit dieser Vorstellung illustrieren: *Die Natur hat Briefe als eine Art Vergnügen und Trost für Freunde ersonnen, die getrennt sind, da sie, wenn wir sie lesen, den Eindruck der Anwesenheit unserer Geliebten bewirken, und sie beinahe die körperliche Anwesenheit von denen erzeugen, die unser Sinn begehrt.*[26]

Aus der Trennung entspringt das Gefühl der Sehnsucht bzw. des Heimwehs. Letzteres lässt sich ansatzweise bei Leon von Synada nachweisen, der von seiner Mission in Italien und Frankreich, die der Anbahnung einer politischen Heirat zwischen Otto III. und einer byzantinischen Prinzessin diente, Briefe an die Vorgesetzten in Konstantinopel schickte, und bat, man möge ihn bald zurückkehren lassen.[27] Leider hat er seine Reiseeindrücke nicht seinen Briefpartnern anvertraut, es bleibt nur bei marginalen Erwähnungen eines Besuchs der Peterskirche in Rom und der schlechten Wegverhältnisse.[28] Die Sehnsucht verleiht der Vorstellung Flügel, der Briefschreiber möchte wie der Psalmist die Flügel der Taube schwingen, um zu seinem Adressaten zu gelangen.[29] Weiters werden die Flügelschuhe des Perseus ausgepackt,[30] die Flügel des Ikarus werden richtig angelegt und verwendet, um zum Empfänger zu schweben.[31] Nur in der Vorstellung kann man fliegen, obgleich es in Byzanz nachweislich einen (missglückten) Flugversuch gab.[32] Und der Vorwurf, sich in die Luft zaubern zu können, bringt Alexios Axuch, einen hohen Militärkommandanten im 12. Jahrhundert, um seine Ämter.[33] Wenn man vom Fliegen spricht, muss auch das Motiv der Schwalbe, die den Frühling anzeigt,[34] erwähnt werden. Ein Brief wird gerne mit einer Schwalbe verglichen, da das geschriebene Wort wie dieser Vogel zum Empfänger fliegt und für ihn das Ende der Zeit des Schweigens (= Winter) bedeutet.[35] Die Schwalbe kann auch weggelassen werden, oft wird bloß der Frühling

---

25 Ludwig Radermacher (Hg.), Demetrii Phalerii qui dicitur de elocutione libellus. Leipzig 1901 (Nachdr. Stuttgart 1967) 225: *σχεδὸν γὰρ εἰκόνα ἕκαστος ἑαυτοῦ ψυχῆς γράφει τὴν ἐπιστολήν.*

26 Karlsson, Idéologie 28f.

27 Zuletzt Michael Grünbart, Ferngespräche – zum Briefschreiben im ausgehenden zehnten Jahrhundert. In: Byzantina 22 (2001) 25–46.

28 Leon von Synada ep. 11 Vinson.

29 Klaus Thraede, Flügel (Flug) der Seele II (Briefmotiv). In: Reallexikon für Antike und Christentum 6 (1969) 65–67 sowie ders., Grundzüge.

30 Antonio Garzya und Raymond-J. Loenertz (Hg.), Procopii Gazaei epistolae et declamationes (Studia patristica et byzantina 5) Ettal 1963, ep. 58.

31 Herbert Hunger, Die hochsprachliche profane Literatur der Byzantiner (Handbuch der Altertumswissenschaft XII 5.1) München 1978, 227.

32 Karin Luck-Huyse, Der Traum vom Fliegen in der Antike (Palingenesia 62) Stuttgart 1997, 147f.

33 Jan-Louis van Dieten (Hg.), Nicetae Choniatae historia (Corpus Fontium Historiae Byzantinae XI) Berlin-New York 1975, 144, 76–84 (Übersetzung von Franz Grabler, Die Krone der Komnenen: Die Regierungszeit der Kaiser Johannes und Manuel Komnenos [1118–1180] [Byzantinische Geschichtsschreiber 7] Graz 1958).

34 Stellen bei Hunger, Literatur 225f.

35 Karlsson, Idéologie 106–111. Die Belegstellen sind zahlreich: z. B. Leon von Synada 51,2 Vinson; Ioannes Tzetzes ep. 19 (34,16 Leone).

angeführt. Stellvertretend für viele Beispiele sei Gregor von Nyssa angeführt, für den der Brief ein Vorbote des Frühlings ist, der die Kälte der rauen Gegend ertragen lässt.[36]

Zum Ausdruck des Gefühls der Sehnsucht eignet sich auch das Bild des vom heimatlichen Herd aufsteigenden Rauches, das seit der Odyssee ein gängiges Motiv ist.[37] Auch in der byzantinischen Epistolographie findet man dieses hin und wieder. Nikephoros Uranos, Leiter der Provinzverwaltung in Antiocheia, schreibt in einem Brief an den Metropoliten von Nikomedeia (10. Jahrhundert): *Nicht hätte ich den Aufenthalt bei Kalypso anstelle des Rauches von Konstantinopel gewählt; so sehr halten mich die vielen Quellen ihrer überall vorhandenen Schönheiten fest, die Schönheit und Größe der Kirchen, die Breite der Säulenhallen, die langen Wege und die Häuser, und soviel anderes bereichert uns das Bild von ihr, ganz besonders aber die Zusammenkünfte der Freunde und Gespräche, und das Größte von allem ist, mein Goldverströmender und mein Mund, ich meine Deinen Mund, die Blüten, der Fluß der Chariten und die Wasser Deiner Gelehrsamkeit.*[38] Das Motiv des aufsteigenden Rauches wurde auch von Kaiser Manuel II., der auf seiner um Unterstützung gegen die Osmanen werbenden Reise durch Europa im Jahre 1401 in Paris weilt, in einem Brief an den Priester Euthymios verwendet. Dieser hatte Sehnsucht nach ihm, wie Odysseus: *Ich weiß, dass Du froh bist, wenn Du Neuigkeiten von mir hörst, da Du mir gegenüber freundschaftlich (ἐρωτικῶς) eingestellt bist; das bewirkte nämlich auch beim Sohn des Laertes die Sehnsucht nach dem häuslichen Rauch.*[39]

Nicht nur durch die Luft, auch übers Wasser versuchte man in Gedanken zum Freund zu kommen. Der Brief wird als *zweite Ausfahrt* (*δεύτερος πλοῦς*) empfunden, d. h. eine Fahrt wird noch einmal unternommen, um es besser zu machen. Der Brief wird als zweitbeste Möglichkeit empfunden, mit einem Freund in Kontakt zu treten (siehe auch den Text am Eingang dieses Beitrages). Die Wendung stammt aus Platon und hat im Hintergrund die Vorstellung der Seefahrt (die im Vergleich zum imaginären Luftweg weitaus langsamere Nachrichtenübermittlung).[40]

---

36 Pierre Maraval (Hg.), Grégoire de Nysse, Lettres (Sources chrétiennes 363) Paris 1990, ep. 12.

37 Homer, Odyssee 1, 57f.: *αὐτὰρ Ὀδυσσεύς, ἱέμενος καὶ καπνὸν ἀποθρῴσκοντα νοῆσαι ἧς γαίης, θανέειν ἱμείρεται.* (Athene sprach zu Zeus:) *‚Doch Odysseus, der sich sehnt, auch nur den Rauch aufsteigen zu sehen von seinem Lande, […]'.*

38 Jean Darrouzès (Hg.), Épistoliers byzantins du Xe siècle (Archives de l'Orient chrétien 6) Paris 1960, 217–248, ep. 47, 42–48: *Καί οὐδὲ τὴν παρὰ Καλυψοῖ δίαιταν ἂν εἱλόμην πρὸς τὸν ἐκ ταύτης καπνόν, οὕτως ἔχουσί με κατ᾽ ἄκρας αἱ πολλαὶ ταύτης καὶ πάντοθεν τῶν ἡδονῶν πηγαὶ καὶ κάλλη μὲν καὶ μέγεθος νεῶν καὶ μήκη στοῶν καὶ περιπάτων δρόμοι καὶ οἶκοι καὶ ὅσα ἄλλα πλουτεῖν τὴν καθ᾽ ἡμᾶς εἰκόνα, μάλιστα δὲ τῶν φίλων αἱ συναυλίαι καὶ ὁμιλίαι καὶ τὸ μέγιστον, ὁ ἐμὸς χρυσορρόας καὶ τὸ ἐμὸν στόμα, τὸ σὸν λέγω στόμα, καὶ τὰ ἄνθη καὶ τὰ ἤθη καὶ τὰ ρεύματα τῶν χαρίτων καὶ τὰ νάματα τῆς διδασκαλίας.*

39 George T. Dennis (Hg.), The Letters of Manuel II Palaeologus (Corpus Fontium Historiae Byzantinae VIII – Series Washingtonensis) Washington D.C. 1977 (Nachdr. 2000) ep. 40,3.

40 Plat. Phaed. 99D, Phil. 19C; D. K. Karathanasis, Sprichwörter und sprichwörtliche Redensarten des Altertums in den rhetorischen Schriften des Michael Psellos, des Eustathios und des Michael Choniates sowie in anderen rhetorischen Quellen des XII. Jahrhunderts. München 1936.

Die Entfernung des Adressaten kann auch durch die Beiziehung des mythischen Volkes der Kimmerier untermalt werden. Seit homerischen Zeiten sind die Kimmerier bekannt, die ursprünglich im Westen am Okeanos, nördlich des Einganges in die Unterwelt in Nebel und Wolken gehüllt, vermutet wurden (siehe Beginn des 11. Gesanges der Odyssee).[41] Das Motiv der fern lebenden Kimmerier bzw. der kimmerischen Nacht wird gerne in der byzantinischen Literatur verwendet, kann man damit einerseits den Gegensatz zum strahlenden Herrscher blendend ausdrücken und andererseits die totale Dislozierung definieren.[42] Theodoros Daphnopates kann nicht die Strahlen des Kaisers Konstantinos VII. Porphyrogennetos genießen, da dieser aus Konstantinopel zu den Kimmeriern gezogen sei.[43] Und Theodoros Prodromos nennt Aristenos einen Kimmerier, da dieser von der Hauptstadt entfernt sei.[44]

Noch ein Fund aus einem Brief des 12. Jahrhunderts, der zur Vorstellung der weiten Entfernung passt: Johannes Tzetzes lobt die langen Hände des Arztes Michael, die von Adrianopel bis nach Konstantinopel reichen: Dem Empfänger werden Rebhühner als Briefbeigaben überbracht.[45]

4. Idealisierung des Raumes und Rezeption des realen Raumes

Stellen wir uns nun die Frage, ob es auch Darstellungen des Außen in den Briefen gibt, etwas, das uns a priori selbstverständlich erscheint. Wie wird Raum, die Umgebung, vom Briefschreiber wahrgenommen und wiedergegeben? Ein Beispiel aus der Spätantike soll den Anfang machen:

Basileios der Große beschreibt in einem Brief an Gregor von Nazianz seinen idealen Aufenthaltsort, sein mönchisches Refugium, überschwänglich.[46] Der Ort liegt fern des großstädtischen Trubels und die Natur bietet dem dort Weilenden alle Annehmlichkei-

41 Iris von Bredow, Kimmerioi. In: Der Neue Pauly 6 (1999) 458–460.

42 Zur kimmerischen Nacht siehe Georgios Fatouros, Bessarion und Libanios. Ein typischer Fall byzantinischer Mimesis. In: Jahrbuch der Österreichischen Byzantinistik 49 (1999) 191–204, 196.

43 Jean Darrouzès und Leendert G. Westerink (Hg.), Théodore Daphnopates correspondance (Le monde byzantin) Paris 1978, ep. 12,2ff. Ähnlich Johannes Tzetzes ep. 34 (136,23 Leone).

44 S. D. Papadimitriu, Feodor Prodrom. Istoriko-literaturnoje izledovanie. Odessa 1905, 286 (IV 5f.): *ἐς Κιμμερίους σέ, τὸν ἐμὸν καὶ κοινὸν ἀπήγαγεν Ἡλίαν* (besser: ἥλιον) *καὶ νύκτα βαθεῖαν κατεσκέδασέ σου τῆς αἴγλης τοῦ δίφρου τῆς ζωῆς ἀποσφενδονήσασα [...]* Vgl. auch Silvio G. Mercati, Il prologo della Catomymachia di Teodoro Prodromo è imitato da Gregorio Nazianzeno, Epist. IV (Migne PG 37 col. 25B). In: Byzantinische Zeitschrift 24 (1924) 28.

45 Johannes Tzetzes ep. 48 (Leone): *αἱ χεῖρες γάρ σου τοσοῦτο μῆκος ὑπερεξήπλωνται, ὡς ἐκ τῆς Αἰλίας Ἀδριανουπόλεως πρὸς τὴν βασιλίδα τῶν πόλεων ἐκταθεῖσαι ἡμῖν ὀρέξαι τοὺς πέρδικας.*

46 Ep. 14 dazu Oskar Dreyer, Zu den Naturbeschreibungen bei Basilius dem Großen. In: Festschrift Karl Deichgräber. 1968, 109–139. Ich danke Herrn Prof. Alexander Sideras, Göttingen, für die Übersendung einer Kopie aus dieser seltenen Festschrift.

ten. Sowohl das Klima als auch die günstige Versorgungslage (vor allem Fische) machen den Ort laut Basileios einzigartig.

Doch Gregor lässt mit seiner ernüchternden Antwort nicht lange auf sich warten: In einem von ihm als spaßhaft bezeichneten Brief relativiert und kritisiert er die Schilderung von Basileios Punkt für Punkt, da er den Ort selbst gesehen hat: *Ich aber will Deinen Pontus bewundern und Dein pontisches Mäuseloch, Deine Bleibe, die zu einer Verbannung passt, die Höhen über Euren Häuptern, die wilden Tiere, die Euer Vertrauen erproben und die entlegene Öde, die sich darunter ausbreitet, und, wahrlich, dieses Rattenloch mit seinem hochtrabenden Namen ‚Ort des Nachdenkens, der Einkehr und Muße'.*[47]

Man darf nicht dem Interpretationsansatz erliegen, dass es hier um den Ausdruck eines romantisierenden Naturgefühles geht, denn Basileios beschreibt die Natur hier zum Lob Gottes (wie er dies auch in anderen Werken tut). Die Schilderung Basileios' dient mehr der Überredung des Freundes, als einem subjektiven Schönheitsempfinden, und man muss diese Möglichkeit auch sonst im Hinterkopf behalten.[48]

Soweit ich sehe, hat sich die idealisierende Ortsbeschreibung im byzantinischen Brief nicht wirklich durchgesetzt,[49] man findet zwar manchmal kurze Passagen wie bei Synesios[50] oder Konstantinos VII. Porphyrogennetos an Theodoros von Kyzikos, wo er den Aufenthaltsort des Adressaten, den bithynischen Olymp in einer Klein-Ekphrasis idealisiert.[51] Oder Ioannes Apokaukos, der in einem Brief an den Metropoliten von Thessalonike, seinen Aufenthaltsort und Amtssitz Naupaktos lobt. Die Lage seines Bischofspalastes aus Marmor sei an einer Stelle mit guter Aussicht gelegen, viel angenehmer als der in Thessalonike, er genieße den feinen Fisch der Gegend und die Zitrusfrüchte, das marmorne Bad mit seinen Glasfenstern. Außerdem seien die Wege nicht so schlammig wie in Thessalonike.[52]

Diesen Brief mit seiner positiven Ortsbeschreibung verfasste Apokaukos als Antwort an den Metropoliten von Thessalonike, der sich wahrscheinlich herablassend über seine provinzielle Umgebung ausließ.

Der Aufenthalt außerhalb Konstantinopels wird wenig positiv empfunden. Leon von Synada mit seinen negativen Reiseeindrücken ist schon angeführt worden, Ioannes Mauropus gibt in einem Brief an den Patriarchen Michael Kerularios (Mitte des 11.

47 Gregor von Nazianz ep. 4 Gallay.

48 Dazu ausführlich Dreyer.

49 Vgl. Karlsson, Idéologie 113–138 zur ἔκφρασις τόπου, mit Theodoros Daphnopates Brief 12 Darrouzès und Westerink und Ignatios Diakonos ep. 25 (Cyril Mango und Stephanos Efthymiadis [Hg.], The Correspondence of Ignatios the Deacon [Corpus Fontium Historiae Byzantinae XXXIX – Series Washingtoniensis] Washington D.C. 1997) als Beispiele.

50 Antonius Garzya (Hg.), Synesii Cyrenensis epistolae (Scriptores Graeci et Latini) Rom 1979, Brief 114.

51 Konstantinos VII. Porphyrogennetos ep. 10 (Jean Darrouzès, Épistoliers byzantins du Xe siècle [Archives de l'Orient chrétien 6] Paris 1960, 317–341).

52 Paul Magdalino, The Literary Perception of Everyday Life in Byzantium. Some General Considerations and the Case of John Apokaukos. In: Byzantinoslavica 48 (1987) 28–38, 32.

Jahrhunderts) ein sehr ernüchterndes Bild seines Aufenthaltsortes. Nach seiner Ankunft in seinem neuen Amtssitz schreibt er: *Darüberhinaus ist das Land* (um Euchaita) *sehr einsam, unbewohnt, unlieblich und ohne Bäume, Vegetation, Wald, Schatten, voll von Wildheit und voll von Vernachlässigung, beraubt jeglichen Ansehens und jeder Ehre. Wie auch immer, das Land bringt Getreide im Überfluß hervor, obgleich dies mit viel Anstrengung verbunden ist, hinsichtlich Wein und Öl ist das Land gänzlich unglücklich wegen der Unwegsamkeit und Kargheit. Ich muß hinzufügen, dass Früchte und Fische fehlen, und darüber hinaus alles, was den Leuten wie mir, die krank sind, Linderung verspricht, sowie das, was für die, die eine gute Tafel lieben, zum Genuß notwendig ist.*[53]

Diese Schilderung ist konträr zu Passagen in seinen Reden, wo er Euchaita als eine reiche und bevölkerte Stadt schildert.[54] Doch gehört der Lobpreis eines Ortes zum topischen Repertoire der Rede.[55]

Im 12. Jahrhundert findet man ähnliche negative Ortsschilderungen, Gregorios Antiochos beschreibt seine schlechten Eindrücke Bulgarien betreffend.[56]

Ein Zitat aus dem Orestes des Euripides, das das Gefühl des in der Provinz weilenden Byzantiners auf den Punkt bringt, ist beliebt unter den Briefschreibern: *Du bist ein Barbar geworden, nachdem du solange unter Barbaren warst.*[57]

Die Wahrnehmung des realen Raumes im Brief ist also überwiegend negativ. Wie weit dies brieftopisch ist oder ob sich die Wahrnehmung der Umgebung im Brief unverblümter zeigen darf, müsste noch genauer untersucht werden.

Gegen Ende dieser Überlegungen soll der Brief wieder in den realen Raum zurückgeführt werden: Nach der privaten Lektüre eines Briefes wurde dieser oft nicht einfach

53 Apostolos Karpozilos (Hg.), The Letters of Ioannes Mauropous, Metropolitan of Euchaita (Corpus Fontium Historiae Byzantinae XXXIV – Series Thessalonicensis) Thessalonike 1990, ep. 64,55–60: *περαιτέρω δὲ τούτων, ἐρημία χώρας πολλή, ἀοίκητος, ἄχαρις, ἄδενδρος, ἄχλοος, ἄξυλος, ἄσκιος, ἀγριότητος ὅλη καὶ ἀκηδίας μεστή, πολὺ καὶ τῆς φήμης καὶ τῆς δόξης ἐνδέουσα ἀπὸ καρποῦ σίτου μέν, κἂν σὺν πολλοῖς καὶ τοῦτο καμάτοις, εὐθηνουμένη δ᾽οὖν ὅμως, οἴνου δὲ καὶ ἐλαίου, τῶν ἑξῆς ἐπιφερομένων, ἀπορίαν καὶ ἔνδειαν παντελῆ δυστυχοῦσα. προσθήσω δὲ καὶ ὀπώρας καὶ ἰχθύων πρὸς ἔτι καὶ ὅσα νοσοῦσιν ἀνθρωποις καθ᾽ ἡμᾶς εἰς παραμυθίαν ἢ καὶ ἄλλως τοῖς εὐτραπέζοις εἰς ἀπόλαυσιν ἐπιτήδεια.*

54 Z. B. Paul de Lagarde, Iohannis Euchaitorum metropolitae quae in codice Vaticano graeci 676 supersunt (Abhandlungen der historisch-philosophischen Classe der königlichen Gesellschaft der Wissenschaften in Göttingen 28, 1) Göttingen 1882, 160, 20ff. (oratio 184).

55 Helen Saradi, The Kallos of the Byzantine City: The Development of a Rhetorical Topos and Historical Reality. In: Gesta 34 (1995) 37–56.

56 Jean Darrouzès, Deux lettres de Grégoire Antiochos écrites de Bulgarie vers 1173. In: Byzantinoslavica 24 (1963) 65, 33.

57 Euripides, Orestes 485: *Βεβαρβάρωσαι, χρόνιος ὢν ἐν βαρβάροις* verwendet von (bei Michael Choniates ep. 28,3f.; 52,7 Kolovou; Johannes Tzetzes ep. 13 [21,13 Leone]); dazu jetzt auch Guglielmo Cavallo, Ἐν βαρβάροις χωρίοις. Riflessioni su cultura del centro e cultura delle periferie a Bisanzio. In: Byzantina – Metabyzantina. La périphérie dans le temps et l'espace. Actes de la 6e séance plénière du XXe Congrès international des Études byzantines (Dossiers byzantins 2) Paris 2003, 77–106 (hauptsächlich auf Handschriften, die in der Provinz geschrieben wurden, bezogen).

beiseite gelegt, sondern er konnte ein eigenes Leben weiterführen. Zunächst konnte er in einem Freundeskreis ‚öffentlich' vorgetragen werden, womit der Vorstellungsraum des Briefes in den realen Raum eintritt. Durch die Jahrhunderte kennen wir Zusammenkünfte von Literaten und Literaturinteressierten bei einflussreichen Persönlichkeiten wie etwa Angehörigen des Kaiserhauses oder wichtiger Familien in Konstantinopel, die sich an derartigen Lesungen erfreuten.[58]

Man muss in diesem Zusammenhang anmerken, dass bei den Epistolographen auch das Bewusstsein für diese Öffentlichkeit vorhanden war. Schon Kaiser Julian formulierte dies in einem Brief.[59]

In solchen Versammlungen (*theatra*) wird der Brief diskutiert, und in weiterer Folge auch kopiert und weitergegeben. Und das ist die Schnittstelle zur Literatur: Briefe werden als Vorbilder, von der realen Situation abgehoben, tradiert.

5. Schluss

Wie kaum in einer anderen literarischen Gattung ist bei der Epistolographie die Wechselwirkung zwischen realem und gedanklichem Raum präsent. Der Begriff des Raumes kann dabei in unterschiedlichen Perspektiven behandelt werden.

- Der Brief kann als Objekt im Raum untersucht werden, wobei die Umwelt auch physisch auf ihn einwirken kann.
- Beim Empfänger entfaltet ein Brief durch die rhetorische und auch persönliche Gestaltung seine Wirkung. Durch ihn spricht der Absender imaginär anwesend zu seinem Gegenüber, und die Trennung wird einen Brief lang aufgehoben.
- Wahrnehmungen der Umgebung des Briefschreibenden findet man zwar hin und wieder, doch trifft man im Gegensatz zu anderen Gattungen der Rhetorik auch auf negative Beschreibungen.

58 I. P. Medvedev, The So-called *θέατρα* as a Form of Communication of the Byzantine Intellectuals in the 14th and 15th Centuries. In: Η επικοινωνία στο Βυζάντιο. Επιμέλεια N. G. Moschonas. Athen 1993, 227–235.

59 Joseph Bidez (Hg.), L'empereur Julien, Oeuvres complètes, Lettres et fragments. Paris 1960, ep. 80 (89,11–17): *In der Frage meiner Briefe, die du von mir erhalten und dann der Öffentlichkeit preisgegeben hast, wie er* (scil. Lauricius) *erklärt, erscheint es mir lächerlich, sie vor das Gericht bringen zu wollen; habe ich doch, bei den Göttern, weder dir noch irgendeinem anderen Menschen jemals etwas geschrieben, was ich nicht der Allgemeinheit öffentlich zugänglich gemacht wissen wollte.*

Marcello Garzaniti

Das Bild der Welt und die Suche nach dem irdischen Paradies in der Rus'

Wenn wir heute die östlichen Slaven vollends zu Recht als Teil der europäischen Kultur betrachten, so ist dies nicht nur dem von Peter dem Großen ins Rollen gebrachten Prozess der Westwendung zu verdanken, sondern vor allem der Ausrichtung der Kiever Rus' auf den östlichen Mittelmeerraum und die byzantinische Kultur. Das oströmische Erbe schlug durch die Bekehrung zum Christentum tiefe Wurzeln in der Rus' und brachte dabei im ostslavischen Raum eine Geschichtsauffassung und ein Weltbild hervor, die sich bestimmend auf die Identität der verschiedenen Völker, die sich auf ihrem Boden entwickelten, auswirkten. Nachdem ich in meinem Beitrag auf der in Spoleto abgehaltenen Studienwoche des „Centro Italiano sull'Alto Medioevo"[1] die grundlegenden Charakteristiken der Raumvorstellung im byzantinisch-slavischen Raum untersucht habe, möchte ich nun das Bild der Welt in der Rus' im Verlauf des Mittelalters rekonstruieren und werde mich dabei insbesonders auf die Suche nach dem irdischen Paradies konzentrieren.[2]

In dem weitläufigen Gebiet, das zu der Zeit evangelisiert wurde, als sich in der christlichen Welt die Trennung von Ost und West vollzog, wurde im Verlauf des 11.

Ich danke Frau Dr. Ursula Grubenthal für die Übersetzung.

1 M. Garzaniti, Alle radici della concezione dello spazio nel mondo bizantino-slavo (IX–XI sec.). In: Uomo e spazio nell'Alto Medioevo (4–8 aprile 2002. Settimane di studio del Centro Italiano sull'Alto Medioevo. L) Spoleto 2003, 657–707.

2 Einen Überblick über die Literatur der Rus' über das Paradies gibt die neuere Studie von V. V. Mil'kov, Cerkovnye, narodnye i antičnye predstavlenija ob inom mire v ich otnošenii k apokrifičeskomu obrazu raja. In: V. V. Mil'kov (Hg.), Drevnjaja Rus'. Peresečenie tradicii. Moskva 1997, 250–280. Im Bezug auf das irdische Paradies im lateinischen Mittelalter besitzt nach wie vor die Abhandlung von A. Graf, Miti e leggende e superstizioni del Medio evo. Torino 1925, 1–175 Gültigkeit, vor allem aufgrund der Fülle des untersuchten Materials. Zitiert werden müssen außerdem noch die neueren Arbeiten von I. R. Patsch, R. R. Grimm und J. Delumeau: I. R. Patch, The other world, according to description in medieval literature. Cambridge (Mass.) 1950; R. R. Grimm, Paradisus Coelestis Paradisus Terrestris. Zur Auslegungsgeschichte im Abendland bis um 1200. München 1977; J. Delumeau, Une histoire du paradis. Le jardin des delices. Paris 1992.

Jahrhunderts eine Byzanz unterstehende Metropolie errichtet, in der sich ein aktives Mönchstum entwickelte, das sein führendes Zentrum im Höhlenkloster von Kiev hatte. Die Konversion der Rus' stellte dabei nicht nur das Eintreten einer neuen Nation in die christliche Welt dar, sondern führte für die Rus' auch zu einer Bewusstwerdung ihrer historischen Rolle und zu einer Bestimmung ihrer geographischen Lage innerhalb des bestehenden Kosmos. Dieses neue Bewusstsein zeigt sich deutlich in der *Rede über Gesetz und Gnade* von Hilarion, der von 1051 bis 1054 Metropolit der Rus' war und demzufolge die Rus', *die in allen vier Weltregionen bekannt und anerkannt ist,* ihren *Lehrer und Meister*, den Großfürsten Vladimir ebenso lobpreist, wie Rom Peter und Paul lobpreist, Asien, Ephesos und Patmos Johannes lobpreisen, Indien Thomas und Ägypten Markus.[3]

Das Wissen über die christliche Welt, zu der nun auch die Rus' zählte, stammte vorwiegend aus der Liturgie. Im Laufe des Jahres durchlebten die Gläubigen erneut die Heilige Geschichte, indem sie deren Abschnitte anhand des Kalenders der Feiertage und Namenstage der Heiligen durchliefen. Durch die liturgischen Bücher, vom Evangelium bis zum Synaxar mit den Heiligenleben, nahmen die Figuren und Ereignisse der Heiligen Geschichte, von der Erschaffung der Welt bis zu den neuesten Heiligsprechungen, ihren Platz in einem geordneten Kosmos ein, der seinen Mittelpunkt in Jerusalem hatte und fest nach der Bewegung der Gestirne von Osten nach Westen strukturiert war. Der beschränkte Raum des Tempels weitete sich also aus, sodass er die gesamte Ökumene erfasste und dabei vor allem die Orte Palästinas und des östlichen Mittelmeerraumes in den Mittelpunkt rückte, in denen die ersten christlichen Predigten stattgefunden hatten. Der Gläubige, der einer räumlich genau definierten Gemeinschaft angehörte, fühlte sich als Mitglied eines „auserwählten Volkes", das innerhalb der räumlichen und zeitlichen Grenzen des Patriarchats von Konstantinopel lokalisiert werden konnte, im erweiterten Sinne aber die mit Konstantinopel verbundenen Kirchen umfasste. Die Namen der Heiligen und der Stätten, in denen diese ihren Glauben bezeugt hatten, waren der slavischen Kultur zwar zu Beginn vollständig fremd, wurden aber dadurch immer vertrauter, dass die Namen der Heiligen in der Taufe angenommen wurden. Der slavischen Namensgebung stellte sich so die christliche zur Seite, wobei mit der Zeit die slavische immer mehr verdrängt wurde; gleichzeitig entstand eine christliche Topographie, die mit der Gründung von Kirchen und Klöstern verbunden war und vor allem mit den Translationen von Heiligenreliquien und Ikonen, deren Jahrestage oft in aufwendigen Feierlichkeiten begangen wurden. Dem Prozess der Christianisierung entsprach also eine Sakralisierung des Raumes nach dem Vorbild Konstantinopels.

Anhand der Liturgie, vor allem anhand des Buches Genesis, legte der Mensch der Rus' immer mehr die kosmogonischen Vorstellungen der älteren slavischen Welt ab

3 *Slovo o zakone i blagodati.* In: A. M. Moldovan (Hg.), „Slovo o zakone i blagodati" Ilariona. Kiev 1984, 91.

und assimilierte die Vorstellung von der Schöpfung und vom Beginn der Geschichte durch die Niederlassung Adams im irdischen Paradies. Zusammen mit den liturgischen Büchern erbte die Rus' aber nicht nur eine philosophisch-theologische Sprache,[4] sondern auch wichtige Zeugnisse der christlichen Literatur in den Übersetzungen und Überarbeitungen der ersten Generation der Schüler von Method im bulgarischen Kaiserreich. Unter den in bulgarischer Zeit entstandenen Werken, in denen der Anfang der Welt und ihr Aufbau beschrieben wird, muss vor allem das *Hexameron* (*Šestodnev*) von Ioann Exarch erwähnt werden, dessen große Verbreitung innerhalb der Rus' vom Interesse für die Ursprünge der Welt und ihrer göttlichen Ordnung zeugt. Anhand dieses Werkes konnte man in verdichteter Form aus dem Weltbild schöpfen, das in den patristischen Kommentaren der Genesis erstellt worden war. Ioann Exarch zufolge sind die vom Meer umgebenen Landgebiete durch große Flüsse durchzogen, darunter der Indus, die Donau, die Rhône und der Nil. Im Osten liegt das irdische Paradies, durch das ebenfalls ein Fluss fließt, der sich in der Folge in vier Wasserläufe teilt: den Phison (Indus oder Ganges), den Geon (Nil), den Tigris und den Euphrat. Der Himmel wird gemäß der göttlichen Vorsehung von Osten nach Westen von der Sonne und den Sternen durchwandert. Bei der Schöpfung hatte Gott die Sonne in den Osten und den Mond in den Westen gesetzt.[5] Besonders in der letzten Rede (*Slovo*) über den „sechsten Tag“,

---

4 Diesbezüglich wäre es wichtig, die Terminologie zur Bezeichnung der Welt, die im slavischen Raum beginnend mit der Tradition der Evangelien erstellt wurde, zu untersuchen. Neben dem Begriff *vŭseljenaja*, einem Calque von οἰκυμένη, treffen wir auf *světŭ* und *mirŭ*. Der Begriff *světŭ* hat auch die Bedeutung „Licht“, wohingegen er in der Bedeutung von „Welt“ (*κόσμος*) immer von *sŭ* oder *onŭ* begleitet wird (im Sinne von „diese Welt“, also der irdischen Welt im Gegensatz zur himmlischen Welt). Der Begriff *mirŭ*, der in erster Linie die Bedeutung Frieden hat (in keiner indoeuropäischen Sprache findet sich ein analoges Phänomen), besitzt auch die Bedeutung „Welt“ in der Form *vĭsĭ mirŭ* (kann auch als Kompositum gesehen werden), die *ὁ ὅλος κόσμος* entspricht und die gesamte bewohnte Welt einschließt, die den universalen Rahmen der apostolischen Mission darstellt. Uneinig ist man sich noch, ob die Beziehung zwischen der Bedeutung „Frieden“ und „Welt“ in *mirŭ* slavischen Ursprungs ist oder durch oströmische Vermittlung entstanden ist. In einem tiefgründigen Artikel führt C. A. Mastrelli eine Idee von A. Meillet weiter und lässt die Vorstellung von *mirŭ* als „Welt“ von der Verbreitung der byzantinischen Münzen im slavischen Raum ab der Epoche Justinians II. abstammen. Diese Münzen trugen die Inschrift *pax* auf dem *Globus Cruciger*, dem Abbild der gesamten unter der Herrschaft des Kaisers stehenden Welt (C. A. Mastrelli, A. Sl. *mirŭ* e il significato di «mondo». In: A. M. Raffo (Hg.), Studi slavistici in ricordo di Carlo Verdiani. Pisa 1979, 199–207). Interessant ist hierbei die Verbindung der reichen Symbolik des Kreuzes, der Weltkugel und der Inschrift *pax*. Auf jeden Fall verbindet sich im slavischen orthodoxen Raum beginnend mit der Tradition der Evangelien und vor allem durch die liturgische Feier der Begriff von „Welt“ fest mit der Idee von Frieden in einer vorwiegend eschatologischen Perspektive.

5 *Šestodnev*, insbesondere ff.66c–67b, 75b, 94a, 113b–113c, 159b. In: R. Aitzetmüller (Hg.), Das Hexameron des Exarchen Johannes. Graz 1958–1975, II, 251–257, III, 31, 181; IV, 29–31, 389. Eine allgemeine Einführung zu dem Werk ist die kurze zusammenfassende Arbeit von di Ž. Ikonomova, Joan Ekzarch. In: P. Dinekov (Hg.), Kirilo-Metodievska enciklopedija, II (I–O). Sofija 1995, 169–194. Für eine Analyse der antiken Quellen im *Šestodnev* siehe die Studie von G. S. Barankova, V. V. Mil'kov und S. N. Jakunin, Antičnaja tradicija v Šestodneve Ioanna ekzarka Bolgarskogo. In: V. V. Mil'kov (Hg.), Drevnjaja Rus'. Peresečenie tradicii. Moskva 1997, 13–41.

in der Ioann Exarch über die Schöpfung des Menschen berichtet und sich fragt, warum Gott das Paradies im Osten ansiedelte (vgl. Gen 2, 8), bietet er eine Interpretation von Osten und Westen, die vor dem Hintergrund der slavischen Etymologie verständlich wird. Die Ausführungen von Ioann Exarch beruhen nämlich auf der Etymologie von Westen (*zapadŭ*), im Sinne von Abstieg, Untergang und Tod, in Gegenüberstellung zu Osten (*vŭstokŭ*), im Sinne von Aufstieg, Aufgang und Auferstehung:[6] *Warum ist das Paradies nicht in einer anderen Gegend, sondern im Osten? Von dort, wo die Gestirne ihren Lauf nehmen, von dort sollte auch das menschliche Leben seinen Anfang haben. [...] In den Osten des Paradieses setzt er [Gott] den Menschen, um zu zeigen: so wie auch diese Gestirne aufgehen, nach Westen ziehen und untergehen, so ist es auch diesem [dem Menschen] beschieden, vom Leben in den Tod zu gehen, nach dem Bild der Gestirne und einen zweiten Osten [den Aufgang] wieder zu empfangen aus der Auferstehung von den Toten. Adam lief nach Westen und stieg hinab ins Grab (zapade vŭ grobŭ); es folgten ihm die irdischen Dinge und er wurde zu Grabe getragen mit den Hinabgestiegenen (sŭ zapadŭšiimĭ). Christus kam und ließ die Dinge, die untergehen, wieder aufsteigen.*[7] Neben dem slavischen Hexameron sollte man einigen apokryphen Texten Beachtung schenken, darunter verschiedene „Offenbarungen" und „Visionen", die bereits in der bulgarischen Zeit in Umlauf kamen. Insbesondere sei hier die *Visio Isaiae* erwähnt, die im *Uspenskij sbornik* zu lesen ist, sowie der *Liber Secretorum*.

Diese auf der Grundlage der Heiligen Schriften und durch bulgarische Vermittlung im byzantinischen Raum entwickelte Vorstellung von der Welt wurde von der Kiever Rus' mit dem Glauben des Neulings übernommen. Dies bezeugt die *Nestorchronik* (*Povest' vremennych let*), die das außergewöhnliche Bemühen darstellt, unmittelbar nach dem Übertritt zum Christentum, nicht nur die Geschichte der Rus' gemäß einer göttlichen Vorsehung zu interpretieren, sondern auch ihre geographische Lage innerhalb der bestehenden christlichen Welt zu bestimmen, wie das im Prolog ersichtlich wird: *Hier ist die Erzählung vergangener Zeiten, woher das russische Land kommt, wer*

6 Wir können hier nicht näher auf die slavische Terminologie zur Bezeichnung von Westen und Osten eingehen, die sich ab der slavischen Version der Evangelien durchsetzte. Wir wollen hier nur festhalten, dass sich bereits in dieser Version die Tendenz zeigt, der heutigen slavischen Form den Vorzug zu geben. Diese zieht den Singular gegenüber dem griechischen Original vor, das auch den Plural verwendet. Die Bezeichnungen „Osten" und „Westen", die sich in einigen griechischen Stellen im Plural finden (Mt 24, 27; Lk 13, 29, Mt 8, 11), werden in einigen alten slavischen Textzeugnissen wie im Original mit dem Plural übersetzt, während in anderen Werken (z. B. im *Evangelium des Mstislav*) dem Singular der Vorzug gegeben wird (N. P. Pankratova, Otŭ vŭstokŭ ... do zapadŭ. In: V. S. Golyšenko, A. M. Sumkina, (Hg.), Pamjatniki russkogo jazyka. Issledovanija i publikacii. Moskva 1979, 193–196).

7 *Šestodnev*, ff.257c–257d. In: Aitzetmüller, Das Hexameron VI, 417–419. Ioann Exarch fährt fort, indem er den Propheten Zacharias zitiert (6, 12 nach der LXX): *Dies ist ein Mann, sein Name ist Osten [...]* . Ein paar Seiten vorher hatte der Autor bei der Interpretation des Namens von Adam bereits hervorgehoben, wie sehr der geographische Raum an die von der göttlichen Vorsehung gelenkte Geschichte der Menschheit gebunden ist. In den Buchstaben des Namens von Adam sind die Initialen von Osten, Westen, Norden und Süden enthalten (*Šestodnev*, insbesondere ff.252d–253a. In: Aitzetmüller, Das Hexameron VI, 379–381).

in Kiev zum ersten Fürsten wurde und wie das russische Land entstanden ist [...].[8] Die *Nestorchronik* beschreibt einen geographischen Raum, in dessen Zentrum Kiev stand und dessen Hauptverbindungsweg der *Weg zu den Griechen* war, jene Hauptachse, die die Rus' mit Byzanz verband. Im Westen erstreckte sich der römisch-germanische Raum und im Osten öffnete sich die Steppe, aus der die Nomadenvölker stammten.[9] Durch das Vorherrschen der Ost-West-Achse und indem man den Norden dem Westen annäherte, versuchte man in dieser Chronik die Nord-Süd-Achse so weit wie möglich zu verkürzen, um die Rus' gegen Süden auszurichten und die Nachbarschaft zur mediterranen Welt zu unterstreichen.[10] Die Rus' verstand sich also in Richtung mediterranen Osten projiziert, vor allem in Richtung Konstantinopel, aber auch in Richtung Palästina und Jerusalem, und die geschichtlichen Umstände begünstigten diesen Prozess der Annäherung an den mediterranen Raum.

Zu Beginn des 12. Jahrhunderts, nach der Gründung des Reiches von Jerusalem, begab sich eine große Anzahl von Pilgern ins Heilige Land, um die Zeugnisse des neuen Glaubens persönlich zu erfahren und durchwanderte dabei den heiligen Raum, der sich von Konstantinopel bis nach Jerusalem und zum Sinai erstreckte. Diese Gepflogenheit hatte sich derart verbreitet, dass die kirchlichen Würdenträger wiederholt gezwungen waren, einzuschreiten, um dieses Phänomen einzuschränken.[11] Das erste schriftliche Zeugnis einer Pilgerreise von der Rus', die *Pilgerfahrt des Abtes Daniil ins Heilige Land*, wurde eben zu dem Zweck verfasst, eine zuverlässige Beschreibung der heiligen

8 *Nestorchronik*, Prolog. In: D. S. Lichačev (Hg.), Povest' vremennych let. SPb 1999 (2. Aufl.).

9 In der *Nestorchronik* wird der unerbittliche Kampf mit den Steppenvölkern bis zum Mongoleneinfall im Lichte der in der byzantinischen Welt stattfindenden Ereignisse interpretiert, die sich in der Vergangenheit im Kampf gegen die persische Welt befand und dann gegen die islamische Welt. Dem Chronisten zufolge gab es noch einen geheimnisvollen geographischen Raum, der sich zwischen Osten und Norden befand, nämlich die Wüste des Jatreb (oder Etreu), aus der nach den *Revelationes Methodii* die vier Stämme hervorgehen, die Gideon nicht auszurotten vermochte und die in der *Nestorchronik* mit den Turkmenen, den Petschenegen, den Türken und den Kumanen identifiziert werden. Nach diesen Völkern würden am Ende der Zeiten die *unreinen Menschen* wieder herauskommen, die einst Alexander von Mazedonien in den Berg eingeschlossen hatte (*Nestorchronik* 1096. In: D. S. Lichačev (Hg.), Povest', 98). Für eine kurze Einführung in das Verhältnis zwischen der bereits sehr früh in der Rus' bekannten *Revelationes Methodii* und den Chroniken siehe den Beitrag von L. A. Dmitriev, Otkrovenie Mefodija Patarskogo. In: D. S. Lichačev (Hg.), Slovar' knižnikov i knižnosti Drevnej Rusi. I. XI v. – pervaja polovina XIV v. Leningrad 1987, 283–285.

10 Diese These wurde bereits in vorangegangenen Beiträgen entwickelt (M. Garzaniti, Oriente e Occidente nella Rus' di Kiev. Per un'interpretazione dello spazio geografico nella cultura kieviana. In: K. Kostantynenko, M. Ferraccioli und G. Giraudo (Hg.), Miti antichi e moderni tra Italia e Ucraina. I. Padova 2000, 147–156; Garzaniti, Alle radici).

11 Daniil egumeno, Itinerario in Terra santa. Roma 1991, 10–12; M. Garzaniti, „Choženie" igumena Daniila v Svjatuju zemlju. Literatura i bogoslovie na Rusi XII veka. In: Slavjanovedenie 2 (1995) 23–25.

Stätten zu liefern, die es auch denjenigen, die nie dort gewesen waren, ermöglichte, im Geiste dieselbe Erfahrung zu durchleben.[12]

Um den Wissensdurst im Bezug auf die „neue Welt" zu stillen, ließ man in der Rus' auch Texte mit geographischem Inhalt neu übersetzen, die mit dem in den heiligen Schriften gezeichneten Weltbild übereinstimmten. Unter diesen Zeugnissen ist vor allem die *Christliche Topographie* des Kosmas Indikopleustes von besonderer Bedeutung. In diesem Werk, das zwischen dem 12. und 13. Jahrhundert in Umlauf kam, befindet sich eine detaillierte Interpretation des geographischen Raums.[13] Kosmas Indikopleustes, dessen wirklicher Name Konstantin von Antiocha war, verwirft die Idee, dass die Erde eine Kugel ist, und präsentiert eine detaillierte Kosmologie auf der Grundlage der Interpretation des Oktateuchs, die im ostslavischen Raum große Verbreitung fand. Es sind davon ungefähr 50 Kodices erhalten, einige mit interessanten das Werk illustrierenden Miniaturen. Die *Christliche Topographie* liefert das Bild einer vor allem in ihrem zentralen Bereich bewohnten Erde, die von sie umschließenden Ozeanen umgeben ist. Die Verbreitung des Menschengeschlechts sei nach der Sintflut von den östlichen Gebieten ausgegangen. Die Arche Noah, die aus den Gebieten jenseits des Ozeans kam, in denen sich das irdische Paradies befand und die den wirklichen Osten darstellen, war auf dem Ararat „gestrandet". Und so heißt es bei Kosmas: *[...] früher einmal lebten wir Menschen im Osten, bevor zur Zeit Noahs die Sintflut kam, dort, wo das Paradies liegt [...].*[14] Die Gebiete, welche die Menschen nach der Sintflut besiedelten, werden unterteilt in Asien, das den Osten darstellt, in Libyen, das sich im Süden Richtung Westen ausdehnt und in Europa, das sich im Norden Richtung Westen erstreckt.[15] Oberhalb davon bewegen sich die Gestirne, insbesondere die Sonne, die in ihrem Lauf von einem sehr hohen im Norden befindlichen Berg verdeckt wird, was den Wechsel von Tag und Nacht schafft. Kosmas schreibt: *Die östlichen und südlichen Regionen werden also, da sie tiefer liegen, stärker von der Sonne erwärmt; wohingegen*

12 Obwohl die sowjetische Literaturwissenschaft und auch heute die russische darauf beharren, in der *Pilgerfahrt* Daniils eine politische Motivierung zu finden, die jedoch auf der Grundlage der Erzählung bis heute noch nicht klar ermittelt werden konnte, habe ich deutlich gezeigt, dass seine Reise einen spezifisch religiösen Grund hatte (Daniil egumeno, Itinerario; Garzaniti, „Choženie").

13 Für den Text der *Christlichen Topographie* in der slavischen Version habe ich die Ausgabe des ältesten Kodex Gosudarstvennyj Istoričeskij Muzej Uvar. 566 von 1495 verwendet, die erst kürzlich herausgegeben wurde (V. S. Golyšenko und V. F. Dubrovina (Hg.), Kniga naricaema Koz'ma Indikoplov. Moskva 1997). Leider ist in der Ausgabe nicht die in der neuesten griechischen von W. Wolska herausgegebenen Ausgabe verwendete Unterteilung des Textes angezeigt, was eine Gegenüberstellung erschwert (Cosmas Indicopleustès, Topographie chrétienne (Sources Chrétiennes 141, 159, 197). I–III. Paris 1968–1973). Für eine Einführung in die slavische Tradition des Werkes von Kosmas Indikopleustes siehe den Artikel von A. Jacobs, Kosmas Indikopleustes. Die Christliche Topographie, in slavischer Übersetzung. In: Byzantinoslavica XL (1979) 183–198. Für den Kommentar zu den Illustrationen der griechischen und slavischen Kodizes bleibt nach wie vor die Abhandlung von E. K. Redin, Christianskaja Topografija Kozmy Indikoplova po grečeskim i russkim spiskom. Moskva 1916, von grundlegender Bedeutung.

14 Golyšenko und Dubrovina (Hg.), Kniga 64; vgl. Cosmas Indicopleustès, Topographie, Buch II, 24.

15 Golyšenko und Dubrovina (Hg.), Kniga 65; vgl. Cosmas Indicopleustès, Topographie, Buch II, 28.

die nördlichen und westlichen Regionen, die höher gelegen und weiter von der Sonne entfernt sind, eisig sind [...].[16] Osten und Süden auf der einen Seite und Norden und Westen auf der anderen werden also als eng verbunden angesehen. Einer originellen Auslegung des Alten Testaments zufolge, im speziellen des Buches Leviticus, sieht Kosmas das wirkliche Bild der Erde im Allerheiligsten und der Bundeslade und liefert so eine interessante Interpretation des Einzuges des Allerheiligsten im Osten und der Ausrichtung des christlichen Kultes. Denn laut Kosmas wurde der Mensch im Osten erschaffen und von Osten aus breitete er sich auf der ganzen Erde aus; aus diesem Grund wenden sich die Christen in der Anbetung Gottes geistig nach Osten, im Unterschied zu den Juden, die sich dem Tempel von Jerusalem zuwenden.[17]

In all diesen Zeugnissen konzentriert sich die Aufmerksamkeit des Lesers neben Jerusalem und dem Heiligen Land auch auf den Osten und speziell auf das irdische Paradies, das sich am äußersten Rand der bewohnten Welt befand. Angetrieben durch die Neugier, die östlichen Gebiete zu erforschen, ergötzte sich der Mensch der Rus' an einer reichen Literatur über den Osten, der gewöhnlich mit dem mythischen indischen Reich gleichgesetzt wurde, das in der Vollendung eine Wirklichkeit darstellte, die dem irdischen Paradies geographisch und geistig näher lag.[18] Im mönchischen Umfeld war außerdem eine Literatur verbreitet, die im Osten und speziell in der Welt der Brahminen den Raum der mönchischen Vollkommenheit identifizierte, wie dies der Erfolg der Erzählung von Barlaam und Joasaph und die *Reise des Zosimos zu den Brahminen* bezeugen. Letztere berichtet unter dem Titel *Leben und Taten unseres seligen Vaters Zosimos* über die Erlebnisse des Mönches Zosimos, der um *das Leben der seligen Menschen zu schauen* eine lange Reise in die Wüste unternimmt, dabei auf wundersame Weise einen großen Fluss überquert und unter dem Schutz eines Engels unter den Brahminen weilt, den ursprünglichen Bewohnern Jerusalems, die in jenes *Land ohne Gefahren* geführt worden waren.[19] Um das irdische Paradies kennen zu lernen, konnte

16 Golyšenko und Dubrovina (Hg.), Kniga 66; vgl. Cosmas Indicopleustès, Topographie, Buch II, 33.

17 Golyšenko und Dubrovina (Hg.), Kniga 138–139; vgl. Cosmas Indicopleustès, Topographie, Buch V, 41–42.

18 Insbesondere sind hier der *Alexanderroman* und die sogenannte *Erzählung über das indische Reich* zu nennen. Diesbezüglich verwundert, dass S. Graciotti den Begriff Phantasie verwendet, um diese Literatur zu definieren (S. Graciotti, L'Oriente nelle fantasie e nelle conoscenze della Rus' medievale. In: L. Lanciotti (Hg.), Venezia e l'Oriente. Venezia 1987, 229–248). Denn für seine Leserschaft beschrieb diese Literatur die tatsächliche Wirklichkeit im Osten, folgend einem mit den Schriften übereinstimmenden Weltbild. Es sollte also zwischen phantastischer Literatur und imaginärer Literatur unterschieden werden, wie dies kürzlich F. Cardini getan hat: „die Kategorie der „phantastischen Reisen" [...] ist also streng zu trennen von der der „imaginären Reisen", die eng verbunden waren mit dem imago mundi und damit mit der Vorstellung von der Ökumene und der in irgendeiner Form bekannten (sei es durch direkte Erfahrung oder durch die Beschreibung der Auctoritates) Landgebiete bzw. Meeresregionen" (F. Cardini, Viaggi immaginari. In: S. Gensini (Hg.), *Viaggiare nel Medioevo*. Pisa 2000, 497–498).

19 N. Tichonravov, Pamjatniki otrečennoj russkoj literatury II. Moskva 1863, 78–92. Die in zwei verschiedenen Versionen herausgegebene Erzählung begann sich im 14. Jahrhundert zu verbreiten und steht in enger Verbindung zum *Alexanderroman* (E. I. Vaneeva, Choždenie Zosimy k rach-

man sich hingegen an die damals gebräuchlichen liturgischen Bücher wenden, die Heiligenleben enthielten, in denen von der Reise auf der Suche nach dem irdischen Paradies berichtet wurde.[20]

In einem der ältesten liturgischen Kodizes, dem *Uspenskij sbornik*, der Heiligenleben und Homelien enthält, findet sich die sogenannte *Reise des Agapitos ins Paradies* (*Choždenie Agapija v raj*), deren Titel lautet: *Erzählung unseres heiligen Vaters Agapitos, warum man die eigenen Leute und das eigene Heim, Frau und Kinder verlässt und, unter der Bürde des Kreuzes, dem Herrn folgt.*[21] In dieser Heiligenvita wird erzählt, wie der Hegumen Agapitos, der lange Zeit in seinen Gebeten darum ersucht hatte, zu verstehen, was es bedeute, Christus zu folgen, schließlich einer himmlischen Stimme folgt und das Kloster verlässt. Einigen himmlischen Zeichen folgend gelangt er bis ans Meer und überquert auf einem Schiff den Ozean. Auf der anderen Seite trifft er Christus mit den Jüngern, der ihm den Weg zum irdischen Paradies weist. Geführt von Elias, der ihn durch eine kleine Türe in einer sehr hohen Mauer eintreten lässt, sieht Agapitos einen reich gedeckten Tisch und eine Quelle, *die in die Bäume des Paradieses fließt und Paradies heißt* (*poroda*).[22] Die Seelen erscheinen ihm in Form von verschiedenfarbigen Weintrauben, *denn ein lebender Mensch kann die Seelen der Menschen nicht sehen.*[23] Auf der Rückreise überquert Agapitos erneut den Ozean, besucht eine Stadt und vollbringt ein Wunder mit dem von Elias erhaltenen Brot. Am Ende zieht er sich, der Weisung eines Engels folgend, in eine Einsiedelei zurück, die von hohen Mauern umgeben ist. Dort stirbt Agapitos, nachdem er seine Geschichte aufgeschrieben und nach Jerusalem geschickt hat.

Dasselbe Motiv finden wir in der Vita unseres heiligen seligen Vaters Makarios, der zwanzig Meilen vom Paradies entfernt gefunden wurde (Tichonravov, Pamjatniki. II, 59-77), in Russland bekannt als Apokryph über Makarios von Rom, die bereits im bulgarischen Raum übersetzt worden war. In dieser Schrift, die sich auch im lateinischen Raum großer Beliebtheit erfreute, wird von der Reise dreier Mönche des Asklepius-

---

manam. In: D. S. Lichačev (Hg.), Slovar' knižnikov i knižnosti Drevnej Rusi. II. Vtoraja polovina XIV v. – XVI v. Čast' 2. Leningrad 1989, 489–491).

20 Diese Mönchsviten, die Reiseberichte von der Suche nach dem irdischen Paradies enthielten, waren auch im lateinischen Raum weit verbreitet. Siehe diesbezüglich die Untersuchung von G. Orlandi, Temi e correnti nelle leggende di viaggio dell'Occidente alto-medievale. In: Popoli e paesi nella cultura altomedievale (23–29 aprile 1981). Spoleto 1983, 523–571. Der Ursprung dieser Literatur muss erst untersucht werden; vermutlich spielte die apokryphe Literatur über Adam und Eva eine gewisse Rolle, in der von der Reise Seths zum irdischen Paradies erzählt wird, der auszog das wundertätige Öl zu holen, um die Qualen des sterbenden Vaters zu lindern.

21 *Uspenskij sbornik*, ff.287g–292v. In: O. A. Knjazevskaja, V. G. Dem'janov und M. V. Ljapon (Hg.), Uspenskij sbornik XII–XIII vv. Moskva 1971, 466–473; M. V. Roždenstvenskaja, Choždenie Agapija v raj. In: D. S. Lichačev (Hg.), Slovar' knižnikov i knižnosti Drevnej Rusi. I. XI v. – pervaja polovina XIV v. Leningrad 1987, 462–463.

22 Anstelle des gebräuchlicheren Begriffs *raj*, der antike indoeuropäische Wurzeln hat, wird hier das seltenere griechische Lehnwort *poroda* verwendet.

23 *Uspenskij sbornik*, f.291a. In: Knjazevskaja, Dem'janov und Ljapon (Hg.), Uspenskij sbornik, 471.

Klosters nach Mesopotamien erzählt; diese drei Mönche beschließen auf der Erde zu wandern, um zu sehen, wo sich der Himmel mit der Erde verbindet, wie es die Bücher berichten, da sich der Himmel auf eiserne Säulen stützt.[24] Nachdem die drei Mönche nach Jerusalem gepilgert sind, begeben sie sich nach Osten, durch Persien und berühren dabei fremde Gebiete, in denen seltsame Völker leben, darunter die Kynokephalen. Geführt durch einen Hirsch durchwandern sie das Land der Schlangen bis zu der Säule, die Alexander am Rande der bekannten Welt hatte errichten lassen.[25] Jenseits davon erstrecken sich die Höllengebiete, wobei einige Martern beschrieben werden und schließlich ein wunderbares Land mit der Quelle des ewigen Lebens, in dem farbige Winde wehen. Zuletzt erreichen die Mönche die Höhle des Eremiten Makarios, der sie davon überzeugt, von ihrem Vorhaben abzulassen, da kein Mensch, geboren im Fleische aus einer schweren Sünde, jenen Ort erreichen kann; als Bestätigung dieser Tatsache ist eine Stimme vom Himmel zu hören, die verkündet, dass niemand lebend an jenen Ort gelangen kann. Erst nachdem ihnen der Eremit seine Geschichte erzählt hat, kehren die drei Mönche in ihr Kloster zurück, wobei sie erneut den Weg über Jerusalem nehmen.

In späterer Zeit, wahrscheinlich erst gegen Ende des 17. Jahrhunderts (ein früherer Ursprung kann jedoch nicht ganz ausgeschlossen werden) kommt eine Überarbeitung der Makarios-Erzählung in Umlauf, die in der Stadt Novgorod spielt. In dieser Erzählung sind die Helden zwei Mönche aus Novgorod, die ihre lange Reise zu dem Ort beginnen, *wo sich der Himmel über die Erde spannt.* Gegenüber der ursprünglichen Erzählung sind zwei grundsätzliche Unterschiede zu beobachten: das Fehlen der Lebensgeschichte des Eremiten und vor allem der Einschub einer kurzen Beschreibung des irdischen Paradieses. Die Erzählung beschreibt eine Stadt aus Gold jenseits des Flusses, in der sich ein Garten mit Weinstöcken und Paradiesvögeln befindet. Die Erzählung schließt damit, dass Makarios *den beiden Mönchen das Paradies im Osten zeigte.* Interessanterweise schlafen die beiden Mönche bei der Rückkehr von ihrem Ausflug in der Zelle des Makarios ein und erwachen in der Zelle ihres Klosters in Novgorod.[26]

Auf die Heilige Schrift, die liturgischen Bücher und vor allem auf die hier behandelten Werke beruft sich der Erzbischof von Novgorod Vasilij Kalika[27] in seinem Brief

24 M. A. Salmina, Apokrif o Makarii rimskom. In: D. S. Lichačev (Hg.), Slovar' knižnikov i knižnosti Drevnej Rusi. I. XI v. – pervaja polovina XIV v. Leningrad 1987, 41–43.

25 Der slavische Text (*stolpŭ*) interpretiert korrekt das griechische ἀψίς, das hingegen, wie Orlandi anführt, in der lateinischen Version fälschlicherweise mit *absida* wiedergegeben wird. Von diesem Bogen sprach bereits der Pseudokallisthenes in einer Redaktion des *Alexanderromans* (Orlandi, Temi 549).

26 V. F. Ržiga, Novaja versija legendy o zemnom rae. In: Byzantinoslavica II (1930) 374–385. Ržiga zufolge könnten einige Details der Reise, die sie von der *Makarios-Vita* unterscheiden aus der *Erzählung über das indische Reich* stammen.

27 Bezüglich der Persönlichkeit, die wegen ihrer Pilgerreise nach Palästina den Namen *kalika* (Pilger) trägt, und deren intensiver Tätigkeit als Bischof siehe den kurzen Artikel von A. M.

über das irdische Paradies, den er um 1347 an den Bischof Tver' Feodor und an seine Diözese schrieb und der in den Novgoroder Chroniken mit dem Inzipit *Brief des Erzbischofs von Novgorod Vasilij an den Bischof von Tver' Feodor* (im Weiteren *Brief* genannt) überliefert wurde. Da er erfahren hatte, dass sein Glaubensbruder das irdische Paradies für verschwunden hielt, nahm er sich nach längeren Nachforschungen vor, den Fehler auszumerzen, indem er darlegte, was er aus den *göttlichen Schriften der heiligen Apostel und der großen Bischöfe* erfahren hatte.[28]

Nachdem er auf der Grundlage der Perikopen der Genesis und der liturgischen Hymnographie in groben Zügen die Erschaffung des Paradieses, die Vertreibung Adams aus dem Paradies und die Verheißung der Erlösung erzählt hat, lokalisiert Vasilij das Paradies mit Hilfe der vier Flüsse, die von bis an den Himmel stoßenden Bergen herabfließen, die für die Menschen unerreichbar sind und am Fuße derer die Brahminen wohnen.[29] Auf der Grundlage des Synaxars, im Slavischen *Prolog* genannt, weist Vasilij die Anwesenheit von Enoch und Elias im irdischen Paradies nach, wie dies Agapitos bezeugt, der von dem Propheten ein Stück wunderkräftiges Brot erhalten hatte. Aber der Bischof nimmt auch Bezug auf die Vita des Mönchs und Kochs Eufrosinos, der von einem Besuch im Paradies drei wunderkräftige Äpfel mitgebracht hatte.[30]

Pančenko, Vasilij Kalika. In: D. S. Lichačev (Hg.), Slovar' knižnikov i knižnosti Drevnej Rusi. I. XI v. – pervaja polovina XIV v. Leningrad 1987, 92–95.

28 Der *Brief* ist mit russischer Parallelübersetzung und mit kurzen kommentierenden Anmerkungen herausgegeben in: L. A. Dmitriev und D. S. Lichačev (Hg.), Pamjatniki literatury Drevnej Rusi XIV – seredina XV veka. Moskva 1981, 42–49, 532–534. Bisher ist versucht worden diesen Brief zu interpretieren, indem man sich jeweils auf die Geschichte des Hesychasmus im ostslavischen Raum konzentrierte oder indem man sich mit dem Problem des irdischen Paradieses (vor allem im Bezug auf die westlichen Quellen) auseinandersetzte und schließlich indem man kürzlich das Problem der Sinneswahrnehmung untersuchte. Insbesondere A. D. Sedel'nikov setzt die Polemik zwischen dem Erzbischof von Novgorod und dem Bischof von Tver' in Bezug zur Verbreitung des Hesychasmus in der Rus' und der Auseinandersetzung über das Taborlicht (A. D. Sedel'nikov, Motiv o rae v russkom srednevekovom prenii. In: Byzantinoslavica VII (1937–1938) 164–173). In diesem Brief ging es nicht nur um die Existenz des irdischen Paradieses, sondern, wie B. A. Uspenskij kürzlich bemerkt hat, auch um die Sinneswahrnehmung in der christlichen Erfahrung. Ziemlich weit von der Wirklichkeit entfernt scheint hingegen die These von A. I. Klibanov, der die Polemik über das Paradies mit der Verbreitung der rationalistischen Tendenzen aus dem Westen in Verbindung bringt. Seiner Meinung nach sei Bischof Feodor von Tver' ein Vertreter der barlamitischen Richtung gewesen, der sich Vasilij Kalika entgegengestellt hatte und so die Palamiter verteidigt hätte und ihren Glauben an das Taborlicht angenommen hätte (A. I. Klibanov, Reformacionnye dviženija v Rossii v XIV – pervoj polovine XVI vv. Moskva 1960, insbesondere 140–150). Allen Kommentatoren ist jedoch die grundlegende Frage der Interpretation der Schriften bisher entgangen.

29 Es handelt sich hierbei um die einzige kurze Anspielung auf den mythischen, von den Brahminen bewohnten Osten, den Vasilij aus der *Reise des Zosimos zu den Brahminen* gekannt haben könnte. Aber es wird keinerlei Zeugnis geliefert, das bestätigt, was er gelesen hatte.

30 Neben der *Reise des Agapitos ins Paradies* und dem sogenannten *Apokryph über Makarios von Rom* sind im Synaxar die *Vita des Enoch* (8. November) und die *Vita des Eufrosinos* (11. September) zu lesen.

Der grundsätzliche Einspruch Fedors bezog sich jedoch nicht auf die Geschichtlichkeit des Paradieses, sondern darauf, dass es sich nach der Sintflut um ein geistiges Paradies handle und daher, so fügt Vasilij hinzu, nur mehr um ein *Objekt der Schau.*[31] Dies widerspreche seiner Meinung nach dem Evangelium, das am Tag des Jüngsten Gerichts für Selige und Verdammte unterschiedlich genau definierte Orte vorsehe. Und die Worte des Evangeliums werden sowohl von der Lehre des Johannes Chrysostomos, als auch von der Vita des heiligen Patricius, Bischof von Prussa in Bithynien, die im Synaxar (19. Mai)[32] enthalten ist, bestätigt. Und wenn es auch den Menschen nicht erlaubt sei, *das Paradies zu sehen*, so könne man dennoch Zeichen der Existenz der Hölle und des Paradieses erkennen. Das Bestehen der Höllenqualen im äußersten Westen bezeugten einige Seeleute aus Novgorod, die das arktische Eismeer (*das atmende Meer*)[33] durchfahren hatten. Das irdische Paradies, in dem die Muttergottes und die Seeligen (beginnend mit dem guten Schächer) weilten, sei nicht verschwunden, wie die liturgische Hymnographie beweise. Dies werde konkret durch die Palme bezeugt, die der Engel des Paradieses der Muttergottes gebracht habe, um ihr den bevorstehenden Tod anzukündigen. Das irdische Paradies sei nicht verschwunden, da *alle göttlichen Werke unverweslich sind.* Davon sei er selbst während seines Aufenthalts im Heiligen Land Zeuge geworden, als er mit eigenen Augen die Tore der Stadt Jerusalem gesehen habe, die Christus selbst vor der Passion geschlossen hatte, sowie die hundert von Christus an den Ufern des Jordan gepflanzten Palmen. Auch der Leichnam Adams am Golgatha, der in den Ikonen der Kreuzigung zu sehen ist, stehe in keinem Widerspruch zur Existenz des Paradieses, da es die Engel waren, die den Körper nach Jerusalem gebracht hatten. Der Erzbischof liefert zuletzt authentische Beweise für die Existenz des Paradieses, indem er von der wundersamen Erfahrung seines Landsmannes Mojslav und dessen Sohn Jakov erzählt, die in einem von hohen Bergen umgebenen Land mit zwei

---

31 Die Vorstellung, dass es den „geistigen Menschen" erlaubt sei unter gewissen Umständen das zu sehen, was normalerweise nicht sichtbar ist, war in die Tradition des Mönchstums der Rus' aufgenommen worden, wie z. B. die *Vita des Feodosij* bezeugt, in der sich zahlreiche dieser Visionen finden, vor allem aber die *Pilgerfahrt* des Abtes Daniil, in der der Held Zeuge zahlreicher Wunder ist, die nicht von allen Gläubigen gesehen werden.

32 Vasilij verweilt nicht bei diesen Zeugnissen, die den Eingang zur Hölle in Jerusalem und in den vulkanischen Gebieten des Mittelmeerraumes ansiedeln, sondern gibt den Augenzeugenberichten seiner Landsleute den Vorzug, die den Eingang im äußersten Westen ansiedeln. Sowohl im Balkanraum, als auch in der Rus' war ein interessanter Apokryph verbreitet, die *Leidenswanderung der Muttergottes* (*Choženie Bogorodici po mukam*), die eine Reise der Muttergottes unter der Führung des Erzengels Michael in die Hölle beschreibt, die ihren Anfang am Ölberg in Jerusalem nimmt (M. V. Roždenstvenskaja, Choženie Bogorodici po mukam. In: D. S. Lichačev (Hg.), Slovar' knižnikov i knižnosti Drevnej Rusi. I. XI v. – pervaja polovina XIV v. Leningrad 1987, 463–465). Den lokalen Legenden über das Tal von Hinnom (in Hebräisch Ghe-Hinnom, daraus Geenna) zufolge, befand sich für den Abt Daniil der Eingang der Hölle in Jerusalem, in der Nähe der Tore des Heiligen Stefan (*Choženie Daniila.* In: M. A. Venevitinov, Žit'e i choženie Daniila Rus'skya zemli igumena 1106–1108 gg. In: Pravoslavnyj Palestinskij Sbornik 1, 3 (1883) 15; Daniil egumeno, Itinerario 83).

33 Diesbezüglich lassen sich analoge Zeugnisse aus dem isländischen Raum anführen.

Schiffen Schiffbruch erlitten hatten. Der Berg, auf dem auf wundersame Weise ein Bildnis Christo auf dem Thron gemalt war, erschien erleuchtet von vielen Lichtern und erhallte von Gesängen. Diejenigen, die versucht hatten, hinaufzusteigen, waren nicht zurückgekehrt und der letzte, der aus Vorsicht an ein Seil gehängt worden war, wurde tot daran zurückgezogen. Der Erzbischof leugnet jedoch das *geistige Paradies* nicht, das seiner Meinung nach jedoch erst bei der Wiederkunft Christi eingesetzt werden würde, wenn der *neue Himmel und die neue Erde* kämen (Ap 21,1). Das irdische Paradies bestehe hingegen unabhängig davon und leuchte mit eigenem Lichte, das verschieden sei vom Lichte Christi und der neun Engelsscharen und das sich eben dann zeigen werde, *wenn die gesamte Erde vom unaussprechlichen Licht erfüllt sei und voller Freude und Fröhlichkeit.* Einen Vorgeschmack dessen hätten auf Erden der Apostel Paulus gehabt, als er in den dritten Himmel entführt worden war, aber auch die Apostel und Propheten, die an der Verklärung Christi am Tabor teilgenommen hatten. Da es dennoch nicht möglich sei *das geistige Paradies noch im Fleische zu sehen*, seien Petrus, Jakobus und Johannes zu Erde gestürzt, *da sie den Glanz seiner Göttlichkeit nicht ertragen konnten.* Und mit dieser Schau des Taborlichtes verabschiedet sich der Bischof von seinem Glaubensbruder und unterstreicht erneut, dass *das im Osten für Adam erschaffene Paradies nicht verschwunden sei.*

Leider wissen wir nichts über den Bischof von Tver' Feodor, noch etwas über seine Argumente, da Vasilij seine These in äußerst gedrängter Form darlegt. Allerdings deutet die Nachdrücklichkeit mit der er auf das Licht hinweist, und vor allem seine Endbetrachtung über das Taborlicht, auf die palamitische Polemik hin, die eben in jenen Jahren die byzantinische Welt und speziell den Berg Athos entflammt hatte. Es ist bekannt, dass die kirchlichen Würdenträger der Rus', angefangen vom Metropoliten griechischen Ursprungs Feognost, informiert waren über die theologische Auseinandersetzung, die im Gange war, und der Metropolit selbst hatte die palamitische Lehre aufs Schärfste kritisiert, als die hesychastischen Mönche begonnen hatten, sie in der Rus' zu verbreiten.[34]

Ich möchte zuallererst darauf hinweisen, dass sich die Lehre von Vasilij auf die Interpretation der liturgischen Bücher stützt, die Texte enthielten, die heute als apokryph gelten, damals jedoch durchaus als kanonisch rezipiert wurden. Vor allem aber stützte er sich auf persönliche Erfahrungen der Pilgerreisen und des Reliquienkultes, der in der Rus' tiefe historische Wurzeln hat. Mit dieser Einstellung behandelte der Bischof diese theologisch äußerst heikle Frage, die das byzantinische Mönchstum erschütterte und die vor allem dank dem Werk von Gregorios Sinaites vom Balkan aus auch die *Slavia Or-*

34 Dies bezeugt Nikephoros Gregoras in seiner *Historiae Byzantinae* (Buch XXVI, XII–XXIII. In: PG 149, 96–97), in der berichtet wird, dass der Metropolit, nachdem er die Schriften der *Anhänger der palamitanischen Sekte* erhalten hatte, die neue Lehre in einem Brief verurteilt hatte, den er an den Patriarchen und die Bischöfe gerichtet hatte; darin bezeichnete er die Anhänger der palamitanischen Lehre als *Politheisten und Atheisten* (vgl. Klibanov, Reformacionnye dviženija 148, F.120).

thodoxa erfasste. Mit den sehr beschränkten Mitteln seiner Theologie versuchte Vasilij einige Antworten auf Fragen zu liefern, mit denen sich die byzantinischen Theologen auf sehr viel ausführlichere und komplexere Weise auseinandersetzten.[35]

Der Radikalität, mit der Bischof Feodor wahrscheinlich Anhänger der palamitischen Lehre geworden war, steht Vasilij ziemlich kritisch gegenüber, ebenso wie der Metropolit selbst der neuen Lehre, und er sah sich gezwungen, auf der Grundlage der liturgischen Bücher und seiner Erfahrung, die traditionelle Lehre wiederherzustellen. Zuerst unterstreicht der Bischof die Kontinuität der göttlichen Schöpfung, die keine Zerstörung des irdischen Paradieses vorsehe, sondern sein Bestehen am Rande der Welt. Danach beschwört er die Unerreichbarkeit des Paradieses: Die verschiedenen Lichter und Gesänge, von denen die Schiffbrüchigen von Novgorod erzählen, bezeugen die Anwesenheit der seligen Seelen, die man – wie in der *Reise des Agapitos* erwähnt wird – nicht sehen könne. Als drittes vermerkt Vasilij, dass das irdische Paradies von dem geistigen Paradies zu unterscheiden sei, das erst in den letzten Zeiten entstehen werde und das einige Heilige erlebt hätten, obwohl sie seinem Licht nicht standhalten konnten. Vasilij stellt sich also ein irdisches Paradies vor, in dem die Seligen in Erwartung des *neuen Himmels* und der *neuen Erde* wohnen. Dieser von hohen Bergen umgebene und unerreichbare Ort befände sich jenseits der Region, in der die Brahminen leben.[36]

In dem Brief Vasilijs wird die traditionelle Lehre auf der Grundlage der Heiligen Schriften und der liturgischen Bücher rekonstruiert und von den Augenzeugenberichten

35 Gregorios Sinaites, dessen Schriften bereits sehr früh ins Slavische übersetzt wurden, behandelt die Frage des irdischen Paradieses in einer seiner Predigten (PG 150, 1242). Sedel'nikov präsentiert in seinem Artikel die Betrachtungen von Gregorios Sinaites sowohl in der griechischen Version als auch in der slavischen (Sedel'nikov, Motiv 170–171). Obwohl einige Analogien zu finden sind, beginnend mit der realen Existenz des irdischen Paradieses, ist es, wie Sedel'nikov selbst zugibt, nicht sehr wahrscheinlich, dass Vasilij die Betrachtungen des byzantinischen Mönches gekannt hatte.

36 Dorthin hätten sich die Seelen nach einer Reise durch zwanzig Zölle (*mytarĭstva*, τελονία) begeben, die nur eine gereinigte Seele passieren konnte (M. Jugie, La doctrine de fins dernières dans l'église greco-russe. In: Echos d'Orient XVII (1914–1915) 17–19). Beschrieben wurde dies in der *Rede des heiligen Johannes des Barmherzigen über den Auszug der Seele* (D. M. Bulanin, Slovo svjatogo Ioanna Milostivogo o ischode duši. In: D. S. Lichačev (Hg.), Slovar' knižnikov i knižnosti Drevnej Rusi. I. XI v. – pervaja polovina XIV v. Leningrad 1987, 438–439) oder in der *Rede über den Auszug der Seele* (S. P. Ševyrev, Slovo o nebesnych silach i čego radi sozdan byst' čelovek i o ischode duši. In: Izvestija po Russkomu Jazyku i Slovesnosti Imperatorskoj Akademii Nauk 9, 33 (1860) 182–192, A. I. Alekseev, „Slovo o ischode duši" Kirilla Filosofa. In: E. V. Krušel'nickaja (Hg.), Opyty po istočnikovedeniju. Drevnerusskaja knižnost': archeografija, paleografija, kodikologija. SPb. 1999). Im *Paterik* des Kiever Höhlenklosters wird erzählt, dass die Seele des seligen Mönchs Evstratij, wie Elias, von einem Feuerwagen fortgebracht wurde (*Slovo* 16. In: D. Tschižewskij, Das Paterikon des Kiever Höhlenklosters nach der Ausgabe von D. Abramovič. München 1964, 107). In diesem Luftraum zwischen Erde und Himmel kämpfen Engel und Dämonen um den Besitz der Seelen. In der *Vita des Ioann von Novgorod* (*Žitie Ioanna Novgorodskogo*) wird erzählt, wie sich der Bischof, nachdem er einen Dämon zum Gehorsam gezwungen hatte, auf dessen Rücken in einer einzigen Nacht nach Jerusalem tragen ließ und noch in der selben Nacht nach Besuch des heiligen Grabmals wieder zurück (L.A. Dmitriev, *Žitie Ioanna Novgorodskogo*. In: D. S. Lichačev (Hg.), Slovar' knižnikov i knižnosti Drevnej Rusi. II. Vtoraja polovina XIV v. – XVI v., čast' 1. Leningrad 1989, 514–517).

der Pilger und Reisenden bestätigt, genau wie dies auch in der Literatur des lateinischen Mittelalters geschah, in der sich Augenzeugenberichte und Visionen der Autorität der heiligen Bücher zur Seite stellten. Es war jedoch nicht einfach, die Schilderungen von Pilgern und Reisenden zu beurteilen, und genauso war man sich der Möglichkeit bewusst, dass sich in den liturgischen Büchern Schriften befänden, die Fehler enthielten. Insgesamt wird dennoch eine theologische Reflexion erarbeitet, die, indem sie einer antiken kirchlichen Tradition folgt, eine Vorstellung von der Welt liefert, die auf der wörtlichen Interpretation der Heiligen Schriften basiert. Parallel dazu entwickelte sich eine Tradition des gelehrten Mönchstums, die eine geistige Exegese der Schriften und der liturgischen Bücher vertrat und die sich ein geistiges Licht vorstellte, das nach palamitischer Lehre die durch den Geist gereinigten Sinne erblicken konnten. Dabei wurde die Existenz des irdischen Paradieses zwar nicht geleugnet, wie es Bischof Feodor und seine Anhänger zu tun schienen, die wahrscheinlich die palamitische Lehre auf radikale Weise interpretiert hatten, obwohl sich die Besinnung der hesychastischen Mönche auf die kontemplative Erfahrung des Mönches konzentriert.[37] Für den Hesychasten wandelte sich die Sinneswahrnehmung in eine spirituelle Erfahrung, nach der Lehre der spirituellen Sinne, die von Origenes entwickelt worden war und die sich im mönchischen Umfeld weiter fortsetzte. Für Vasilij hingegen, der eine wörtliche Interpretation der Heiligen Schrift vertrat, stellte die Grenze zwischen der irdischen Erfahrung und der Erfahrung des geistigen Paradieses eben die Grenze zwischen Leben und Tod dar, wenn man dabei das Ereignis am Tabor und den Aufstieg des Paulus in den dritten Himmel als Ausnahmen ausschloss. Nicht zufällig unterstreicht der Erzbischof gleich zweimal und mit unterschiedlichen Worten, dass die Apostel, die an der Verklärung teilhatten, mit dem Kopf nach unten fielen, wie es in den Ikonen deutlich dargestellt ist.

Es zeigt sich also eine grundlegende Antinomie in der Interpretation der Heiligen Schriften zwischen dem Erzbischof von Novgorod und dem Bischof von Tver': Der Unterschied ist der zwischen einer wörtlichen und einer spirituellen Auslegung der Heiligen Schriften.[38] Im Lichte der geistigen Schriftenauslegung erhielt die Literatur über die Suche nach dem irdischen Paradies eine neue Bedeutung. Die Suche nach dem Paradies kann so leicht zu einer Metapher der mönchischen Erfahrung werden, sowohl der

37 Für die Vorstellung vom geistigen Paradies im Hesychasmus siehe z. B. das Werk von Niceta Stethatos, *Das geistige Paradies* (Nicetas Stethatos, Le paradis spirituel et autres textes annexes (Sources Chrétiennes 8) Paris 1945). Aber bereits Simeon der Neue Theologe hatte dem Thema einige außergewöhnliche Seiten gewidmet.

38 Die Bedeutung der Frage war auch dem Autor der *Stepennaja kniga* (Stufenbuch) nicht entgangen, der in seiner Erzählung den Brief des Erzbischofs eingefügte, mit einem Vorwort, in dem er die Wichtigkeit einer korrekten Auslegung der Heiligen Schriften in den theologischen Disputen unterstrich (Polnoe sobranie russkich letopisej. XXI. Kniga stepennaja carskogo rodoslovija. II, SPb. 1913, 387). Die zentrale Bedeutung der Schriftenauslegung in der hesychastischen Polemik wurde auch von Nikephoros Gregoras in seinen *Historiae Byzantinae* (Buch XXVI, XII–XXIII. In: PG 149, 96–97) hervorgehoben.

zenobitischen Erfahrung, als auch der eremitischen.[39] Diese Vergeistigung des christlichen Lebens, die sich immer mehr mit der hesychastischen Mystik identifiziert und von einer stark eschatologischen Ausrichtung begleitet ist, lenkte vom Wissen über die äußere Welt ab und barg dabei das Risiko einer Entfremdung von den dramatischen Ereignissen der Epoche, in der es zur moskovitischen Reaktion auf die Tatarenherrschaft kam, gerade als die Türken den Balkan eroberten.[40]

In der Rus' wurde die geistige Interpretation dennoch nicht zur vorherrschenden; beide Arten der Exegese entwickelten sich parallel. Einerseits verbreitete sich die Vorstellung von einem „geistigen Paradies", das die christliche Erfahrung des Gläubigen und vor allem des Mönches[41] beschrieb, andererseits wurde weiterhin eine wörtliche Interpretation der Heiligen Schriften überliefert, in der das Wissen über die Welt den antiken Traktaten, wie der *Christlichen Topographie*, und den alten Chroniken verhaftet blieb, während man weiterhin Abschriften bzw. Überarbeitungen der ersten Reiseberichte anfertigte. Mit diesem Rüstzeug würde Russland den Herausforderungen der Neuzeit zumindest bis zur Epoche Peters des Großen entgegentreten.

39 Verständlich wird so auch das häufig wiederkehrende ikonographische Motiv, in dem sich von der Klosterkirche eine Leiter erhebt, nach dem Bild der Jakobsleiter, auf der die Mönche gen Himmel steigen. Wie in der *Scala Paradisi (Lestvica)* von Johannes Klimax, entspricht jeder Stufe eine Tugend, die nur gewisse Mönche zu erklimmen vermögen, während andere, die der Versuchung erliegen, ins Leere fallen.

40 Die konkreten Zeugnisse haben inzwischen keine Bedeutung mehr, wie dies das wertvolle Tagebuch der Reise nach Indien des Afanasij Nikitin, die *Reise jenseits der drei Meere*, bezeugt, der nachdem er ganz Persien und Indien durchwandert hatte, verarmt in seine Heimat zurückgekehrt war und eine Reihe von Notizen hinterließ, die eines der interessantesten Zeugnisse eines europäischen Reisenden im Osten darstellen. Aber dieses Zeugnis blieb lange nur als Handschrift und zog erst in der Neuzeit das Interesse der Gelehrten auf sich. Inzwischen bereitete sich der Westen darauf vor, neue Kontinente zu entdecken, neue Wege nach Indien zu finden sowie jene Entdeckungen vorzubereiten, die das Weltbild, das sich der mittelalterliche Mensch geduldig zurechtgelegt hatte, von Grund auf verändern sollte.

41 Interessant zu beobachten ist hierbei die Verbreitung verschiedener Werke im ostslavischen Raum, die den Titel „Paradies" annahmen, darunter insbesondere ein wichtiges liturgisches Buch, das die Lesungen der Heiligenleben und Homelien für die Fastenzeit enthielt (T. V. Čertorickaja, Raj. In: Lichačev (Hg.), Slovar' knižnikov i knižnosti Drevnej Rusi. II. Vtoraja polovina XIV v. – XVI v., čast' 1. Leningrad 1989, 307–311).

Christoph Kann

Locus continet virtualiter totum argumentum. Zur Lehre der dialektischen Örter im Mittelalter

Aussagen, die nicht bewiesen oder notwendig sind, können bezweifelt werden. Andererseits können solche Aussagen aber auch argumentativ gestützt werden. Ein klassisches Mittel zur Stützung bezweifelbarer Aussagen sind die dialektischen Örter. Dialektische Örter (*topoi, loci*) sind zentrale Elemente der antiken und mittelalterlichen Kunstlehre argumentativer Gesprächsführung. Die erste aristotelische Logik, die unter dem Titel *Topica* überliefert ist, steht im Dienst der argumentativen Stützung bezweifelbarer Aussagen. Sie repräsentiert eine Methodologie der Gesprächsführung in der platonischen Akademie. Für die Topik ist charakteristisch, dass sie einerseits im Gegensatz zur demonstrativen Syllogistik nicht von bewiesenen oder notwendigen Prämissen, sondern von wahrscheinlichen Sätzen ausgeht und andererseits nicht immer vollständige Syllogismen im Sinne der Analytik, sondern oft Schlussfolgerungen mit nur einer Prämisse, d. h. Enthymeme, bildet. Ein einfaches Beispiel für ein solches Enthymem lautet „Sokrates ist ein vernünftiges sterbliches Lebewesen; also ist Sokrates ein Mensch“ (*Socrates est animal rationale mortale; ergo Socrates est homo*). Die Funktion der dialektischen Örter, der *topoi* oder *loci*, besteht darin, solche Argumentationen abzusichern bzw. ihre Schlüssigkeit zu gewährleisten, indem sie unter einen allgemeinen Gesichtspunkt gebracht werden. Der dialektische Ort, dem unser Beispiel seine argumentative Geltung verdankt, ist die Definition. Da nämlich „vernünftiges sterbliches Lebewesen“ die Definition von „Mensch“ ist, wird in dem Beispiel dafür, dass Sokrates ein Mensch ist, von der Definition her bzw. aus der Definition (*a definitione*) argumentiert. So einfach und klar dieses Beispiel auch sein mag, so wenig wird damit schon deutlich, weshalb man hier von einem dialektischen Ort, einem *topos* oder *locus*, spricht und weshalb die Lehre, in der es um solche Örter geht, Topik heißt. Allerdings erkennt man sofort, dass der *topos*- oder Ortsbegriff hier in einer unüblichen, uneigentlichen Bedeutung verwendet wird.[1]

Aristoteles gibt in seiner Topik keine allgemeine Definition des *topos* in uneigentlicher Bedeutung. Vielmehr scheint er diesen Begriff als allgemein bekannt oder nicht erläuterungsbedürftig vorauszusetzen. In seiner Rhetorik gibt Aristoteles eine (auf den rhetorischen *topos* bezogene) ansatzweise Definition: „Element und Topos stellen den Komplex dar, in den viele Enthymeme fallen".[2] Der Aristoteles-Schüler Theophrast bestimmt den dialektischen *topos* in ähnlicher Weise: „Ein *topos* ist ein Prinzip (*arche*) oder Element (*stoicheion*), aus dem wir die Prinzipien des einzelnen nehmen, inhaltlich begrenzt, dem einzelnen gegenüber unbegrenzt."[3] Was hier klar wird, ist die eindeutige Bestimmtheit („inhaltlich begrenzt") eines dialektischen Ortes oder *topos* bei gleichzeitiger Vielfalt („dem einzelnen gegenüber unbegrenzt") seiner möglichen Vorkommnisse oder Instanzen in der Argumentationspraxis.

Für die vorliegende Untersuchung ist zunächst die Tatsache bemerkenswert, dass die ursprünglichen Definitionen eines uneigentlichen (d. h. hier des dialektischen oder rhetorischen) Ortes bei Aristoteles und Theophrast keinerlei Bezug darauf nehmen, dass es sich um eine übertragene Verwendungsweise des eigentlichen, natürlichen *topos*- oder *locus*-Begriffs handelt. Ein solcher Bezug deutet sich offenbar erst bei Cicero an, dessen Definition des dialektischen Ortes als Sitz (*sedes*) von Argumenten[4] in Verbindung mit der ihr paraphrasierend angefügten Definition des Themistius[5] dann die komplexe Definition des Boethius bildet: *Locus autem sedes est argumenti, vel id unde ad propositam quaestionem conveniens trahitur argumentum.*[6] Diese Definition bildet für die gesamte mittelalterliche Topik-Tradition bis zur Spätscholastik den Anlass und Ausgangspunkt für Parallelisierungen von eigentlichem und uneigentlichem *locus*-Begriff, von *locus naturalis* und *locus dialecticus*. Bevor ich auf dieses Begriffspaar näher eingehe, wende ich mich zunächst der Frage zu, wie man sich den Rückgriff auf dialektische *topoi* bzw. *loci* im Rahmen einer Argumentation konkret vorzustellen hat.

---

1 Vgl. ausführlicher Christoph Kann, Der Ort der Argumente. Eigentliche und uneigentliche Verwendung des mittelalterlichen *locus*-Begriffs. In: Jan A. Aertsen und Andreas Speer (Hg.), Raum und Raumvorstellungen im Mittelalter (Miscellanea Mediaevalia 25) Berlin-New York 1998, 402–418.

2 Aristoteles, Rhetorik II, 26, 1403a18sq. (Übersetzung Franz G. Sieveke); „Element" (*stoicheion*) bezeichnet nach Aristoteles, Metaphysik V, 3, 1014a26sq., einen letzten Bestandteil, auf den in einer Analyse rekurriert werden kann, d. h. Buchstaben als letzte Bestandteile der Sprache wie auch physische Elemente als letzte Bestandteile materieller Körper. Im vorliegenden Zusammenhang ist *stoicheion* synonym mit *topos* und bezeichnet den Grundbestandteil einer Argumentation.

3 Eigene Übersetzung; Quelle ist der Aristoteles-Kommentator Alexander von Aphrodisias, in Aristotelis Topicorum libros octo commentaria, hg. von Maximilianus Wallies (Commentaria in Aristotelem Graeca II.2) Berlin 1891, 126,4–16; vgl. ebd. 5,21–27.

4 Cicero, Topik II, § 8; vgl. De oratore II, § 162, wo Cicero im übertragenen Sinn von einem Wohnsitz (*quasi domicilium*) von Argumenten spricht.

5 Überliefert in: Aristoteles, Opera cum Averrois commentariis 1,3. Venedig 1562 (Neudr. Frankfurt am Main 1962) 28A.

6 Boethius, De differentiis topicis libri quattuor (Migne, Patrologia Latina 64) 1174C-D.

Ich gebe drei Beispiele in für die Tradition nur eingeschränkt repräsentativer weil stark verkürzter Form, die aber für den vorliegenden Zweck ausreicht:

(1) Unser Beispiel *Socrates est animal rationale mortale; ergo Socrates est homo* erhält, wie gesagt, seine Gültigkeit aufgrund des Ortes aus der Definition, wonach gilt, dass von dem, wovon eine Definition ausgesagt wird, auch das Definierte ausgesagt wird. Die mittelalterlichen Autoren stellen sich die Aussage *Socrates est homo* (auch wenn sie diese nicht tatsächlich bezweifeln) als einfaches Beispiel einer prinzipiell bezweifelbaren Aussage (*questio/propositio dubitabilis*) vor, so dass für sie ein Argument beigebracht werden muss, hier *Socrates est animal rationale mortale.* Unter dem allgemeinen Gesichtspunkt der Definition bzw. mittels eines Arguments *a definitione* kann also die zunächst zweifelhafte Aussage *Socrates est homo*, die auch als Frage (*Estne Socrates homo?*) formulierbar ist, in eine argumentativ gestützte Aussage bzw. Konklusion überführt werden.

(2) Die Folgerung *Socrates est albus; ergo Socrates non est niger* erhält ihre Gültigkeit aufgrund des Ortes aus konträr Entgegengesetztem, wonach gilt, dass, wenn von etwas ein Konträres ausgesagt wird, das andere nicht ausgesagt wird.

(3) Die Folgerung *Iustus est bonus; ergo iustitia est bona* erhält ihre Gültigkeit aufgrund des Ortes aus Zusammengehörigem, wonach gilt, dass, wenn von einem Zusammengehörigen etwas ausgesagt wird, von dem anderen dasselbe ausgesagt wird. Vor dem Hintergrund dieser Beispiele ist nun auf das Begriffspaar *locus naturalis* und *locus dialecticus* zurückzukommen.

Im Gegensatz zu den Topiken von Aristoteles und Theophrast beginnen die mittelalterlichen Topik-Abhandlungen mit einer Reflexion darauf, dass der dort relevante *locus*-Begriff ein uneigentlicher *locus*-Begriff ist, indem er, meist unter Verwendung der Ausdrücke *similitudo* bzw. *similiter*, *transumptio* bzw. *transumptive* und *proportio* bzw. *proportionaliter*, von dem eigentlichen *locus*-Begriff hergeleitet wird. *Transumptio* betrifft dabei den eigentlichen *locus*-Begriff, der in einen anderen Verwendungsbereich übertragen und damit strenggenommen zu einem äquivoken Begriff gemacht wird. *Similitudo* betrifft die Sachebene und bezeichnet das Verhältnis desjenigen, von dem und auf das der Begriff übertragen wird, benennt also gleichsam die sachliche Voraussetzung für eine begründete *transumptio*. *Proportio* betrifft ebenfalls die Sachebene und drückt im Sinne der von Cicero (*Timaios-Übersetzung* § 4, 13; vgl. § 5, 14sq.) und Augustinus (*De musica* I, 12, 23) geprägten Bedeutung dieses Terminus aus, dass eine Analogiebildung vorliegt, wobei konnotiert ist, dass es in dem eigentlichen und dem uneigentlichen Verwendungsbereich von *locus* verhältnismäßige Entsprechungen bzw. funktionale Parallelitäten gibt. In diesem Sinne bemerkt z. B. der Aristoteles-Kommentator Nicolaus Parisiensis: *[...] omnis locus dialecticus sumitur ad proportionem et similitudinem loci naturalis.*[7] Lambert von Lagny stellt seiner eigentlichen, positiven Be-

7 Nicolaus Parisiensis, Kommentar zu Boethius, De differentiis topicis. München, Bayerische Staatsbibliothek, Clm. 14.460, fol. 152ra–166vb [157vb]; teilediert in: Niels J. Green-Pedersen,

griffsbestimmung des dialektischen Ortes die Bemerkung voran: *locus in dyalecticis non proprie dicitur sed transumptive per similitudinem ad locum naturalem.*[8] Der Aristoteles-Kommentator Radulphus Brito unterscheidet die beiden Verwendungen des *locus*-Begriffs als *proprie vel metaphorice et similitudinarie*[9] und bringt so zum Ausdruck, dass die uneigentliche Verwendung als metaphorischer Gebrauch zu verstehen ist.[10]

Der eigentliche *locus*-Begriff, mittels dessen die mittelalterlichen Autoren den uneigentlichen, dialektischen *locus*-Begriff verständlich machen wollen, wird als *locus naturalis* oder *locus in rebus naturalibus* meist unspezifisch und unreflektiert eingeführt und auch selbst kaum näher expliziert. Es wird also nicht ausdrücklich auf eine bestimmte philosophische Lehre oder Position, sondern – etwa mittels der Formulierung *locus in communi sermone* – scheinbar auf das Alltagsverständnis von *locus* Bezug genommen. Dennoch geben die weiteren Ausführungen der Autoren meist mehr oder weniger deutliche Hinweise darauf, dass sie von der das Mittelalter weitgehend prägenden aristotelischen Raum- bzw. Ortslehre ausgehen, was durch die seltenen Ausführungen der Autoren zu dem eigentlichen *locus*-Begriff bestätigt wird.[11] Die wesentlichen Be-

The tradition of the topics in the Middle Ages. The Commentaries on Aristotle's and Boethius' ‚Topics'. München 1984, 363.

8 Lamberto d'Auxerre, Logica (Summa Lamberti), hg. von Franco Alessio. Florenz 1971, 121. Lambert von Auxerre galt lange als Verfasser dieses bedeutenden Logikkompendiums, das tatsächlich aber von dem Pariser Magister Lambert von Lagny verfasst wurde.

9 Radulphus Brito, Commentary on Boethius' De differentiis topicis & The Sophism ‚Omnis homo est omnis homo', hg. von Niels J. Green-Pedersen. In: Cahiers de l'Institut du Moyen Age Grec et Latin 26 (1978) 2.

10 Auf diesen metaphorischen Charakter des uneigentlichen *locus*-Begriffs verweist auch Johannes Buridanus (vgl. Anm. 29), wohingegen der Buridanus-Kommentator Johannes Dorp den eigentlichen und den uneigentlichen *locus*-Begriff als Termini erster bzw. zweiter Intention, d. h. als Begriffe für Dinge bzw. Begriffe für Begriffe, unterscheidet; vgl. Johannes Buridanus, Perutile compendium totius logicae Joannis Buridani cum praeclarissima solertissimi viri Joannis Dorp expositione. Venedig 1499 (Neudr. Frankfurt am Main 1965) p1ra.

11 Vgl. einen anonymen Traktat des 13. Jahrhunderts über *loci communes*. München, Bayerische Staatsbibliothek, Clm. 14.763, fol. 122ra–123va, teilediert in Lambertus Marie de Rijk, Logica Modernorum. Assen 1962–67 (im folgenden LM) vol. II–1, 52: *Locus in communi sermone est superficies aeris rem includens neque maior neque minor [corpore] quam id quod includit. Et secundum hoc locus est quantitas. Item. Alio modo dicitur locus substantia locans et includens rem. In qua similitudine dicitur locus in dialectica.* Vgl. auch die *locus*-Differenzierung des Johannes Buridanus: *[...] est notandum quod hic non accipitur locus secundum primam nominis significationem, nam si sic, locus est superficies corporis continentis etc., sicut apparet IV. Physicorum. Accipitur ergo transsumptive ad similitudinem loci praedicti, [...]*, in: Jan Pinborg (Hg.), The Logic of John Buridan. Acts of the 3rd European Symposium on Medieval Logic and Semantics, Copenhagen, 16.–21. Nov. 1975. Kopenhagen 1976, 130. Vgl. ferner Guglielmo di Lucca, Summa dialectice artis, hg. von Lorenzo Pozzi. Padua 1975, 149, wo der Ort im Bereich des Natürlichen als *locus substantialis* bezeichnet wird. Die Bezeichnung des Ortes als *substantia* bzw. *substantialis* erscheint dadurch gerechtfertigt, dass ihm nach Aristoteles die wesentlichen Bestimmungen des materiellen Körpers, Ausgedehntheit und Dreidimensionalität, zukommen; andererseits kann der Ort selbst aber nicht Körper sein – er muss nach Aristoteles „etwas neben den Körpern selbständig Vorkommendes" sein (Physik IV, 1, 208b27sq.; Übersetzung Hans Günter Zekl) –, weil dies mit der Annahme der Möglichkeit des Ortstauschs von Körpern nicht vereinbar wäre.

stimmungen der aristotelischen Raum- bzw. Ortslehre, die von den mittelalterlichen Autoren für eine Erläuterung des dialektischen Ortes fruchtbar gemacht werden, sind vor allem (1) die Behälterauffassung bzw. die Möglichkeit der Lokalisierung physikalischer Dinge, (2) die Vorstellung eines den physikalischen Dingen gemeinsamen Raumes (*koinos topos*) auf der einen und eines jeweiligen Eigenortes (*idios/protos topos*) auf der anderen Seite, (3) die Möglichkeit, dass etwas von einem Ort genommen werden kann und (4) die Verschiedenheit des Ortes von dem an ihm Befindlichen.[12]

Die Parallelen von eigentlichem und uneigentlichem Ort erläutert Nicolaus Parisiensis in seinen *Summe Metenses* mittels einer dreigliedrigen Aufzählung korrespondierender Eigenschaften:[13]

(a) Wie ein natürlicher Ort das an ihm Befindliche beinhaltet, so beinhaltet ein dialektischer Ort die ‚Kraft der Argumentation' (*vis* oder *virtus argumentationis*) bzw. das Argument; hier wie dort fungiert *locus* als ein Behälter- bzw. Reservoirbegriff.

(b) Wie ein natürlicher Ort dem an ihm Befindlichen eine feste Position gibt, so gibt ein dialektischer Ort der ‚Kraft der Argumentation' bzw. dem Argument eine feste Position; hier wie dort fungiert *locus* als ein Sicherungsbegriff.

(c) Wie etwas an einem natürlichen Ort Befindliches von ihm hergenommen wird, so wird das Argument von seinem Ort hergenommen; hier wie dort fungiert *locus* als ein Verfügbarkeitsbegriff: Etwas ist also nicht nur – für sich – an einem Ort, sondern auch – für Benutzer – an diesem Ort verfügbar.

Besondere Beachtung verdient Nicolaus' Erläuterung des *locus*-Begriffs als Behälterbegriff, wonach ein dialektischer Ort die Kraft oder Wirksamkeit der Argumentation beinhaltet (*virtus argumentationis continet*). Entsprechend verwendet Johannes Buridanus die Formulierung *continere virtualiter*, um die Analogie und zugleich den Unterschied zwischen dem Beinhalten einer argumentativen Kraft oder Wirksamkeit (*virtus*) und dem räumlich-quantitativen Beinhalten körperlicher Gegenstände, d. h. *continere quantitative*, zum Ausdruck zu bringen.[14] Zu registrieren ist hier eine terminologische Parallele, zugleich aber auch ein signifikanter sachlicher Unterschied zwischen der heute üblichen Rede von virtueller Realität, virtuellen Welten, virtuellem Raum usw. einerseits und dem, was ein *locus dialecticus* dem Vermögen nach bzw. virtuell enthält (*continet virtualiter*). So ist in Buridanus' Ausführungen zum dialektischen Ort *virtualiter*

---

12 Vgl. Aristoteles, Physik IV,1–5; die genannten vier Bestimmungen betreffen freilich nicht voneinander unabhängige, sondern sich teilweise gegenseitig voraussetzende Aspekte, was aber ebenso wie eine mögliche Kritik der aristotelischen Ortslehre aus dem Rahmen der vorliegenden Untersuchung herausfällt.

13 Vgl. de Rijk, LM II–1, 472: *Sed quia argumentatio per locum confirmatur, ideo de loco videndum est. Locus igitur, ut dicit Temistius, sedes est argumenti, vel illud unde conveniens trahitur argumentum. Et sic transumptive sumitur a naturalibus, quia sicut in rebus nature <locus> locatum in loco continet et ei firmam confert positionem et ab eo extrahitur, similiter locus iste virtutem argumentationis continet et stabilem confert ei positionem et ab eo convenienter elicitur.*

14 Vgl. Pinborg (Hg.), The Logic of John Buridan, 130: *[...] nam sicut locus proprie dictus continet quantitative locatum, sic in argumentatione quod vocatur locus continet virtualiter totum argumentum, ex eius enim virtute argumentum habet quod faciat fidem de conclusione.*

nicht Gegenbegriff zu *realiter* in dem Sinne, in dem man etwa reale Räume von virtuellen Räumen dichotomisch unterscheidet, sondern, wie gesagt, zu *quantitative*. Beide Begriffe, *quantitative* und *virtualiter*, sind Adverben, die als korrespondierende Zusätze das Verb *continet* bestimmen. Beide stehen für unterschiedliche Versionen – die eigentliche und die übertragene Version – des *locus*-Begriffs als Behälterbegriff. Beide stehen für unterschiedliche Versionen des Beinhaltens, wobei die Weise des Beinhaltens von der Art des Inhalts bestimmt wird. Bezeichnet man das an einem natürlichen Ort Befindliche, d. h. einen physischen Gegenstand, als quantitativ fassbaren Inhalt, dann kann das an einem dialektischen Ort Befindliche, d. h. die Kraft oder Wirksamkeit eines Arguments, als qualitativ fassbarer Inhalt bezeichnet werden. So verweist also Buridanus' Formulierung *continet virtualiter* nicht auf ein mögliches oder scheinbares Enthalten, sondern auf ein tatsächliches Enthalten, und zwar das einer Kraft oder Wirksamkeit, einer *virtus*.

Indessen ist *virtualiter* in seinen mittelalterlichen Verwendungen nicht ausschließlich als Gegenbegriff zu *quantitative* und damit zur Bezeichnung des Immateriellen, Nichtextensiven gebräuchlich. Vielmehr findet dieses „metaphysische Kunstwort"[15] als Gegenbegriff zu *formaliter*, *essentialiter*, *materialiter* und *actualiter* in unterschiedlichen Wissenschaftsbereichen Verwendung.[16] Zumindest seit dem 14. Jahrhundert kann *virtualiter* im Sinne von ‚implizit' vorkommen.[17] Verbreitet ist auch die Bedeutung von *virtualiter* im Kontext des Ursache-Wirkungs-Verhältnisses. Adam von Wodeham diskutiert die Frage, ob das Subjekt einer Wissenschaft (*subiectum scientiae*), d. h. im Ockhamschen Sinn das Subjekt derjenigen Aussagen, die diese Wissenschaft konstituieren, virtuell die Kenntnisse der Wissenschaft enthält (*continet virtualiter notitiam*).[18] Eine dabei vorausgesetzte Prämisse besagt, dass virtuelles Beinhalten (*continere virtualiter*) so viel wie ursächliches Beinhalten (*continere causaliter*) bedeutet, wobei eine Wirkung als virtuell oder ‚effektiv' (*virtualiter, id est effective*) in der Ursache enthalten angenommen wird. Dagegen ist nach einer von Johannes Buridanus referierten Position das Umgekehrte – ein virtuelles oder effektives Enthaltensein der Ursache in der Wirkung – ausgeschlossen.[19] Thomas von Aquin verwendet den Begriff *virtualis continentia* im Kontext seiner Analyse Gottes als Ursacheninstanz für die Schöpfung[20] und

15 Johann Heinrich Zedler, Grosses vollständiges Universal-Lexicon 48. Graz 1746 (Neudr. Leipzig-Halle 1962) Sp. 1788.

16 Vgl. Sven K. Knebel, „Virtualität". In: Historisches Wörterbuch der Philosophie 11. Basel 2001, Sp. 1062–1066 [1062f.].

17 Vgl. z. B. Johannes Canonicus, Quaesiones super VIII libros Physicorum [ca. 1330]. Venedig 1520, fol. 5v M, wo eine *ratio virtualiter tacta* erwähnt wird.

18 Adam de Wodeham, Lectura II in I Sententiarum, hg. von Gedeon Gál-Rega Wood. St. Bonaventure-New York 1990, Vol. II, 31ff., besonders 53.

19 Johannes Buridanus, In Metaphysicam Aristotelis quaestiones argutissimae. Paris 1588 (Neudr. 1964), fol. 8va: *Item nec conclusio nec effectus potest cognosci per causam nec causa per effectum quia causa non continetur in effectu nec essentialiter nec virtualiter nec effectus per causam quia cause sunt nobis minus note.*

20 Thomas von Aquin, Summa theologiae I, 105, 1, ad 1.

nimmt an, dass Form und Materie in Gott der Kraft der dem Vermögen nach (*virtualiter*) präexistieren.[21]

Die Bedeutungen von ‚implizit' und ‚ursächlich' für *virtualiter* sind im Hinblick auf die dialektischen Örter gleichermaßen aufschlussreich. Wenn die *loci dialectici* nach Buridanus die aus ihnen zu nehmenden Argumente *virtualiter* enthalten, dann enthält ein Ort das aus ihm zu nehmende Argument insofern implizit, als er den jeweiligen Gesichtspunkt der Argumentation vorgibt und bereitstellt. Das Argument selbst liegt an oder in dem Ort nicht explizit vor, sondern muss auf seiner Grundlage expliziert und in diesem Sinne aus ihm genommen oder gewonnen werden. Auch ist ein Ort als Ursache des aus ihm zu nehmenden Arguments zu begreifen, indem er das Argument formal und inhaltlich bestimmt, worauf noch eingegangen wird.

Den weiteren Aspekt des uneigentlichen *locus*-Begriffs, wonach die dialektischen Örter einen Suchbereich bilden, erschließt die *Logica ‚Cum sit nostra'*.[22] Denn wie natürliche Örter nach dort vermuteten Gegenständen abzusuchen sind, so können auch dialektische Örter daraufhin abgesucht werden, ob sie im Rahmen der Disputation jeweils geeignete Argumente zur Verfügung stellen. Diese Parallele mit einem Suchvorgang im Bereich des Natürlichen, die in der Bezeichnung der Logik als *ars inveniendi* zum Ausdruck kommt, wird durch die oben gegebenen Beispiele veranschaulicht. Der Argumentation geht eine Frage oder eine fragwürdige Aussage (*quaestio*) voraus. Damit diese beantwortet werden bzw. zur begründeten Antwort werden kann, muss ein passendes Argument (*argumentum conveniens*) gesucht werden. Suchen setzt einen bestimmten örtlichen, zugleich auch strukturierten Bereich voraus, wo man erwarten kann, das Gesuchte zu finden bzw. aus Alternativen (hier: *argumenta inconvenientia*) herauszufinden.

In dieser Hinsicht ist eine bei Buridanus sowie fast wortgleich bei dem Buridanus-Kommentator Johannes Dorp vorkommende Bemerkung von Interesse, wonach der uneigentliche *locus*-Begriff als Sicherungsbegriff sowohl ein Argument selbst als auch den Geist des Argumentierenden (*mens arguentis*) betrifft, was als Hinweis auf eine mnemotechnische Funktion der Örter verstanden werden könnte.[23] Das Repertoire der gleichsam katalogisierten Örter ist endlich und strukturiert. Es ermöglicht bzw. erleichtert das Auffinden von Argumenten und den passenden Zugriff auf sie. Ein von den hier behandelten Autoren nicht eigens thematisierter Effekt dürfte darin bestehen, dass der kognitive Zugriff von verschiedenen Disputierenden auf ein und dasselbe mnemotech-

---

21 Ebd. I, 117, 3, c.

22 Vgl. de Rijk, LM II–2, 438,7–11: *‚Locus' autem hic sumitur ad similitudinem loci naturalis, quia si dubitamus de aliquo, recurrimus ad eius locum ut inveniamus eum ibi; eodem modo si dubitemus de aliquo argumento dialetico probabili, querimus locum eius, eoquod argumentum probabile affirmatur aliquo loco.* Vgl. die ähnlichen Erläuterungen in den *Introductiones Parisienses*, LM II–2, 365,8–12, und in der *Logica ‚Ut dicit'*, LM II–2, 401,7–11.

23 Vgl. Pinborg (Hg.), The Logic of John Buridan 130: *Sicut enim homo in sua sede solidatur et quietatur, ita tota vis argumenti et mens arguentis in illa maxima et in terminorum praedictorum habitudine ad invicem solidatur et quietatur [...].* Vgl. Johannes Buridanus, Perutile compendium p1ra.

nisch fixierte Repertoire von Argumentationsörtern oder -schemata das Erinnern und das Auffinden einzelner Argumente und damit auch den Disputationsvorgang insgesamt reguliert und stabilisiert.

Vergleichsweise ausführliche Reflexionen im Hinblick auf den *locus*-Begriff und seine für die Argumentationslehre relevante uneigentliche Bedeutung finden sich in der *Logica Lamberti*, wo insbesondere das erwähnte Merkmal der Sicherung verdeutlicht wird:[24] Wie ein natürlicher Ort eine an ihm befindliche Sache in ihrem Dasein bewahrt, so bewahrt ein dialektischer Ort ein an ihm befindliches Argument in seiner Geltung. Zu dem Aspekt des Beinhaltens tritt also hier der Aspekt der damit verbundenen Bestandssicherung. Ein Ding ist in seiner Existenz an einen Raum, den es einnimmt, gebunden; ein Argument ist an die Existenz eines *locus*, an dem es ist, in seiner Geltung d. h. in seinem Sein als Argument, gebunden. Einem natürlichen Ort wird gegenüber der Sache, die sich dort befindet und die dort weggenommen werden kann, ontologische Priorität zugesprochen. Entsprechend hat ein dialektischer Ort logische Priorität gegenüber dem Argument, das er sichert und das dort hergenommen werden kann. Einen physischen Gegenstand ohne Ort kann es nicht geben – ein dialektisches Argument ohne Ort ebensowenig.

Dieser Aspekt der Bestandssicherung in einem ontologischen Sinn und ihre logische Entsprechung wird bei Petrus Hispanus besonders deutlich, der einem natürlichen Ort die Funktion zuschreibt, an ihm befindliche Dinge in ihrem Sein, in ihrer Existenz, zu bewahren.[25] Im Sinne der Analogie könnte man, seine Worte (vgl. Anm. 25) aufnehmend, gewiss auch bezogen auf das Verhältnis des dialektischen Ortes zu seinen Argumenten ergänzen: *et conservat ea in esse*. Oder man könnte in Anlehnung an Lamberts Formulierung (vgl. Anm. 24) sagen: *et conservat ea in bonitate*. Beides ist insofern gleichbedeutend, als ein dialektisches Argument nur ein Argument ist, wenn es gültig (*bonum*) ist. Es hat nur Geltung (*bonitas*), wenn es eine Aussage ist, die ein topisches Verhältnis (*habitudo localis*), etwa das von *definitio* und *definitum*, zum Ausdruck bringt. Ist dies nicht der Fall, so mag es sich um eine Aussage handeln, aber nicht um ein dialektisches Argument, für das ein topisches Verhältnis konstitutiv ist. Der ontologischen Dignität von physikalischen Gegenständen in ihrer Abhängigkeit von Raumstellen bzw. natürlichen Örtern korrespondiert eine logische Dignität von Argumenten in ihrer Abhängigkeit von dialektischen Örtern. Umgekehrt kann es, wie bei Aristoteles

24 Lamberto d'Auxerre, Logica 122: *nam sicut locus naturalis in se continet rem locatam et eam conservat, sic etiam in logica locus continet argumentum et istud conservat in bonitate sua; argumentum enim nihil valet nisi possit per aliquod locum confirmari: similiter locus dyalecticus non dicitur sedes proprie, sed per similitudinem ad sedem naturalem. Nam sicut sedens in sua sede habet stabilitatem et firmitatem et extrahi potest sedens a sede in qua sedet, sic proportionaliter in logica locus est in quo argumentum habet stabilitatem et firmitatem et a quo extrahitur argumentum, vel extrahi potest.*

25 Petrus Hispanus, Tractatus, hg. von Lambertus Marie de Rijk. Assen 1972, 59,17–21: *Unde proportionaliter sumitur hic ‚locus' ad locum in rebus naturalibus, quia sicut locus dat ibi firmitudinem rebus naturalibus et conservat eas in esse, similiter hic locus confirmat argumentum.*

die Annahme eines leeren Ortes bzw. Raums ausgeschlossen ist, auch keinen dialektischen Ort ohne Argument geben.

Im Anschluss an Lamberts Erläuterung des dialektischen Ortes ist noch zu erwähnen, dass ebenso wie der Begriff *locus* auch der Erklärungsbegriff *sedes* uneigentlich, d. h. lediglich aufgrund einer *similitudo* zum eigentlichen *sedes*-Begriff, verwendet wird; dass hier kein eigentlicher *sedes*-Begriff vorliegen könne, begründet der Buridanus-Kommentator Johannes Dorp explizit damit, dass ein Argument ja nicht ‚sitze'; dass *sedes* hier metaphorisch verwendet wird, nimmt er weiter zum Anlass zu diskutieren, ob es sich bei der *sedes argumenti*-Formel überhaupt um eine echte Definition handle, was mit Rückgriff auf Aristoteles bezweifelt wird.[26]

In demselben Zusammenhang ist eine anonyme Erläuterung der *sedes argumenti*-Formel von Bedeutung, in der natürlicher und dialektischer Ort dahingehend parallelisiert werden, dass jener verschiedene Körper und dieser verschiedene Argumente aufnehmen kann.[27] Die Parallelisierung von *potest recipere diversa corpora* und *potest diversas confirmare argumentaciones* wird indessen auf Seiten der natürlichen Dinge durch *successive* ergänzt, während diese Ergänzung auf Seiten des dialektischen Ortes – wohl nicht zufällig – fehlt. Der natürliche Ort, den ein Ding bzw. ein Körper einnimmt, wird, wenn der Körper entfernt wird, zu dem Ort eines anderen Körpers. Der Körper selbst kann nacheinander verschiedene Örter einnehmen, der Ort nacheinander verschiedene Körper aufnehmen. Argumente können dagegen nicht nacheinander verschiedene dialektische Örter einnehmen, sondern sind an ihre Örter gebunden. Dies macht nicht zuletzt der *locus*-Begriff als Verfügbarkeitsbegriff deutlich: Ein Argument, das von einem Argumentierenden benutzt und dabei einem Ort entnommen wird, muss dennoch gleichzeitig für andere Argumentierende bzw. Argumentationen an demselben Ort verfügbar sein. So wird ein Argument in einem anderen Sinn seinem Ort entnommen (*extrahitur*) als ein natürliches Ding. Dinge werden beim Entnehmen von ihrem Ort entfernt, Argumente werden beim Entnehmen aus ihrem Ort hergeleitet, in dem sie dabei gleichwohl verbleiben. Insofern werden – zieht man die Sphäre des Natürlichen und die der Argumentationslehre in Betracht – nicht nur die Begriffe des Ortes und des Sitzes, sondern auch die des Beinhaltens und des Entnehmens äquivok gebraucht.

An die Definition (*definitio*) des *locus dialecticus* schließt sich im Rahmen der bekannten scholastischen Methode üblicherweise eine Einteilung (*divisio*) an. Genau genommen handelt es sich dabei um zwei *divisiones*: Mittels der ersten Einteilung wird der *locus* in einen *locus maxima*, d. h. eine Maxime, und einen *locus differentia maximae*, d. h. eine Differenz der Maxime, eingeteilt. Eine Maxime gilt als (höchst) allgemeine, evidente Aussage (*propositio per se nota*) mit axiomatischem Charakter, die

26 Johannes Buridanus, Perutile compendium p1ra.

27 Vgl. de Rijk, LM II–1, 52: *In hac similitudine sicut idem ille locus potest recipere diversa successive corpora, sic idem locus potest diversas confirmare argumentaciones. Unde a Boecius describitur: locus est sedes argumenti.* (Es handelt sich um denselben Traktat, auf den wir uns schon im Hinblick auf eine Erläuterung des eigentlichen *locus*-Begriffs bezogen haben; vgl. Anm. 11).

viele Argumente beinhaltet und absichert; die Differenz einer Maxime ist dasjenige, wodurch sich Maximen voneinander unterscheiden, gleichsam das differenzierende Moment einer Maxime. In den anfangs gegebenen Beispielen wären Maxime und Differenz der Maxime wie folgt zu bestimmen: (1) Maxime: Wovon eine Definition ausgesagt wird, davon wird auch das Definierte ausgesagt; Differenz der Maxime: Definition, Definiertes. (2) Maxime: Wovon ein Konträres ausgesagt wird, davon wird das andere nicht ausgesagt; Differenz der Maxime: Konträres, Konträres. (3) Maxime: Wenn von einem Zusammengehörigen etwas ausgesagt wird, dann wird von dem anderen dasselbe ausgesagt; Differenz der Maxime: Zusammengehöriges, Zusammengehöriges.[28] Die zweite Einteilung besteht in einer bei den Autoren weitgehend übereinstimmenden Auflistung der mehr als zwanzig einzelnen Örter.

Aufgrund der Unterscheidung von Maxime und Differenz der Maxime geht Johannes Buridanus von einem als zweistufig beschreibbaren virtuellen Enthaltensein (*contineri virtualiter*) von Argumenten in dialektischen Örtern aus: Die Termini, die die Differenz der Maxime bilden, beinhalten aufgrund ihres Verhältnisses der Kraft bzw. dem Vermögen nach (*virtualiter*) die Maxime, während die Maxime selbst in allgemeiner Weise die ganze Kraft bzw. Wirksamkeit des Arguments enthält, und zwar vermöge des Verhältnisses der Termini, die die Differenz der Maxime bilden.[29]

Wenn etwas in etwas anderem *virtualiter* enthalten ist, dann sagt man, so Buridanus, dass jenes aus diesem genommen wird. Da sich dialektische Örter in eine Maxime und eine Differenz der Maxime analysieren lassen, ist ein Argument sowohl in einer jeweiligen Maxime als auch in den Termini, die die Differenz dieser Maxime bilden, *virtualiter* enthalten.[30] Geht man nun, wie erwähnt, davon aus, dass eine Wirkung *virtualiter* in ihrer Ursache enthalten ist und dass dialektische Örter als Ursachen der Argumente fungieren, dann kann die Unterscheidung von *maxima* und *differentia maximae* so interpretiert werden, dass der Ort als Maxime im aristotelischen Sinne als Formalursache, der Ort als Differenz der Maxime hingegen als Materialursache fungiert. Die Differenz der Maxime legt die Materie bzw. den Inhalt eines Arguments in der Weise fest, dass sie seine bedeutungstragenden Begriffe typisiert und paarweise zuordnet, wie z. B. die

28 Einer Differenz werden meist mehrere Maximen bzw. Argumente zugeordnet, etwa indem von beiden Relaten aus (*a definitione/a definito*) oder indem sowohl affirmativ (*constructive*) als auch negativ (*destructive*) argumentiert werden kann, was für die vorliegende Untersuchung aber nicht von weitergehender Bedeutung ist.

29 Vgl. Pinborg (Hg.), The Logic of John Buridan 130: *[...] tam propositio maxima quam praedicti termini merentur dici locus secundum hanc metaphoricam acceptionem, illa enim maxima modo universali continet totam virtutem argumenti; et item predicti termini illius maximae ex habitudine ipsorum ad invicem continent virtualiter ipsam maximam, immo maxima non est nisi quaedam explanatio illius habitudinis, quam illi termini habent ad invicem, virtute cuius habitudinis totum argumentum habet vim et efficaciam.*

30 Ebd.: *[...] et locus maxima et locus differentia maximae sic bene dicuntur sedes argumenti. Ita etiam uterque horum locorum bene dicitur id a quo conveniens extrahitur argumentum, nam quod in alio virtualiter continetur hoc dicimus extrahi ab illo. Modo iam dictum est quod argumentum virtualiter continetur tam in loco maxima quam in praedictis terminis.*

Relate Definition und Definiertes, Konträres und Konträres sowie Zusammengehöriges und Zusammengehöriges. Die Maxime legt die Form bzw. das Muster eines Arguments durch die Angabe fest, ob argumentative Übergänge von einem Relat auf das andere jeweils möglich oder nicht möglich bzw. in affirmativer oder negativer Weise möglich sind (vgl. Anm. 28). Geht man weiterhin davon aus, dass eine implizite Erkenntnis in einer expliziten Erkenntnis *virtualiter* enthalten ist, dann kann man von der im Argumentieren unausgesprochenen, impliziten Maxime sagen, dass sie virtuell bzw. dem Vermögen nach in der expliziten Erkenntnis enthalten ist, die durch die Konklusion ausgedrückt wird.

Die ausdrückliche Feststellung, dass sowohl *maxima* als auch *differentia maximae* jeweils für sich als *locus* bezeichnet werden, findet sich u. a. bei Garlandus Compotista und Petrus Hispanus.[31] Die dem Bereich des Natürlichen korrespondierende Sicherungsfunktion, die hier von einem Ort im Hinblick auf ein Argument ausgeht, verteilt sich demnach auf Maxime und Differenz der Maxime. Eine andere auf Örter im Bereich des Natürlichen verweisende Erläuterung, weshalb sowohl *maxima* als auch *differentia maximae* als *locus* bezeichnet werden, bietet die *Dialectica Monacensis*.[32] Der Autor weist darauf hin, dass, wie im Bereich der natürlichen Örter das an diesen Befindliche von den Örtern selbst verschieden und in diesem Sinne außerhalb von ihnen sei, so auch Maxime und Differenz der Maxime gleichermaßen außerhalb des durch sie gesicherten Arguments seien.[33]

Weitere Parallelisierungen von dialektischem und natürlichem Ort, die sich auf der ersten Einteilungsebene des dialektischen Ortes in seine Unterarten, d. h. in sog. innere, äußere und gemischte Örter finden, sollen hier übergangen werden. Statt dessen möchte ich auf eine andere, für den vorliegenden Zusammenhang bedeutsamere Unterscheidung eingehen, die von speziellen und allgemeinen Örtern (*loci proprii/communes*).[34]

---

31 Garlandus Compotista, Dialectica, hg. von Lambertus Marie de Rijk. Assen 1959, 100, 23sq.; Petrus Hispanus, Tractatus 59,17sq.

32 Vgl. de Rijk, LM II–2, 529: *[...] notandum, quod utrumque istorum principiorum, scilicet maxima et differentia maxime, dicitur locus propter similitudinem quam habent cum locis in naturis. Sicut enim unicuique rei locali situs proprii loci firmitudinem prestat et inde proprie locus non est intra rem sed extra, eodem modo maxima propositio et differentia maxime firmitudinem et necessitatem prebent argumento, nec tamen sunt de contextu ipsius argumentationis, sed sunt extra illam.*

33 Dabei handelt es sich insofern nicht um eine Standardauffassung, als schon bei Boethius, De differentiis topicis 1174C-D, Maximen innerhalb und Maximen außerhalb des jeweiligen Arguments unterschieden werden, eine dort weder näher erläuterte noch weiter verwendete und aus der Sicht von Green-Pedersen, The tradition of the topics 66, 150, letztlich unklare Unterscheidung; ein von Green-Pedersen in die Untersuchung einbezogener früher Boethius-Kommentar scheint anders als Boethius selbst die genannte Unterscheidung im Sinne zweier unterschiedlicher Typen von Maximen auszulegen, und zwar danach, ob deren Termini mit denen des zu sichernden Arguments übereinstimmen bzw. nicht übereinstimmen (ebd. 150), wobei eine Unterscheidung objektsprachlich und metasprachlich formulierter Maximen intendiert sein könnte. Lamberts Logica 122, zufolge ist jede Maxime, insofern sie eine Aussage (*propositio*) ist, als innerhalb, und insofern sie etwas ein Argument Sicherndes ist, als außerhalb des Arguments zu verstehen.

34 Vgl. Green-Pedersen, The tradition of the topics 24f., 247ff., der darauf hinweist, dass sich diese Unterscheidung in begrifflich entsprechender, sachlich aber abweichender Form schon bereits bei

Näher erläutert wird diese Unterscheidung spezieller und allgemeiner dialektischer Örter von Simon von Faversham und Radulphus Brito. So zieht Radulphus Brito zum Vergleich mit dem dialektischen *locus proprius* und *locus communis* physikalische bzw. natürliche Örter heran.[35] Wie nämlich im Bereich des Natürlichen zwischen solchen Örtern unterschieden wird, die durch einen einzigen Gegenstand besetzt sind und die daher als der eigene oder eigentümliche Ort dieses Gegenstandes bezeichnet werden, und solchen, die verschiedene Gegenstände beinhalten und die daher ein diesen Gegenständen gemeinsamer Ort sind, so sind analog bestimmte dialektische Örter eigentümlich und andere allgemein. Eigentümliche bzw. spezielle Örter enthalten nur ein einziges Argument, wofür Simon von Faversham exemplarisch den Ort aus der Art nennt, wonach z. B. argumentiert wird: „Ein Mensch läuft; also läuft ein Lebewesen." Ebensogut könnte das genannte Beispiel (1), der Ort aus der Definition, angeführt werden. Demgegenüber werden unter die allgemeinen Örter, die mehrere Argumente beinhalten, verschiedene spezielle Örter zusammengefasst. Wenn hier von einem bzw. mehreren Argumenten die Rede ist, können freilich nur Argumente im Sinne bestimmter Typen (*types*) und nicht im Sinne individueller Vorkommnisse (*tokens*) gemeint sein, während hingegen im Bereich des Natürlichen ein Ort von einem individuellen Gegenstand oder mehreren individuellen Gegenständen eingenommen wird. Ein übliches Beispiel für einen allgemeinen dialektischen Ort ist der *locus a toto*, der in die unterschiedlichen Örter aus verschiedenen Ganzen, dem räumlichen Ganzen, dem zeitlichen Ganzen, dem intergralen Ganzen usw., differenziert werden kann, und aus dem insofern alle entsprechenden Argumente zu nehmen sind. Ebensogut können wir auf das genannte Beispiel (2) verweisen, da der Ort aus Entgegengesetztem in den aus konträr, kontradiktorisch und privativ Entgegengesetztem unterteilt werden kann.

Den Unterscheidungen und Beispielen zu *locus proprius* und *locus communis* bei Radulphus Brito durchgehend ähnliche, aber in einem interessanten Punkt abweichende Ausführungen finden sich bei dem Aristoteles-Kommentator Simon von Faversham. Auch dieser unterscheidet einen eigentlichen und einen allgemeinen Ort, wobei er aber für letzteren die nochmalige Differenzierung in einen allgemeinen und einen allge-

---

Aristoteles, Rhetorik I, 2, 1358a1-35, (vgl. auch Aegidius Romanus, Rhetorik-Kommentar, Venedig 1515, Neudr. Frankfurt am Main 1968, fol. 11rb–12ra) und Cicero, De inventione II, § 47f., findet. Bemerkenswert für die vorliegende Untersuchung ist, dass die Bezeichnung *locus proprius* hier als Differenzierungsbegriff für uneigentliche Örter und damit in einer veränderten Bedeutung vorkommt: steht diese Bezeichnung sonst und in erster Linie für einen eigentlichen, d. h. natürlichen Ort, so steht sie hier für einen uneigentlichen, aber speziellen Ort.

35 Radulphus Brito, Commentary 2: *Ulterius est advertendum quod sicut in naturalibus quidam est locus communis et quidam proprius, communis locus appellatur qui plures res continet, sed locus proprius appellatur ille qui rem praecise continet et nihil aliud, sicut locus mei vel tui, ita in dialectica est quidam locus communis et quidam proprius, communis sicut sunt maximae communes, ut ‚de quolibet esse vel non esse, et de nullo simul', ‚omne totum est maius sua parte' et consimiles quae continent sub se multas speciales* [fol.164ra] *maximas et multa argumenta specialia. Alius est locus proprius, sicut specialis maxima et speciale argumentum, sicut habitudo generis ad speciem ut ‚de quolibet praedicatur species, et genus' et consimiles.*

meinsten Ort einführt.[36] Als Beispiel für den allgemeinsten Ort (*locus communissimus*), der alle anderen Örter umfasst und diesen sowie allen Argumenten als Basis dient, fungiert die bei Radulphus Brito als Beispiel für einen *locus communis* angeführte Maxime *de quolibet esse vel non esse, et de nullo simul* (vgl. Anm. 35, 37). Simon stellt hier wiederum ausdrücklich den Bezug zum Begriff des physikalischen Ortes her, indem er, der aristotelischen Grundkonzeption folgend, darauf hinweist, dass sich alles in der Natur irgendwo, d. h. an bestimmten Örtern, befindet und dass alle diese Örter in einem gemeinsamen Ort, dem Universum (*caelum*), zusammengefasst sind, den er entsprechend als den umfassendsten Ort bezeichnet.[37] Dieser beinhaltet alle weniger allgemeinen Örter, so wie die erwähnte allgemeinste Maxime alle übrigen Örter und Argumente umfasst. Aufgrund ihrer Universalität können wir diese Maxime, die Parallelität mit dem eigentlichen *locus*-Begriff aufnehmend, als das Universum der Argumente bezeichnen. Nach aristotelischer Auffassung ist der natürliche All-Ort begrenzt, es kann kein zu ihm Äußeres geben. Entsprechend ist auch der *locus dialecticus communissimus* allgemeinster Ort, zu dem es keinen ihn umfassenden Ort und kein sich außerhalb befindendes Argument geben kann.

Ein Fazit: Die mittelalterlichen Reflexionen auf Parallelen und Unterschiede von natürlichem und dialektischem Ort mittels der Erklärungskategorien *transumptio*, *similitudo* und *proportio* lassen die von den antiken Autoren weitestgehend unbeachtete Erläuterungsfunktion des eigentlichen *locus*-Begriffs für den Begriff des *locus dialecticus* deutlich werden. Der Bereich des Natürlichen, der eigentliche *locus*-Begriff mit seinen Konnotationen von Bestandssicherung, Ordnung und Verfügbarkeit, wird für den Bereich der Argumentationslehre, für das Repertoire zu differenzierender Grundtypen der Argumentation, veranschaulichend nutzbar gemacht. Es mag strittig erscheinen, ob davon die Topik als Argumentationslehre in ihrer Durchführung und doktrinalen Ausge-

36 Simon von Faversham, Kommentar zu Petrus Hispanus, Tractatus. München, Bayerische Staatsbibliothek, Clm. 14.697, fol. 40vb: *Locus proprius est, qui tantum continet unum locatum ut locus ille in quo unus homo sedet; alius autem est locus communis et ille est duplex: quidam est communissimus, alius tantum communis.*

37 Ebd.: *Locus communissimus est ut ipsum celum quod continet omnia et in quo omnia sunt tamquam in loco. [...] Alius autem locus communis sicut est ille qui continet plura locata ut locus aliquis in quo multi homines sedent. Similiter cum ars imitetur naturam et cum in natura sit triplex locus, quidam est enim locus* [fol. 41ra] *communissimus sicut est ille ‚de quolibet esse vel non esse sive de quolibet affirmativo et negativo et de nullo simul'. Iste enim est locus communissimus, quia omnes alii loci fundantur super istum locum.* – Das Beispiel für einen allgemeinsten Ort, *de quolibet esse [...],* führt Simon von Faversham bereits zuvor, den *locus maxima* bei Petrus Hispanus kommentierend, als Beispiel für eine *propositio per se nota simpliciter*, d. h. *nota in omni genere*, an (vgl. Lambertus Marie de Rijk, On the Genuine Text of Peter of Spain's Summule logicales II. In: Vivarium 6 [1968] 69–101 [95f.]). Es stellt eine Verbindung der aussagenlogischen Prinzipien der Zweiwertigkeit und der Wahrheitswertdefinitheit dar, die nach aristotelischer sowie mittelalterlicher Auffassung zu den Grundaxiomen der demonstrativen Wissenschaften gehören. Dass Simon von Faversham sie als allgemeinste dialektische Maxime anführt, kann als Beleg einer in der zweiten Hälfte des 13. Jahrhunderts verschwimmenden Grenzziehung zwischen Topik und demonstrativer Syllogistik gelten.

staltung profitiert. Was jedenfalls profitiert, ist die Außenperspektive auf die Topik insbesondere hinsichtlich ihres Namens und ihres Vorstellungshintergrundes. Die mittelalterliche Topik ist als Teil der Logik nicht allein *scientia*, sondern zugleich auch *ars*, d. h. sie repräsentiert ein Gebrauchswissen. Dasjenige, von dem Gebrauch gemacht wird, nämlich Argumente, ist am ehesten in Analogie zu einem Ensemble von Werkzeugen zu verstehen, die nicht jeweils neu zu schaffen sind, sondern in einem vorgängig vorhandenen Reservoir immer schon gebrauchsfertig zur Verfügung stehen. Wird für eine *ars* im Sinne des Gegenständlich-Handwerklichen ein Werkzeug benötigt, so wird es aus seinem Ort hervorgeholt, um seine vorausgesetzte Funktion zu erfüllen. Wird für einen Argumentationszusammenhang ein bestimmtes Argument benötigt, so wird es aus seinem Ort hervorgeholt. Hier wie dort ist vorstellbar, dass ein Werkzeug, das hervorgeholt werden soll, zunächst einmal gesucht werden muss. Auch der Vorgang des Suchens im Bereich des Natürlichen hat eine Parallele im Bereich der Argumentationslehren. Die Vorstellung, dass ein passendes Argument (*argumentum conveniens*) gesucht und gegebenenfalls gefunden wird, kommt in der bekannten Charakterisierung der Logik als *ars inveniendi* zum Ausdruck. Dass allerdings ein Argument, das an seinem Ort oder Sitz (*sedes*) hervorgeholt wird, nicht eigentlich sitzt, dass ferner Argumente nicht in der Weise natürlicher Dinge nur nacheinander, sukzessive, an einem Ort sein und nur nacheinander von diesem weggenommen werden können, sind Unterschiede, die eine Grenze der Parallelisierbarkeit von *locus naturalis* und *locus dialecticus* andeuten. Ein signifikanter Unterschied besteht, wie ausgeführt wurde, auch darin, dass natürliche Örter das an ihnen Befindliche quantitativ (*quantitative*) enthalten, was für dialektische Örter ausgeschlossen ist, die das an ihnen Befindliche virtuell (*virtualiter*) enthalten, oder, anders gesagt: Ein natürlicher Ort enthält quantitativ Fassbares, ein dialektischer Ort enthält virtuell, als Wirksamkeit oder Vermögen, Fassbares. ‚Virtuell' (*virtualiter*) bedeutet hier weder Nicht-Existenz noch Nicht-Erfahrbarkeit, sondern verweist auf einen bestimmten Modus des Beinhaltens ebenso wie auf einen spezifischen Inhalt. Auch verweist *virtualiter* nicht auf die subjektive *virtus* des Argumentierenden, sondern auf die objektive *virtus* des Arguments und seines Ortes selbst. Grenzen der Parallelisierbarkeit von *locus naturalis* und *locus dialecticus* können die Plausibilität und Erklärungskraft der Analogie kaum beeinträchtigen. Grenzen der Parallelisierbarkeit lassen vielmehr die analogisierten Gegenstände in ihren spezifischen, nicht identifizierbaren Eigenschaften umso deutlicher hervortreten. Der mittelalterliche *locus*-Begriff weist über seine normalsprachliche Verwendung hinaus. Er kann, wie sich an der Lehre der dialektischen Örter paradigmatisch zeigen lässt, für ganz andere Bereiche fruchtbar gemacht werden, die aber von seiner normalsprachlichen Verwendung nicht unabhängig sind, sondern klärend auf diese zurückverweisen.

www.ingramcontent.com/pod-product-compliance
Lightning Source LLC
LaVergne TN
LVHW081327011026
849161LV00013BB/2861